Leitlinien verkehrspsychologischer Interventionen

Beratung, Förderung und Wiederherstellung der Fahreignung

Leitlinien verkehrspsychologischer Interventionen

Beratung, Förderung und Wiederherstellung der Fahreignung

Herausgegeben von

Paul Brieler
Birgit Kollbach
Udo Kranich
Konrad Reschke

KIRSCHBAUM VERLAG BONN

ISBN 978-3-7812-1939-7

Siegfriedstraße 28, 53179 Bonn
Telefon 02 28/9 54 53-0 · Internet www.kirschbaum.de

Lektorat: Marcel Diel, Berlin
Satz und Lithographie: www.mom-digital.de
Druck: johnen-druck GmbH & Co. KG, Industriegebiet Bornwiese, 54470 Bernkastel-Kues
Dezember 2016 · Best.-Nr. 1939

Geleitwort
der DGVP

Die Verkehrspsychologie ist eine der ältesten psychologischen Disziplinen, in deren Mittelpunkt das Erleben und Verhalten von Menschen in Verkehrs- und Transportsystemen und die diesem zugrunde liegenden psychischen Prozesse stehen. Seit Hugo Münsterbergs Untersuchungen an Straßenbahnfahrern (1912) stellt im deutschsprachigen Raum das Hauptarbeitsfeld von Verkehrspsychologen die Diagnostik der Eignung zum Führen von Kraftfahrzeugen und in ihrem Gefolge die Verbesserung oder Wiederherstellung der Fahreignung (Nachschulung, Verkehrsrehabilitation, Driver Improvement) dar. Die Begutachtung soll dabei zunächst die Frage beantworten, ob die Betroffenen in Zukunft bereit und in der Lage sind, sich an Gesetze und Vorschriften im Straßenverkehr zu halten. Es handelt sich hierbei in den meisten Fällen um eine „negative Stichprobe" derjenigen, die in der Vergangenheit durch z. B. Verkehrsdelikte, strafrechtliche Delikte, Trunkenheitsfahrten, Alkohol-, Drogen- oder Medikamentenmissbrauch aufgefallen sind. Nun ist zumindest aus psychologischer Sicht klar: Verkehrssicherheit ist nicht allein durch Sanktionen zu erreichen. Zahlreiche Maßnahmen zielen deshalb auf eine Änderung der Einstellung und des Verhaltens (Driver Improvement), richten sich an unterschiedliche Zielgruppen (u. a. Jugendliche, Fahranfänger, ältere Verkehrsteilnehmer) und thematisieren unterschiedliche Auffälligkeiten: u. a. Alkohol, Drogen oder Straffälligkeit, zum Beispiel durch Aggressionsdelikte.

Psychoedukativ ausgerichtete Maßnahmen problematisieren riskante Einstellungen und Verhaltensweisen. Sie sollen die Entwicklung neuer, angepasster Verhaltensweisen fördern und deren Integration in das Alltagshandeln unterstützen. Personen mit tief greifenden Eignungsmängeln (Alkohol, Drogen, Verkehrsverstöße, Straffälligkeit) benötigen verkehrsrehabilitativ ausgerichtete Maßnahmen. Dafür hat sich unter anderem der Begriff der Verkehrstherapie etabliert, in der die individuelle Problematik bearbeitet wird und alternative Einstellungs- und Bewältigungsmuster entwickelt werden. Die Rehabilitationsprogramme stützen sich zumeist auf kognitiv-verhaltenstherapeutische, aber auch auf individualpsychologische oder systemische Konzepte. Evaluationsstudien belegen die positive Wirkung dieser Maßnahmen.

Eine besondere Stärke des Buches liegt darin, sich nicht nur auf die Situation in Deutschland zu beschränken, sondern auch die angrenzenden deutschsprachigen Nachbarländer mit einzubeziehen. Dabei wird einmal mehr deutlich, wie sehr die verkehrspsychologische Diagnostik und Intervention in einem rechtlichen und gesellschaftlichen Spannungsfeld agiert. Zum anderen zeigt sich, welch hohe Anforderungen an die persönliche Qualifikation der Gutachter/Verkehrstherapeuten gestellt werden müssen, da die Tätigkeit stark anwendungsbezogen und interdisziplinär ausgerichtet ist und ein Grundwissen und Grundverständnis ihrer Nachbardisziplinen voraussetzt. Das verweist auch wieder einmal darauf, dass eine zentrale Aufgabe für die Zukunft die Verbesserung der beruflichen Ausbildungsmöglichkeiten von Verkehrspsychologen durch eine stärkere universitäre Verankerung der Verkehrspsychologie ist.

Das Buch wendet sich zwar in erster Linie an Verkehrspsychologen in diesem Arbeitsfeld, aber auch an institutionelle Akteure aus Ministerien und Behörden sowie Vertreter benachbarter Gebiete wie Psychotherapie, Medizin und Recht. Es setzt Fachkenntnisse voraus, ist aber dennoch für den „interessierten Laien" lesbar und nachvollziehbar geschrieben und gewährt ihm somit einen gewinnbringenden Einblick in die komplexe Arbeit der verkehrspsychologischen Intervention.

Der Wissensstand sowie die Methoden innerhalb der verkehrspsychologischen Diagnostik und Intervention erweitern und differenzieren sich ständig. Wissenschaftlicher Austausch und Diskussion sind deshalb notwendig und werden und müssen fortgeführt werden. Die Verfasser dieses Buches haben dazu fundierte Grundlagen und auch Gesprächsstoff geliefert. Hoffnung verbindet sich damit, dieses Buch möge hinreichend breit und intensiv zur Kenntnis genommen sowie für die praktische Arbeit eingesetzt werden.

Prof. Dr. Wolfgang Fastenmeier
Präsident der Deutschen Gesellschaft
für Verkehrspsychologie e.V. (DGVP)

Geleitwort
der Sektion Verkehrspsychologie im BDP

Im Zuge der Verkehrssicherheitsarbeit ist die verkehrspsychologische Intervention bei hochauffälligen Kraftfahrern und anderen Verkehrsteilnehmern eine bewährte Maßnahme zur Beeinflussung des Verkehrsverhaltens.

Mit dem vorliegenden Werk legen die Autoren erstmals ein umfassendes, systematisch aufgebautes Werk über wissenschaftlich abgesicherte verkehrspsychologische Interventionsmethoden vor. Es wird nicht nur die historische Entwicklung nachvollzogen – und dabei unterschiedliche Entwicklungen im lange Zeit geteilten Deutschland berücksichtigt –, sondern aus diesen Zusammenhängen heraus auch die fachliche und gesetzliche Einbindung der unterschiedlichen Interventionsformen dargestellt. Zu den Stärken des Buches gehört dabei, dass die Darstellung nicht an den deutschen Grenzen aufhört, sondern die Situation in den Nachbarstaaten in die Betrachtung einbezogen wird. Dabei wird deutlich, dass Verkehrspsychologische Intervention in einem Umfeld stattfindet, welches über die reine Psychologie als unabdingbare Basis deutlich hinausgeht und eine umfassende Kenntnis von juristischen und verkehrstechnischen Sachverhalten erfordert. Es gibt wohl kaum einen anderen Bereich der Psychologie, der in einem derart komplexen und durch zahlreiche juristische Festlegungen geprägten Umfeld agieren muss.

Den Schwerpunkt des Buches bilden Inhalte und Verfahrensweisen der Verkehrspsychologischen Intervention. Der Vielzahl der unterschiedlichen Aufgabenstellungen und Anliegen, die Betroffene an den Verkehrspsychologen herantragen, wird nicht zuletzt dadurch Rechnung getragen, dass unterschiedliche Formen der Intervention und deren Eignung für spezielle Situationen sowie unterschiedliche Typen von Kunden und Therapeuten ausführlich dargestellt und erläutert werden. Der systematische Aufbau ermöglicht dem Leser einen schnellen Zugriff auf die ihn interessierenden Kapitel. Allerdings darf die Übersichtlichkeit der Darstellung keinesfalls zu dem Schluss verleiten, dass Verkehrspsychologische Intervention mit Unterstützung dieses Handbuches von jedermann ausgeübt werden kann. Im Gegenteil: Die oft hochauffälligen Probanden – bei denen der Verlust der Fahrerlaubnis mitnichten das einzige Problem im Leben darstellt – sowie die Erwartung der Kunden an eine zeitlich begrenzte Maßnahme erfordern eine hochqualifizierte Intervention mit wissenschaftlich anerkannten Methoden und Verfahren. Eine fachlich abgesicherte Diagnose und die daraus abgeleitete Interventionsstrategie erfordern ein hohes Maß an Qualifikation und Erfahrung, wie es nur durch ein einschlägiges Studium und entsprechender Zusatzqualifikationen erworben werden kann.

Die Autoren tragen dieser Tatsache nicht zuletzt dadurch Rechnung, dass sie nicht nur die formalen Voraussetzungen für die Anwendung von Methoden der Verkehrspsychologischen Intervention betonen, sondern ausdrücklich auf die Bedeutung von Maßnahmen zur Evaluation und Qualitätssicherung verweisen. Diesem Bereich ist seiner Bedeutung gemäß auch ein eigenes Kapitel gewidmet. Das Werk der Autoren wird ergänzt durch zahlreiche praktische Hilfsmittel, die zur Unterstützung einer professionellen Arbeitsweise genutzt werden können.

Alles in allem handelt es sich bei diesem Buch um ein Werk, dass angesichts des Bedarfs an Verkehrspsychologischer Intervention in Deutschland und den angrenzenden Nachbarländern schon lange überfällig war. Es bietet eine übersichtliche und systematische Darstellung des Arbeitsgebietes und eignet sich hervorragend als Nachschlagewerk für Kolleginnen und Kollegen, die mit verkehrspsychologischer Intervention befasst sind. Auch Berufsgruppen aus den Randgebieten, z. B. Juristen, können dieses Buch mit Gewinn lesen, z. B. wenn es darum geht, die Qualität von verkehrspsychologischer Intervention zu beurteilen.

Die Sektion Verkehrspsychologie des Berufsverbandes Deutscher Psychologinnen und Psychologen wünscht diesem Werk daher viel Erfolg und breite Beachtung.

PD Dr. Peter Kiegeland
Sektionsvorsitzender der Sektion
Verkehrspsychologie im BDP

Geleitwort
der Fachgruppe Verkehrspsychologie der DGPs

Die Verkehrspsychologie versucht, das Erleben und Verhalten von Verkehrsteilnehmern zu verstehen. Dieses wissenschaftliche Grundinteresse steht allerdings gerade in der Verkehrspsychologie immer im Dienste der Anwendung. Eines der wesentlichen Ziele der Anwendung ist die Erhöhung der Verkehrssicherheit. Angesichts der Komplexität dieses Themas ist hier eine breite Vielfalt von Ansätzen gefragt. Die Analyse von menschlichen Fehlern als Ursache für Verkehrsunfälle (z.B. Ablenkung durch Smartphones), die Beschreibung situativer Unfallauslöser (z.B. Verdeckungen von Radfahrern beim Rechtsabbiegen), aber auch die Suche nach Risikofaktoren im Fahrer (z.B. ein mangelndes Gefahrenbewusstsein bei jungen Fahrern) sind nur einige mögliche Ansatzpunkte.

Das vorliegende Buch konzentriert sich auf den personalen Ansatz. Wer ist eigentlich geeignet, am Verkehr teilzunehmen? Wer ist dazu nicht geeignet? Und vor allem: Kann man diese Eignung aufbauen oder verbessern? Diese Fragestellungen stehen in einer langjährigen Tradition verkehrspsychologischer Forschung und Anwendung. Dabei wird nicht nur auf verkehrspsychologisches Grundwissen zurückgegriffen, sondern auch auf psychotherapeutische Methoden, die problematisches Verhalten und Erleben erfolgreich verändern können.

Wie in vielen Bereichen der psychologischen Anwendung besteht auch hier die Gefahr, sich in einer Vielzahl scheinbar sinnvoller, aber auch esoterischer und wirkungsloser, vielleicht sogar schädlicher Maßnahmen zu verlieren. Das vorliegende Buch zeigt, wie es anders geht. Sehr fundiert werden Grundlagen, aber vor allem in ihrer Qualität gesicherte Methoden dargestellt. Fast noch wichtiger erscheint mir, dass ein großer Schwerpunkt in der Darstellung dieser Methodik und Bewertung der vorgestellten Maßnahmen liegt. Wer ist geeignet, entsprechende Maßnahmen durchzuführen? Welche Maßnahmen sind wissenschaftlich gesichert, theoretisch eingebettet und in ihrer Wirksamkeit untersucht? Wie stellt man sicher, dass das eigene Handeln überprüft, evaluiert und optimiert wird? Bis hin zu praktischen Hinweisen und Materialien findet hier der Anwender alles Notwendige von den Grundlagen über Methoden bis zu sehr konkreten Hinweisen.

Ich halte dieses Buch deshalb für eine wirkliche Bereicherung der Fachliteratur im Bereich der Verkehrspsychologie. Als Autor eines eigenen Lehrbuchs für Verkehrspsychologie für die universitäre Ausbildung, aber auch die interdisziplinäre wissenschaftliche Arbeit, werde ich dieses Buch auch aus einem anderen Grund weiterempfehlen: Es deckt genau die Themenbereiche ab, die in meinem und anderen internationalen Lehrbüchern zu kurz kommen. Aus diesen Gründen wünsche ich dem Buch eine weite Verbreitung und bin sicher, dass es den entsprechenden Anwendern ein unentbehrliches Handbuch werden wird.

Prof. Dr. Mark Vollrath
Leiter des Lehrstuhls für Ingenieur- und Verkehrspsychologie der TU Braunschweig
Sprecher der Fachgruppe Verkehrspsychologie der DGPs

Geleitwort
des BNV

Verkehrspsychologie ist zu guten Teilen Angewandte Psychologie. Psychologen setzen Kenntnisse und Kompetenzen aus allen Zweigen und Verästelungen ihrer Wissenschaft in der Verkehrspsychologie ein.

Dieses Buch schildert ein Teilgebiet der Verkehrspsychologie, nämlich das Driver Improvement, die Fahreignungsförderung oder eben, wie hier benannt, die Verkehrspsychologischen Interventionen.

Weil in der Verkehrspsychologie über die Jahre die gesamte Psychologie ihren Ausdruck gefunden und sich um Nutzen bemüht hat, sind die Verkehrspsychologischen Interventionen so facettenreich und vielseitig wie die Psychologie selber: Psychologie der Wahrnehmung und des Lernens, Sozialpsychologie, Persönlichkeitspsychologie, Klinische Psychologie, um nur die zentralen Bereiche der Psychologie zu nennen – sie alle finden Anwendung in den „Verkehrspsychologischen Interventionen". Gleichzeitig setzen die allermeisten Verkehrspsychologischen Interventionen voraus, dass der Anwender oder die Anwenderin die Grundlagenfächer der Psychologie beherrscht und beim Arbeiten mitdenkt.

Den Autoren und dem Verlag gebührt Dank für ihr Unterfangen, in der Vielfalt des über die Jahrzehnte Gewachsenen das Wirksamste zu suchen, es zu kategorisieren und zu beginnen, es mitsamt seinen Anwendungsmöglichkeiten und Rahmenbedingungen zu beschreiben.

Nutznießer sind die Verkehrspsychologinnen und -psychologen sowie diejenigen, die mit uns Psychologen zusammenarbeiten. Eine funktionierende Fahreignungsförderung geht weiter über das Bestehen einer MPU hinaus und nutzt dauerhaft allen Verkehrsteilnehmern – den schon immer geeigneten wie den durch Intervention geeigneten.

Dr. Karl-Friedrich Voss
Vorsitzender des Bundesverbandes
Niedergelassener Verkehrspsychologen (BNV)

Vorwort der Herausgeber

Etwa 50 Jahre nach den ersten Ansätzen, Kraftfahrer durch psychologische Maßnahmen zu einem verkehrssicheren Verhalten zu bewegen, stellen sich die *verkehrspsychologischen Interventionen* als vielfältige Praxis und als eigenständiges Fachgebiet der Verkehrspsychologie dar.

Das Fehlen einheitlicher Standards, die sich zunehmend entwickelnde Technik- und Methodenvielfalt sowie die Notwendigkeit der Vereinheitlichung von Ausbildungs- und Bewertungsmaßstäben führten im Jahre 2013 zu dem Vorhaben, unter dem Titel „Leitlinien verkehrspsychologischer Interventionen – Beratung, Förderung und Wiederherstellung der Fahreignung" mithilfe eines breiten Autorenteams den aktuellen Erkenntnisstand und evidenzbasierte und praxisbewährte Methoden und Techniken in eine systematische Darstellung zu bringen.

Dabei ist es gelungen, Meinungsverschiedenheiten zu überwinden und ein Autorenteam aus Verkehrspsychologen verschiedener Trägerorganisationen, aus Berufsverbänden und Fachgesellschaften sowie aus der psychotherapeutischen Grundlagenwissenschaft zu motivieren, Beiträge zur systematischen Darstellung der Theorie und Praxis verkehrspsychologischer Interventionen zu erarbeiten.

Das vorliegende Werk beschreibt verkehrspsychologische Interventionen als ein Teilgebiet der Verkehrssicherheitsarbeit mit hoher Relevanz. Der Wissensstand und die Methoden erweitern und differenzieren sich ständig. Gerade in den letzten zwanzig Jahren haben sich standardisierte Durchführungsformen, wissenschaftliche Studien zu deren Effektivität, Rechts- und Ausbildungsregeln sowie Qualitätskriterien stark weiterentwickelt. Verschiedene Fachgesellschaften und berufliche Organisationen (DGVP, DGPs, DGVM, BDP, BNV) haben hierzu mit Forschung und Fachkongressen einen wesentlichen Beitrag geleistet.

Dieses Buch erfasst das Fachgebiet der verkehrspsychologischen Interventionen erstmalig umfassend und systematisch. Es werden Standards auf aktuellem Erkenntnisstand und ihre evidenzbasierten und praxisbewährten Techniken und Methoden definiert. Dabei wurde großer Wert auf Interdisziplinarität gelegt. Die komplexen Bezüge zu den Fachgebieten Recht und Medizin sowie zur Psychotherapie wurden verständlich integriert. Aktuelle Gesetzesänderungen und ihre Konsequenzen für die Praxis und Durchführung von Interventionen wurden eingearbeitet, u.a. die Neuregelung des Fahreignungs-Bewertungssystems.

Überwiegend sind die in diesem Buch beschriebenen Techniken, Methoden und Standards der Interventionen vorgesehen für Verkehrsteilnehmer im automobilen Straßenverkehr, jedoch sind sie in angepasster Form auch geeignet, im Bereich von Bahn-, Schiff- oder Luftfahrt Anwendung zu finden.

Bei der Konzeption dieses Werkes war es Anliegen der Herausgeber und des Verlages, das Fachgebiet der verkehrspsychologischen Interventionen klar, praxisrelevant und nach Leitlinien orientierend darzustellen. Damit soll das Werk in eine Reihe mit anderen Grundlagenwerken wie der *Urteilsbildung in der Fahreignungsbegutachtung – Beurteilungskriterien,* dem *Kommentar zu den Begutachtungsleitlinien* und dem *Handbuch des*

Fahreignungsrechts gestellt werden und ergänzt diese um den verkehrsinterventiven Praxisbereich der Verkehrspsychologie.

Dazu werden in diesem Buch die theoretischen und praktischen Erkenntnisse im deutschsprachigen Bereich zu folgenden Themengebieten zusammengefasst:

- Grundlagen verkehrspsychologischer Interventionen
- Anwendungsgebiete
- Methoden
- Spezifika in der Arbeit mit Teil- und Zielgruppen im ungeregelten Bereich
- Qualifikationsanforderungen
- Qualitätssicherung und Evaluation
- Perspektiven
- anwendungsorientierte Hilfen und Arbeitsmaterialien.

Im ersten Grundlagenteil werden das Konzept der Fahreignung, die Entwicklungsgeschichte verkehrspsychologischer Interventionen und ihre Spezifika und Unterschiede dargestellt.

Im zweiten Kapitel („Anwendungsgebiete“) finden sich geregelte Rehabilitationsangebote, nicht geregelte Beratungs- und Interventionsansätze, weitere Arbeitsfelder der Intervention sowie länderspezifische Formen verkehrspsychologischer Interventionen aus Österreich und der Schweiz.

Im dritten Kapitel („Methoden“) werden diagnostische und interventionsbezogene methodische Grundlagen erörtert. Dies umfasst auch Beziehungen zur Psychotherapie, zu Testentwicklungen und zur diagnostischen Verfahrensentwicklung.

Das vierte Kapitel beschreibt verkehrspsychologische Interventionen mit speziellen Teil- und Zielgruppen im ungeregelten Bereich, insbesondere mit alkohol-, drogen- und verkehrsauffälligen Kraftfahrern. Außerdem wird auf die Spezifik älterer und kranker (z. B. ADHS, PTBS) Verkehrsteilnehmer fokussiert. Dabei werden auch exemplarische Module aus der Praxis vorgestellt.

Im fünften Kapitel werden Anforderungen an die Qualifikation, an die Aus- und Fortbildung der Verkehrspsychologen im Interventionsbereich hergeleitet, einschließlich berufsethischer Standards und Voraussetzungen der Tätigkeit.

Das sechste Kapitel widmet sich der Qualitätssicherung und Evaluation verkehrspsychologischer Interventionen und stellt heute anerkannte Standards und Zertifizierungsgrundlagen vor.

Kapitel sieben bietet Ausblicke und europäische Perspektiven für die Optimierung der Praxis verkehrspsychologischer Intervention und für die weitere Entwicklung des Arbeitsfeldes.

Das achte Kapitel ergänzt das Buch um praktische Hilfen zur Durchführung verkehrspsychologischer Interventionen, Mustervorlagen für Verträge, Protokolle und Teilnahmebescheinigungen.

Das Werk richtet sich an alle, die verkehrspsychologische Interventionen durchführen, veranlassen oder bewerten (Verkehrspsychologen, Mediziner, Juristen, Verkehrsbehörden) oder die sich auf eine entsprechende Tätigkeit vorbereiten.

Nicht nur die unmittelbaren Adressaten des Buches erhalten damit eine Zusammenfassung des aktuellen Wissens-, Forschungs- und Erkenntnisstandes. Dieses Buch besitzt indirekt auch eine große Bedeutung für die Klienten verkehrspsychologischer Interventionen unter dem Aspekt des Verbraucherschutzes, da Qualität und Durchführungsstandards von verkehrspsychologischen Interventionen besser wissenschaftlich fundiert und nachvollziehbar werden. Die Anwendung verkehrspsychologischer Interventionen sollte ausschließlich erfolgen durch Fachpersonal, d. h. durch sachkundige, professionell aus- und weitergebildete Vertreter der psychologischen Wissenschaften.

Das Herausgeberteam, Dr. Paul Brieler, Dr. Birgit Kollbach, Dr. Udo Kranich und Prof. Dr. Konrad Reschke, hat sich in Diskussionen und gemeinsamer Arbeit stets angenähert und auch bei der Darstellung schwieriger Sachverhalte zu einem Konsens gefunden.

Besonders herzlich gedankt sei an dieser Stelle für ihre konzeptionelle Mitarbeit Herrn Prof. Dr. Wolfgang Schubert, der einen maßgeblichen Anteil an der Initiierung dieses Werkes hat, sowie Herrn Dipl.-Psych. Jörg-Michael Sohn für seine Mitinitiierung und für seine Beiträge.

Ausdrücklicher Dank gilt weiterhin den folgenden Einzelpersonen und Organisationen:

- den Autoren für die Erstellung ihrer Beiträge und ihr Verständnis für Nachbesserungs- und Präzisierungswünsche bei der Texterstellung
- Frau M. Sc. der Psychologie Anna Hempel für sorgfältige Recherche und Hilfe bei der Manuskripterstellung
- Verlag und Verleger für die intensive Begleitung und Mitentwicklung des Werkes
- dem Psychologischen Institut der Universität Leipzig, dem Fachbereich Verkehrspsychologie der DEKRA Automobil GmbH, dem Medizinisch-Psychologischen Dienst der DEKRA Akademie GmbH und dem Institut für Schulungsmaßnahmen GmbH für Hilfe und Unterstützung
- allen Lebenspartnern der Verfasser für ihre Geduld und (auch moralische) Unterstützung während der Manuskriptarbeit.

Autoren und Herausgeber hoffen, mit diesem Buch die Qualität der verkehrspsychologischen Intervention weiter zu verbessern und damit die Verkehrssicherheit weiter zu erhöhen. Das Werk soll daher nicht nur Anregungen zur Weiterentwicklung der verkehrspsychologischen Intervention in Forschung und Praxis liefern. Es soll darüber hinaus auch im Bereich der künftigen rechtlichen Verankerung und des Verbraucherschutzes Impulse setzen. Es möge dazu eine weite Verbreitung in Deutschland, Österreich und in der Schweiz sowie in ganz Europa finden.

Für Hinweise und Anregungen zur Weiterentwicklung des Werkes ist das Herausgeberteam im Voraus dankbar.

Oktober 2016 Die Herausgeber

Hinweis: Im Buch wird zur leichteren Lesbarkeit häufig nur die männliche Form oder die Mehrzahl benutzt. Sofern nicht ausdrücklich auf eine bestimmte Geschlechtsbezeichnung Bezug genommen wird, gelten die verwendeten personenbezogenen Begriffe gleichermaßen für Frauen wie für Männer.

Inhaltsverzeichnis

Kapitel 3
Methoden verkehrspsychologischer Interventionen

Kapitel 4
Spezifika in der Arbeit mit Teil- und Zielgruppen im ungeregelten Bereich

Kapitel 5
Anforderungen an die Qualifikation

Kapitel 6
Qualitätssicherung und Evaluation

Kapitel 7

Kapitel 8
Praktische Hilfen

Abkürzungsverzeichnis

a. F.	alte Fassung
Abs.	Absatz
AFN	Gesellschaft für Ausbildung, Fortbildung und Nachschulung e. V.
ANDREA	Analysis of Driver Rehabilitation Programmes
Art.	Artikel
Aufl.	Auflage
AVEM	Arbeitsbezogenes Verhaltens- und Erlebensmuster
AViS	Fragebogen zur Erfassung von Aggressionen im Straßenverkehr
BAK	Blutalkoholkonzentration
BASt	Bundesanstalt für Straßenwesen
Bd., Bde.	Band, Bände
BDP	Berufsverband Deutscher Psychologinnen und Psychologen e. V.
BfF	Begutachtungsstelle für Fahreignung
Bfu	Beratungsstelle für Unfallverhütung
BGBl.	Bundesgesetzblatt
BGL	Begutachtungsleitlinien/Begutachtungs-Leitlinien
BNV	Bundesverband Niedergelassener Verkehrspsychologen e. V.
BK	Beurteilungskriterien
BMVBS	Bundesministerium für Verkehr, Bau und Stadtentwicklung
BMVI	Bundesministerium für Verkehr und digitale Infrastruktur
CIECA	International Commission for Driver Testing
CTU	Chemisch-toxikologische Untersuchung
d. h.	das heißt
DEKRA	Deutscher Kraftfahrzeug-Überwachungs-Verein
DGVM	Deutsche Gesellschaft für Verkehrsmedizin e. V.
DGVP	Deutsche Gesellschaft für Verkehrspsychologie e. V.
DRUID	Driving under the Influence of Drugs, Alcohol and Medicines
EFPA	European Federation of Psychologists' Associations
EG	Experimentalgruppe
et al.	et aliae (und andere)
ETSC	European Transport Safety Council
EU	Europäische Union
EuGH	Gerichtshof der Europäischen Union
f., ff.	folgende, fortfolgende
FA-MPA	Fachausschuss Medizinisch-Psychologisches Arbeitsgebiet
FAER	Fahreignungsregister
FE	Fahrerlaubnis
FeV	Fahrerlaubnis-Verordnung
GebOSt	Gebührenordnung für Maßnahmen im Straßenverkehr
ggf.	gegebenenfalls

Hrsg.	Der/Die Herausgeber
ICADTS	International Council on Alcohol, Drugs and Traffic Safety
i. d. R.	in der Regel
IFS	Institut für Schulungsmaßnahmen GmbH
Kap.	Kapitel
KBA	Kraftfahrt-Bundesamt
KfV	Kuratorium für Verkehrssicherheit
Kfz	Kraftfahrzeug
KG	Kontrollgruppe
lfd.	laufend
MDV	Medizinischer Dienst des Verkehrswesens der DDR
MPU	Medizinisch-Psychologische Begutachtung (früher Untersuchung)
Nr.	Nummer
PASS	Psychological and Medical Assistance for Safe Mobility
PR	Prozentrang
PsychThG	Psychotherapeutengesetz
Rili/RL	Richtlinie
s.	siehe
S.	Seite(n)
SGB	Sozialgesetzbuch
StAB	Ständige Arbeitsgruppe Beurteilungskriterien
StGB	Strafgesetzbuch
StPO	Strafprozessordnung
StVG	Straßenverkehrsgesetz
StVO	Straßenverkehrs-Ordnung
StVZO	Straßenverkehrs-Zulassungs-Ordnung
Suppl.	Beiheft, Supplement
SUPREME	Summary and Publication of Best Practices in Road Safety in the Member States
Sz	Kurssitzung
TauVoK	Tauglichkeits-Verordnung Kraftverkehr
TÜV	Technischer Überwachungsverein
u. a.	unter anderem/und andere
UStG	Umsatzsteuergesetz
VdTÜV	Verband der TÜV
vgl.	vergleiche
VZR	Verkehrszentralregister
z. B.	zum Beispiel
zGM	zulässige Gesamtmasse

Kapitel 1
Verkehrspsychologische Interventionen – Einführung

Paul Brieler, Birgit Kollbach, Udo Kranich, Konrad Reschke

Die Verkehrspsychologie ist ein Teilgebiet der Angewandten Psychologie. Sie beschäftigt sich unter anderem mit der Beschreibung, Erklärung, Vorhersage und der Veränderung menschlichen Verkehrsverhaltens und darüber hinaus auch mit den Bereichen Ergonomie (Mensch–Technik) und Mobilitätsgestaltung (Mensch–Verkehr). Dabei steht die Erforschung des Straßenverkehrs im Mittelpunkt, jedoch werden auch die Verkehrsbereiche Luft, Schiene und Wasser umfasst (Krüger, 2009). Die Beurteilung der Eignung von Kraftfahrern im diagnostischen Sinne stellt seit Beginn der Motorisierung des Verkehrs nicht nur in Deutschland ein zentrales praktisches Anwendungsfeld verkehrspsychologischer Tätigkeit im interdisziplinären Kontext von Medizin, Recht und Technik dar.

Verkehrspsychologische Interventionen, also Eingriffe in das Verkehrsverhalten, können auf jeder der drei Präventionsebenen im Sinne der Verbesserung der Verkehrssicherheit erfolgen (siehe Kapitel 1.3.3). Dieses Arbeitsgebiet hat die Aufgabe, die Mobilitätskompetenz zu fördern, ein die Verkehrssicherheit gefährdendes Verhalten zu verändern und ggf. Einstellungs-, Verhaltens-, emotionale und kognitive Voraussetzungen für eine dauerhafte positive Verkehrsverhaltensprognose zu schaffen oder wiederherzustellen. Beispiele für verkehrspsychologische Interventionen auf den Präventionsebenen zeigt *Tabelle 1.1*.

Das Ziel verkehrspsychologischer Interventionen auf allen Präventionsebenen ist die Verbesserung von individuellen Verhaltensweisen und Einstellungen im Verkehr (Selbstregulation) und damit auch die Erhöhung der allgemeinen Verkehrssicherheit. Verkehrspsychologische Interventionen erfolgen anlassbezogen auf Grundlage einer spezifischen Indikation in Form von Einzel- oder Gruppenmaßnahmen und werden idealerweise von qualifizierten Verkehrspsychologen qualitätsgesichert durchgeführt. Viele verkehrspsychologische Interventionen haben ihre Wirksamkeit am Kriterium der Legalbewährung nachgewiesen.

In Deutschland ist die Entwicklung verkehrspsychologischer Interventionen für auffällige Kraftfahrer auf der sekundären und tertiären Präventionsebene eng mit der Entwicklung der verkehrspsychologischen Diagnostik verbunden. Die Begutachtung der Fahreignung hat über die Diagnostik hinaus den prognostischen Auftrag, die zukünftige Bewährung des Kraftfahrers im Sinne eines normgerechten Verkehrsverhaltens abzuschätzen. Zielgruppe von verkehrspsychologischen Interventionen auf der sekundären und tertiären Präventionsebene sind verkehrsauffällige Kraftfahrer, im Wesentlichen alkohol-, drogen-, verkehrs- und strafauffällige Personen sowie Personen mit gemischten Delikten. Anlässe dieser verkehrspsychologischen Interventionen sind i. d. R. Gesetzesverstöße und regelverletzendes Verkehrsverhalten, nicht jedoch vordergründig Störungen von Krankheitswert. Sollten psychische oder körperliche Störungen mit Krankheitswert auslösend für Fahreignungsdefizite sein, so ist die Kooperation mit Ärzten und Psychotherapeuten notwendig.

Tabelle 1.1 **Beispiele für verkehrspsychologische Interventionen auf den drei Präventionsebenen von PASS**

PASS	Psychological and Medical ASsistance for Safe Mobility (Allhoff-Cramer et al., 2007)			
	Verkehrspsychologische Interventionen		Beispiele	Ziele
Ebene 1	Primärprävention – keine Verkehrsauffälligkeit			
	Freiwillige Maßnahmen ohne Rechtsfolgen	Verpflichtende standardisierte Gruppenmaßnahmen mit Rechtsfolgen	D: „65+" für ältere Kraftfahrer AU: Gruppengespräch für Fahranfänger (§ 13c FSG-DV)	Vermeidung, verkehrsauffällig zu werden
Ebene 2	Sekundärprävention – Verkehrsauffälligkeit			
	Freiwillige oder verpflichtende standardisierte Einzel- oder Gruppenmaßnahmen mit Rechtsfolgen		D: Fahreignungsseminar (§ 42 FeV) AU: Nachschulung im Vormerksystem (§ 4a FSG-NV) CH: Verkehrsunterricht (Art. 40 VZV)	Verhinderung weiterer Verkehrsauffälligkeiten, Aufrechterhaltung der Eignung
Ebene 3	Tertiärprävention – Verkehrsauffälligkeit mit Entzug der Fahrerlaubnis			
	Flexible Einzel- oder Gruppenmaßnahmen ohne Rechtsfolgen	Standardisierte Gruppenmaßnahmen mit Rechtsfolgen	D: verkehrspsychologische Fahreignungsberatung und Interventionen (im engeren Sinn der Förderung der Fahreignung) sowie §-70-FeV-Kurse zur Wiederherstellung der Fahreignung AU: Nachschulung im Vormerksystem (§ 4a FSG-NV) CH: Verkehrstherapie	Rehabilitation und Verhinderung von weiteren Verkehrsauffälligkeiten nach Neuerteilung der Fahrerlaubnis

D: Deutschland; AU: Österreich; CH: Schweiz

Auf der sekundären Präventionsebene finden sich „verkehrspsychologische Kurse für Risikogruppen mit unzureichender Verkehrsanpassung mit dem Ziel, die Fahreignung aufrecht zu erhalten". Auf der tertiären Präventionsebene sind ebenfalls standardisierte verkehrspsychologische Gruppenmodelle angesiedelt. Sie richten sich an Personen mit Eignungsmängeln, die zum Entzug der Fahrerlaubnis geführt haben, und haben das „Ziel der Wiederherstellung der Fahreignung und damit der persönlichen Rehabilitation (in der Regel Kurse mit Rechtsfolgen)" (Stephan et al., 2009). Verkehrspsychologische Interventionen mit Rechtsfolgen besitzen stets gesetzliche Regelungen zur Durchführung und zur Qualifikation des Personals.

Darüber hinaus befinden sich auf der tertiären Präventionsebene auch individuelle Maßnahmen zur Förderung der Fahreignung ohne Rechtsfolgen. Sie verfolgen das Ziel der Rehabilitation des auffälligen Fahrers, der seine Eignung i.d.R. mithilfe einer medizinisch-psychologischen Begutachtung wiederherstellen möchte. Es handelt sich um die verkehrspsychologische Fahreignungsberatung und um verkehrspsychologische Intervention im engeren Sinne.

Die Fahreignungsberatung hat den diagnostischen Auftrag, die Schwere der Problematik zu ergründen und weitere Maßnahmen zu empfehlen. Angesichts der Vielzahl denkbarer Ursachen für Eignungszweifel kann die verkehrspsychologische Fahreignungsberatung neben verkehrspsychologischen Interventionen zur Fahreignungsförderung auch weiterführende Beratungsangebote (z.B. medizinische Fahreignungsberatung bei Erkrankungen nach Anlage 4 FeV) sowie weitere, einzelfallspezifische Maßnahmen zur Verbesserung von Eignungsvoraussetzungen (z.B. medizinische Therapien, suchttherapeutische Maßnahmen oder verkehrspädagogische Unterstützung) empfehlen (DeVol et al., 2015). Der Klient soll motiviert werden, diese in Anspruch zu nehmen.

Bei verkehrspsychologischen Interventionen zur Fahreignungsförderung handelt es sich um „nichtstandardisierte verkehrspsychologische Gruppen- und Einzeltherapie ohne Rechtsfolgen für Ungeeignete, bei denen normabweichende verkehrsrelevante Einstellungen sowie in der Folge normabweichendes Verkehrsverhalten und/oder verkehrsrelevante Persönlichkeitsstörungen (mit oder ohne Krankheitswert) vorliegen, welche die Fahreignung in der Regel ausschließen“ (Stephan et al., 2009). Bei Störungen mit Krankheitswert ist die Kooperation mit Ärzten und Psychotherapeuten notwendig. Verkehrspsychologische Interventionen zur Fahreignungsförderung arbeiten nach wissenschaftlich begründeten Standards der Verkehrspsychologie sowie der Psychotherapie und erfordern eine weiterführende prozessbegleitende Diagnostik des Einzelfalls über die Fahreignungsberatung hinaus. Eine personelle und institutionelle Trennung vom Prozess der Begutachtung ist erforderlich (Schubert, Glaser, Reschke & Kranich, 2007).

Seit Ende der 1970er-Jahre haben sich in Deutschland für verkehrspsychologische Interventionen zur Fahreignungsförderung auch die Begriffe „Verkehrstherapie“ und „verkehrspsychologische Therapie“ etabliert, ohne dass es sich dabei um ein gemeinsames und ausformuliertes Konzept handelt. In der Schweiz findet der Begriff „Verkehrstherapie“ Verwendung. Bei der Rehabilitation von auffälligen Fahrern handelt es sich i.d.R. nicht um die Behandlung von krankheitswertigen Störungen, insofern erfolgt keine Psychotherapie im Sinne der sozialrechtlichen Krankenbehandlung (siehe Kapitel 6.2). Um diesen Aspekt zu betonen, wird häufig der zutreffendere Begriff der „verkehrspsychologischen Intervention“ im engeren Sinne der Förderung der Fahreignung verwendet. Dabei soll der „Eingriff“ in das unerwünschte Verhalten, also der verhaltens- und einstellungsändernde Aspekt der Maßnahme, herausgestellt werden, ohne zu implizieren, sich in eine „Therapie“ (mit Heilungsabsicht) zu begeben. In diesem Buch finden, wie im deutschsprachigen Raum, alle drei Begriffe Verwendung.

Bild 1.1 zeigt die gegenwärtige Realität verkehrspsychologischer Interventionen. Je schwerer sich die Fallkonstellation darstellt, desto höher ist die Dauer und die Intensität einer Intervention anzusetzen. Entsprechend anspruchsvoller stellt sich auch die verkehrspsychologische Aufgabe dar.

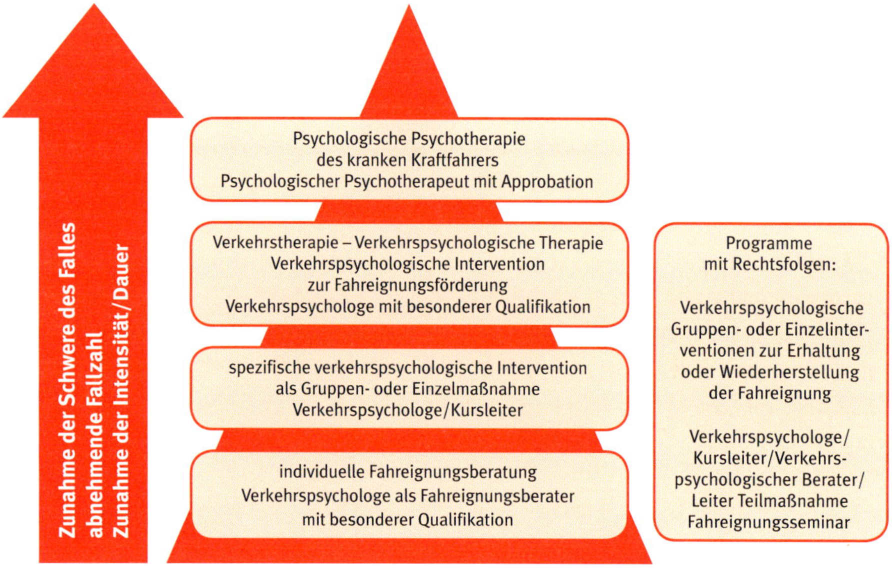

Bild 1.1 Pyramide verkehrspsychologischer Interventionen

Die Besonderheiten von Verkehrstherapie/verkehrspsychologischer Therapie/Intervention im engeren Sinne ergeben sich dabei weniger aus ihrer Verfahrensspezifik, wie sie in der Psychotherapie zum Teil noch sehr ausgeprägt ist, sondern eher aus ihrer Anlassspezifik sowie der Spezifik der Einschränkung der Fahreignung. Den meisten verkehrspsychologischen Interventionsansätzen liegen kognitiv-verhaltenstherapeutische (Verhaltenstherapie), dynamisch-klärungsorientierte (tiefenpsychologisch fundierte Psychotherapie und insbesondere individualpsychologische Therapie) und lösungs- und ressourcenorientierte Therapiemodelle (systemische Kurzzeittherapie) zugrunde. Die Wirkmechanismen der verkehrspsychologischen Interventionen basieren ebenso wie viele andere erfolgreich wirkende Psychotherapien weniger auf Therapiemethoden, sondern eher auf allgemeinen therapeutischen Wirkfaktoren, wie sie zusammenfassend von Grawe (1998; 2004) formuliert worden sind. Die verkehrspsychologisch-rehabilitative Tätigkeit greift auf psychotherapeutische Konzepte und Wirkmechanismen zurück und nutzt diese zur Verhaltens- und Einstellungsbeeinflussung auffälliger Fahrer. Dabei fällt sie nicht unter den Approbationsvorbehalt (Kranich & Reschke, 2009), da sie sich im Schwerpunkt mit Störungen unterhalb vom Krankheitswert befasst (siehe Kapitel 1.4.1) und andernfalls die interdisziplinäre Kooperation mit approbierten Psychologischen Psychotherapeuten oder Ärzten nutzt.

1.1 Fahreignung – Grundbegriffe

Birgit Kollbach

In diesem Kapitel werden die Unterschiede zwischen den Begriffen Mobilitätskompetenz, Fahreignung, Fahrtüchtigkeit und Befähigung eines Fahrers beschrieben und ein Bezug zur Verkehrssicherheit und zum Unfallgeschehen hergestellt.

Mobilitätskompetenz

Verkehrssicherheit setzt eine ausreichende Mobilitätskompetenz aller Verkehrsteilnehmer voraus. Der Begriff der Mobilitätskompetenz geht dabei weit über das Beherrschen von Fahrzeugen oder Verkehrsregeln hinaus. Das Modell PASS (Psychological and Medical ASsistance for Safe Mobility; siehe Kapitel 1.1.3) definiert Mobilitätskompetenz als *„die Gesamtheit von überdauernden körperlichen, geistigen, verhaltens- und einstellungsbezogenen Voraussetzungen des Fahrers zum sicheren und partnerschaftlichen Führen von Kraftfahrzeugen. [...] Mobilitätskompetenz ist abhängig von körperlichen und psychischen Bedingungen wie Gesundheit, persönlichen Einstellungen, situationsbezogenen Verhaltensweisen und Persönlichkeitsmerkmalen“* (Allhoff-Cramer et al., 2007). Der Aufbau von Mobilitätskompetenz beginnt mit der Verkehrserziehung im Kindesalter und wird durch lebenslanges Lernen erhalten. Die Eigenverantwortung jedes Verkehrsteilnehmers wird betont. Der Begriff der Mobilitätskompetenz umfasst außerdem die Fähigkeit, eigene Mobilitätsbedürfnisse optimal, d. h. unter Einbeziehung verschiedener Verkehrsträger, Verkehrswege und Prioritätensetzung, zu erfüllen. Eine solche erweiterte Kompetenz (z. B. ein Kfz, ein Fahrrad oder die ÖPNV-Struktur sinnvoll zu nutzen, Einkaufsmöglichkeiten in fußläufiger Entfernung zu bevorzugen) ist gesellschaftlich sinnvoll und entwicklungsbedürftig (Kalwitzki, 2007).

Fahreignung

Die Fahreignung gehört zur Mobilitätskompetenz eines Kraftfahrers und grenzt sich von den Begriffen der Befähigung und der Fahrtüchtigkeit ab. Körperliche Beeinträchtigungen oder fahrverhaltensbezogene Probleme und Auffälligkeiten können die Fahreignung als Teil der individuellen Mobilitätskompetenz infrage stellen. Ein Ziel der Verkehrspsychologie und Verkehrsmedizin ist es, einen Beitrag zur Sicherung und Wiederherstellung der Fahreignung und damit einen Beitrag zur Verbesserung der allgemeinen Verkehrssicherheit zu leisten.

Der Begriff der Fahreignung ist ein unbestimmter Rechtsbegriff, der im Fahreignungsrecht eine zentrale Rolle spielt (Patermann, Schubert & Graw, 2015). Die Eignung zum Führen eines Kraftfahrzeugs ist in Deutschland nach § 2 Abs. 2 Straßenverkehrsgesetz (StVG) eine von sieben Voraussetzungen für die Erteilung der Fahrerlaubnis:

1. Wohnsitz im Inland
2. Mindestalter
3. **Eignung**
4. Ausbildung
5. Befähigung (Bestehen der Fahrerlaubnisprüfungen)
6. Erste Hilfe
7. Keine andere Fahrerlaubnis in einem europäischen Staat.

§ 2 Abs. 4 StVG bestimmt: „Geeignet zum Führen von Kraftfahrzeugen ist, wer die notwendigen körperlichen und geistigen Anforderungen erfüllt und nicht erheblich oder nicht wiederholt gegen verkehrsrechtliche Vorschriften oder gegen Strafgesetze verstoßen hat." Vor der Erteilung einer Fahrerlaubnis sind hierzu bestimmte Untersuchungen der körperlichen Eignung beizubringen, z.B. ein Sehtest für die Fahrerlaubnisklasse B. Außerdem holt die Fahrerlaubnisbehörde eine Auskunft aus dem Fahreignungsregister und aus dem Bundeszentralregister (Strafregister) ein, um eventuelle Tatsachen in Erfahrung zu bringen, die die Eignung in Zweifel ziehen bzw. ausschließen können. Im Übrigen gilt jedoch eine Eignungsvermutung. Die Fahreignung, in manchen Publikationen auch als „Fahrtauglichkeit" bezeichnet, kann als „zeitlich überdauernde Eigenschaft" oder „zeitlich weitgehend stabile, von aktuellen Situations- und Befindlichkeitsparametern unabhängige" Fähigkeit zum Führen eines Kraftfahrzeugs im öffentlichen Straßenverkehr definiert werden (Patermann, Schubert & Graw, 2015; Müller et al., 2006).

Schützenhofer (im Druck, S. 159) definiert die Fahreignung auf der Leistungsebene und auf der Persönlichkeitsebene. *„Fahreignung im Entwicklungsverlauf erfordert auf der Leistungsebene die kognitiven und sensorischen Fähigkeiten selektive und geteilte Aufmerksamkeit, Wahrnehmungsgeschwindigkeit und peripheres Sehvermögen als Basis, um Verkehrssituationen überblicken und (verkehrs-)relevante Informationen identifizieren zu können. Sie impliziert des Weiteren (Gefahren-)Antizipationsvermögen, um die weitere Entwicklung von Verkehrssituationen vorhersehen zu können sowie Reaktionsschnelligkeit und Reaktionssicherheit. Auf der Persönlichkeitsebene basiert Fahreignung im Sinne von Verkehrsreife auf den sozialen und interpersonellen Fähigkeiten Emotionale Stabilität, Selbstkontrolle, Soziale Konformität, Zuverlässigkeit sowie Unabhängigkeit vom Verhalten der Anderen."*

Fahrtüchtigkeit

Demgegenüber beschreibt der Begriff der Fahrtüchtigkeit *„den augenblicklichen Zustand einer Person bei Fahrtantritt, also die situations- und fahrtabhängige sowie zeitgebundene Fähigkeit und Leistungsbereitschaft eines Verkehrsteilnehmers zum Führen eines Kraftfahrzeuges"* (Kranich, Kulka & Reschke, 2008). Diese kann beispielsweise bei grippalen Infekten, nach Alkohol-, Drogen- oder Medikamentenkonsum, bei Müdigkeit, aber auch nach starken emotionalen Erlebnissen beeinträchtigt sein. Der Gesetzgeber sieht eine Pflicht jedes Verkehrsteilnehmers zur ständigen Selbstüberprüfung der Fahrtüchtigkeit vor (§ 2 Abs. 1 FeV).

Befähigung

Es gibt einen grundlegenden Unterschied zwischen Eignung und Befähigung, welche sich nicht einmal in Teilbereichen überschneiden.

„Die Befähigung muss der Erstbewerber [...] anhand der theoretischen und praktischen Prüfung nachweisen, die körperliche Eignung anhand eines Sehtests (für Fahrzeuge der Gruppe 2 ist zusätzlich ein Gutachten über die körperliche und geistige Eignung notwendig sowie eine Bescheinigung oder ein Zeugnis über das Sehvermögen). Die erforderliche charakterliche Eignung eines Bewerbers um die Fahrerlaubnis wird vorausgesetzt und nur anhand eines Auszugs aus dem Fahreignungsregister (ehemals Verkehrszentralregisterauszug, VZR-Auszug) gescreent. Ein weiterreichendes Screening anhand eines

Bundeszentralregisterauszugs (BZR-Auszug) als Eignungsüberprüfung erfolgt nur in dem Fall, dass sich Anhaltspunkte ergeben, die auf Eignungszweifel hindeuten (z. B. wenn der zuständigen Behörde Straftaten, Alkohol- oder Drogenverstöße in der Vergangenheit bekannt geworden sind). Nur beim Erwerb einer Fahrerlaubnis der D-Klassen wird die Vorlage eines BZR-Auszugs wegen der sich aus dem Erwerb ergebenden besonderen Verantwortung bei der Beförderung von Fahrgästen regelmäßig gefordert. In der Regel wird die Fahrerlaubnis für alle anderen Klassen jedoch ohne weitergehende Überprüfungen erteilt. Der Bewerber erhält somit in gewisser Weise einen ‚Vertrauensvorschuss' durch die erteilende Behörde und darf am motorisierten Straßenverkehr teilnehmen" (Klipp, 2015).

Die Befähigung ist nach § 2 Abs. 5 StVG verbunden mit

1. dem Nachweis von Kenntnissen über gesetzliche Vorschriften für das Führen von Kraftfahrzeugen,
2. Vertrautsein mit Gefahrenlehre,
3. technischen Kenntnissen und sicherer Beherrschung eines Kfz und
4. Kenntnissen und Anwendung einer umweltbewussten und energiesparenden Fahrweise.

Die Befähigung ist in der theoretischen und praktischen Fahrprüfung nachzuweisen.

Im Sprachgebrauch des Verkehrspsychologen ist auf eine Eindeutigkeit der Begriffsbestimmungen zu achten, sowohl im Klientenkontakt als auch im interkollegialen Austausch.

Verkehrssicherheit, Unfallrisiko und Eignung

Vielfältige Bemühungen führten in den letzten 25 Jahren zu einem erheblichen Rückgang der im Straßenverkehr Getöteten. In den Jahren 2001 bis 2010 wurde innerhalb der Europäischen Union eine Reduktion um 43 % von knapp 55 000 getöteten Personen auf ca. 31 500 erreicht. In Deutschland sank in diesem Zeitraum die Anzahl der Getöteten um 48 %, in Österreich um 42 % und in der Schweiz um 40 %. Das neue Ziel der EU ist die

Tabelle 1.2 Verkehrstote in der EU und im deutschsprachigen Raum seit 1991

	Verkehrstote[1]								
	1991	2001	Abnahme 1991–2001	2010	Abnahme 2001–2010	2014	Abnahme 2010–2014	2010 je Million Einwohner[2]	2014 je Million Einwohner
EU	75 426	54 949	−27 %	31 490	−43 %	25 891	−18 %	62	50,5
D	11 300	6 977	−38 %	3 648	−48 %	3 377	−7 %	45	42
A	1 551	58	−38 %	552	−42 %	430	−22 %	66	51
CH[3]	860	544	−37 %	327	−40 %	243	−26 %	42	30

Quellen

1 Statistisches Bundesamt (2015): Verkehrsunfälle 2014. Fachserie 8, Reihe 4. Statistisches Bundesamt, Wiesbaden. S. 333 ff.

2 European Commission (2015): Press Release. How safe are your roads? Commission road safety statistics show small improvement for 2014. http://europa.eu/rapid/press-release_IP-15-4656_en.htm

3 Statista Statistikportal (2015): http://de.statista.com/statistik/daten/studie/161037/umfrage/anzahl-der-verkehrstoten-in-der-schweiz/ (letzter Zugriff: 3.8.2015).

Tabelle 1.3 Verkehrsunfälle mit Personenschaden in Deutschland

2014 Deutschland	Gesamt	mit Personenschaden	% von Gesamtzahl
Verkehrsunfälle	2 406 685	302 435	13 %
Unfälle unter berauschenden Mitteln	37 956	14 560	38 %

„Schaffung eines gemeinsamen Raums der Straßenverkehrssicherheit", wozu die Gesamtzahl der Unfalltoten im Straßenverkehr innerhalb der EU bis 2020 erneut halbiert werden soll. Dazu bleibt im deutschsprachigen Raum noch viel zu tun (*Tabelle 1.2*). Nicht zu vernachlässigen sind Schwerverletzte im Straßenverkehr. Allein in Deutschland wurden 2014 ca. 68 000 Personen schwer verletzt. Viele Überlebende schwerer Verkehrsunfälle finden nie mehr zur vorherigen Lebensqualität zurück.

Allgemeine Unfallursachen wie z. B. Straßenglätte durch Regen oder Schnee waren in Deutschland 2014 lediglich bei 7,8 % aller Unfälle mit Personenschaden die Ursache. Technische Mängel am Fahrzeug wurden nur bei neun von 1 000 beteiligten Fahrzeugen festgestellt (Statistisches Bundesamt, 2015, S. 49). Für ca. 92 % aller Verkehrsunfälle mit Personenschaden war also menschliches Fehlverhalten zumindest teilursächlich. Der Faktor Mensch ist damit die entscheidend zu beeinflussende Größe bei allen Bemühungen, die Anzahl der Verkehrstoten und Schwerverletzten weiter zu senken.

2014 entstand in Deutschland bei 38 % aller Unfälle unter berauschenden Mitteln (Alkohol, Drogen) ein Personenschaden, während dies nur bei 13 % der gesamten Verkehrsunfälle der Fall war (*Tabelle 1.3*) (Statistisches Bundesamt, 2015).

Auch Mehrfachpunktetäter sind keine Gruppe „harmloser Verkehrssünder" (siehe Kapitel 4.2.5). Fahrer mit mehr als vier Registereinträgen tragen im Vergleich zu unvorbelasteten Personen gleichen Geschlechts und Alters durchschnittlich das rund sechsfache Risiko, in den nächsten zwölf Monaten mit einem Unfall eingetragen zu werden

Bild 1.2 **Relatives Risiko, innerhalb von zwölf Monaten mit einem Unfall VZR-auffällig zu werden, in Abhängigkeit von der Zahl der Voreintragungen** (nach Schade, 2005)

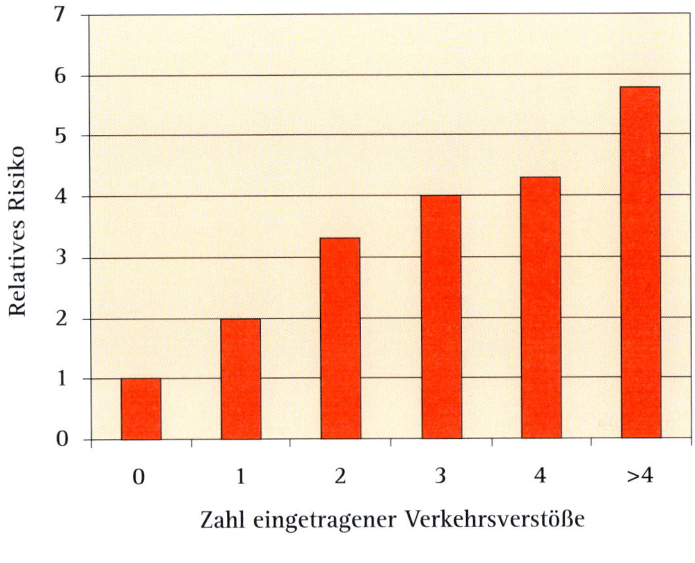

Tabelle 1.4 **Maßnahmen zu allgemeinen Fahrerlaubnissen im Jahr 2014 in Deutschland** (KBA, 2015)

Entziehungen	Aberkennungen	Isolierte Sperren	Versagungen	Verzichte	Maßnahmen zur FE gesamt	+ Fahrverbote	Maßnahmen insgesamt	Durchgeführte MPU
99782	10874	23795	16502	25242	176195	401785	577980	91536

Entziehung der Fahrerlaubnis	Erfolgt bei Nichteignung wegen körperlicher oder geistiger Mängel durch Justiz- oder Verwaltungsbehörden
Aberkennung	des Gebrauchs einer ausländischen Fahrerlaubnis im Inland
Isolierte Sperre	Sperre für Nichtinhaber der Fahrerlaubnis
Versagung	Ablehnung des Antrags auf (Neu-)Erteilung einer Fahrerlaubnis bei körperlichen oder geistigen Mängeln
Verzicht	Freiwilliger Verzicht, z. B. um die Kosten des Entzugsverfahrens zu sparen
Fahrverbot	Abgabe des Führerscheins für 1–3 Monate, danach Rückgabe des Führerscheins
MPU	Medizinisch-psychologische Begutachtung (früher Untersuchung)

(*Bild 1.2*). Betrachtet man dazu Eintragungen wegen grob gefährdender Verhaltensweisen oder Missachtung der Formalbestimmungen zum Gebrauch von Kfz, dann tragen diese Personen das rund zwölffache Risiko, in den nächsten zwölf Monaten im Register erfasst zu werden. Eintragungen in Punkteregistern erlauben also *„nicht nur kraft Gesetzes, sondern auch empirisch begründet den Schluss auf ein erhöhtes Verkehrsrisiko, sodass in diesen Fällen durch ein ‚Driver Improvement' oder notfalls durch den Entzug der Fahrerlaubnis tatsächlich eine Verbesserung der allgemeinen Verkehrssicherheit eintritt"* (Schade, 2005).

Tabelle 1.5 **Prozentualer Anteil von Personen, gegen die Maßnahmen zur Fahrerlaubnis ergriffen worden sind, im Vergleich mit der Besetzung eines Flugzeugs vom Typ A 380** (KBA, 2015)

Grundgesamtheit Fahrerlaubnisinhaber in Deutschland 2014 (Schätzung)	Punkteeintrag im Fahreignungsregister	% von Grundgesamtheit	Fahrverbote	% von Grundgesamtheit	Maßnahmen zur Fahrerlaubnis	% von Grundgesamtheit	Durchgeführte MPU	% von Grundgesamtheit
54000000	6858000	12,7 %	401785	0,75 %	176195	0,33 %	91536	0,17 %
Personen im Flugzeug A 380 (525 Plätze)	67		4		2		1	

Gefährliches Verkehrsverhalten wird je nach Schwere des Verstoßes mit verschiedenen Maßnahmen sanktioniert. Neben Verwarnungsgeldern kommen Bußgelder, Eintragungen im deutschen Fahreignungsregister, Fahrverbote und verschiedene Maßnahmen zur Fahrerlaubnis infrage (*Tabelle 1.4*).

Zusammenfassend bleibt festzustellen, dass der Faktor Mensch die entscheidend zu beeinflussende Größe bei allen Bemühungen ist, die Anzahl der Verkehrstoten und Schwerverletzten weiter zu senken. Dies bestimmt die Rolle der verkehrspsychologischen Interventionen im Hinblick auf Praxis und zukünftige Theorieentwicklung.

1.2 Entwicklung der Rehabilitation auffälliger Kraftfahrer

Paul Brieler, Jörg-Michael Sohn

Die psychologiehistorischen Entwicklungslinien der Rehabilitation auffälliger Kraftfahrer sind in drei Themenbereiche zu unterteilen:

- Diagnostisch-interventive Strategien im Bereich der Überprüfung der Fahreignung
- Verkehrspsychologische Gruppenmaßnahmen mit Rechtsfolgen
- Verkehrstherapie/verkehrspsychologische Therapie/Intervention im engeren Sinne.

In der Bundesrepublik Deutschland war verkehrspsychologische Rehabilitation zunächst Diagnostik der Fahreignung, speziell der Eignung zum Führen von Kraftfahrzeugen. Verkehrspsychologische Interventionen zur Behebung festgestellter Eignungsdefizite kamen erst viel später auf. Folgende Zeittafel zeigt diese Entwicklung und ihre Rahmenbedingungen:

1951 Gründung der ersten Untersuchungsstelle für die Überprüfung der Kraftfahreignung in Köln. Bis Ende der 1950er-Jahre besteht bei allen Technischen Überwachungs-Vereinen bundesweit und in Berlin (West) die Möglichkeit, Fahreignungsuntersuchungen durchzuführen (TÜV Hamburg, 1961).

1956 Aufnahme von „eignungstechnischen Gutachten einer Untersuchungsstelle" in die Straßenverkehrs-Zulassungs-Ordnung (StVZO) (ab 1960 „Medizinisch-Psychologische Untersuchung"). Damit wird gesetzlich die bis dahin durch Ländererlasse geregelte Praxis der Begutachtung durch Medizinisch-Psychologische Institute bundesweit verankert.

1960 Gründung des Fachausschusses Medizinisch-Psychologische Arbeitsgebiete (FA-MPA) bei der Vereinigung der Technischen Überwachungs-Vereine (VdTÜV) vor dem Hintergrund eines Gutachtens über die Arbeitsweise der bis dahin in der Bundesrepublik tätigen neun Medizinisch-Psychologischen Institute (Hampel, 1990). Angesichts einer zunehmenden Inanspruchnahme der Begutachtung und einiger Kontroversen mit der Deutschen Gesellschaft für Verkehrsmedizin (DGVM) sind folgende Fragen zu lösen: institutsübergreifende wissenschaftliche Information und Weiterbildung, Vereinheitlichung der Gutachtenform, Mindestausstattung der Untersuchungsstellen und Vereinheitlichung der Testmethoden sowie die Identifizierung von Forschungsthemen. In einer ersten Phase (bis 1975) beschäftigt sich der Fachausschuss vor allem mit Eignungsbegutachtungen auf Basis der vorherrschenden Persönlichkeitsdiagnostik im Sinne von Dispositionen und der Betonung funktionaler Voraussetzungen des Fahrverhaltens. In einer zweiten Phase (bis 1989) wird die Fokussierung auf dispositionelle Konstrukte aufgegeben. Es erfolgt eine Hinwendung zum modifizierbaren Verhalten und zu interaktionistischen Sichtweisen in der verkehrspsychologischen Eignungsbegutachtung.

1963 Winkler (TÜV Hannover) fordert, verkehrsauffällige Kraftfahrer *„einer psychologisch angelegten Behandlung zuzuführen und somit über eine brauchbare Alternative für die üblichen punitiven Maßnahmen zu verfügen. Mit der Initia-*

tive von Winkler wurde ein wichtiger Impuls für die weiteren Bemühungen dieser Art im deutschsprachigen Raum gegeben" (Echterhoff, 1990a, S. 64).

1966 Schneider leitet aus Untersuchungen von Mehrfachtätern eine Begründung für die Nachschulung dieser problematischen Verkehrsteilnehmer ab.

1967 Der Begriff „Verkehrstherapie" wird erstmals von Winkler verwendet, bezogen auf eine Therapie alkoholauffälliger Verkehrsteilnehmer. Diese sollte weder Psychotherapie noch Verkehrspädagogik sein, sondern eine Intervention zu Ursachen des unkontrollierten Alkoholkonsums und zu Möglichkeiten der Änderung dieser Probleme.

1971 Erste Nachschulungsmaßnahmen: Ab diesem Zeitpunkt werden Ansätze des „Driver Improvement" aus den USA auf Deutschland in Form der „Nachschulung" übertragen. Damit werden Defizite im Bereich der Fahreignung nicht nur methodisch korrekt und rechtssicher festgestellt, sondern durch die untersuchende Stelle auch Hilfestellung zu ihrer Beseitigung angeboten. Mit Gruppengesprächen für alkoholauffällige Kraftfahrer in Leer/Ostfriesland durch den TÜV Hannover beginnt die Erprobung einer verkehrspsychologischen Gruppenintervention.

1974 Der Bereich Unfallforschung an der Bundesanstalt für Straßenwesen (BASt) wird eingerichtet. Für verkehrssicherheitsrelevante Problemgruppen im Straßenverkehr entstehen Projektgruppen, z. B. „Typische Fehlverhaltensweisen von Fahranfängern und Möglichkeiten gezielter Nachschulung" (1974/75) oder „Beeinflussung und Behandlung alkoholauffälliger Kraftfahrer" (1976/77). In der Projektgruppe „Kurse für auffällige Kraftfahrer" (1978–82) werden auf Basis US-amerikanischer und kanadischer Ansätze zwei Kursmodelle, orientiert an unterschiedlichen theoretischen Ansätzen, IFT (verhaltenstherapeutisch) und IRaK (individualpsychologisch) entwickelt.

1978 Vorstellung der deutschen Kursmodelle auf dem 1. Internationalen Workshop „Driver Improvement" in Salzburg. Der fachliche Austausch rehabilitativ tätiger Verkehrspsychologen zur Optimierung der jeweiligen deutschsprachigen Programme wird alternierend von der BASt (D), der Beratungsstelle für Unfallverhütung (bfu, CH) sowie dem Kuratorium für Verkehrssicherheit (KfV, A) organisiert.

1978 Beginn der Wirksamkeitsuntersuchung von Kursen für alkoholauffällige Kraftfahrer (ALKOEVA) im Auftrag der BASt.

1979 Stellungnahme der TÜV gegenüber dem Bundesverkehrsministerium mit der Kernaussage: *„Die Technischen Überwachungs-Vereine betrachten die Nachschulung auffällig gewordener Kraftfahrer als eine Maßnahme, deren Wirksamkeit möglicherweise den Wert anderer Maßnahmen zur Sicherung und Besserung verkehrsauffälliger Fahrer übersteigt."* Weiterhin erklären die TÜV ihre Bereitschaft, *„sich an Entwicklungsarbeiten und der Optimierung bereits praktizierter Kursmodelle zu beteiligen sowie selber Moderatoren auszubilden, deren Qualifikation zu verbürgen und die Pflichten eines Maßnahmeträgers zu übernehmen"* (Hampel, 1990, S. 97).

1979 Rehabilitationskurse für Fahrer mit hohem Punktestand im Verkehrszentralregister werden zuerst in Rheinland-Pfalz angeboten (Utzelmann, 1990).

1979 Gründung der IVT-Hö (Individualpsychologische Verkehrs-Therapie Höcher) in Köln als erstes verkehrstherapeutisches Institut, gefolgt 1984 von der Verkehrspsychologischen Praxis in Braunschweig. Danach eröffnen weitere verkehrspsychologische Einrichtungen mit dem Angebot therapeutisch orientierter Einzelmaßnahmen für auffällige Kraftfahrer.

1981 Der Verkehrsgerichtstag fordert, dass sich Richter, Staatsanwälte und Rechtsanwälte mit den angebotenen Nachschulungskursen vertraut machen sollen. Die Teilnahmebescheinigung einer anerkannten Institution soll für den Richter eine wesentliche Entscheidungshilfe (Abkürzung der Sperrfrist) sein.

1982 Eignungsrichtlinien des Bundesministers für Verkehr werden veröffentlicht. Nach zunehmender Kritik in der Öffentlichkeit, z.B. am Einsatz von unspezifischen Persönlichkeitsfragebögen, an der zunehmenden Schematisierung von Gutachten durch Textbausteine, mangelnder Nachvollziehbarkeit und Nachprüfbarkeit, werden in einer „Arbeitsgruppe MPU“ des Bundesverkehrsministeriums unter Mitwirkung der Länder und des VdTÜV-Fachausschusses die Zuweisungen zur Eignungsbegutachtung überarbeitet und die Verfahrensregeln genauer festgelegt (Hampel, 1990).

1983 Erstmalige Herausgabe des „Leitfadens zur Begutachtung der Eignung zum Führen von Kraftfahrzeugen“ durch den VdTÜV (1983), in welchem die weiterentwickelten Grundsätze der Begutachtung durch die Medizinisch-Psychologischen Institute selbst festgelegt werden. Geregelt werden z.B. die Anlassbezogenheit der Untersuchungen, der Umfang der Untersuchungen und Normen für die Gutachtenerstellung.

1984 Beginn der internen Fachaufsicht über die Nachschulungstätigkeit der TÜV-Institute durch den FA-MPA des VdTÜV, womit diese eine frühe Form der Qualitätssicherung etablieren.

1986 Mit der Einführung der Fahrerlaubnis auf Probe finden Nachschulungskurse erstmals eine gesetzliche Verankerung (List, 1990). In der Probezeit muss ein alkoholauffälliger Fahranfänger an einem anerkannten besonderen Nachschulungskurs teilnehmen. Mit der spezialpräventiven Orientierung soll das Auffallensrisiko von Fahranfängern gesenkt werden.

1986 Die Ergebnisse der Evaluationsstudie ALKOEVA belegen die Wirksamkeit, also die Wiederherstellung der Kraftfahreignung von wiederholt alkoholauffälligen Kraftfahrern durch Rehabilitationskurse 36 Monate nach Neuerteilung einer Fahrerlaubnis (Winkler et al., 1988): Im Vergleich mit positiv Begutachteten, die zu 18,2 % erneut mit einem Alkoholdelikt auffällig geworden waren, traf dies nur bei 13,3 % der Teilnehmer an Nachschulungskursen zu.

1990 Im Medizinischen Dienst des Verkehrswesens der DDR (MDV) wurden nicht nur Beschäftigte aller Verkehrsträger in der DDR medizinisch und psychologisch betreut, sondern auch auf Kreis-, Bezirks- und nationaler Ebene Kraftfahrer gemäß der Tauglichkeits-Verordnung (TauVoK) verkehrsmedizinisch und verkehrspsychologisch begutachtet. Rehabilitation, also Schulung oder Intervention im engeren Sinne, fiel nicht in das Aufgabengebiet. Der MDV wird aufgelöst, viele Psychologen und Ärzte finden ihre berufliche Zukunft in neu gegründeten bzw. erweiterten Technischen Überwachungs-Vereinen.

1990 Die Fortführung der ALKOEVA-Studie belegt die Langzeitwirkung der Teilnahme an Kursen für alkoholauffällige Kraftfahrer (Winkler et al., 1990). Auch nach 60 Monaten ist die Rückfallwahrscheinlichkeit der nachgeschulten Kraftfahrer mit 21,6 % deutlich geringer als die der positiv begutachteten Kraftfahrer mit 26,4 %.

1992 Neuerscheinung des Gutachtens „Krankheit und Kraftverkehr" (Lewerenz et al., 1992) bereits in 4. Auflage. Dort heißt es auf S. 60: *„Die Formulierung von Kriterien für verhaltensbedingte – oder charakterliche – Mängel der Eignung bleibt einem besonderen Text vorbehalten."*

1995 Das „Psychologische Gutachten Kraftfahreignung" ergänzt das Gutachten „Krankheit und Kraftverkehr" um Kriterien verhaltensbedingter Mängel. Unter Federführung der Sektion Verkehrspsychologie des Berufsverbandes Deutscher Psychologen (BDP) werden die wissenschaftlichen Grundlagen der Verkehrspsychologie und die Begutachtung im Einzelfall für Gerichte und Verwaltungsbehörden konkretisiert (Kroj, 1995).

1996 Die Ergebnisse des VdTÜV-Forschungsprojekts EVAGUT zur Evaluation von medizinisch-psychologischen Fahreignungsbegutachtungen werden veröffentlicht (Jacobshagen & Utzelmann, 1996). Im Ergebnis ist die Rückfälligkeit von alkoholauffälligen Kursteilnehmern gegenüber ALKOEVA praktisch gleich hoch (13,8 %), die der positiv beurteilten Personen mit 9,9 bis 12,2 % geringer. Letzteres ist dadurch erklärbar, dass die Beurteilungskriterien in der Zwischenzeit eher schärfer geworden sind, weil in der Kategorie „positiv" weniger Restrisiko verblieben ist als früher. Mit der EVAGUT-Studie wird auch die Wirksamkeit der Kurse für Fahrer mit hohem Punktestand als erwiesen betrachtet und deren bundesweite Einführung empfohlen (Jacobshagen & Utzelmann, 1996).

1997 Mit der Verabschiedung des Straßenverkehrsgesetzes (StVG) 1997 werden zum ersten Mal gesetzliche Regelungen für die medizinisch-psychologischen und auch für die ärztlichen Begutachtungen festgeschrieben.

1997 Gründung des Arbeitskreises „Klinische Verkehrspsychologen" innerhalb der Sektion Verkehrspsychologie des BDP. Die Selbstverständniserklärung „Berufspolitische und berufsethische Grundsätze der Klinischen Verkehrspsychologen" kann sich in den Folgejahren als Arbeitsgrundlage durchsetzen.

1998 Rehabilitationskurse mit unmittelbaren Rechtsfolgen finden Eingang in das Straßenverkehrsrecht (§§ 11, 70 FeV). Dabei wird die organisatorische und/oder personelle Trennung von Begutachtung und Nachschulung festgelegt. Die Kurse zur Wiederherstellung der Kraftfahreignung bedürfen der Anerkennung auf Grundlage eines wissenschaftlich begründeten Konzepts, einer Bestätigung der Geeignetheit durch ein unabhängiges wissenschaftliches Gutachten sowie eines Nachweises der Wirksamkeit durch eine nach dem Stand der Wissenschaft durchgeführte Evaluation. Diese Kurse unterliegen seitdem der Qualitätsüberwachung durch die BASt, womit sich der Gesetzgeber für eine unabhängige Qualitätssicherung entschieden hat.

1998 Mit der Einführung der Verkehrspsychologischen Beratung (§ 71 FeV) wird ein neues Berufsbild „Verkehrspsychologe" geschaffen, mit der Möglichkeit, dass auch therapeutisch arbeitende Verkehrspsychologen in Einzelpraxis Maßnahmen mit Rechtsfolgen anbieten können.

1998 Gründung des Bundesverbandes Niedergelassener Verkehrspsychologen e. V. (BNV).

1999 Gründung der Deutschen Gesellschaft für Verkehrspsychologie e. V. (DGVP) – analog zur Deutschen Gesellschaft für Verkehrsmedizin (DGVM) – als verkehrspsychologische Fachgesellschaft mit dem Ziel, die Verkehrspsychologie in Forschung, Lehre und Praxis zu fördern.

2000 Zusammenführung des Gutachtens „Krankheit und Kraftverkehr" mit dem „Psychologischen Gutachten Kraftfahreignung" in den „Begutachtungs-Leitlinien zur Kraftfahrereignung" (BASt, 2000).

2004 Einberufung des „Runden Tisches" durch die Sektion Verkehrspsychologie im BDP. Entwicklung des Modells „PASS" (siehe Kapitel 1.3.3).

2004 Der Bundesverband Niedergelassener Verkehrspsychologen (BNV) führt eine bundesweite Evaluation von verkehrspsychologischen Einzelinterventionen durch (Born et al., 2005), nachdem einzelne Praxen bereits früher die Wirksamkeit eigener Maßnahmen überprüft hatten (Höcher, 1992; Sohn & Meyer-Gramcko, 1993). Im gleichen Jahr findet der 1. Kongress der Niedergelassenen Verkehrspsychologen mit dem Thema „Therapie und Begutachtung" statt.

2005 Mit dem 1. Gemeinsamen Symposium der DGVP und DGVM in Berlin zum Thema „Beurteilungskriterien" findet die interdisziplinäre Zusammenarbeit ein neues Forum des Austausches und der Diskussion. Inzwischen bietet das jährlich stattfindende Symposium die größte Plattform für die fachliche Begegnung von Verkehrspsychologen, Verkehrsmedizinern, Toxikologen und Verwaltungsmitarbeitern.

2005 Veröffentlichung der 1. Auflage der „Urteilsbildung in der medizinisch-psychologischen Fahreignungsdiagnostik – Beurteilungskriterien" (2. Auflage 2009, 3. Auflage 2013, Kirschbaum Verlag Bonn). Bis dahin galten die durch einen VdTÜV-internen Arbeitskreis weiterentwickelten internen TÜVIS-Prüfgrundlagen. Seit 2005 werden die Beurteilungskriterien durch einen ständigen Arbeitskreis (StAB) unter Beteiligung von Verkehrsmedizinern und Toxikologen auf dem Stand von Wissenschaft und Technik gehalten.

2008 Der Bundesverband Niedergelassener Verkehrspsychologen veröffentlicht die „Leitsätze Verkehrspsychologische Therapie".

2011 Für verkehrsauffällige Kraftfahrer werden §-70-FeV-Kurse zur Wiederherstellung der Kraftfahreignung durch Änderung der FeV gestrichen (Buchardt &

Brieler, 2011). Der für die Wirksamkeit laut Leitfaden (BASt, 2002) vorgegebene Grenzwert von 32,6 % rückfälliger positiv Begutachteter (Rückfall definiert als „4 Punkte und mehr" im Bewährungszeitraum von 36 Monaten) wurde signifikant verfehlt.

2011 Abschlusskonferenz des EU-DRUID-Forschungsprojekts: Europaweit fahren 3,5 % unter dem Einfluss von Alkohol, 2 % unter dem Einfluss illegaler Drogen. Die Kombination von Alkohol mit anderen Drogen erhöht das Unfallrisiko extrem; auch die Kombination verschiedener illegaler Drogen erhöht das Unfallrisiko deutlich, wobei die Entdeckung drogenbeeinflusster Fahrer für Polizisten schwierig ist. Kriterien zur Erkennung besonders rückfallgefährdeter Fahrer und zur Bewertung von Rehabilitationsprogrammen werden entwickelt, ebenso wird ein europaweit einheitliches vierstufiges Kennzeichnungssystem für Medikamente sowie Warnhinweise für Medikamentenpackungen vorgeschlagen.

2012 Die Studie „EVA-MPU" (Hilger et al., 2012) belegt mit einer 92-prozentigen Legalbewährungsquote die Prognosesicherheit der Fahreignungsdiagnostik bei alkoholauffälligen Kraftfahrern, sowohl nach positiver MPU als auch nach Teilnahme an einem §-70-Kurs zur Wiederherstellung der Kraftfahreignung. Beide Gruppen werden zudem nicht häufiger rückfällig als die Kontrollgruppe einmalig ordnungswidrig aufgefallener Kraftfahrer, deren Rückfallquote ebenfalls bei 8,2 % liegt.

2013 Evaluation der MPU-Referenzwerte für §-70-Kurse (Klipp 2013; 2015) durch die BASt vor dem Hintergrund der Diskussionen um die Referenzwerte für Kurse für verkehrsauffällige Kraftfahrer gemäß § 70 FeV (alt) (Buchardt & Brieler, 2011). Die vorgestellten Ergebnisse eines dreijährigen Bewährungszeitraums bei allen Neuerteilungen der Jahre 2006 und 2007 belegen zum einen eine vergleichbare niedrige Rückfallquote der positiv und negativ, aber schulungsfähig Begutachteten bei den alkoholauffälligen (7,1 %) und drogenauffälligen (5,7 %) Kraftfahrern. Zum anderen zeigt sich die besondere Problematik der verkehrsauffälligen Kraftfahrer, die zu 72,9 % erneut mit mind. einem Punkt im Verkehrszentralregister eingetragen sind. Offene Fragen: Kriterien für Rückfallquoten bei Punktetätern, langfristig gültige Referenzwerte bei veränderten rechtlichen Rahmenbedingungen.

2014 Revision von StVG und FeV:

- Einbindung der „Richtlinie über die Anforderungen an Träger von Kursen zur Wiederherstellung der Kraftfahreignung (§ 70 FeV) und deren Begutachtung durch die Bundesanstalt für Straßenwesen"
- Reform des Punktsystems zu einem Fahreignungs-Bewertungssystem (§ 4 StVG)
- Ersatz der verkehrspsychologischen Beratung sowie der besonderen Aufbauseminare im Punktsystem durch das „Fahreignungsseminar" (§ 42 FeV), ein kombiniertes Angebot von Fahrlehrern und Verkehrspsychologen.

2015 Veröffentlichung „Handbuch des Fahreignungsrechts" (Patermann, Schubert & Graw, 2015).

2015 Veröffentlichung der Ergebnisse der BASt-Projektgruppe „MPU Reform" (Albrecht et al., 2015) und „Qualität in Fahreignungsberatung und fahreignungsfördernden Maßnahmen" (Klipp et al., 2015).

2016 Einsetzung der Arbeitsgruppe „Evaluation von §-70-Kursen" bei der BASt.

Das Fachgebiet der verkehrspsychologischen Interventionen hat sich seit seiner Entstehung kontinuierlich weiterentwickelt. Jährlich werden wichtige Schritte dokumentiert, welche Grundlagen und Entwicklungspotenziale aufzeigen.

1.3 Spezifika verkehrspsychologischer Interventionen

Paul Brieler, Jörg-Michael Sohn

Verkehrspsychologische Interventionen zeichnen sich aus durch ihre Einbettung ins Rechtssystem und ihre Orientierung an der Verkehrssicherheit sowie durch einen therapieschulenübergreifenden und interdisziplinären Ansatz. Sie verbessern die Verkehrssicherheit durch die Förderung und Wiederherstellung der Fahreignung auffälliger Kraftfahrer.

1.3.1 Einbettung ins Rechtssystem

Nur in wenigen anderen psychologischen Arbeitsfeldern prägen gesetzliche Vorgaben, so kleinteilig und gleichzeitig so stark von Grundrechten abgeleitet, die Arbeit. Die hohe Regelungsdichte auf der Ausführungsebene, mit zum Teil sehr präzisen Angaben, welche Voraussetzungen ein Träger von Kursen zur Wiederherstellung der Kraftfahreignung und welche Qualifikationen Kursleiter, Gutachter oder Anbieter von Fahreignungsseminaren erfüllen müssen, geht hinunter bis zu vorgeschriebenen Formblättern.

Rechtliche Vorgaben finden sich auf der Ebene des europäischen Rechtssystems, der deutschen Gesetze, den darauf bezogenen Durchführungsverordnungen sowie den fachlichen Vorgaben (*Bild 1.3*).

Neben Gesetzen, Verordnungen und Richtlinien tragen auch Urteile zur Verrechtlichung in der Verkehrspsychologie bei, insbesondere zur Fahreignungsdiagnostik, aber zunehmend auch zu verkehrspsychologischen Interventionen, hier vor allem bzgl. der Abkürzung der Sperrfrist bzw. der Aufhebung der Sperre gemäß § 69a StGB (siehe Kapitel 2.2.2).

Tatsächlich ist in Fragen der Fahrerlaubnis auch immer wieder auf der Ebene des Grundgesetzes (GG) abzuwägen, in welchem Verhältnis der Schutz von Bürgern vor körper-

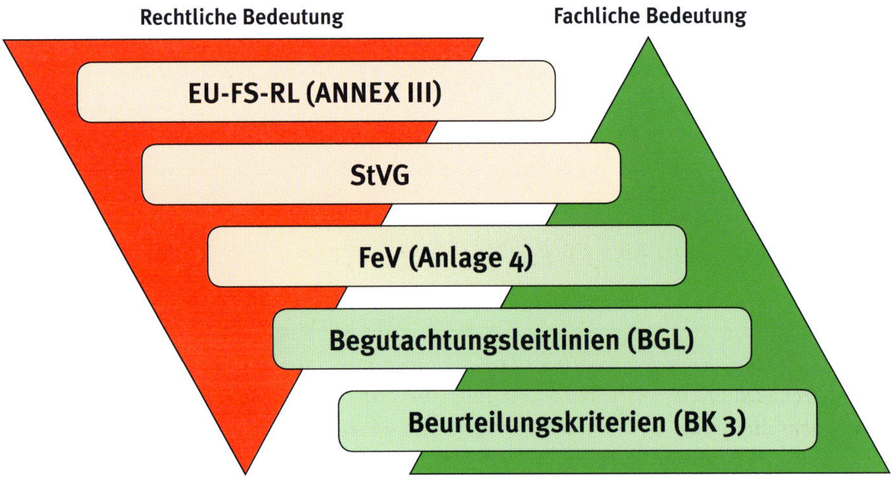

Bild 1.3 Rechtliche und fachliche Zusammenhänge von Gesetzen, Verordnungen und Richtlinien (nach Schubert, Mattern & Reimann, 2015, S. 37)

lichen Schäden und das Recht auf Mobilität anderer Bürger stehen. So bestimmt Artikel 2 Abs. 2 GG: *„Jeder hat das Recht auf Leben und körperliche Unversehrtheit. Die Freiheit der Person ist unverletzlich."* Und Artikel 11 Abs.1 lautet: *„Alle Deutschen genießen Freizügigkeit im ganzen Bundesgebiet"* (Patermann, Schubert & Graw, 2015).

Auch europarechtliche Festlegungen beeinflussen das Arbeitsgebiet zunehmend, da Auslegungsfragen europarechtlicher Zielsetzungen über EuGH-Urteile direkt in nationale Gesetzgebungen eingreifen. Damit wird es für die Langzeitperspektive verkehrspsychologischer Interventionen immer wichtiger, ob diese auch zu europäischen Entwicklungen passen.

1.3.2 Grundorientierung am Prinzip „Sichere Mobilität für alle"

Eine Besonderheit verkehrspsychologischer Interventionen mit therapeutischem Anspruch ist die fehlende Ausschließlichkeit der Orientierung an den Interessen des Ratsuchenden/Klienten selbst. Was in den meisten psychotherapeutischen Settings die Regel ist, nämlich als Therapeut eindeutig auf der Seite des Patienten zu stehen und seine subjektiven Bedürfnisse zum Ausgangspunkt zu machen, ist im Bereich der Verkehrstherapie eher kritisch zu sehen, da die Belange der Verkehrssicherheit für alle gelten. In der Selbstverständniserklärung der Klinischen Verkehrspsychologie (BDP, 1998) heißt es dazu:

„5. Als Therapeuten sind wir verpflichtet und bereit, uns auf subjektive Sichtweisen unserer Klienten einzulassen. Wir wissen aber, dass sie oft aus eigener Betroffenheit nur schwer in der Lage sind, von vornherein ihre Fehler und die ihnen widerfahrene Behandlung zu akzeptieren, und vermeiden es, uns zum bedingungslosen ‚Anwalt' unserer Klienten zu machen.

6. Gerade dieser Balanceakt zwischen therapeutischem Einfühlen und nüchternem Bilanzieren von realen Defiziten erfordert ein hohes Ausmaß therapeutischer Kompetenz und professioneller Distanz. Verkehrstherapie kann nur von verkehrspsychologisch und therapeutisch qualifizierten Diplom-Psychologen durchgeführt werden."

In der Tat erfordert das therapeutische Arbeiten in diesem Bereich die Fähigkeit einer doppelten Sicht- und Bewertungsweise: einen klientenzentrierten Blick auf die subjektive Realität des Klienten und einen systemzentrierten Blick auf seine objektiven Verstöße. Beides muss Raum in der therapeutischen Beziehung haben. Es darf nicht vergessen werden, dass es sich um eine Arbeit mit Delinquenten handelt – aber ohne Einfühlung in die Welt der Betroffenen wird Therapie ein Anpassungstraining. Wer Maßnahmen in diesem Bereich durchführt, muss sich verbindlich und nachvollziehbar auf eine berufsethische Grundlage verpflichten, wie sie z. B. mit der Selbstverständniserklärung vorliegt.

Die Leitsätze (2008) formulieren darüber hinaus:

„Auftraggeber einer Verkehrspsychologischen Therapie ist der betroffene Kraftfahrer, nicht eine Behörde. Es verstößt gegen die rechtlich vorgegebenen Rahmenbedingungen der Arbeit, sich ausschließlich an den subjektiven Interessen des Auftraggebers zu orientieren. Diese gilt es zwar zu erkennen, zu berücksichtigen und umzusetzen – dies findet aber die Grenzen in dem Recht auf sichere Verkehrsteilnahme für alle Teilnehmer. Orientierung für ein verantwortungsvolles therapeutisches Handeln ist die Internalisierung des gesamtgesellschaftlichen Interesses aller Verkehrsteilnehmer als Richtschnur für individuelle Handlungsmaximen."

Anlassbezogen fokussieren verkehrstherapeutische Maßnahmen auf den Verhaltensbereich Verkehr. Es geht nicht darum, psychische Auffälligkeiten allgemein zu beseitigen, die Lebensqualität insgesamt zu verbessern oder den Umgang mit Belastungen zu optimieren, sondern darum, nach dem Prinzip „Sichere Mobilität für alle" weitere Auffälligkeiten im Verkehr zu verhindern. Dies schließt nicht aus, dass im Sinne der Hierarchisierung von Therapiezielen (Grawe, 2000) auch solche Problembereiche innerhalb einer verkehrspsychologischen Therapie/Intervention im engeren Sinne besprochen werden, z.B. wenn eine Verbesserung der Beziehung nötig ist, um das Trinkverhalten zu verändern, und dies wiederum notwendige Bedingung für die Reduzierung der Rückfallwahrscheinlichkeit ist. Eine Verbesserung der gesundheitsbezogenen Lebensqualität ergibt sich häufig als Zusatzeffekt der verkehrspsychologischen Intervention (Kollbach, 2013).

1.3.3 Verzahnung mit Fahreignungsbegutachtung (Modell PASS)

Das Modell PASS (Psychological and Medical ASsistance for Safe Mobility) ist das Ergebnis einer Arbeitsgruppe, die vom „Runden Tisch Verkehrspsychologie" eingesetzt wurde und aus Vertretern verschiedener Arbeitsfelder bestand. Ziel war es, für eine europäische Perspektive der Verkehrspsychologie einen Rahmen zu entwickeln, in dem klassische diagnostische und Interventionsangebote ihren Platz finden (*Bild 1.4*).

Dazu werden auf der Ebene der primären, sekundären und tertiären Prävention Maßnahmen und Zielsetzungen beschrieben, zu denen Verkehrspsychologie und Verkehrsmedizin beitragen können (Allhoff-Cramer et al., 2007).

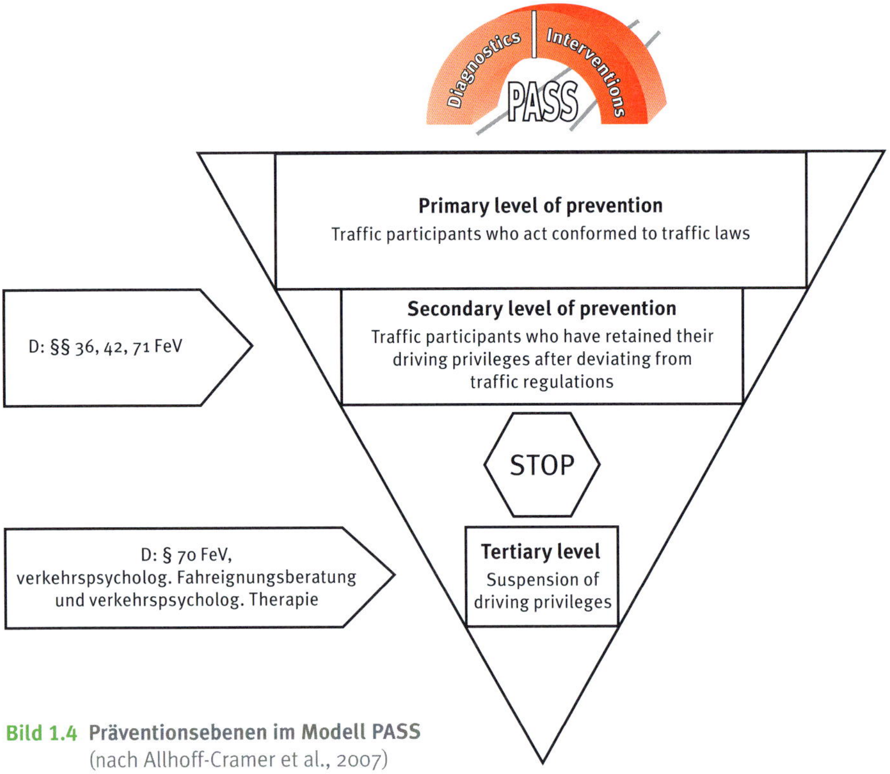

Bild 1.4 Präventionsebenen im Modell PASS
(nach Allhoff-Cramer et al., 2007)

Das Modell PASS bietet einen konstruktiven Orientierungsrahmen für die Anbieter verkehrspsychologischer Interventionen, da es ein sehr differenzierter Ansatz ist, die Zielsetzungen von Begutachtung und Beratung/Intervention miteinander zu verknüpfen und Interventionsebenen zu definieren. Zugleich ist es Ausdruck eines gemeinsamen Selbstverständnisses der Verkehrspsychologen in Diagnostik und Intervention, auf Basis weitgehend gleicher Zielsetzungen zu arbeiten.

1.3.4 Therapieschulenübergreifender Ansatz

Verkehrspsychologische Interventionen der Fahreignungsförderung können nicht als Anwendung einer bestimmten Psychotherapierichtung auf Verkehrsauffälligkeiten beschrieben werden. Sowohl von der historischen Entwicklung als auch der wissenschaftstheoretischen Fundierung her ist die verkehrspsychologische Therapie nicht durch spezielle Methoden oder ein bestimmtes Persönlichkeitsmodell definiert, sondern arbeitet mit einer besonderen Zielgruppe (verkehrsauffälligen Kraftfahrern) auf ein besonderes Ziel hin (Vermeiden weiterer Verkehrsverstöße), dessen Erreichen einer externen Überprüfung unterworfen ist.

In der Praxis der Verkehrspsychologie ist eine Vielzahl unterschiedlicher Therapierichtungen anzutreffen, auch wenn die eher verhaltensbezogenen Methoden dominieren. Eine Vereinheitlichung erscheint auch nicht angezeigt, da Unterschiede in der Erfolgsquote zwischen verschiedenen therapeutischen Ansätzen in bisherigen Untersuchungen nicht erkennbar sind. Der Erfolg einer Maßnahme hängt also offenbar weniger von der therapeutischen Methode ab, sondern vielmehr von der reflektierten und selbstkritisch überprüften Einbindung in das Gesamtsystem der Fahreignungsverbesserung und einer darauf bezogenen Qualifikation des Therapeuten (verkehrspsychologische, klinisch-psychologische und psychotherapeutische Kompetenzen).

Insofern überwiegt bei verkehrspsychologischer Intervention eher ein Selbstverständnis im Sinne von Grawes „Allgemeiner Psychotherapie“ (Grawe, 2000). Dies schließt nicht aus, dass bestimmte Therapieschulen eine Rolle spielen, und auch nicht, dass für ein konkretes Angebot verschiedene Interventionsmethoden infrage kommen. Als Beispiel sei genannt die Evaluation der Kurse für alkoholauffällige Kraftfahrer, bei der zu Vergleichszwecken drei auf unterschiedlichen therapeutischen Ansätzen basierende Modelle (IFT, LEER, IRaK) untersucht worden sind (siehe Kapitel 6.2.3). Hier ergeben sich seit Jahrzehnten, wie bei einer Reihe anderer Untersuchungen mit mehreren Therapieansätzen, kaum Unterschiede in den Erfolgsquoten: *„Die drei untersuchten Kursprogramme unterscheiden sich hinsichtlich Rückfallhäufigkeit und Rückfallgeschwindigkeit nicht signifikant“* (Winkler et al., 1988).

1.3.5 Interdisziplinärer Ansatz (Recht, Medizin, Verwaltung)

Wichtig im Arbeitsbereich verkehrspsychologischer Interventionen ist eine interdisziplinäre Zusammenarbeit mit angrenzenden Berufsgruppen, die für das Fahreignungsverfahren des Klienten mit entscheidend sind: Gutachter, Fachärzte, Toxikologen, Anwälte, Richter oder Verwaltungsangestellte in Fahrerlaubnisbehörden. Dies erfordert die Fähigkeit und Bereitschaft, die eigenen Klienten nochmals mit anderen Augen zu betrachten und nicht nur zu verstehen, wie, sondern auch was die anderen am Verfahren Beteiligten denken (siehe Kapitel 5.7).

1.4 Abgrenzung der verkehrspsychologischen Intervention zu anderen Maßnahmen

Folgende Abgrenzungen der verkehrspsychologischen Interventionen zu anderen Maßnahmen werden in diesem Kapitel erläutert:

- Heilkundliche Psychotherapie mit Approbationsvorbehalt
- Verkehrspsychologische Intervention und „MPU-Vorbereitung"
- Fahreignungsbegutachtung
- Verkehrscoaching.

1.4.1 Heilkundliche Psychotherapie mit Approbationsvorbehalt

Udo Kranich, Konrad Reschke

Der Begriff der psychologischen Psychotherapie ist im § 1 Abs. 3 Psychotherapeutengesetz (PsychThG) definiert:

„Ausübung von Psychotherapie im Sinne dieses Gesetzes ist jede mittels wissenschaftlich anerkannter psychotherapeutischer Verfahren vorgenommene Tätigkeit zur Feststellung, Heilung oder Linderung von Störungen mit Krankheitswert, bei denen Psychotherapie indiziert ist. Im Rahmen einer psychotherapeutischen Behandlung ist eine somatische Abklärung herbeizuführen. Zur Ausübung von Psychotherapie gehören nicht psychologische Tätigkeiten, die die Aufarbeitung und Überwindung sozialer Konflikte oder sonstige Zwecke außerhalb der Heilkunde zum Gegenstand haben."

Heilkunde bezieht sich demnach also immer und ausschließlich auf krankheitswertige Zustände.

Verkehrspsychologische Interventionen zur Fahreignungsförderung haben die Veränderung von Verhaltensweisen im Straßenverkehr mit therapeutischen Mitteln zum Gegenstand, ohne dass damit der Anspruch einer Gesamtveränderung im Sinne einer (heilkundlichen) Psychotherapie erhoben wird. Sie verbinden vielmehr drei verschiedene Betrachtungsweisen: die klinische (diagnostisch und psychotherapeutisch), die verkehrspsychologische und die verkehrsrechtlich-normative. Die Besonderheiten verkehrspsychologischer Interventionen ergeben sich aus ihrer Anlassspezifik sowie der Spezifik der Einschränkung der Fahreignung.

Verkehrspsychologische Interventionen zur Fahreignungsförderung wurden in ihrer Wirksamkeit in verschiedenen Studien (z.B. Echterhoff, 1998; Sohn & Meyer-Gramcko, 1998; Bastl et al., 2002; Bukasa et al., 2009) geprüft. Die Wirksamkeitskontrolle orientiert sich an den Kriterien der evidenzbasierten Psychotherapie und schließt zusätzlich Kriterien der Legalbewährung verkehrsauffälliger Kraftfahrer ein (siehe Kapitel 6.7.8).

Approbationsvorbehalt

In den letzten Jahren ist verstärkt der Begriff „Approbationsvorbehalt" diskutiert worden. So äußerte Brücher-Albers (2008):

„Es geht darum zu definieren, welche Tätigkeiten heute von Psychologen und welche von Psychotherapeuten auszuführen sind. Diese Frage ist sowohl auf der rechtlichen

Ebene zu beantworten (was dürfen Psychologen ohne Approbation, aber bspw. mit einem Fachpsychologentitel oder mit ihrem Diplom, was dürfen nur Psychologische Psychotherapeuten?) als auch auf der fachlichen. Wir sind uns sicher einig, dass es psychologische Tätigkeiten gibt, bei denen die Zusatzqualifikation der Approbierten sehr nützlich ist, gerade im Verhältnis zu anderen Berufsgruppen.“

Die Föderation Deutscher Psychologenvereinigungen (2008) stellt dazu fest:

„Die Föderation beobachtet seit Bestehen des Psychotherapeutengesetzes (PsychThG) zunehmend Bestrebungen in der Psychotherapeutenkammer wie in den Länderkammern, die gesetzliche Definition dessen, was unter Psychotherapie im Sinne des Gesetzes zu verstehen sei, auf Tätigkeitsfelder auszudehnen, die im PsychThG nicht genannt sind. Es gibt Anhaltspunkte dafür, dass der Gesetzgeber aufgefordert wird, neue Normen zu setzen, die die Berufsfreiheit des Psychologen einschränken und das PsychThG überdehnen.“

Vor mehreren Jahren hat der BDP in Zusammenarbeit mit der Deutschen Gesellschaft für Psychologie ein Gutachten in Auftrag gegeben, das zu zwei zentralen Fragen Stellung nehmen sollte:

1. Gilt der Approbationsvorbehalt gemäß dem PsychThG auch für Berufsfelder, die nicht primär psychotherapeutische, sondern diagnostische, beratende oder pädagogische Zielsetzungen verfolgen?
2. Kann in einem nicht-therapeutischen Berufsfeld nachweislich qualifizierten Psychologen die einschlägige Berufstätigkeit untersagt werden, weil sie keine Approbation als Psychotherapeuten besitzen?

Bezüglich der Tätigkeit von Psychologen in der verkehrspsychologischen Beratung hielt der Gutachter die Approbation nicht für erforderlich (Plagemann, 2007). Er begründet dies im Wesentlichen damit, dass weder im Straßenverkehrsgesetz (StVG) noch in der Fahrerlaubnis-Verordnung (FeV) entsprechende Hinweise auf einen Approbationsvorbehalt vorlägen, noch es sich bei den genannten verkehrspsychologischen Arbeitsfeldern um heilkundliche Tätigkeiten im Sinne des § 1 PsychThG handele. Der Approbationsvorbehalt betreffe ausschließlich Tätigkeiten, die mit Heilkunde in Verbindung stehen.

Zutreffend hat Plagemann Tätigkeitsschwerpunkte der verkehrspsychologischen Intervention eindeutig im Bereich der nicht heilkundlichen Tätigkeit verortet. Dennoch erscheinen aus verkehrspsychologischer Sicht einige ergänzende Anmerkungen erforderlich (Kranich & Reschke, 2009).

Während die Tätigkeit als Psychologischer Psychotherapeut im Wesentlichen krankheitsbezogen die Heilung bzw. Linderung von (krankheitswertigen) Störungen zum Ziel hat, setzt die verkehrspsychologische Intervention den Schwerpunkt anlassbezogen auf die Förderung, Erhaltung und Wiederherstellung der Fahreignung und die damit zusammenhängenden Faktoren von Persönlichkeit und Verkehrssicherheit. Allerdings können auch krankheitswertige Störungen die Fahreignung infrage stellen oder sogar ausschließen. In diesen Fällen hat eine interdisziplinäre Zusammenarbeit zwischen in der Heilkunde und der Verkehrspsychologie Tätigen zu erfolgen.

Die Rahmenbedingungen und gesetzlichen Grundlagen für verkehrspsychologische und heilkundliche Tätigkeiten sind völlig unterschiedlich und betreffen eindeutig divergierende Rechtsbereiche. Für das Gebiet der Heilkunde gelten die Bestimmungen der

Sozialgesetzbücher (SGB), insbesondere das SGB V. Die verkehrspsychologischen Interventionen fokussieren dagegen auf Fahreignungskriterien, deren Basis in StVG und FeV liegen, und insbesondere auf die Beurteilungskriterien (DGVP & DGVM, 2013). Im ersteren Fall liegt eine ärztlich bestätigte Therapieindikation eines Krankheitsfalles vor. Im zweiten ergibt sich eine Indikation zu einer Intervention aus einer verwaltungsrechtlich begründeten verkehrspsychologischen Aufgabenstellung oder aus fahreignungseinschränkenden Faktoren.

Auch die Finanzierungswege in beiden Berufsfeldern sind unterschiedlich. So wird im Wesentlichen die Beschäftigung des approbierten Psychologischen Psychotherapeuten, sofern dieser eine sozialrechtliche Zulassung hat, aus dem Sozialsystem finanziert, wohingegen eine verkehrspsychologische Tätigkeit im Regelfall durch den Betroffenen selbst zu finanzieren ist.

Hinsichtlich weiterer Unterscheidungsmerkmale der Arbeit zwischen approbierten Psychotherapeuten und Verkehrspsychologen sowie der entsprechenden Argumentationsführung wird auf Schubert et al. (2007) verwiesen.

Wichtig ist diese Unterscheidung auch in steuerrechtlicher Hinsicht, da eine Einstufung als heilkundliche Tätigkeit verkehrstherapeutische Maßnahmen von der Mehrwertsteuer befreien würde. Das Finanzgericht Hamburg hat in einer wegweisenden Entscheidung jedoch geurteilt: *„Leistungen von Psychotherapeuten, die ‚verkehrstherapeutische Maßnahmen zur Wiederherstellung der Kraftfahreignung' anbieten und erbringen, sind nicht als arztähnliche Leistungen im Sinne des § 4 Nr. 14 UStG von der Umsatzsteuer befreit"* (Urteil vom 24.2.2009, Az. 6 K 122/07). Nach einer Reihe gerichtlicher Entscheidungen ergibt sich eine eindeutige Tendenz, Maßnahmen, bei denen die Erteilung bzw. der Erhalt der Fahrerlaubnis im Vordergrund steht, nicht als heilkundliche Tätigkeit – und damit als umsatzsteuerpflichtig – zu betrachten.

Gegenwärtig muss aus der Sicht der verkehrspsychologischen Fachdisziplin nicht befürchtet werden, psychotherapeutische Arbeitsfelder zu betreten. Die Verkehrspsychologie sollte ihre eigenen „Demarkationslinien" definieren, in der Interventionen keine Psychotherapie sind, sondern unterstützende Maßnahmen zur Erhaltung und Wiederherstellung der Mobilität. Außerdem besitzen psychologische Psychotherapeuten per se auch keine speziellen Kenntnisse zur verkehrspsychologischen Intervention.

1.4.2 MPU-Vorbereitung

Udo Kranich, Konrad Reschke

Der Verlust der Fahrerlaubnis durch Gesetzesverstöße hat Ursachen. Beim Betroffenen liegen regelwidrige Verhaltensweisen innerhalb oder auch außerhalb des Straßenverkehrs vor, die zu einer strafrechtlich oder verwaltungsrechtlich festgestellten Nichteignung oder zu begründeten Eignungszweifeln geführt haben (Schubert, Schneider, Eisenmenger & Stephan, 2005).

Fachlich fundierte Maßnahmen sind durchaus hilfreich und häufig auch erforderlich (DGVP & DGVM, 2013). Es ist bekannt, dass Fahrer, die rechtzeitig nach dem Fahrerlaubnisentzug adäquate Informationen einholen, zu über 60 % bereits beim ersten Anlauf ein positives Fahreignungsgutachten erhalten. Die Erfolgsquote erhöht sich auf über 80 %, wenn der rechtzeitig informierte Betroffene zusätzlich eine Schulungsmaßnahme besucht hat (Glitsch, Bornewasser & Dünkel, 2012).

Zunehmend nehmen Betroffene Vorbereitungsmaßnahmen auf eine anstehende Fahreignungsbegutachtung (MPU) in Anspruch (Klipp et al., 2015). Allerdings ist es nicht leicht, sich bei der Vielzahl an Beratungs- und Schulungsangeboten zurechtzufinden und eine qualifizierte Auswahl zu treffen. Angeboten werden vorbereitende Maßnahmen auf eine MPU von vielen Berufsgruppen, darunter Psychologische Psychotherapeuten, Diplom-, Master-, Bachelor-Psychologen, Fachpsychologen für Verkehrspsychologie, Verkehrspsychologen, die im geregelten Bereich arbeiten, aber auch Heilpraktiker, Psychologische Berater, Fachberater Kraftfahrereignung, Fahrlehrer, Ärzte, Rechtsanwälte, ehemalige Mitarbeiter von Fahrerlaubnisbehörden, selbsternannte Helfer und Heiler, trockene Alkoholiker sowie ehemalige MPU-Teilnehmer.

Die Tätigkeit der MPU-Vorbereitung ist derzeit nicht geregelt und funktioniert gemäß Angebot und Nachfrage. Weder gibt es Möglichkeiten der Qualitätsüberwachung noch der objektiven Erfolgskontrolle solcher Maßnahmen und es fehlen Kontroll- und Sanktionsmöglichkeiten, um auf unseriöse Angebote Einfluss nehmen zu können (Klipp et al., 2015).

Wird eine Maßnahme in diesem Umfeld nicht fachkompetent und qualifiziert durchgeführt, kann dies verschiedene negative Konsequenzen sowohl für Betroffene als auch für die Verkehrssicherheit haben. Der Deutsche Verkehrsgerichtstag (2014) empfiehlt zur Transparenzerhöhung: *„Die Qualifikation von Personen, die zur Vorbereitung auf die MPU tätig sind, bedarf einer gesetzlichen Regelung. So wird es den Betroffenen erleichtert, seriöse Anbieter zu finden."*

Verkehrspsychologische Interventionen auf der tertiären Präventionsebene im Modell PASS gliedern sich in verkehrspsychologische Fahreignungsberatung (siehe Kapitel 4.1.1) und verkehrspsychologische Interventionen zur Fahreignungsförderung (siehe Kapitel 4.1.2 ff.).

Um die verkehrspsychologische Fahreignungsberatung als diagnostische Maßnahme zu gestalten, benötigt der Verkehrspsychologe Grundlagen des Verkehrsrechts und spezielle Kenntnisse der Fachgebiete Verkehrspsychologie und Verkehrsmedizin sowie differentielle Kenntnisse der Begutachtungsleitlinien (Gräcmann & Albrecht, 2014) und der Beurteilungskriterien (DGVP & DGVM, 2013).

Verkehrspsychologische Interventionen zur Fahreignungsförderung erfassen die Ursachen des Fehlverhaltens und tragen dazu bei, dass der Klient die äußeren, inneren und motivationalen Bedingungen des Problemverhaltens erkennt und verändert. Darüber hinaus gilt es aber auch einzuschätzen, ob ein möglicherweise bereits verändertes Verhalten in der Zukunft stabil bleibt und welche Ressourcen zur Aufrechterhaltung einer langfristig verkehrssicheren Verkehrsteilnahme im Einzelfall vorliegen oder erst aktiviert und aufgebaut werden müssen. Hier sind dann motivationspsychologische und evaluative Kenntnisse notwendig. Erst auf dieser Basis können adäquate Empfehlungen gegeben und Veränderungsschritte mit dem Klienten durchgeführt werden. Hinzu kommen notwendige kommunikative Kompetenzen (klientenzentriertes Rollenverhalten). Verkehrspsychologische Interventionen sollten theoretisch begründet sein, also auf Erkenntnissen aus der psychologischen Interventionsforschung beruhen.

Es ist deshalb durchaus sinnvoll, sich bei der Beantwortung der Frage, wer verkehrspsychologische Interventionen in Vorbereitung auf eine MPU qualifiziert durchführen kann, an bestehenden Standards für bereits geregelte verkehrspsychologische Maßnahmen (u.a. §§ 36, 70, 71 FeV) und insbesondere bei der Frage nach qualifikatorischen Mindestvoraussetzungen an nützlichen und sinnvollen Festlegungen des § 66 FeV zu orientieren (DeVol et al., 2015). Vor dem Hintergrund spezifischer Anforderungen an die Zielstellung, den Beratungsprozess, aber nicht zuletzt auch im Sinne des Verbraucherschutzes und der Schutzpflicht des Staates vor ungeeigneten Kraftfahrern können verkehrspsychologische Interventionen daher nur von entsprechend qualifizierten Diplom-/Master-Psychologen durchgeführt werden. Einzelfallbezogenheit und größere Chancen auf eine positive Begutachtung bei der MPU sind kurzfristige Vorteile für den Kraftfahrer. Langfristig ist eine dauerhaft höhere Lebensqualität infolge einer stabilen Verhaltensänderung durch die Unterstützung von Fachleuten, die ihre Profession qualitätsgerecht durchführen und die durch Hilfe zur Selbsthilfe wichtige Impulse für ein erfolgreicheres Leben geben, jedoch der gewichtigere Mehrwert.

1.4.3 Fahreignungsbegutachtung

Udo Kranich, Konrad Reschke

Nach einer verkehrspsychologischen Intervention zur Fahreignungsförderung ist in der Regel, mit Ausnahme von §-70-Kursen, eine Begutachtung erforderlich, um den Erfolg der jeweiligen Maßnahme im Einzelfall durch einen unabhängigen Gutachter prüfen zu lassen.

Diese Begutachtung der Fahreignung, zumeist in Form der Medizinisch-Psychologischen Untersuchung (MPU), ist eines der wichtigsten Instrumente zum Nachweis der (wiedererlangten oder fortbestehenden) Eignung. Die MPU dient der Abwehr von Gefahren, die von ungeeigneten Kraftfahrern im Straßenverkehr ausgehen, und trägt damit zur deutlichen Erhöhung der Verkehrssicherheit bei.

Die wesentlichsten Fahreignungsmängel sind in Anlage 4 FeV aufgelistet. Sie begründen die behördlichen Eignungszweifel. In Übereinstimmung mit § 2 Abs. 4 StVG gilt die Eignungsvermutung. Falls von einem Kraftfahrer durch dessen Fehlverhalten eine Gefahr für die Verkehrssicherheit ausgeht, kann nach § 11 Abs. 3 FeV zur Abklärung behördlicher Eignungszweifel ein Gutachten einer amtlich anerkannten Begutachtungsstelle für Fahreignung (medizinisch-psychologisches Gutachten) verlangt werden.

Es besteht keine freie Wahl des Sachverständigen durch den zu Untersuchenden. Der Betroffene kann sich aber den Träger und die amtlich anerkannte Begutachtungsstelle für Fahreignung aussuchen. Es besteht keine geschützte Vertrauensbeziehung zwischen dem Gutachter und dem zu Untersuchenden. Der Sachverständige ist kein Interessenvertreter und auch kein Berater des Betroffenen. Er ist in seiner Tätigkeit vielmehr dem Prinzip der Neutralität und Unabhängigkeit verpflichtet.

Die MPU muss im Endergebnis eine Prognose (positiv, negativ, evtl. Empfehlung eines Kurses zur Wiederherstellung der Kraftfahreignung) zu der behördlich festgelegten Fragestellung liefern. Die Beantwortung der Fragestellung wird im Rahmen einer interdisziplinären Zusammenarbeit gemeinsam von Psychologen und Ärzten vorgenommen. Die körperlichen Aspekte der Fragestellung werden in einer ärztlichen, die psychophysischen in einer Test-Untersuchung geprüft. Im psychologischen Untersuchungsgespräch geht es dann vor allem um die Auseinandersetzung des zu Untersuchenden mit seinen Delikten und deren persönlichen Hintergründen sowie um die daraus abgeleiteten Konsequenzen (z. B. Veränderungen in Einstellungen und Verhalten) und seine weiteren Pläne und Strategien für die Zukunft. Rechtsgrundlage der Begutachtung ist die FeV und damit gemäß Anlage 4 auch die Begutachtungsleitlinien zur Kraftfahreignung (Gräcmann & Albrecht, 2014).

Die verkehrspsychologischen Interventionen fördern die Fahreignung und dienen dem (Neu-) Erwerb bzw. der Sicherung der individuellen Mobilität. Anerkannt ist der Grundsatz, dass die Bündelung therapeutischer und gutachterlicher Arbeit in einer Person bei einem Betroffenen neben Befangenheit eine Verletzung des Prinzips der Unvoreingenommenheit des Gutachters darstellt. Entsprechende Festlegungen enthalten auch die Begutachtungsleitlinien (Gräcmann & Albrecht, 2014, S. 8 f.) und die FeV (Anlage 4a Abs. 5 FeV). Weitergehende Kommentierungen finden sich bei Schubert, Schneider, Eisenmenger & Stephan (2005) und im aktuellen Handbuch des Fahreignungsrechts (Patermann, Schubert & Graw, 2015).

1.4.4 Verkehrscoaching

Birgit Kollbach, Konrad Reschke

Nach Rauen (2003) ist „Coaching" ein Sammelbegriff für individuelle Formen einer personenzentrierten Beratung und Betreuung auf einer bestimmten inhaltlichen Prozessebene. Das allgemeine Ziel ist immer die Verbesserung der Selbstregulationsfähigkeiten („Hilfe zur Selbsthilfe") durch eine Förderung von Selbstreflexion und -wahrnehmung, Bewusstsein und Verantwortung. Im Coaching soll mit transparenten Interventionen gearbeitet werden. Einige Charakteristika sind die Orientierung auf einen Entwicklungsprozess (Prozessorientierung), die Arbeit auf einer personenzentrierten Beziehungsbasis, Zielorientiertheit, Transparenz und Konzeptvielfalt (Rauen, 2003). Coaching stellt eine eher präventive Interventionsform dar und ist empfehlenswert, wenn Probleme über längere Zeit bestehen, sich zunehmend verschärfen oder schon eine größere Tiefen- bzw. Breitenwirkung erreicht haben und wenn bisherige Lösungsversuche fehlgeschlagen sind (Wahren, 2005).

Wichtige Faktoren positiver Coaching-Wirkungen stellen die Zielkonkretisierung, die Qualität der Beziehung zwischen Coach und Klient und die Veränderungsmotivation des Klienten dar (Mäthner, Jansen & Bachmann, 2005). Die Dauer und die Zielgruppen von Coaching sowie die Qualifikationen eines Coachs sind heterogen und vielfältig. Dadurch konnte sich ein sehr breites Spektrum von Angeboten etablieren, z. B. Coaching für Vorgesetzte, Führungskräfte und Leiter, Diabetes-, Ernährungs-, Fitness-, Motivations-, Nichtraucher- oder Gesundheits-Coaching (Ostermann, 2010), jeweils als internes oder externes Einzel- oder Gruppencoaching.

Zwischen Coaching und Psychotherapie besteht eine klare Abgrenzung (Rauen, 2005). Coaching dient nicht zur Behandlung von psychischen Störungen, „Coach" stellt keine berufliche Qualifikationsbezeichnung dar. Es gibt keinen einheitlichen Ausbildungsstandard. Psychotherapie hingegen ist auf die Behandlung psychischer Störungen durch einen approbierten psychologischen oder ärztlichen Psychotherapeuten ausgerichtet.

Auch für Verkehrspsychologen, die entsprechende Interventionen zur Fahreignungsförderung anbieten, gelten Anforderungen an die Qualifikation (siehe Kapitel 5). Bei Angeboten für auffällige Fahrer, die sich des unscharfen Sammelbegriffs „Coaching“ bedienen, ist zu prüfen, ob es sich um eine verkehrspsychologische Intervention der Fahreignungsförderung handelt (vgl. Verkehrscoaching in Österreich: siehe Kapitel 2.4.2, und in der Schweiz: siehe Kapitel 2.4.1).

Kapitel 2
Anwendungsgebiete verkehrspsychologischer Interventionen

Es werden geregelte und nicht geregelte verkehrspsychologische Interventionen unterschieden. Diese werden nachfolgend in jeweils einem Abschnitt vorgestellt. Außerdem werden Arbeitsfelder verkehrspsychologischer Interventionen in der Entwicklung sowie Spezifika verkehrspsychologischer Interventionen in Österreich und in der Schweiz dargestellt.

2.1 Geregelte verkehrspsychologische Interventionen im System der Fahreignungsbeurteilung

Paul Brieler, Klaus-Peter Kalwitzki

Die Regelungen für die in diesem Kapitel besprochenen Interventionsangebote finden sich in Deutschland im Straßenverkehrsgesetz (StVG) sowie in der Fahrerlaubnis-Verordnung (FeV). Bei diesen Interventionsformen sind sowohl die Teilnahmevoraussetzungen als auch die Inhalte, die Rahmenbedingungen und die Anbieterqualifikation gesetzlich geregelt (Kapitel 8.1).

2.1.1 Kurse zur Wiederherstellung der Kraftfahreignung (§ 70 FeV)

Allgemeine diagnostische Zuweisungskriterien, Dauer, Inhalt und Rechtsfolge

Kurse nach § 70 FeV sind auf der tertiären Ebene des Modells PASS (Kapitel 1.3.3) angesiedelt. Teilnahmevoraussetzungen sind

1. eine medizinisch-psychologische Begutachtung (MPU) mit negativer Prognose und Kursempfehlung,
2. die Zustimmung der Fahrerlaubnisbehörde und
3. der Status als Nicht-Inhaber der Fahrerlaubnis.

Die Fahrerlaubnisbehörde prüft, ob sie der Empfehlung des Gutachtens folgen kann. Wenn zwischenzeitlich keine neuen Tatsachen (z. B. Fahren ohne Fahrerlaubnis) vorliegen, stimmt die Behörde im Regelfall der Kursempfehlung zu. Der Kursteilnehmer hat die Kursempfehlung im Gutachten und die Zustimmung dem Kursleiter im Rahmen der Eingangsprüfung vorzulegen, um als Teilnehmer aufgenommen zu werden.

Die erfolgreiche Teilnahme stellt die Fahreignung wieder her. Die Fahrerlaubnis wird ohne nochmalige MPU neu erteilt (§ 11 Abs. 10 FeV). Eine solche Vorgehensweise gibt es in Deutschland seit Ende der 1970er Jahre (Kapitel 1.2). Eine typische Zeitstruktur für einen §-70-Kurs für alkoholauffällige Kraftfahrer zeigt *Bild 2.1*.

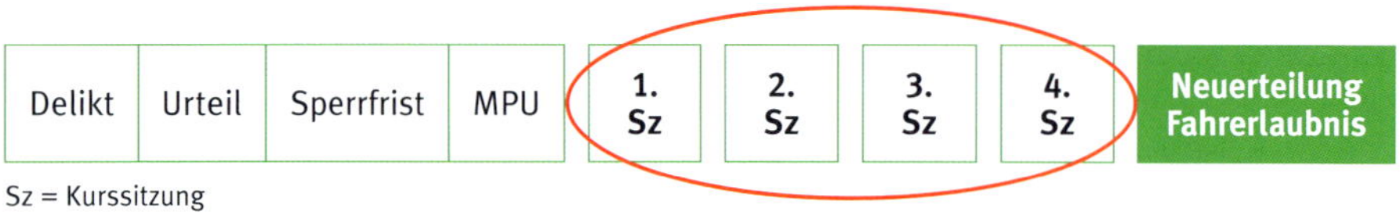

Sz = Kurssitzung

Bild 2.1 **Zeitstruktur eines §-70-Kurses für alkoholauffällige Kraftfahrer**

Seit dem 1.5.2014 gelten neben den Bestimmungen der §§ 11 (10) und 70 FeV auch die Anlage 15 FeV sowie die „Richtlinie über die Anforderungen an Träger von Kursen zur Wiederherstellung der Kraftfahreignung (§ 70 FeV) und deren Begutachtung durch die Bundesanstalt für Straßenwesen" vom 27.1.2014 (Richtlinie, 2014). Demnach muss jedes §-70-Kursprogramm mindestens folgende Eckdaten erfüllen: 4 Kurssitzungen, 12 Stunden, 21 Tage, mindestens vier und höchstens zwölf Teilnehmer. Vorgeschrieben ist ein Kursleiterhandbuch, das die psychologischen Ziele, deren Begründung und deren konzeptionelle sowie konkrete Umsetzung unter Berücksichtigung des aktuellen wissenschaftlichen Erkenntnisstandes beschreibt.

Im Rahmen der Begutachtung wenden die Gutachter anlassspezifisch die Beurteilungskriterien (DGVP & DGVM, 2013) an. Die Ausräumung verbliebener Bedenken wird durch die Teilnahme an einem §-70-Rehabilitationskurs ermöglicht, wenn mindestens eines der Kriterien mit einem K (= Kurs) gekennzeichnet ist. In diesem Fall können Gutachter die Teilnahme an einem anerkannten Kurs zur Wiederherstellung der Kraftfahreignung empfehlen, wenn:

- die Befundlage durch aktives Mitwirken des Klienten veränderbar ist,
- eine Einstellungs- und Verhaltensänderung angestrebt wird und erreichbar erscheint,
- eine Einstellungs- und Verhaltensänderung zumindest in Ansätzen bereits zustande gekommen ist, aber vervollständigt werden muss,
- eine Einstellungs- und Verhaltensänderung, die aus extrinsischer Motivation eingeleitet wurde, künftig durch intrinsische Motivation getragen und gefestigt werden muss, oder
- eine Einstellungs- und Verhaltensänderung bereits vollzogen wurde, aber noch systematisiert und stabilisiert werden muss (DGVP & DGVM, 2013).

Trägeranerkennung

Der Träger wird nach diesen Bestimmungen mit seinen Stellen (Kursorten), mit seinen Kursen (Kursprogrammen) und mit seinen Kursleitern auf Antrag in jedem einzelnen Bundesland anerkannt (§ 70 Abs. 2 FeV). Hierzu muss der Träger nach Anlage 15 FeV

- finanziell und organisatorisch leistungsfähig sein,
- eine personelle und sachlich-räumliche Ausstattung sicherstellen und darf
- nicht zugleich Träger von Maßnahmen der Fahrausbildung oder Träger von Begutachtungsstellen für Fahreignung sein.
- Die Kurse müssen eine wissenschaftliche Grundlage aufweisen. Ihre Geeignetheit muss von einer anerkannten unabhängigen Stelle bestätigt worden sein. Eine erfolgreiche Evaluationsstudie muss für jedes Kursprogramm erstmals nach sechs Jahren und danach in einem Turnus von zehn Jahren vorliegen.
- Die Kursleiter müssen die Qualifikation nach Anl. 15 Abs. 2 Nr. 3 und 4 FeV erfüllen (Diplom/Master in Psychologie, verkehrspsychologische Ausbildung, Erfah-

rung und Kenntnisse der Begutachtung, Kursleiterausbildung). Um ihre Qualifikation aufrechtzuerhalten, müssen sie in jedem Jahr mindestens zwei §-70-Kurse absolvieren (bei Alkohol- und Drogenkursen mindestens eine Kursdurchführung je Programm) und mindestens zwei Tage Weiterbildung nachweisen (im Einzelnen s. Kapitel 5.2.3).
- Der Träger muss die Erfüllung der Anforderungen der Richtlinie (2014) im Rahmen einer jährlichen Begutachtung durch die Bundesanstalt für Straßenwesen (BASt) nachweisen.

Die zuständige Fahrerlaubnisbehörde informiert über die anerkannten Kurse und Anbieter, damit die erfolgreiche Teilnahme anerkannt wird. Eine Liste der anerkannten Träger mit ihren Kursen wird von der BASt im Internet veröffentlicht.[1]

Kursregeln und Kursausschluss

Im Kurs gelten bestimmte Regeln, zu deren Einhaltung sich die Teilnehmer im Rahmen der Vertragsschließung verpflichten. Die Kursregeln ergeben sich zum einen aus den Richtlinien (2014), zum anderen kann jeder Kursträger im Kursprogramm aus inhaltlicher Sicht notwendige Regelungen verankern. Die Teilnehmer haben in der Verkehrsvorgeschichte gegen Regeln verstoßen und sollen lernen, künftig Regeln einzuhalten. Der Kurs kann diesbezüglich als ein Lernfeld verstanden werden (Müßig, 2008). Wenn die Regeln nicht eingehalten werden, erfolgt ein Kursausschluss.

Offenheit und Ehrlichkeit

Die Kursteilnahme erfordert es, sich selbst und den anderen gegenüber offen und ehrlich zu sein. Die Teilnehmer werden aufgefordert, klar ihre Meinung zu sagen, ohne Rücksicht darauf zu nehmen, ob der Kursleiter oder die anderen Teilnehmer diese Meinung teilen.

Vertraulichkeit

Alles, was im Kurs gesagt wird, bleibt unter den Kursteilnehmern. Der Kursleiter gibt aufgrund der Schweigepflicht (§ 203 StGB) keine Informationen an Dritte (z. B. die Fahrerlaubnisbehörde oder die Begutachtungsstelle) weiter. Die Teilnehmer verpflichten sich, alle zum persönlichen Lebensbereich zählenden Informationen über die anderen Kursteilnehmer vertraulich zu behandeln.

Vollständige Teilnahme und Pünktlichkeit

Die vereinbarten Kurszeiten sind einzuhalten. Der entsprechende Schulungsumfang ist zur Vermittlung der Kursinhalte notwendig und wird abschließend bescheinigt. Zu spät zu kommen oder eine Kurssitzung zu versäumen, führt zum Kursausschluss.

Mitarbeit

Die Teilnehmer beteiligen sich aktiv und gestaltend am Kursgeschehen, Anwesenheit allein ist nicht ausreichend. Die Kursinhalte sind zudem zwischen den Sitzungen vor- und nachzubereiten.

Kein Alkohol/keine Drogen

Wer zum Kurs alkoholisiert und/oder unter Drogeneinfluss erscheint, wird einem Atemalkoholtest und/oder einem Drogenschnelltest unterzogen. Ein solcher Test kann auch verdachtsfrei und mehrfach im Kurs erfolgen. Bei positivem Testergebnis muss umgehend die Gruppe verlassen werden und es wird keine Teilnahmebescheinigung ausgestellt.

1 Aktueller Stand unter www.bast.de/DE/FB-U/Qualitaetsbewertung/Begutachtung/pdf/Kurse-Kraftfahreignung.html

Teilnahmebescheinigung

Am Ende der letzten Kurssitzung wird die Teilnahmebescheinigung ausgestellt und den Teilnehmern ausgehändigt. Nach Vorlage der Teilnahmebescheinigung bei der Fahrerlaubnisbehörde wird die Fahrerlaubnis neu erteilt, falls nicht neue Erkenntnisse bzw. die Notwendigkeit der Ablegung einer Fahrbefähigungsprüfung dem entgegenstehen. Eine erneute MPU ist nicht notwendig.

Evaluation

Die Fahrerlaubnis-Verordnung sieht vor, dass die Kursträger die Wirksamkeit ihrer Kurse in einem nach dem Stand der Wissenschaft durchgeführten Bewertungsverfahren (Evaluation) nachweisen (Kapitel 6.7).

2.1.1.1 §-70-Kurse für alkoholauffällige Kraftfahrer

Spezielle diagnostische Zuweisungskriterien

Im Fall einer Alkoholabhängigkeit (Hypothese A 1 der Beurteilungskriterien; DGVP & DGVM, 2013) kommt eine Teilnahme an einem §-70-Kurs nicht in Betracht.

Im Fall eines Alkoholmissbrauchs in der Vergangenheit (Hypothese A 2) war der Teilnehmer nicht dauerhaft in der Lage, kontrolliert mit Alkohol umzugehen, und muss daher konsequent und stabil auf den Konsum von Alkohol verzichten.

Der Alkoholverzicht von ausreichender Dauer konnte in der Begutachtung mit medizinischen Verlaufsbefunden nachvollziehbar belegt werden. Dennoch kann beispielsweise in folgenden Fällen eine Kursteilnahme angezeigt sein:

- Der Teilnehmer ist noch nicht zu einem dauerhaften Alkoholverzicht motiviert oder die Motivation für einen Alkoholverzicht ist nicht nachvollziehbar bzw. noch nicht ausreichend gefestigt (Kriterium A 2.6), und/oder
- trotz des Verzichts auf Alkohol konnten noch nicht ausreichend neue Erfahrungen mit der eigenen Kompetenz (und sozialen Rückmeldungen) gesammelt werden, um dadurch auch zukünftig die Einhaltung des Alkoholverzichts beizubehalten (Kriterium A 2.7).

Im Falle einer Alkoholgefährdung (Hypothese A 3, gesteigerte Alkoholgewöhnung, unkontrollierte Trinkepisoden oder ausgeprägtes Entlastungstrinken) kommt eine Kursteilnahme in Frage, sofern der Teilnehmer

- sein Alkoholtrinkverhalten noch nicht in ausreichendem Umfang und über eine ausreichende Dauer verändert hat (Kriterium A 3.3) oder
- eine Verhaltensänderung nicht auf der Grundlage eines angemessenen Problembewusstseins eingeleitet hat und/oder diese nicht durch stabilisierende Erfahrungen gestützt wird (Kriterium A 3.4) oder
- nicht über eine ausreichende Durchsetzungskompetenz verfügt und Bedingungen, weiterhin vorhanden oder wirksam sind, die früher das Problemverhalten aufrechterhielten (Kriterium A 3.5), und/oder
- noch nicht mit hinreichender Sicherheit ausschließen kann, künftig noch einmal ein Fahrzeug unter Alkoholeinfluss zu führen (Kriterien A 4.1 bis A 4.3).

Dauer und Inhalt der Kurse

Die Kurse zur Wiederherstellung der Kraftfahreignung unterscheiden sich in ihren Inhalten und im methodischen Vorgehen. Alle Kursprogramme haben sich in der Konzeption auf die gutachterlichen Prognose-Kriterien zu beziehen. Die Vermittlung des Wissens rund um das Thema Alkohol ist grundlegender Bestandteil. Eine individuelle Aufarbeitung wird allerdings, je nach fachlichem Ansatz und der zur Verfügung stehenden Zeit, unterschiedlich gestaltet. Die folgenden Kursprogramme sind anerkannt (*Tabelle 2.1*).

Tabelle 2.1 Übersicht anerkannter Kursprogramme und Träger von §-70-Kursen für alkoholauffällige Kraftfahrer

Kursprogramm	Träger
IFT Alkoholtrinken und Fahren: Verfahren zur Verhaltensänderung	**IFS** Institut für Schulungsmaßnahmen GmbH
IFT Kurs zur Wiederherstellung der Kraftfahreignung für alkoholauffällige Kraftfahrer	**DEKRA Akademie** GmbH
IRaK Individualpsychologische Rehabilitation alkoholauffälliger Kraftfahrer	**AFN** Gesellschaft für Ausbildung, Fortbildung und Nachschulung e. V.
K 70 Schulungskurs für alkoholauffällige Kraftfahrer	**Impuls** Institut für medizinisch-psychologische Unternehmensleistungen und Schulungen GmbH
LEER Kurs für alkoholauffällige Kraftfahrer	**Nord-Kurs** GmbH & Co. KG **TÜV Thüringen Anlagentechnik** GmbH & Co. KG
PLUS 70 Kurs für alkoholauffällige Kraftfahrer	TÜV Süd **Pluspunkt** GmbH
SCHALK 70 Seminar für alkoholauffällige Kraftfahrer	Verkehrspsychologisches Institut **IDRAS** SYSTEMS UG

Eckdaten

Tabelle 2.2 gibt eine Übersicht über die Eckdaten der verschiedenen Kursprogramme. Für alle Programme gelten Mindestanforderungen, die sich aus der Richtlinie (2014) ergeben.

Kursziele und Inhalte

Die Inhalte eines §-70-Kurses hängen unmittelbar mit dem Kursziel zusammen, Alkoholtrinken und Autofahren in Zukunft sicher trennen zu können. Das bedeutet für Teilnehmer, künftig ihren Alkoholkonsum generell, auch unabhängig vom Autofahren zu kontrollieren, entweder auf dem Null-Niveau (Alkoholverzicht) oder auf einem reduzierten Niveau. Dabei unterstützt die Kursteilnahme u. a. dabei,

- die Motivation, entweder zu einer dauerhaft alkoholfreien Lebensweise oder zu einem kontrollierten Umgang mit Alkohol zu finden,
- Vorsätze auch dann beizubehalten, wenn unvorhergesehene Umstände eintreten oder andere Personen Einfluss nehmen,
- Alkoholtrinkanlässe und Fahrten so zu organisieren, dass ein problematisches Zusammentreffen verhindert wird,

Tabelle 2.2 Eckdaten der §-70-Kurse für alkoholauffällige Kraftfahrer

Kursprogramm	IFT/ DEKRA Akademie	IFT/IFS	IRaK	K 70	LEER	PLUS 70	SCHALK 70
Teilnehmerzahl	4–12	4–10	4–10	4–10	4–12	4–12	4–12
Anzahl Sitzungen	≥ 4	≥ 4	4	4–5[1]	4	4	4
im Zeitraum (Wochen)	≥ 3	≥ 3	≥ 3	≥ 3	≥ 3	≥ 3	≥ 3
Anzahl Stunden gesamt	≥ 26[2]	12–18	14	12–18[1]	14	12–16[1]	16

1 abhängig von Teilnehmerzahl
2 davon mind. 12 Präsenzstunden, abhängig von Teilnehmerzahl, bei verbindlichen Übungen und eigenständig zu bearbeitenden Aufgaben zwischen den Sitzungen

- das Trinkverhalten, die Alkoholauswirkungen und die Risiken einer Fahrt unter Alkoholeinfluss auch unter ungünstigen Bedingungen (z. B. nach Genuss der persönlichen Höchsttrinkmenge) zukünftig richtig einzuschätzen und
- den Vorsatz und die Fähigkeit, eine Fahrt nur dann anzutreten, wenn keine für die Verkehrsteilnahme relevante Alkoholwirkung vorliegt.

Selbstkritik

Die Teilnehmer sollen in der Lage sein, ihr früheres Verhalten darzustellen und die Gewohnheiten und Probleme zu hinterfragen und zu kritisieren. Dazu gehört, dass sie sich selbst und anderen gegenüber nichts verharmlosen oder gar verschweigen, sondern den Mut haben, in der Gruppe offen zu sein.

Selbstbeobachtung

Die Teilnehmer werden darin unterstützt, ihr früheres und aktuelles Verhalten gerade auch im Zusammenhang mit spezifischen Situationen und ihren Gefühlszuständen aufmerksam wahrzunehmen. Dadurch erhalten sie auch ein klares Bild darüber, wo die Risiken und Probleme bezüglich des Trinkverhaltens liegen.

Selbstkontrolle

Die Teilnehmer sollen in die Lage versetzt werden, in schwierigen Situationen (Versuchungs- und Versagenssituationen) unabhängig von anderen Personen und selbstkontrolliert zu handeln.

Gemeinsame und programmspezifische Ziele und Methoden

Alle Kursprogramme sehen die Vermittlung zielgruppenspezifischer Informationen vor, die vom Kursleiter oder von Teilnehmern mündlich vorgetragen und/oder anhand schriftlichen Materials (z. B. in Kursheften oder Broschüren; teilweise im Rahmen von Hausaufgaben) von den Teilnehmern selbst erarbeitet werden. Außerdem werden die Teilnehmer in die Grundlagen der zentralen Erklärungs-, Veränderungs- und/oder Interventionsmodelle des jeweiligen Kursprogramms eingeführt. Am Beispiel zweier Kursprogramme für alkoholauffällige Kraftfahrer werden die unterschiedlichen Interventionsansätze und -methoden deutlich.

Beispiel IFT-Kurs

Das 1978 im Auftrag der BASt vom Institut für Therapieforschung (IFT) München auf verhaltenstherapeutisch-lerntheoretischer Grundlage konzipierte Kursprogramm wurde durch das Institut für Schulungsmaßnahmen kontinuierlich weiterentwickelt (zuletzt 2008, 5. Auflage des Moderatorenmanuals).[2]

Hauptziel ist eine stabile Änderung von Einstellungen und Verhalten, das Erlernen eines bewusst-kontrollierten Umgangs mit Alkohol bzw. die Stabilisierung eines selbst gewählten Alkoholverzichts, um letztlich Trinken und Fahren zuverlässig voneinander trennen zu können. Übergeordnetes Lernziel ist die Entwicklung von Selbstkontrolle und der Fähigkeit, jederzeit Verantwortung für das eigene Handeln übernehmen zu können. Erreicht wird dies durch die Anleitung zur systematischen Beobachtung des eigenen Verhaltens, die Entwicklung von Verhaltensalternativen sowie deren Verstärkung durch u. a. systematische Erprobung. Voraussetzungen zum Erreichen dieser Ziele sind das Erkennen der Gesetzmäßigkeiten des menschlichen Verhaltens und Lernens, die Identifizierung derjenigen persönlichen Bedingungen (Auslöser, Folgen) des eigenen problematischen Verhaltens, die dieses Verhalten kontrollieren bzw. aufrechterhalten, sowie die Entwicklung und Einübung von Verhaltensalternativen, um diese in problematischen Situationen verfügbar zu haben.

Der Analyse der Delikte kommt eine besondere Bedeutung zu, da sich in deren Zustandekommen alle unangemessenen, für den jeweiligen Teilnehmer typischen Einstellungen und Verhaltensweisen ausdrücken, die es im Rahmen des Kurses zu bearbeiten gilt. Zusätzlich liefert die Deliktanalyse die für das Vermeiden zukünftiger Trunkenheitsfahrten notwendigen Informationen.

Bei Auslösern wie Ärger, Wut, Angst, Stress oder Abgespanntheit wird Alkohol meistens wegen seiner entspannenden Wirkung getrunken. Durch ein Entspannungstraining versetzen sich die Kursteilnehmer in die Lage, Emotionen zu regulieren und einen entspannten Zustand ohne Suchtmitteleinnahme zu erzielen (Grunow & Brieler, 2012). Gleichzeitig wird die Imaginationsfähigkeit verbessert, was besonders bei einigen verhaltenstherapeutischen Techniken, die im Kursverlauf eingesetzt werden (z. B. Vorwegnahme unangenehmer Folgen und Gedankenstopp), wichtig ist.

Am Kursende sollten die Teilnehmer auf jeden Fall klare und erreichbare Vorsätze gefasst haben: entweder strikter Alkoholverzicht oder ein gelegentlicher kontrollierter Alkoholkonsum. Sie sollten Regeln und Handlungsmöglichkeiten für zukünftige schwierige Situationen erarbeitet haben, um ein Abweichen von ihren Vorsätzen auszuschließen (Kapitel 3.3.1).

Beispiel IRaK-Kurs

IRaK steht für **I**ndividualpsychologische **R**ehabilitation **a**lkoholauffälliger **K**raftfahrer. Die fokale Lebensstilanalyse basiert auf der psychodynamisch begründeten Individualpsychologie Alfred Adlers. Unter „Lebensstil" werden die typischen Muster von Denk- und Handlungsstrategien zur Bewältigung von – vor allem schwierigen – Lebensaufgaben verstanden, die ein Individuum im Laufe seiner Lebensgeschichte entwickelt.

Unter sich wandelnden Lebensbedingungen, speziell belastenden Ereignissen, kann es von der „normalen" Kompensation erlebter Defizite zu einer Überkompensation kommen. Das „vernünftige Maß" und die Flexibilität im Denken und Handeln gehen verloren. Zunehmend stellen sich Probleme ein (z. B. Misserfolge, Stress, Unzufriedenheit, Einsamkeit, geringes Selbstwertgefühl). Statt den veränderten Bedingungen mit neuen Zielen und Strategien zu begegnen, wird

2 Die DEKRA Akademie hat ebenfalls eine Weiterentwicklung auf Basis der Ursprungsversion vorgelegt (Kollbach, 2003).

eine „Lösung" und Entlastung im Konsum von Alkohol und Drogen gesucht und vorübergehend auch gefunden.

Die Intervention besteht darin, den jeweiligen Lebensstil, das problematische Nüchternverhalten, für den Einzelnen erkennbar und veränderbar zu machen. In der Gruppe tragen der Protagonist, der Kursleiter und die übrigen Teilnehmer die lebensstiltypischen Strategien jedes Einzelnen zusammen und entwickeln für ihn gemeinsam neue Ziele und wirksamere Strategien, die das frühere Konsumverhalten überflüssig machen. Dabei stellt sich bei allen Beteiligten nicht nur die Erkenntnis ein, dass das bisherige Nüchternverhalten mindestens genauso problematisch wie das Konsumverhalten war. Damit können die Delikte auch ursächlich im Kontext der gesamten Person und ihrer Lebensgeschichte gesehen, verstanden und bearbeitet werden (Kapitel 3.3.3).

Evaluation

Die in der Fahrerlaubnis-Verordnung vorgesehene Evaluation (Kapitel 6.7) wurde für die anerkannten Kursprogramme für alkoholauffällige Kraftfahrer in den letzten Jahren erfolgreich durchgeführt (*Tabelle 2.3*).

Die Vorgehensweisen bei der Evaluation von Kursen für alkoholauffällige Kraftfahrer waren hinsichtlich der Legalbewährungsstudien, die den Erfolg (Hoffmann, 2001) der Kursprogramme nachgewiesen haben, weitgehend identisch. Ausführliche Informationen zum Thema Evaluation von §-70-Kursen sind bei Kollbach (2013) dargestellt. Eine Legalbewährungsstudie prüft für eine Experimentalgruppe von Kursteilnehmern nach

Tabelle 2.3 Evaluationsergebnisse §-70-Kurse für alkoholauffällige Kraftfahrer

Kursprogramm	IFT	IFT	IRaK	K 70	LEER	PLUS 70	SCHALK 70
Träger (Tabelle 2.1)	DEKRA Akademie	IFS	AFN	Impuls	Nordkurs	Pluspunkt	IDRAS
N EG	435	269	273	688	507	1846	64
N KG	1	1	1	1	1	1	1
Anteil Frauen	8 %	?	10 %	11 %	?	10 %	?
Kursteilnahme EG	2004/05	2008/09	2005/06	2004/07	2005	2006/07	2006
Bewährungszeit (Monate)	36	± 36	± 36	36	36	± 36	36
Abschluss	2009	2013	2010	2009	2010	2011	2011
Rückfallquote	6,7 % (Rudinger et al., 2010)	7,4 % (König & Zentgraf, 2015)	6,6 % (Kalwitzki et al., 2011)	7,3 % (Schülken et al., 2011)	7,3 % (Krauss, 2011)	7,99 % (Sachse et al., 2011)	10,9 %[2] (Braun, 2011)
Referenzwert (BASt, 2002)				18,8 %			

EG = Experimentalgruppe; KG = Kontrollgruppe

1 keine Kontrollgruppe; Kriterium ist der von der BASt vorgegebene Referenzwert

2 Information von Rieger, 2016

Neuerteilung der Fahrerlaubnis und einer Bewährungszeit von drei Jahren mit Unterstützung des Kraftfahrt-Bundesamtes, wie viele dieser ehemaligen Kursteilnehmer erneut mit Alkohol im Straßenverkehr aufgefallen sind. Die sich ergebende Rückfallquote wird mit einem von der BASt (2002) vorgegebenen Referenzwert verglichen. Dieser basiert auf der empirischen Untersuchung (ALKOEVA, Winkler et al., 1988) mehrfach alkoholauffälliger Kraftfahrer, denen nach einer positiven Begutachtung die Fahrerlaubnis neu erteilt wurde. Die Rückfallquote der Kursteilnehmer eines Kursprogramms soll dabei nicht signifikant höher als der Referenzwert liegen. Die Tabelle weist aus, dass die heutigen Rückfallquoten der Teilnehmer aller hier vorgestellten Kursprogramme bedeutend niedriger liegen (Kapitel 6.7.4).

Im Jahr 2016 wurde die BASt-Arbeitsgruppe „Evaluation von §-70-Kursprogrammen" unter Teilnahme des Kraftfahrt-Bundesamtes mit der Entwicklung realistischer Referenz- und Grenzwerte sowie möglicher Evaluationsdesigns beauftragt. Neben der Messung des Erfolgs (Kapitel 6.7.4) sollten auch die Wirksamkeit (Kapitel 6.7.5) sowie weitere Effekte (Kapitel 6.7.6) bei der Evaluation von verkehrspsychologischen Interventionen einbezogen werden.

2.1.1.2 §-70-Kurse für drogenauffällige Kraftfahrer

Spezielle diagnostische Zuweisungskriterien

Im Fall einer Drogenabhängigkeit (Hypothese D 1 der Beurteilungskriterien; DGVP & DGVM, 2013) kommt eine Teilnahme an einem §-70-Kurs nicht in Betracht.

Im Fall einer fortgeschrittenen Drogenproblematik (Hypothese D 2, missbräuchlicher Konsum von Suchtstoffen, polyvalentes Konsummuster oder Konsum hoch suchtpotenter Drogen) hat der Teilnehmer diese problemangemessen aufgearbeitet sowie ausreichend lange und nachvollziehbar dokumentiert drogenabstinent gelebt.

Eine Kursteilnahme ist angezeigt, sofern der Teilnehmer sich nicht dauerhaft und tragfähig innerlich vom Drogenkonsum distanziert hat bzw. trotz Drogenverzichts keine ausreichenden neuen Erfahrungen sammeln konnte, die auch zukünftige Drogenfreiheit wahrscheinlich machen (Kriterium D 2.5).

Im Falle einer Drogengefährdung ohne Anzeichen einer fortgeschrittenen Drogenproblematik (Hypothese D 3) hat ein nachvollziehbarer Einsichtsprozess zu einem ausreichend langen und nachvollziehbar dokumentierten Drogenverzicht geführt.

Eine Kursteilnahme ist angezeigt, sofern der Teilnehmer

- noch nicht ausreichend motiviert ist, den Drogenverzicht dauerhaft beizubehalten (Kriterium D 3.3), und/oder
- Hinweise auf besondere Risikofaktoren aufweist, die der Erwartung einer zukünftig drogenfreien Lebensführung entgegenstehen (Kriterium D 3.5).

Bei einem vorliegenden ausschließlich gelegentlichen Cannabiskonsum ist gemäß Beurteilungskriterien grundsätzlich die Möglichkeit gegeben, eine Verkehrsteilnahme unter Drogeneinfluss zu vermeiden (Hypothese D 4). Eine Kurszuweisung ist allerdings nicht vorgesehen, sodass in den §-70-Kursprogrammen für drogenauffällige Kraftfahrer das Trennen von Cannabiskonsum und Führen eines Kraftfahrzeugs nicht zu berücksichtigen ist.

Dauer und Inhalt der Kurse

Einen Überblick über anerkannte Träger und Kursprogramme für drogenauffällige Kraftfahrer gibt *Tabelle 2.4* (der jeweils aktuelle Stand ist abrufbar unter www.bast.de).

Tabelle 2.4 Übersicht anerkannter Kursprogramme und Träger von §-70-Kursen für drogenauffällige Kraftfahrer

Kursprogramm	Träger
Clean	**Impuls** Institut für medizinisch-psychologische Unternehmensleistungen und Schulungen GmbH
DRUGS Drogen und Gefahren im Straßenverkehr	**AFN** Gesellschaft für Ausbildung, Fortbildung und Nachschulung e.V. TÜV Süd **Pluspunkt** GmbH
GOOD Gesund und offensiv ohne Drogen	**IFS** Institut für Schulungsmaßnahmen GmbH
SPEED-02 Sicherheit durch Prävention: Erfahrungen mit und Engagement gegen Drogen	**Nord-Kurs** GmbH **DEKRA Akademie** GmbH **TÜV Thüringen Anlagentechnik** GmbH

Tabelle 2.5 gibt eine Übersicht über die Eckdaten der verschiedenen Kursprogramme. Auch für diese Programme gelten Mindestanforderungen, die sich aus der Richtlinie (2014) ergeben.

Tabelle 2.5 Eckdaten der §-70-Kurse für drogenauffällige Kraftfahrer

Kursprogramm	Clean	DRUGS	GOOD	SPEED-02
Anzahl Teilnehmer	4–9	4–10	4–8	4–8
Anzahl Sitzungen	5	5	5	6 + 2[3]
im Zeitraum (Wochen)	≥ 4	≥ 4[1]	≥ 4	6 + 22[3]
Anzahl Stunden gesamt	14–18[2]	14–20[2]	15	22[3]

1 inkl. Selbstbeobachtungsphase
2 abhängig von Teilnehmerzahl
3 Phasen 1–3: 6 Sitzungen in 6 Wochen inkl. Erprobungsphase mit Drogenscreening, Teilnahmebescheinigung; Phase 4: 2 Sitzungen in 22 Wochen, Abschlussbescheinigung

Allerdings unterscheiden sich diese Kurse im Ablauf und in den Kursinhalten. In fast allen Bundesländern wird das Kursprogramm DRUGS angeboten, daher wird dieses hier beispielhaft vorgestellt.

Beispiel DRUGS-Kurs

Zeitstruktur

Der Kurs dauert, abhängig von der Teilnehmerzahl, 14 bis 20 Stunden und hat fünf Sitzungen. Den ersten vier Sitzungen (maximal zwei Sitzungen pro Woche) folgt eine Selbstbeobachtungsphase über drei Wochen, die mit der fünften Sitzung abgeschlossen wird.

Kursinhalte

Ziel des Kurses ist es, die Teilnehmer zu dauerhaftem Verzicht auf den Konsum illegaler Betäubungsmittel zu befähigen. Die Teilnehmer sollen die individuelle Entwicklung ihres Drogenkonsums und dessen Hintergründe verstehen und geeignete Strategien zur Erhaltung ihrer Drogenabstinenz ableiten. In der Gruppe von vier bis zehn Teilnehmern erarbeitet jeder ein persönliches Poster. Die wichtigsten Fakten zum persönlichen Hintergrund werden festgehalten: die Einstellung zu illegalen Betäubungsmitteln (Cannabis, Ecstasy, evtl. Kokain), das eigene Konsumverhalten und besonders die persönlichen Konsummotive sowie die notwendigen Veränderungen mit konkreten Handlungsanleitungen für zu erwartende kritische Lebenssituationen. In der Selbstbeobachtungsphase erhalten die Teilnehmer die Gelegenheit, ihre erarbeiteten alternativen Verhaltensstrategien auszuprobieren, positive und negative Erfahrungen festzuhalten und ihre Gefühlszustände zu reflektieren. Die Abschlusssitzung dient der Überprüfung dieser Erfahrungen: Die Zielsetzungen können überprüft und eventuell verändert bzw. optimiert werden.

Kursregeln und Kursausschluss

Es gelten die gleichen Regeln wie bei §-70-Kursen für alkoholauffällige Kraftfahrer (Kapitel 2.1.1.1). Darüber hinaus haben sich die Teilnehmer vertraglich verpflichtet, keine illegalen Betäubungsmittel zu konsumieren. Die Drogenabstinenz wird während des Kurses durch ein kurzfristig anberaumtes Screening (Speicheltest) kontrolliert. Bei Nachweis einer Substanz oder ihres Abbauprodukts erfolgt ein Kursausschluss.

Kursende

Die Teilnehmer werden aufgefordert, ihr Poster zuhause gut sichtbar aufzuhängen. Nach Kursende ist es wichtig, den Verzicht auf Drogenkonsum konsequent fortzusetzen. Neu gewonnene Verhaltensalternativen müssen weiter erprobt, gefestigt und verfeinert werden. Am Ende der letzten Kurssitzung wird die Teilnahmebescheinigung ausgegeben.

Evaluation

Im Gegensatz zur Evaluation von Kursen für alkoholauffällige Kraftfahrer, wo die Rückfallquote mit einem von der BASt vorgegebenen Referenzwert verglichen wird, wurden bei der Evaluation der Kurse für drogenauffällige Kraftfahrer die Rückfallquoten einer Kontrollgruppe zum Vergleich herangezogen. Im Falle von SPEED-02 waren dies Kraftfahrer mit Neuerteilung der Fahrerlaubnis nach positiver MPU (Erfolgskriterium: keine

Tabelle 2.6 Evaluationsergebnisse §-70-Kurse für drogenauffällige Kraftfahrer

Kursprogramm	Clean	DRUGS	GOOD	SPEED-02
N EG	208	91	325	267
N KG	–	90	–	245
Anteil Frauen	3,8 %	7 %	[1]	–
Kursteilnahme EG	2006–2008	1996–1998	2010–2011	2002–2005
Bewährungszeit (Monate)	36	36	36	36
Abschluss	2011	2003	2016	2009
Rückfallquote EG	7,69 %	8,8 %	5,8 % (KBA, 2016)	7,8 %
Rückfallquote KG	–	21,1 %[1] (Biehl & Birnbaum, 2004)	–	5,3 %[2] (Rudinger et al., 2009)

EG = Experimentalgruppe; KG = Kontrollgruppe
1 Neuerteilung der Fahrerlaubnis ohne Kursteilnahme
2 MPU mit positivem Ergebnis

deutlich höheren Rückfallquoten der ehemaligen Kursteilnehmer). Im Falle von DRUGS waren dies Kraftfahrer aus Baden-Württemberg, die nach einer MPU auf Grundlage einer Gutachterempfehlung von ihrer Verkehrsbehörde die Auflage erhalten hatten, ein Drogenkontrollprogramm, bestehend aus vier Drogenscreenings, zu absolvieren, und die hinsichtlich Zuweisungs- und Ausschlusskriterien den DRUGS-Teilnehmern entsprachen (Erfolgskriterium: Kursteilnehmer fallen in den Folgejahren nicht häufiger durch eine Drogenauffälligkeit auf als Nichtteilnehmer). In beiden Fällen wurden die Kriterien erfüllt (*Tabelle 2.6*).

2.1.1.3 §-70-Kurse für verkehrsauffällige Kraftfahrer

Bis zum 31.3.2012 bestand auch für verkehrs- und strafauffällige Kraftfahrer (Mehrfachpunktetäter) die Möglichkeit der Teilnahme an einem §-70-Kurs (nach Kursempfehlung in der MPU und Zustimmung der Fahrerlaubnisbehörde). Mit der „5. Verordnung zur Änderung der Fahrerlaubnis-Verordnung und anderer straßenverkehrsrechtlicher Vorschriften" vom 17.12.2010 (BGBl I S. 2279) wurden die Kurse zur Wiederherstellung der Kraftfahreignung für diese Untersuchungsanlässe jedoch abgeschafft. *„Begründet wurde diese Entscheidung damit, dass die Evaluation der am Markt angebotenen Kurse für den Bereich der Entzugsfälle aufgrund des Punktsystems unbefriedigende Erfolgsergebnisse ergeben hätten"* (Buchardt & Brieler, 2011, S. 401). In der Folge sind nunmehr in der 3. Auflage der Beurteilungskriterien (DGVP & DGVM, 2013) auch alle Kriterien zur Zuweisung zu Kursen zur Wiederherstellung der Kraftfahreignung für verkehrsauffällige Kraftfahrer entfallen.

In der Bundesanstalt für Straßenwesen wurde ein Projekt mit dem Ziel der Bereitstellung neuer und valider Referenzwerte auf Grundlage einer empirischen Datenbasis gestartet:[3]

„Im Rahmen des Projekts werden [...] unter Einbeziehung ausgewiesener Methoden- und Inhaltsexperten verbindliche Anforderungen für die Evaluationen von §-70-Kursen erarbeitet und damit die Voraussetzungen für eine methodisch angemessene Durchführung und eine sachgerechte Bewertung von Evaluationsstudien zu §-70-Kursen geschaffen. Dabei ist die Bereitstellung valider Referenzwerte insbesondere vor dem Hintergrund der Harmonisierungstendenzen in Europa von besonderer Bedeutung. Leider fehlen zurzeit immer noch gültige Kriterien, anhand derer die Wirksamkeit von Kursen für verkehrsauffällige Kraftfahrer – insbesondere der sogenannten Mehrfach-Punktetäter – beurteilt werden kann" (Buchardt & Brieler, 2011).

Angesichts der Bedeutung dieser Personengruppe verdient das BASt-Projekt mit Priorität abgeschlossen zu werden. Damit wäre retrospektiv eine angemessene Bewertung der Kurse für verkehrsauffällige Kraftfahrer möglich und die Erkenntnisse könnten im Rahmen der Weiterentwicklung des Fahreignungs-Bewertungssystems Berücksichtigung finden.

2.1.2 Besondere Aufbauseminare (§ 36 FeV)

Im Rahmen der Einführung der Fahrerlaubnis auf Probe im Jahre 1986 in Deutschland wurden Ergebnisse verschiedener Projektgruppen bei der BASt in der damaligen Straßenverkehrs-Zulassungs-Ordnung (StVZO) verankert (vgl. Kapitel 1.2). Nachschulungspro-

3 Evaluation der §-70-Kurse (4409002) unter www.bast.de/cln_015/nn_42716/DE/Forschung/laufende/fp-laufend-u4.html

gramme existieren zum einen für verkehrsauffällige Fahranfänger (Programm ASF: Aufbauseminar für Fahranfänger, durchgeführt durch Fahrlehrer). Zum anderen werden alkohol- und drogenauffällige Fahranfänger durch dafür anerkannte Psychologen (mit Diplom- oder Masterabschluss und einer verkehrspsychologischen Ausbildung) geschult.

Aufgrund der typischen Fehlverhaltensweisen junger Fahranfänger sowie der festzustellenden überproportionalen Beteiligung junger Fahrer am Verkehrsunfallgeschehen (Kapitel 4.2.6) erfolgt die erstmalige Erteilung einer Fahrerlaubnis mit einer zweijährigen Probezeit. *„Inhaber von Fahrerlaubnissen auf Probe, die wegen Zuwiderhandlungen nach §§ 315c Abs. 1 Nr. 1 Buchstabe 1, 316, 323a StVG oder nach §§ 24a, 24c StVG an einem Aufbauseminar teilzunehmen haben, sind, auch wenn sie noch andere Zuwiderhandlungen begangen haben, einem besonderen Aufbauseminar zuzuweisen“* (§ 36 Abs. 2 FeV). Dies bezieht sich auf Delikte unter dem Einfluss von Alkohol und/oder anderen berauschenden Mitteln. Die Probezeit verlängert sich um zwei Jahre. Wird die Bescheinigung über eine erfolgreiche Teilnahme nicht innerhalb der gesetzten Frist vorgelegt, dann wird entweder die Fahrerlaubnis entzogen (§ 2a Abs. 3 StVG) oder aber der Antrag auf Neuerteilung versagt.

Anerkennung

Die jeweilige oberste Landesbehörde erkennt als Seminarleiter nur fachlich erfahrene Verkehrspsychologen an (Qualifikationsanforderungen siehe Kapitel 5.2.1). Eine Grundlage der Anerkennung ist außerdem ein geeignetes Seminarkonzept auf wissenschaftlicher Grundlage (*Tabelle 2.7*).

Die Seminarprogramme unterscheiden sich in ihrem inhaltlichen und methodischen Vorgehen. Ziel ist es immer, die Fahranfänger zu einer nachhaltigen Änderung in ihrer Einstellung zu ihrem Alkohol- und/oder Drogenkonsum zu motivieren und in der Veränderung ihres Verhaltens zu unterstützen. Dadurch haben die Teilnehmer gute Chancen, ihren Führerschein langfristig zu behalten und sicher am Straßenverkehr teilzunehmen.

Diagnostische Zuweisungskriterien

Die Teilnahme ist unabhängig von der Höhe der Blutalkoholkonzentration oder der Art der konsumierten Droge obligatorisch, sowohl vor Neuerteilung der Fahrerlaubnis

Tabelle 2.7 Übersicht ausgewählter anerkannter Seminarprogramme und Anbieter besonderer Aufbauseminare für alkohol- und drogenauffällige Fahranfänger

Seminarkonzept	Seminaranbieter
ALFA	**AFN** Gesellschaft für Ausbildung, Fortbildung und Nachschulung e. V.
DEKRA Mobil	**DEKRA Akademie** GmbH
IFT-P	**IFS** Institut für Schulungsmaßnahmen GmbH
Kompetenz light	Verkehrspsychologisches Institut **IDRAS** SYSTEMS UG
NAFA plus	**Impuls** Institut für medizinisch-psychologische Unternehmensleistungen und Schulungen GmbH **Nord-Kurs** GmbH & Co. KG TÜV Süd **Pluspunkt** GmbH
SUN	**TÜV Thüringen Anlagentechnik** GmbH & Co. KG

nach Entzug als auch für Fahrerlaubnisinhaber nach einer Ordnungswidrigkeit. Es handelt sich um eine heterogene Teilnehmergruppe. Sowohl Blutalkoholkonzentrationen zwischen 0,2 und über 3,0 Promille, zum Teil einhergehend mit Cannabiskonsum als auch beispielsweise langjährig polytoxikomanes Konsumverhalten, tritt hier zutage. Ein besonderes Problem stellen Teilnehmer dar, die der deutschen Sprache nicht bzw. nicht genügend mächtig sind (Brieler et al., 2008). Parallel zur Anordnung des besonderen Aufbauseminars bestehen die sonstigen Anforderungen vor Neu- oder Ersterteilung einer Fahrerlaubnis für alkohol- oder drogenauffällige Fahrer, etwa die Anordnung einer medizinisch-psychologischen Begutachtung (MPU).

Dauer und Inhalt der Besonderen Aufbauseminare

Zeitstruktur

Die Seminare umfassen drei Sitzungen von jeweils drei Stunden Länge, wobei vorher ein Vorgespräch absolviert werden muss. Die Seminare finden in einer Gruppe von zwei bis zwölf Personen statt. Gemäß § 2b Abs. 1 StVG kann die anordnende Behörde dem Betroffenen die Teilnahme an einem Einzelseminar gestatten, *„etwa wenn ihm auf Grund seiner persönlichen Lebenssituation ein Gruppenseminar nicht zumutbar ist“* (Hentschel et al., 2007, S. 71). Die Gespräche im Einzelseminar sind in drei Sitzungen von jeweils 90 Minuten Dauer durchzuführen (§ 36 Abs. 5 FeV). Im Vorgespräch werden die vertraglichen Bedingungen und Konsequenzen ausführlich erläutert und der Seminarvertrag wird geschlossen. Im Weiteren geht es um die Klärung der Teilnehmerfragen zu Verkehrsrecht und MPU sowie um das persönliche Kennenlernen in der Gruppe.

Seminarinhalte

In den einzelnen Seminarsitzungen sind laut § 36 Abs. 4 FeV

„die Ursachen, die bei den Teilnehmern zu einer Anordnung der Teilnahme an einem Aufbauseminar geführt haben, zu diskutieren und Möglichkeiten für ihre Beseitigung zu erörtern. Wissenslücken der Kursteilnehmer über die Wirkung des Alkohols und anderer berauschender Mittel auf die Verkehrsteilnehmer sollen geschlossen und individuell angepasste Verhaltensweisen entwickelt und erprobt werden, um insbesondere Trinkgewohnheiten zu ändern sowie Trinken und Fahren künftig zuverlässig zu trennen. Durch die Entwicklung geeigneter Verhaltensmuster sollen die Kursteilnehmer in die Lage versetzt werden, einen Rückfall und weitere Verkehrszuwiderhandlungen unter Alkoholeinfluss oder dem Einfluss anderer berauschender Mittel zu vermeiden. Zusätzlich ist auf die Problematik der wiederholten Verkehrszuwiderhandlungen einzugehen.“

Durch Anleitung zur Selbstbeobachtung, Selbstkritik und Selbstkontrolle wird die Entwicklung des eigenen Verhaltens thematisiert, werden neue Sichtweisen ermöglicht und so die eigene Kompetenz erweitert. Das Seminar will das Problembewusstsein wecken und anregen, neue Lösungen zu entwickeln und auszuprobieren. Falls noch ein medizinisch-psychologisches Gutachten beigebracht werden muss, können offene Fragen im Seminar gestellt werden. Ausführlich beschrieben ist das Vorgehen in einem Besonderen Aufbauseminar am Beispiel des Seminarkonzepts IFT-P in Buchardt (2007, S. 92 ff.).

Seminarregeln

Für die Teilnehmer eines besonderen Aufbauseminars gelten bestimmte Regeln, die sich aus dem Seminarkonzept und den Anerkennungen der Landesbehörden ergeben. Die üblichen Regeln und die Gründe für einen Ausschluss sind im Kapitel 2.1.1 beschrieben.

Teilnahmebescheinigung

Mit Beendigung des besonderen Aufbauseminars wird die Teilnahmebescheinigung zur Vorlage bei der Fahrerlaubnisbehörde ausgestellt. Wenn die Fahrerlaubnisbehörde keine Zweifel an der Eignung zum Führen von Kraftfahrzeugen äußert, wird den Teilnehmern die Fahrerlaubnis neu erteilt bzw. unterbleiben weitere behördliche Maßnahmen bei Fahrerlaubnisinhabern.

Evaluation

Besondere Aufbauseminare müssen, anders als die §-70-Kurse, ihre Wirksamkeit nicht in einem nach dem Stand der Wissenschaft durchgeführten Bewertungsverfahren belegen. Im Rahmen einer Wirksamkeitsstudie der NAFA-Kurse wurde die Rückfälligkeit von 1211 Teilnehmern untersucht. Nach 36 Monaten waren 14,4% der Seminarteilnehmer erneut mit einem Alkoholdelikt im Verkehrszentralregister eingetragen, was im Vergleich zu 31,6% der erneut Auffälligen ohne Seminarteilnahme zu einer Senkung der Rückfallwahrscheinlichkeit um 54% führte; somit konnte die Wirksamkeit einer solchen psychoedukativen Intervention belegt werden (Jacobshagen, 1997).

2.1.3 Verkehrspsychologische Beratung (§ 2a StVG i.V.m. §§ 38, 71 FeV)

Die verkehrspsychologische Beratung ist auf der sekundären Ebene des Modells PASS angesiedelt (vgl. Kapitel 1.3.3). Im Rahmen der Überarbeitung des deutschen Fahrerlaubnisrechts wurde ab dem Jahr 1999 die verkehrspsychologische Beratung als ein neues Instrument in das bereits bestehende System der Maßnahmen zur Beeinflussung von Einstellung und Verhalten verkehrsauffälliger Kraftfahrer eingeführt. Mit der Änderung des Punktsystems zum Fahreignungs-Bewertungssystem (§ 4 StVG) zum 1.5.2014 ist die verkehrspsychologische Beratung nunmehr allein im Rahmen der Fahrerlaubnis auf Probe verankert:

„*(2) Ist gegen den Inhaber einer Fahrerlaubnis wegen einer innerhalb der Probezeit begangenen Straftat oder Ordnungswidrigkeit eine rechtskräftige Entscheidung ergangen, die nach § 28 Abs. 3 Nr. 1 bis 3 [StVG] in das Fahreignungsregister einzutragen ist, so hat, auch wenn die Probezeit zwischenzeitlich abgelaufen oder die Fahrerlaubnis nach § 6e Abs. 2 [StVG] widerrufen worden ist, die Fahrerlaubnisbehörde [...] ihn schriftlich zu verwarnen und ihm nahezulegen, innerhalb von zwei Monaten an einer verkehrspsychologischen Beratung teilzunehmen, wenn er nach Teilnahme an einem Aufbauseminar innerhalb der Probezeit eine weitere schwerwiegende oder zwei weitere weniger schwerwiegende Zuwiderhandlungen begangen hat [...]*“ (§ 2a Abs. 2 Nr. 2 StVG).

Weiteres zu den Zielen der Beratung und zu den Anforderungen an den verkehrspsychologischen Berater ist in §§ 38, 71 FeV geregelt.

Bei Fahranfängern, bei denen Verwarnung, Bußgeld und ein Aufbauseminar nicht gewirkt haben, wird davon ausgegangen, dass die nötige Lern- und Anpassungsbereitschaft noch nicht vorliegt und diese zunächst in einem hinreichenden Maß zu entwickeln ist. Dies soll im Rahmen einer verkehrspsychologischen Einzelberatung geschehen. Die Teilnahme ist freiwillig. Die verkehrspsychologische Beratung ist mit finanziellem und zeitlichem Aufwand verbunden und es müssen bestehende Vorbehalte überwunden werden. Dazu trug bis zum 30.4.2014 der Rabatt von zwei Punkten bei. Mit der Einführung des neuen Fahreignungs-Bewertungssystems gibt es für die verkehrspsychologische Beratung keinen Punkteabzug mehr.

Die inhaltliche Ausgestaltung der verkehrspsychologischen Beratung ist, auf den Einzelfall bezogen, in die Verantwortung des jeweiligen amtlich anerkannten verkehrspsychologischen Beraters gestellt:

„In der verkehrspsychologischen Beratung soll der Inhaber einer Fahrerlaubnis auf Probe veranlasst werden, Mängel in seiner Einstellung zum Straßenverkehr und im verkehrssicheren Verhalten zu erkennen und die Bereitschaft zu entwickeln, diese Mängel abzubauen. Die Beratung findet in Form eines Einzelgesprächs statt. Sie kann durch eine Fahrprobe ergänzt werden, wenn der Berater dies für erforderlich hält. Der Berater soll die Ursachen der Mängel aufklären und Wege zu ihrer Beseitigung aufzeigen“ (§ 2a Abs. 7 StVG).

Prototypisch beschrieben ist das Vorgehen in der verkehrspsychologischen Beratung am Beispiel des Beratungskonzepts des Instituts für Schulungsmaßnahmen in Buchardt (2007, S. 106 ff.).

Der Berater fertigt über das Beratungsgespräch ein Protokoll an, aus dem die Hauptbedingungen für die Verstöße und die erarbeiteten Lösungsformen hervorgehen. Die *„Erkenntnisse aus der Beratung sind nur für den Betroffenen bestimmt und nur diesem mitzuteilen. Der Inhaber einer Fahrerlaubnis auf Probe erhält eine Bescheinigung über die Teilnahme zur Vorlage bei der nach Landesrecht zuständigen Behörde“* (§ 2a Abs. 7 StVG).

Evaluation

Die verkehrspsychologische Beratung im Punktsystem (§ 4 a.F. StVG) wurde unter Zugrundelegung des Kriteriums „mindestens eine erneute Eintragung im Verkehrszentralregister“ im Zeitraum von 36 Monaten nach Abschluss der verkehrspsychologischen Beratung evaluiert. Die Ergebnisse der Auswertung durch das Kraftfahrt-Bundesamt zeigen, das nach Absolvierung eines angeordneten Aufbauseminars (gemäß § 4 Abs. 3 Nr. 2 a.F. StVG) 63,3 % der Teilnehmer mit und 64,9 % der Teilnehmer ohne Teilnahme an einer verkehrspsychologischen Beratung (jeweils N = 245) erneut aufgefallen waren (Schneider & Meyer, 2010).

2.1.4 Fahreignungsseminare (§ 4a StVG i.V.m. § 42 FeV)

Das Fahreignungsseminar als Teil der Reform des Punktsystems wurde mit Wirkung vom 1.5.2014 als Teil des neuen Fahreignungs-Bewertungssystems in das Fahrerlaubnisrecht eingeführt. Es ersetzt auf der sekundären Ebene des Modells PASS (vgl. Kapitel 1.3.3) die im Rahmen des früheren Punktsystems vorgesehenen Interventionen zur Senkung der Auffallenswahrscheinlichkeit, das freiwillige oder angeordnete (besondere) Aufbauseminar für Punkteauffällige sowie die verkehrspsychologische Beratung.

Rechtliche Grundlagen

§ 4a Abs. 1 StVG führt zu den Zielen des Fahreignungsseminars aus, dass die Teilnehmer sicherheitsrelevante Mängel in ihrem Verkehrsverhalten und insbesondere in ihrem Fahrverhalten erkennen und abbauen. Hierzu sollen die Teilnehmer durch die Vermittlung von Kenntnissen zum Straßenverkehrsrecht, zu Gefahrenpotenzialen und zu verkehrssicherem Verhalten im Straßenverkehr gelangen. Durch das Aufzeigen der Bedingungen und Zusammenhänge des regelwidrigen Verkehrsverhaltens sowie dessen Analyse und Korrektur sollen sie zu einem verkehrssicheren Verhalten motiviert werden. Die gesetzliche Regelung (§ 4a Abs. 2 StVG) sieht eine Durchführung in zwei Teilmaßnahmen vor (verkehrspädagogische Teilmaßnahme sowie verkehrspsychologische Teilmaßnahme), die unabhängig voneinander stattfinden (*Bild 2.2*). Die Sitzungsabfolge ist nicht vorgegeben, also variabel gestaltbar. Allerdings sind die Teilmaßnahmen durch gegenseitige Information der jeweiligen Seminarleiter aufeinander abzustimmen. Nähere Ausführungsvorschriften sind in § 42 FeV zu finden. Im gemeinsam von DVR und DEKRA erarbeiteten Fahreignungsseminar (Kollbach et al., 2014) sind die beiden Teilmaßnahmen bereits konzeptionell aufeinander abgestimmt, sodass beide Seminarleiter grundsätzlich über Vorgehen und Inhalte bei den üblichen Problemkonstellationen informiert sind. In einem anderen Programm der Bundesvereinigung der Fahrlehrerverbände sind die in der verkehrspädagogischen Teilmaßnahme zu vermittelnden Inhalte bei den unterschiedlichen Auffallenstatsachen definiert.

Diagnostische Zuweisungskriterien

Die Teilnahmeentscheidung erfolgt auf freiwilliger Basis mit Abzug eines Punktes auf den Stufen Vormerkung (1–3 Punkte) und Ermahnung (4–5 Punkte). Darüber hinaus ist die freiwillige Teilnahme auch auf der Stufe Verwarnung (6–7 Punkte) ohne Abzug eines Punktes möglich. Begleitpersonen beim Begleitenden Fahren mit 17 dürfen maximal einen Punkt im Fahreignungsregister aufweisen, sodass auch aus diesem Interessentenkreis Teilnehmer in das Fahreignungsseminar kommen.

Dauer und Inhalte der verkehrspsychologischen Teilmaßnahme

Die in § 42 Abs. 6 FeV genannten Ziele der verkehrspsychologischen Teilmaßnahme (Aufzeigen der Zusammenhänge zwischen auslösenden und aufrechterhaltenden Bedingungen des regelwidrigen Verkehrsverhaltens, Erzeugen von Reflexionsbereitschaft und Schaffung von Veränderungsbereitschaft) sollen in zwei Einzelsitzungen mit je 75 Minu-

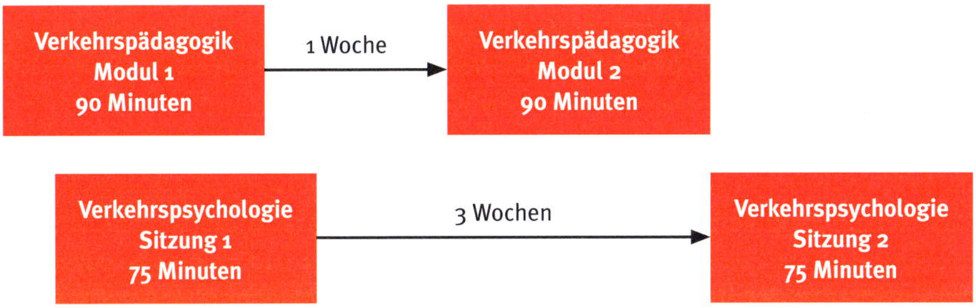

Bild 2.2 Möglicher Ablauf eines Fahreignungsseminars

ten Dauer erreicht werden. Die Inhalte werden in den folgenden beiden Absätzen des § 42 FeV konkretisiert:

§ 42 Abs. 7 FeV:

„Sitzung 1 der verkehrspsychologischen Teilmaßnahme dient der Verhaltensanalyse, der Entwicklung eines funktionalen Bedingungsmodells und der Erarbeitung von Lösungsstrategien. Sie umfasst

1. *die Erarbeitung der auslösenden und aufrechterhaltenden inneren und äußeren Bedingungen der Verkehrszuwiderhandlungen per Verhaltensanalyse,*
2. *die Erarbeitung der Funktionalität des Fehlverhaltens in Form einer Mittel-Zweck-Relation,*
3. *die Aktivierung persönlicher Stärken und Unterstützungsmöglichkeiten sowie Motivationsarbeit,*
4. *die Ausarbeitung schriftlicher Zielvereinbarungen, diese umfassen*
   a) *die Spezifikation des Zielverhaltens in Form von Lösungsstrategien,*
   b) *die Festlegung der Verstärker, Belohnungen und positiven Konsequenzen,*
   c) *die Festlegung der zu erreichenden Schritte,*

und

5. *die Hausaufgaben ‚Selbstbeobachtung des Verhaltens in kritischen Situationen' und ‚Erprobung des neuen Zielverhaltens'."*

§ 42 Abs. 8 FeV:

Sitzung 2 der verkehrspsychologischen Teilmaßnahme wird frühestens drei Wochen nach Durchführung der ersten Sitzung terminiert und

„dient der Festigung der Lösungsstrategien. Sie umfasst

1. *die Besprechung der Erfahrungen aus der Selbstbeobachtung,*
2. *die Besprechung der Einhaltung der Zielvereinbarungen,*
3. *die Erarbeitung und Weiterentwicklung von Verhaltensstrategien und*
4. *die Aktivierung persönlicher Stärken und Unterstützungsmöglichkeiten sowie Motivationsarbeit."*

Abschließend wird gemäß § 44 FeV die Teilnahmebescheinigung entsprechend der Vorgabe (Anlage 18 FeV) vom Seminarleiter ausgestellt. Die Ausstellung

„ist vom Seminarleiter zu verweigern, wenn der Seminarteilnehmer

1. *nicht an allen Sitzungen des Seminars teilgenommen hat,*
2. *eine offene Ablehnung gegenüber den Zielen der Maßnahme zeigt oder*
3. *den Lehrstoff und Lernstoff nicht aktiv mitgestaltet."*

Evaluation

Das Fahreignungsseminar muss nach § 2b StVG bis zum 30.4.2019 durch die BASt evaluiert sein. Die Evaluation wird sowohl eine retrospektive und prospektive Erhebung der Legalbewährung als auch Befragungen sowie eine Verknüpfung dieser beiden Erhebungen beinhalten.

2.2 Nicht geregelte Beratungs- und Interventionsangebote

Paul Brieler, Maritta Zentgraf, Jörg-Michael Sohn

Neben verkehrspsychologischen Interventionen, die auf rechtlichen Bestimmungen beruhen, gibt es eine breite Vielfalt ungeregelter Angebote, vor allem in Vorbereitung auf die medizinisch-psychologische Begutachtung. Diese reicht beispielsweise von Maßnahmen ehemals Betroffener bis hin zu hochstrukturierten Langzeitmaßnahmen auf psychotherapeutischer Grundlage. Für verkehrspsychologische Interventionen der Fahreignungsförderung[4] (Kapitel 1) existiert ein weitgehender fachlicher Konsens in Bezug auf Inhalte, Zielsetzung, Anbieterqualifikation und Grundanforderungen an eine Qualitätssicherung. Im Folgenden werden die Fahreignungsberatung, Maßnahmen zur Sperrfristverkürzung und verkehrspsychologische Interventionen der Fahreignungsförderung sowie weitere nicht geregelte verkehrspsychologische Angebote ausführlicher dargestellt.

2.2.1 Verkehrspsychologische Fahreignungsberatung

Fahreignungsberatungen von Verkehrspsychologen werden unter verschiedenen Namen angeboten, wie z. B. „Laufbahnberatung" oder „Fahrerlaubnisberatung". Gemeinsam ist all diesen Maßnahmen, dass

- es sich um ein diagnostisches und noch nicht verhaltensänderndes Angebot handelt,
- diese freiwillig und ohne Rechtsfolgen sind und
- diese in der Regel als ein Einzelgespräch von etwa einstündiger Dauer durchgeführt werden.

Es können zwei Zielgruppen unterschieden werden: Beratungen bei Personen vor einer ersten MPU und Beratungen bei Personen mit einer negativen Verkehrsverhaltensprognose.

Fahreignungsberatung vor einer ersten MPU

Ziel für die betroffenen Kraftfahrer muss es aus verkehrspsychologischer Sicht sein, bereits den Zeitraum der vorläufigen Entziehung der Fahrerlaubnis aktiv und so früh wie möglich beginnend für die geforderte Aufarbeitung und Änderung von Einstellung und Verhalten zu nutzen. Im Verständnis der Sperrfrist als Maßnahme der Sicherung und Besserung ist dieser Gedanke bereits angelegt. Der rehabilitative Ansatz ist implizit im Rechtssystem verankert sowie auch explizit in der Möglichkeit, eine gerichtliche Sperrfrist abkürzen oder sogar aufheben zu können.

Häufig sehen Betroffene jedoch keine Veranlassung, sich beraten zu lassen. So führen Hettenbach et al. (2000, S. 160) aus: *„Wir sind davon überzeugt, dass es die meisten (vor allem alkoholauffälligen) Kraftfahrer überfordert, wenn von ihnen verlangt wird, aus der Tatsache des Fahrerlaubnisentzugs auf ein grundsätzliches Fehlverhalten zu schließen."* Gleiches gilt für Drogenkonsum oder eine massive und konsequent häufige Übertretung von Verkehrsregeln.

---

4 Seit Ende der 1970er Jahre haben sich in Deutschland für verkehrspsychologische Interventionen der Fahreignungsförderung auch die Begriffe „Verkehrstherapie" bzw. „verkehrspsychologische Therapie" etabliert, ohne dass es sich dabei um ein gemeinsames und ausformuliertes Konzept handelt.

In einer Untersuchung von 361 alkoholauffälligen Kraftfahrern in Vorpommern wurde entsprechend festgestellt, dass die Alkoholfahrt

„*in den meisten Fällen nicht als Symptom für den eigenen missbräuchlichen Umgang mit Alkohol erkannt [wird], sodass die Konsumgewohnheiten in der Regel aufrechterhalten werden. Das mangelhafte Wissen über das zugrunde liegende Problemverhalten könnte eine Ursache für die hohen Rückfallraten bestimmter Gruppen der Trunkenheitsfahrer sein, da die Höhe des wöchentlichen Alkoholkonsums als stärkster Prädiktor für eine alkoholisierte Verkehrsteilnahme gilt*" (Klipp et al., 2005, S. 298).

Betroffene Kraftfahrer waren allerdings durch eine frühzeitige Information, u.a. über Möglichkeiten der Sperrfristverkürzung, und gleichzeitige MPU-Vorbereitung durchaus zu motivieren, zeitnah zum Delikt Beratungsangebote und Maßnahmen zur Förderung der Fahreignung in Anspruch zu nehmen.

Grundsätzlich ist richtig, dass gar nicht früh genug damit begonnen werden kann, die Ursachen für die Alkohol- bzw. Drogenauffälligkeit oder Verkehrsauffälligkeiten aufzuarbeiten und tragfähige Alternativen zu entwickeln. Es wäre hilfreich, einer Empfehlung des Arbeitskreises III „Zweifel an der Fahreignung" auf dem 41. Verkehrsgerichtstag folgend, ein Merkblatt zu entwickeln und dieses Betroffenen auszuhändigen (Deutsche Akademie für Verkehrswissenschaft, 2003). Das Merkblatt sollte bundeseinheitlich nach transparenten Kriterien erarbeitet werden und zwischen den beteiligten Ministerien abgestimmt sein. Unter dieser Voraussetzung hätte die Anregung von Klipp et al. (2005, S. 299), „*die nötigen Informationen über die beteiligten Institutionen Polizei, Gericht und Führerscheinstellen mit jedem Schriftstück an die Täter weiterzuleiten*", größere Realisierungschancen. Einen wesentlichen Beitrag stellt das Informationsportal bei der BASt (www.bast.de/mpu) dar, auf welchem neutrale Informationen für die Zielgruppen der Alkohol-, Drogen- und Verkehrssauffälligen zum Ablauf der MPU und zu den Voraussetzungen für ein positives Gutachten gegeben werden.

Auch die BASt-Arbeitsgruppe „Zur Qualität in MPU-Beratung und -Vorbereitung" empfiehlt als sinnvolle Maßnahme eine frühzeitige Beratung nach Entziehung oder nach freiwilligem Verzicht auf die Fahrerlaubnis (Klipp et al., 2015, S. 32). Es werden trotzdem nicht alle Betroffenen frühzeitig und vor einer ersten MPU erreicht werden können.

Fahreignungsberatung nach einer MPU mit negativer Prognose

Ein negatives medizinisch-psychologisches Gutachten wird ohne externe fachliche Unterstützung oft gelesen mit

- Ärger über das als ungerechtfertigt erlebte negative Gutachtenergebnis,
- Abwehr gegen unangenehme Wahrheiten,
- Frustration über eine weitere führerscheinlose (in der Folge oftmals auch arbeitslose) Zeit,
- Verständnisproblemen den gutachterlichen Ausführungen gegenüber.

Hinweise können häufig nicht wahrgenommen, Empfehlungen nur schwer verstanden oder akzeptiert werden. Verständlich formulierte Empfehlungen sind hilfreich, wie folgendes Beispiel zeigt:

„Aufgrund der eingeschränkten Mitarbeit des Herrn XY können augenblicklich keine konkreten Empfehlungen gegeben werden. Eine wesentliche Verbesserung der individuellen Voraussetzungen wird aber in jedem Fall nur durch eine grundlegend kritischere Auseinandersetzung mit der eigenen Person und dem eigenen Verhalten zu erreichen sein. Ein solcher Prozess ist in der Regel allerdings nicht kurzfristig durchführbar. Wir empfehlen Herrn XY daher, sich (unter Vorlage dieses Gutachtens) an eine verkehrspsychologische Einrichtung zu wenden, um sich dort durch entsprechend qualifizierte Diplom-Psychologen bezüglich geeigneter Maßnahmen zur Förderung seiner Fahreignung beraten zu lassen. Die Feststellung, ob bzw. inwieweit sich eine positive Änderung der Befundlage ergeben hat, bliebe einer erneuten medizinisch-psychologischen Untersuchung vorbehalten“ (aus einem medizinisch-psychologischen Gutachten des TÜV Nord, 2014).

Rechtliche Grundlagen

Die Fahreignungsberatung ist rechtlich nicht geregelt, eine Teilnahme ist freiwillig.

Die Arbeitsgruppe „Zur Qualität in MPU-Beratung und -Vorbereitung“ hat aus fachlicher Sicht Vorschläge zu einer zu fordernden Qualifikation der Berater als Grundlage einer seriös und kompetent durchgeführten Fahreignungsberatung vorgelegt (Kapitel 5). Diese fachlich begründeten Qualifikationsvoraussetzungen erlauben erstmalig Fahrerlaubnisbehörden, diese als Prüfmaßstab für bei ihnen auftretende sogenannte MPU-Vorbereiter anzulegen. Und sie erlauben es den Gutachtern, ihre Empfehlungen zu konkretisieren.

Diagnostische Zuweisungskriterien

Prinzipiell steht die Fahreignungsberatung allen Interessierten zur Verfügung (diskriminierungsfreier Zugang).

Inhalt

Die Beratungsangebote unterscheiden sich in ihren Inhalten und im methodischen Vorgehen je nach Konzeption des Trägers bzw. des einzelnen verkehrspsychologischen Fahreignungsberaters. Grundlage des Beratungsgespräches bilden die Informationen des Klienten und beigebrachte Unterlagen wie beispielsweise Urteile, Strafbefehle, Auszug aus dem FAER, Korrespondenzen mit der Fahrerlaubnisbehörde oder das (negative) Gutachten einer amtlich anerkannten Begutachtungsstelle für Fahreignung.

Ort

Das Beratungsgespräch findet in einem professionellen Umfeld in den Räumen des Anbieters statt. Hausbesuche sind in Ausnahmefällen, z.B. bei behinderten Klienten, möglich. Internetbasierte Angebote, die künftig sicherlich verstärkt umgesetzt werden, und telefonische Beratungen sind derzeit noch selten (Kapitel 7).

Zeitstruktur

Die AG „Zur Qualität in MPU-Beratung und -Vorbereitung“ empfiehlt eine Dauer von 60 bis 120 Minuten (Klipp et al., 2015). Fehlen Informationen (länger zurückliegende Urteile, fehlende Vorgutachten), sollte die Beratung zu einem späteren Zeitpunkt fortgesetzt werden. In komplexen Fällen kann es auch sinnvoll sein, die Beratung auf zwei oder drei Sitzungen zu verlängern, z.B. wenn der Erfolg vorgeschlagener Maßnahmen abgewartet werden muss, bevor eine erneute Einschätzung erfolgen kann.

Beratungsziele

Ziel der Beratung ist es, auf Grundlage der diagnostischen Einschätzung des Verkehrspsychologen gemeinsam Möglichkeiten zu entwickeln und Wege aufzuzeigen, die geeignet sind, die Voraussetzungen für die Neuerteilung der Fahrerlaubnis zu schaffen.

Dabei können etwa Beratungsunterlagen für den Klienten und für den Verkehrspsychologen, Informationsmaterial über Suchtberatung/Selbsthilfegruppen/Psychotherapeuten usw. als Materialien eingesetzt werden (Kapitel 8.2 und 8.3).

Der Klient soll aus der Analyse seiner Situation und aus den gegebenen Befunden Ziele ableiten und wirksame Strategien zur Wiedererlangung bzw. zum Erhalt der Fahrerlaubnis entwickeln.

Regeln

Die Regeln gestaltet die Trägerorganisation oder der verkehrspsychologische Fahreignungsberater in eigener Verantwortung. Im Falle der Verpflichtung auf ein Beratungskonzept sind die Regeln dort niedergelegt. Eine suchtmittelbeeinflusste Teilnahme sollte in jedem Fall zu einem Abbruch des Beratungsgesprächs führen, mit dem Angebot einer Fortführung im nüchternen Zustand.

Ablauf der Beratung

Einstiegsphase/Herstellen von Offenheit

Häufig ist eine von Abwehr und Selbstwertschutz geprägte Anfangseinstellung des Klienten festzustellen. In der Einstiegsphase sollte deshalb eine von Offenheit geprägte Atmosphäre angestrebt werden. Kann dem Klienten deutlich gemacht werden, dass der Berater unter Schweigepflicht steht und dass es sich nicht um eine (erneute) Prüfungssituation handelt, sondern um ein vertrauliches Gespräch, in dem Hilfestellung und Lösungsmöglichkeiten erörtert werden sollen, ergibt sich daraus die Möglichkeit für den zu Beratenden, offen und ohne Bagatellisierung über sein früheres und jetziges Problemverhalten zu sprechen.

Auch kann eine allgemeine Information die Voraussetzungen verbessern, den Sinn und Zweck behördlichen Handelns zu verstehen und eine MPU-Anordnung besser zu akzeptieren:

- Grundlegende Unterschiede zwischen Ahndungs- und Verwaltungsverfahren
- Auftrag der Fahrerlaubnisbehörde, festzustellen, ob von dem Betroffenen eine Gefahr ausgeht (MPU als Entlastungsdiagnostik)
- Beweislastumkehr im Gegensatz zum Strafverfahren: Der Betroffene muss selbst glaubhaft machen, wieder geeignet zu sein
- Allgemeine Informationen zum Ablauf der MPU.

Beratungsphase

Hat der Klient konkrete Fragen, so eignet sich deren Beantwortung auch als Ausgangspunkt für die Beratung. Dabei ist zu beachten, dass eine Rechtsberatung nicht erfolgen kann. Bei juristischen oder speziellen Fragestellungen ist seitens des Beraters auf die Möglichkeit der Beratung durch Fachanwälte für Verkehrsrecht der Fahrerlaubnisbehörden hinzuweisen. Dagegen können und müssen die allgemeinen verwaltungsrechtlichen Abläufe mit dem Klienten durch den Verkehrspsychologen geklärt werden.

Danach erfolgt häufig die Erläuterung vorgelegter Unterlagen. Ein in vielen Fällen vorhandenes negatives Gutachten wird mit Befunden, Stellungnahmen und Konsequenzen durchgesprochen. Die Ergebnisse der Gutachtenanalyse werden parallel oder zum Schluss des Gesprächs in der Beratungsunterlage des Klienten und des Verkehrspsychologen vermerkt.

Ist es erfolgreich gelungen, hinreichend Vertrauen und Offenheit herzustellen, exploriert der Verkehrspsychologe die früheren und derzeitigen Konsum- oder Verhaltensmuster des Klienten, um somit die Grundlagen für eine effektive Beratung zur Verfügung zu haben.

Entsprechend dieser diagnostischen Daten kann es zur Absicherung der Befundlage unter Einschluss der gutachtlichen Befunde mit den entsprechenden Empfehlungen und Zielen kommen. Unterschiedliche Befundlagen sind zu integrieren. Die Befundlage aus der Fahreignungsberatung muss auf Grundlage der Begutachtungsleitlinien zur Kraftfahreignung (Albrecht & Gräcmann, 2014) sowie der Beurteilungskriterien (DGVM & DGVP, 2013) erhoben werden, da diese auch in der medizinisch-psychologischen Untersuchung der Fahreignung als Maßstab für eine Problemeinordnung und -aufarbeitung angelegt werden.

Werden im Rahmen der Beratung noch bestehende Defizite festgestellt, müssen zielführende Maßnahmen besprochen (z. B. Literatur, Suchtberatung, Selbsthilfegruppen, weiterführende verkehrspsychologische Intervention/Therapie, Psychotherapie, medizinische Abklärung) und deren Rahmenbedingungen erläutert werden.

Beratungsdokumentation/Teilnahmebescheinigung

Der verkehrspsychologische Fahreignungsberater sollte das Beratungsergebnis zusammenfassen und erläuternd in den Beratungsunterlagen für den Klienten und in den eigenen Beratungsunterlagen schriftlich festhalten (Kapitel 8.2.1). Zur rechtlichen Absicherung kann es sinnvoll sein, den Informationsstand, auf dem die Empfehlungen beruhen, kurz aufzuführen. Der Berater sollte eine Kopie des Beratungsergebnisses behalten, der Ratsuchende den Erhalt des Originals quittieren. Über die Teilnahme an der Beratung kann eine Bescheinigung zur Vorlage bei der Fahrererlaubnisbehörde und/oder Begutachtungsstelle für Fahreignung ausgestellt werden.

Evaluation

Es liegen keine objektiven Nachweise über die Qualität der Fahreignungsberatungen vor. Unqualifizierte Beratungen führen häufig zu negativen Gutachtenergebnissen, die zu Lasten der Betroffenen gehen (Klipp et al., 2015) und – aus Unkenntnis – dem Gesamtsystem der Fahreignungsüberprüfung angelastet werden.

2.2.2 Sperrfristverkürzungsmaßnahmen

Im Strafverfahren wird in Deutschland neben dem Entzug der Fahrerlaubnis als Maßregel der Sicherung und Besserung auch eine Sperre ausgesprochen. In der Zeit der von den Justizbehörden angeordneten Sperrfrist ist es der Fahrerlaubnisbehörde im Verwaltungsverfahren untersagt, dem Bewerber eine Fahrerlaubnis neu zu erteilen. Diese Zeit sollte vom betroffenen Kraftfahrer genutzt werden, sein Verhalten und seine Einstellung so zu verändern, dass eine Rückfälligkeit unwahrscheinlich wird.

Verschiedene Verkehrsgerichtstage in Goslar (z.B. 2002, 2003 und 2010) haben sich zwischenzeitlich dafür ausgesprochen, *„die Zeit der Entziehung der Fahrerlaubnis zu nutzen, um geeignete verhaltens- und einstellungsändernde Maßnahmen durchzuführen [...]. Eine erfolgreiche Nachschulung im Anschluss an die Tat sollte positiv berücksichtigt werden"* (Deutsche Akademie für Verkehrswissenschaft, 2002, S. 13).

Rechtliche Grundlagen

Die Rechtsgrundlage der Sperre für die Erteilung einer Fahrerlaubnis findet sich in § 69a StGB:

„(1) Entzieht das Gericht die Fahrerlaubnis, so bestimmt es zugleich, dass für die Dauer von sechs Monaten bis zu fünf Jahren keine neue Fahrerlaubnis erteilt werden darf (Sperre). Die Sperre kann für immer angeordnet werden, wenn zu erwarten ist, dass die gesetzliche Höchstfrist zur Abwehr der von dem Täter drohenden Gefahr nicht ausreicht. Hat der Täter keine Fahrerlaubnis, so wird nur die Sperre angeordnet. [...]

(7) Ergibt sich Grund zu der Annahme, dass der Täter zum Führen von Kraftfahrzeugen nicht mehr ungeeignet ist, so kann das Gericht die Sperre vorzeitig aufheben. [...]"

Die Dauer der Sperre hat *„sich allein nach dem bei der tatrichterlichen Entscheidung vorhandenen Grad und der voraussichtlichen Dauer des Eignungsmangels"* zu richten, *„ohne Rücksicht auf die vermutliche Dauer eines anschließenden Neuerteilungsverfahrens"*, *„nicht nach Schuld oder Tatfolgen"*. Gemäß § 69a Abs. 3 StGB verkürzt sich das Mindestmaß der Sperre um die Zeit einer vorläufigen Entziehung gemäß § 111a StPO, allerdings dürfen drei Monate nicht unterschritten werden. Eine

„vorzeitige Aufhebung der Sperre setzt voraus, dass neue Tatsachen einschließlich neuer Ermittlungen (Gutachten) im Zeitpunkt der neuen Entscheidung annehmen lassen, der Verurteilte sei nicht mehr ungeeignet. [...] In Betracht kommt ferner das Verhalten des Verurteilten in der Zwischenzeit [...], erfolgreiche Teilnahme an einem Nachschulungskurs oder Aufbauseminar für alkoholauffällige Kraftfahrer [...] oder andere Nachschulungsmaßnahmen [...] sowie eine auf wissenschaftlich anerkannter Grundlage beruhende Verkehrstherapie" (Henschel et al., 2007, S. 1460).

Regelungen der Bundesländer

Trotz der Erwartungen an eine einheitliche und transparente Verfahrensweise gibt es nur in einigen der 16 deutschen Bundesländer konkrete Regelungen zur Nutzung einer Sperrfrist durch verkehrspsychologische Rehabilitationsangebote.

In den meisten Bundesländern existieren entweder keine Regelungen oder früher bestehende Regelungen wurden abgeschafft. In diesen Ländern entscheiden die Gerichte nach Maßgabe des Einzelfalls auf der Grundlage der gesetzlichen Regelung in § 69a Abs. 7 StGB und der dazu ergangenen, konkretisierenden Rechtsprechung. Die Gerichte selbst sind aufgefordert, die Informationsverbreitung und die Regelung der Sperrfristverkürzung eigenständig zu organisieren.

Tabelle 2.8 Übersicht Kursprogramme und Kursträger zur Abkürzung der Sperrfrist für erstmals alkoholauffällige Kraftfahrer

Kursprogramm	Kursträger
avanti	**Nord-Kurs** GmbH & Co. KG
COMPACT–S **Control-S** **NAFA PLUS**	**Impuls** Institut für medizinisch-psychologische Unternehmensleistungen und Schulungen GmbH
DEKRA Mobil	**DEKRA Akademie** GmbH und **DEKRA Automobil** GmbH
IFT-S	**IFS** Institut für Schulungsmaßnahmen GmbH
IRaK-S	**AFN** Gesellschaft für Ausbildung, Fortbildung und Nachschulung e. V.
HAMBURG 79	**Verkehrspsychologisches Beratungs- und Schulungszentrum e. V.**
Freyung **NAFA PLUS** **MAINZ 77**	TÜV SÜD **Pluspunkt** GmbH
Spurwechsel	**TÜV Thüringen Anlagentechnik** GmbH & Co. KG

Aktuell werden verschiedene Kursprogramme in einzelnen Bundesländern angeboten (*Tabelle 2.8*). Daneben finden weitere Kurse sowie Einzelmaßnahmen bei einzelnen Amtsgerichten bzw. Amtsrichtern Anerkennung im Sinne einer vorgenommenen Sperrfristverkürzung oder sogar einer Aufhebung der vorläufigen Entziehung.

Evaluation

Die Ergebnisse vieler Wirksamkeitsstudien belegen, dass rehabilitative Maßnahmen das zukünftige Verkehrsverhalten bei verkehrsauffälligen Kraftfahrern nachhaltig positiv beeinflussen (Kapitel 6.7).

Die erste Wirksamkeitsuntersuchung von Schulungsangeboten für erstmals alkoholauffällige Kraftfahrer (MAINZ 77, HAMBURG 79) wurde von Stephan (1986; 1988) durchgeführt. Stephan kam zu dem Ergebnis, dass Nachschulungskurse bis zu einer BAK von 2,0 Promille wirksam sind. Die Ergebnisse führten u. a. dazu, bei den Kursprogrammen die medizinisch-psychologische Voruntersuchung auf Teilnahmefähigkeit zu intensivieren.

Die Wirksamkeit der „Integrierten Schulung und Begutachtung (ISB) HAMBURG 79" wurde durch die Fachaufsicht führende Behörde für Inneres des Landes Hamburg untersucht. Die Ergebnisse (VBS, 1999) belegen den Erfolg einer problemlösenden Nutzung der Sperrfrist unter den Bedingungen des Modellversuchs. Auch im Falle einer negativen Beurteilung nach der Voruntersuchung bzw. nach Kursteilnahme konnte überwiegend Akzeptanz festgestellt werden, da eine solche Ablehnung im persönlichen Kontakt ausführlich begründet und zu notwendigen, erfolgreich weiterführenden Maßnahmen beraten wurde. Die Notwendigkeit, sich nach der Nachschulung einer abschließenden „Gutachterlichen Stellungnahme" zu unterziehen, führt zu einer deutlich aktiveren Kursteilnahme bei selbstkritischer Änderungsbereitschaft. Nur bei einem positiven Fazit wird eine qualifizierte Teilnahmebescheinigung ausgestellt. Dies erhöht die Akzeptanz der gutachterlichen Beurteilung bei den Adressaten (Klienten, Gerichte, Verkehrsbehörden).

In Niedersachsen wurde ab 1993 das Modell „Beratung und Schulung in der Sperrfrist" (BUSS) durchgeführt. Alkoholauffällige Kraftfahrer, denen die Fahrerlaubnis entzogen wurde, konnten dabei bereits während der Sperrfrist nach einer Eignungsuntersuchung an Nachschulungsmaßnahmen teilnehmen, um früher eine Fahrerlaubnis neu erteilt zu bekommen. Im Vergleich mit der Erfolgsquote „konventionell" nachgeschulter Kraftfahrer, die sich erst einen Monat nach Ablauf der Sperrfrist der MPU gestellt hatten (8,3 %), zeigte sich bei BUSS-Teilnehmern mit 6,8 % eine geringere Rückfallwahrscheinlichkeit in einem Beobachtungszeitraum von 36 Monaten nach Neuerteilung der Fahrerlaubnis (Jacobshagen, 2001, S. 243).

Jüngere Untersuchungen der vergleichbaren Nachschulungskurse MAINZ 77 (Birnbaum et al., 2002) sowie des Nachschulungskurses IRaK-S (Birnbaum et al., 2005) belegen eine geringe Rückfallwahrscheinlichkeit nach Teilnahme an einem entsprechenden Rehabilitationskurs. 4,7 % der IRaK-S-Teilnehmer sind demnach in einem Beobachtungszeitraum von knapp 38 Monaten erneut mit Alkohol auffällig geworden. Bei MAINZ-77-Teilnehmern lag die Rückfallquote in einem 24-monatigen Beobachtungszeitraum bei 5,7 %. Zum Vergleich lag die Rückfallquote erstmals alkoholauffälliger Kraftfahrer nach positiver Begutachtung ohne Nachschulung bei 12,2 % (Jacobshagen & Utzelmann, 1996) bzw. bei Neuerteilungen ohne vorherige MPU (nur Ordnungswidrigkeiten) bei 8,2 % (Hilger et al., 2012).

Die positiven Ergebnisse und Erfahrungen belegen nachdrücklich die Bedeutung von verkehrspsychologisch fundierten Interventionen für eine signifikante Reduzierung der Rückfallwahrscheinlichkeit der Teilnehmer. Dies gilt nicht nur für diejenigen Teilnehmer, die frühzeitig den Sinn der Maßregel zur Sicherung und Besserung für sich erkannt und konstruktiv umgesetzt haben, sondern auch für diejenigen, die erst zu einem späteren Zeitpunkt entsprechende Maßnahmen absolviert haben.

Eine Würdigung erfolgreicher Aufarbeitung und Besserung sollte bei allen straftatbewehrten Auffälligkeiten im Straßenverkehr prinzipiell möglich sein, d. h. auch bei Aggressionstaten, bei Drogenfahrten oder bei Mehrfachauffälligkeit unter Alkoholeinfluss. Verkehrspsychologen bleiben aufgefordert, gemeinsam mit den Organen der Rechtspflege zu entsprechenden Neuerungen in richterlichen Entscheidungen zur Sperrfristverkürzung beizutragen. Zudem wird im Verwaltungsverfahren von der Fahrerlaubnisbehörde geprüft, ob vor Neuerteilung eine Begutachtung der Fahreignung durch eine amtlich anerkannte Begutachtungsstelle für Fahreignung obligatorisch mit positivem Ergebnis abgeschlossen werden muss. Damit wird die Wirksamkeit der verkehrspsychologischen Intervention im Einzelfall überprüft.

Für die Beurteilung von Nachweisen über die Absolvierung von verkehrspsychologischen Interventionen zur Sperrfristverkürzung sind folgende Hinweise für Entscheider in der Justiz relevant. Richter können einem Kursangebot vertrauen, wenn

- *„der Träger eines Kursprogramms zur Förderung der Kraftfahreignung bzw. Abkürzung der gerichtlichen Sperrfrist qualitätsgesichert arbeitet, d. h. ein Qualitätsmanagementsystem eingeführt hat,*

- *das Kursprogramm in einem Handbuch dezidiert niedergelegt und laufend überarbeitet wird,*
- *bereits andere Maßnahmen des Trägers von Aufsichtsbehörden der Länder nach Nachweis und Prüfung geforderter Voraussetzungen anerkannt worden sind (z.B. nach §§ 36, 70 FeV),*
- *die fachliche Kompetenz und Akzeptanz der Autoren des Kursprogramms gegeben ist, belegt z.B. durch einschlägige Veröffentlichungen,*
- *die Kursleiter über eine verkehrspsychologische Ausbildung und eine Einweisung in das Kursprogramm verfügen, Kenntnisse und Erfahrungen in der Begutachtung auffällig gewordener Kraftfahrer erworben haben und eine personenbezogene Anerkennung als Leiter von besonderen Aufbauseminaren gem. § 36 FeV vorweisen können (wie z.B. vom bayrischen Justizministerium gefordert),*
- *durch eine persönliche Inaugenscheinnahme, z.B. Befragung von Kursteilnehmern nach Teilnahme an einer entsprechenden Maßnahme, hinreichende Einstellungs- und Verhaltensänderungen festgestellt werden können*" (Brieler, 2007, S. 52 f.).

2.2.3 Verkehrspsychologische Interventionen zur Förderung der Fahreignung

Seit Ende der 1970er Jahre haben sich in Deutschland für verkehrspsychologische Interventionen zur Fahreignungsförderung auch die Begriffe „Verkehrstherapie" bzw. „verkehrspsychologische Therapie" etabliert. Der ursprüngliche Begriff der „Verkehrstherapie" wurde erstmals von Winkler 1967 in Bezug auf alkoholauffällige Kraftfahrer verwandt. Seitdem wurden in der Bundesrepublik Deutschland neben Kursen zunehmend verkehrstherapeutische Einzelmaßnahmen für alle Anlassgruppen verkehrsauffälliger Kraftfahrer angeboten. 1997 wurde im Arbeitskreis „Klinische Verkehrspsychologen" innerhalb der Sektion Verkehrspsychologie des Berufsverbandes Deutscher Psychologinnen und Psychologen (BDP) eine „Selbstverständnis-Erklärung" erarbeitet, die „berufspolitische und berufsethische Grundsätze der Klinischen Verkehrspsychologen" festlegte. 2008 wurden die „Leitsätze Verkehrspsychologischer Therapie" des Bundes Niedergelassener Verkehrspsychologen (BNV) veröffentlicht (Sohn, 2010). Da es sich bei der Rehabilitation von auffälligen Fahrern i.d.R. nicht um die Behandlung von krankheitswertigen Störungen handelt, wird häufig auch der Begriff der „verkehrspsychologischen Intervention" im engeren Sinne der Förderung der Fahreignung verwendet. Dabei soll der „Eingriff" in das unerwünschte Verhalten, also der verhaltens- und einstellungsändernde Aspekt der Maßnahme herausgestellt werden, ohne zu implizieren, sich in eine „Therapie" (mit Heilungsabsicht) zu begeben. Hier finden, wie im deutschsprachigen Raum, die drei Begriffe „verkehrspsychologische Intervention zur Förderung der Fahreignung", „Verkehrstherapie" und „verkehrspsychologische Therapie" synonym Verwendung (vgl. *Bild 1.1*).

Betroffene Kraftfahrer, Juristen, Mitarbeiter der Fahrerlaubnisbehörden und Gutachter brauchen Kriterien, um zu entscheiden, welche Maßnahmen geeignet sind, die Fahreignung zu fördern und in der medizinisch-psychologischen Begutachtung (MPU) festgestellte Defizite zu beseitigen. Die Angemessenheit bescheinigter Maßnahmen muss eingeschätzt werden können. 2015 hat die BASt generelle Anforderungen an die Ziele der Fahreignungsberatung und -förderung sowie an die Qualifikation von Verkehrspsychologen veröffentlicht (Klipp, 2015); diese sind in Kapitel 5 aufgeführt.

In einer verkehrspsychologischen Intervention zur Förderung der Fahreignung wird der Klient in seiner Selbstreflexion und der Veränderung von Verhaltensmustern professionell unterstützt. Die Intervention setzt sich beispielsweise bei Alkohol- und Drogenproblematik mit den gleichen Inhalten auseinander, die für §-70-Kurse, die die Kraftfahreignung wiederherstellen, beschrieben sind (Kapitel 2.1.1), jedoch können die Inhalte den individuellen Problematiken bei Einzelmaßnahmen genauer angepasst werden. Unterschiede bestehen vor allem in der Intensität (tiefer gehende Auseinandersetzung mit den Delikten und ihren Hintergründen), dem Umfang (Begleitung der Umsetzung von Verhaltensänderungen), der Dauer (länger andauernd) und häufig auch in der Form (eher einzel- denn gruppentherapeutische Angebote). Exemplarische Module in der Praxis und Einzelheiten zur Arbeit mit verschiedenen Zielgruppen, auch mit verkehrs- und strafrechtlicher Problematik, sind in Kapitel 4 aufgeführt.

Rechtliche Grundlagen

Es gibt keine gesetzlichen Regelungen in StVG oder FeV.

Diagnostische Zuweisungskriterien

In der Regel geht der verkehrspsychologischen Therapie/Intervention im engeren Sinne eine Fahreignungsberatung voraus, in der der Handlungsbedarf geprüft wird. Es erfolgt die diagnostische Einordnung gemäß Beurteilungskriterien (DGVP & DGVM, 2013) und es wird, bezogen auf das Problem, der voraussichtliche Umfang einer verkehrspsychologischen Intervention zur Förderung der Fahreignung eingeschätzt. Im Ergebnis der Fahreignungsberatung wird der Klient bei substanzbezogener Problematik eine Empfehlung z. B. zum kontrollierten Alkoholkonsum (Hypothese A 3 oder A 4) oder zu einer alkohol-/drogenfreien Lebensweise oder Abstinenzpflicht im Umfang von in der Regel einem Jahr, mindestens jedoch einem halben Jahr, erhalten haben (Kapitel 2.2.1). Gegenstand der Intervention ist auch die Verifizierung dieser Empfehlung, da in ihrem Verlauf neue Befunde hinzutreten können.

Dauer

Grundsätzlich sollte ein Klient über eine ausreichend lange Zeitspanne der Veränderung begleitet werden. Hierzu werden ein individueller Zeitraum und eine individuelle Stundenzahl vereinbart, die im Verlauf der Maßnahme angepasst werden können.

Zeitstruktur

Typisch sind Einheiten von 45 bis 90 Minuten im wöchentlichen Abstand, um in der Zwischenzeit im Rahmen häuslicher (Trainings-)Aufgaben die notwendige Festigung und Vertiefung zu ermöglichen (Kapitel 4.1.9).

Den Abschluss der verkehrspsychologischen Intervention zur Förderung der Fahreignung bildet häufig eine Bilanzsitzung, in der der Klient die Gelegenheit erhält, das Erarbeitete darzustellen (Transfersicherung):

- die Aufarbeitung seiner Vorgeschichte
- die Analyse seiner Delikte
- die erreichten Veränderungen
- seine Motivation, die Veränderungen langfristig beizubehalten
- persönliche Rückfallprophylaxe.

Im Ergebnis der Bilanzsitzung erhält der Klient eine Rückmeldung zum Stand seiner persönlichen Entwicklung und eine Einschätzung, ob diese voraussichtlich für eine positive Verkehrsverhaltensprognose als ausreichend lang und als ausreichend stabil angesehen werden kann. In diesem Fall kann die Intervention in gegenseitigem Einvernehmen als abgeschlossen beendet (Kapitel 8.2.2.3) und bescheinigt werden (Kapitel 8.2.2.4).

Konzepte und Manuale

Für die verkehrspsychologische Intervention zur Förderung der Fahreignung wurden überwiegend bisher nicht in Buchform veröffentlichte Konzepte entwickelt, sodass einige Modelle nur im Sinne einer „Best Practice" existieren (z. B. IVT-Hö, Sohn & Meyer-Gramcko sowie Angebote der §-70-Kursträger). Sie folgt im Ideal einem Therapie-Manual, wobei die Sitzungen auf die individuelle Problematik ausgerichtet werden. Exemplarische Module in der Praxis und Einzelheiten zur Arbeit mit verschiedenen Zielgruppen sind in Kapitel 4 aufgeführt.

Teilnahmeregeln

Die als notwendig zur Erreichung des Interventionsziels erachteten und damit einzuhaltenden Regeln sowie die Sanktionierung bei Nichteinhaltung liegen in der Verantwortung der jeweiligen Institutionen bzw. der Durchführenden.

Teilnahmebescheinigung

Über die Teilnahme an der verkehrspsychologischen Intervention zur Förderung der Fahreignung wird eine Bescheinigung zur Vorlage bei der Fahrererlaubnisbehörde und/oder Begutachtungsstelle für Fahreignung ausgestellt. Über die aufzuführenden Inhalte gibt es keine Vorgaben, jedoch sollten sich aus der persönlich unterschriebenen Teilnahmebescheinigung mindestens die Inhalte, Dauer, Zeit und Ort der Intervention sowie Name und Qualifikation des Verkehrspsychologen entnehmen lassen. Eine Teilnahmebescheinigung ist kein „Vorgutachten", eine Eignungsaussage hat zu unterbleiben. Beispiele sind in Kapitel 8.2.2.4 gegeben.

Evaluation

Zu verkehrspsychologischen Interventionen zur Förderung der Fahreignung liegen verschiedene Wirksamkeitsuntersuchungen vor, die umfangreichste stammt vom Bundesverband niedergelassener Verkehrspsychologen (Born, 2005): In einer Stichprobe von 453 therapierten alkoholauffälligen Kraftfahrern wurde eine Rückfallquote nach erfolgter Verkehrstherapie von nur 3,5 % (Beobachtungszeitraum 36 Monate) festgestellt.

Die Evaluation der Rehabilitationsprogramme CONTROL und REAL der Impuls GmbH zeigte, dass diese Programme für alkoholauffällige Kraftfahrer, die Einzel- und Gruppensetting verbinden, *„in einem erheblichen Maße wirksam sind. Dieses gilt für eine erfolgreiche MPU und Legalbewährung gleichermaßen. Die [...] gefundenen Bestehensquoten von 93,6 % bzw. 94,4 % bei der MPU sprechen für eine gute Vorbereitung auf diese Untersuchung. Die geringen Rückfallquoten in den Behandlungsgruppen von 5,3 % bzw. 2,6 % nach 36 Monaten sprechen für die Nachhaltigkeit der Maßnahmen"* (Schülken et al., 2006).

Klienten einer verkehrspsychologischen Therapie bei PRO·NON e. V. erzielten eine Ergebnisqualität zum Bestehen der MPU von 96 %. Die Rückfallquote innerhalb der ersten drei bis fünf Jahre betrug 2,7 % (Meyer, 2016).

Graumann (2002) fand Rückfallquoten von 2,7 %, 2,3 % und 4,8 % für verkehrspsychologische Einzelberatungsmaßnahmen bei alkoholauffälligen Kraftfahrern. Für die individualpsychologische Verkehrstherapie ergibt sich bei Höcher (1999) eine Rückfälligkeit von 6,4 %. Für einen Beobachtungszeitraum von fünf Jahren berichten Scheucher, Eggerdinger & Aschersleben (2002) eine Rückfallquote von 9,1 %.

Es ist wünschenswert, dass Anbieter von verkehrspsychologischen Interventionen ihre Maßnahmen evaluieren und dabei neben dem Erfolg auch weitere Wirksamkeitsparameter darstellen, um Aussagen zu Verbesserungspotenzial zu erhalten.

2.3 Weitere mögliche Felder in der Entwicklung

In diesem Kapitel werden weitere und neue Arbeitsfelder verkehrspsychologischer Interventionen beschrieben. Sie weisen einen unterschiedlichen Entwicklungsstand auf. Für die Zukunft der verkehrspsychologischen Interventionen erscheint es notwendig, diesen Arbeitsfeldern vermehrte Beachtung in Ausbildung, Praxis und Forschung zu widmen. Es ergeben sich dadurch potenziell Erweiterungen des Tätigkeitsspektrums über die Fahreignung im automobilen Bereich hinaus. Zugleich werden präventive Aspekte in fahreignungsrelevanten Bereichen stärker betont.

2.3.1 Fahrangst

Konrad Reschke, Udo Kranich, Birgit Kollbach

Menschen mit Fahrängsten sind Personen mit leichten bis mittelschweren Ängsten vor dem Fahren und vor besonderen Situationen im Straßenverkehr. Fahrängste bestehen vor Autofahren, Fliegen und Fahrten auf Schiffen. Fahrängstliche Menschen leiden gewöhnlich nicht an klinisch bedeutsamen krankhaften Ängsten wie Phobien, Panikstörungen oder generalisierten Angststörungen, bei denen das ganze Leben krankheitswertig eingeschränkt ist, sondern nur an bestimmten, auf das Fahren, die Teilnahme am Verkehr und bestimmte Verkehrsmittel bezogenen Ängsten. Dennoch kann der erlebte Schweregrad der Angst und der Vermeidung leicht in den klinischen Bereich übergehen, wobei sich in solchen Fällen bei der Intervention immer eine interdisziplinäre Zusammenarbeit von Fahrlehrer/Fluglehrer/Schiffsführer und Verkehrspsychologe bzw. Psychotherapeut anbietet. Das Vorkommen von Fahrängsten im Kontext des Autofahrens ist die am besten beschriebene und häufigste Fahrangst, daher beschränken sich die nachfolgenden Aussagen auf diese Gruppe. Ebenfalls wissenschaftlich bereits untersucht sind Flugängste (Kapitel 2.3.10).

Erscheinungsformen

Fahrängste können einerseits Ängste vor dem Auto als technischem Gerät oder andererseits Ängste vor dem Autofahren sein.

Die Angst vor dem Auto beinhaltet Ängste vor der Unberechenbarkeit, der Undurchschaubarkeit und der Unkontrollierbarkeit des technischen Gerätes. Befürchtet wird, dass das Auto mit dem Menschen fährt. Die Angst vor dem Autofahren beinhaltet das Fahren in Situationen, die als bedrohlich empfunden werden, beispielsweise Nachtfahrten, Autobahnfahrten, Prüfungsfahrten (Kapitel 2.3.2), Fahrten im dichten Stadtverkehr. In beiden Fällen handelt es sich um isolierte phobische Ängste, die oft hochspezifisch mit einer bestimmten Lerngeschichte verbunden und oft nicht generalisiert sind. Dabei spielen Bedrohungsprozesse eine zentrale Rolle, die zu Stresserscheinungen führen. Eingebunden sind kognitive Überforderungen (Informationsüberflutung, Entscheidungsdefizite, Orientierungsschwierigkeiten) und körperliche Bedingungen (erhöhte Disposition zur Angstsensitivität, mangelnde Fahrkompetenz und Erfahrung, sensomotorische Einschränkungen).

Arten von Fahrängsten, mit denen der Verkehrspsychologe häufig konfrontiert ist, sind:

- Auto-, Fahr- und Verkehrsangst (s. o.)
- Soziale Fahrangst (Angst vor Beobachtung beim Mitfahren oder Selbstfahren)

- Unfallangst (Angst vor gefährlichen Situationen, Angst zu verunfallen oder Ängste nach Unfällen, auch im Sinne posttraumatischer Belastungsstörungen (PTBS))
- Angst vor der Angst im Auto (z. B. vor Panikattacken).

Die häufigsten Zielgruppen der Arbeit von Verkehrspsychologen mit Personen, die an Fahrängsten leiden, sind:

- Fahrschüler in der Ausbildung und Prüfung
- Fahranfänger, ungeübte Fahrer in besonderen Anforderungssituationen
- Menschen mit jahrelangem Vermeidungsverhalten
- Frauen, die nach längerem Nichtfahren wieder anfangen zu fahren
- Menschen mit besonderen Stressbelastungen beim Fahren, z. B. nach Unfällen und bei PTBS.

Häufigkeit

Es liegen bisher keine Untersuchungen zur Verbreitung von Fahrängsten vor. Es kann aber angenommen werden, dass sie heute mit zu den häufigsten von Menschen berichteten Ängsten gehören (Angenendt, 2000), die auch im Rahmen spezifischer Phobien auftreten können. Im Geschlechtervergleich wird eine höhere Prävalenz des Auftretens von Fahrängsten bei Frauen im Verhältnis 6 : 1 vermutet (Goede, 2006).

Rechtliche Bewertungen

Fahrängste gehören im engeren Sinne nicht zu den in Anlage 4 Punkt 7 FeV aufgelisteten Erkrankungen und Mängeln, die die Eignung zum Führen von Kraftfahrzeugen beeinträchtigen oder aufheben können. Dennoch können sie zu den geistigen und psychischen Störungen gezählt werden, sofern sie einen Krankheitswert erreichen. Sie können in diesem Falle auch im Rahmen der Vorschriften nach SGB V durch Psychologische Psychotherapeuten behandelt werden. In diesem Falle sind Fahrängste in der ICD-10 unter F 40.2 als spezifische (isolierte) Phobien zu klassifizieren (Hamm, 2006). Sollte dagegen der Aspekt der Furcht vor Beobachtung, z. B. beim Mitfahren in öffentlichen Verkehrsmitteln, im Mittelpunkt der Angst stehen, wäre auch eine Differentialdiagnose soziale Phobie (F 40.1) denkbar.

Bewältigung der Fahrangst

Eine verkehrspsychologische Intervention bei Menschen mit Fahrängsten kann mithilfe verschiedener Methoden erfolgen. Neben den häufig angewandten verhaltenstherapeutischen Methoden und Techniken sind zunehmend auch Weiterentwicklungen psychotherapeutischer Methoden in Anwendung, beispielsweise „Eye Movement Desensitization and Reprocessing" (EMDR). Auch EMDR muss in einen strategischen Behandlungsplan integriert werden, wie er nachfolgend dargestellt wird. Der Verkehrspsychologe oder Psychotherapeut sollte also nach Herstellung der therapeutischen Beziehung

1. immer von einer Verhaltensanalyse der konkreten Angstsituationen mit Feststellung der Ausgangswerte für Angst und Vermeidung ausgehen,
2. die individuellen Zielstellungen für den Aufbau von Sicherheit und Gelassenheit beim Fahren feststellen und
3. dann eine systematische Intervention mit konkreten Kontrollen von Effekten und Erfolgen durchführen.

Für Fahrverhaltensbeobachtungen, operanten Verhaltensaufbau und Konfrontationsübungen bestehen versicherungsrechtliche Bedenken. So sind Fahrten mit Nichtinhabern des Führerscheins nur mit Fahrlehrern nach vertraglicher Bindung erlaubt, mit stark fahrängstlichen Personen sollten vor Übungsfahrten klare Haftungsregelungen für Eventualschäden festgelegt sein.

Problematisches, ängstlich-unsicheres Fahrverhalten kann verändert werden. Dabei sind kognitiv-behaviorale Interventionen (z.B. Erkennen und Verändern dysfunktionaler Denkmuster), Verhaltenstraining (Konfrontation mit den furchterregenden Situationen), Rollenspiele und ganze Programme zur verkehrspsychologischen Intervention bei Fahrangst anwendbar. Eine große Rolle spielen hier auch Fahrschulen mit speziellen „Angsthasen"-Programmen. Es können zwei in Deutschland publizierte Manuale zur Überwindung von Fahrangst angeführt werden (Müller & Ruhr, 2010; Müller, 2008). Beide Programme haben sich in der Praxis bewährt, es werden jedoch keine empirischen Evaluationsstudien vorgelegt.

Das Programm „Autofahren ohne Angst – Erfolgsprogramm für entspanntes Autofahren" (Müller, 2008) dient dem Erkennen, Verstehen und Bewältigen von Fahrängsten. Ursachen und Entstehung von Ängsten sowie häufige Fahrängste werden darin vorgestellt. Für Diagnosezwecke und zur Selbstbeobachtung enthält es interessante Checklisten, in deren Ergebnis spezifische Kapitel zum Selbststudium angeregt werden. Das Programm basiert auf verhaltenstherapeutischen Methoden der Angstbewältigung durch Konfrontation und dem Erkennen und der Veränderung eigener negativer und verzerrter Wahrnehmungs- und Denkmuster sowie auf Entspannung und Atemtechniken.

Nachfolgend wird die „Schaffen-Wir-Methode" (Müller & Ruhr, 2010) ausführlicher vorgestellt. Es handelt sich um ein kognitiv-behaviorales Selbstmodifikationsprogramm, das als Ratgeber publiziert wurde und sieben Stufen der Verhaltensänderung zum Verständnis und zur Bewältigung der Fahrangst beschreibt. Die Autoren sind Fahrlehrer und Verhaltenstherapeuten. Im Programm werden Prinzipien des Modelllernens und des gestuften selbstkontrollierten Trainings auf jeder Stufe miteinander verbunden. Die Stufen sind:

Stufe 1 – Angst akzeptieren

Methoden: Information und Aufklärung, Schulung über Angst, Verhaltensanalyse der Angst, Tagebuch führen, Gedankenprotokolle

Stufe 2 – Körperliche Symptome benennen

Methoden: Lautes Sprechen (Benennen) der körperlichen Erscheinungen und des schwierigen Verkehrsverhaltens, Entspannung einüben

Stufe 3 – Gedankenfallen überwinden

Methoden: Erkennen dysfunktionaler Gedanken und Denkstile

Kognitive Umstrukturierung: Veränderung automatischer Gedanken durch Einübung positiver Selbstverbalisation

Stufe 4 – Autofahren auffrischen

Methoden: Fahrvermeidung aufheben, Auffrischen von Kenntnissen und Fertigkeiten

Stufe 5 – Angsthasenfahrstil üben

Methoden: Akzeptanz und Verhaltensübungen, bewusstes Einüben und Akzeptieren eines „vorsichtigen" Fahrstils

>

Stufe 6 – Vermeiden vermeiden

Methoden: Erkennen, dass Vermeidung angstaufrechterhaltende Wirkung besitzt, schrittweise Mehrbelastung durch Aufsuchen bisher vermiedener Verkehrssituationen, Wiedergewinnung von Zuversicht und Selbstsicherheit

Stufe 7 – Selbstständig fahren

Methoden: Wiederholen von Fahrten, die bisher in Begleitung stattfanden, und Üben von selbstständigem Fahren, Selbstbeobachtung von Fortschritten und Rückfallgefährdungen

Dieses Stufenprogramm wird nicht starr, sondern flexibel und situationsbezogen auf verschiedene Themen meist in Gruppen behandelt. *Tabelle 2.9* zeigt die Themen und dabei vermittelte und eingesetzte Methoden der Verhaltensänderung.

Tabelle 2.9 Situationstypen (Spalte 1) und Zielbereiche (Zeile 1) des Verhaltenstrainings

	Angst akzeptieren	Körperliche Symptome benennen	Gedankenfallen überwinden	Autofahren auffrischen	Angsthasenfahrstil üben	Vermeiden vermeiden	Selbstständig fahren
Stressbewältigung im Straßenverkehr – freundlich-motivierende Gedanken			×			×	
Maschine Auto – Großstadtverkehr	×	×	×	×	×	×	×
Angsthasenfahrstil & Autobahn		×	×		×	×	
Theorie-Prüfung	×	×	×			×	
Ängste akzeptieren – Praktische Prüfung	×	×	×		×	×	
Mit Beifahrern umgehen		×	×	×	×	×	×
Schluss mit Grübeln – nach Unfällen geht es weiter	×	×	×	×	×	×	×
Angst vor Panik auf Autobahnen – Vermeiden vermeiden		×	×			×	×
Drängler auf der Autobahn	×	×	×		×		
Im Alltag sicher und gelassen weiterfahren						×	×

Die vermittelten Strategien und Erfahrungen sind praktisch, anschaulich und fundiert dargestellt. Damit existiert ein wichtiger Ansatz zur Modifikation von Fahrängsten im automobilen Straßenverkehr, für Fahrschulprüfungen und für komplexe Situationen (Unfall, Autobahn).

2.3.2 Prüfungsangst

Konrad Reschke, Udo Kranich, Jörg-Michael Sohn

Erscheinungsformen

Die Prüfungsangst (*test anxiety, stage frigth* bei Bühnenauftritten) ist eine Angst vor der Bewertung der persönlichen Leistungsfähigkeit, die Betroffene hindern kann, ihr Wissen oder ihre Fähigkeit bei einer Prüfung unter Beweis zu stellen. Im Bereich der Verkehrspsychologie können Prüfungsängste insbesondere im Zusammenhang mit der Fahrerlaubnisprüfung, der medizinisch-psychologischen Untersuchung (Strohbeck-Kühner, 1999) und mit Tauglichkeitsprüfungen von Schienenbahnführern und Piloten sowie Eignungs- und Einstellungsuntersuchungen für Berufskraftfahrer auftreten. Obwohl sie häufig nicht den Schweregrad einer klinischen phobischen Störung oder sonstigen Angststörung erreichen, verursachen sie doch erheblichen Symptomdruck, Erwartungsängste und Leistungsversagen. Prüfungsängste verhindern die Erbringung zufriedenstellender Ergebnisse. Die Angst hat nicht nur negative Auswirkungen auf Leistungen. Gewisse Angst- und Erregungsgrade steigern im Sinne des Yerkes-Dodson-Gesetzes auch die Leistungsfähigkeit. Das Leibniz-Zentrum für Psychologische Information und Dokumentation veröffentlichte 2012 einen repräsentativen Überblick über Prüfungsangstliteratur (ZPID, 2012).

Häufigkeit

Etwa 15 % aller Schüler leiden unter Prüfungsangst, 15 % der männlichen und 21 % der weiblichen Studierenden fühlen sich durch Prüfungsängste mittel bis stark beeinträchtigt. Schaeffer et al. (2007) fanden, dass ca. 10 % der Studierenden unter behandlungsbedürftigen Prüfungsängsten leiden.

Über die Häufigkeit von Prüfungsängsten im verkehrspsychologischen Bereich liegen keine gesicherten Untersuchungsergebnisse vor. Oft werden verkehrsspezifische Prüfungsängste auch im Rahmen klinischer Angsttherapien mitbehandelt oder werden durch Interventionen zu Vorbereitungen auf Prüfungen beratend abgefangen. Die verkehrspsychologische Intervention von prüfungsängstlichen Personen sollte zu den spezifischen Angeboten von Verkehrspsychologen mit Approbation und spezifischem Behandlungswissen zählen.

Entstehung und Symptomatik

Prüfungsängste entstehen meist mit erstmaligen Leistungsanforderungen im Kindesalter, manifestieren sich im Verlauf der Schulzeit und werden durch negative Vorerfahrungen, Erwartungsängste (phobophobisches Verhalten und Vermeidung) sowie eine psychische Disposition zur Selbstunsicherheit aufrechterhalten. Fehm & Fydrich (2011) definieren die Prüfungsangst als

„anhaltende und deutlich spürbare Angst in Prüfungssituationen und/oder während der Zeit der Prüfungsvorbereitung, die den Bedingungen der Prüfungsvorbereitung und der Prüfung selbst nicht angemessen ist. Die Angst äußert sich auf den Ebenen Verhalten, Emotion, Kognition und Physiologie. Klinisch relevante Prüfungsängste liegen vor, wenn die Ängste das alltägliche Leben und/oder den Ausbildungsverlauf bzw. das berufliche Weiterkommen deutlich beeinträchtigen."

Die Symptome von Prüfungsangst sind nervöse Unruhe, dysfunktionale lähmende, hartnäckig wiederkehrende Gedanken an das „Versagen" in der Prüfung, Erwartungsängste, die schon lange vor dem Prüfungstermin auftreten, und psychosomatische Angstäquivalente, z.B. kardiovaskuläre Symptome (Herzklopfen, rote Flecken in Gesicht, Hals und Oberkörper, Schwitzen), gastrointestinale Beschwerden (Magen- und Darmsymptome) und Kopfschmerzen. Daraus können sich unangenehme komplexe somatische Beschwerden entwickeln, zuweilen auch Schlafstörungen und depressiven Stimmungen.

Bewältigung der Prüfungsangst

Ressourcenstärkende, kognitiv einsichtsvermittelnde, positive Erwartungen (Selbstwirksamkeit) aufbauende und fähigkeits- und verhaltensaufbauende Interventionen sind in einem individuellen Therapieplan so zu kombinieren, dass eine ausreichende Selbstkontrolle und ein kognitiv-verhaltensmäßiges Selbstmanagement für die Prüfungssituation entsteht.

Auch kurzfristig wirkende Interventionen wie Entspannungstechniken und kognitive Umstrukturierung, z.B. Selbstinstruktionstraining, sind bei der Bewältigung von Prüfungsangst hilfreich. Verhaltenstherapeutische Behandlungsansätze werden bei Eschenröder (2002) und Fehm & Fydrich (2011) berichtet. Tabbert-Haug (2003) beschreibt dagegen gestörtes Prüfungsverhalten als Ausdruck von Schwellenängsten und Identitätskrisen aus psycho-dynamischer Sicht. Eine medikamentöse Mitbehandlung mit Psychopharmaka oder Betablockern sollte nur in schwersten klinischen Prüfungsangst-Fällen erwogen werden.

In Anlehnung an Fehm & Fydrich (2011) werden nach einer systematischen Verhaltensanalyse folgende Module für eine psychotherapeutische Intervention im verkehrspsychologischen Setting im Behandlungsplan kombiniert:

1. Verhaltensanalyse und Zieldefinition: Klärung konfligierender Ziele, Klärung von Motivationsproblemen, biografische und Verhaltensanalyse von spezifischem Prüfungsversagen
2. Prüfungsvorbereitung und das Lernen planen: Zeitmanagement und Lernpläne
3. Vorbereitungsstrategie: Lerntechniken und Lernstrategie, Gedächtnistechniken
4. Belastungsausgleich: Entspannungstechniken erlernen/individuelle Verstärker finden
5. Kognitive Umstrukturierung: hinderliche, dysfunktionale, selbstwertdestabilisierende Kognitionen (Gedankenketten) finden und auflösen
6. Spezifische Angstreduktionstechniken für Prüfungssituationen: Systematische Desensibilisierung, angewandte Entspannung (Öst, 2002), Selbstinstruktion
7. Selbstkontroll-Übungen und Skillstraining für Prüfungsverhalten: konkrete Vorbereitung auf die Prüfungssituation.

Auch eine Prüfungssimulation als Verhaltensübung in vivo oder in sensu (behavioral & cognitive rehearsal) ist therapeutisch in eine Gesamtstrategie einzuplanen. Die Elemente der Prüfungssimulation können sein:

- Prüfungsort anschauen/sich länger dort aufhalten
- Prüfungsweg fahren/Prüfungsablauf gedanklich durchgehen
- Mit dem Prüfer sprechen
- Mit vorher geprüften Prüflingen sprechen
- In einer Lerngruppe Prüfungsfragen formulieren
- Prüfung in Echtzeit simulieren
- Öffentliche Prüfungen besuchen.

2.3.3 Beratung älterer Kraftfahrer

Udo Kranich, Konrad Reschke

Der ältere Kraftfahrer als Zielgruppe ist in den letzten Jahren angesichts der demografischen Entwicklung ein besonders bedeutsames Thema der angewandten Verkehrspsychologie in der Bundesrepublik Deutschland geworden (Schlag, 1994, 2008a, 2008b). Immer mehr Forschungen befassen sich mit den Leistungsbesonderheiten des älteren Fahrers. Fastenmeier et al. (2015) weisen darauf hin, dass der Leitsatz „befähigen statt aussondern“ gelten muss. Es geht also darum, dass die Mobilität älterer Kraftfahrer möglichst lange erhalten bleibt und durch verschiedene Maßnahmen gefördert wird.

Altersbedingte Veränderungen – Auswirkung auf die Fahrkompetenz

Vor allem das Nachlassen der körperlichen Beweglichkeit, die Verschlechterung psychomotorischer und psychischer/kognitiver Funktionen sowie die Einnahme von Medikamenten stellen mögliche Risikofaktoren für das sichere Führen eines Kfz dar. In Befragungen gab jedoch die überwiegende Mehrheit der älteren Kraftfahrer an, dass sich kaum Veränderungen in der psychophysischen Leistungsfähigkeit bemerkbar machen würden bzw. wahrgenommene Veränderungen nicht oder kaum verkehrsrelevant seien. Ellinghaus & Schlag (1990) kommen zu dem Schluss, dass

„Fehleinschätzungen der eigenen Leistungsfähigkeit beim Autofahren sich somit in zwei Stufen vollziehen können: Zum einen werden altersbedingte Leistungsminderungen nur begrenzt oder gar nicht wahrgenommen. Zum zweiten sprechen diejenigen, die sie wahrnehmen, diesen nur zum Teil Relevanz für das Autofahren zu.“

Hier ergeben sich Ansatzpunkte für Beratungsbedarf in Hinblick auf fahreignungsrelevante Aspekte der Selbstreflexion.

Kompensationsmöglichkeiten und -strategien älterer Autofahrer

Die Veränderungsprozesse, die mit dem Altern einhergehen und höchst individuell verlaufen, müssen bei dem älteren Kraftfahrer nicht automatisch zur Beeinträchtigung der Fahrkompetenz führen. Unfallstatistiken und Fahrverhaltensanalysen sprechen dafür, dass der ältere Kraftfahrer nicht per se einen Risikofaktor im Straßenverkehr darstellt. Das Modell der „Selektiven Optimierung mit Kompensation“ (SOK), das generelle Verläufe der Adaption beschreibt, formuliert drei Prozesse (Selektion, Optimierung, Kompensation), die die besondere Dynamik dieses Zusammenspiels berücksichtigen (vgl. Baltes et al., 1998). Diese drei Strategien kann man als wesentliche Bedingungen für erfolgreiches bzw. gelingendes Altern betrachten.

Selektion

Unter Selektion versteht man vor allem die Auswahl oder Veränderung von Zielen. Beobachtet man unter diesen Gesichtspunkten bestimmte Verhaltensweisen älterer Kraftfahrer, findet man verschiedene Ansatzpunkte, in der diese Strategie Anwendung findet. So wählen diese z.B. bewusst bestimmte Zeiten (Vermeidung von Hauptverkehrszeiten oder Nacht- und Regenfahrten) und Orte (Landstraßen statt Stadtverkehr) für ihre Verkehrsteilnahme aus.

Optimierung

Optimierungsstrategien beziehen sich vor allem auf die Mittel, mit denen Ziele erreicht werden können (Schlag & Engeln, 2001).

„Optimierung [...] bezieht sich auf die Wahrung oder Verbesserung der vorhandenen Fähigkeiten und Kapazitäten des alternden Individuums. Optimierung heißt, dass alte Menschen ihre Fähigkeiten und Kompetenzen in bestimmten Verhaltens- und Funktionsbereichen weiter verbessern oder zumindest den Status quo erhalten" (Baltes et al., 1998, S. 191).

Kompensation

Bei Kompensationsprozessen sind die Personen bestrebt, trotz eingeschränkter Handlungsmittel einmal erreichte Niveaus beizubehalten und Ziele nicht aufgeben zu müssen (Reschnar & Schlag, 2002). „Kompensation bedeutet, auf andere, vielleicht neue Ressourcen und Mittel zurückzugreifen, wenn die Erreichung eines Zieles mit den bisher verfügbaren Ressourcen nicht mehr möglich ist" (Baltes et al., 1998, S. 191). Kompensationsstrategien finden bei älteren Kraftfahrern sehr oft Anwendung, um die eigene Mobilität langfristig zu erhalten. Sie setzen technische (z.B. Brillen, Hörgeräte, Fahrerassistenzsysteme) und medizinische (z.B. Medikamente) Hilfen ein oder nutzen soziale Unterstützung, wenn sie dabei bei der Erreichung ihrer eigenen Ziele unterstützt werden.

■ Schwerpunkte der ressourcenorientierten Intervention bei älteren Kraftfahrern

Eine salutogenetische Perspektive wurde in Abgrenzung zur pathogenetischen Sichtweise von Aaron Antonovsky entwickelt. Für ihn stand die Frage im Mittelpunkt: *„Wie bleiben bzw. werden Menschen – trotz vieler potenziell gesundheitsgefährdender Einflüsse – (wieder) gesund?"* Dieser Gedanke kann auch auf die Fahrtüchtigkeit/Fahreignung übertragen werden. Zum Beispiel ist es wichtig, ältere Kraftfahrer über mögliche verkehrsrelevante funktionelle Beeinträchtigungen aufzuklären und über angemessene Möglichkeiten zur Kompensation dieser Defizite zu informieren (Lang, 1999). Die Identifikation fahrrelevanter Risikofaktoren sowie das realistische Einschätzen der eigenen Stärken und Schwächen soll eine selbstkritische Auseinandersetzung mit der eigenen Fahrtauglichkeit bei den älteren Kraftfahrern bewirken. Im Besonderen sollen die älteren Kraftfahrer für die Wahrnehmung eventuell bestehender Leistungsdefizite sensibilisiert werden. Darüber hinaus müssen sie über Mobilitätsalternativen informiert sein, mit deren

Hilfe sie auch ohne die aktive Teilnahme am motorisierten Straßenverkehr ihre Mobilität und somit eine gesellschaftliche Teilhabe erhalten können (Reschke, Kranich & Gellert, 2009). Die genannten Schwerpunkte stehen im Mittelpunkt der Beratungstätigkeit bei älteren Kraftfahrern.

Auch das Aufzeigen geeigneter Kompensationsmöglichkeiten stellt einen wichtigen Bestandteil der Intervention dar. Dabei sind neben der Information über technische und medizinische Hilfsmittel auch Anregungen und Übungseinheiten, die die kognitiven und psychomotorischen Fähigkeiten trainieren und verbessern, wichtige Maßnahmen für die Erhaltung der Fahrkompetenz. Gerade auch im Hinblick auf die aktive Verkehrsteilnahme älterer Menschen sind Trainingseinheiten, die auf das Gedächtnis und die Konzentration abzielen, besonders geeignet für den Erhalt der Fahreignung (Kaiser & Oswald, 2000). Als Grundlage für die Verkehrssicherheitsberatung kann für den Beratungsprozess das fünfstufige Modell der Veränderung nach Prochaska (1994) Anwendung finden.

„Die individuelle Beratung kann dann beispielsweise zum Training im Realverkehr führen, zu einem kognitiven Leistungstraining oder zu einer weiteren medizinischen Abklärung. Es gibt diesbezüglich bereits zahlreiche Maßnahmen, die erprobt sind und nachweislich positive Effekte zeigen.

Eine solche Beratung sollte freiwillig, vertraulich, auf die Bedürfnisse des Betroffenen zugeschnitten sein und einem Phasenschema folgen:

1. *Fragen des Ratsuchenden*
2. *Statuscheck (Gesundheit und psychofunktionale Leistungsfähigkeit)*
3. *Aufklärung über Risiken und Lösungsansätze*
4. *Empfehlungen an Unterstützungssysteme (Familie, Hausarzt)*
5. *Zertifikat erteilen“* (Fastenmeier et al., 2015).

Programme und Manuale zur ressourcenorientierten Beratung älterer Kraftfahrer

Screening-Tests zur Erfassung der Fahrkompetenz älterer Kraftfahrer (SCREEMO)

Als Orientierungshilfe für die Beurteilung der psychofunktionalen Leistungsfähigkeit älterer Kraftfahrer wurde im Rahmen des von der Bundesanstalt für Straßenwesen (BASt) geförderten Forschungsprojekts SCREEMO (Tülin, Kocherscheid, Feldmann & Rudinger, 2010) ein Screening-Test entwickelt, der möglichst augenscheinvalide und mit geringem Aufwand die Fahrkompetenz älterer Kraftfahrer innerhalb einer Mobilitätsberatung erfasst. Durch die anschauliche Präsentation der Screening-Ergebnisse im Rahmen eines Mobilitätsberatungsgesprächs kann der Screening-Test gleichzeitig als Hilfsmittel dienen, um die Akzeptanz – gegebenenfalls auch in Bezug auf einen Verzicht des Autofahrens – bei den Betroffenen zu erhöhen.

Verkehrssicherheitsberatung älterer Verkehrsteilnehmer (Henning, 2007)

Mit diesem Manual erhält der Berater in Überblicksform Informationen zum Thema „Verkehrssicherheit und Alter“. Strategien zur Verkehrssicherheitsberatung älterer Kraftfahrer werden ebenso vermittelt wie rechtliche Aspekte und Grundlagen der Gesprächsführung.

StreetReadyTool (Peitz & Hofmann-Born, 2011)

StreetReadyTool liefert das verkehrsmedizinische Handwerkszeug für die Beratung, Aufklärung und Begleitung des Patienten im Hinblick auf seine Fahrsicherheit. Mithilfe des Programms kann der Berater über die Auswahl der Haupt- und Nebendiagnosen die maßgeblichen risikobehafteten Symptome zuordnen, eine Risiko- und Verlaufsbetrachtung anstellen und individuelle Besonderheiten des Patienten berücksichtigen.

Psychologisches Interventionsprogramm „mobil 65+"
(Reschke, Kranich & Gellert, 2009)

Das Interventionsprogramm wurde speziell für Kraftfahrer ab ca. 65 Jahren, die sich um die Erhaltung der eigenen Fahreignung bemühen, entwickelt und ist für max. zwölf Teilnehmer pro Trainingsgruppe ausgelegt.

Das psychologische Interventionsprogramm „mobil 65+" besteht insgesamt aus vier Modulen, die vorzugsweise im wöchentlichen Rhythmus mit den Teilnehmern bearbeitet werden.

Modul 1 „Fahren mit allen Sinnen – auf den Durchblick kommt es an" vermittelt den Teilnehmern Kenntnisse über altersbedingte Veränderungen der Sinnesfunktionen und weist auf deren Konsequenzen für die aktive Teilnahme am Straßenverkehr hin. Gleichzeitig werden Möglichkeiten zur Kompensation dieser Einschränkungen gemeinsam mit den Teilnehmern erarbeitet. Dabei wird vor allem auf die nachlassende Sehleistung im Alter eingegangen. Außerdem erhalten die Senioren in diesem Modul die Gelegenheit zu einer ersten subjektiven Selbsteinschätzung ihrer aktuellen Fahrtüchtigkeit. Dies geschieht mithilfe einer Selbstbeobachtung und mit einem Selbsttest.

Im Modul 2 „Körperliche und geistige Fitness – beides ist trainierbar" soll durch gezielte Trainingsübungen die Beweglichkeit des Schulter-Nacken-Bereichs verbessert werden. Darüber hinaus werden die Teilnehmer über den Einfluss von Stress auf die Fahrtüchtigkeit informiert, und es wird ein Stress-Test durchgeführt. Für einen erfolgreichen Stressabbau wird eine Entspannungsmethode eingeübt. Einen weiteren Schwerpunkt des Moduls bildet die Aufklärung der Teilnehmer über mögliche Aus- bzw. Nebenwirkungen von Erkrankungen und Medikamenten in Bezug auf die Fahrtüchtigkeit. Zusätzlich soll durch eine Fremdeinschätzung ein realistisches Selbstbild bezüglich der eigenen aktuellen Fahrtüchtigkeit gefördert werden.

Im Modul 3 „Den Überblick behalten – auch graue Zellen sind trainierbar" soll die kognitive Leistungsfähigkeit in Bezug auf die aktive Verkehrsteilnahme selbstkritisch beurteilt werden. Für die Bewertung des aktuellen kognitiven Status werden die drei Teilbereiche Informationsverarbeitungsgeschwindigkeit, Konzentration und Gedächtnis mithilfe psychologischer Tests geprüft. Nach Auswertung der Testergebnisse werden gemeinsam mit den Teilnehmern Möglichkeiten zur Erhaltung und Verbesserung dieser kognitiven Fähigkeiten erarbeitet.

Modul 4 „Mobil ans Ziel – (k)ein Thema im Alter?!" soll den Transfer der gelernten Inhalte ermöglichen und dient ebenso der Ergebnissicherung. Außerdem werden in der letzten Veranstaltung in der Vergangenheit bereits aufgetretene Probleme erörtert und denkbare Konsequenzen für zukünftiges Verhalten diskutiert. Die Teilnehmer sollen dabei Kompensationsstrategien und realistische Alternativen zur aktiven Teilnahme am

Straßenverkehr auf der Basis des Modells der Selektion und Optimierung durch Kompensation erarbeiten.

Mittlerweile liegt eine Erweiterung des Trainingsprogramms vor (Kranich, Reschke & Lohse, 2012). Um nicht nur selbstreflexiv Fahreignungsprobleme im Alter zu besprechen, wurden Übungen entwickelt, die mit praktischem Bezug zu Auto und Fahrverhalten angewendet werden können. Damit können speziell auch unter Einbeziehung eines Pkw fahreignungsrelevante Fertigkeiten älterer Kraftfahrer trainiert werden.

2.3.4 Stress und Belastung im Verkehr

Konrad Reschke

„Stress" und „Belastung" sind Begriffe, die im Kontext von Verkehr, Verkehrsunfällen und -delikten und von verkehrspsychologischer Intervention bisher kaum grundlegend untersucht wurden, wenngleich ihre Relevanz in der praktischen verkehrspsychologischen Intervention unbestritten sein dürfte. Nachfolgend werden einige handlungstheoretisch formulierte Grundlagen von Stress und Belastung in Anlehnung an Reschke & Schröder (2010) erörtert; auf die Darstellung von allgemeinen Stresstheorien (Lazarus, 1966; Lazarus & Launier, 1978; Heinrichs, Stechele & Domes, 2015) wird verzichtet.

Grundlagen eines handlungstheoretischen Stressmodells mit Bezug zum Verkehr

Aktuelle Stresskonzeptionen besagen, bezogen auf das Tätigkeitsfeld Verkehr, dass ein Fahrer mit Fähigkeiten (Fahreignung, Fahrtüchtigkeit, Fahrfertigkeiten) und Bedürfnissen ausgestattet ist, die es ihm gestatten, die Anforderungen des (Straßen-)Verkehrs (z.B. bzgl. Aufmerksamkeit, Fahrdauer, Berufsaufgaben, Verkehrsdichte, Verkehrsbedingungen, Zeiteinhaltung) zu erfüllen. Dabei können ihn Ressourcen unterschiedlicher Art unterstützen. Die Beziehung zwischen Fahrer, Verkehr und der beruflichen bzw. persönlichen Anforderungsvielfalt der Teilnahme am Straßenverkehr ist jedoch als prinzipiell widersprüchlich zu betrachteten und bedarf fortwährender Regulationsbemühungen. Das psychophysische System des Menschen besitzt Belastungsgrenzen: Es kann nicht auf Dauer belastet werden und kritische Grenzwerte (z.B. Lenkzeiten oder Promille-Grenzen) überschreiten. Hierzu wurden einerseits gesetzliche Grundlagen geschaffen. Andererseits ergänzen umweltgerichtete und innere Regulierungsaktivitäten die automatisierten Reaktionen auf Anforderungen durch Abstimmung (Kongruenz) und Ausgleich (Konsistenz).

Der Begriff „Stress" beschreibt einen psychophysischen Regulationszustand, welcher dann für ein Individuum eintritt, wenn die persönliche Mensch-Umwelt-Beziehung eine Widerspruchsqualität erreicht hat, die mit Verhaltensroutinen und Reaktionsautomatismen nicht mehr auszugleichen ist (Reschke & Schröder, 2010). Im Erleben des Menschen spiegelt sich Stress in Form von Bedürfnisbedrohung, Destabilisierung und Belastungserleben wider. In diesem Zusammenhang sind auch die Grundbedürfnisse nach Grawe (Kapitel 3.3.7) zu berücksichtigen. Stress bezeichnet eine Problemsituation, die ein Umschalten vom emotionsgesteuerten Verhaltensniveau zu kognitiv organisierten und reflektierten Handlungen verlangt.

Die psychophysische Stressreaktion ergibt sich aus dem hochgradig individuellen Wechselverhältnis von vier interagierenden Bedingungsgruppen (*Bild 2.3*). Auf der Seite der

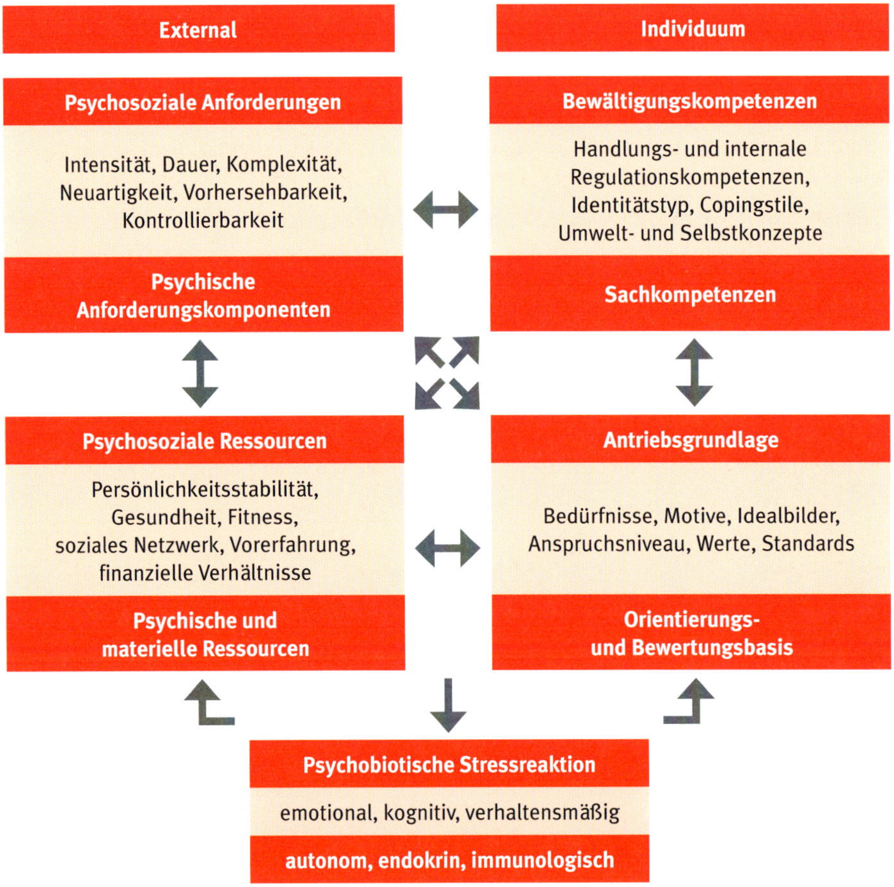

Bild 2.3 **Bedingungsgruppen der psychobiotischen Stressreaktion nach Reschke & Schröder (2010)**

Person ist vor allem die individuelle Fähigkeitsstruktur mit grundlegenden Sachkompetenzen und belastungsspezifischen Bewältigungskompetenzen von Bedeutung. Diese Komponenten machen wesentlich den Persönlichkeitsfaktor aus, der mit erfahrungsgetragenen und konstitutionellen Besonderheiten einen mehr oder weniger flexibel-stabilen Hintergrund des Bewältigungsgeschehens darstellt. So wird beispielsweise ein Fahrer, der eine seinem Berufsanspruch gemäße Ausbildung vorzuweisen hat, seltener in Kompetenzdefizitsituationen geraten und sich am Limit seiner Regulationsstabilität bewegen müssen als andere, z. B. Quereinsteiger in den Fahrerberuf. Wer darüber hinaus noch Fertigkeiten für die Lösung problematischer Regulationslagen besitzt, hat Vorteile gegenüber einem Unerfahrenen.

Auf einer vorwiegend instrumentellen Ebene der Verhaltensorganisation ergeben sich die stressrelevanten Unstimmigkeiten aus dem Verhältnis von Fähigkeiten und externalen Anforderungen. Für die Analyse und Unterstützung des Einzelfalles sind das jeweilige Anforderungsprofil und der Typ der Belastung in Relation zu den individuellen Bewältigungsmöglichkeiten von Belang. Es sind stressbelastende Langzeitanforderungen und häufig wiederkehrende Begebenheiten oder Kurzzeitbelastungen zu unterscheiden.

Die konkreten Widersprüche zwischen den dargestellten Bedingungskomplexen setzen das psycho-physische Regulationssystem des Menschen unter Druck. Einsetzende emotionale und kognitive Bewertungen identifizieren die belastende Situation und veranlassen psychoenergetische Bereitstellungen unter Einbezug von Verhalten sowie die damit korrespondierenden physiologischen, endokrinen und immunbiologischen Mechanismen. Die akute Stressreaktion ist zweckmäßig: Sie mobilisiert die Person und macht sie für zugespitzte Anforderungssituationen handlungsfähig.

Chronische Stressreaktionen stellen hingegen eine permanente Überforderung mit der Gefahr von Destabilisierungen der Gesundheit und Leistung dar. Die hier beschriebene psycho-physische Zustandsqualität Stress in ihrer chronischen Form ist für den Bereich Verkehr ebenso wie die negativen Beanspruchungsformen Ermüdung bei quantitativer Überforderung und Monotonie bei Unterforderung von besonderer Bedeutung.

Wiederholt eintretende akute Stresszustände, die erfolgreich und mit positiven Gefühlen einhergehend gemeistert werden, tragen in eher gesundheitsförderlicher Richtung zur Fähigkeitsentwicklung, Erfahrungsbildung, Selbstwertsteigerung und somit zur Persönlichkeitsentwicklung bei. Als weniger günstig, aber bei Kurzzeitbelastungen noch moderat, sind Formen der Abwehr bis Ignoranz zu bewerten. Positionen der feindlichen Abwehr und die damit verbundenen Interpretationen sowie starken negativen Emotionen haben sich hingegen als sehr ungünstig erwiesen. Entscheidend für die verkehrssicherheitsbeeinflussende negative Stresswirkung bis hin zur pathogenetischen gesundheitsschädigenden Stresswirkung sind anhaltende bzw. häufig auftretende Zustände von Handlungsunfähigkeit, Perspektivlosigkeit und personaler sowie sozialer Desintegration.

Stressbewältigung

Es sind verhältnis- und verhaltensbezogene Interventionen zur Stressbewältigung möglich. Die Aktivitäten der Stressbewältigung auf der externalen Anforderungs- und Verhältnisseite (Verhältnisprävention) setzen an der objektiven Belastungsseite an, im Verkehr durch Regeln, Gesetze sowie arbeitsplatzgestaltende und tätigkeitserleichternde Maßnahmen. Sie haben das allgemeine Ziel, Arbeits- und Lebensbedingungen des Verkehrsteilnehmers positiv und bedürfnisgerecht zu verändern.

Nachfolgende Ausführungen beziehen sich auf die verhaltensbezogenen Möglichkeiten. Stressbewältigungsprozesse umfassen kognitive, erlebens- und verhaltensbezogene sowie somatische Vorgänge. Regulationsaktivitäten und Bewältigungsmechanismen sind dabei auf die Bewältigung von Anforderungen, die Sicherung und Befriedigung individueller Bedürfnisse sowie auf psycho-physisches Wohlbefinden gerichtet. Bei Stress-

Tabelle 2.10 Stressbewältigungsstrategien (Reschke & Schröder, 2010)

Problemzentrierte bzw. instrumentelle Strategien	Emotionszentrierte bzw. palliative Strategien
Veränderung der stresserzeugenden Bedingungen durch – Problemlösung – Einflussnahme auf die Situation – Veränderung eigener Werte – veränderte Kommunikation	Veränderung der als belastend erlebten Reaktion durch – Entspannung – Ablenkung – Vermeidung der Stressoren – körperliche Betätigung

bewältigung werden unterschiedliche Teilprozesse vor allem instrumenteller und palliativer (symptommildernder) Art abgegrenzt (*Tabelle 2.10*).

Die palliative und den aktuellen Zustand regulierende, multiple Befähigung des Individuums steht meist im Mittelpunkt von psychologischen Stressbewältigungstrainings (Verhaltensprävention). Dabei können folgende Ansatzpunkte als potenzielle Zugänge individuumsbezogener Intervention angesehen werden (Reschke & Schröder, 2010):

1. Befähigung, Anforderungen und Lebenssituationen so zu genügen, dass anhaltende Belastungssituationen vermieden werden und akute Stresszustände nur selten und mit geringer Bedrohungsintensität auftreten (Prävention)
2. Sensibilisierung für das Auftreten eigener Stressreaktionen und Erlernen von Mitteln der internalen und externalen Bewältigung zur Gegensteuerung (Coping, Prävention)
3. Aneignung von Strategien und Techniken zur Erhöhung der Handlungseffizienz in akuten und chronischen Stresssituationen (Bewältigung)
4. Erlernen von Methoden zur Symptommilderung und Folgebegrenzung bei bereits entstandenen Stresszuständen (Palliation)
5. Stärkung des Persönlichkeitsfaktors durch Förderung der Identität, Individualität und Zukunftsbezogenheit (Persönlichkeitsentwicklung & Gesundheitsförderung)
6. Förderung der Ressourcenentwicklung/-nutzung (Prävention & Bewältigungshilfen).

Stresserleben des Berufskraftfahrers

Das Stresserleben von Kraftfahrern entsteht immer aus einem Zusammenwirken von Person- und Umweltvariablen. Von Evers (2009) wurden diese Variablen in Form von tätigkeitsbezogenen (Umweltvariablen) und den personalen Belastungsfaktoren des Stresserlebens der Berufskraftfahrer zusammengestellt. Stresserleben im Verkehr kann prinzipiell alle Verkehrsteilnehmer betreffen, besondere Belastungen haben jedoch Berufskraftfahrer und Vertreter vielfahrender Berufsgruppen (Taxifahrer, Schienenbahnfahrer, Fahrlehrer, Busfahrer usw.).

Tätigkeitsbezogene Belastungsfaktoren

Die Bundesagentur für Arbeit (2013) gibt folgende Arbeitsplatzbeschreibung für die Arbeit der Berufskraftfahrer:

„Hauptarbeitsplatz von Berufskraftfahrern und Berufskraftfahrerinnen ist das Fahrzeug. Häufig sind die Fahrtrouten lang, so dass die Ruhezeiten fern vom Wohnort verbracht werden. Sie arbeiten eigenständig, stehen jedoch in Kontakt mit ihrer Einsatzzentrale. Sie sind meist allein unterwegs, bei längeren Touren ggf. auch mit Zweitfahrer/in.

Berufskraftfahrer/innen verbringen die meiste Zeit des Tages im Sitzen. Dabei bedienen sie das Fahrzeug sicher, umsichtig und vorausschauend, um Gefahrensituationen möglichst zu vermeiden oder frühzeitig zu erkennen. Auch wenn ihnen im Güterverkehr Ladehilfen zum Be- und Entladen der Fahrzeuge die Arbeit erleichtern, müssen sie mitunter kräftig zupacken. Verantwortungsbewusstsein und Sorgfalt sind in ihrem Beruf unabdingbar, denn sie sind dafür zuständig, dass Güter ordnungsgemäß verladen werden und dass ihr Fahrzeug verkehrssicher ist.

Sie müssen mit Zeit- und Termindruck ebenso zurechtkommen wie mit unbekannter Umgebung. Im Ausland sind Fremdsprachenkenntnisse nützlich. Da Berufskraftfahrer/

innen kleinere Wartungsarbeiten an ihren Fahrzeugen selbst ausführen, kommen sie mit Schmierstoffen wie Öl und Fett in Kontakt.

Um Unfälle zu vermeiden, halten sich Berufskraftfahrer/innen an die Arbeitsschutz- und Sicherheitsvorschriften. Lenk- und Ruhezeiten sind EU-weit gesetzlich geregelt; diese müssen eingehalten und protokolliert werden.

Im Personenverkehr befördern sie Fahrgäste. Im Kontakt zu Kunden sind gute Umgangsformen und ggf. auch Durchsetzungsvermögen wichtig.

Berufskraftfahrer/innen fahren im Schichtdienst tagsüber und während der Nacht, je nach staatlicher Regelung auch an Sonn- und Feiertagen. Unvorhersehbare Ereignisse wie Staus oder Unwetter haben Auswirkungen auf ihre Arbeitszeit. Im internationalen Fernverkehr sind Berufskraftfahrer/innen oft die ganze Woche unterwegs und kommen nur am Wochenende nach Hause. Unter der Woche schlafen sie deshalb häufig auf Rast- oder Parkplätzen in einer Kabine ihres Fahrzeugs."

Evers (2009) erweitert die in der Arbeitsplatzbeschreibung bezeichneten allgemeinen belastungsrelevanten Tätigkeitsmerkmale des Berufskraftfahrers um weitere Belastungen. Diese umfassen speziell für Berufskraftfahrer noch folgende Punkte:

- Lange Arbeitszeiten und zu kurze Ruhezeit zwischen den Touren
- Schlechte Tourenplanung/Disposition, Fahren unter Zeitdruck
- Zu wenig Zeit/Terminprobleme für Freizeit und Hobbys, Partner und Familie
- Schlafmangel/Übermüdung
- Parkplatzsuche an Rastplätzen und Mangel an gut ausgestatteten Rastmöglichkeiten
- Ladeverzögerungen/Wartezeiten beim Be- und Entladen
- Körperliche Anstrengungen und Zeitdruck beim Be- und Entladen
- Verantwortung für Fahrzeug und Ladung
- Wenige Kontakte zu Kollegen
- Angst vor Überfällen
- Fahrten auf geraden, monotonen Strecken
- Verkehrsteilnehmer, die den Verkehr aufhalten, aggressives und riskantes Verhalten anderer Verkehrsteilnehmer
- Schlechter Straßenzustand, Fahren bei schlechter Witterung (Regen, Nebel, Glatteis) und hohe Verkehrsdichte/Stau
- Gesundheitliche Beschwerden
- Langes Sitzen hinterm Steuer, Vibrationen/Erschütterungen beim Fahren und Hitze/Kälte in der Fahrerkabine
- Angst vor Arbeitsplatzverlust und Erwerbslosigkeit
- „Druck" durch Arbeitgeber oder Auftraggeber.

Personale Belastungsfaktoren des Stresserlebens

Neben den tätigkeitsbezogenen Belastungsfaktoren werden in der Studie von Evers (2009) ebenso die personalen Belastungsfaktoren von Berufskraftfahrern aufgezeigt. Dabei werden soziodemographische, berufsbiographische und dispositionelle Faktoren unterschieden. Die soziodemographischen Faktoren beinhalten das Alter, Geschlecht, Bildung und familiäre Lebenssituation der Kraftfahrer. Fastenmaier, Gestalter, Kubitzki, Regener & Hute (2008) postulieren, dass das Stresserleben mit zunehmendem Alter steigt. Neben stärker erlebten körperlichen und emotionalen Belastungen werden auch die Lern- und Umlernprozesse und das Ausführen von Nebentätigkeiten für den Fahrer schwieriger. Die familiäre Lebenssituation wirkt bei einer harmonischen Beziehungsgestaltung als Schutzfaktor, wohingegen familiäre Konfliktsituationen zu einer zusätzlichen Stressquelle für den Fahrer werden (Herrmann, 2004).

Berufliche Qualifikationen und Erfahrung sind wichtige Prädiktoren für einen adäquaten Umgang bei der Erfüllung anstehender Aufgaben. Eine entsprechende Berufsausbildung ist hier von entscheidendem Vorteil. Jedoch kommen die meisten Berufskraftfahrer als sogenannte „Quereinsteiger" zur Fahrertätigkeit (Herrmann, 2004). Das Berufskraftfahrer-Qualifikations-Gesetz (BKrFQG) fordert daher für jeden Berufskraftfahrer eine Grundqualifikation und regelmäßige Fortbildung.

Ellinghaus & Steinbrecher (2002) zeigen auf, dass sich eine größere Fahrroutine positiv auf den Umgang mit situativen Belastungen auswirkt. Vielfahrer erleben Widrigkeiten im Straßenverkehr weniger belastend als Fahrer, die eine geringere Kilometerleistung im Jahr erbringen. Studien zeigen, dass Lkw-Fahrer mit Typ-A-Verhaltensstil, die *„Leistungsstreben, Konkurrenzdenken, Ungeduld, Perfektionismus, hohes Verantwortungsbewusstsein, Hektik, Aggressionsbereitschaft und starke Zielorientierung"* (Wagner-Link, 2000) aufweisen, ihre berufliche Situation und ihre Fahrsituation belastender wahrnahmen als Lkw-Fahrer, die kein ausgeprägtes Typ-A-Verhalten aufwiesen. Fahrer mit Typ-A-Verhalten zeigen eine erhöhte Konfliktneigung im Straßenverkehr und weisen mehr Verkehrsverstöße auf (Lach, 1999; Strohbeck-Kühner, Lach & Mattern, 2001).

Stressbewältigungsprogramm „Optimistisch den Fahr(er)stress meistern"

Das Stressbewältigungsprogramm „Optimistisch den Fahr(er)stress meistern" ist eine zielgruppenspezifische Weiterentwicklung des Programms „Optimistisch den Stress meistern" (Reschke & Schröder, 2010; Rademacher, 2009, Reschke, Kranich & Lessing, 2015). Es zeigt, in welcher Form kraftfahrerspezifische verkehrspsychologische Interventionen der Verhaltensprävention zur Reduktion von Stresserleben erfolgen können.

Ziele des Programms

Ziel des Programms ist es, belasteten Kraftfahrern einen adäquaten Umgang mit Belastungen und Stresserleben im Straßenverkehr aufzuzeigen und diesen einzuüben. Das Programm beinhaltet zwar keine Ansätze zur Verhältnisprävention, sensibilisiert die Teilnehmer aber dafür. Einzelziele sind:

- Psychoedukation, Information, Beratung
- Erzeugung einer Änderungsmotivation
- Individuelle Problemanalyse
- Erkennen und Ändern von Gewohnheiten
- Erlernen von Selbststeuerung über Selbstbeobachtung und Selbstverbalisation
- Exploration dysfunktionalen Stressbewältigungsverhaltens
- Ressourcenaktivierung und -analyse
- Aufdecken von Risikoverhalten
- Umgang mit Konfliktsituationen
- Aufzeigen von Verhaltensalternativen

- Vermittlung von Entspannungstechniken
- Transfersicherung und Rückfallprophylaxe.

Zielgruppen und Einsatzmöglichkeiten des Programms

Zu den Zielgruppen des Programms „Optimistisch den Fahr(er)stress meistern" gehören alle Vielfahrer (z. B. auch Pendler) und Berufskraftfahrer. Ebenso ist dieses Programm für alle Kraftfahrer geeignet, die durch delinquentes Fahrverhalten auffällig geworden sind (Kapitel 4.2.3) oder die einen adäquaten Umgang mit Stresserleben im Straßenverkehr erlernen wollen. Das Programm ist nicht für Teilnehmer geeignet, die akut psychisch erkrankt sind oder die eine starke Tendenz zu Devianz aufweisen. Jeder Teilnehmer sollte über angemessene kommunikative Fähigkeiten verfügen.

Weiterhin kann das Programm im präventiven gesundheitsförderlichen Bereich, der für Kraftfahrer ein wichtiger Aspekt ist, angewendet werden. Zudem ist die Integration einzelner Module für die gesetzliche Fortbildung nach dem Berufskraftfahrer-Qualifikations-Gesetz (BKrFQG) geeignet, wo das Programm seine primär präventive Wirkung entfalten kann.

Wissenschaftliche Grundlagen

Das Programm strebt eine Veränderung von gewohnheitsbedingtem, dysfunktionalem Stressbewältigungsverhalten im Straßenverkehr an. Die theoretische Basis sind moderne interaktionale und ressourcenorientierte Stresstheorien wie die von Lazarus (1966), Lazarus & Launier (1987, 1981) und Hobfoll (1986). Zugleich basiert das Programm auf dem Modell der Salutogenese von Antonovsky (1979, 1997) und der Handlungstheorie von Hacker (1980, 1998).

Bestandteile des Programms sind ebenso Erkenntnisse der Schlaf- und Monotonieforschung. Sie bilden zusammen mit Forschungsergebnissen zum Thema Arbeitsplatz Lkw von Kiegeland (1997) eine wichtige Grundlage für die tägliche Bewältigung der Belastungssituationen. Auch Ansätze der beruflichen Gesundheitspsychologie, wie z. B. das Modell der negativen Beanspruchungsfolgen (Scheuch & Schröder, 1990; Schröder, 1992, 1996) sind im Konzept verankert.

Inhalte des Programms

Die inhaltlichen Schwerpunkte des psychoedukativen Trainingsprogramms umfassen

- eine genaue Stressanalyse,
- Emotionen beim Fahren,
- Ressourcen und Lösungen, bezogen auf das problematische Verhalten im Umgang mit Stress,
- Transfer des Gelernten in zukünftige Situationen.

Ein weiterer Schwerpunkt ist das Thema Zeitmanagement. Hier werden die Teilnehmer dazu angeleitet, ihre eigenen Defizite zu erkennen und zu erlernen, wie sich Fahrzeiten und Schlaf (Ancoli-Israel, 1997) effektiv, belastungsreduziert und fahrsicher gestalten lassen. Zusätzlich werden allgemeine Stressbewältigungsmethoden, wie z. B. die Progressive Relaxation nach Jacobson (1990) und Atemmeditationstechniken nach Benson & Klipper (1976) erlernt. Selbstkontrolltechniken wie Stopp-Signale bei Ärger (Schwenkmetzger, Steffgen & Dusi, 1999) und Übermüdung (Ancoli-Israel, 1997) und die Sensibilisierung der Selbstwahrnehmung sind wichtige Bestandteile des Kurses. Diese sollen einen positiven Einfluss auf das damit verbundene Problemlösetraining und die Konfliktlösung bewirken.

Kursleiterqualifikation

Die Arbeit als Kursleiter setzt einen Studienabschluss in Psychologie (Diplom, Master oder Bachelor) voraus. Eine verkehrspsychologische Zusatzqualifikation, z. B. als Fachpsychologe für Verkehrspsychologie oder als „amtlich anerkannter verkehrspsychologischer Berater", ist hilfreich. Um eine optimale Durchführung des Programms „Optimistisch den Fahr(er)stress meistern" sicherstellen zu können, ist eine entsprechende Kursleiterausbildung erforderlich.

Überblick über das Programm

In *Tabelle 2.11* wird das Programm „Optimistisch den Fahr(er)stress meistern" mit seinen Modulen im Überblick vorgestellt.

Tabelle 2.11 Überblick über das Programm und seine Bausteine

Erstes Modul	Stressanalyse	I. Mein Stress beim Fahren II. Mein Stress beim Fahren III. Mein Stress beim Fahren
Zweites Modul	Emotionen	IV. Autofahreralltag V. Negative Gefühle fahren mit VI. Positive Gefühle fahren mit
Drittes Modul	Ressourcen und Lösungen	VII. Stärken, Ziele, Ressourcen VIII. Entspannung, Humor
Viertes Modul	ICH – als Kraftfahrer	IX. ICH – In der Vergangenheit X. ICH – In der Gegenwart XI. ICH – In der Zukunft
Fünftes Modul	Transfer und Rückfallprophylaxe	XII. Bausteine zur Veränderung der Fahrpraxis

2.3.5 Alkohol-Interlock-Geräte und -Programme

Birgit Kollbach

Atemalkoholsensitive Wegfahrsperren, sogenannte Alkohol-Interlock-Geräte, sind im Kfz fest montiert und können Alkoholfahrten unmittelbar verhindern. Vor dem Start eines Kraftfahrzeugs oder auch während der Fahrt wird vom Fahrer die Abgabe einer Atemprobe gefordert (*Bild 2.4*). Ist Alkohol enthalten, kann das Kfz nicht gestartet werden. Nach dem Start greift das Gerät zwar nicht in die Funktionen des Kfz ein, kann aber die erneute Abgabe einer Atemprobe einfordern. Sowohl die ordnungsgemäße Benutzung als auch Fehlversuche werden registriert und können beispielsweise im Rahmen einer verkehrspsychologischen Intervention mithilfe eines Alkohol-Interlock-Programms ausgewertet werden. Manipulationssicherheit und Datenschutz müssen gewährleistet sein.

Rechtliche Grundlagen bestehen in Schweden, Finnland, Frankreich, Belgien, Dänemark und in den Niederlanden. Beispielsweise sind heute in Schweden etwa 80000 Fahr-

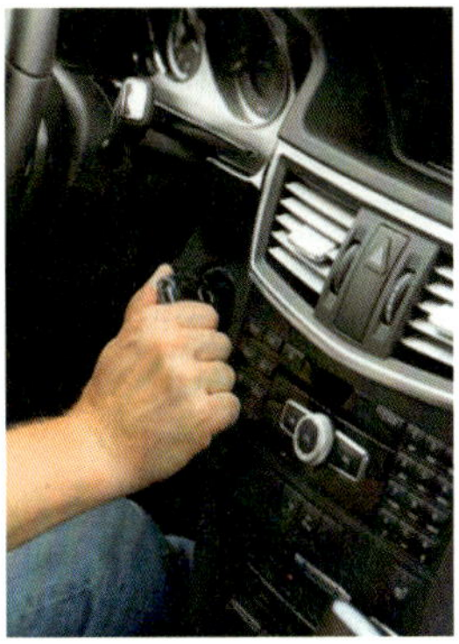

1. Zündung einschalten

2. Aufforderung zur Abgabe der Atemprobe

3. Messung der Atem-alkoholkonzentration

4. Akzeptierte Atemprobe: Freigabe des Anlassers

5. Motor starten

Bild 2.4 Funktionsweise Dräger Interlock ® 7000 © Dräger Safety AG & Co. KGaA, Lübeck

zeuge mit Alkohol-Interlock-Geräten ausgerüstet (Hultman, 2011). In Finnland müssen seit 2011 alle Schulbusse ein Alkohol-Interlock installiert haben (Vehmas & Löytty, 2013), Frankreich hat diese Anwendung 2015 umgesetzt. Um die Bemühungen zur Verkehrssicherheit in den europäischen Mitgliedsstaaten weiter zu vereinheitlichen, hat die Europäische Kommission (2015) die Schlüsselnummer 69 für den Eintrag eines Alkohol-Interlock-Gerätes in Führerscheinen eingeführt (Commission Directive (EU) 2015/653, 24.4.2015), welche die verschiedenen nationalen Schlüsselnummern ersetzt. Freiwillige Möglichkeiten zum Einbau oder erste Studien und Feldversuche bestehen in Deutschland, Österreich, Slowenien, Italien, Spanien, Großbritannien sowie in den baltischen Staaten (Daoud, 2014).

In Deutschland wurde das Thema Alkohol-Interlock in die Halbzeitbilanz des Verkehrssicherheitsprogramms 2011–2020 aufgenommen:

„Forschungsergebnisse zeigen, dass die Einführung von Alkohol-Interlocks zusammen mit einer begleitenden Rehabilitation von bereits alkoholauffällig gewordenen Fahrern die bisherigen Maßnahmen des Deutschen Fahrerlaubnissystems sinnvoll unterstützen kann. [...] Das BMVI bereitet derzeit die Rechtsgrundlagen zur Einführung atemalkoholgesteu-

erter Wegfahrsperren vor" (Bundesministerium für Verkehr und digitale Infrastruktur, 2015, S. 18).

Der Einbezug einer Rehabilitationsmaßnahme soll dauerhaft eine Veränderung im Trinkverhalten unterstützen, die dazu führt, dass auch nach Ausbau des Alkohol-Interlock-Gerätes der Konsum von Alkohol und der Betrieb von Kraftfahrzeugen getrennt werden kann.

Im Vorfeld möglicher Reformen wurde von der Bundesanstalt für Straßenwesen ein Forschungsprojekt „Alkohol-Interlocks für alkoholauffällige Kraftfahrer" als Alternative zum Führerscheinverlust für spezielle Gruppen abgeschlossen. Ein wesentliches Projektziel bestand „*in der Ausarbeitung eines umfassenden Programmkonzepts zur Etablierung eines bundesweit flächendeckenden Einsatzes von Alkohol Interlock in Deutschland. Insbesondere sollte überprüft werden, ob die Anwendung eines Programms ‚Alkohol-Interlock in Kombination mit einer Rehabilitationsmaßnahme' für Trunkenheitsfahrer in Deutschland praktikabel ist und inwiefern ein solches Programm zur Erhöhung der Sicherheitswirksamkeit des bisherigen Maßnahmensystems beitragen könnte. Dazu wurden Kriterien für die Gruppe der Alkoholfahrer, die für ein AII-Programm in Frage kommen, definiert und eine Rehabilitationsmaßnahme erarbeitet, die auch die Erfahrungen mit der Trink-Fahr-Realität des einzelnen Trunkenheitsfahrers, wie sie sich im Datenspeicher der Wegfahrsperre widerspiegelt, thematisiert. Darüber hinaus wurden konkrete Anwendungsempfehlungen erarbeitet, die sich auf die Qualitätssicherung (unter anderem bezüglich des Datenschutzes sowie dem Schutz vor Manipulationen), beteiligte Institutionen (Werkstätten, Service-Stellen, Träger von Rehabilitationsmaßnahmen), Ablaufprozesse und die Gruppe möglicher Teilnehmer beziehen*" (Hauser et al., 2014).

Methodische Vorgehensweisen und die praktische Anwendung von Erkenntnissen der Alkohol-Interlock-Forschung wurden in dem von Nickel & Schubert (2012) herausgegebenen Band „Best Practice – Alkohol-Interlock. Erforschung alkoholsensitiver Wegfahrsperren für alkoholauffällige Kraftfahrer. Literaturstudie, Bewertung und Designerperspektiven" zusammengestellt. Am Beispiel eines konkret geplanten Alkohol-Interlock-Forschungsprojekts wird der „*interdisziplinäre Zugang durch die Psychologie, die Medizin, die Toxikologie, die Alkohol- und Suchtforschung, die Rehabilitation, die quantitativen Methoden zur Evaluation sowie die Ingenieurs- und Rechtswissenschaften*" von einem multiprofessionellen Team beschrieben, um „*manche Entscheidung in Politik und Verwaltung auf der Grundlage solider Kenntnisse vorzubereiten*".

Eine Kosten-Nutzen-Analyse für die Teilnahme an einem Rehabilitationsprogramm mit Alkohol-Interlock-Einbau für alkoholauffällige Kraftfahrer aus Sicht der Betroffenen ergab, dass „*sich fast 80 % der Teilnehmer dafür aussprachen, am Alkohol-Interlock-Programm teilzunehmen. Nach Kenntnis der Kosten waren es immerhin noch über 50 %, die teilnehmen würden, weitere ca. 25 % zeigten sich unentschlossen. Daraus folgt für die geplante Langzeitstudie, dass einer qualitativ guten Einweisung zur Motivation, an der Alkohol-Interlock-Nutzung teilzunehmen, eine besondere Bedeutung zukommt. […] Bedenkt man, dass der Fahrerlaubnisentzug von vielen als kritisches Lebensereignis eingestuft wird (Kieschke et al., 2010, S. 148), wundert es nicht, dass dem nichtmonetären Nutzen eine überragende Bedeutung zugemessen wird*" (Feustel-Seidl, 2013). Befragt wurden Probanden, die an einer verkehrspsychologischen Intervention in Vorbereitung auf die MPU teilnahmen, ob sie an einem Alkohol-Interlock-Programm teilnehmen würden, wenn ihnen die Fahrerlaubnis vorzeitig neu erteilt werden würde, unter der Auflage, nur mit dem mit der Wegfahrsperre ausgerüsteten Fahrzeug zu fahren und an der Rehabilitation teilzunehmen.

Der Einsatz von Alkohol-Interlock-Geräten und -Programmen kann für folgende Anwendungsbereiche im Rahmen des Modells PASS (Kapitel 1.3.3) diskutiert werden:

1. Primärpräventiver Einsatz auf freiwilliger Basis zur Verhinderung von Fahrten unter Alkoholeinfluss, z.B. im Transportgewerbe, in Privatfahrzeugen
2. Primärpräventiver Einsatz auf gesetzlich vorgeschriebener Basis für bestimmte Gruppen von Kraftfahrern zur Verhinderung von Fahrten unter Alkoholeinfluss, z.B. Berufskraftfahrer, Schulbusfahrer
3. Sekundärpräventiver Einsatz auf gesetzlich vorgeschriebener Basis zum Erhalt der Mobilität:
   - zur Vermeidung eines Fahrverbots im Rahmen des Ordnungswidrigkeitenrechts nach § 24a StVG
   - zur Vermeidung des Entzugs der Fahrerlaubnis im Strafrecht
   - zur Verkürzung der Sperre nach Entzug
4. Tertiärpräventiver Einsatz auf gesetzlich vorgeschriebener Basis:
   - im Rahmen der Neuerteilung der Fahrerlaubnis nach Entzug und nach Beibringen einer positiven Verkehrsverhaltensprognose (MPU).

Bei einem primärpräventiven Einsatz muss kein individuelles, änderungsbedürftiges Fehlverhalten vorliegen. Unternehmen können Alkohol-Interlocks als allgemeine vorbeugende Verkehrssicherheits- und Qualitätssicherungsmaßnahme einsetzen, was zu einem verbesserten Firmenimage, aber auch zu weniger Unfallschäden und Ausfallzeiten führen kann. Auch Personen mit möglichen Alkoholproblemen könnten vom Einbau eines Alkohol-Interlock-Gerätes profitieren und ihr persönliches Sicherheitsverhalten verbessern. Ein freiwilliger Einsatz setzt klare Signale für die Trennung zwischen Alkoholkonsum und Führen eines Kraftfahrzeuges. Eine begleitende psychoedukative Maßnahme im Rahmen eines Alkohol-Interlock-Programms wäre wünschenswert, um die Compliance zum technischen Gerät zu vergrößern, um Risiken des Alkoholkonsums sowohl in Bezug auf die Verkehrssicherheit als auch in Bezug auf die Gesundheit zu reflektieren und um ein risikoarmes Alkohol-Trinkverhalten zu fördern. Ein primärpräventiver Einsatz kann speziell für besondere Kraftfahrzeugarten wie Schwerverkehr oder Personenbeförderung auch gesetzlich vorgeschrieben werden, um die Verkehrssicherheit zu erhöhen.

Vor einem sekundärpräventiven Einsatz von Alkohol-Interlock-Programmen muss eine klare gesetzliche Grundlage geschaffen sein. Vorschläge zur Ausgestaltung der rechtlichen Rahmenbedingungen im Straf- sowie im Verwaltungsrecht, auch für Pilotprojekte, bieten Hauser et al. (2014, S. 47–51) sowie Nickel & Schubert (2012, S. 104–106). Kriminologische, strafrechtliche und kriminalpolitische Aspekte sind bei Schöch (2010), verwaltungsrechtliche Aspekte bei Geiger (2010, 2012) ausgeführt. Für viele Betroffene bedeutet der Verlust der Fahrerlaubnis eine Gefahr für ihre berufliche Existenz. Die Möglichkeit, über die Teilnahme an einem speziellen Programm im Besitz einer auf Alkohol-Interlock beschränkten Fahrerlaubnis zu bleiben und mithilfe einer verkehrspsychologischen Rehabilitationsmaßnahme das persönliche Trinkverhalten zu reflektieren und zu verändern, kann die Mobilität und den Arbeitsplatz erhalten und Lebensqualität sowie gesundheitlichen Nutzen bringen. Im Rahmen von Forschungsprojekten sollte festgestellt werden, welche Zielgruppen von einem solchen Programm profitieren können und welche Ausprägungen des alkoholbezogenen oder des allgemeinen verkehrs- und straftatbezogenen Problemverhaltens eine Teilnahme am Programm verhindern. Also sollte eine Eingangsdiagnostik Voraussetzung zur Programmteilnahme sein. Zudem sollte der Erfolg der Maßnahme durch eine medizinisch-psychologische Begutachtung abgeklärt werden. In deren Ergebnis kann das Programm beendet werden und eine Fahrerlaubnis ohne Auflage oder Beschränkung erteilt werden.

Darüber hinaus wird vereinzelt auch die Idee eines tertiärpräventiven Einsatzes von Alkohol-Interlock-Programmen vorgeschlagen. Grundidee ist die Anordnung einer zeitlich befristeten Programmteilnahme für Personen mit einer positiven Verkehrsverhaltensprognose. Eine medizinisch-psychologische Untersuchung erfolgreich zu absolvieren, bedeutet, dass die Fahreignung wiederhergestellt ist. Hierbei kann die Prognosesicherheit der MPU mit einer 92-prozentigen Legalbewährungsquote als ausreichend hoch eingeschätzt werden (Kapitel 6.7.4). Die Untersuchung EVA-MPU (Hilger et al., 2012) belegt, dass die Rückfälligkeit von Trunkenheitsfahrern mit einmaliger und wiederholter Auffälligkeit nach positiver MPU (sowie nach §-70-Kursen) um 8 % bei dreijähriger Legalbewährung liegt (n = 1 600). Diese Gruppen haben sich als nicht gefährlicher erwiesen als die Kontrollgruppe einmalig ordnungswidrig aufgefallener Kraftfahrer (0,5-Promille-Grenze), die ebenfalls bei 8,2 % liegt (n = 3 200).

„Hier wäre zu prüfen, ob eine solche Anordnung nicht schon allein aus Verhältnismäßigkeitsgesichtspunkten verfassungswidrig wäre. Denn wenn die Fahrerlaubnisbehörde nach Prüfung des Gutachtens der MPU zu dem Schluss kommt, dass der Kraftfahrer wieder geeignet zum Führen eines Kraftfahrzeuges ist, käme die Anordnung zur Teilnahme an einem Alkohol-Interlock-Programm oder auch nur zum Einbau eines Alkohol-Interlock-Gerätes einer weiteren Sanktion gleich“ (Deutscher Verkehrssicherheitsrat, 2015).

Insgesamt stellen Alkohol-Interlock-Geräte eine international erprobte Möglichkeit dar, die Zahl der Alkoholunfälle zu verringern. Bei primärpräventivem Einsatz ist eine psychoedukative begleitende Maßnahme im Rahmen eines Alkohol-Interlock-Programms wünschenswert. Um den Erfolg der Maßnahme bei sekundärpräventivem Einsatz auch nach dem Ausbau der Technik zu sichern, ist eine verkehrspsychologische Intervention im Sinne eines Alkohol-Interlock-Programms erforderlich. Die Möglichkeit zum Erhalt der Mobilität eines alkoholauffälligen Kraftfahrers kann belastende soziale und wirtschaftliche Folgen verringern. Je nach Zielgruppe ist eine Eingangsdiagnostik zur Geeignetheit des Fahrers für das Alkohol-Interlock-Programm und eine Abschlussdiagnostik vor Ausbau des Alkohol-Interlock-Gerätes zu fordern. Im Rahmen von Modellprojekten sollten die Möglichkeiten der Einführung von Alkohol-Interlock-Programmen in Deutschland vorangetrieben werden. Die Wirksamkeit der Programme ist in jedem Fall wissenschaftlich zu evaluieren. Zukünftig könnten auch Interlock-Geräte für andere verkehrsgefährdende Substanzen entwickelt werden. Auch dabei muss die verkehrspsychologische Intervention eine wichtige Rolle für Compliance, Reflexion und ggf. für eine nachhaltige Verhaltensänderung spielen.

2.3.6 Fahrsicherheitstraining

Michael Plewka, Patrick Weigand

Fahrsicherheitstrainings, für Führer von Kraftfahrzeugen konzipiert, stehen im Kontext der Unfallprävention. In den Anfangsjahren waren sie hauptsächlich auf die fahrtechnische Bewältigung von Gefahrensituationen ausgerichtet. Das mag u.a. daran liegen, dass die damaligen Instruktoren ehemalige oder noch aktive Motorsportler waren und die Trainings aus der Tradition der Schleuderkurse kamen. Diese Kurse hatten das Beherrschen des Fahrzeugs an den Grenzen der Fahrphysik zum Ziel, um die Gefahrensituation zu bewältigen. Was die Zielsetzung von mehr Sicherheit im Straßenverkehr angeht, hat sich diese Konzeption nicht bewährt.

Fahrsicherheitstrainings in ihrer aktuellen Form sind nicht nur auf fahrerischen Kompetenzerwerb ausgerichtet, setzen aber auch dort andere Akzente als ihre Vorgänger. So beziehen sich moderne Fahrsicherheitstrainings stärker auf die kritische Auseinandersetzung mit Einstellungen, tief sitzenden und infolgedessen häufig schwer zu korrigierenden Annahmen und Glaubenssätzen. Neue Akzente beim Erwerb fahrpraktischer (Bedienungs-) Kompetenzen sind die Vermittlung von Verhaltensweisen im Sinne präventiver Handlungsmuster, die das Risiko, einen Unfall zu verursachen oder auch an einem Unfall beteiligt zu sein, senken. Insofern hat gerade auch der verkehrspsychologische Aspekt immer mehr an Bedeutung gewonnen. Inzwischen existieren zielgruppenspezifische Trainingsangebote, die von speziellen sogenannten Junge-Fahrer- über Senioren-Trainings bis zu Trainings für mobilitätseingeschränkte Fahrer reichen und nahezu alle für den öffentlichen Straßenverkehr zugelassenen Kraftahrzeuge betreffen können (*Bild 2.5*).

Bild 2.5 Fahrsicherheitstraining mit mobilitätseingeschränkten Fahrern und professionellen Fahrern für Reisebusse © DVR, Dirk Sanne

Fahrsicherheitstrainings nach aktuellem Standard sind wie folgt konzipiert: Grundsätzlich wird mit dem eigenen Fahrzeug erlebt und erfahrbar gemacht, wie sich geringe Variationen in Situationsbedingungen auf das Risiko beim Fahren auswirken. Beispielsweise werden von vielen Fahrern geringe Geschwindigkeitsunterschiede und/oder unterschiedliche Abstände „im Rahmen der Toleranz" gesehen. Diese haben aber einen großen Einfluss auf das Unfallgeschehen. Als meist noch wichtiger erweist sich die Erkenntnis, dass sich eine Situation dann nicht mehr bewältigen lässt, wenn die dazugehörigen Parameter (meist Geschwindigkeit und/oder Abstand, aber auch Nebentätigkeiten oder Verknüpfen zweier Aufgaben, z. B. Bremsen zu Bremsen und Ausweichen) verändert werden. Aus solchen Erkenntnissen heraus werden dann Handlungsmöglichkeiten aufgezeigt, mit denen die Gefahr eines Unfalls oder dessen Folgen deutlich reduziert werden können. Bereits eine richtige Sitzposition im Fahrzeug kann nicht nur die Folgen eines Unfalls, sondern die Entstehung eines Unfalls begünstigen oder vermeiden helfen. Ein anderes Beispiel ist die Auswirkung von 2–3 km/h mehr oder weniger unter sonst gleichen Bedingungen und deren Einfluss auf das Risiko eines Unfalls oder dessen Folgen.

Der besondere Wert einer solchen Veranstaltungsform im Vergleich zu möglichen anderen Interventionen besteht u. a. in

1. der Nutzung des eigenen Fahrzeugs bzw. eines Fahrzeugs, mit dem man im Alltag unterwegs ist,
2. direktem Erleben von unterschiedlichen Perspektiven und Sinnesmodalitäten (z. B. griffige/glatte Fahrbahn, Fahrer-, Beifahrer- sowie Fußgängerperspektive, mit und ohne Ablenkungen durch beispielsweise Kommunikationseinrichtungen, mobile Medien usw.),
3. systematischem Variieren oben genannter Einflussgrößen im Sinne von „test the difference limit" als wesentlicher Bestandteil in der didaktischen Grundstruktur eines Fahrsicherheitstrainings,
4. Feedback aus dem Erleben im eigenen Fahrzeug, angeleitet (vgl. Beobachtungsaufträge) oder ergänzt durch den Trainer.

Die Entwicklung solcher Konzepte fand unter Beteiligung von Psychologen und Pädagogen statt. In einem ersten Reformschritt, vor allem unter Beteiligung von Seydel et al. (1980), wurde anhand von situativen Bildern die sogenannte Gefahrenkognition trainiert, heute Standard in Fahrausbildung und Fahrbefähigungsprüfung. Für den Fall einer versagenden Gefahrenkognition wurden Gefahrenmanöver eingeübt, wie z. B. eine Gefahrenbremsung. Der Gefahr eines übersteigerten Sicherheitsgefühls, das sich nach einer Reihe von erfolgreich bewältigten Trainingsdurchgängen einstellen kann, sollte dadurch begegnet werden, dass alle Teilnehmer bei Aufgaben zur Gefahrenbewältigung auch einmal scheitern sollten. Das Konzept wurde in dem griffigen Leitspruch „Gefahren erkennen, vermeiden, bewältigen" zusammengefasst.

In einem weiteren Reformschritt (ADAC/DVR-Trainerhandbuch, 2004) wurden Zielsetzung und Themenspektrum erweitert und in ein differenziertes didaktisches Konzept im oben angeführten Sinn gefasst. Dieser Ansatz wurde parallel zur Evaluation durch die BASt und infolge weiterer Studien (z. B. Fastenmeier & Gstalter, 2000; DVR, 2004) und kritischer Reflexion des Trainingskonzepts und der Trainingspraxis vor dem Hintergrund aktueller verkehrspsychologischer Forschung gründlich überarbeitet. Die meisten einschlägig zitierten Evaluationsstudien beziehen sich auf das ältere Konzept von Seydel et al. (1980) mit Bildern zum Training der Gefahrenkognition, fahrpraktischen Übungen zur Gefahrenbewältigung und zum Erleben, dass man dabei scheitert bzw. scheitern kann. Das gilt auch für die vom DVR selbst in der häufig zitierten Schrift „Auf den Punkt 2" dargestellten Studien zum Pkw-Sicherheitstraining (2004).

Innerhalb dieses konzeptionellen Rahmens entstanden verschiedene Trainingsformen, differenziert nach Fahrzeugarten (Pkw, Motorrad, Lkw, Omnibus) und Personengruppen (junge Fahrer, ältere Fahrer, Fahrer von Rettungswagen, Gefahrguttransporten u. v. m.). Darüber hinaus finden eigens für Organisationen und Unternehmen Trainings statt, für die dann noch einmal eine konkrete Schwerpunktsetzung innerhalb des o. g. Konzeptes bedarfsabhängig erfolgt. Der DVR hat als gemeinsamen Oberbegriff die Bezeichnung „fahrpraktische Sicherheitsprogramme" gewählt und fokussiert damit stärker auf die moderierten Gesprächsanteile. Der ADAC betont mit dem Titel „Fahrsicherheitstraining" stärker das Fahren und Trainieren. Trainieren bedeutet dabei nicht nur die Wiederholung von wiederkehrenden Fahrsituationen, sondern das Infragestellen bisheriger Annahmen und Bewertungen von Situationen durch die Teilnehmer. Beide Systeme orientieren sich trotz unterschiedlicher Schwerpunktsetzungen bis heute am gemeinsam entwickelten Trainerhandbuch (2004).

Im Zentrum stehen Fragen, die sich Fahrern im Verkehrsalltag stellen. Diese bringen die Teilnehmer entweder direkt ein oder sie werden aus Erlebnisschilderungen und Einschätzungen der Teilnehmer abgeleitet, z. B.: *„Wie aufmerksam schätze ich Kurven ein und welche Konsequenzen ergeben sich daraus hinsichtlich der verbleibenden Spielräume, wenn ein unerwartetes Ereignis eintritt?" Manche Fragestellungen ergeben sich auch aus dem Training: „Welche Chance habe ich in einer Kurve, eine Gefahrbremsung durchzuführen, und unter welchen Bedingungen bin ich dazu in der Lage?"* Wenn 10 oder 20 km/h schneller den Anhalteweg erheblich verlängern und wenn solche, im Alltag oft kaum beachtete Geschwindigkeitsunterschiede darüber entscheiden, ob ein Fahrer vor einem Hindernis zum Stillstand kommt oder u. U. ungebremst auftrifft, dann ergibt sich in der Regel auch die Frage: *„Welche Chance habe ich dann noch zum Ausweichen?"*

Die Antworten orientieren sich an realistischen Bedingungen. Die Chance eines Ausweichmanövers wird also unter der Bedingung beurteilt, dass ein Bremsweg nicht reicht. Dies ist ein gravierender Unterschied zu Trainings, die ohne solchen Bezug Handlungsabläufe trainieren, die aufgrund des sog. „Weg-Zeit-Problems" im Alltag nicht zu realisieren sind (vgl. DVR/ADAC, 2004; Plewka, 2014). Auch, zu welchem Zeitpunkt die Entscheidung für eine Ausweichrichtung getroffen sein muss, damit das Manöver kontrolliert ausgeführt werden kann, wird erprobt und in einem moderierten Gespräch ausgewertet. Erkenntnisse aus eigenen Erprobungen haben eine hohe Überzeugungskraft; sie sind wesentlicher Bestandteil des Moderationsanspruchs in Fahrsicherheitstrainings. Diese Form kontrollierter Erprobungen kann auch genutzt werden, um unkontrolliertes Erprobungsverhalten im Alltag zu problematisieren.

Fahrer mit ihren Risikoeinschätzungen und Annahmen zu eigenen Einflussmöglichkeiten zu konfrontieren, ist ebenso Ziel wie das Vermitteln klarer Handlungsmuster, die der Vermeidung von Gefahrsituationen oder deren Zuspitzung dienen. Wie weit Annahmen und erlebte Realität auseinanderliegen, ist rückblickend für viele Teilnehmer oftmals ein beeindruckendes Erlebnis. Welchem Fahrer ist schon bewusst, dass unter recht günstigen Bedingungen (griffige Fahrbahn, Reaktionszeit ca. 1 Sekunde) ein Fahrer aus 50 km/h noch nicht mit dem Bremsen begonnen hat, während ein anderer aus 30 km/h bereits zum Stillstand gekommen ist? Darüber hinaus hatte der schnellere Fahrer auch kaum noch eine Chance zu einem kontrollierten Ausweichmanöver.

Verhaltensweisen, die sich aus Erfahrungen etwa im Sinne der Theorie erlernter Sorglosigkeit (Frey & Schulz-Hardt, 1997) gebildet und zu Glaubenssätzen oder Einstellungen verfestigt haben, können in solchen (Fahr-) Sicherheitstrainings durch neue Erfahrungen wirkungsvoll und gezielt in Frage gestellt werden.

Betrachtet man nun die theoretischen Grundlagen der dahinter stehenden Didaktik, auf denen diese Entwicklungsschritte beruhen, lässt sich gut nachvollziehen, warum der verkehrspsychologischen Ebene eine wesentliche Bedeutung zukommt.

Ausgangspunkt der didaktischen Konzeption war die GDE-Matrix (Goals for Driver Education, *Bild 2.6*) bzw. das hierarchische Modell 2002 (DVR/ADAC, 2004). In diesem Modell wird der Fahrvorgang als ein hierarchischer Prozess betrachtet, der auf den folgenden vier Ebenen beruht:

1. Fahrzeugbedienung
2. Bewältigung unterschiedlicher Verkehrssituationen
3. Einflüsse durch Fahrmotive und sonstige Umstände der jeweiligen Fahrt auf den Fahrer
4. Persönliche Werthaltungen und Einstellungen.

Dabei ist die vierte Ebene als höchste anzusehen und entspricht einer Metaebene. Ein zentraler Bestandteil dieser GDE-Matrix ist die realistische Selbsteinschätzung der jeweiligen Fahrer. Die richtige Einordnung eigener Fähigkeiten soll ein Eingehen vermeidbarer Risiken verhindern helfen. Ein Fahranfänger mit noch vergleichsweise geringer Expertise im Umgang mit einem Kraftfahrzeug stellt damit nicht notwendigerweise ein höheres Risiko dar, wenn der noch nicht so sichere Umgang mit einem Kraftfahrzeug durch entsprechend vorsichtiges Fahrverhalten kompensiert wird. Ein erfahrener Fahrer, der im Vergleich zu diesem Fahranfänger routiniert mit dem Auto umgehen kann, stellt nur dann ein geringeres Risiko dar, wenn er seine Fertigkeiten richtig einschätzt und Risiken nicht unterschätzt.

Bild 2.6
GDE-Matrix (Goals for Driver Education)

	Wissen + Können	Risikoerhöhende Faktoren	Selbstbeurteilung
Persönliche Werthaltungen, Einstellungen, Selbstkonzept			
Ziele und Zusammenhänge des Fahrens			
Fahrverhalten an Situation anpassen			
Fahrzeug und seine Bedienung			

Keskinen & Hatakka (1997); vgl auch Kerwen in Trainerhandbuch Pkw-Sicherheitstraining (2004)

In der Aus- und Weiterbildung von Fahrsicherheitstrainern werden Kernbotschaften und Lernziele vor diesem Hintergrund mit dem Ziel reflektiert, auch komplexere Reflexionsebenen sowie die Bereiche „risikoerhöhende Faktoren“ und „Selbstbeurteilung“ zu erreichen. Neben qualifizierenden werden auch bildende Intentionen in diesen Fahrsicherheitstrainings verfolgt.

Zur Umsetzung wurden folgende didaktische Prinzipien spezifisch für die Gestaltung von Fahrsicherheitstrainings definiert:

1. Teilnehmerorientierung
2. Problemorientierung
3. Lernzielorientierung
4. Handlungsorientierung
5. Ganzheitlichkeit und Integration
6. Gelassenheit und Humor.

Die Durchführung orientiert sich an einem Fünf-Phasen-Modell, bei dem sich die Phasen unregelmäßig, situations- und bedarfsgerecht wiederholen:

1. Anknüpfen an Erfahrungen und den daraus abgeleiteten Fragestellungen
2. Bewusstmachen von Gewohnheiten, Einschätzungen und Vermeidungsstrategien
3. Trainieren als angemessen erkannter Handlungsabläufe zur Vermeidung von Gefahrensituationen oder deren Zuspitzung oder zum Handeln in Gefahrensituationen (und sei es auch nur, um Folgen zu minimieren)
4. Sensibilisieren für den Einfluss bereits geringer Variationen der technisch-physikalischen sowie der psychisch-sozialen Bedingungen
5. Zusammenfassung und Vorsatzbildung, ergänzende Informationen und Diskussionen.

Die Phasen 2 bis 4 werden vorwiegend fahrpraktisch umgesetzt, sind aber entsprechend der Zielsetzung durch eine Grundhaltung der Moderation lernender Gruppen geprägt. Die anderen beiden Phasen sind eher gesprächsorientiert. Im Rahmen der fünften Phase können aber auch vereinzelt fahrpraktische Elemente genutzt werden. So ist das Training insgesamt erfahrungsorientiert, schließlich soll das „Erfahrene“ möglichst in das zukünftige Fahrverhalten der Teilnehmer einfließen. Ersichtlich wird an dieser Stelle, dass mit zunehmender Weiterentwicklung von Trainingskonzepten die kognitive Komponente der Gefahrenerkennung und Risikoeinschätzung immer weiter in den Fokus eines Fahrsicherheitstrainings rückt. Im Idealfall sind die Teilnehmer nach einem Fahrsicherheitstraining für potenziell gefährliche Situationen sensibilisiert und damit in der Lage, genau solche bereits zu vermeiden, bevor sie überhaupt entstehen. Das verdeutlicht auch, warum sich durch diese Entwicklung auch für Psychologen zunehmend ein Tätigkeitsfeld erschließen kann, was schon im benachbarten Ausland seit Jahren im Fahrerlaubniswesen implementiert ist.

Als ein sehr spezifisches Maßnahmenpaket kann das Mehrphasenmodell erwähnt werden, das beispielsweise in Österreich zum FE-Erwerb erfolgreich angewendet wird. Die Teilnahme an einem Sicherheitstraining stellt dort eine verpflichtende Komponente dar, wenn es um den dauerhaften Erwerb der Fahrerlaubnis geht, und muss innerhalb eines vorgegebenen Zeitrahmens absolviert werden. Das Besondere bei diesem Training ist das sogenannte verkehrspsychologische Gespräch, welches zwei Einheiten à 50 Minuten umfasst und von einem Diplom-Psychologen durchgeführt werden muss (Kapitel 2.4.2).

Bearbeitet wird dort u. a. das Thema Alleinunfälle, wozu vor allem Selbstüberschätzung, Auslebungstendenzen und auch die Bereitschaft zur Verantwortungsübernahme gehören. Weiterhin geht es um die Identifizierung möglicher „Schwächen" der Teilnehmer, die zu einem Risiko werden könnten, und wie sich diese durch geeignete Maßnahmen/Verhaltensweisen verringern oder gar verhindern lassen. Auch in Deutschland trifft man, wenn auch bislang eher vereinzelt, Psychologen an, die als Trainer Fahrsicherheitstrainings selbst durchführen.

Zur Vorbereitung auf ihre Tätigkeit durchlaufen die Trainer in Deutschland ein internes Auswahlverfahren sowie eine qualifizierte Ausbildung. Darüber hinaus besteht Weiterbildungspflicht.

Berufsgenossenschaften und auch Kfz-Versicherer fördern bestimmte Sicherheitstrainings, indem sie z. B. die Teilnahme bezuschussen oder Rabatte gewähren. Allein diese Tatsache zeigt, dass sich die Teilnahme an einem Sicherheitstraining größtenteils positiv auf das Unfallaufkommen auszuwirken scheint. Zimmer et al. (2013) konnten für junge Fahrer zeigen, dass sich die Teilnahme an einem Fahrsicherheitstraining positiv auf die Wahrnehmung von Risiken und auf die Einstellung auswirkt. Dennoch weisen Kröske & Teichert (2015) darauf hin, dass es immer noch keine belastbaren Befunde gibt, über die sich ein eindeutiger Zusammenhang zwischen der Teilnahme an einem Fahrsicherheitstraining und dem Rückgang von Verkehrsunfällen herstellen lässt. Zur Beantwortung dieser Frage besteht somit noch Forschungsbedarf. Außerdem ist der Trend erkennbar, dass zur Erhöhung der Verkehrssicherheit definierte Trainings das defensive Verhalten der Fahrer in den Fokus rücken. So ist es in erster Linie eine Frage der inneren Haltung, die letztendlich darüber bestimmt, wie sich ein Verkehrsteilnehmer verhält. Diese Haltung und deren Optimierung im Sinne eines echten Sicherheitsgewinns für den Straßenverkehr durch eine Maßnahme sind als Herausforderung für eine psychologische Intervention zu sehen.

2.3.7 Umweltbezogene Mobilitätsberatung

Klaus-Peter Kalwitzki, Antje Flade

In der Verkehrspsychologie dominiert traditionell der Blick auf den Menschen als Fahrzeugführer, z. B. im Hinblick auf die Fahreignung (Begutachtung und Rehabilitation) oder die Gestaltung des Arbeitsplatzes (Ergonomie). Mit der Entwicklung der Umweltpsychologie (Hellbrück & Kals, 2012) wird die Umwelt als Einflussfaktor des Verkehrsverhaltens stärker fokussiert. Auch Chaloupka-Risser et al. (2011) setzen das Verkehrsverhalten in ihrem „Diamant-Modell" in Beziehung zur physischen, sozialen und gesellschaftlichen Umwelt. Bei den physischen Umweltmerkmalen unterscheiden sie zwischen „Fahrzeug" und „Infrastruktur", d. h. zwischen der direkt angrenzenden und der umgebenden physischen Umwelt. Es sind also nicht nur die individuellen Fähigkeiten und die Fahreignung, sondern auch die diversen Umweltmerkmale, die das Verhalten im Verkehr bedingen. Diese Perspektiverweiterung kommt in dem Begriff „Mobilität" zum Ausdruck, der im Vergleich zum Begriff „Verkehr" mehr den Zweck, die Ziele, die Bedingungen und das Wirkungsgefüge der individuellen räumlichen Fortbewegungen betrachtet (Häcker & Echterhoff, 2003). Mit dem Begriff „Mobilität" wird der Mensch in den Fokus gerückt, während „Verkehr" die Summe aller Fortbewegungen an einem bestimmten Ort in einer bestimmten Zeitspanne bezeichnet. Aus der Perspektive des einzelnen Menschen wird der

Verkehr zur Verkehrsumwelt, die seine Wahrnehmungen und sein Verhalten beeinflusst (Flade, 2013). Für die Verkehrspsychologie resultiert aus dieser Betrachtungsweise die noch relativ neue Fragestellung, ob und wie Psychologie bei der Planung von Verkehrsanlagen mitwirken kann. Dabei kann auf umweltpsychologische Konzepte wie Territorialverhalten, Behavior Setting und Affordanz sowie auf Modelle und Erkenntnisse aus der Wahrnehmungs- und Kommunikationspsychologie zurückgegriffen werden.

Theoretische Grundlagen

Territorialität bezeichnet das Phänomen, dass eine Person oder Gruppe gegenüber anderen Personen oder Gruppen die Verfügbarkeit über Räume für sich reklamiert. Der Straßenraum lässt sich als territoriales Gefüge auffassen, in dem Autofahrer, Radfahrer und Fußgänger Räume beanspruchen. Die Dominanz des motorisierten Verkehrs drückt sich in der Zuordnung eines hohen Anteils des verfügbaren Territoriums aus, wohingegen für Fußgänger und Radfahrer nur eine Restfläche bleibt. In der Terminologie des Behavior Settings sind *öffentliche Räume* Umwelten, in denen sich unterschiedliche Teilnehmergruppen mit jeweils spezifischen Verhaltensweisen, die durch das Verhaltensprogramm des Settings bestimmt werden, einfinden. Die Gruppen werden anhand ihres Verkehrsmittels und ihres Alters definiert. Beispielsweise hat Molt die Straße aus der Perspektive des Behavior Settings analysiert (Molt, 1986). Wenn sich die physische Umwelt bzw. das Setting verändert, indem z. B. ein Straßenabschnitt in einen *Shared Space* (Bechtler u. a., 2010) umgewandelt wird, ändert sich das Verhaltensprogramm. Die bisher praktizierten Verhaltensweisen sind nicht mehr passend.

Die Gestaltung einer Verkehrsanlage kann auch unter dem Gesichtspunkt der Kommunikation betrachtet werden. Die Planer als Sender wollen den Verkehrsteilnehmern als Empfänger Botschaften übermitteln. Die Appelle lauten:

- an alle: „*Auf andere achten!*"
- an die Fahrzeugführer: „*Langsam fahren, ggf. den Vortritt gewähren*"
- an die Fußgänger: „*Straße für Aufenthalt und Bewegung nutzen*".

Über *Zeichen und Elemente der Anlagengestaltung* werden solche Botschaften kodiert und übermittelt. Dinge und Umwelten haben „Aufforderungscharakter", sie können mehr oder weniger einladend wirken. Der englische Begriff für das Phänomen, dass man Dingen und Umwelten direkt ansieht, wofür man sie verwenden kann, ist „affordance". Affordanz legt ein bestimmtes Verhalten nahe (Heine & Guski, 1994).

Auch Gibson (1980) hat darauf hingewiesen, dass Aspekte der Umwelt zu bestimmten Verhaltensweisen einladen oder aber Verhaltensweisen hemmen können. Eine besondere Rolle spielt dabei die Wahrnehmung der Umwelt als Anordnung von Oberflächen, deren Texturen, Winkel, Kanten, Beleuchtung und Farbigkeit die Erkennbarkeit und Interpretation, also das „Verständnis" der Umwelt bzw. einer Verkehrsanlage beeinflussen. Auch die unterschiedlichen Perspektiven und Blickwinkel der Akteure ermöglichen oder verhindern dieses Verständnis.

Wichtig ist die Unterscheidung zwischen objektiver Überschaubarkeit und dem subjektiven Eindruck von der Umgebung. Eine objektiv gut überschaubare Umwelt ohne Sichthindernisse bedeutet nicht, dass alles gesehen wird. Dies zeigt sich besonders bei dem Paradox, dass Unübersichtlichkeit die Verkehrssicherheit zu erhöhen vermag: Infolge der

Informationsfülle, die durch Unübersichtlichkeit entsteht, kann die Situation nicht in einem Moment überblickt werden, sodass die meisten Autofahrer ihre Geschwindigkeit intuitiv zurücknehmen, um das Gefühl der Beherrschbarkeit zurückzugewinnen: Sie passen sich der Situation an.

Entscheidend für die Fahrgeschwindigkeit ist der Blickwinkel. Je enger dieser ist, umso mehr blenden Autofahrer das Geschehen am Straßenrand aus und richten ihre volle Aufmerksamkeit auf einen anzusteuernden Punkt in der Ferne. Typisch für Autofahrer sei, wie es Bollnow (1963) schon vor Jahrzehnten formuliert hat, der immanente „Zug nach vorn", der zu einem eingeschränkten Blickwinkel führt. Infolge dieses Zugs nach vorn konzentriert sich die Aufmerksamkeit auf das schmale Band der Fahrbahn. Der Blickwinkel wird automatisch erweitert, wenn am Rand etwas sein könnte, was beachtet werden muss, z.B. spielende oder zur Schule gehende Kinder.

Praxisbeispiel: Projekt Krieterstraße in Hamburg-Wilhelmsburg

Flade, Kalwitzki & Brieler (2010) wirkten in einem Planungsprozess für eine Verkehrsanlage beratend mit und konnten verkehrspsychologische Aspekte in die Entscheidung für bzw. gegen konkrete Planungsvarianten einbringen. Im Planungsgebiet in der Krieterstraße, als AGORA bezeichnet (von Kalbe et al., 2010), befinden sich auf beiden Seiten Schulen, ein Gymnasium und eine Grundschule. Die beiden Schulen sollten durch weitere kulturelle Angebote zu einem übergreifenden Bildungszentrum umgewandelt werden.

Der unter Beteiligung der Schüler und Anwohner entwickelte Entwurf implizierte eine Veränderung des territorialen Gefüges, indem die Funktion der Straße als Raum für Aufenthalt und langsame Bewegung zu Fuß zulasten des motorisierten und schnellen Verkehrs gestärkt werden sollte. Damit die motorisierten Verkehrsteilnehmer diese Veränderung verstehen und sich dementsprechend umsichtig und vorsichtig verhalten, mussten die Veränderungen eine entsprechende Affordanz aufweisen. Autofahrer sollten den Eindruck gewinnen, nicht mehr auf einer normalen Verkehrsstraße, sondern auf einem schulhofähnlichen Gelände unterwegs zu sein.

In Verbindung mit Umweltpsychologie kann sich verkehrspsychologisches Handeln erweitern, indem auf der Basis umweltpsychologischer Konzepte und Erkenntnisse bei anstehenden Fragen im Bereich des öffentlichen Verkehrs mitgewirkt wird. Beispielsweise ist eine zentrale Frage im ÖPNV, wie Einbußen an Einnahmen und Imageverluste im öffentlichen Verkehr verhindert werden können, die dadurch zustande kommen, dass sich Fahrgäste insbesondere in verkehrsschwachen Zeiten nicht sicher fühlen (Hochbahn, 2005). Der Anwendungsbereich der umweltpsychologisch ausgerichteten Verkehrspsychologie erstreckt sich also weit über den Straßenraum hinaus.

2.3.8 Bahnpsychologie

Udo Kranich

Anfänge der Bahnpsychologie

Die Eisenbahn war schon im 19. Jahrhundert sehr wichtig für die Mobilität der Menschen. Diese Entwicklung stellte auch gesteigerte Anforderungen an sensorische, kognitive, emotionale und motorische Fähigkeiten des Bedienungspersonals. Deswegen wurde die Sinnesphysiologe und Reaktionszeit schon zu Beginn der Bahnpsychologie bei Bahnbeamten erforscht. Auch die Überprüfung psychischer Parameter wurde nach der Jahrhundertwende mithilfe von psychologischen Untersuchungsmethoden entwickelt (Intelligenz, Merkfähigkeit, Aufmerksamkeit, Kombinationsfähigkeit).

Noch im 19. Jahrhundert wurde der bahnärztliche Dienst allgemein eingeführt. Bei Einstellungen verfuhr man nach dem Grundsatz: „Kranke und gesundheitlich minderwertige Leute sind von der Annahme auszuschließen" (Gilbert, 1909, S. 331). Einer der ersten Psychologen, der sich mit Fragen der Eisenbahn befasste, war der Wundt-Schüler George Malcolm Stratton (1865–1957). Er nahm das Thema der Farbtüchtigkeit auf (1908), experimentierte über die Wahrnehmung bewegter Lichter, über Signalfarben und über Raumlokalisation bei Linien, die sich aus einzelnen Lichtern zusammensetzen.

Der Wundt-Schüler Karl Marbe (1869–1953) näherte sich der Eisenbahn über die Forensische Psychologie. Er lieferte ein Gerichtsgutachten (1913) zu einem Eisenbahnunglück im Südbadischen, bei dem auf der Lokomotive Alkohol konsumiert wurde.

Der Wundt-Schüler Hugo Münsterberg (1863–1916) untersuchte den schienengebundenen Verkehr der Straßenbahnen. Er simulierte im Laboratorium wirklichkeitsgerecht, aber hinreichend vereinfacht und auf das Wesentliche konzentriert, die Situation des Straßenbahnlenkers und entwickelte so eine Rangskala der Eignung für diese Tätigkeit. (1912, S. 44–55; 1913, S. 63–82; 1914a, S. 129–135; 1914b, S. 420).

Walther Moede (1888–1958) untersuchte 1916/17 in einem psychologischen Laboratorium ehemalige Bahnbedienstete, die im Weltkrieg eine Kopfschlussverletzung erhalten hatten, um die Möglichkeit einer Beibehaltung im Eisenbahndienst abzuklären.

Institutionalisierung der Bahnpsychologie

Der erste Schritt zu einer Institutionalisierung der Bahnpsychologie fand ca. 1917 im Königreich Sachsen statt. Die Eisenbahn war für den Ersten Weltkrieg sehr wichtig. Brahn, Moede und Piorkowski wurden im Weltkrieg in ihrer Eigenschaft als Psychologen aktiv. Diese Pioniere entwickelten die Methoden der Bahnpsychologie und Eignungsüberprüfung weiter. Später wurde dann bei der Lokführerprüfung wie folgt verfahren: Die Dienstaufgaben wurden apparativ simuliert. Die Leistungen wurden numerisch erfasst, Leistungsstreuungen festgestellt, ein Leistungsminimum für das Bestehen der Prüfung zahlenmäßig festgelegt. 1920 wurden die Staatseisenbahnen der deutschen Länder zusammengefasst. 1924 wurde das Unternehmen „Deutsche Reichsbahn" gegründet. Zur Durchführung der Eignungsuntersuchungen wurden später psychotechnische Untersuchungsstellen eingerichtet.

Nach (Gundlach, 2002) lassen sich drei allgemeine Trends zur Psychologie und Psychotechnik bei der Bahn feststellen:

1. Militärassoziierte Nutzungskonzepte
2. Spezialisierte psychologische Diagnostik
3. Weiterentwicklung der Psychologie.

Aktuelle Aufgaben und Entwicklungen der Bahnpsychologie

Für einen reibungslosen Ablauf des Bahnbetriebes sind auch heute noch verschiedene Berufsgruppen verantwortlich. Dies betrifft insbesondere

- Schrankenwärter,
- Instandsetzungspersonal,
- Rangierdienst,
- Zugbegleitpersonal,
- Zuglenker und
- Fahrdienstleiter.

Zunehmend wird vom Personal verlangt, Abweichungen im Regelbetrieb rechtzeitig zu erkennen. Im Mittelpunkt steht dabei der Triebfahrzeugführer. Er muss folgende Anforderungen erfüllen:

„*Die Fähigkeit Informationen zu speichern und abzurufen, vorausschauend zu denken und die Folgen des eigenen Handelns abschätzen zu können, schnelle Reaktionsfähigkeit, die Fähigkeit präzise Bedienaufgaben durchzuführen, die Fähigkeit Monotonie zu ertragen und dabei die Aufmerksamkeit aufrechterhalten zu können und schließlich extreme Umwelteinflüsse ertragen und physiologische Bedürfnisbefriedung aufschieben zu können. Auch unter Belastung muss korrektes Handeln gewährleistet sein*“ (Maag, Schmitz & Fröschl, 2009).

Bahnpsychologisches Wissen ist gerade im Hinblick auf die Anforderungen an das Bahnpersonal in unterschiedlichen Bereichen gefragt. Dazu gehören z.B.

- Eignungsuntersuchungen,
- Ausbildung und Fortbildung,
- Leistungsbeurteilung,
- Belastungs- und Beanspruchungsanalysen (Schichtarbeit, Müdigkeit, Monotonie, Aufmerksamkeit),
- Unfallanalysen im Bahnbetrieb,
- Notfallintervention,
- Behandlung von Traumatisierungen bei Triebfahrzeugführern, z.B. nach Suizidhandlungen.

Insgesamt bleibt festzuhalten, dass sich durch zunehmende Technisierung und Automatisierung im Bahnbetrieb auch die Anforderungen an das Bahnpersonal verändern. Es kommt zu einer Verschiebung der Schwerpunkte der Tätigkeitsanforderungen. Damit sind einerseits Entlastungen beim Personal, andererseits aber auch potenzielle Risiken verbunden.

„*Während die Entwicklung der Leit- und Sicherheitstechnik bisher immer zu einer Reduktion der von einem Menschen zu leistenden sicherheitsrelevanten Handlung führte, tritt durch die Zentralisierung ein gegenteiliger Effekt auf. Es kommt zu einer Verschiebung des Anteils sicherheitskritischer Handlungen des Fahrdienstleiters. Als ein Problem kommt hinzu, dass durch die Zentralisierung die bei örtlicher Betriebssteuerung vorhandene Detailkenntnis der Infrastruktur nicht mehr gegeben ist*“ (Maag, Schmitz & Fröschl, 2009).

Insofern sind vor diesem Hintergrund auch im Bereich der Bahnpsychologie verstärkt Anstrengungen erforderlich, sowohl die Chancen, aber auch die Risiken zunehmender Automatisierung abzuwägen und daraus Konsequenzen für die Auswahl sowie Aus- und Fortbildung des Bahnpersonals zu ziehen. Aufgrund einer ständigen technischen Weiterentwicklung handelt es sich dabei um einen permanenten Prozess, der immer wieder neu analysiert werden muss. Dabei ist auch Kompetenz aus der Psychologie im Allgemeinen und der Verkehrspsychologie im Besonderen erforderlich. Auch die Konzepte und Methoden der Bahnpsychologie könnten für verkehrspsychologische Interventionen genutzt werden.

2.3.9 Schifffahrtspsychologie

Paul Brieler

Die Schifffahrtspsychologie (auch Maritime Psychologie, Seefahrtspsychologie) umfasst die Anwendung psychologischer Kenntnisse und Kompetenzen auf allen Feldern der Binnen- und Seeschifffahrt. Die Seefahrt sichert in einer globalisierten Wirtschaft den überwiegenden Teil des weltweiten Güter- und Warentransports unter den unterschiedlichen klimatischen, kulturellen, meteorologischen, sicherheitspolitischen und ökonomischen Rahmenbedingungen. Trotz zunehmender Technisierung kommt es auf den immer größer werdenden Seeschiffen weiterhin wesentlich auf die Besatzung an, um einen sicheren und termingerechten Transport zu gewährleisten.

Die Arbeitsbedingungen sind zwar gesetzlich geregelt, trotzdem ist die Tätigkeit an Bord durch besondere Belastungen gekennzeichnet:

- Lange Einsatzzeiten (zum Teil mehr als zwölf Monate) an Bord bedeuten Trennung von Familie und privatem Umfeld. Die daraus resultierenden Problematiken für die Beziehungspflege können auch durch moderne Kommunikationsmittel nur gemildert werden.
- Die multinational zusammengesetzte Besatzung erfordert Verständigung in fremder Sprache und hohe interkulturelle Kompetenz.
- Die Einbindung in die hierarchische Führungsstruktur mit unterschiedlichen Führungsstilen schränkt die eigenständigen Verhaltensmöglichkeiten ein und erfordert Anpassungsfähigkeit bzw. Frustrationstoleranz.
- Eine monotone Tätigkeit in monotonem Umfeld auf See wechselt ab mit extremen Belastungen aufgrund technischer Störungen, Wetterumschwüngen, Be- und Entladungen unter Zeitdruck zu allen Tages- und Nachtzeiten.
- Die ständige Verfügbarkeit aller Besatzungsmitglieder mit 24-stündiger Arbeitsbereitschaft sowie maximal kurze Liegezeiten im Hafen bieten wenig Rückzugsräume oder Möglichkeiten, das Schiff zu verlassen.
- Rahmenbedingungen wie Schichtdienst, Schiffsbewegungen und -vibrationen, Temperaturen, Lärm und räumliche Enge stellen hohe Anforderungen an Physis und Psyche.

Die Schiffsbesatzung ist „*für einen sicheren, effizienten und gefahrlosen Schiffsbetrieb*“ verantwortlich (§ 1 Seeaufgabengesetz – SeeAufgG) und muss „*die Anforderungen an die Befähigung sowie die fachliche und persönliche Eignung*“ erfüllen (§ 3 SeeAufgG). Besatzungsmitglieder müssen ihre Diensttauglichkeit durch ein regelmäßig zu erbringendes Gesundheitszeugnis nachweisen. Seediensttauglich nach § 11 Seearbeitsgesetz (SeeArbG) ist, wer aufgrund einer ärztlichen Untersuchung „*nach seinem Gesundheitszustand für die Tätigkeit an Bord von Schiffen geeignet und hinreichend widerstandfähig ist und den zur Erhaltung der Schiffssicherheit gestellten besonderen Anforderungen seines Dienstzweiges genügt"*. Untersuchungsgrundlage sind verkehrsmedizinische Kriterien. Kriterien der psychischen Tauglichkeit oder der geistigen Eignung werden bei der Auswahl der Besatzung nicht berücksichtigt.

An Bord ist die medizinische Betreuung geregelt und wird entweder durch einen Schiffsarzt oder durch den Kapitän bzw. einen Schiffsoffizier verantwortet (Richtlinie, 2008). Die notwendige Ausbildung „Maritime Notfallmedizin" in Deutschland vermittelt in den Lehreinheiten „Schiffsspezifische psychologische Belastungen" und „Interkulturelle Verhaltensmuster" psychologische Kenntnisse. Eine psychologische Betreuung an Bord ist gesetzlich nicht gefordert.

Schifffahrtspsychologen beraten die Verantwortlichen in den Reedereien und wirken mit im Rahmen der seemännischen Ausbildung und des berufsspezifischen Trainings (z. B. Kommunikations- und Teamverhalten). Darüber hinaus bieten sie psychosoziale Unterstützung an, z. B. nach traumatischen Erfahrungen (Jensen & Hansen, 2009).

Die besonderen Belastungen in der Seefahrt führen nicht selten auch zu Fehlverhalten und zu Problemen am Arbeitsplatz, im Straßenverkehr oder im Privatbereich. Darüber hinaus können Vergehen im Schifffahrtsverkehr Auswirkungen auf die Eignung im Straßenverkehr haben – und umgekehrt. Hierzu werden im Folgenden zwei Beispiele aus der verkehrspsychologischen Praxis angeführt.

Das Arbeitsfeld der Schifffahrtspsychologie zeigt für Psychologen mit Kompetenzen und Erfahrungen in verkehrspsychologischen Interventionen sicherlich vielfältige Anknüp-

Fall 1

Ein Kapitän im Liniendienst kehrte jeweils nach vier Monaten auf See als Chef an Bord für zwei Monate nach Hause ins familiäre Umfeld zurück. Hier hatte seine Ehefrau während seiner Abwesenheit die Verantwortung für die Kinder und den Haushalt bei gleichzeitiger Vollzeit-Berufstätigkeit getragen. Die Erwartungen aller Beteiligten divergierten: Die Frau wünschte sich Entlastung in ihren Pflichten und mochte auch einmal Freiraum für ihre persönlichen Interessen bekommen. Der Kapitän dagegen wollte auch zuhause eine führende Rolle als traditioneller „Pater familias" ausfüllen, bestand aber gleichzeitig auf einem selbstbestimmten Lebensstil, um seine Hobbys und die geselligen Kontakte zu seinen Freunden zu pflegen. Kommunikative und soziale Kompetenz gehörten dabei nicht zu seinen Stärken. Über die Jahre entwickelten sich immer stärkere innerfamiliäre Konflikte, die durch Alkohol, dem er zuerst an Land, später auch an Bord in zunehmendem Maße zusprach, verstärkt wurden. Im Zuge einer ehelichen Auseinandersetzung kam es zu einer alkoholischen Entgleisung mit anschließender Trunkenheitsfahrt mit Unfall.

Im Rahmen einer verkehrspsychologischen Intervention konnte er die Hintergründe seines problematischen Alkoholkonsums erkennen und bearbeiten. Nach einer erfolgreichen medizinisch-psychologischen Begutachtung wurde ihm die Fahrerlaubnis neu erteilt. In diesem Fall hatte die Trunkenheitsfahrt keinen Einfluss auf das Befähigungszeugnis des Kapitäns („Patent"), *„weil kein rechtlicher Zusammenhang zwischen dem Pflichtenverstoß und der Entziehung des Befähigungszeugnisses"* (Henriksen 1996, S. 188) bestanden hatte.

„Denn es ist durchaus denkbar, dass der Beteiligte sich an Bord seines Schiffes vorbildlich verhält, wohl wissend, dass er ansonsten seine berufliche Existenz gefährdet, außerhalb dieses Bereichs aber eine solch konsequente Haltung vermissen lässt. Aus diesem Grund wäre der (automatische) Bedingungseintritt nur aus einer Alkoholisierung im Schiffsverkehr abzuleiten" (ebd.).

Fall 2

Ein Lotse hatte nach einer Abmahnung wegen Nichteinhaltung der Vorschriften für das Verhalten auf einer Bundeswasserstraße erneut zugelassen, dass ein Schiff mit zu hoher Geschwindigkeit fuhr. Der Lotse selbst sah seine Entscheidung als vorschrifts- und verhältnismäßig an. Dieses abweichende Verhalten im Schiffsverkehr führte zu einer Untersagung der Lotsentätigkeit für eine bestimmte Dauer durch das Seeamt gemäß Seelotsgesetz (SeeLG, 2013). Von dieser noch nicht rechtskräftigen Entscheidung erlangte die Fahrerlaubnisbehörde Kenntnis und forderte vor diesem Hintergrund unter Einbeziehung von zwei Einträgen im Verkehrszentralregister wegen Übertretung der zulässigen Höchstgeschwindigkeit im Straßenverkehr die Vorlage eines medizinisch-psychologischen Gutachtens.

Der Betroffene verweigerte unter Hinweis auf seinen noch nicht entschiedenen Widerspruch gegen die Entscheidung des Seeamtes die Vorlage eines Gutachtens, woraufhin die Fahrerlaubnis entzogen wurde. Auch gegen diese Entscheidung legte der Betroffene Widerspruch ein. Ein erfolgreiches Widerspruchsverfahren hätte ihm zwar die Wiederaufnahme seiner Lotsentätigkeit ermöglicht, aber aufgrund seiner Wohnortsituation und der wechselnden Einsatzzeiten und -orte wäre es ihm ohne Fahrerlaubnis nicht möglich gewesen, seine Lotsentätigkeit auszuüben. Der Lotse wurde von einem Fachanwalt für Verkehrsrecht beraten. Daraufhin nahm er den Widerspruch gegen die Entscheidung der Fahrerlaubnisbehörde zurück und unterzog sich einer verkehrspsychologischen Intervention. Hierdurch konnte sowohl eine medizinisch-psychologische Begutachtung mit positivem Ergebnis abgeschlossen als auch eine Aufhebung der Entscheidung des Seeamtes erreicht werden.

fungspunkte, wobei eine maritime Affinität oder sogar seemännische Erfahrung den Zugang erleichtert.

2.3.10 Luftfahrtpsychologie

Konrad Reschke

Die militärische und zivile Luftfahrt wächst weltweit sehr stark. Die psychologische Dimension des Luftverkehrs wird in Forschung und Praxis durch die Luftfahrtpsychologie (Aviation Psychology) untersucht und weiterentwickelt. Auch auf diesem Gebiet handelt es sich im weitesten Sinne um verkehrspsychologische Interventionen, die angezeigt sind und durchgeführt werden müssen, um Sicherheit und Tauglichkeit umfassend zu gewährleisten. Flugzeugkatastrophen jeder Größenordnung, Flugrisiken und deren Folgen, Personalauswahlprobleme sowie Belastungsfaktoren durch das Fliegen werfen immerwährend neue psychologische Fragen auf. Deren Beantwortung ist hochbedeutsam für Leben und Gesundheit aller Fliegenden und führt zu Konsequenzen für Tauglichkeitsuntersuchungen, Ausbildung, Trainingsstandards von Personal und für die Verbesserung der technischen Sicherheit und Weiterentwicklung in allen genannten Bereichen. Hier entfaltet sich ein weites, jedoch auch sehr spezielles Arbeits- und Anwendungsfeld der Verkehrspsychologie.

Es gibt bereits zahlreiche Fachgesellschaften: die Association for Aviation Psychology (AAP), die Europäische Gesellschaft für Luftfahrtpsychologie (EAAP), die Australian Aviation Psychology Association (AAvPA) und die Austrian Aviation Psychology Association (AAPA). Es existieren ein „International Journal of Aviation Psychology“ und zahlreiche Fachveröffentlichungen (Hörmann & Lorenz, 2009) sowie ein Fachverlag (Ashgate).

Das Deutsche Zentrum für Luft- und Raumfahrt (DLR) ist das nationale Forschungszentrum für Luft- und Raumfahrt mit über 7000 Mitarbeitern. Es besitzt über 16 Standorte und eine in Hamburg niedergelassene Abteilung für Luft- und Raumfahrtpsychologie. In einer Selbstdarstellung heißt es:

„Der Mensch ist der entscheidende Faktor für die Sicherheit in der Luftfahrt: Einerseits erhöht er die Zuverlässigkeit der technischen Systeme, weil er technische Fehlfunktionen erkennen und ausgleichen kann, andererseits stellt er aber wegen seiner Fehleranfälligkeit auch das größte Risiko dar. Nach wie vor haben circa 70 Prozent der Flugunfälle ihre Hauptursache im Fehlverhalten der Operateure" (DLR, 2013).

Aufgrund dieser allgemein anerkannten Tatsache eines sehr hohen Anteils menschlicher Fehler beim Unfallaufkommen in der Luftfahrt ist es folgerichtig zu formulieren: Wenn man die Flugsicherheit erhöhen will, ist es notwendig, den Menschen als Haupt-Risikofaktor zu berücksichtigen, also das „human factor"-Konzept in den Fokus zu stellen.

Entwicklung, Begriffsbestimmungen und Zielgruppen

Die Luftfahrtpsychologie entwickelte sich mit dem Aufkommen von Luftfahrzeugen und dem zivilen Luftverkehr sowie verstärkt seit den Weltkriegen mit der Fliegerauswahl und -betreuung. Luftfahrtpsychologie stellt eine angewandte verkehrspsychologische Disziplin mit hoher Spezifik und Eigenständigkeit dar. Ihre Hauptaufgabe besteht darin, die Sicherheit des Fliegens und des sich immer weiter verstärkenden nationalen und internationalen Flugverkehrs zu fördern und das „Risiko Mensch" (Pilot, Crew) als Ursache von Flugzeugkatastrophen zu minimieren bzw. präventiv zu reduzieren. Die psychologischen Aufgaben der Luftfahrtpsychologie waren lange Zeit und sind primär auf die Personalauswahl und Tauglichkeitsprüfung von Piloten und Crew-Mitgliedern ausgerichtet gewesen.

Die moderne Luftfahrtpsychologie entwickelt sich in enger Beziehung mit der Flugmedizin und Ergonomie-Forschung. Dies erfolgt vor allem wegen der hohen Bedeutung der Mensch-Maschine-Interaktion beim Fliegen. Auch und besonders im Zeitalter zunehmender Automatisierung sowie der hohen allgemeinen Belastung des Menschen durch Flug- und Flugumweltfaktoren wachsen die körperlichen und psychischen Beanspruchungsfolgen. Aufgrund des immer stärker ansteigenden Automatisierungs- und Komplexitätsgrades der Einheit Mensch-Maschine im Flugwesen besitzt die Erforschung und risikoreduzierende Beeinflussung der Mensch-Maschine-Interaktion im Umfeld des Systems Luftfahrt eine hohe Bedeutung.

Heute zählen neben den Piloten auch Astronauten, Flugschüler, Freizeitflieger, Fluglotsen und Flugbegleiter zu den Personengruppen, die untersucht und durch interventive Maßnahmen zur Wiederherstellung der Tauglichkeit bzw. Erhöhung der Flugsicherheit beeinflusst werden sollen. Die interventiven Aufgaben beim Flugpersonal (Piloten, Crew-Mitglieder, Bodenpersonal) liegen besonders in der Auswahl, der Ausbildung und dem Training, dem Ressourcenschutz und der Gesundheitsförderung (Maschke, 2004; Kallus et al., 2009). Individuelle psychologische Interventionen (z. B. Coaching; Kemmler, 2007) und Gruppeninterventionen (Stress, Krisenmanagement, Belastungsverarbeitung, Kommunikation, Crew Resource Management) sind möglich. Die interventiven Aufgaben bei Fluggästen bzw. Beteiligten an Flugunfällen liegen besonders im Bereich der Intervention bei Flugangst (siehe Kapitel 2.3.1, Fahrangst) und bei der nachgehenden Verarbeitung von Flugunfällen mit Angehörigen und Betroffenen (z.B. Flugtagunfall von Ramstein, Hinterbliebenen-Nachsorge, Peer-Support in Einsatzorganisationen des Rettungswesens). Van Gerwen (2007, 2010) hat die effektivsten Methoden der Flugangstbewältigung beschrieben, die für die meisten Anti-Flugangstprogramme eine wichtige Grundlage darstellen. Zur Diagnostik haben Mühlberger, Pauli & Rößler (2011) das Flugangst- und Flugphobie-Inventar (FAPI) vorgelegt, das aus dem Flugangst-Fragebogen (FFB) und dem Flugphobie-Screeningbogen (FSB) besteht. Der FFB dient der dimensionalen Erfassung der Schwere einer Flugangst und enthält fünf Skalen (Generalisierte Flugangst, Antizipation, Fliegen, Turbulenzen, Landen). Mit diesen Skalen können angstauslösende Situationen erfasst werden. Sie eignen sich damit auch für Therapieplanung und Evaluation in der verkehrspsychologischen Intervention von Flugängsten. Der FSB wird als Screening-Instrument bei krankheitswertigen spezifischen Phobien eingesetzt, wobei die DSM-IV-Kriterien eine Flugphobie als Subtyp einer spezifischen Phobie des situativen Typus erfasst. Mühlberger (2001) und da Costa et al. (2008) beschreiben die Möglichkeiten der Behandlung von Flugangst durch Exposition in virtuellen Welten. Mühlberger & Herrmann (2011) haben ein strukturiertes Selbsthilfeprogramm zur Bewältigung von Flugangst vorgelegt. Das fünfzehntägige Programm beinhaltet folgende Bausteine, die in jeweils halbstündigen Sitzungen im Verlauf von drei Wochen absolviert werden:

Tag 1: Psychoedukation zu Stress, Angst und anderen Gefühlen
Tag 2: Fakten und Informationen rund um das Fliegen

Ab Tag 3 werden Strategien gegen Flugangst vermittelt.

Tag 3: Entspannung (Atemmeditation)
Tag 4: Entspannung (Bildmeditation)
Tag 5: Entspannung (Meditation einer Fantasieszene)
Tag 6: Kognitionsbaustein (Positives Selbstgespräch, Denkfehler kennenlernen)
Tag 7: Positives Selbstgespräch in flugrelevanten Situationen
Tag 8: Positives Selbstgespräch im persönlichen Alltag
Tag 9: Wiederholung der Übung zu positiven Selbstgesprächen
Tag 10: Kognitive Bewältigungsstrategien durch Umstrukturierung
Tag 11: Übung der verschiedenen Bewältigungsstrategien
Tag 12: Übung der verschiedenen Bewältigungsstrategien
Tag 13: Kombination von verschiedenen angstbewältigenden Strategien (Gedanken, Körper, Verhalten)
Tag 14: Mentales Training eines Fluges unter Nutzung der erlernten Strategien
Tag 15: Mentales Training mit Tonbandaufnahme der Verwendung eigener Strategien beim Fliegen

Dieses Programm wurde positiv evaluiert und ist auch mit therapeutischer Anleitung nutzbar.

Aufgabenfelder in der Luftfahrtpsychologie

Die Luftfahrtpsychologie untersucht das Verhalten, Handeln und Erleben sowie die kognitiven und emotionalen Prozesse des Menschen im System Flug- und Raumfahrt unter Berücksichtigung von interkulturellen und individuellen Unterschieden. Die Luftfahrtpsychologie nutzt empirische Forschungs- und Diagnosemethoden höchster Komplexität aus Allgemeiner, Organisations-, Personal-, Diagnostischer sowie aus Verkehrs-, Klinischer und Gesundheitspsychologie (AAPA).

Die interventiven und diagnostischen Hauptaufgaben in der Luftfahrtpsychologie sind u. a.:

- Eignungsuntersuchungen und Leistungsbeurteilung zur Auswahl, zum Training und zur Lizenzierung von Piloten und Flugpersonal
- Belastungs- und Beanspruchungsanalysen (Flug über Zeitzonen, Schlafentzug, Schichtarbeit, Müdigkeit, Monotonie, Aufmerksamkeit, Alkoholabusus, Workload Management)
- Unfall- und Risikoanalysen im Flugbetrieb
- Krisen- und Notfallintervention
- Ausbildung und Fortbildung zu Interaktion und Kommunikation im Flugzeug, im Cockpit und am Boden
- Coaching in der Personalentwicklung und in der Teamfähigkeit von Piloten und fliegendem Personal sowie Bodenpersonal
- Behandlung von Traumatisierungen von Personal und Fluggästen, z. B. nach Suizidhandlungen
- Ergonomische Forschung und Entwicklung im Bereich Cockpitdisplay und Kabinengestaltung sowie Softwareergonomie des Flugbetriebes (Checklisten und Prozeduren).

Die Abteilung Luft- und Raumfahrtpsychologie im Institut für Luft- und Raumfahrtmedizin (DLR, 2013) stellt folgende Aufgaben und Forschungsansätze heraus, innerhalb derer die Kompetenz von Verkehrspsychologen erforderlich ist:

- Zukünftige Anforderungen an die Überwachung und Entscheidungsfindung von Fluglotsen und Piloten (Simulationsstudien und Flugsimulatoren)
- Computergestützte psychologische Beurteilung von Personengruppen in der Luftfahrt
- Untersuchung von Flugumweltfaktoren, z. B. thermischer Komfort in der Flugzeugkabine.

Ausblick

Das Ausmaß von bestehendem Austausch und Kooperationen zwischen den Fachgebieten der (automobilen) Verkehrspsychologie und der Luftfahrtpsychologie ist bisher noch nicht deutlich ersichtlich, obwohl viele methodische und fachlich-inhaltliche Überschneidungsbereiche dafür sprechen würden. Denkbar wären auch Praktika und Hospitationen im jeweils anderen Bereich im Ausbildungsprozess von Luftfahrt- und Verkehrspsychologen, also eine Zusammenarbeit im Ausbildungsbereich. Die hohen fachlichen Standards und spezifischen Kompetenzen von Verkehrspsychologen im automobilen und im luftfahrtbezogenen Kontext könnten sich gegenseitig ergänzen und bereichern. Beispielsweise sind die Beurteilungskriterien für automobile Fahreignung auch ein hochentwickeltes System zur Einschätzung von Tauglichkeitsfragen. Der interessierte Leser wird auf folgende Grundlagenwerke für die Luftfahrtpsychologie verwiesen, um sich umfassend über dieses moderne und sehr spezielle Gebiet der Verkehrspsychologie zu informieren: Hörmann & Lorenz, 2009; Goeters, 1998, 2004 sowie Kallus et al., 2009.

2.4 Spezifika der Situation in anderen deutschsprachigen Ländern

2.4.1 Spezifika verkehrspsychologischer Interventionen in der Schweiz

Andreas Widmer

Während die Schweiz bereits über eine langjährige Tradition im Bereich der verkehrspsychologischen Fahreignungsdiagnostik verfügt, reichen die Erfahrungen im Bereich der verkehrspsychologischen Interventionen noch nicht so weit in die Vergangenheit zurück. Im Wesentlichen lassen sich hier die drei folgenden unterschiedlichen Bereiche voneinander abgrenzen: Neben den Gruppenkursmodellen und der Verkehrstherapie (in Deutschland verkehrspsychologische Therapie/verkehrspsychologische Intervention zur Förderung der Fahreignung genannt), existiert in der Schweiz zusätzlich das Verkehrscoaching, welches die momentan letzte Entwicklung der Interventionsmöglichkeiten darstellt (Kapitel 1.4.4).

Gruppenkursmodelle

Ausgehend von unterschiedlichen gesetzlichen Grundlagen existieren in der Schweiz drei verschiedene Konzepte von Gruppenkursmodellen: der Verkehrsunterricht, die Nachschulung sowie Lernprogramme der Justiz.

Verkehrsunterricht

Artikel 25 Absatz 3 Buchstabe e des Strassenverkehrsgesetzes (Änderung von 1975) besagt, dass der Bundesrat nach Anhören der Kantone unter anderem Vorschriften aufstellt über den „*Verkehrsunterricht für Motorfahrzeugführer und Radfahrer, die wiederholt Verkehrsregeln übertreten haben*“. Die Verordnung über die Zulassung von Personen und Fahrzeugen zum Strassenverkehr (Verkehrszulassungsverordnung, VZV) beschreibt in diesen Vorschriften unter Artikel 40 (rechtskräftig seit 1991), dass durch eine gezielte Nachschulung die Kursteilnehmer zu korrektem Verhalten im Strassenverkehr veranlasst werden sollen. Spätere Ergänzungen und Anpassungen der VZV führten zum heutigen Stand:

„Der Verkehrsunterricht [...] wird von den Kantonen durchgeführt. [...]

Zum Verkehrsunterricht können Motorfahrzeugführer, Führer von Motorfahrrädern und Radfahrer aufgeboten werden, die wiederholt in verkehrsgefährdender Weise gegen Verkehrsregeln verstossen haben. Zuständig für die Anordnung sind die Entzugsbehörden.

Der Besuch des Verkehrsunterrichts kann allein oder in Verbindung mit anderen Massnahmen (Verwarnung, Entzug, Fahrverbot) verfügt werden. Die Kosten des Verkehrsunterrichts gehen zu Lasten der Betroffenen.“

Artikel 41 beschreibt weiter: *„Die Dauer des Kurses richtet sich nach Art und Gestaltung, beträgt aber in der Regel acht Stunden.“* Wer Verkehrsunterricht durchführen will, bedarf einer Anerkennung durch die kantonale Behörde. Die Anerkennung wird erteilt, wenn

„a. die Leitung für eine einwandfreie Durchführung des Unterrichts Gewähr bietet;
b. für den Unterricht geeignete Lehrkräfte eingesetzt werden;

c. das geeignete Unterrichtslokal und -material vorhanden sind;
d. der Lehrplan und der Lehrstoff den vorgeschriebenen Unterricht gewährleisten."

Weiter gelten folgende Bestimmungen:

„Die Anerkennung zur Durchführung von Verkehrsunterricht gilt für die ganze Schweiz. [...]

Ergeben sich beim Verkehrsunterricht Zweifel an der Eignung eines Teilnehmers als Fahrzeugführer, so ist der kantonalen Behörde Meldung zu erstatten. Diese trifft die notwendigen Massnahmen. Sie kann unter anderem die Wiederholung des Kurses, Fahrunterricht oder eine neue Führerprüfung (Art. 28) anordnen.

Die Vorladung zum Verkehrsunterricht ist unter Hinweis auf die begangenen Verkehrswiderhandlungen zu begründen.

Wird der Vorladung unentschuldigt keine Folge gegeben, so setzt die kantonale Behörde einen neuen Termin fest. Der Betroffene hat die Kosten für den versäumten Verkehrsunterricht zu tragen. Die Anfechtung neuer Vorladungen, die wegen Vereinbarung eines anderen Termins ergehen, ist ausgeschlossen."

Bisher wurden erst in wenigen Kantonen Tages-Gruppenkurse durchgeführt, sodass die Teilnehmerzahl gering ist.

Nachschulung

Artikel 17 Absatz 1 und 2 des Strassenverkehrsgesetzes (seit 2005 in Kraft) legt die Grundlage dafür, dass Erst- oder Wiederholungstäter den für eine bestimmte Dauer entzogenen Lernfahr- oder Führerausweis vor Ablauf der verfügten Entzugsdauer zurückerhalten können, wenn sie eine von der Behörde anerkannte Nachschulung besuchen. Die Teilnahme an der Nachschulung ist freiwillig.

Bereits 1996 führte die Schweizerische Beratungsstelle für Unfallverhütung (bfu) ein nationales Kurskonzept ein. Der „Kurs für wiederholt alkoholauffällige Fahrzeuglenkende" wurde von den meisten der 26 verschiedenen Strassenverkehrsämter akzeptiert und unterstützt. Anschließend entwickelte die bfu weitere Kursmodelle für verkehrsauffällige Fahrzeuglenkende. So entstanden vier national etablierte Kursmodelle, von denen jährlich etwas über 1000 Kursteilnehmer profitieren: „FiaZ (Fahren im angetrunkenen Zustand) erstmalig", „FiaZ wiederholt", „KURVE Warnungsentzug", „KURVE Sicherungsentzug". Die verschiedenen Kursmodelle variieren bezüglich ihres zeitlichen Aufwandes und ihrer theoretischen Grundlagenkonzepte, weisen jedoch auch Gemeinsamkeiten auf. Sie umfassen vier bis sechs Kurseinheiten, welche in der Regel im wöchentlichen Abstand stattfinden. Alle Kursteilnehmer erhalten Arbeitsaufträge für die jeweils folgenden Sitzungen. Zudem unterstehen die Kursteilnehmer und die Kursmoderatoren der Schweigepflicht gegenüber den Behörden. Dies ist ein grosser Unterschied zu dem oben erwähnten Verkehrsunterricht und ermöglicht es den Kursteilnehmern, sich viel offener auf den erwünschten Veränderungsprozess einzulassen, da sie keine negativen behördlichen Sanktionen befürchten müssen.

Daneben existieren in einzelnen Kantonen eigene Kursmodelle. Leider richten sich ausser den bfu-Modellen nur sehr wenige der anderen Kurse nach den empfohlenen Wirksamkeitskriterien der internationalen Studien ANDREA, Supreme und DRUID.

Lernprogramme der Justiz

Im Kanton Zürich werden über die Rechtsgrundlage des Artikels 44 Absatz 2 des Strafgesetzbuches (bedingte Strafen mit einer Probezeit von zwei bis fünf Jahren: gerichtlich angeordnete Bewährungshilfe) drei verschiedene Lernprogramme vom Amt für Justizvollzug angeboten, welche zu den zeitlich aufwändigsten Kursprogrammen (27 Stunden) zählen.

Das „Lernprogramm START für Delinquente ohne Fahren in angetrunkenem Zustand (FiaZ) und Drogen (FUD)“, das „Lernprogramm TaV für Delinquente mit Fahren in angetrunkenem Zustand“ und das „Lernprogramm TdV für Delinquente mit Fahren unter Drogen“ basieren ebenfalls wie die oben beschriebenen bfu-Kurse auf dem aktuellen Wissensstand zu wirkungsvollen Konzepten der Nachschulung. Sie werden jedoch im Zwangskontext abgehalten, was ihre Eingangsmotivation zum Kursbesuch und den Vertrauensaufbau im Kurs beeinträchtigen kann.

Verkehrstherapie

Seit 2001 werden in der Schweiz aufgrund von Empfehlungen einzelner verkehrspsychologischer Diagnostiker verkehrspsychologische Therapien durchgeführt. Die Wirkforschung der Psychotherapie (Grawe et al., 1994) bot gute Erkenntnisse, welche in der Folge zusammen mit der Zufriedenheit der Klienten und dem erhofften Nutzen der Massnahme den Weg bereiteten. Heute gilt die Verkehrstherapie in der Schweiz als etabliert und als effektivste aller Massnahmen der Tertiärprävention bei Mehrfachauffälligen.

Im Jahr 2014 wurden die Tätigkeitsfelder von Diagnostik und Intervention im Sinne einer Selbstdeklaration aller verkehrspsychologisch tätigen Gutachter streng getrennt. So führen Gutachter keine Tätigkeiten als Anbieter und/oder Moderatoren von Gruppenkursen, verkehrspsychologischen Interventionen und Verkehrstherapien zur Wiederherstellung der Fahreignung durch.

Die Teilnahme an einer Verkehrstherapie, welche im Einzelsetting stattfindet, erfolgt meist auf Empfehlung eines Gutachters, wenn sich bei der Untersuchung zeigt, dass die Fahreignung nicht gegeben ist. Die Strassenverkehrsbehörden können die Empfehlung in dieser Form an die Klienten weitergeben oder sie gar als bestimmende Auflage rechtlich bindend verfügen. Bis zum Nachweis der Fahreignung durch eine erneute Fachexpertise bleibt ein Sicherungsentzug oder eine Annullation des Führerausweises (bei Junglenkern, welche den Führerausweis auf Probe nach zwei Delikten abgeben mussten) bestehen. Bei besonders gravierenden Delikten können die Behörden auch vorsorgliche Entzüge verfügen, welche bis zur Fahreignungsabklärung gelten und dann entweder in einen befristeten Warnungsentzug überführt werden (mit definierter Sperrfrist des Führerausweises) oder in einen zeitlich unbeschränkten Sicherungsentzug.

Artikel 17 Absatz 3 und 4 sowie Artikel 23 Absatz 3 des Strassenverkehrsgesetzes definieren, dass eine Wiedererteilung des Führerausweises nur in Betracht kommt, wenn unter anderem nachgewiesen werden kann, dass der Fahreignungsmangel behoben ist. Eine empfohlene Verkehrstherapie kann dazu beitragen, die Mängel zu erkennen und zu beheben. Der Erfolg der Intervention wird zwingend in einer nachfolgenden verkehrspsychologischen Fahreignungsbegutachtung überprüft. Als Mindestanforderungen an die Wiederherstellung der Fahreignung gelten, definiert von der Expertengruppe Verkehrssicherheit (2000) im Leitfaden „Verdachtsgründe fehlender Fahreignung, Massnahmen, Wiederherstellung der Fahreignung“:

- Risikobewusstsein
- Tendenz zur Vermeidung hoher Risiken
- geringe Impulsivität
- geringe Aggressionsneigung
- reife Konfliktverarbeitung
- Stressresistenz
- soziales Verantwortungsbewusstsein
- soziale Anpassungsbereitschaft
- Flexibilität im Denken
- psychische Ausgeglichenheit.

Die Verkehrstherapie beschränkt sich nicht nur auf das (Wieder-) Herstellen dieser Mindestanforderungen. Gefordert ist vielmehr, eine Verhaltensänderung in Gang zu bringen, welche zur Bewältigung möglichst aller kritischen zukünftigen Verkehrssituationen führt. Es sollen alle bestehenden ungünstigen Faktoren bearbeitet werden. Neben dem Aufarbeiten der situationsbedingten Faktoren der begangenen Delikte interessieren primär die personenspezifischen Aspekte. Nur gerade diese sind vom Klienten selbst veränderbar. Erkennt der Klient die Funktionalität des Fehlverhaltens aufgrund seiner persönlichkeitsbezogenen Risikofaktoren, kann er auf dieser Grundlage alternative Lösungsstrategien entwickeln. Besonders hier empfiehlt es sich, statt defizitorientiert (vgl. Deliktanalyse Kap. 4.1.4, 4.1.5) auch ressourcenorientiert zu arbeiten und die Fähigkeiten des Klienten als positive Faktoren zur Entwicklung neuer Verhaltensstrategien nutzbar zu machen. Gelingt es in der Therapie, mehrere bessere Strategien (Techniken und Methoden) für zukünftiges Verhalten in kritischen Situationen im Strassenverkehr zu erarbeiten, dann vermindert sich das Rückfallrisiko. In der Verkehrstherapie sollte auch potentiell fehlendes Wissen der Klienten mittels psychoedukativer Elemente verbessert werden.

Einen weiteren Teil der Therapie stellt das gemeinsame Durchgehen der Fachexpertise mit dem Klienten dar, damit er verstehen lernt, welche Fahreignungsmängel benannt werden. Die verkehrspsychologische Fahreignungsabklärung enthält viele Hinweise zur Problematik und kann dem Klienten für seinen Erkenntnisgewinn nützlich sein.

Ziel der Verkehrstherapie ist immer die Legalbewährung. Der zeitliche Umfang von Verkehrstherapien in der Schweiz bewegt sich im Bereich von acht bis 30 Stunden.

Verkehrstherapie steckt als eine der verkehrspsychologischen Interventionsformen immer noch in ihren Anfängen. Es existieren verschiedene Vorstellungen darüber, was eine „gute Therapie“ sein soll (Raithel & Widmer, 2012).

Die Schweizerische Vereinigung für Verkehrspsychologie führt eine Liste von Verkehrstherapeuten, welche die Mindestkriterien der Ausbildung erfüllen. Neben dem Besitz des eidgenössischen Fachtitels in Psychotherapie verfügen sie über eine Grundeinführung in die Verkehrspsychologie in der Schweiz und eine zusätzliche Spezialisierung in der Psychotherapie von Verkehrsdelinquenten. Zudem besuchen sie regelmäßig Weiterbildungen im Bereich Psychotherapie mit Verkehrsdelinquenten und treffen sich in der Intervision oder Supervision (vgl. Kapitel 5).

Weiter existieren folgende Qualitätskriterien an die Therapie:

1. Regelmässige Intervision
2. In der Regel wird pro Woche mit den Klienten nicht mehr als ein Sitzungstermin vereinbart
3. Im Zentrum der Therapie steht das verkehrsrelevante Verhalten. Die Inhalte der Therapie beziehen sich grösstenteils auf Themen aus dem Strassenverkehr. Ziel ist die Wiederherstellung der charakterlichen Eignung
4. Klienten finanzieren die Therapie selbst (keine Verrechnung über die Krankenversicherung)
5. Klienten erhalten in der Regel Hausaufgaben zwischen den Sitzungen
6. Therapeuten lesen die Gutachten der Abklärungsstelle sowie die Verfügung der Administrativbehörde und besprechen den Inhalt mit dem Klienten
7. Therapeuten erstellen eine schriftliche Bestätigung gemäss der Vorlage der VfV zu Händen der Klienten bzw. der Behörde
8. Therapeuten nehmen keine Bewertung der persönlichen Entwicklung des Klienten vor
9. Therapeuten nehmen keine Beurteilung der Fahreignung vor
10. Therapeuten bewahren die Vertraulichkeit und halten sich an die entsprechenden Berufsordnungen.

Verkehrscoaching

Das Verkehrscoaching[5] in der Schweiz ist in Einzelfällen eine sinnvolle Ergänzung im Anschluss an eine Verkehrstherapie. Es bezeichnet die Nachbetreuung von Verkehrsdelinquenten nach dem Erhalt eines positiven Fahreignungsgutachtens. Ist sich der Gutachter bei seiner Entscheidungsfindung unsicher, ob die eingeleiteten Veränderungen des Exploranden stabil sind, kann er ein Verkehrscoaching zur weiteren Betreuung empfehlen. Die verkehrspsychologische Unterstützung bewegt sich in der Regel in einem Zeitraum von sechs bis zwölf Monaten. Die Sitzungen finden monatlich statt und werden im Schnitt alle drei Monate schriftlich bestätigt. Fehlen die regelmässigen Bestätigungen, wird der Führerausweis per Sicherungsentzug entzogen. Entgegen den medizinischen Auflagen zur Abstinenz, welche immer ein Gutachten für die Aufhebung der Massnahme erfordern, ist beim Verkehrscoaching keine nachfolgende Begutachtung mehr vorgesehen. Diese Individualmassnahme weist Ähnlichkeiten zu den Gruppenmassnahmen nach § 70 FeV in Deutschland auf (Kapitel 2.1.1). Inhalt des Coachings ist das Besprechen und Bearbeiten des Fahrverhaltens während jeweils vergangener vier Wochen.

Setzt sich das Verkehrscoaching durch, dann eignet es sich auch für die regelmässige Betreuung von Personen, denen der Führerausweis für mindestens zwölf Monate oder auf unbestimmte Zeit wegen Missachtung von Geschwindigkeitsvorschriften entzogen wurde. Diese erhalten den Führerausweis mit der Auflage zurück, während fünf Jahren nur noch Motorfahrzeuge zu führen, die mit einem Datenaufzeichnungsgerät („Blackbox") ausgerüstet sind. Auch passen würde das Verkehrscoaching für Personen, denen der Führerausweis auf

5 Der Begriff „Verkehrscoaching" grenzt sich stark ab vom selben Begriff in Österreich, der laut § 14 Führerscheingesetz-Durchführungsverordnung (FSG-DV) eine Massnahme im Rahmen von 0,8 bis 1,2 Promille BAK (siehe Kapitel 2.4.2) beschreibt.

unbestimmte Zeit wegen Fahrens in angetrunkenem Zustand entzogen wurde. Diese erhalten den Führerausweis – nach Durchführung einer Therapie und aufgrund einer günstigen Prognose – mit der Auflage zurück, während fünf Jahren nur noch Motorfahrzeuge zu führen, die mit einer Atemalkohol-Wegfahrsperre ausgerüstet sind. Beide Massnahmen sind seit 2012 im Gesetz verankert, es fehlt nur noch die Verordnung, welche die Einzelheiten regelt.

Ausblick – Via-Sicura-Kurse

Der gesetzliche Bundesbeschluss vom 15.6.2012 zur Änderung des Strassenverkehrsgesetzes (Via sicura; Handlungsprogramm für mehr Sicherheit im Strassenverkehr) beschreibt die Pflicht zur Teilnahme an einem obligatorischen Nachschulungskurs, wenn der Führerausweis wegen Fahrens unter Alkohol- oder Betäubungsmitteleinfluss entzogen wird (auch bei Ersttätern, wenn die Blutalkoholkonzentration mind. 0,8 Promille beträgt) oder aus anderen Gründen für mindestens sechs Monate entzogen wird (nur Wiederholungstäter). Aus heutiger Sicht kann mit einer Einführung der Massnahme in den Jahren 2018 bis 2020 gerechnet werden.

2.4.2 Spezifika verkehrspsychologischer Interventionen in Österreich

Bettina Schützhofer, Günter Knessl

Die verkehrspsychologische Intervention hat in Österreich nicht nur im Bereich der Sekundär- und Tertiärprävention im Rahmen der Nachschulung für auffällig gewordene Lenker eine lange Tradition, sondern auch im Bereich der Primärprävention in der Arbeit mit Fahranfängern.

Ab 1977 erhielten die österreichischen Behörden die Möglichkeit, gegenüber alkoholauffälligen Lenkern eine Nachschulungsmaßnahme anzuordnen, was allerdings nur von wenigen Verwaltungsbehörden in Anspruch genommen und regional verschieden gehandhabt wurde. Die unterschiedliche Anordnungspraxis ermöglichte jedoch eine gute Wirksamkeitsüberprüfung der Maßnahme anhand der Rückfallhäufigkeiten durch Parallelisierung der alkoholauffälligen Lenker in Versuchs- und Kontrollgruppe (mit und ohne Nachschulungsanordnung). Aufgrund der sehr guten Evaluationsergebnisse – es kam zu einer Halbierung der Rückfallquote bei den Nachschulungsabsolventen – entschloss sich der Gesetzgeber 1992, Nachschulungskurse für Führerscheinbesitzer in der Probezeit gesetzlich zu implementieren (§ 64a Kraftfahrgesetz – KFG).

Mit Inkrafttreten eines neuen Führerscheingesetzes 1997 wurde der Grundstein dafür gelegt, Nachschulungen auch für Lenker außerhalb der Probezeit verpflichtend einzuführen. Umfassend geregelt wurde dies mit der Führerscheingesetz-Nachschulungsverordnung (FSG-NV) im Jahr 2002. Seither wird in Österreich zwischen drei verschiedenen Nachschulungsarten unterschieden: Nachschulungen für alkoholauffällige Lenker, Nachschulungen für verkehrsauffällige Lenker und Nachschulungen für Lenker mit sonstiger Problematik, die bei drogen- und/oder medikamenteninduzierter Verkehrsteilnahme angeordnet werden. Im Rahmen der Nachschulungen soll das Problemverhalten thematisiert und eine Einstellungs- und Verhaltensänderung im Sinne einer regelkonformen und sicherheitsbewussten Verkehrsteilnahme bewirkt werden.

Nachschulungen finden laut FSG-NV in der Gruppe mit sechs bis elf Teilnehmern statt. Aufgrund der stark zurückgegangenen Nachschulungszahlen (*Tabelle 2.12*) wurde 2014

Tabelle 2.12 **Von den ermächtigten Stellen gemeldete Nachschulungsteilnehmer österreichweit**

Jahr	Anzahl der VPN-Teilnehmer[1]	Differenz[2]	Jahr	Anzahl der VPN-Teilnehmer	Differenz
2003	18 837	–0,3	2009	19 239	0,0
2004	18 777	5,0	2010	17 645	–8,3
2005	19 710	–3,8	2011	18 035	2,2
2006	18 964	7,4	2012	17 385	–3,6
2007	20 374	–5,5	2013	16 219	–6,7
2008	19 247	–0,3	2014	14 664	–9,6

1 VPN = Verkehrspsychologische Nachschulung
2 Veränderung gegenüber dem Vorjahr in Prozent

mit Beschluss des Verkehrspsychologischen Koordinationsausschusses (VK) mit dem Bundesministerium für Verkehr, Innovation und Technologie (BMVIT) akkordiert, dass die Mindestgruppengröße mit der nächsten Novellierung auf drei herabgesetzt wird. Eine Nachschulung umfasst bei Erstauffälligkeit 15 Einheiten zu je 50 Minuten, welche auf vier Termine innerhalb von 22 bis 40 Tagen verteilt werden. Für Kurswiederholer (erneute Anordnung einer Nachschulung desselben Kurstyps innerhalb von fünf Jahren) beläuft sich die Kursdauer auf 18 Einheiten und fünf Termine.

Unter bestimmten Voraussetzungen (z. B. Sprach- oder Kommunikationsschwierigkeiten, individuelle Belastungen, mangelnde Gruppenfähigkeit) darf eine Nachschulung auch in Form von Einzelsitzungen abgehalten werden. Eine Prüfung ist im Zuge des Nachschulungskurses nicht vorgesehen. Um den Nachschulungskurs positiv abzuschließen, sind die nüchterne Teilnahme an allen Sitzungen, ausreichende Mitarbeit und die vollständige Bezahlung der Kursgebühr notwendig.

Benötigt ein auffällig gewordener Lenker sowohl eine verkehrspsychologische Untersuchung als auch eine verkehrspsychologische Nachschulung, so kann beides bei derselben verkehrspsychologischen Stelle absolviert werden. Allerdings ist die verkehrspsychologische Untersuchung vor der Nachschulung durchzuführen, um dem Lenker bei negativem Ausgang der Begutachtung die Möglichkeit zu geben, auf die Nachschulung zu verzichten. Das Ergebnis der verkehrspsychologischen Untersuchung entscheidet nicht über die Nachschulungsanordnung; diese erfolgt laut Gesetz für alle Lenker bei bestimmten Verstößen (siehe *Tabelle 2.13*). Die Untersuchung und die Nachschulung dürfen nicht vom selben Verkehrspsychologen durchgeführt werden. Begutachtungs- und Behandlungsakt sind getrennt.

Zielgruppe und Nachschulungsziele des Kurses für alkoholauffällige Lenker (§ 2 FSG-NV)

Rund 80 % aller Nachschulungen in Österreich werden aufgrund der folgenden drei Alkoholdelikte angeordnet:

1. Erstauffälligkeit mit Alkoholisierungsgrad von 0,6 mg/l Atemalkoholkonzentration (AAK) bzw. 1,2 Promille Blutalkoholkonzentration (BAK) oder mehr

Tabelle 2.13 Überblick über die unterschiedlichen verkehrspsychologischen Interventionen sowie diesbezügliche Rahmenbedingungen in Österreich

Primärprävention	Gesetztes Delikt	Zielgruppe
Verkehrspsychologisches Gruppengespräch und Gefahrenwahrnehmungstraining im Rahmen der Mehrphasenausbildung	keines	alle Fahranfänger betreffend Klasse A un
Sekundärprävention	**Gesetztes Delikt**	**Zielgruppe**
Nachschulungen im Rahmen des Vormerksystems	2 spezifische Vormerkdelikte innerhalb von 2 Jahren gemäß § 30a Abs. 2 FSG	alkohol- und/oder verkehrsauffällige Kraftfahrzeuglenker, welche sogenannte „mittelschwere" Delikte begangen haben
Nachschulungen für alkoholauffällige Lenker	Lenken eines Kfz unter Alkoholeinfluss	Probeführerscheinbesitzer von 0,1 bis 0,79 Promille BAK
Nachschulungen für verkehrsauffällige Lenker	Verkehrsauffälligkeit gemäß §§ 4 Abs. 3 und 24 Abs. 3 FSG	verkehrsauffällige Probeführerscheinbesit
Tertiärprävention	**Gesetztes Delikt**	**Zielgruppe**
Verkehrscoaching	Lenken eines Kfz unter Alkohol- oder Drogeneinfluss	Alkoholauffällige Nicht-Probeführerschei besitzer mit Alkoholisierungen zwischen 0,8 und 1,19 Promille BAK im Falle eines Erstdeliktes Drogenauffällige Nicht-Probeführerschei besitzer im Falle eines Erstdeliktes
Nachschulungen für alkoholauffällige Lenker	Lenken eines Kfz unter Alkoholeinfluss	Nicht-Probeführerscheinbesitzer ab 1,2 Promille BAK im Falle eines Erstdeli Nicht-Probeführerscheinbesitzer ab 0,8 Promille BAK im Wiederholungsfa Probeführerscheinbesitzer ab 0,8 Promille BAK
Nachschulungen für verkehrsauffällige Lenker	Verkehrsauffälligkeit gemäß §§ 4 Abs. 3 und 24 Abs. 3 FSG	Verkehrsauffällige Probeführerscheinbes Sonstige verkehrsauffällige Kraftfahrzeu lenker
Nachschulungen für Lenker mit sonstiger Problematik	Lenken eines Kfz unter sonstigen Beeinträchtigungen (Drogen- oder Medikamenteneinfluss) (§ 24 Abs. 3 FSG)	Probeführerscheinbesitzer bei Erstdelikt Nicht-Probeführerscheinbesitzer bei Verw gerung der Blutabnahme und/oder amts ärztlichen Untersuchungen beim Erstdeli Nicht-Probeführerscheinbesitzer beim Zweitdelikt

Umfang	Dauer	Durchgeführt von	FS-Entzug
Klasse A: 3 Einheiten zu 50 min. Klasse B: 2 Einheiten zu 50 min.	1 Tag	Kursleiter gemäß FSG-NV, Verkehrspsychologen gemäß FSG-GV	nein

Umfang	Dauer	Durchgeführt von	FS-Entzug
6 Einheiten zu 50 min. bei Erstanordnung, eine zusätzliche Einzelsitzung im Umfang von 50 min. im Wiederholungsfall	mind. 8 bis max. 40 Tage	Kursleiter gemäß FSG-NV	nein
15 Einheiten zu 50 min., aufgeteilt auf 4 Termine, bei Erstanordnung 18 Einheiten zu 50 min., auf 5 Termine aufgeteilt, im Wiederholungsfall	mind. 22 bis max. 40 Tage	Kursleiter gemäß FSG-NV	nein
12 Einheiten zu 50 min., aufgeteilt auf 4 Termine, bei Erstanordnung 15 Einheiten zu 50 min., auf 5 Termine aufgeteilt, im Wiederholungsfall plus jeweils eine Fahrprobe, welche als 3 Gruppeneinheiten zählt	mind. 22 bis max. 40 Tage	Kursleiter gemäß FSG-NV	nein

Umfang	Dauer	Durchgeführt von	FS-Entzug
2 Einheiten zu 50 min.	1 Tag	Psychologen gemäß PG oder Kursleiter gemäß FSG-NV	ja
15 Einheiten zu 50 min., aufgeteilt auf 4 Termine, bei Erstanordnung 18 Einheiten zu 50 min., auf 5 Termine aufgeteilt, im Wiederholungsfall	mind. 22 bis max. 40 Tage	Kursleiter gemäß FSG-NV	ja
12 Einheiten zu 50 min., aufgeteilt auf 4 Termine, bei Erstanordnung 15 Einheiten zu 50 min., auf 5 Termine aufgeteilt, im Wiederholungsfall plus jeweils eine Fahrprobe, welche als 3 Gruppeneinheiten zählt	mind. 22 bis max. 40 Tage	Kursleiter gemäß FSG-NV	ja
15 Einheiten zu 50 min., aufgeteilt auf 4 Termine, bei Erstanordnung 18 Einheiten zu 50 min., auf 5 Termine aufgeteilt, im Wiederholungsfall	mind. 22 bis max. 40 Tage	Kursleiter gemäß FSG-NV	ja

2. Wiederholungsdelikt innerhalb von fünf Jahren mit Alkoholisierungsgrad von 0,4 mg/l AAK bzw. 0,8 Promille BAK und mehr
3. Alkoholisierung ab 0,05 mg/l AAK bzw. 0,1 Promille BAK innerhalb der Probeführerscheinzeit.

In § 2 FSG-NV werden die Nachschulungsziele definiert. Der Kurs für alkoholauffällige Lenker soll dazu dienen, die Ursachen für die Nachschulungsanordnung zu erörtern, die persönlichen Einstellungen zu dem gezeigten Fehlverhalten in Bezug zu setzen sowie Möglichkeiten einer Einstellungs- und Verhaltensänderung zu behandeln. Wissenslücken insbesondere über die Wirkung von Alkohol sollen geschlossen werden sowie individuell abgestimmte Verhaltensweisen entwickelt, ausprobiert und ansatzweise stabilisiert werden, um Alkoholkonsumgewohnheiten zu verändern und Trink-Fahr-Konflikte in der Zukunft zu vermeiden. Besonderes Augenmerk wird in diesem Zusammenhang auf die Verbesserung der Selbstkontrollfähigkeiten gelegt.

Demgemäß wird von den Kursteilnehmern gefordert, dass sie nüchtern zu den Kurssitzungen erscheinen. Eine Alkoholisierung von mehr als 0,05 mg/l AAK oder 0,1 Promille BAK führt dazu, dass keine positive Teilnahmebestätigung ausgestellt wird.

Zielgruppe und Nachschulungsziele des Kurses für verkehrsauffällige Lenker (§ 3 FSG-NV)

Nachschulungen für verkehrsauffällige Lenker werden wesentlich seltener als Alkoholnachschulungen angeordnet, nur rund ein Sechstel aller Kursanordnungen entfallen auf diesen Kurstyp. Diese Nachschulungen betreffen großteils Probeführerscheinbesitzer mit Delikten wie Fahrerflucht, Fahren gegen die zulässige Fahrtrichtung, Überholen unter gefährlichen Umständen, Nichtbefolgen von Überholverboten, Überfahren von „Halt"-Zeichen bei geregelten Kreuzungen, Vorrangverletzung, Fahren auf der falschen Richtungsfahrbahn auf Autobahnen, Übertreten der zulässigen Höchstgeschwindigkeit um mehr als 20 km/h innerorts bzw. mehr als 40 km/h außerorts sowie bestimmte strafbare Handlungen gemäß Strafgesetzbuch (StGB), die beim Fahren eines Kfz begangen werden. Während bei Probeführerscheinbesitzern die Nachschulung bereits beim Erstvergehen angeordnet wird, gilt dies für Führerscheinbesitzer außerhalb der Probezeit nur im Wiederholungsfall innerhalb eines bestimmten Zeitrahmens und auch mit zum Teil anderen gesetzlichen Grundlagen. So belaufen sich die Limits bei Überschreitung der zulässigen Höchstgeschwindigkeit außerhalb der Probezeit auf mehr als 40 km/h schneller innerorts und auf mehr als 50 km/h außerorts (vgl. §§ 4 Abs. 3 und 24 Abs. 3 FSG).

Im Rahmen der Nachschulung für verkehrsauffällige Lenker ist zwischen erster und dritter Nachschulungseinheit auch eine Fahrprobe zu absolvieren. Diese erfolgt im Fahrschulfahrzeug auf einer standardisierten Strecke und dauert mindestens 30 Minuten. Optimalerweise wird der Klient nicht nur vom Fahrlehrer beobachtet, sondern auch von anderen Kursteilnehmern. Die Rückmeldungen über die Fahrproben, welche in der Nachschulung besprochen werden, unterstützen über Selbst- und Fremdbeobachtung die Erreichung der Kursziele, insbesondere die realistische Einschätzung des eigenen Fahrstils sowie der Regeleinhaltung und Gefahrenerkennung. Durch die Nachschulung soll der Kursteilnehmer angeregt werden, sein Fehlverhalten zu reflektieren und das Bedingungsgefüge, welches dazu führte, zu erkennen und zu verändern.

Zielgruppe und Nachschulungsziele des Kurses für Lenker mit sonstiger Problematik (§ 4 FSG-NV)

Nachschulungskurse für Lenker mit sonstiger Problematik werden durchgeführt, wenn jemand unter sonstiger Beeinträchtigung (z. B. Drogen- oder Medikamenteneinfluss) ein Fahrzeug in Betrieb genommen hat. Angeordnet wird die Maßnahme bei Probeführerscheinbesitzern beim Erstdelikt, bei Nicht-Probeführerscheinbesitzern beim Zweitdelikt innerhalb von fünf Jahren oder bei Verweigerung der Blutabnahme und/oder der amtsärztlichen Untersuchung. In allen anderen Fällen wird ein Verkehrscoaching vorgeschrieben. Nicht zuletzt aus diesem Grund macht die Gruppe der Nachschulungsteilnehmer von Kursen für Lenker mit sonstiger Problematik nur ein bis zwei Prozent der Kursanordnungen am Gesamtkursgeschehen aus.

Mit den Kursteilnehmern werden passende Verhaltensstrategien erarbeitet und ansatzweise erprobt, um das Lenken eines Kraftfahrzeuges unter sonstiger Beeinträchtigung zukünftig vermeiden zu können. Dies erfolgt über Reflexion und Aufzeigen der hinter dem Missbrauch stehenden Motive und Probleme sowie Aufklärung über Risiken und Gefahren im Straßenverkehr aufgrund von bewusstseins- und verhaltensbeeinträchtigenden Substanzen.

Zielgruppe und Nachschulungsziele der Nachschulung im Rahmen des Vormerksystems (§ 4a FSG-NV)

Mit der Einführung des Vormerksystems im Juli 2005 wurde die rechtliche Grundlage für ein Punkteführerscheinsystem geschaffen, um bei Übertretung bestimmter Verkehrsvorschriften (Berücksichtigung finden dabei 13 „mittelschwere" Delikte) sanktionierend und bewusstseinsbildend Einfluss nehmen und so die Anzahl der Hochrisikolenker und Wiederholungstäter im Straßenverkehr reduzieren zu können. Neben der Bestrafung der Vergehen durch einen Punkteeintrag sowie eine Geldstrafe ist bei wiederholter Regelübertretung innerhalb von zwei Jahren auch eine auf die Delikte abgestimmte bewusstseinsbildende Maßnahme vorgesehen. Diese kann z. B. aus einer Nachschulung, einer Perfektionsfahrt, einem Fahrsicherheitstraining, einem Seminar zur Ladungssicherung oder einem Kurs über geeignete Maßnahmen zur Kindersicherung im Fahrzeug bestehen. Bei drei Vormerkungen innerhalb eines Dreijahreszeitraums wird die Lenkberechtigung für drei Monate entzogen.

Zu den 13 „mittelschweren" Delikten, die keinen unmittelbaren Entzug der Lenkberechtigung zur Folge haben, zählen etwa das Überschreiten der Grenze von 0,05 mg/l AAK bzw. 0,1 Promille BAK für Lkw- und Bus-Führerscheinbesitzer, das Überschreiten der 0,5-Promille-BAK-Grenze (0,25 mg/l AAK) für alle anderen Führerscheinbesitzer außerhalb der Probezeit, die Missachtung einer roten Ampel oder Stopptafel mit Vorrangverletzung, das Befahren von Eisenbahnkreuzungen bei rotem Licht und/oder geschlossener Schranke oder die Unterschreitung des Sicherheitsabstandes auf 0,2 bis 0,39 Sekunden, gemessen mit technischen Geräten.

Den verkehrspsychologischen Interventionen ist dabei die Nachschulung im Rahmen des Vormerksystems hinzuzurechnen, die bei Verstößen gegen die Alkoholgrenzen, bei Unterschreitung des nötigen Sicherheitsabstandes und bei Befahren des Pannenstreifens mit gleichzeitiger Behinderung von Einsatzfahrzeugen sowie bei entsprechenden Deliktkombinationen angeordnet wird. Die Nachschulung im Rahmen des Vormerksystems ist kürzer als die oben vorgestellten Nachschulungen für alkohol- und verkehrsauffällige Lenker sowie für Lenker mit sonstiger Problematik. Sie umfasst sechs Einheiten, aufgeteilt auf zwei Termine. Kurswiederholer (erneute Anordnung einer Nachschulung desselben Kurstyps innerhalb von fünf Jahren) müssen zusätzlich zu den sechs Einheiten ein Einzelgespräch im Ausmaß einer Kurseinheit absolvieren. Die Kursdauer hat acht bis höchstens 40 Tage zu betragen. Die inhaltlichen Anforderungen und Ziele decken sich je nach gesetzten Delikten mit denen der Nachschulung für alkoholauffällige Kraftfahrer gemäß § 2 FSG-NV oder jenen für verkehrsauffällige Lenker gemäß § 3 FSG-NV. Zwei bis drei Prozent aller Nachschulungsanordnungen entfallen auf diesen Kurstyp.

Verkehrscoaching (§ 14 FSG-DV)

2009 wurde der Bereich der Tertiärprävention um das sogenannte Verkehrscoaching erweitert. Die Anordnung einer solchen Maßnahme erfolgt bei einer erstmaligen Alkoholisierung innerhalb der vergangenen fünf Jahre von mehr als 0,4 mg/l AAK oder 0,8 Promille BAK und weniger als 0,6 mg/l AAK oder 1,2 Promille BAK sowie für Personen, die unter Drogen- und/oder Medikamenteneinfluss ein Kraftfahrzeug gelenkt haben und keinen Probeführerschein besitzen. Die Maßnahme teilt sich in zwei Bereiche: Ein Teil wird von Ärzten und Notfallsanitätern abgehalten, ein Teil kann, muss aber nicht von Verkehrspsychologen durchgeführt werden. Der Gesetzgeber fordert an Qualifikationsnachweisen lediglich ein abgeschlossenes Psychologiestudium, weitere Aus- und Weiterbildungen sind für die Berechtigung, ein Verkehrscoaching abhalten zu dürfen, nicht vonnöten. Aus diesem Grund wird es an dieser Stelle der Vollständigkeit halber zwar erwähnt, aber nicht zu den originär verkehrspsychologischen Interventionen gezählt. Demgemäß wird diese Maßnahme auch nicht von verkehrspsychologischen Einrichtungen, sondern von Blaulichtorganisationen abgewickelt.

Verkehrspsychologisches Gruppengespräch im Rahmen der Mehrphasenausbildung (§ 13c FSG-DV)

Um dem besonders hohen Unfallrisiko von Fahranfängern entgegenzuwirken, wurde im Jahr 2003 in Österreich die Mehrphasenausbildung für alle Fahranfänger der Klassen A und B, unabhängig von Alter oder bereits erworbenen Führerscheinklassen, gesetzlich verankert und im Zuge dessen erstmals in der Primärprävention verkehrspsychologische Interventionsmaßnahmen berücksichtigt. Die erste Ausbildungsphase endet mit bestandener Führerscheinprüfung und dem Erhalt der Lenkberechtigung. Innerhalb von zwölf Monaten muss die zweite Ausbildungsphase für die Klasse B und innerhalb von 14 Monaten für die Klasse A abgeschlossen werden.

Die zweite Ausbildungsphase besteht, je nach erworbener Fahrzeugklasse und je nachdem, ob es sich um eine L17 (Erwerb einer vorgezogenen Lenkberechtigung der Klasse B, d. h. Führerschein mit 17 Jahren) oder „reguläre" Führerscheinausbildung handelt, aus ein oder zwei Perfektionsfahrten und einem Fahrsicherheitstraining, in welchem auch ein verkehrspsychologisches Gruppengespräch implementiert ist.

Das Fahrsicherheitstraining umfasst sechs Einheiten à 50 Minuten und setzt sich aus einem theoretischen Teil in der Dauer von höchstens einer Einheit und einem praktischen Teil in der Dauer von fünf Einheiten zusammen. Die Schwerpunkte des Trainings, welches in Gruppen von mindestens sechs und höchstens zwölf Teilnehmern durchgeführt wird, liegen auf der Auseinandersetzung mit den fahrphysikalischen Grenzen sowie den daraus resultierenden Unfallgefahren und einer Unterweisung in die wichtigsten Notreaktionen. Die Durchführung übernehmen eigens geschulte Instruktoren.

Das verkehrspsychologische Gruppengespräch findet für die Klasse B im Ausmaß von zwei Einheiten statt und für die Klasse A im Ausmaß von 1,5 Einheiten. Inhaltlich wird insbesondere auf die je nach Führerscheinklasse typischen Unfalltypen von Fahranfängern sowie die zugrundeliegenden Unfallrisiken unter aktiver Beteiligung der Teilnehmer eingegangen. Darüber hinaus erfolgt eine individuelle Risikobetrachtung hinsichtlich möglicher unfallkausaler persönlicher Schwächen. Darunter fallen z.B. erhöhte Irritierbarkeit und Impulsivität, situationsspezifische reaktive Aggressivität, Selbstüberforderung sowie Alkohol- oder Suchtmittelmissbrauch. Ziel ist es, individuell abgestimmte unfallpräventive Lösungsstrategien auf Basis der persönlichen Stärken und Ressourcen zu erarbeiten.

Zusätzlich ist für die Klasse A im Anschluss an das Gruppengespräch ein Gefahrenwahrnehmungstraining im Ausmaß von 1,5 Einheiten vorgesehen. Dabei wird das Augenmerk auf das richtige Beobachten und Einschätzen von Verkehrssituationen und die damit verbundenen potentiellen Gefahren gelegt. Aufbauend auf der Gefahrenerkennung und -antizipation werden unfallpräventive Verhaltensweisen (z.B. verbesserte selektive Aufmerksamkeit) erarbeitet und besprochen.

Von dieser Maßnahme betroffen waren laut Statistik Austria 2013 rund 83 900 Personen, welche erstmals Besitzer eines Führerscheines für eine oder mehrere Fahrzeugklassen wurden.

Anforderungen an vom Bundesministerium für Verkehr, Innovation und Technologie ermächtigte Nachschulungsstellen (§ 6 FSG-NV)

Nachschulungen dürfen nur in vom Bundesministerium für Verkehr, Innovation und Technologie (BMVIT) ermächtigten Stellen durchgeführt werden. Um eine Ermächtigung zu erlangen, sind einige Voraussetzungen zu erfüllen. Man benötigt eine Organisationsstruktur mit Rechtspersönlichkeit, welche einen bundesweit einheitlichen Nachschulungsablauf sicherstellt. Es müssen des Weiteren in mindestens sechs von neun Bundesländern Niederlassungen mit geeigneten Räumen zur Durchführung von Nachschulungen zur Verfügung stehen. Die Organisation braucht zumindest sechs Kursleiter, die die Voraussetzungen gemäß § 7 FSG-NV erfüllen und deren einheitliche Aus- und Weiterbildung sie sicherstellen muss. Für die Abhaltung der Kurse ist ein geeignetes Kursmodell erforderlich, welches sowohl programm- als auch prozessevaluiert werden muss. Für die Durchführung der Kurse für verkehrsauffällige Lenker, im Rahmen derer auch Probefahrten gemacht werden, ist das Vorhandensein geeigneter Schulfahrzeuge für Nachschulungen nachzuweisen.

Anforderungen an ein Nachschulungsmanual (§ 8 FSG-NV)

Das Nachschulungsmanual einer ermächtigten Stelle setzt sich im Wesentlichen aus zwei Teilen zusammen: 1. dem Qualitätsmanagementteil die Organisation betreffend und 2. dem fachlich inhaltlichen Teil hinsichtlich der Kursdurchführung. Die Führerscheingesetz-Nachschulungsverordnung gibt dafür den Rahmen bzw. die Mindestanforderungen vor. Es steht jeder Stelle frei, sich darüber hinaus z.B. höhere Qualitätsstandards zu setzen.

Tabelle 2.14 Österreichweite relevante Evaluationsstudien im Überblick (nach Kacena, Knessl, Schützhofer & Risser, 2014)

Autoren, Jahr	Typ[1]	Zeitraum[2]	Anzahl TN[3]	RFR[4] mit Kurs	RFR[5] ohne Kurs	Wichtigste Ergebnisse
Michalke, Barglik Chory & Brandstätter (1987)	A B1 B2	27 27 27		15,8 % 12,5 % 10,3 %	30,6 % 30,6 % 30,6 %	Reduktion des Rückfallrisikos um 48,4 % Reduktion des Rückfallrisikos um 59,2 % Reduktion des Rückfallrisikos um 66,3 %
Schützenhöfer & Krainz (1999)	A	36	N = 375	22,7 %	40,4 %	Reduktion des Rückfallrisikos um 43,8 %
Posch (2000)	A	1–1,5[6]	N = 104	–	–	Anstieg des deliktspezifischen Fachwissens Weniger externale Attribuierungen hinsichtlich der Deliktursachen Reduzierung der fatalistischen Verkehrseinstellung Absinken der subjektiv erlebten Trinkfestigkeit Gewinn an Zukunftshoffnung Verbesserte Problemlösestrategien Sehr positive Kursbeurteilung
Christ (2001)	A V DI	±23	N_A = 617 N_V = 378 N_{DI} = 165	24 % 15 % 9 %	–	Psychologische Schwerpunktsetzung in ihrer Bedeutung bestätigt Identifikation von Teilnehmereigenschaften, die mit Rückfälligkeit korrelieren
Schickhofer (2003)	A	1–1,5[6] +1,5[7]	N = 221 N = 67	–	–	Anstieg des deliktspezifischen Fachwissens Höhere Schuldeinsicht Positivere Einstellung zur Nachschulung und zu den gesetzlichen Vorschriften Annahme einer realistischeren Sichtweise der eigenen Fähigkeiten Ursachenzuschreibung verstärkt bei sich selbst
Drexler (2005)	A	1–1,5[6]	N = 147 Follow-up: N = 67	–	–	Verbesserung des Wissens um alkoholspezifische Beeinträchtigungen, Sicherheitsrisiken und gesundheitliche Folgen von problematischem Alkoholkonsum Zunahme sicherheitsorientierter Einstellungen bezüglich Alkohol und Fahren Eigener Alkoholkonsum wird reflektierter und selbstkritischer gesehen Bereitschaft, auf Alkohol angesichts einer bevorstehenden Fahrt zu verzichten, sowie ein generell etwas verringerter Konsum

Autoren, Jahr	Typ[1]	Zeitraum[2]	Anzahl TN[3]	RFR[4] mit Kurs	RFR[5] ohne Kurs	Wichtigste Ergebnisse
Lüftenegger (2006)	A V D	1–1,5[6]	N_A = 285 N_V = 51 N_D = 5	–	–	Anstieg des deliktspezifischen Fachwissens (A, V) Anstieg der Selbstwirksamkeitserwartungen (A) Ursachenzuschreibung verstärkt bei sich selbst (A) Anstieg der emotionalen Stabilität (V) Sehr positive Kursbeurteilung (A, V, D)
Bardodej (2010)	A V	1–1,5[6]	N_A = 360 N_V = 29	–	–	Anstieg des deliktspezifischen Fachwissens Zunahme sicherheitsorientierter Einstellungen Verbesserte Einstellung hinsichtlich Alkoholgrenzen Ursachenzuschreibung verstärkt bei sich selbst Sehr positive Kursbeurteilung Wirksamkeit unabhängig von Herkunft und Muttersprache
Bartl, Urbanek, Chaloupka-Risser, Gfrerer, Ortner, Schrader, Schützhofer, Strauß & Strobl (2010)	A	–[8]	N = 644	–	–	Hohe Einschätzung des Kursnutzens Methoden/Techniken der Kursleiter zu fast 90 % als gut bis sehr gut eingestuft Bedeutsamkeit des persönlichen Nutzens nachgewiesen Kursleiterkompetenz, Kursklima, Gesamtqualität zu 90 % mit gut bis sehr gut beurteilt
Kacena (2011)	V	1–1,5[6]	N = 88	–	–	Anstieg des deliktspezifischen Fachwissens Anstieg der Selbstwirksamkeitserwartungen Anstieg der emotionalen Stabilität Absinken der Risikobereitschaft Sehr positive Kursbeurteilung

1 Nachschulungstyp: A, B1, B2, DI = Alkohol, V = Verkehrsauffälligkeit, D = Drogen (sonstige Problematik)
2 Zeitraum in Monaten
3 Anzahl der Teilnehmer
4 Rückfallrate nach Kursbesuch
5 Rückfallrate ohne Kursbesuch
6 Prä-Post-Test-Design (mind. 22, max. 40 Tage)
7 Prä-Post-Test-Design und Follow-up-Befragung sechs Wochen nach Kursende
8 Befragung nach Kursende

Im Abschnitt „Qualitätsmanagement“ werden die administrativen Abläufe und Verantwortlichkeiten der Stelle sowohl bezogen auf die Klienten als auch bezogen auf die Kursleiter und Mitarbeiter sowie Themen wie die Gewährleistung des Datenschutzes, die Archivierung der Daten, aber auch die Ausbildung der Kursleiter und die Sicherstellung der einheitlichen Weiterbildung, Intervision und Supervision dargestellt. Der fachliche Teil des Manuals muss dem Stand der Wissenschaft entsprechen und grundsätzlich im Hinblick auf die Zielgruppe und die angestrebten darzulegenden Kursziele wirksam sein. Neben den wissenschaftlichen Grundlagen ist auch ein prototypischer Kursablauf mit gegebenenfalls prototypischen Arbeitsunterlagen darzulegen. Die Effizienz des jeweiligen Modells, bezogen auf eine nachhaltige Einstellungs- und Verhaltensänderung, ist mittels Evaluation nachzuweisen. Einen Überblick über österreichische Evaluationsstudien gibt *Tabelle 2.14*.

Aufgrund der gesetzlich vorgegebenen Nachschulungsdauer (bei Nachschulungen nach dem Vormerksystem acht bis 40 Tage, bei allen anderen Nachschulungen 22 bis 40 Tage) basiert die Mehrzahl der derzeit in Österreich zur Anwendung kommenden Nachschulungsmanuale gemäß dem Stand der Wissenschaft in der Kurzzeittherapie auf dem verhaltenstherapeutischen Ansatz, dem Transtheoretischen Modell (TTM; vgl. Prochaska & DiClemente, 1982, 1986) sowie dem Prinzip der motivierenden Gesprächsführung (vgl. Miller & Rollnick, 1999), ergänzt durch kognitive und systemische Elemente sowie gegebenenfalls Methoden aus anderen anerkannten psychotherapeutischen Richtungen.

Anforderungen an die Kursleiter (§ 7 FSG-NV)

Um Nachschulungen durchführen zu können, muss ein Kursleiter folgende Voraussetzungen erfüllen: Er muss Psychologe (gemäß PsychologInnengesetz – PG) sein, mindestens 1 600 Stunden Berufserfahrung auf dem Gebiet der Verkehrspsychologie nachweisen können, davon 160 Stunden Theorie der Verkehrspsychologie im Rahmen der theoretischen Ausbildung, für welche es approbierte Ausbildungsstellen mit approbierten Curricula gibt, und 120 Stunden praktische Erfahrung in Verkehrspsychologie. Des Weiteren sind mindestens 160 Stunden Einführung in therapeutische Interventionstechniken zu absolvieren sowie eine Einschulung in das Kursmodell, welche sich aus 20 Stunden Theorie, zwei Kursen als Co-Trainer und drei Kursen unter Supervision zusammensetzt. Zu guter Letzt benötigt der Kursleiter noch eine Lenkberechtigung für die Klasse B.

Für die Aufrechterhaltung der Berechtigung ist es erforderlich, jährlich acht Arbeitseinheiten zu je 50 Minuten Intervision, Supervision sowie Weiterbildung auf dem Gebiet der Verkehrspsychologie oder angrenzenden Bereichen nachzuweisen. Für die Dokumentation ist die jeweilige ermächtigte Stelle verantwortlich. Kursleiter, die die Erfordernisse nicht erfüllen, dürfen nicht eingesetzt werden. Welche Voraussetzungen gegeben sein müssen, um aus- und weiterbilden zu dürfen bzw. Supervision oder Intervision abhalten zu können, ist ebenfalls gesetzlich geregelt (§ 7 Abs. 2 FSG-NV).

Qualitätssicherung

Neben einem umfangreichen Ermächtigungsverfahren mit sowohl formaler als auch inhaltlicher Qualitätsprüfung durch das BMVIT unter Beiziehung von Experten sorgen die bereits ausführlich beschriebene gesetzlich geregelte umfassende Kursleiterausbildung sowie verpflichtende Weiterbildung, Intervision und Supervision für hohe Qualität

Tabelle 2.15 Anzahl der österreichweit durchgeführten Alkoholtests und daraufhin ausgestellten Anzeigen

Jahr	2006	2014	Differenz
Anzahl der durchgeführten Alkoholtests	466526	1847375	+296 %
Anzahl der erfolgten Anzeigen (§ 5 STVO und § 14 FSG)	43539	33418	−23 %

der Nachschulungsmaßnahme. Diese wird durch ebenfalls gesetzlich vorgeschriebene Evaluation regelmäßig überprüft (siehe dazu auch *Tabelle 2.14*).

Eine österreichische Besonderheit stellt der Verkehrspsychologische Koordinationsausschuss (VK) dar. In diesem treffen sich achtmal jährlich die Vertreter der ermächtigten Institute unter dem Vorsitz eines Vertreters der Fachsektion Verkehrspsychologie des österreichischen Berufsverbandes. Der VK hat als beratendes Gremium des BMVIT unter anderem folgende Aufgaben: Sicherstellung der Aus- und Weiterbildungsveranstaltungen zur Erlangung und Aufrechterhaltung der verkehrspsychologischen Qualifikation im Rahmen von Nachschulungen, Erarbeitung sowie Weiterentwicklung von Qualitätskriterien für fachliche, personelle, räumliche und organisatorische Voraussetzungen von ermächtigten Einrichtungen sowie Erarbeitung von Kriterien und Verfahren für die wissenschaftliche Weiter- bzw. Neuentwicklung verkehrspsychologischer Tätigkeiten (§ 9 FSG-NV).

Mit Stand April 2015 gibt es in Österreich 15 vom BMVIT ermächtigte Institute zur Durchführung von Nachschulungen. Die Kursteilnehmer können zwischen diesen frei wählen. Die Preise sind gesetzlich fixiert.

Die verkehrspsychologischen Interventionsmaßnahmen sind gesetzlich geregelt und im Bereich der Primärprävention für alle Fahranfänger der Klassen A und B verpflichtend. Im Bereich der Sekundärprävention führt eine Nichtbefolgung der Nachschulungs- oder Verkehrscoaching-Anordnung innerhalb einer festgelegten Frist zu einer Führerscheinabnahme bis zur Absolvierung der Maßnahme, im Bereich der Tertiärprävention zu einer verlängerten Führerscheinentzugszeit. Der freiwillige Besuch einer verkehrspsychologischen Interventionsmaßnahme, z.B. zum Punkteabbau wie in Deutschland, ist in Österreich nicht möglich.

Obwohl in den letzten Jahren die Anzahl der durchgeführten Alkomat-Kontrollen stark gestiegen ist, werden immer weniger Lenker alkoholisiert am Steuer angetroffen (vgl. dazu die Daten des BMI in *Tabelle 2.15*). Das Maßnahmenpaket der österreichischen Bundesregierung (verstärkte Überwachung, Strafen, Information und bewusstseinsbildende Maßnahmen auf qualitativ hohem Niveau) scheint gut zu wirken.

Kapitel 3 Methoden verkehrspsychologischer Interventionen

Das Kapitel beschreibt die Hauptmethoden der Diagnostik und der psychologischen Interventionen, wie sie in der Verkehrspsychologie zur Anwendung kommen. Ebenso werden einige forschungsorientierte Grundbegriffe diskutiert, denn sie bilden die Grundlagen aller angewandten verkehrspsychologischen Interventionen in ihren verschiedenen Anwendungsformen. Abschließend wird die Einzel- und Gruppenorientierung verkehrspsychologischer Interventionen methodisch unterschieden und ein Ausblick auf die Allgemeine Psychotherapie nach Grawe (2000) gegeben.

3.1 Diagnostische Methoden

Maritta Zentgraf, Paul Brieler

Der Verkehrspsychologe muss die Schlüsselkompetenz zur Planung und Durchführung der diagnostischen Verfahren zur Beantwortung verkehrspsychologischer Fragestellungen beherrschen. Dies gilt auch bei der therapie- und interventionsbegleitenden Psychodiagnostik zur Evaluation von Interventionseffekten. Der Verkehrspsychologe besitzt die Fähigkeit interventionsbegleitend diagnostische Prozesse zu interpretieren, zu gestalten und diagnostische Entscheidungen zu treffen. Dafür werden folgende Hilfsmittel eingesetzt:

- Begutachtungsleitlinien (Gräcmann & Albrecht, 2014) und Beurteilungskriterien (DGVP & DGVM, 2013) für Fahreignung
- Theoriebasierte verkehrspsychologische Exploration
- Systeme für Eignungsdiagnostik, Normen und Grenzwerte
- Leistungstests
- Persönlichkeitstests
- Computergestützte verkehrspsychologische Testsysteme.

Die Entwicklung von psychodiagnostischen Verfahren in der verkehrspsychologischen Intervention steht nicht am Anfang. Es muss Bezug genommen werden auf die Begutachtungsleitlinien und auf die Beurteilungskriterien. Darüber hinaus existieren keine gültigen Standards für verkehrspsychologische Diagnostik in der verkehrspsychologischen Intervention. Verfahren zur Persönlichkeits- und Indikationsdiagnostik, Abschätzung der Prognose, Prä-Post-Messung von Effekten, zur Prozess- und Veränderungsdiagnostik aus der psychotherapieorientierten Psychodiagnostik können relativ beliebig übernommen und eingesetzt werden. Es wäre jedoch sinnvoller, am Gegenstand der verkehrspsychologischen Intervention orientierte neue, die verkehrspsychologische Veränderungsmessung besser fundierende Testverfahren zu entwickeln oder bestehende Verfahren adäquat für die verkehrspsychologischen Fragestellungen zu adaptieren (Herzberg, 2010).

Die Diagnostik innerhalb der verkehrspsychologischen Intervention bei Leistungsdefiziten verfügt jedoch über entwickelte apparative Verfahren (Testverfahren und computergestützte psychodiagnostische Systeme, z. B. Wiener Testsystem, Corporal), mit denen verkehrsspezifische Leistungsparameter valide erfasst werden können (Kapitel 3.1.4).

Im Rahmen der anlassspezifischen Begutachtung müssen die Gutachter die Grundsätze zur Durchführung der Untersuchung und zur Gutachtenerstellung (vgl. Anlage 4a FeV) unter Zugrundelegung der aktuellen Fassung der „Begutachtungsleitlinien zur Kraftfahreignung“ (Gräcmann & Albrecht, 2014) einhalten. Entsprechendes muss auch für all jene Fachleute (Fahreignungsberater, Verkehrspsychologen) gelten, deren Auftrag darin besteht, ihren Klienten die Voraussetzungen für langfristig stabil veränderte Einstellungen und Verhaltensweisen zu vermitteln. Konkretisiert sind die Eignungsanforderungen in den Beurteilungskriterien (DGVP & DGVM, 2013), die sich am Stand von Wissenschaft und Technik orientieren.

In der verkehrspsychologischen Diagnostik greift der Gutachter auf mehrere Informationsquellen zurück. Dies sind die Aktenanalyse, das psychologische Untersuchungsgespräch (Exploration), die Analyse weiterer bereitgestellter Unterlagen, die Verhaltensbeobachtung und Daten aus Testergebnissen. Verschiedene Ergebnisse sollen im Rahmen des Begutachtungsprozesses integriert werden, wobei sich einzelne Ergebnisse bestätigen, relativieren, differenzieren oder einander widersprechen können (Undeutsch, 1990).

Auch im Rahmen der verkehrspsychologischen Fahrerlaubnisberatung und weiterführender Interventionen zur Fahreignungsförderung ist ein diagnostischer Prozess in Form einer Indikations- sowie Ausschlussdiagnostik notwendig, um dem Ratsuchenden die notwendige und angemessene Intervention zu empfehlen. In den Beurteilungskriterien wird auf die unterschiedliche Qualität von Diagnosekriterien, Prognosekriterien und Prüfkriterien hingewiesen:

- Die Diagnosekriterien begründen die Aussage, welche Hypothese bei dem Probanden zutreffend ist. Es erfolgt anlassbezogen eine Einordnung gemäß festgestelltem Schweregrad, es sei denn, in der Begutachtung konnten die notwendigen Befunde nicht erhoben werden und/oder diese waren nicht verwertbar (Hypothese 0). Auch in der verkehrspsychologischen Fahrerlaubnisberatung und in Interventionen zur Fahreignungsförderung hat die „Bagatellisierung“, also die Verleugnungstendenz bei Menschen mit Verhaltensproblemen z. B. bezüglich eines Suchtmittels, einen besonderen Stellenwert. In der Diagnostik bei Suchtmittelauffälligen wird dieses Kontaktphänomen oftmals als Anzeichen eines vorhandenen schwerwiegenden Alkohol- und/ oder Drogenproblems aufgefasst, welches besonders in der Kontaktphase auftritt. Die Bagatellisierung stellt, anders als in der Fahreignungsbegutachtung, nicht zwingend ein Ausschlusskriterium dar. Sich offen und ehrlich, ohne Verleugnungstendenzen, seinem Missbrauchsverhalten zu stellen, ist immer auch Ausdruck der Qualität der therapeutischen Beziehung. Allerdings führt eine fortgesetzte Verleugnung über mehrere Einzelsitzungen hinweg zu einem Abbruch der Maßnahme, da diese dann nicht zielführend ist.
- Die Prognosekriterien begründen die Aussage, inwieweit der Proband die Forderungen an Einsichts- und Veränderungsprozessen, die unter der Hypothese subsumiert

sind, erfüllt. Ist mindestens eines dieser Kriterien *nicht* erfüllt, wird dies zu einer insgesamt negativen Beurteilung führen. Bei der Überprüfung von Prognosekriterien in der verkehrspsychologischen Fahreignungsberatung entscheidet sich, ob bzw. mit welchem Aufwand und mit welchen konkreten Interventionen die Fahreignung wiederherstellbar ist.

- Die Prüfkriterien begründen die Aussage, inwieweit die Eignung medizinisch und psychophysisch gegeben ist bzw. Eignungsdefizite im Rahmen eines §-70-Kurses behoben werden können. Gutachter schließen ihr Gutachten mit einem positiven oder einem negativen Ergebnis ab. Im letzteren Fall können sie auch die Teilnahme an einem anerkannten Kurs zur Wiederherstellung der Kraftfahreignung gemäß § 70 FeV empfehlen. Fahreignungsberater müssen für den Fall eines entsprechenden diagnostischen Ergebnisses gemeinsam mit dem Klienten abwägen, ob eine kosten- und zeitaufwendige Intervention im Vorfeld einer Begutachtung angemessen ist. Auf andere Alternativen (z. B. auf Möglichkeiten einer medizinischen oder psychotherapeutischen Rehabilitation) ist hinzuweisen.

Verkehrspsychologen müssen klare, fachlich begründete Kriterien formulieren können, die eine Intervention nicht zulassen bzw. bei Bekanntwerden im Verlauf einer verkehrspsychologischen Intervention zur Fahreignungsförderung zu einem Abbruch derselben führen. Folgende Ausschlusskriterien sind z. B. für die Einzelintervention (IFS, 2000) zu prüfen:

- Wenn auffällig erhöhte Laborwerte (Gamma-GT, GOT, GPT, MCV) aus medizinischer Sicht auf einen aktuellen exzessiven Alkoholmissbrauch verweisen, kann der Betreffende an der Maßnahme nicht teilnehmen. Ihm wird empfohlen, über einen Zeitraum von mindestens drei Monaten alkoholabstinent zu leben und sich dann erneut vorzustellen.
- Wenn sich während der Beratung eindeutige Hinweise ergeben, die auf einen fortgesetzten Alkoholmissbrauch verweisen, und der Klient zudem auch im Verlauf der Beratung nicht zu einem in Ansätzen vorhandenen Bewusstsein seines problematischen Alkoholkonsums gelangen kann.
- Wenn intellektuelle, soziale oder medizinische Defizite in einem Ausmaß vorliegen, die eine erfolgreiche Teilnahme an der Maßnahme als unwahrscheinlich erscheinen lassen (Obdachlosigkeit, soziale Entwurzelung, massive gesundheitliche Folgesymptomatik).
- Wenn andere massive primär behandlungsbedürftige psychische Störungen vorliegen (z. B. Psychosen, Persönlichkeitsstörungen).
- Wenn ein Abhängigkeitssyndrom (Beurteilungskriterien Hypothese A 1/D 1) oder eine Persönlichkeitsstörung (Beurteilungskriterien Hypothese V 1) diagnostiziert wurde, die nicht klinisch behandelt wurde.

Darüber hinaus scheinen Klienten ungeeignet, wenn

- ihre Lebenssituation nicht änderbar ist,
- ihr sozialer Umgang das problematische Verhalten unterstützt bzw. von diesem profitiert,
- sie mit ihrer Art zu leben zufrieden sind und keinerlei Änderungsmotivation mitbringen,

- ihr Verhalten mehr die Umgebung als sie selbst belastet,
- sie die unabänderlichen Tatsachen nicht als solche akzeptieren oder
- ihnen grundlegende Fähigkeiten der verbalen Kommunikation bzw. sozialen Kompetenz fehlen.

Im Sinne einer prozessualen Diagnostik, auch im Fall der Ausschlussdiagnostik, sollte bei nicht eindeutigen kritischen Fällen die Möglichkeit eröffnet werden, mit dem interessierten Klienten bis zu drei Probestunden zu vereinbaren, nach deren Abschluss die endgültige Entscheidung über Teilnahme oder Nichtteilnahme im Einvernehmen steht. Bei „mandated clients", d.h. bei Klienten, die z.B. aufgrund eines Gerichtsbeschlusses an einer verkehrspsychologischen Intervention teilnehmen müssen, sind positive Veränderungen der Motivation möglich.

Die Diagnostik innerhalb einer verkehrspsychologischen Fahrerlaubnisberatung oder weiterführenden Intervention zur Fahreignungsförderung kann als Informationssammlungsprozess zur Zielgenerierung und Therapieplanung (Kanfer et al., 2007) verstanden werden. Die in der Diagnostik aufgestellten Hypothesen werden im Verlauf der Interventionen bestätigt, verworfen oder korrigiert. Insgesamt handelt es sich um einen Problemlöseprozess, in dessen Mittelpunkt die Problemanalyse (Was ist das zu verändernde Problem/Anliegen/Auftrag?) steht.

Ziel der diagnostischen Phase zu Beginn der verkehrspsychologischen Intervention ist die Erarbeitung einer Problemanalyse, eines Interventionsplans und des angestrebten Zielzustands.

Die Beachtung der speziellen Verhaltensmerkmale und funktionalen Bedingungen des als problematisch bewerteten Verhaltens sind zentral.

- *Zielanalyse*: Welche Verhaltensmuster verlangen eine Veränderung hinsichtlich ihrer Auftrittswahrscheinlichkeit, ihrer Intensität, ihrer Dauer oder Bedingungen?
- *Problemanalyse*: Welches sind die Bedingungen, unter denen das Verhalten erworben wurde, was sind die aufrechterhaltenden Bedingungen?
- *Interventionsplanung*: Welches sind die praktikabelsten Mittel, um die erwünschten Veränderungen zu erzielen?

Die individuelle Analyse der Probleme des Klienten (sog. Problemanalyse) ist mit den Fragen verknüpft, welche Problembereiche und welche Bedingungen für die Entstehung und Aufrechterhaltung der Probleme von Bedeutung sind. Erarbeitete Ziele sollen mithilfe der verkehrspsychologischen Intervention erreicht werden können. Daran schließt sich die Veränderungsplanung an. In der Erfolgsprüfung wird eine Bewertung der Veränderung vorgenommen. Bleiben die anvisierten Effekte/Ziele aus, bedarf es einer Überprüfung der Interventionsplanung, der eingesetzten Methoden und Techniken, aber auch der Problemstellung/-analyse und der Interventionsziele.

Dem Klienten kommt auch im diagnostischen Prozess eine aktive Rolle zu. Insofern ist auch der Prozess der Informationsgewinnung transparent zu gestalten. Die eingesetzten Verfahren haben neben der Informationsgewinnung zusätzlich schon verhaltensbeeinflussenden Charakter (Trinkprotokolle, Selbstbeobachtungsbögen, biografische Trinkkurven usw.).

3.1.1 Analyse von bereitgestellten Unterlagen

Für behördliches und für gutachterliches Handeln sind die Akten- und die Vorgeschichtsanalyse wichtig. Die Fahrerlaubnisbehörde entscheidet auf Grundlage der ihr bekannt gewordenen Tatsachen, z. B. aufgrund von Informationen aus dem Bundeszentralregister und Fahreignungsregister, ob Eignungszweifel begründet sind, und formuliert die entsprechenden gutachterlich zu klärenden Fragen. Sie übersendet bei Einverständnis des Betroffenen die Fahrerlaubnisakte an die ausgewählte begutachtende Stelle.

„Für den Gutachter finden sich in der Akte der Behörde häufig bereits wichtige Hinweise auf die Ausprägung einer Problematik und die Etablierung von Verhaltensgewohnheiten. Der Gutachter wird daher die Verkehrsakte sorgfältig auswerten, um sich wiederholende Muster im Verhalten und die Etablierung von Verhaltensgewohnheiten zu erkennen“ (DGVM & DGVP, 2013, S. 71).

Die Diagnosekriterien beziehen sich ganz wesentlich auf das Verhalten in der Vergangenheit. Für die Diagnostik im Rahmen der Fahreignungsberatung bzw. verkehrspsychologischen Intervention ist es daher wichtig, den Inhalt der Fahrerlaubnisakte zu kennen. Gemäß § 2 StVG ist die Übermittlung nur an die anerkannten Stellen geregelt, sodass eine Zusendung der Akten zu Zwecken der Beratung und Intervention nicht erwartet werden kann. Der Betroffene selbst hat jedoch das Recht, vor Ort Einblick in seine Fahrerlaubnisakte zu nehmen; auch sind Fahrerlaubnisbehörden häufig bereit, diesem die relevanten Unterlagen zu kopieren. Es kann aber auch ein Rechtsanwalt eingeschaltet werden, der die Fahrerlaubnisakte anfordert und den Inhalt auswertet.

Folgende wichtige Informationsquellen finden sich in den Fahrerlaubnisakten:

- *Auszug aus dem Bundeszentralregister (BZR)*: Enthält Angaben über Verurteilungen mit Bezeichnung der Tat(en), Tatzeitpunkt, Rechtskraft und Rechtsfolgen, Bewährungshilfe, vorzeitige Aufhebung einer Fahrerlaubnissperre, gerichtliche Feststellungen zur Betäubungsmittelabhängigkeit, Entscheidungen von Verwaltungsbehörden usw.
- *Auszug aus dem Fahreignungsregister (FAER)*: Enthält Angaben zu den verkehrsrelevanten Auffälligkeiten mit detaillierten Angaben zum Tag, Zeitpunkt und Ort der Verstöße gegen verkehrsrechtliche Bestimmungen, Punktebewertungen (inkl. Teilnahme an (besonderen) Aufbauseminaren, verkehrspsychologischer Beratung oder Fahreignungsseminar) sowie Maßnahmen der Fahrerlaubnisbehörde (u. a. Erteilung, Entziehung bzw. Versagung der Fahrerlaubnis) bzw. der Strafverfolgungsbehörden (z. B. vorläufige Entziehung der Fahrerlaubnis).
- *Auskünfte aus dem Zentralen Fahrerlaubnisregister (ZFER)*: Historie der Fahrerlaubnisse nach Klassen, evtl. Angaben über ausländische Fahrerlaubnisse, Personendaten, Auflagen, Beschränkungen, Probezeit und Fahrerlaubnis zur Personenbeförderung.
- *Vorgutachten*: Positive Vorgutachten bieten, erneute Auffälligkeit(en) vorausgesetzt, Anknüpfungspunkte für die Fragestellung, warum der Betroffene die zum damaligen Zeitpunkt genannten Voraussetzungen bzw. Veränderungen nicht wirksam hat umsetzen können, negative Vorgutachten den Stand der Reflexionsfähigkeit und Veränderungstendenzen. Zudem können Vorgutachten Angaben zu bereits getilgten Straftaten bzw. Ordnungswidrigkeiten oder zu früheren Klinikaufenthalten entnommen werden.

Sind Vorgutachten in der Fahrerlaubnisakte enthalten, so sind in der verkehrspsychologischen Intervention daraus Konsequenzen abzuleiten.

- *Auszüge aus Gerichtsakten*: Wichtige Informationsquellen stellen die ärztlichen Unterlagen zur Blutentnahme dar, aus denen sich der Zustand des Betroffenen sowie die ärztliche Einschätzung entnehmen lassen. Weiter können Zeugenaussagen bedeutsam sein, gerade wenn der Richter diesen gefolgt ist und die Darstellung des Klienten – immer noch – wesentlich von diesen abweicht.
- *Berichte der Polizei*: Die Polizei ist gemäß § 2 Abs. 12 StVG verpflichtet, fahreignungsrelevante Tatsachen, die ihr bekannt geworden sind, der Fahrerlaubnisbehörde zu übermitteln. Auch wenn es nicht zu einem Ordnungswidrigkeiten- oder Strafverfahren gekommen ist, sind Informationen z. B. über Ruhestörungen oder Beziehungsauseinandersetzungen unter Alkoholeinfluss bedeutsam.
- *Aktenvermerke*: Die wesentlichen Inhalte von Kontakten, also von Telefonaten oder persönlichen Gesprächen mit dem Betroffenen oder auch mit Angehörigen, werden in Aktenvermerken festgehalten.
- *Eigene Einlassungen des Klienten*: Z. B. Schriftverkehr, auch anwaltliche Schreiben.

Auch wenn behördenseitig ein Verwertungsverbot bestehen sollte, kann es sich ergeben, dass ein fachkundiger Verkehrspsychologe durchaus zu erkennen vermag, ob zu einem früheren Zeitpunkt bereits eine Fahrerlaubnisentziehung oder eine Eignungsbegutachtung erfolgt war.

„[...] schon die bloße Kenntnis vergangener Ereignisse kann für ihn eine große Hilfe sein, um z. B. bestimmte Entwicklungsprozesse, die beim zu Untersuchenden im Laufe der Jahre abgelaufen sind, besser verstehen und derzeitige Einstellungen und Verhaltensweisen, die für die Fragestellung relevant sind, zuverlässiger bewerten zu können" (Zuschlag, 1992, S. 97).

Ein Verwertungsverbot bereitgestellter Unterlagen gibt es im Rahmen verkehrspsychologischer Interventionen nicht. Grundsätzlich ist dem Klienten zu empfehlen, offen zu der eigenen Vergangenheit zu stehen, also im Verlauf der späteren Begutachtung auch Tatsachen, die nicht Bestandteil der Fahrerlaubnisakte sind, den Gutachtern mitzuteilen. Betroffene erwarten möglicherweise Nachteile aus diesen Informationen. Von verkehrspsychologischer Seite ist darauf hinzuweisen, dass dies im Gegenteil als Beispiel für eine nachhaltige Aufarbeitung gewertet werden kann, gerade wenn dadurch Entwicklungsprozesse besser nachvollzogen werden können.

3.1.2 Medizinische Befunde (inklusive Toxikologie)

Ein verkehrspsychologisch relevanter medizinischer Befund muss in der Beratung in Betracht gezogen werden: So *„gibt es kaum ein Fehlverhalten eines Kraftfahrers, das nicht auch eine Krankheit zur Ursache haben kann"* (Lewrenz et al. 2006, S. 115). Beispielsweise könnte eine demenzielle Erkrankung (bei Abwesenheit anderer Erklärungsansätze) sowohl den Grund darstellen, warum es einem ansonsten sicherheitsbewussten Kraftfahrer ohne frühere Verkehrsauffälligkeiten nicht mehr gelingt, Geschwindigkeitsbegrenzungen stabil einzuhalten, als auch erklären, warum es im Interventionsprozess immer wieder zu Redundanzen kommt, die letztlich Zweifel an der kognitiven Leistungsfähigkeit begründen.

Ein medizinischer Check-up ist in jedem Fall empfehlenswert. Dafür bieten sich besonders Fachärzte mit verkehrsmedizinischer Qualifikation an, da diesen die Problematik der Neuerteilung einer Fahrerlaubnis bekannt ist. Bei hausärztlich vorzunehmenden Untersuchungen, die Klienten häufig aus finanziellen Erwägungen vorziehen, ist eindrücklich auf eine kritische Untersuchungs- und Beurteilungspraxis hinzuweisen. Die Untersuchung sollte bei suchtmittelbezogenen Fragestellungen immer auch einen Laborstatus umfassen. Bei normabweichenden Werten ist eine medizinisch fundierte Klärung der Noxe(n) notwendig.

Zur Klärung der Voraussetzungen für eine positive gutachterliche Prognose kann es sinnvoll sein, weitere medizinische Unterlagen beizuziehen. So können Vorbefunde, z.B. frühere Laborbefunde, eine Verlaufsbeurteilung, beispielsweise eines veränderten Trinkverhaltens, ermöglichen. Dazu ist ein Befund mit Stempel und Unterschrift des ausstellenden Arztes erforderlich. Eine offizielle Befundanforderung auf Basis einer Schweigepflichtentbindung erscheint im Regelfall nicht notwendig, da der Klient sich die relevanten Berichte und Unterlagen selbst von den behandelnden Ärzten in Kopie besorgen kann. Auch Entlassungsberichte von Kliniken sind Bestandteil der Patientenakte beim behandelnden Arzt, in der Regel dem Hausarzt.

Generell bei einer Drogenfragestellung, aber auch bei einer Alkoholfragestellung, wenn die Betroffenen in die Hypothesen A 1 oder A 2 einzuordnen sind, muss gemäß den Beurteilungskriterien die mindestens anzusetzende Dauer einer drogen- und/oder alkoholabstinenten Lebensweise durch Teilnahme an einem forensisch gesicherten Abstinenzkontrollprogramm gemäß den CTU-Kriterien (DGVM & DGVP 2013, S. 262 ff.) als eine wesentliche Voraussetzung für ein medizinisch-psychologisches Gutachten mit positiver Prognose belegt werden. Ein solches Abstinenzkontrollprogramm sollte z.B. bei einer amtlich anerkannten Begutachtungsstelle für Fahreignung durchgeführt werden. Zu beachten ist, dass das Beratungsverbot durch Gutachter auch die Ärzte und das Hilfspersonal betrifft, wenn diese auch im Rahmen der medizinisch-psychologischen Begutachtung der Kraftfahreignung gutachterlich tätig sind. Daher muss ein Klient bei Beauftragung einer kontrollierenden Stelle klar angeben können, welcher Abstinenzzeitraum durch das Abstinenzkontrollprogramm belegt werden soll. Die Empfehlung hierzu erhält der Klient durch den Verkehrspsychologen in der Regel in der Fahreignungsberatung.

Lewrenz betont, es falle *„dem Betroffenen – aus welchen Gründen er auch zur Begutachtung erscheinen musste – leichter, über seine medizinische als [...] über seine verhaltenspsychologische Vorgeschichte, bezogen auf den Straßenverkehr, zu berichten“* (Lewrenz et al., 2006, S. 114). So kommt es häufig zu laienhaften Begründungen. Das Verhalten am Tag der Auffälligkeit wird als Einzelfall dargestellt, z.B. dass eine Medikamenteneinnahme maßgeblich verantwortlich für die Höhe der Blutalkoholkonzentration gewesen sei. In diesem Fall ist es notwendig, die eingenommenen Medikamente zu erheben und auf ihre Relevanz zur Kraftfahreignung sowie die Verhaltensregeln zur Einnahme hin zu prüfen (Rote Liste[1]).

Bei Medikationen, die einen Verzicht auf Alkohol erfordern, muss von einer erfolgten Aufklärung durch den behandelnden Arzt ausgegangen werden bzw. diese ist zu

---

1 Die Rote Liste, ein Arzneimittelverzeichnis der in Deutschland erhältlichen Medikamente, steht Ärzten, Apothekern und Kliniken in gedruckter Form und online jeweils kostenlos zur Verfügung, ist aber auch über den Buchhandel zu beziehen.

hinterfragen: „*Bei jeder Gabe von Medikamenten ist der Patient über die Risiken und Nebenwirkungen vollumfänglich aufzuklären. Diese Aufklärung umfasst auch jede verkehrsmedizinisch relevante Beeinträchtigung hinsichtlich der Teilnahme am Straßenverkehr*“ (Hentschel, 2007, S. 102). Auch muss erwartet werden können, dass vor einer Medikamenteneinnahme der Beipackzettel beachtet wird. Die Beratungskunden sind diesbezüglich entsprechend in Kenntnis zu setzen, falls sie unwissend sein sollten.

3.1.3 Verkehrsvorgeschichte

Die biografische Anamnese ist Teil der diagnostischen Erhebung durch Exploration (Kapitel 3.1.4). Diese kann mithilfe eines Fragebogens vorbereitend unterstützt werden, der Angaben zur persönlichen Entwicklung, zur aktuellen Situation sowie zur Verkehrsvorgeschichte (z.B. Unfälle, Punktebelastung, Fahrerfahrung, Fahrzeugtypen, Fahrstil, überwiegend private oder berufliche Nutzung des Fahrzeugs usw.) enthält. „*Aus den Angaben können sich verhaltensdiagnostisch gesehen wertvolle Hinweise dafür ergeben, ob es einen Zusammenhang gibt zwischen allgemein biographischen Daten und den spezifischen Daten zur Verkehrsanamnese*“ (Lewrenz et al., 2006, S. 117).

In der Verkehrsvorgeschichte muss unter anderem erhoben werden, ob in der Vergangenheit Strafverfahren mit Relevanz für die Fahreignung anhängig waren (z.B. Betrug, Körperverletzung, Diebstahl mit und ohne Kfz) oder ob aktuell noch Verfahren, die für die Beurteilung der Kraftfahreignung relevant sein könnten, anhängig sind. Weiterhin sind bei einer verkehrsrechtlichen Vorbelastung frühere Schulungsmaßnahmen wie z.B. die Teilnahme an (besonderen) Aufbauseminaren, verkehrspsychologischen Beratungen, Fahreignungsseminaren, Kursen zur Wiederherstellung der Kraftfahreignung bzw. zur Abkürzung der gerichtlichen Sperrfrist oder an verkehrspsychologischen Therapien zu erheben, um im Folgenden zu klären, weshalb diese nicht wirksam gewesen sind. Bei Maßnahmen aus dem geregelten Bereich kann z.B. eine zum damaligen Zeitpunkt nicht vorhandene Motivation dazu geführt haben, sich eher oberflächlich mit den angebotenen Inhalten auseinanderzusetzen. Auch Bescheinigungen aus dem nicht geregelten Bereich verdienen Beachtung (Kapitel 3.1.1).

Insgesamt kommt es bei der Erfassung der Vorgeschichte darauf an, wesentliche verkehrsrelevante Informationen zu gewinnen, um daraus Schlussfolgerungen für Umfang, Inhalte und Besonderheiten der verkehrspsychologischen Intervention zu ziehen. Die Erhebung der Vorgeschichte trägt insbesondere auch zur Herstellung einer stabilen therapeutischen Beziehung für die Intervention bei.

3.1.4 Testverfahren für Leistung und Persönlichkeit

Margit Herle, Udo Kranich

Psychodiagnostische Verfahren werden im Rahmen der Verkehrspsychologie hauptsächlich eingesetzt, um Leistungs-, Einstellungs-, Verhaltens- und Persönlichkeitsbesonderheiten bei potenziellen Risikofahrern aufzuzeigen. Sie dienen auch der Eignungsuntersuchung von „Fahrern mit erhöhter Verantwortung“ (Berufskraftfahrer Klasse C, Fahrerlaubnis zur Fahrgastbeförderung, Fahrer von Gefahrengut- und Schwertransporten, Fahrlehrer).

Eine Überprüfung von Leistungseinbußen und Fehleinstellungen von Kraftfahrern wird zumeist verlangt bei

- aktenkundigen Verkehrsauffälligkeiten (z.B. Alkohol- oder Substanzmissbrauch, wiederholte massive Geschwindigkeitsüberschreitungen),
- Zweifeln an einer ausreichenden kognitiven oder körperlichen Leistungsfähigkeit (z.B. nach einer neurologischen Erkrankung, bei altersbedingtem Leistungsabbau oder bei Verdacht auf mangelnde geistige Reife),
- Zweifeln an einer ausreichenden psychischen Eignung (z.B. bei psychiatrischen Auffälligkeiten oder bei auffällig häufigem Führerscheinprüfungsversagen).

Operationalisierung in der verkehrspsychologischen Diagnostik

In der verkehrspsychologischen Diagnostik wird mithilfe einer evidenzbasierten Aggregation von Fähigkeits- und Persönlichkeitsaspekten die Voraussetzung für das sichere Lenken eines Kfz überprüft. Hier stößt man auf ein Hauptproblem nicht nur der verkehrspsychologischen, sondern allgemein der psychologischen Diagnostik: Die Wahrheitswerte einer Theorie müssen potenziell bestimmbar sein. Niemand hätte wohl Probleme, die Aussage *„Person X ist schwerer als Person Y“* als Aussage mit Wahrheitswert anzuerkennen, da jede Waage den Wahrheitswert zutage fördert. Die Aussage, *„Person A ist ein besserer Autofahrer als Person B“* ist dagegen wesentlich schwieriger zu verifizieren, da man erst wissen muss, was einen „guten“ Autofahrer ausmacht und wie man den Wahrheitswert dieser Aussage ermitteln kann. Es geht also darum, die Fahreignung messbar zu machen.

Exploration

In der Exploration, einem wesentlichen Instrument verkehrspsychologischer Diagnostik in der Begutachtung sowie in der Intervention, folgt der Diagnostiker einem strukturierten oder semi-strukturierten Leitfaden, um Informationen zu erheben, die für die gegebene Fragestellung relevant sind. Erhoben werden dabei soziodemografische und entwicklungsgeschichtliche Daten und die Verkehrsvorgeschichte genauso wie die Erlebniswelt des Klienten. Die dabei gewonnenen Informationen werden gewichtet, fachlich interpretiert und in ein Gesamtbild gefügt (vgl. dazu auch Undeutsch, 1990; Chaloupka-Risser, Risser & Zuzan, 2011). In der Exploration können aufgrund der hohen Anforderung an die verbale Kompetenz des Verkehrspsychologen, der unterschiedlichen Befragungstechniken sowie angesichts möglicher Übertragungsphänomene Störfaktoren (z.B. Suggestionen) auftreten, wodurch die Daten subjektiv gefärbt werden können. Explorative Daten besitzen nur einen eingeschränkten Grad der Gültigkeit (Wagner & Kranich, 2011). Auch um etwaige subjektive Verzerrungen in der Exploration festzustellen, sind zusätzlich testdiagnostische Methoden sinnvoll.

Leistungstestverfahren

Leistungstestverfahren betreffen kognitive und sensomotorische Aspekte der Determination des Fahrverhaltens. Neben den allgemeinen Leistungstestverfahren existieren spezifische verkehrspsychologische Testentwicklungen, die routinemäßig im Rahmen der MPU eingesetzt werden. Sie sind insbesondere bei Alkohol- und Drogenfragestellung, aber auch bei gesundheitlichen Beeinträchtigungen von Relevanz. Die Psychologie hält umfangreiches Wissen über die Prozesse bereit, die beeinträchtigt sein können: Wahrnehmung, Aufmerksamkeit, Arbeitsgedächtnis, räumliches Vorstellen sind kognitive Funktionen, die durch leistungspsychologische Tests erfasst werden können. Die psychische Leistungsfähigkeit wird mit geeigneten, objektivierbaren psychologischen Testverfahren untersucht. Ausschlaggebend ist, ob die Mindestanforderungen erfüllt werden. Zweifel an der psychischen Leistungsfähigkeit können sich ergeben wegen einer Minderung der optischen Orientierung, der Konzentrationsfähigkeit, der Aufmerksamkeit, der Reaktionsfähigkeit und der Belastbarkeit.

„*Psychische Leistungsmängel können sich folgendermaßen auswirken:*

- *Optische Informationen werden in ihrem Bedeutungsgehalt nicht ausreichend schnell und sicher wahrgenommen.*
- *Die Zielorientierung im jeweiligen optischen Umfeld, d. h. im Verkehrsraum, gelingt nicht oder nicht sicher oder nur mit einem so deutlich erhöhten Zeitaufwand, dass daraus in der konkreten Verkehrssituation eine Gefährdung entstehen würde.*
- *Die Konzentration ist zeitweilig oder dauernd gestört in der Weise, dass die jeweils anstehende Fahraufgabe aufgrund von Abgelenktsein oder Fehldeutungen verkannt oder fehlerhaft gelöst wird.*
- *Die Aufmerksamkeitsverteilung ist unzulänglich, weil nur ein Teilbereich der für den Kraftfahrer bedeutsamen Informationen erfasst wird und/oder bei Situationswechsel, z. B. nach einer Phase der Monotonie, neue Informationen der Aufmerksamkeit entgehen.*
- *Die Aufmerksamkeitsbelastbarkeit ist zu gering, weil es unter Stress oder nach länger andauernder Beanspruchung zu fehlerhaften Wahrnehmungen, Interpretationen oder Reaktionen kommt.*
- *Notwendige motorische Reaktionen setzen zu spät ein und/oder werden stark verzögert ausgeführt.*
- *Reaktionen erfolgen unsicher, eventuell vorschnell und situationsunangemessen, oder werden unpräzise, motorisch ungeschickt, ‚überschießend' oder überhastet ausgeführt.*

Die psychischen Leistungen sind instabil in dem Sinne, dass die erforderliche Ausgewogenheit zwischen Schnelligkeit und Sorgfaltsleistung fehlt“ (Gräcmann & Albrecht, 2014, S. 10 f.).

Wichtig ist in diesem Zusammenhang auch die Belastbarkeit des Reaktionsverhaltens. Sie sorgt dafür, dass es auch unter Stress oder länger andauernder Beanspruchung nicht zu fehlerhaften Reaktionen kommt.

Eine ausreichende Sensomotorik ermöglicht die Koordination von Hand und Fuß. Die visuell-motorische Koordinationsleitung ermöglicht die Umsetzung von Gesehenem in Bewegung (z. B. Drehen des Lenkrades beim Abbiegen).

Schon seit Anfang der 1960er-Jahre ist aus Studien bekannt, dass die Intelligenz mit der realen Verkehrsbewährung in Zusammenhang steht (Madea, Mußhoff & Berghaus, 2007). Hampel (1962) konnte zeigen, dass sich bei zunehmender Verkehrsauffälligkeit abnehmende Intelligenztestwerte nachweisen lassen. Ein beeinträchtigtes Erinnerungsvermögen lässt Rückschlüsse auf Ursachen zu, die eignungsausschließend sein können. Denkbar ist z. B. eine neurologische Ursache (Demenz) oder ein beginnender Abbauprozess aufgrund von Substanzmissbrauch bzw. erhöhtem Alkoholkonsum.

Es hat sich gezeigt, dass die Erfassung der genannten Konstrukte aus psychometrischer Sicht mit hoher Messgenauigkeit und Objektivität möglich ist. Voraussetzung ist jedoch, dass klar definiert ist, wie erhoben werden soll. Die moderne Psychodiagnostik hat einen Entwicklungsstand erreicht, innerhalb dessen es möglich ist, verkehrsrelevante Konstrukte valide, reliabel und objektiv zu erfassen.

Die Ergebnisse der Leistungstests werden in Prozenträngen (PR) angegeben. Ein Prozentrang sagt aus, wie viele Personen einer vergleichbaren Stichprobe schlechtere Leistungen erzielen als der Untersuchte. Der PR für die bestmögliche Leistung ist 100, für die geringste Leistung 0. Ein PR von 70 bedeutet, dass 30 % besser und 70 % schlechter sind als der Untersuchte.

Zum Führen von Kfz der Gruppe 1 (Kfz bis 3,5 t zGM) ist es erforderlich, dass, bezogen auf altersunabhängige Normwerte, der PR 16 in allen eingesetzten Leistungstests erreicht oder überschritten wird. Inhaber einer Fahrerlaubnis, die sich bereits in der Fahrpraxis bewährt haben, in den Leistungsprüfverfahren aber insgesamt unzureichende Leistungen erzielen, können in Deutschland auch mittels einer psychologischen Fahrverhaltensbeobachtung nachweisen, dass die in der (ungewohnten) Testsituation festgestellten Minderleistungen sich nicht auf das gelernte Fahrverhalten entscheidend negativ auswirken.

Darüber hinaus gilt zum Führen von Kfz der Gruppe 2 (Kfz der Klasse C, Gefahrengut- und Schwertransporte, Fahrerlaubnis zur Fahrgastbeförderung) die erhöhte Anforderung, dass in der Mehrzahl der eingesetzten Verfahren, gemessen an altersunabhängigen Normwerten, der PR 33 erreicht oder überschritten, der PR 16 aber in den relevanten Verfahren ausnahmslos erreicht werden muss.

„Hiervon kann nur abgesehen werden, wenn in einzelnen Untertests bei Abweichungen nach unten Kompensationsmöglichkeiten gegeben sind. Andererseits muss sichergestellt werden, dass eine Kumulation ausgeschlossen ist (siehe Gruppe 1). In Zweifelsfällen ist eine Fahrverhaltensbeobachtung durch den psychologischen Gutachter vorzunehmen (Gruppe 1 und 2)" (Gräcmann & Albrecht, 2014, S. 12).

Das normierte Testergebnis kann z. B. beim Testsystem „Corporal Plus" – in Abweichung von den „Begutachtungsleitlinien zur Kraftfahreignung" – auch als T-Wert angegeben werden. Im Unterschied zum dort bevorzugten Prozentrangwert ist die T-Skala eine metrische Skala der transformierten Messwerte und bietet hinsichtlich der Testfairness den Vorteil, dass die bei jedem Messverfahren anzugebende Messtoleranz auch hier berechenbar ist. Diese sollte nicht der Testperson angelastet werden. Deshalb wird das speziell erreichte Testergebnis zusammen mit der Messtoleranz CI(T) als T ± CI(T) angegeben. Ein T-Wert von T = 20 steht für die geringste, T = 80 für die bestmögliche Leistung. Der „Normalbereich" ist als Mittelwert plus/minus Standardabweichung (T = 50 ± 10) eindeutig definiert. T-Werte zwischen 40 und 60 stehen somit für eine durchschnittliche Leistung.

Bei einer Fahrerlaubnis der Gruppe 1 gilt die erreichte Testleistung als hinreichend, wenn beim Leistungskennwert T + CI(T) = 40 erreicht bzw. überschritten wird. Bei einer Fahrerlaubnis der Gruppe 2 gilt die erreichte Testleistung als hinreichend, wenn beim Leistungskennwert die Mehrzahl der Werte bei oder über T + CI(T) = 45 liegen und kein Leistungskennwert unter T + CI(T) = 40 bleibt.

Anlage 5 FeV legt zudem Rahmenbedingungen für die Begutachtung von Bewerbern um die Erteilung oder Verlängerung der Führerscheinklassen D, D1, DE, DE1 sowie einer Fahrerlaubnis zur Fahrgastbeförderung fest.

„1. *Bewerber um die Erteilung oder Verlängerung einer Fahrerlaubnis der Klassen C, C1, CE, C1E, D, D1, DE, D1E sowie der Fahrerlaubnis zur Fahrgastbeförderung müssen sich untersuchen lassen, ob Erkrankungen vorliegen, die die Eignung oder die bedingte Eignung ausschließen. Sie haben hierüber einen Nachweis gemäß dem Muster dieser Anlage vorzulegen.*

2. *Bewerber um die Erteilung oder Verlängerung einer Fahrerlaubnis der Klassen D, D1, DE, D1E sowie einer Fahrerlaubnis zur Fahrgastbeförderung müssen außerdem besondere Anforderungen hinsichtlich:*
   a) Belastbarkeit,
   b) Orientierungsleistung,
   c) Konzentrationsleistung,
   d) Aufmerksamkeitsleistung,
   e) Reaktionsfähigkeit
   erfüllen.“

Im Folgenden wird das Testsystem „Corporal Plus“ vorgestellt (Berg & Nädtke, 2015) (*Bilder 3.1* und *3.2*). Das Testmaterial besteht allgemein aus dem „Corporalspfeil“ (einer Figur aus drei ineinandergesetzten Winkeln) und einem Kreuz aus ineinandergesetzten Winkeln. Das Kreuz kann am Bildschirm oben, links, rechts oder unten erscheinen. Der Pfeil kann ebenfalls am Bildschirm oben, links, rechts oder unten erscheinen und außerdem nach oben, links, rechts oder unten zeigen. Zu reagieren ist immer auf die Lokalisation (Lage der Figur) und/oder die Orientierung (Richtung, in die der Pfeil zeigt). Auf einem Antwortgerät mit vier Tasten ist die jeweils richtige Taste für oben, links, rechts oder unten zu drücken.

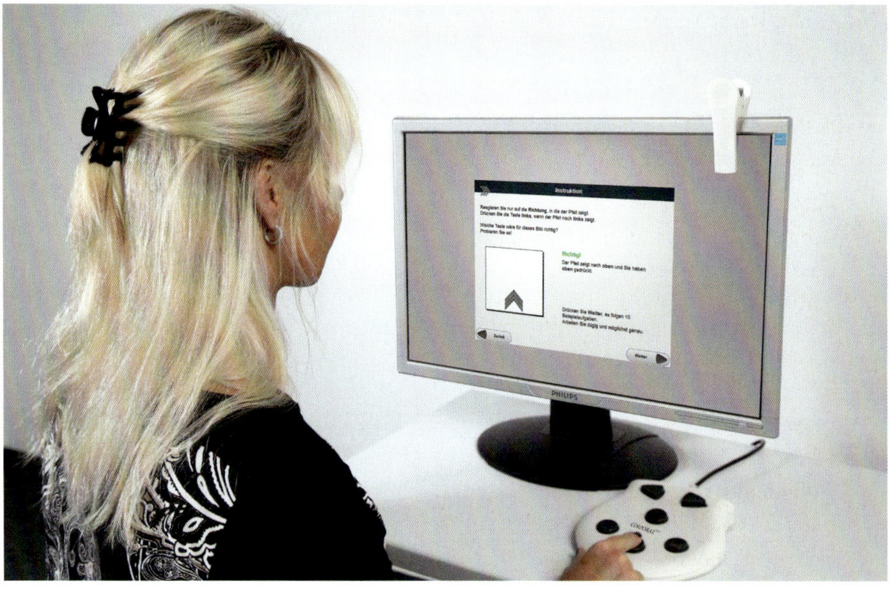

Bild 3.1 Testvorgabe mit Probandentastatur des Corporal Plus © Vistec AG, Olching

Konzentration **Aufmerksamkeit**

Reagieren Sie nur auf die **Richtung**, in die der Pfeil zeigt.

Reagieren Sie **zuerst** auf die **Richtung**, in die der Pfeil zeigt. Reagieren Sie dann darauf, **wo** das Kreuz ist.

Bild 3.2 Beispiel zur Instruktion im Testsystem Corporal Plus © Vistec AG, Olching

Zur Berechnung des Testergebnisses werden als Schnelligkeitsmaß die mittlere Reaktionszeit und als Maß für die Sorgfalt die Fehleranzahl erfasst („Rohwert"). Als Gesamtleistungsmaß wird eine Kombination aus Sorgfalts- und Schnelligkeitswert, der Leistungskennwert, verwendet. Dieser errechnet sich als gewichtetes arithmetisches Mittel aus den T-Werten der Sorgfaltsleistung (Richtige in %) und der Schnelligkeitsleistung (mittlere Reaktionszeit), wobei die Sorgfaltsleistung stärker gewichtet wird. Damit wird die Kombination beider Variablen durch die Sinnhaftigkeit der Reaktionen gewichtet. Im Folgenden werden einige zu diagnostizierende Bereiche vorgestellt.

Corporal Plus – Reaktionsfähigkeit (visuell) R

- Diagnostizierbarer Bereich: allgemeine Reaktionsbereitschaft auf einfache visuelle Reize
- Aufgabenbeschreibung: Ein Kreuz erscheint am Bildschirmrand entweder oben, unten, rechts oder links. Zu reagieren ist auf die Position des Kreuzes. Der Test enthält 128 Aufgaben.

Corporal Plus – Konzentration

- Diagnostizierbarer Bereich: visuell selektive Aufmerksamkeit, Konzentrationsleistung
- Aufgabenbeschreibung: Ein Pfeil erscheint am Bildschirmrand entweder oben, unten, rechts oder links (Position). Unabhängig davon kann der Pfeil nach oben, unten, rechts oder links zeigen (Richtung). Zu reagieren ist ausschließlich auf die Orientierung (Richtung) der Figuren. Der Test enthält 128 Aufgaben. >

Corporal Plus – Aufmerksamkeit

- Diagnostizierbarer Bereich: visuell verteilte Aufmerksamkeit, Aufmerksamkeitsleistung
- Aufgabenbeschreibung: Ein Pfeil am Bildschirmrand zeigt entweder nach oben, unten, rechts oder links (Richtung). Ein Kreuz erscheint ebenfalls am Bildschirmrand, entweder oben, unten, rechts oder links (Position). Zu reagieren ist zuerst auf die Richtung des Pfeils und dann auf die Position des Kreuzes. Der Test enthält 64 Aufgaben.

Im „Wiener Testsystem Verkehr" (*Bild 3.3*) befinden sich ebenfalls verkehrspsychologisch relevante Verfahren zur Messung von Leistungsparametern. Diese sind:

- *Aufmerksamkeit* (Konzentration und Vigilanz)
- *Kognitive Fähigkeiten* (Bewegungsantizipation, Gedächtnis, logisch-schlussfolgerndes Denken, Planungsfähigkeit)
- *Reaktionsverhalten und visuelle Funktionen* (reaktive Belastbarkeit, periphere Wahrnehmung, Reaktionsfähigkeit, Überblicksgewinnung im Verkehr und visuelle Wahrnehmungsleistung)
- *Sensomotorik* (Auge-Hand-Koordination).

Einzelne Tests liegen als Kurzversion, adaptive Langversion und Verkehrsversion vor, teilweise für Rechts- und Linksverkehr (Schuhfried, 2016).

Die nach Anlage 5 Nr. 2 FeV verkehrspsychologisch relevanten Dimensionen Belastbarkeit, Orientierungs-, Konzentrations- und Aufmerksamkeitsleistung sowie Reaktionsfähigkeit können mit dem Test-Set FEV des Wiener Testsystems untersucht werden. Dabei kommen die in *Tabelle 3.1* genannten Testverfahren zum Einsatz.

Im Abschnitt 8.2 der Beurteilungskriterien (Schubert, Mattern & Brenner-Hartmann, 2013) finden sich Ausführungen zum Einsatz psychologischer Testverfahren in der Begutachtung der Fahreignung. Dort sind auch Hypothesen und Kriterien zu den psychologischen Testverfahren (PTV) dargestellt.

Persönlichkeitstestverfahren

An Testverfahren für die Erhebung der verkehrsspezifischen Persönlichkeitsaspekte stehen allgemeine persönlichkeitsdiagnostische Testverfahren sowie eigens für den Verkehrs-

Tabelle 3.1 Test-Set FEV im Wiener Testsystem

Testverfahren		Fähigkeiten
RT	Reaktionstest	Reaktionsfähigkeit
COG	Cognitrone	Konzentration
LVT	Linienverfolgungstest	Orientierungsleistung
DT	Determinationstest	Belastbarkeit
ATAVT	Adaptiver Tachistoskopischer Verkehrsauffassungstest	Beobachtungsfähigkeit, Aufmerksamkeitsleistung

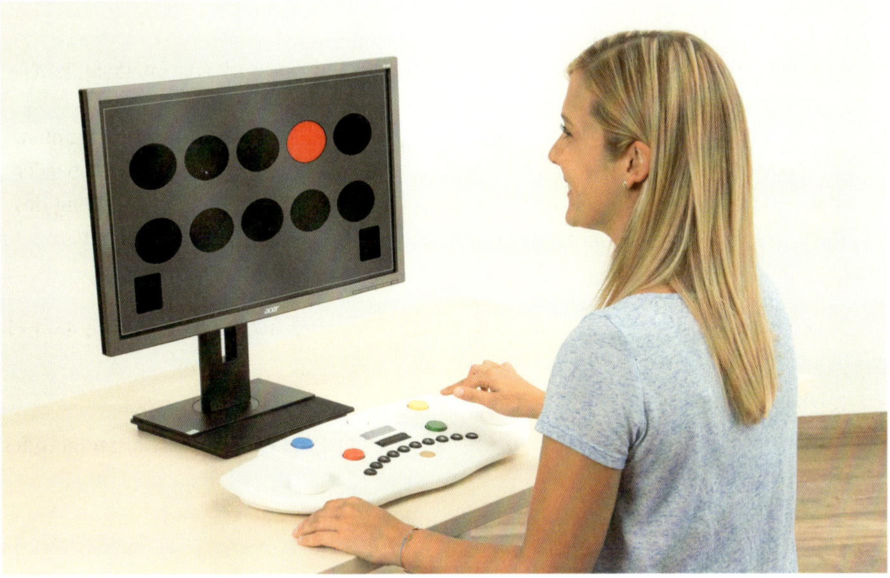

Bild 3.3 Testvorgabe mit Probandentastatur des Wiener Testsystems Verkehr
© Schuhfried GmbH/a.c.schiffleitner

bereich entwickelte Verfahren zur Verfügung.[2] Die meisten Verfahren in diesem Bereich sind Fragebögen, was bedeutet, dass sie alle Nachteile, aber auch alle Vorteile von klassischen Fragebögen mit sich bringen.

Eine Vielzahl an Untersuchungen belegt, dass Persönlichkeitsverfahren allgemein relativ anfällig für Verfälschungstendenzen sind (vgl. z.B. Kubinger, 2006; Ellingson, Smith & Sackett, 2001; McFarland & Ryan, 2000; Mummendey, 1995). Dies gilt insbesondere dann, wenn der Ausgang der Testung für den Probanden von großer Bedeutung ist, wie dies beim Urteil über die Fahreignung der Fall ist. Trotz dieser offensichtlichen Schwächen sind die Informationen, die man erhält, für die Beurteilung der Fahreignung wertvoll. Mit Persönlichkeitsfragebögen werden Eigenschaften der Persönlichkeit eines Menschen erfasst, und zwar aufgrund jener Informationen, die er von sich preisgibt. Bei auftretenden Verfälschungstendenzen sollte der Verkehrspsychologe zwischen „impression management" und „self-deception" unterscheiden. Während „impression management" auf die Tendenz abzielt, ein sozial erwünschtes Bild zu erzeugen, geht es bei „self-deception" um eine verzerrte, aber subjektiv für richtig gehaltene Selbsteinschätzung (Paulhus, 1991; Lindeman & Verkasalo, 1994).

Ein Versuch, diesen Problemen entgegenzuwirken, stellt der WRBTV dar. Dieses Testverfahren bedient sich im Gegensatz zu herkömmlichen Fragebögen der Verhaltens-

2 Beispielhaft seien hier folgende Verfahren aus dem Wiener Testsystem angeführt:

IVPE: Inventar verkehrsrelevanter Persönlichkeitseigenschaften (Herle, Sommer, Wenzl & Litzenberger, 2014)
FRF: Fragebogen für Risikobereitschaftsfaktoren (Kuratorium für Verkehrssicherheit, 2014a)
AVIS: Aggressives Verhalten im Straßenverkehr (Herzberg, 2014)
VPT.2: Verkehrsbezogener Persönlichkeitstest, Version 2 (Kuratorium für Verkehrssicherheit, 2014b)
VIP: Verkehrsspezifischer Itempool (Kuratorium für Verkehrssicherheit, 2014c)
WRBTV: Wiener Risikobereitschaftstest Verkehr (Hergovich, Bognar, Arendasy & Sommer, 2014).

erfassung, um Rückschlüsse auf die Persönlichkeit (in dem Fall die Risikobereitschaft) zu ermöglichen. Dabei werden reale Videos mit Verkehrsszenen gezeigt, und dann die Reaktion des Probanden erfasst (z.B. „Ab wann würden Sie nicht mehr überholen?"). Dahinter steht die Auffassung, dass sich Individuen in ihrem subjektiv akzeptierten Risikoniveau unterscheiden, welches messbar ist.

Fazit

Zusammenfassend ist festzustellen, dass innerhalb der verkehrspsychologischen Diagnostik ein relativ hoher Erkenntnisstand erzielt worden ist, der sich im deutschsprachigen Bereich in einer breiten Vielfalt verkehrspsychologischer Testverfahren und apparativer, computergestützter Testmethoden zeigt. Zunehmend werden testtheoretische Fragestellungen der Zuverlässigkeit und Validität in der verkehrspsychologischen Diagnostik diskutiert. Auch für die verkehrspsychologische Intervention wäre es wünschenswert, dass therapieorientierte Messverfahren zur Feststellung der Effekte verkehrspsychologischer Interventionen entwickelt werden. Das wäre auch für die Evaluation verkehrspsychologischer Interventionsprogramme von Vorteil.

3.1.5 Beratungs-/Interventionsziele und Verlaufskontrolle

Paul Brieler, Maritta Zentgraf, Konrad Reschke

Für eine erfolgreiche verkehrspsychologische Intervention zur Fahreignungsförderung bei Personen mit einem problematischen Suchtmittelkonsum bzw. problematischen Verhalten im Straßenverkehr spielen die jeweiligen Interventionsziele eine tragende Rolle. Die Ziele müssen dergestalt sein, dass sie zu Erfolgserlebnissen führen. Zu oft wurden Misserfolge erlebt, die ein Gefühl der Minderwertigkeit verstärkt haben, bzw. Erfolge konnten nicht internalisiert werden. Erfolgserlebnisse und das Gefühl voranzukommen sind insofern zentraler Bestandteil therapeutischer Arbeit.

Im Unterschied zu Lebenszielen und/oder Wünschen stellen Interventionsziele wohlgeformte, d.h. konkret umsetzbare, in einem begrenzten Zeitrahmen erreichbare Verhaltensänderungen dar, zu deren Erreichen die professionelle Hilfe des Verkehrspsychologen genutzt werden kann. Zielarbeit in der Fahreignungsberatung wird in Kapitel 4.1.1 besprochen. Interventionsziele zu den Anlassgruppen alkohol-, drogen- und verkehrsauffällige Fahrer werden in den Kapiteln 4.2.1, 4.2.2 und 4.2.3 vorgestellt.

Zieldefinition

Ziele stellen einfache bis hochkomplexe Antizipationen zukünftiger Endzustände dar. Sie sind derzeit nicht realisiert, jedoch für das Individuum erstrebenswert und prinzipiell erreichbar. Ziele enthalten die Aufforderung zur Zielerreichung, d.h. sie stellen eine Selbstverpflichtung des Klienten dar. Verkehrspsychologe und Klient sind in Kooperation an der Zielarbeit beteiligt. Es empfehlen sich auch Trainings- und Übungsaufgaben (Kapitel 4.1.9).

Ziele sind temporär und selektiv, nie allumfassend. Inwieweit sie genügend große Relevanz besitzen, lässt sich ebenfalls nicht mit letzter Bestimmtheit sagen. Übertragungsprozesse zwischen Verkehrspsychologen und Klienten sowie Machbarkeitsvisionen sind ebenfalls von Bedeutung. Im Verlauf der Maßnahme werden die Ziele nicht selten

Z. B. kann aus der Kurzzeittherapie bzw. systemischen Therapie die sog. Wunderfrage (de Shazer, 2013) hilfreich sein: *„Angenommen, Sie gehen heute Nacht schlafen und, während Sie schlafen, vollzieht sich ein Wunder. Sie wachen anderntags auf und die Probleme und Belastungen, die Sie derzeit belasten, sind nicht mehr vorhanden. Woran genau bemerken Sie, dass dieses Wunder wirklich geschehen ist? Was werden Sie dann tun?"*

Wenn eine positive Konstruktion nicht zugänglich ist, kann auch direkt auf die positiven Anteile fokussiert werden: *„Was hat sich bislang in Ihrem Leben bewährt, ist gut gelaufen? Was soll so bleiben, wie es derzeit ist?"*

revidiert. Für Klienten kann es z.B. darum gehen, zu einem bewussten, kontrollierten Alkoholkonsum zu gelangen. Teilziele auf diesem Weg wären etwa, sich in Verführungssituationen durchzusetzen oder aber diese konsequent meiden zu lernen.

Schritte der Zielfindung

Nach einer relativ unspezifischen Sammlung möglicher Ziele geht es im Weiteren um eine Operationalisierung der Zielformulierungen, das Konkretisieren der Vorstellungen und der Bedingungen und Folgen (positiv/negativ) für den Klienten und das Klientensystem. In diesem Zusammenhang ist zu klären:

- Hält sich der Betreffende selbst für fähig, im Sinn der „self-efficacy for change" (Bandura), die notwendigen Änderungen zu erreichen?
- Realisierbare Ziele sind von utopischen Wünschen und Träumen zu trennen.
- Positive persönliche Ressourcen und die des Sozialsystems sowie hemmende Bedingungen werden deutlich.
- Der Klient sollte die kurz- und langfristigen Folgen seiner jeweiligen Ziele selbst erkennen.

Ein wohlformuliertes Ziel stellt einen klaren Handlungsbezug her und ist positiv formuliert (z.B. nicht: „Ich trinke keinen Alkohol", sondern: „Was tue ich konkret, anstatt Alkohol zu trinken?"). Solche Ziele sollten nicht die Abwesenheit von etwas bestimmen, sondern das konkrete Ziel als Anwesenheit eines überprüfbaren Verhaltens festlegen. Sie müssen klein genug sein, um sie auch erreichen zu können und Erfolgserlebnisse zu generieren (z.B. „In welcher Situation fällt es mir am leichtesten, Alkohol abzulehnen?"). Therapeutische Ziele sind präzise und konkret zu formulieren, z.B.: „Ich werde montags pünktlich zur Arbeit kommen", „Auf diesem Fest trinke ich alkoholfreie Getränke". Unpräzise und nicht überprüfbare, unkonkrete Ziele wären z.B.: „Ich möchte mehr Selbstachtung erlangen", „Ich möchte einen nüchternen Lebensstil führen", „Ich will kein Minderwertigkeitsgefühl mehr erleben". Die Ziele müssen bedeutsam und realisierbar für den Klienten sein, nicht für den Berater. Dies bedeutet auch, u. U. zu akzeptieren, dass der Klient anstrebt, seinen Alkoholkonsum einzuschränken, aber nicht alkoholabstinent zu leben. Auf Konsequenzen ist hinzuweisen (Hypothesen A 1 und A 2, Kapitel 4.2.1).

Ziele zu erreichen, ist „harte Arbeit"

Um in der Zielarbeit auch tatsächlich Erfolgserlebnisse generieren zu können, ist es empfehlenswert, die Zielerreichung als „harte Arbeit" zu konzeptualisieren. Diese Form dient dem Schutz und der Förderung des Gefühls von Selbstwert und Würde. Werden

Ziele nicht sogleich vom Klienten erreicht, bedeutet dies nicht automatisch, dass er versagt hat, sondern es besteht die Möglichkeit, Handlungsmodelle zu entwerfen (im Sinne von noch mehr harter Arbeit).

Interventionsziele sollen formuliert und dokumentiert werden. Ihr Erreichen wird anhand der Dokumentationen und Aufzeichnungen überprüft. Es finden Beurteilungen aus der Klienten- und der Psychologenperspektive statt. Es kann auch eine Beurteilung aus einer Drittperspektive erfolgen. Im Fall der verkehrspsychologischen Therapie ist mit Drittperspektive die Zwischen- und Abschlussdiagnostik durch einen anderen qualifizierten Verkehrspsychologen, welcher nicht mit dem Klienten gearbeitet hat, gemeint.

Diagnostik der Zielerreichung

In der verkehrspsychologischen Intervention gibt es bisher keine speziellen Verfahren für die Erarbeitung und die prozessuale Zwischenbewertung von Interventionszielen. In der Psychotherapieliteratur wird insbesondere die Psychotherapeutische Basisdokumentation (PSYBADO) als Orientierung zur Formulierung von Therapiezielen verwendet. Die einfachste und sicherste Methode zur Überprüfung der Zielerreichung zu jedem Zeitpunkt eines Interventionsprozesses ist die Durchführung von Goal-Attainment-Skalierungen (Guthke et al., 1983) für selbstformulierte Ziele. Im Rahmen einer Prozessdiagnostik werden Stundenbögen eingesetzt, um den Erfolg messbar zu machen (STEP; Krampen, 2002). In der Abschlussmessung des Erfolges werden in der Psychotherapie Veränderungsfragebögen eingesetzt (VEV; Zielke & Kopf-Mehnert, 1978). Aufgrund ihrer Unspezifität sind sie für die Erfassung verkehrspsychologischer Veränderungsprozesse und Zielerreichung jedoch eher ungeeignet.

Zum Abschluss einer verkehrspsychologischen Intervention wird die Erreichung von Veränderungszielen häufig in einer Bilanzsitzung ermittelt. Ein Beispiel stellt das Protokoll „Abschlussgespräch Verkehr“ dar (Kapitel 8.2.2.3.1).

3.2 Grundlagen interventiver Methoden

In diesem Kapitel werden ausgewählte Grundlagen verkehrspsychologischer Interventionen zur Fahreignungsförderung und zur Wiederherstellung der Kraftfahreignung, die zumeist dem Gebiet der psychologischen Psychotherapie entlehnt sind, skizzenhaft dargestellt. Auswahlkriterien für die dargestellten Inhalte sind vor allem die Nähe zur aktuellen verkehrspsychologischen Interventionspraxis und die Zukunftsrelevanz.

3.2.1 Grundlagen und Forschungsstand der Psychotherapie

Konrad Reschke

Im Bereich der Gesundheitsversorgung ist die Psychotherapie als evidenzbasierte Gruppe von Maßnahmen zur Förderung und Wiederherstellung der Gesundheit heute in vollem Umfang anerkannt (Psychotherapie-Richtlinie, 2016). Dies stellt in erster Linie ein Ergebnis umfangreicher wissenschaftlicher Untersuchungen der letzten 50 Jahre dar, die wissenschaftliche Verfahren, Methoden und Techniken hervorgebracht haben, deren Evidenz unbestritten ist. Im Folgenden werden einige bekannte und neue definitorische Umschreibungen von psychotherapeutischen Interventionen und ihren Formen dargestellt, die auch in der verkehrspsychologischen Intervention von Bedeutung sind.

Psychotherapie wird, entsprechend der Definition im Psychotherapeutengesetz (PsychThG), als „*jede mittels wissenschaftlich anerkannter psychotherapeutischer Verfahren vorgenommene Tätigkeit zur Feststellung, Heilung oder Linderung von Störungen mit Krankheitswert, bei denen Psychotherapie indiziert ist*“ bezeichnet. Für eine Anerkennung als wissenschaftliche Psychotherapie gelten vier Kriterien (Wissenschaftlicher Beirat, 2010, S. 6 f.):

Kriterium 1: Der Einsatz der Intervention erfolgt bei Personen, die unter einer Störung mit Krankheitswert dieses Anwendungsbereichs leiden, und der beobachtete therapeutische Effekt stellt eine Heilung oder Linderung dieser Störung dar.

Kriterium 2: Der beobachtete therapeutische Effekt ist inter-subjektiv feststellbar und replizierbar.

Kriterium 3: Der erzielte Effekt muss mit hoher Wahrscheinlichkeit auf die psychotherapeutische Intervention zurückführbar sein (interne Validität).

Kriterium 4: Die psychotherapeutische Intervention ist in der Praxis unter den Rahmenbedingungen des Gesundheitswesens effektiv durchführbar (externe Validität).

Analog dazu könnte eine Definition der verkehrspsychologischen Intervention wie folgt lauten:

Eine verkehrspsychologische Intervention ist jede Maßnahme zur Feststellung und Modifikation fahreignungsbeeinträchtigender oder zeitweilig fahreignungsausschließender Faktoren einer Person, bei denen eine verkehrspsychologische Intervention zur Förderung oder Wiederherstellung der Fahreignung indiziert ist. Die Kriterien zur Beurteilung der Güte einer verkehrspsychologischen Intervention im Sinne einer wissenschaftlichen Anerkennung wären dementsprechend:

Kriterium 1: Der Einsatz der Intervention erfolgt bei Personen, die Fahreignungsdefizite aufweisen, z. B. durch Verstöße gegen Verkehrsvorschriften oder durch Krankheiten oder Behinderungen, und bei denen eine Maßnahme zur Rehabilitation und Wiederherstellung der Fahreignung notwendig ist. Der beobachtete therapeutische Effekt stellt eine völlige Wiederherstellung der Fahreignung oder Herstellung wesentlicher Voraussetzungen zur Wiedererlangung der Fahreignung dar.

Kriterium 2: Der beobachtete therapeutische Effekt ist inter-subjektiv feststellbar (in der Regel durch eine medizinisch-psychologische Untersuchung) und nachhaltig im Sinne der Legalbewährung.

Kriterium 3: Der erzielte Effekt muss mit hoher Wahrscheinlichkeit auf die verkehrspsychologische Intervention zurückführbar sein (interne Validität).

Kriterium 4: Die verkehrspsychologische Intervention ist in der Praxis in den verkehrsrechtlichen Rahmenbedingungen verankert und innerhalb dieser effektiv durchführbar (externe Validität).

Eine solche Definition verkehrspsychologischer Interventionen, die sich an Grundlagen der Psychotherapie orientiert, bedarf weiterer Diskussion.

Die spezifischen wissenschaftlichen Grundlagen für verkehrspsychologische Interventionen entstammen heute noch speziell der Verkehrspsychologie und dem Gebiet der Klinischen Psychologie und der Psychotherapie. In Zukunft sollte die verkehrspsychologische Intervention ihre wissenschaftlichen Grundlagen aus dem Gesamtgebiet der Psychologie sowie aus der Medizin und der Rechtswissenschaft beziehen. Die Techniken und Methoden verkehrspsychologischer Interventionen können der Allgemeinen Psychotherapie, der Verkehrspsychologie, der Klinischen Psychologie sowie der Beratung entstammen.

In der Psychotherapie verfolgt man heute eine klare Begriffsdefinition bezüglich der verwendeten Interventionsebenen. Hierzu klärt der Wissenschaftliche Beirat die Grundbegriffe Verfahren, Methode und Technik wie folgt:

„Psychotherapeutisches Verfahren

Ein zur Krankenbehandlung geeignetes Psychotherapieverfahren ist gekennzeichnet durch eine umfassende Theorie der Entstehung und Aufrechterhaltung von Krankheiten und ihrer Behandlung beziehungsweise verschiedene Theorien der Entstehung und Aufrechterhaltung von Krankheiten und ihrer Behandlung auf der Basis gemeinsamer theoretischer Grundannahmen, und eine darauf bezogene psychotherapeutische Behandlungsstrategie für ein breites Spektrum von Anwendungsbereichen oder mehrere darauf bezogene psychotherapeutische Behandlungsmethoden für ein breites Spektrum von Anwendungsbereichen, und darauf bezogene Konzepte zur Indikationsstellung, zur individuellen Behandlungsplanung und zur Gestaltung der therapeutischen Beziehung. […]

Psychotherapeutische Methode

Eine zur Behandlung einer oder mehrerer Störungen mit Krankheitswert geeignete Psychotherapiemethode ist gekennzeichnet durch eine Theorie der Entstehung und der Aufrechterhaltung dieser Störung bzw. Störungen und eine Theorie ihrer Behandlung,

Indikationskriterien einschließlich deren diagnostischer Erfassung, die Beschreibung der Vorgehensweise und die Beschreibung der angestrebten Behandlungseffekte. [...]

Psychotherapeutische Technik

Eine psychotherapeutische Technik ist eine konkrete Vorgehensweise, mit deren Hilfe die angestrebten Ziele im Rahmen der Anwendung von psychotherapeutischen Methoden und Verfahren erreicht werden sollen, z. B. im Bereich des psychodynamischen Verfahrens: die Übertragungsdeutung zur Bewusstmachung aktualisierter unbewusster Beziehungsmuster, oder in der Verhaltenstherapie: Reizkonfrontation in vivo" (Wissenschaftlicher Beirat, 2010, S. 3 ff.).

Der allgemeine Entwicklungs- und Forschungsstand kann am besten anhand der aktuellen Publikationen zur Psychotherapie eingeschätzt werden (Rief & Exner, 2002; Strauß, Hohagen & Caspar, 2007; Stumm & Pritz, 2007).

Verkehrspsychologische Interventionen erfolgen in der heutigen Praxis in Deutschland in folgenden Anwendungsbereichen und voneinander zu unterscheidenden Formen:

Sekundärprävention (PASS; Kapitel 1.3.3)

- Verkehrspsychologische Beratung (nach §§ 38, 71 FeV)
- Verkehrspsychologische Teilmaßnahme des Fahreignungsseminars (nach § 42 FeV)
- Besondere Aufbauseminare für alkohol- und drogenauffällige Kraftfahrer (nach § 36 FeV)
- Verkehrspsychologische Intervention zur Vermeidung von Punkten sowie zur Vermeidung oder Verkürzung von Fahrverboten.

Tertiärprävention

- Verkehrspsychologische Einzel- und Gruppenintervention zur Sperrfristverkürzung
- Fahreignungsberatung bei Fahrerlaubnisproblemen im Sinne einer verkehrspsychologischen Diagnostik und verhaltensverändernden Vorbereitung auf die MPU (Förderung der Fahreignung)
- Verkehrspsychologische Einzel- oder Gruppenintervention zur Förderung der Fahreignung (auch im Sinne einer verkehrspsychologischen Therapie; Kapitel 1) mit dem Ziel der Rehabilitation verhaltens- und persönlichkeitsauffälliger Kraftfahrer (Abbau der im Verhalten oder in der Persönlichkeit verankerten Fahreignungsdefizite)
- Verkehrspsychologische Gruppenintervention (Kurse) zur Wiederherstellung der Kraftfahreignung (nach § 70 FeV).

Verkehrspsychologische Intervention ist bei Fokussierung auf o. g. Anwendungsbereiche von heilkundlicher Psychotherapie abzugrenzen (Kapitel 1.4.1). Sie beinhaltet Einzel- und Gruppenmaßnahmen und muss damit auch das für Einzel- und Gruppeninterventionen nötige Interventions- und Veränderungswissen berücksichtigen (Gruppendynamik, Gruppenphasen, Therapie- und Veränderungsmotivation usw.; Kapitel 3.3.6).

Der verkehrspsychologische Interventionsprozess umfasst wie jede Intervention nach Baumann & Perrez (1998) vier Interventionsstufen:

1. Indikationsstellung (Verhaltensanalyse und biografische Analyse)
2. Kontinuierliche Motivierung und Herstellung einer Arbeitsbeziehung

3. Einstellungs- und Verhaltensänderung durch Inszenierung des therapeutischen Lernens auf der Basis eines psychotherapeutischen Verfahrens oder der Allgemeinen Psychotherapie und
4. Evaluation der Interventionsergebnisse.

Diese Stufen werden bei Rief, Exner & Martin (2006) weiter spezifiziert und in ein allgemeines Therapie-Prozessmodell integriert. Dieses Modell beinhaltet folgende mehr am Interventionsgeschehen selbst orientierte Gemeinsamkeiten der in der Praxis jeweils individuell geplanten Interventionsverläufe. Die Phasen im Therapie-Prozessmodell sind:

1. Erstsitzung, Beziehungsaufbau, Klärung formaler Rahmenbedingungen
2. Diagnostik und Klassifikation
3. Zielformulierung
4. Verhaltens- und Bedingungsanalyse
5. Aufbau von Therapie- und Veränderungsmotivation
6. Stufenplan für Interventionen erstellen
7. Symptomorientierte Therapie
8. „Ursachen"- und auslöserorientierte Therapie
9. Allgemeine Maßnahmen zur psychischen Stabilisierung
10. Ende der Behandlungsphase, Abschlussdiagnostik
11. Booster Sessions und
12. Katamnese-Untersuchung.

Die Besonderheiten verkehrspsychologischer Intervention spiegeln sich in diesem der Psychotherapie entlehnten Prozessmodell weniger deutlich wider, sie ergeben sich auch nicht aus der jeweils zugrunde gelegten Verfahrensspezifik (den Psychotherapie-Schulen), sondern eher aus der Anlassspezifik, den Rahmenbedingungen und den konkreten Möglichkeiten, bei unterschiedlichen Anlässen und Arten von Fahrverhaltensproblemen zu intervenieren.

Die verschiedenen psychotherapeutischen Verfahren, die die theoretische Grundlage der Entwicklung verkehrspsychologischer Intervention bilden, treten mehr und mehr in den Hintergrund und werden häufig nicht konsistent verwendet. Komplexe Interventionen sind oft eklektisch, verbinden effektive Therapie- und Interventionswerkzeuge und -techniken. Insofern ist die verkehrspsychologische Intervention schon mit ihrer Entwicklung immer methodenintegrativ: Sie kombiniert Therapiemethoden und Durchführungsvarianten im Einzel- oder Gruppensetting, z.B. in §-70-Kursen zur Wiederherstellung der Kraftfahreignung.

Die verkehrspsychologischen Interventionen bilden interventive Bestandteile der sekundären und tertiären Stufe in einem psychologischen und medizinischen Verkehrssicherheitsinterventionsmodell (PASS; Kapitel 1.3.3). Sie sind als Maßnahmen zur Aufrechterhaltung der Fahreignung bei Verstößen gegen Regeln und Punktsysteme auf der sekundären Stufe angesiedelt und als rehabilitative Interventionen auf der tertiären Stufe eines medizinisch-psychologischen Interventionssystems zur Erhaltung und Wiederherstellung der Fahreignung und Verkehrssicherheit zu finden.

3.2.2 Orientierung an der Psychotherapieentwicklung

Konrad Reschke

Eine systematische Erforschung und Weiterentwicklung verkehrspsychologischer Interventionen analog zur Psychotherapieentwicklung erfolgte in Deutschland bisher kaum. Dennoch werden neue verkehrspsychologische Interventionen entwickelt und in ihrer Wirksamkeit in verschiedenen Studien geprüft und in die Praxis überführt

Die Wirksamkeitskontrolle von verkehrspsychologischen Interventionen sollte sich an den Kriterien der evidenzbasierten Psychotherapie orientieren und zusätzlich Kriterien der Legalbewährung verkehrsauffälliger Kraftfahrer einschließen. Dabei sollten wissenschaftlich fundierte Einführungen neuer verkehrspsychologischer Interventionen auch dem allgemeinen Ablaufplan und der Phasenfolge in Anlehnung an pharmakologische Evidenz-Forschung folgen:

- Einzelfallstudien
- Prä-Post-Gruppenvergleiche
- Kontrolliert-randomisierte Therapiestudien
- Studien zur Routineversorgung (Anwendungsstudien in der laufenden Praxis).

Beispielsweise wurde ein solcher Ablaufplan bei der Einführung der neuen Interventionsform des Fahreignungsseminars (§ 42 FeV) noch nicht beachtet. Zukünftig wäre dies bei Einführung neuer Interventionen auch in der Verkehrspsychologie zu wünschen.

Die zahlreichen verkehrspsychologischen Interventionsprogramme sind für Einzel- und Gruppenbehandlung konzipiert und haben heute in der Regel das Entwicklungsniveau von flexibel manualisierten Programmen zur Verhaltensänderung. Die Programme können dann als manualisiert gelten, wenn sie eine evaluierte modularisierte Programmstruktur haben und wenn ein theoretisch fundiertes und schriftlich verfasstes Interventionsmodell mit Manual existiert. Ein Interventionsprogramm ist dann flexibel, wenn es zielgruppenspezifisch und problemspezifisch durch einen ausgebildeten Verkehrspsychologen modifiziert (adaptiert) werden kann.

Den meisten heute angewandten verkehrspsychologischen Interventionsansätzen liegen folgende Verfahrens- und Methodenspezifika zugrunde:

- kognitiv-behaviorale Modelle (Kognitive Verhaltenstherapie)
- dynamisch-klärungsorientierte (Tiefenpsychologie und insbesondere die individualpsychologische Therapie) und
- lösungs- und ressourcenorientierte Modelle der systemischen Kurzzeittherapie.

Die zahlreichen und heterogenen Interventionsmethoden sind meist verfahrensspezifisch und bilden in ihrer Vielfalt ein breites Technik- und Methoden-Repertoire. Aus diesem wird von Verkehrspsychologen in der Einzelintervention nach Indikation und Spezifik des Einzelfalles und nach Zielfeststellung ein meist individueller und maßgeschneiderter Interventionsplan erstellt. In den verkehrspsychologischen Gruppenprogrammen zur Wiederherstellung der Fahreignung werden modularisierte Interventionsprogramme zur Verhaltensänderung eingesetzt. Diese Programme enthalten dann in der Regel mehrere evidenzbasierte, zu Modulen verbundene Bausteine (Techniken und Methoden). Eine Systematik der in der verkehrspsychologischen Intervention angewandten Techniken und Methoden existiert noch nicht. Vielleicht wäre stattdessen auch eine allgemeine Systematik von Techniken der Verhaltensänderung sinnvoller. Ein Ansatz dazu stammt von Michie (2014).

Psychotherapieentwicklung bemüht sich stets um Kontrolle der Wirksamkeit und Evidenz. Damit bilden die Begriffe Störungsorientierung, Verfahrensorientierung, Orientierung an den Wirkfaktoren, Evidenzbasierung und Allgemeine Psychotherapie Grundorientierungen für die weitere Entwicklung der Psychotherapie. Spezifische Hinweise zur Wirksamkeitskontrolle und Evaluation verkehrspsychologischer Intervention finden sich in Kapitel 6.

Nach einer in den letzten 50 Jahren sehr intensiven Phase der Erforschung von Psychotherapiewirkungen (Grawe, 1994), ist es heute in der Psychotherapie selbstverständlich, auf evidenzbasierte Interventionsmethoden zu fokussieren, Methodenentwicklungen zu evaluieren sowie Prozesse und Ergebnisse von Psychotherapie einer Qualitätskontrolle zu unterziehen. Im Kern geht es darum, dass nur solche Methoden eingesetzt werden sollten, die im Forschungsprozess hinsichtlich ihrer Wirkung eine Bestätigung erfahren haben (Evaluation) und die auch in der Anwendung durch qualitätssichernde Maßnahmen wirksam bleiben sollen (Qualitätssicherung).

Die wissenschaftlich ausreichend fundierten, also wirksamen Psychotherapieverfahren und -methoden wurden an unterschiedlichen Stellen dokumentiert und in Interventionsleitlinien zusammengefasst (Treatment Guidelines).

1. In den USA wurden von der APA Division 12 (Taskforce on Psychological Interventions, APA, 2002; Chambless & Ollendick, 2001) Hinweise zur amerikanischen Evidenzbewertung von Psychotherapieverfahren formuliert.
2. In Deutschland ist der Wissenschaftliche Beirat für Psychotherapie (www.wbpsychotherapie.de) zur Bewertung der in Deutschland zur vertieften Ausbildung in Psychotherapie und sozialrechtlich zugelassenen Therapieverfahren und -methoden seit 7.10.1998 auf der Grundlage des Psychotherapeutengesetzes tätig.
3. Auch die vorhandenen Leitlinien für die Behandlung psychischer Störungen (www.awmf.org/leitlinien/aktuelle-leitlinien.html) fokussieren auf die evidenzbasierten Methoden und Techniken spezifischer Störungsbehandlungen. Die Leitlinien definieren und informieren über evidenzgeprüfte Ansätze und Vorgehensweisen zur Behandlung von gesundheitlichen Störungen. Sie stellen Empfehlungen für die Akteure der Gesundheitsversorgung dar und sollen durch praktikable Implementierungsverfahren ergänzt werden. Leitlinien sollten systematisch, unabhängig und transparent und unter Verwendung geeigneter Qualitätskriterien von Arbeitsgruppen erarbeitet werden, die sich aus Fachleuten zusammensetzen.

Ein zweiter Bereich von Leitlinien sind Praxisleitlinien (Practice Guidelines), die sich mit Empfehlungen an den Praktiker richten und weniger die evidenzbasierten Interventionen vorschlagen. Eine für die verkehrspsychologische Intervention zuständige Arbeitsgruppe, die Interventions- und Praxisleitlinien für empirisch gestützte psychologische Interventionen der Verkehrspsychologie systematisiert und dokumentiert, gibt es bisher noch nicht. Zum Erreichen von Wirksamkeit verkehrspsychologischer Interventionen bedarf es nach der APA (2006) sowohl evidenzbasierter Interventionsmethoden als auch einer Expertise der Verkehrspsychologen. Dieses, in den USA als klinische Expertise bezeichnete Kompetenzprofil, erwerben die Psychologen durch Ausbildung, Training und Erfahrung, was sich dann in effektiven Praxisresultaten niederschlagen kann. Eine verhaltensverändernde (klinische) Expertise setzt sich aus folgenden Teilkompetenzen zusammen:

a) Untersuchung, diagnostische Urteilsbildung, systematische Fallkonzeptualisierung und Interventionsplanung
b) Klinische Urteilsbildung, Interventions-Implementierung und Prozesskontrolle
c) Interpersonelle Kompetenz
d) Kontinuierliche Selbstreflexion und Erwerb interventiver Fähigkeiten
e) Angemessene Evaluation und Evidenz-Orientierung
f) Verständnis individueller und kultureller Differenzen
g) Ressourcenorientierung
h) Grundlegende Anwendungsschemata (Rationale) für verhaltensverändernde Interventionsstrategien.

Die skizzierten Grundlagen und Entwicklungen verkehrspsychologischer Interventionen auf dem Gebiet der klinischen Psychologie und Psychotherapie sind nicht erschöpfend. Sie zeigen jedoch das Bemühen, um exakte Formulierungen und um prüfbare Kriterien. Dieser Blick kann für die verkehrspsychologischen Interventionen in der Zukunft lohnenswert sein, wenn dadurch auch in der Verkehrspsychologie die Entwicklung evidenzbasierter Methoden und Techniken vorangebracht wird.

3.3 Interventive Verfahren und Methoden in der verkehrspsychologischen Intervention

Es werden nachfolgend wesentliche Interventionsverfahren, Methoden und Techniken beschrieben, wie sie in der verkehrspsychologischen Intervention vielfältigen Einsatz gefunden haben. Dazu zählen verhaltenstherapeutische und kognitive Verfahren, welche in jeweils eigenen Kapiteln kurz in ihrer Spezifik und beispielhaft in ihrer Anwendung dargestellt werden. Weiterhin werden psychodynamische und systemische (ressourcen- und lösungsorientierte) Ansätze beschrieben sowie die Methode der motivierenden Gesprächsführung. Alle Darstellungen bleiben verkürzt auf wesentliche Aspekte mit Praxisrelevanz, dennoch wird eine stringent praxisorientierte Ausformulierung vermieden, um auch die theoretische Fundierung verkehrspsychologischer Interventionen aufzuzeigen. Im Sinne eines theoretisch begründeten Eklektizismus ist es in der Praxis der interventiven Verkehrspsychologie seit langem üblich, wirksame verhaltens- und einstellungsändernde Interventionen miteinander zu kombinieren. Aus diesem Grund wird am Ende dieses Kapitels unter methodischem Aspekt der Einzel- und Gruppenansatz verkehrspsychologischer Interventionen diskutiert. Außerdem wird die Allgemeine Psychotherapie als eine potentielle Basis für die Integration verschiedener Verfahren, Methoden und Techniken auf der Grundlage ihrer Wirkfaktoren im Rahmen einer konsistenztheoretischen Persönlichkeitstheorie dargestellt.

3.3.1 Verhaltenstherapie

Konrad Reschke, Jörg-Michael Sohn, Birgit Kollbach

Grundlagen und Methodenüberblick

Die Verhaltenstherapie ist nach Margraf (1996) eine auf der empirischen Psychologie basierende Psychotherapierichtung. Dieses psychotherapeutische Verfahren liegt derzeit den meisten verkehrspsychologischen Interventionsansätzen als theoretische und methodische Basis zugrunde. Die Verhaltenstherapie ist ein sich dynamisch entwickelndes Verfahren, das in der Gegenwart heute auch oft als kognitive Verhaltenstherapie (KVT) (Kapitel 3.3.2) bezeichnet wird und sich in der „dritten Welle" seiner Entwicklung befindet (Heidenreich & Michalak, 2013). In dieser Weiterentwicklung ergänzen neue komplexe Techniken und Methoden die bewährten Standardmethoden der Verhaltenstherapie (Fliegel et al., 1998).

Als Standardmethoden gelten heute folgende Ansätze:

- Verhaltensanalyse
- Operante Methoden
- Reizkonfrontationsmethoden
- Entspannungstechniken
- Rollenspiel und Training sozialer Kompetenz, Skillstraining
- Verdecktes Konditionieren
- Methoden der kognitiven Umstrukturierung (Veränderung der Selbstverbalisation, Kognitive Therapie von Beck, Rational-Emotive Therapie, Training im Problemlösen)
- Methoden der Selbstkontrolle und Selbststeuerung
- Verhaltenstherapeutische Gesprächsführung.

Die Verhaltenstherapie sicherte ihre Effektivität durch empirische Wirksamkeitsstudien. Sie umfasst störungsspezifische und -unspezifische Therapiemethoden, die aufgrund von möglichst hinreichend überprüftem Störungswissen und psychologischem Änderungswissen eine systematische Besserung der zu behandelnden Problematik anstreben.

Entwicklungen in der Verhaltenstherapie

Die modernen verhaltenstherapeutischen Ansätze wie z.B. ACT, DBT, MBCT werden häufig unter dem Schlagwort „dritte Welle" zusammengefasst. Gemeinsam ist diesen Ansätzen, dass sie Prinzipien integrieren, die nicht dem Repertoire der klassischen Verhaltenstherapie angehören, wie beispielsweise Achtsamkeit, Akzeptanz oder die Arbeit mit ungünstigen Beziehungsmustern. Heidenreich & Michalak (2013) stellten erstmals alle neuen Ansätze zusammen. Einige der folgenden kognitiv-behavioralen Methoden sind in Zukunft auch auf ihre Anwendbarkeit im Kontext der verkehrspsychologischen Intervention zu überprüfen:

1. Akzeptanz- und Commitment-Therapie (ACT)
2. Behavioral Activation (CBASP)
3. Compassion-focused Therapy
4. Dialektische Verhaltenstherapie (DBT)
5. Achtsamkeitsbasierte Kognitive Therapie (MBCT)
6. Achtsamkeitsbasierte Rückfallprävention (MBRP)
7. Achtsamkeitsbasierte Stressreduktion (MBSR)
8. Metakognitive Therapie
9. Schematherapie
10. Training emotionaler Kompetenzen
11. Well-Being Therapy (Euthyme Therapie).

Tabelle 3.2 veranschaulicht die Entwicklung der Verhaltenstherapie in drei Wellen und verdeutlicht die komplexe Struktur verhaltenstherapeutischer Techniken und Methoden, aus denen der Verkehrspsychologe Nutzen ziehen kann.

Tabelle 3.2 Entwicklungsphasen (Wellen) der Verhaltenstherapie

1. Welle – Klassische Verhaltenstherapie			
Verhaltensanalyse	Fertigkeitstraining	Operante Verfahren	Reizkonfrontation
2. Welle – Kognitive Verhaltenstherapie			
Kognitive Therapie nach Beck (1979)	Rational-Emotive Therapie nach Ellis	Kognitive Verhaltensmodifikation nach Meichenbaum	Problemlösen nach D'Zurilla & Goldstein
3. Welle – Achtsamkeit, Akzeptanz – komplexe Modelle			
Dialektische Verhaltenstherapie (DBT) nach Linehan (1996)	Acceptance and Commitment Therapy (ACT) nach Hayes et al. (2004)	Mindfulness Based Cognitive Therapy (MBCT) nach Segal, Williams & Teasdale (2008)	Schematherapie nach Young, Klosko & Weishaar (2005)

Techniken und Methoden der Verhaltenstherapie im Kontext der verkehrspsychologischen Intervention

Die Ziele von Interventionen auf der Basis der kognitiv-behavioralen Verhaltenstherapie innerhalb verkehrspsychologischer Intervention sind u. a.

- die Modifikation delinquenten Fahrverhaltens,
- die Veränderung dysfunktionaler Einstellungen zu Fahren und Verkehr sowie
- eine Veränderung der spezifischen psychischen und körperlichen Störungen, die der Verkehrsdelinquenz zugrunde liegen können.

Die verhaltenstherapeutischen Interventionen verfolgen immer konkrete und operationalisierte Ziele auf den verschiedenen Ebenen des Verhaltens und Erlebens, leiten sich aus einer Verhaltensdiagnostik zum Problem und einer individuellen Problemanalyse ab und setzen an prädisponierenden, auslösenden und aufrechterhaltenden Faktoren des delinquenten Fahrverhaltens an.

Einen praktischen Überblick über die Vielfalt verhaltenstherapeutischer Ansätze geben Linden & Hautzinger (2005). Umfassende Informationen findet der Verkehrspsychologe in den Lehrbüchern der Verhaltenstherapie (Margraf & Schneider, 2009 a, b), die Ansätze und Techniken der kognitiven Verhaltenstherapie sind bei Leahy (2007), die neueren verhaltenstherapeutischen Verfahren der „dritten Welle" bei Heidenreich & Michalak (2013) dargestellt.

In *Tabelle 3.3* werden verhaltenstherapeutische Techniken am Beispiel der Stufen einer Intervention für alkoholauffällige Kraftfahrer zusammengestellt, wie sie im Rahmen einer

Tabelle 3.3 Phasen verhaltenstherapeutisch orientierter Intervention bei verkehrsauffälligen Kraftfahrern mit Beispielen für Ziele und Techniken

Interventionsphase 1 – Anamnese und Auftragsklärung	
Ziel	**Technik**
Herstellung einer Arbeitsbeziehung, gemeinsame Problemdefinition	Therapievertrag mit Auftragsklärung, Aushandeln erster Ziele einer problemlösungsorientierten Therapie
Reflexion des Problemverhaltens	Verhaltensanalyse und Verhaltensbeobachtung, z. B. Trinkprotokoll mit Beobachtung kognitiver und emotionaler Auslösesituationen (Spaltentechnik, Erarbeitung eines Fallkonzeptes, SORK-Schema oder kognitives Fallkonzept (case conceptualization), ABC-Schema)
Reflexion biografischer Zusammenhänge	Verhaltenstherapeutische Biografiearbeit (z. B. Alkohol in der Lebenslinie)
Verpflichtung zur Verhaltensänderung	Zielformulierung und Kontingenzvertrag, z. B. kontrollierter Umgang mit Alkohol oder alkoholfreie Lebensweise (Contracting)
Psychoedukation	Aufklärung und Information über die Intervention, ihre Grundlagen, gutachterliche Anforderungen und über das Problemlöseverhalten

verkehrspsychologischen Einzelintervention (hier MPD-Intervention, DEKRA Akademie nach Liemandt (2013)) durchgeführt werden.

Im Rahmen der verhaltenstherapeutischen Intervention ist nicht nur das konkrete Deliktverhalten zu analysieren, sondern auch die allgemeinen problematischen und verfestigten Verhaltensmuster bei verminderter Anpassungsfähigkeit im Alltag spielen eine Rolle. Damit sind auch andere delinquenzrelevante Persönlichkeitsfaktoren und Straftaten zu betrachten, um die existierenden engen Zusammenhänge zwischen allgemeiner Kriminalität und Verkehrsdelinquenz (Weinand & Undeutsch, 1996; Banse, 2012) zu berücksich-

Tabelle 3.3 Phasen verhaltenstherapeutisch orientierter Intervention bei verkehrsauffälligen Kraftfahrern mit Beispielen für Ziele und Techniken (Fortsetzung)

Interventionsphase 2 – Verhaltensanalysen (Makro- und Mikroanalyse des verkehrsdelinquenten Verhaltens) und Inszenierung des therapeutischen Lernens	
Ziel	**Technik**
Herstellung vertiefender Einsichten in die problemauslösenden und in die problemaufrechterhaltenden Bedingungen von Trunkenheitsfahrten	Verhaltensanalyse nach Kanfer, Bartling Problemanalyse nach Schulte Horizontale Verhaltensanalyse Plananalyse von Grawe & Caspar (1984), vertikale Verhaltensanalyse Analyse der Trunkenheitsfahrt(en) und ihres komplexen Bedingungsgefüges
Vertiefende Reflexion des Problemverhaltens	Fortsetzung der Trinkprotokollierung, Selbstbeobachtung kognitiver und emotionaler Auslösesituationen
Verhaltensänderung	Einübung der Verhaltensänderung im Umgang mit Alkohol Aktivitätenplanung, Fertigkeitstraining (z. B. Ablehnungstraining)
Vertiefende Psychoedukation	Aufklärung und Information über körperliche und psychische Gefahren von Alkohol, Stufen der Abhängigkeit, Alkoholmetabolismus
Interventionsphase 3 – Analyse dysfunktionaler motivationaler Schemata und problembegünstigender Einstellungen	
Ziel	**Technik**
Motivationale Klärung Trinkmotive erkennen	Verhaltenstherapeutische Biografiearbeit, Erkennen von motivationalen Inkongruenzen z. B. durch Exploration und Schemadiagnostik
Einsicht in und Modifikation von Gewohnheitsbildungen und dysfunktionale Denkstile und Einstellungen	Analyse von Verhaltens- und Verstärkerketten und von dysfunktionalen Überzeugungen, sokratischer Dialog und kognitive Umstrukturierung
Vertiefende Psychoedukation	Aufklärung und Information über Lerngesetzmäßigkeiten im Erwachsenenalter und im Suchtbereich

Tabelle 3.3 **Phasen verhaltenstherapeutisch orientierter Intervention bei verkehrsauffälligen Kraftfahrern mit Beispielen für Ziele und Techniken** (Fortsetzung)

Interventionsphase 4 – Kognitive Umstrukturierung	
Ziel	**Technik**
Trinkmotive, Trinkanlässe und Alkoholwirkungen benennen und neu bewerten	z. B. durch Exploration von SORK-Schemata, dysfunktionaler Überzeugungen, sokratischer Dialog über Alkoholmythen A-B-C-Analyse
Einsicht in Risikopotenziale Aufbau von Selbstwert und funktionalen Alternativen	Analyse von Trinkgewohnheiten im Kontext der Risikobewertung, Analyse von Verhaltens- und Verstärkerketten Fähigkeitsaufbau
Vertiefende Psychoedukation	Aufklärung und Information über körperliche und psychische Gefahren und Konsequenzen von Alkohol im Verkehr und für die Gesundheit
Interventionsphase 5 – Rückfallprophylaxe und Einsicht in rechtliche Rahmenbedingungen	
Ziel	**Technik**
Rechtliche Konsequenzen benennen und neu bewerten	z. B. „negative imagery“ dysfunktionaler Überzeugungen im rechtlichen Kontext
Rückfallprophylaxe, Verhaltensalternativen kennen und benennen	Antizipation kritischer Situationen und Zustände Analyse von Verhaltens- und Verstärkerketten in möglichen Risikosituationen Persönlicher Notfallkoffer Erwerb von Fähigkeiten und Strategien der Stressprophylaxe und Emotionsregulation
Vertiefende Psychoedukation	Aufklärung und Information über rechtliche Konsequenzen weiterer Delinquenz Möglichkeiten der Selbsthilfe und Suchthilfe
Interventionsphase 6 – Bilanzsitzung	
Ziel	**Technik**
Verbalisierung der Einsicht in früheres Fehlverhalten: Damalige Bewertung des delinquenten Verhaltens und Neubewertung	Geleitetes Entdecken Evaluation der Interventionseffekte Veränderungsmessung
Verbalisierung der Einsichts- und Verhaltensänderungen Reflexion über veränderte Konsumgewohnheiten	Bilanzierung über erlernte neue Einsichten und Verhaltensweisen Planung der Beibehaltung neuer Verhaltens- und Kognitionsmuster
Transfer und Rückfallprophylaxe	Verbalisierung der zukünftigen Verhaltensstrategien Antizipation kritischer Situationen und Zustände, Selbstverstärkung bei gelingender Problemlösung Entwicklung eines persönlichen Notfallkoffers
Rückmeldung zum Stand der Aufarbeitung	Feedback durch den Verkehrspsychologen

tigen. Dieselben kognitiven und emotionalen Steuerungsmechanismen, die eine fehlende Anpassung an allgemeinrechtliche Regeln bedingen, können auch im Straßenverkehr zu Regelmissachtungen und riskantem Verhalten führen. Diese Zusammenhänge finden auch im Rahmen der neuen Beurteilungskriterien (z.B. Hypothesen V1 und V2) Beachtung (DGVP & DGVM, 2013).

Verhaltenstherapeutisch orientierte Techniken und Methoden sind heute bereits in zahlreichen verkehrspsychologischen Interventionsprogrammen integriert, z.B. IFT, LEER, Mobil 65 +. Aufgrund ihrer Transparenz und guten Anwendbarkeit sind verhaltenstherapeutische Interventionen in der Verkehrspsychologie unentbehrlich (Meinlschmidt, Schneider & Margraf, 2012).

3.3.2 Kognitive Therapie/Schematherapie

Konrad Reschke, Birgit Kollbach, Udo Kranich

Grundlagen

Es handelt sich um eine Gruppe von Methoden ohne einheitliche Theorie und Terminologie. Kognitionen werden als strukturierende und steuernde Komponenten für Verhalten (darin eingeschlossen emotionale, motivationale und physiologische Vorgänge) angesehen und stehen somit bei der Beschreibung und Erklärung psychischer Störungen bzw. von Verhaltensproblemen im Mittelpunkt. In kognitiven Therapien werden stets behaviorale, kognitive und emotionale Einzeltechniken integriert. Die Rational-Emotive Therapie von Ellis (1962) und die Kognitive Therapie der Depression von Beck (1976, 2004) leiteten die Entwicklung der kognitiven Therapien ein.

Die zentralen Therapieinhalte sind:

- Analyse und realistische Neuinterpretation (Restrukturierung) von Erfahrungen und Bewertungen unter aktiver Teilnahme des Klienten
- Förderung von Selbstkontrolle, Selbststeuerung und Selbstmanagement und
- Ausnutzung komplexer Formen des Lernens (auf der Basis sozial-kognitiver Lerntheorien).

Die allgemeinen Therapieziele sind:

- das Erkennen dysfunktionaler, störungsverursachender Einstellungen und Bewertungen und Analyse ihrer Struktur und Entstehung
- die Korrektur selbstschädigender Einstellungen und Bewertungen
- der Aufbau angemessener Selbstverbalisationen
- die Förderung von Selbstakzeptanz und Selbstbestimmung sowie
- die Förderung von Flexibilität und Toleranz im Denken und Handeln.

Die Wirkung der kognitiven Interventionen beruht auf folgenden Basisannahmen:

- Handeln (auch Verkehrsverhalten) wird durch verdeckte verbale Kommentare vorbereitet, begleitet und nachträglich bewertet.
- Fehlende, inadäquate oder negative Kommentare können zur Entstehung, Stabilisierung und Erhaltung von Verhaltensstörungen und fehlreguliertem Fahrverhalten beitragen.
- Durch die Förderung und Übung positiver, situationsangemessener und strukturierter Selbstinstruktionen können Verhaltens- und psychische Probleme abgebaut werden.

Kognitive Therapien betrachten Einstellungen, Gedanken, Emotionen, Bewertungen, Pläne und Überzeugungen und ihre dysfunktionalen Musterbildungen als Ursache von psychischen Störungen und Verhaltensauffälligkeiten. Sie versuchen diese durch Bewusstmachung, Überprüfung, Korrektur und Umstrukturierung so zu verändern, dass veränderte kognitive Muster und Strukturen eine Neuorientierung und Veränderung des Verhaltens bewirken. In der Verkehrspsychologie geht es dabei um eine Veränderung dysfunktionaler Einstellungen zu Fahren und Verkehr. Es wird angenommen, dass lerngeschichtlich erworbene Fehleinstellungen ursächlich an Einschränkungen der Fahreignung beteiligt sind. Somit werden folgerichtig auch die dysfunktionalen Einstellungen zu Fahren und Verkehr als Ursachen von Fahrverhaltensproblemen angenommen bzw. als Bedingungen von alkohol- und drogenbedingten Verkehrsdelikten gesehen. Hiermit wird ein wesentlicher Ansatzpunkt für die Rehabilitation von verkehrsauffälligen Kraftfahrern markiert. Es werden die kognitiven Interventionen im Rahmen eines strategischen Selbstmanagementansatzes betrachtet (Kanfer, Reinecker & Schmelzer, 2012). Alle verkehrspsychologischen Interventionen streben also nicht nur direkte Verhaltens-, sondern auch kognitive Veränderungen an, die eine Langzeitwirkung entfalten sollen. Aus dem klinischen Anwendungsbereich können dafür viele geeignete Techniken und Methoden der kognitiven Umstrukturierung in die verkehrspsychologische Praxis übernommen werden (Wilken, 2010).

Dysfunktionale Kognitionen – Ansatzpunkte der Intervention

Die wichtigsten kognitiven Therapieansätze stammen u.a. von Beck, Ellis, Meichenbaum, D'Zurilla & Goldfried sowie von Young. Es handelt sich um eine Vielzahl unterschiedlicher Konzeptionen, die auch verschiedene praktische Vorgehensweisen hervorgebracht haben.

Kognitive Dysfunktionen sind in verschiedenen Formen existent. Sie kommen vor als automatische Gedanken, irrationale Überzeugungen, urteils- und wahrnehmungsleitende Schemata, Hot Spots (negative Bilder), frühe maladaptive Schemata und ihre Verbindungen zum Reaktionsmodus sowie als Core-Beliefs und metakognitive Aufmerksamkeitssyndrome.

Einige typische „Denkfehler" nach Wilken (2000, S. 25 ff.) sind:

1. *Willkürliche Schlussfolgerungen*: Ohne sichtbaren Beweis oder sogar trotz Gegenbeweisen werden willkürliche Schlussfolgerungen gezogen. „Bei der MPU fällt doch sowieso jeder Zweite durch."
2. *Übergeneralisierung*: Aufgrund eines Vorfalls wird eine allgemeine Regel aufgestellt, die unterschiedslos auf ähnliche und unähnliche Situationen angewendet wird. „Jeder fährt schneller als erlaubt."
3. *Dichotomes Denken*: Denken in Alles-oder-Nichts-Kategorien. „Wer einmal dran war, dem glaubt man sowieso nicht."
4. *Personalisierung*: Ereignisse werden ohne klaren Grund auf sich selbst bezogen. „Der fährt extra langsam, um mich zu ärgern."
5. *Selektive Abstraktion*: Einige Einzelinformationen werden verwendet und überbetont, um eine Situation zu interpretieren. Damit werden bestimmte Informationen auf Kosten anderer überbewertet. „Die Polizei hält sich doch selbst nicht an die Regeln."

6. *Maximieren und Minimieren*: Negative Ereignisse werden übertrieben und positive Ereignisse untertrieben. Ein Beispiel für Minimierung ist: „Dass ich damals getrunken hatte, war doch nur durch die Einladung gekommen."
7. *Katastrophisieren*: Das Eintreffen oder die Bedeutung von negativen Ereignissen wird stark überbewertet. „Wenn ich den Führerschein nicht behalten kann, verliere ich meine Arbeit für immer!"
8. *Emotionale Beweisführung*: Das Gefühl wird als Beweis für die Richtigkeit der Gedanken genommen. „Vom Gefühl her bin ich voll normal gefahren. Die 100 war einfach Schikane."
9. *Etikettierung*: Aus einer Handlung wird ein umfassender Sachverhalt gemacht. „Dass ich schon bei Rot gefahren bin, zeigt, dass ich ein Pechvogel bin."
10. *Gedankenlesen*: Man meint, ohne nachzufragen, die Gedanken der anderen zu kennen. „Sie denken doch auch, ich bin ein Junkie!"
11. *Tunnelblick (selektive Aufmerksamkeit)*: Jemand sieht nur einen bestimmten Aspekt seines gegenwärtigen Lebens. „Ich musste einfach schnell nach Hause! Meine Frau hatte schon angerufen!"

Die kognitive Therapie stellt die aktive Gestaltung des Wahrnehmungs- und Bewertungsprozesses in den Vordergrund. Sind die Kognitionen inadäquat (z.B. durch Wahrnehmungsselektion und -fehlbewertung), ist auch die Möglichkeit beeinträchtigt, Emotion und Verhalten zu korrigieren. Vor allem automatisiertes und emotional getriggertes Verhalten sind häufig dadurch beeinflusst, wie ein Mensch sein Modell der Umwelt kognitiv strukturiert hat und welche Reaktionsmodi in ihm durch Wahrnehmung und Denken schnell aktivierbar sind. Gedanken in Verbindung mit Gefühlen determinieren das Fahrverhalten stark.

Kombination verhaltensorientierter und kognitiver Techniken

Die kognitive Verhaltenstherapie verbindet Methoden auf der kognitiven, der emotionalen und auf der Verhaltensebene. Um eine Veränderung kognitiver Muster und damit verbundener Verhaltensweisen zu erreichen, werden kognitive und verhaltensorientierte Methoden kombiniert eingesetzt. In der verkehrspsychologischen Intervention ist wie in der kognitiven Psychotherapie eine enge Verzahnung verhaltensorientierter und kognitiver Techniken anzustreben. Die fallspezifische Auswahl und Kombination im Rahmen der strategischen Interventionsplanung obliegt dem Verkehrspsychologen. Einen theoretisch fundierten Methodenüberblick geben Scholz (2001, 2002), Stavemann (2008), Hautzinger (2011), Leahy (2005) sowie Linden & Hautzinger (2011).

Verhaltensorientierte Techniken

Verhaltensorientierte Techniken dienen dazu, den Klienten zu aktivieren und Lernprozesse zum Aufbau konkreter Verhaltensweisen einzuleiten. Die Änderung des Verhaltens führt zu positiven Emotionen, diese wiederum führen zu veränderten Kognitionen. Zu den verhaltensorientierten Techniken gehören:

- Graduierte Aufgabenstellung, Aufgaben mit ansteigendem Schwierigkeitsgrad
- Selbstbeobachtung/Registrierung von Erfolgen
- Aktivitätsplanung und -durchführung
- Erfolg – Vergnügen – Technik

- Verhaltensexperimente
- Exposition mit Situationen ansteigender Schwierigkeit
- Therapeutische Hausaufgaben
- Fertigkeitstraining
- Ablenkungstechniken
- Rollenspiel
- Gedanken-Stopp-Training.

Kognitive Techniken

Kognitionsorientierte Techniken dienen dazu, eine langfristige kognitive Umstrukturierung zu erreichen. Negative Kognitionen sollen durch realitätsgerechte, rationale Gedanken ersetzt werden, was zu einer Verbesserung der Realitätswahrnehmung und günstigeren verhaltensleitenden Einstellungsmustern führen soll, woraus veränderte Gefühle und neues Verhalten entstehen kann. Zu den kognitionsorientierten Techniken gehören:

- Sammeln und Aufzeichnen automatischer Gedanken
- Erkennen von Mustern kognitiver Verzerrungen (ABCZ-Schema; *Tabelle 3.4*)
- Spaltentechnik zur Suche und Veränderung automatischer Gedanken
- Kognitive Umstrukturierung
- Pro-Kontra-Listen
- Realitätstesten: Testen der Kognitionen
- Reattributions-Training, Training von gerechter Verantwortlichkeitsübernahme
- Entkatastrophisieren
- Aufbau von positiven Erwartungen
- Selbstinstruktionstraining
- Imaginative Techniken/Imaginatives Neuschreiben (Rescripting)
- Selbstverbalisation (Methode des lauten Denkens)
- Problemlösetherapie.

Der sokratische Dialog ist eine grundlegende Technik, die in vielen Formen und Varianten durchführbar ist. Sie hilft den Klienten, aktiv eigene Fehleinstellungen im Dialog aufzuspüren und realitätsadäquatere Gedanken zu formulieren, mit deren Hilfe Verhaltensübungen durchgeführt werden oder mit denen imaginativ gearbeitet wird. *Tabelle 3.4* stellt ein Arbeitsblatt für den sokratischen Dialog dar. Verkehrspsychologen erwerben bei Anwendung dieser Technik einen individuellen Stil der kognitiven Umstrukturierung. Dieser muss akzeptierend und wertschätzend, also personenzentriert, sein und sich auf solche anlassbezogenen oder tief in der Persönlichkeit verwurzelten Fehleinstellungen beziehen, die änderungsrelevant für Fahrverhalten und regeleinhaltende Teilnahme am Verkehr sind.

In der kognitiven Therapie wurden in den letzten Jahren neue Konzepte eingeführt, die bisher kaum in der verkehrspsychologischen Intervention auf ihre Relevanz überprüft worden sind. Achtsamkeitsbasierte Therapie, Dialektische Verhaltenstherapie, Akzeptanz- und Commitment-Therapie (Eifert, 2011), metakognitive Therapie und der Schematherapie-Ansatz sind hier zu nennen.

Tabelle 3.4 **Arbeitsblatt ABCZ-Schema, rational-emotiver Dialog**

ABCZ-Schema (Die Zahlen geben die Reihenfolge im sokratischen Dialog an)
Mein Thema:
A: Auslösendes Ereignis (1) *Was ist passiert?*
B: Bewertungen, Gedanken (4) *Was habe ich mir da gesagt? Wie denke ich darüber? Welche Gedanken beobachte ich unmittelbar und automatisch während und nach dem Ereignis?*
C: Konsequenzen (2) **Gefühle:** *Wie habe ich mich gefühlt? Wie stark war das Gefühl?* **Verhalten:** *Wie habe ich mich verhalten?*
Z: Ziele (3) *Wie hätte ich mich stattdessen in der Situation gern gefühlt?* *Was hätte ich lieber getan? Sind meine Ziele sinnvoll und realistisch?*
D: Disputation (5) *Stimmt der Gedanke? Gibt es Beweise dafür/Ist er logisch?* *Hilft/Nützt mir der Gedanke, um mein Ziel zu erreichen? Welche (falsche) Annahme steckt dahinter?*
Alternativgedanken (6) *Kann ich einen alternativen angemessenen Gedanken formulieren, der mir besser erlaubt, meine Ziele zu erreichen und mich besser zu fühlen? Wie kann ich den Gedanken in der Vorstellung (Imagination) in Risiko- und Verhaltensübungen einüben?*

Besonders der schematherapeutische Ansatz scheint im Rahmen von Analyse und Modifikation verkehrsdelinquenten Verhaltens anwendbar. Dazu abschließend einige Ausführungen (Roediger, 2009a, 2009b; Roediger & Jacob, 2010; Stavemann, 2008).

Schematherapie

Die Schematherapie wurde aus der Verhaltenstherapie zur Behandlung von Patienten mit schwer behandelbaren Persönlichkeitsstörungen von Young (Young, Klosko & Weishaar, 2005) entwickelt. Dazu waren konzeptuelle Erweiterungen notwendig, um Techniken anderer Therapiemethoden in den verhaltenstherapeutischen Ansatz zu integrieren:

1. Das Störungsverständnis wurde um die frühen Beziehungserfahrungen und die Grundbedürfnisse erweitert,
2. die therapeutische Beziehungsgestaltung wurde im Sinne einer Nachbeelterung persönlicher gestaltet und
3. es wurden emotionsaktivierende Verfahren (Imagination, Stühlearbeit) sowie
4. die Arbeit mit emotionalen Aktivierungen in der therapeutischen Beziehung einbezogen.

Die Schematherapie setzt die von Grawe et al. (1994) formulierten Therapieperspektiven und therapeutischen Wirkfaktoren in einen konsistenten, verhaltenstherapeutischen Behandlungsansatz um (Kapitel 3.3.7).

Der schematherapeutische Ansatz

Menschen machen im Leben immer wieder dieselben Fehler, obwohl sie sich vorgenommen haben, beim nächsten Mal anders zu reagieren. Sie haben hartnäckige wahrnehmungs- und reaktionsauslösende Muster, hier sogenannte frühe maladaptive Schemata. Dadurch reagieren sie immer in ein und demselben Modus. Diese Schemata sind früh entstanden und tief in die Persönlichkeit eingewoben.

Ein Schema ist ein extrem stabiles und dauerhaftes Denkmuster. Es wird in der frühen Kindheit gebildet und während des ganzen Lebens ausgearbeitet. Stets werden die eigene Person und die Beziehungen zu anderen durch dieses Schema wahrgenommen und es aktiviert (triggert) spezifisches fehlangepasstes Verhalten. In der Regel verschwinden erworbene Schemata nicht von allein, weil bestimmte Kompensationsmechanismen sich darauf beziehen und bestimmte Gefühle es verstärken.

Diese Schemata sind:

- Emotionale Deprivation
- Verlassenheit/Instabilität
- Misstrauen/Missbrauch
- Soziale Isolation
- Minderwertigkeit/Scham
- Soziale Unerwünschtheit
- Versagensangst
- Funktionelle Abhängigkeit/Inkompetenz
- Angst vor Katastrophen
- Verstrickung/mangelhaft entwickeltes Selbst
- Unterordnung

- Selbstaufopferung
- Emotionale Gehemmtheit
- Unverhältnismäßig hohe Maßstäbe
- Forderung nach Privilegiertheit/Dominanz.

Die Schemata werden Domänen (Bereichen) zugeordnet. Sie verbinden sich in Modi zu Mustern. Es gibt Schema-Aufrechterhaltungs-, Schema-Vermeidungs- und Schema-Kompensationsprozesse. Besonders die Schemata der Schemadomäne „Mangelnde Grenzen“, z. B. die Schemata „Schwierigkeiten mit Frustration und Selbstdisziplin“, „mangelndes Mitgefühl für die Rechte und Bedürfnisse anderer“, „Großartigkeits- und Dominanzbedürfnis“, scheinen verkehrspsychologisch von Interesse. Die Dominanz dieser Schemata kann zu Problemen bei der Respektierung des Fahrverhaltens anderer oder der Normeneinhaltung im Straßenverkehr führen. Schematherapeutisch fundierte Arbeit wurde bisher noch nicht im Rahmen verkehrspsychologischer Interventionen berichtet bzw. untersucht, erscheint aber im Rahmen der Behandlung von Verkehrsauffälligen oder Verkehrsstraftätern bedenkenswert. Besonders auch unter Beachtung der in den Beurteilungskriterien formulierten Hypothesen V1–V3 (DGVP & DGVM, 2013) ist es denkbar, eine verminderte Anpassungsbereitschaft oder -fähigkeit, gesteigerte Impulsivität oder Impulskontrollstörungen therapeutisch zu beeinflussen (Wagner & Widmer, im Druck).

Das Veränderungsziel ist, Menschen beim Aufdecken der eigenen Muster zu helfen. Dazu sind bestimmte Teilziele wichtig:

1. *Innere Anteile kennenlernen*: z. B. Kindmodi, dysfunktionale Elternmodi, Bewältigungsmodi, der Modus des gesunden Erwachsenen
2. *Innere Anteile verändern*: Verletzliche, ärgerliche oder impulsive Kindmodi regulieren lernen, den glücklichen Kindmodus stärken, dysfunktionale Elternmodi kennen, regulieren und überwinden, inadäquate Bewältigungsmodi regulieren und den gesunden Erwachsenenmodus stärken.

Um diese Ziele zu erreichen, werden nach gründlicher Schemadiagnostik verschiedene Techniken systematisch auf den Einzelfall bezogen:

- Diagnostik und Edukation
- Ressourcenaktivierung durch beruhigenden und wertschätzenden Beziehungsaufbau
- Emotionale, empathische Exposition mit Schemata, Modi und Verhalten
- Balance zwischen begrenzter elterlicher Fürsorge und empathischer Konfrontation
- Problemklärung durch Mentalisierung, Selbstreflexion und Selbstempathie.

3.3.3 Psychodynamische Psychotherapie/Individualpsychologie

Joachim Seidl, Klaus-Peter Kalwitzki

Psychodynamische Psychotherapieansätze haben in der verkehrspsychologischen Intervention zwar eine recht frühe, aber im Unterschied zu kognitiv-behavioralen Therapieansätzen eine eher weniger weite Verbreitung gefunden. Gründe dafür sind die heilkundliche Grundausrichtung dieser Verfahren, ihre langzeitinterventive Ausrichtung, ihre komplexeren theoretischen Grundannahmen und vielleicht auch ihre lange Zeit nicht ausreichend gesicherte Evidenz. In den letzten zwanzig Jahren haben sich das Erscheinungsbild, die Evidenzbasierung und die Operationalisierung der psychodynamischen Psychotherapiekonzepte insbesondere in den tiefenpsychologisch fundierten Psychotherapien und dynamischen Kurzzeitpsychotherapien deutlich verbessert (Reimer & Rüger, 2000; Leichsenring, 2004; Wöller & Kruse, 2010; Beutel, Doering, Leichsenring & Reich, 2010; Rudolf, 2011). Dennoch ist die psychodynamisch basierte Richtung in verkehrspsychologischen Interventionen weiterhin nur in einer individualpsychologischen Variante vorhanden. Auch in allen o. g. Grundwerken psychodynamischer Psychotherapie taucht ein verkehrspsychologischer Praxisbezug nicht auf. Es ist sicher an der Zeit, Schnittmengen und Anwendungsmöglichkeiten von verkehrspsychologischer Intervention und tiefenpsychologisch-psychodynamischen Interventionsansätzen neu zu überprüfen.

Individualpsychologie – Basis der Frühformen verkehrspsychologischer Intervention

Ende der 1970er-Jahre begann sich die Individualpsychologie (IP) nach Alfred Adler in der Verkehrspsychologie zu etablieren. Die Gesellschaft für Ausbildung, Fortbildung und Nachschulung e. V. (AFN) führte ab 1977 Nachschulungskurse für alkoholauffällige Kraftfahrer auf individualpsychologischer Grundlage durch. Höcher begründete 1979 die Individualpsychologische Verkehrstherapie (IVT-Hö).

Prinzipien der Individualpsychologie sind die „ganzheitliche Betrachtung des Menschen" und das Verständnis seiner Entwicklung im Kontext seiner „sozialen Bezogenheit". Adler sieht den Menschen vorgestaltet durch seine Anlagen, geformt durch seine Umwelt, aber auch sich und seine Umwelt „aktiv gestaltend". Dabei ergibt jedes Verhalten Sinn, es verfolgt einen (meist unbewussten) Zweck. Während bei Freud die Kausalität im Vordergrund steht, ist für Adler also die „Finalität" entscheidend. Er sieht jedes menschliche Handeln als zielgerichtet an.

Neugeborene erfahren in einer Welt der stärkeren und kompetenteren Erwachsenen ihre Ohnmacht und Hilflosigkeit. Diesem erlebten Minderwertigkeitsgefühl steht die Tendenz zur Kompensation gegenüber, das Geltungsstreben. Die generell erlebte Minderwertigkeit kann verstärkt werden durch die körperliche Verfassung, die ökonomisch-soziale Situation, die Familienposition, den Erziehungsstil der Eltern usw. Aus dieser Konstellation in der frühen Kindheit entwickelt der Mensch Grundmuster, sich der Welt zu stellen und seine Lebensaufgaben zu meistern. Diese Grundmuster bilden *„die persönliche Note, die charakteristische Melodie seines Lebens, den Rhythmus seiner persönlichen Gangart"* (Dreikurs, 1990, S. 59) und kommen in allen seinen Handlungen mehr oder weniger deutlich zum Ausdruck. Adler nennt diese Muster den „Lebensstil".

Laut Adler verfolgt ein Therapieprozess vor allem zwei Ziele (Hoffmann, 2011):

- den unbewussten „Lebensplan" zu entdecken, seine spezielle Strategie, mit den Anforderungen des Lebens umzugehen
- das Gemeinschaftsgefühl zu befördern, indem man vergangene Fehler aufgreift und im Verlauf der Behandlung angemessene Verhaltensmuster entwickelt.

Die Entdeckung des Lebensplans als Teil des Lebensstils einer Person entspricht dem Auffinden eines Behandlungsfokus, wie er für viele psychodynamische Ansätze eine Therapievoraussetzung darstellt.

Das „Gemeinschaftsgefühl" ist ein weiterer zentraler Begriff bei Adler: *„Mit den Augen des Anderen sehen, mit den Ohren des Anderen hören, mit dem Herzen des Anderen* *fühlen ... scheint mir eine vorläufig zulässige Definition von dem zu sein, was wir Gemeinschaftsgefühl nennen"* (Adler, 1982, S. 224). Dass Adler sich dabei von einem *positiven Menschbild* leiten lässt, kommt im folgenden Zitat zum Ausdruck:

„Der Mensch ist von Natur aus nicht böse. Was auch ein Mensch an Verfehlungen begangen haben mag, verführt durch seine irrtümliche Meinung vom Leben, es braucht ihn nicht zu bedrücken; er kann sich ändern ... Er ist frei, glücklich zu sein und andere zu erfreuen" (Adler, 1933, zit. bei Rattner, 2006, S. 144).

Der individualpsychologische Ansatz in der Rehabilitation verkehrsauffälliger Kraftfahrer

In der individualpsychologischen Therapie wird die Entstehungsgeschichte einer Symptomatik mittels der fokalen Lebensstilanalyse betrachtet. Dabei sind die Erfahrungen der frühen Kindheit (Familien- und Geschwisterkonstellation) sowie das sich daraus ergebende Rollenverhalten besonders bedeutsam. Die anlagebedingten Stärken und Schwächen des Kindes werden individuell erfasst und zu dessen Zielen in Beziehung gesetzt. So kann der unbewusste Lebensstil rekonstruiert werden, der das Urmodell des erwachsenen Verhaltens abbildet. Das Verstehen der frühkindlichen Entwicklungsgeschichte eines Menschen bildet also die Basis für das Verständnis seiner Verhaltensweisen als Erwachsener: *wozu* er sich – immer wieder – in dieser bestimmten Weise verhielt und verhält (Zweck des Verhaltens).

Ist eine Einsicht in das Wozu der „alten" Strategien zur Alltagsbewältigung erarbeitet, kann in der Therapie der Prozess beginnen, den die Individualpsychologie als „Umfinalisieren" bezeichnet. Auf der Grundlage der Erkenntnis, dass man zuvor – unbewusst – Ziele verfolgt hat, die inzwischen als falsch und unrealistisch erscheinen, erfolgt die Suche, Erprobung und schließlich Festigung neuer zielführender Strategien. Der Klient wird dabei durch *Ermutigung* unterstützt, Vertrauen in seine eigenen Fähigkeiten und den Wert seiner Person zu entwickeln.

Für die Arbeit mit verkehrsauffälligen Kraftfahrern wurde die fokale Lebensstilanalyse in den 1970er-Jahren weiterentwickelt. Jensch & Lemm (1979) stellten auf dem 1. Internationalen Workshop Driver Improvement 1978 in Salzburg das Individualpsychologische Rehabilitationsprogramm für alkoholauffällige Kraftfahrer (IRaK) vor. Eine umfassende Darstellung des fachlichen Hintergrundes, der Inhalte und Methoden findet sich bei Jensch & Lemm-Hackenberg (1981). Der Ansatz wurde im Laufe der Zeit auf die Langzeitrehabilitation (Jensch & v. Wolmar, 1992) sowie auf die Arbeit mit drogenauffälligen (Ziegler, Jensch, Krohn & Brisch, 1998) und allgemein verkehrsauffälligen Kraftfahrern (Jensch & Seidl, 1999) ausgedehnt. Weitere Anwendungen sind beschrieben bei Kalwitzki, Pirke, Seidl & v. Wolmar (2009) sowie Seidl, Kollbach, Mehlhorn & Liemandt (2012).

Ziel der Intervention ist die Wiederherstellung der Eignung zum Führen von Kraftfahrzeugen und der Voraussetzungen für eine sichere Teilnahme am Straßenverkehr nach Alkohol-, Drogen- oder Verkehrsdelikten. Die Klienten lernen in verkehrspsychologischen Einzelinterventionen oder Kursprogrammen die Ursachen und Hintergründe ihres problematischen Trink-, Konsum- bzw. Verkehrsverhaltens zu erkennen, um dieses Verhalten damit entbehrlich zu machen. Die individualpsychologisch fundierte Intervention initiiert einen internalen Veränderungsprozess, der die Klienten zu einer dauerhaften Vermeidung weiterer Auffälligkeiten befähigt.

Wirksamkeit individualpsychologisch fundierter verkehrspsychologischer Ansätze

Die individualpsychologische Methode der fokalen Lebensstilanalyse hat sich zur Bearbeitung problematischen Verkehrsverhaltens mehrfach bewährt. Die Individualpsychologische Verkehrstherapie (IVT-Hö) hat Höcher (1992, 1994) auf ihre Wirksamkeit geprüft. Evaluationsstudien zur individualpsychologischen Rehabilitation alkohol- und drogenauffälliger Kraftfahrer haben Heinzmann (2010; für den IRaK-Kurs gemäß § 70 FeV) sowie Biehl & Birnbaum (2004; für den entsprechenden Kurs für drogenauffällige Kraftfahrer, DRUGS) durchgeführt. Die Rückfallraten lagen dabei mit 6,6 % bzw. 8,8 % deutlich unter den geforderten Referenzwerten der Bundesanstalt für Straßenwesen. Die Ergebnisse weiterer Evaluationsstudien von individualpsychologischen Interventionen (Kurse zur Sperrfristverkürzung (IRaK-S) und besondere Aufbauseminare (ALFA)) haben Kalwitzki & Krohn (2010) vorgestellt.

3.3.4 Systemische Verfahren – Ressourcenorientierte und lösungsorientierte Therapien

Birgit Kollbach

Der Mensch im Verkehr ist grundlegend als Teil eines interdependenten Systems „Verkehr" zu betrachten, wo unikausale und unikonditionale Ansätze begrenzt sind, Zirkularität vorherrscht und Stabilität und Veränderung sich ablösen. Normgerechtes wie auch verkehrsdelinquentes Verhalten vollzieht sich in systemischen Verhaltens- und Bedingungszyklen. Das System Straßenverkehr besitzt eine Struktur, in der sich Regeln und Ordnungen herausgebildet haben, deren Einhaltung die Stabilität der Struktur sichert. Die Kooperation des Klienten kann durch systemisches Denken und Handeln des Verkehrspsychologen systematisch gefördert werden. Nachfolgend werden systemische Grundbegriffe in den Kontext der verkehrspsychologischen Arbeit eingebettet.

Auftragsklärung und Motivationsaufbau

Der systemische Ansatz in der verkehrspsychologischen Fahrerlaubnisberatung und Intervention ist ein lösungsorientiertes Vorgehen bei Führerscheinproblemen. Die Arbeit beginnt immer mit der Auftragsklärung. Dabei zielt der Verkehrspsychologe darauf ab, *„dass innerhalb der Beratungs- oder Therapiestunde nur Anregungen und Anstöße gegeben werden für die eigentlichen Entwicklungs- und Veränderungsprozesse, die sich im konkreten Alltag des Klienten vollziehen bzw. vollziehen müssen"* (Bamberger, 2001, S. 10). Der Klient kommt in die Beratung, zumeist mit der Motivation, schnellstmöglich seine Mobilität wieder herstellen zu wollen – *„Sagen Sie mir was ich bei der MPU sagen muss, damit ich ein positives Gutachten bekomme"*. Im Erstkontakt zeigt er beispielsweise sein inneres Chaos, seine Verletzung und ggf. eine Opferhaltung einerseits, andererseits auch sein derzeitiges Problembewusstsein und seine bisherigen Problemlösungsversuche. Dabei wird häufig eine große Bereitschaft und Offenheit sichtbar, sich Lösungsvorschlägen gegenüber zu öffnen und für seinen Führerschein fast alles zu tun oder es jedenfalls versuchen zu wollen. Der Klient wird vom „Besucher" zum „Kunden" im systemischen Sinne, wenn er gemeinsam mit dem Berater ein Behandlungsziel erkennt und deutlich macht, dass er sich selbst als Teil der Lösung sieht und bereit ist, bezüglich des Problems etwas zu tun (Berg & Miller, 2004). Auch die Ziele „geschickter" Klienten (mandated clients), die z. B. von ihrem Anwalt motiviert wurden und deren Ziele beispielsweise zunächst nur darin bestehen „weitere Schwierigkeiten zu vermeiden", verdienen eine Würdigung hinsichtlich ihrer Nützlichkeit. In der verkehrspsychologischen Fahrerlaubnisberatung oder in der ersten Phase einer verkehrspsychologischen Therapie begegnet der Klient einem Berater, der nicht nur Verständnis und Empathie für seine Lage aufbringt (z. B. für Verletzungen, Kränkungen im Selbstwertgefühl, Schwierigkeiten und Konsequenzen im Alltag ohne individuelle Auto-Mobilität), sondern der gezielt Motivation und realistische Ziele aufzubauen hilft.

Therapeutische Beziehung und verkehrspsychologische Kompetenz

In der Beziehung zueinander ist es besonders wichtig, dass der Verkehrspsychologe als Experte für den Weg und für den Prozess der Intervention „frei" bleibt. Der Verkehrspsychologe sollte sich davor hüten, vom Klienten als Vertreter von strafend erlebten Institutionen angesehen zu werden. Er stellt verkehrspsychologische Fachkompetenz zur Verfügung, die Hoffnung auf die Wiederherstellung der Mobilitätskompetenz weckt und Wege hierzu weist. Die „Kundenorientierung als systemische Dienstleistungsphilosophie" (von Schlippe & Schweitzer, 2003) geht von einer hohen Eigenverantwortung und Mündigkeit des Klienten aus. Hierbei versteht sich der Verkehrspsychologe jedoch nicht als Vollzieher der Kundenwünsche, sondern als „Verhandlungspartner in einem Angebot-Nachfrage-Aushandlungsprozess" (Simon et al., 1999), was nach Anliegenklärung in einem therapeutischen Auftrag münden sollte (was ist tatsächlich realistisch erreichbar).

Lösungsorientierte Problemanalyse

Zu Beginn der Intervention erfolgt eine „lösungsorientierte Problemanalyse" (Bamberger, 2001). Der Klient erhält Informationen dazu, wie andere Systeme (Verkehrssicherheit, Justiz, Verwaltung, Beurteilungskriterien, Suchthilfe usw.) zu seinem Problem stehen und welche Möglichkeiten der Lösung diese aufzeigen. Er wird darin unterstützt, mit diesem neuen Wissen auf dem Hintergrund seiner Ressourcen selbst nach Lösungen zu suchen. Dazu kann er weiter verkehrspsychologische Hilfestellung ggf. in Form einer verkehrspsychologischen Intervention in Anspruch nehmen, jedoch sind auch viele andere Formen möglich. Der systemische Ansatz in seiner Lösungsorientierung unterscheidet sich hier von anderen, eher problemorientierten Ansätzen. Diese fokussieren vorwiegend die Bedingungen und Ursachen des Problemverhaltens, um aus dessen Verständnis heraus Lösungsmöglichkeiten zu generieren. Der Verkehrspsychologe in der Praxis erarbeitet anlassbezogene ressourcenorientierte *Lösungen* mit dem Klienten. Daher kann nach Auffassung des systemischen Ansatzes eine ätiopathogenetische Ursachensuche für verkehrsdelinquentes Verhalten ebenso unterbleiben wie eine Fokussierung auf zugrunde liegende Persönlichkeitsakzentuierungen (Bamberger, 2001). Stattdessen erfolgt eine Ausrichtung auf im System Fahrer-Umwelt realisierbaren neuen Einstellungen und Verhaltensweisen. Der Diskurs um die Betrachtung persönlichkeitsimmanenter Faktoren der Fahreignung in Begutachtung und Intervention ist bisher noch nicht abschließend geklärt. So ist in der dritten Auflage der Beurteilungskriterien (DGVP & DGVM, 2013) eine stärkere Beachtung der Persönlichkeitsakzentuierungen des delinquenten Fahrverhaltens gefordert, was im systemischen Ansatz nicht in gleicher Weise grundlegend ist.

Bei verkehrspsychologischen Maßnahmen zur Wiederherstellung der Fahreignung ist sowohl die Dauer als auch die Stabilität der Verhaltensänderung bedeutsam. Manche Fallkonstellationen erfordern Belege, damit eine gewünschte Rechtsfolge eintreten kann (z.B. EtG[3] – oder Drogenscreening zum Abstinenznachweis in einem definierten Zeitraum). Was einen ausreichend langen Zeitraum der Veränderung für verschiedene Problematiken darstellt, bis die Fahreignung als wieder hergestellt angesehen werden kann, und welche weiteren auch motivationalen Voraussetzungen hierzu verlangt werden, ist in den Beurteilungskriterien (DGVP & DGVM, 2013) dargelegt. Die Glaubhaftigkeit der Veränderung wird ebenfalls durch den Bericht beispielhafter Ereignisse zu den Veränderungen aus dem Alltag unterstützt. Der Klient erfährt in der systemisch fundierten verkehrspsychologischen Intervention Anreize für Selbstbeobachtungen und Veränderungen. Diese bilden die Basis für den Aufbau von Selbstkontrolle und von Selbstkontrolltechniken. Entsprechende Zeitfenster der Veränderung gepaart mit Selbstbeobachtung und Selbstkontrolle ermöglichen es dem Klienten, neue Erfahrungen in den relevanten Lebensbereichen zu machen. So können sich sukzessiv erweiterte und vertiefte Veränderungsprozesse ergeben. Im systemischen Kontext bezeichnet man dies als Veränderungen, die weitere Veränderungen unausweichlich machen. Neben systemischen sind in der verkehrspsychologischen Intervention auch motivationale, emotionale, kognitive und verhaltenstherapeutische Interventionsstrategien hilfreiche Bestandteile, die zusammen mit dem Klienten entwickelt werden.

Prinzip der Konkretheit, Einfachheit, Erreichbarkeit

Die in der Intervention thematisierten Schritte der Veränderung, die der Klient bereits gegangen ist, nun zu gehen bereit ist oder in Erwägung zieht, zukünftig ergreifen zu können, sollten nützlich, konkret, möglichst einfach und vor allem erreichbar sein. Denn *„wenn eine Therapie richtig enden soll, dann muss sie richtig beginnen – indem man ein lösbares Problem aushandelt“* (Haley, 1987).

Ressourcenorientierung

Unabdingbar für das systemische ressourcenorientierte Arbeiten auch innerhalb der verkehrspsychologischen Intervention ist eine annehmende Grundhaltung gegenüber dem Klienten. In der systemischen Therapie existieren hierzu eine Vielzahl von Vorgehensweisen über:

- Anerkennung, Wertschätzung und ggf. Komplimente,
- Skalierungsfragen 1 bis 10,
- zirkuläre Frageformen,
- explizierte Fragen nach Ausnahmen vom Problemverhalten und z.B.
- die Wunderfrage.

Allgemein hat die Ressourcenorientierung auch in andere Psychotherapieverfahren Eingang gefunden. Wichtige Einzeltechniken der systematischen Ressourcenanalyse, der ressourcenorientierten Gesprächsführung sowie der ressourcenaktivierenden Struk-

3 Etylglucuronid, Abbauprodukt von und hochsensitiver Marker für aufgenommenen Alkohol.

turintervention sind bei Flückiger & Wüsten (2008) dargestellt. Ihre Eignung für verkehrspsychologische Fragestellungen ist im Einzelfall zu überprüfen. Dem Ansatz der Ressourcenaktivierung kommt in der Allgemeinen Psychotherapie nach Grawe (1998, 2004) große Bedeutung zu. Auch in der Verhaltenstherapie (Schemmel & Schaller, 2003; Frank, 2007) und in der Tiefenpsychologie (Fürstenau, 2001) sind Ansätze der Ressourcenorientierung beschrieben.

Selbstorganisation

Die Selbstorganisationsperspektive ist ein zentrales Phänomen und Konzept zum Verständnis des modernen systemischen Ansatzes. Über selbstorganisationale Prozesse sind Klienten in der Lage, Einstellungen, Wissen und Strukturen neu auszubilden. Unter der Selbstorganisationsperspektive genügen kleinste Verhaltensempfehlungen (z.B. Trainings- und Übungsaufgaben, Kapitel 4.1.9), um im ganzen System Veränderungen zu bewirken. Diese sind jedoch nur im Zeit- und Zielkontext festzustellen. Entsprechende Zeitfenster der Veränderung, gepaart mit Selbstbeobachtung und Selbstkontrolle, ermöglichen dem Klienten neue Erfahrungen in den anlassbezogen relevanten Lebensbereichen.

Kommunikation

Menschen erzeugen und stabilisieren durch Kommunikation ihre Lebenswelt. Diese Konstruktionen sind mit unterschiedlichen Handlungen verknüpft. Damit bewirkt Kommunikation eine selbstregulative Dynamik. Indem ein Klient seine Ziele konkret, realistisch und handlungsnah beschreibt, indem er seine Erfahrungen bei der Umsetzung z.B. seiner therapeutischen Aufgaben thematisiert, realisiert sich Veränderung im Bewusstsein, die auch zu veränderten Verhaltensweisen im Verkehr führen werden.

Der systemische Ansatz wurde bereits durch von Mutzenbecher & Butzmann (2005) hinsichtlich seiner Anwendbarkeit für verkehrspsychologische Interventionen beschrieben. Die Autorinnen empfehlen die verstärkte Nutzung dieses Ansatzes aufgrund seiner Veränderungspotenz.

3.3.5 Motivierende Gesprächsführung

Udo Kranich, Renate Eyßelein de Rodrigues

In der verkehrspsychologischen Intervention, ob im geregelten oder nicht geregelten Bereich, geht es immer um Veränderung von Verhaltensweisen, die für den Straßenverkehr von Bedeutung sind. Wie können z.B. Konsumgewohnheiten im Umgang mit Alkohol und Drogen geändert werden? Wie kann es gelingen, in Zukunft punktefrei zu fahren? Um Veränderungen erreichen zu können, bedarf es zunächst des Aufbaus einer Veränderungsmotivation und nachfolgend einer Stabilisierung der eingeleiteten Veränderungen.

Zu der Frage, wie diese Voraussetzungen einer dauerhaften Veränderung geschaffen werden können, wurden in der Vergangenheit bereits unterschiedliche Konzepte und Ansätze entwickelt (Keller et al., 1999; Prochaska, Norcross & DiClemente, 1994). Das nachfolgend genauer beschriebene Konzept der „Motivierenden Gesprächsführung“ von Miller & Rollnick (2004) wurde zunächst für Menschen mit Suchtproblemen entwickelt. Wenn Suchtverhalten (bzw. weiter gefasst gesundheitsschädigendes/-gefährdendes Verhalten) vorwiegend als ein Problem fehlender Motivation für ein Alternativverhalten aufgefasst wird, stellt sich die Frage: Wie kann die Motivation für eine Veränderung gefördert werden? Im Folgenden werden die Grundgedanken und Prinzipien der Motivierenden Gesprächsführung in Umrissen vorgestellt.

Grundlagen

Motivierende Gesprächsführung – auch bezeichnet als Motivational Interviewing (MI) (Demmel, 2003) – ist ein Konzept, das auf den Grundlagen der humanistischen Psychologie (Rogers), der Selbstwirksamkeit (Bandura), der Selbstregulation und des Selbstmanagements (Kanfer) sowie auf Basis kognitiver Lerntheorien (Marlatt) entwickelt wurde (vgl. Miller & Rollnick, 1999).

Das zugrunde liegende Menschenbild zeichnet sich dadurch aus, dass jede Person zu jeder Zeit spezifische Stärken, Ressourcen und Fähigkeiten zur Veränderung mitbringt. Jedoch sind Klienten bezüglich ihrer Änderungen ambivalent, da eine Änderung Vor- und Nachteile in sich birgt. Eine alkoholabhängige Person wird sich z. B. Gedanken machen, wie schmerzhaft und belastend Entzugserscheinungen sein können oder ob eine Abstinenz der Gesundheit überhaupt zugutekommt. Bei der Beantwortung der Frage *„Was bringt mir eine Veränderung meines Verhaltens?“* entstehen erfahrungsgemäß Widersprüche, Differenzen oder Wünsche, die die Motivation zur Veränderung beeinflussen. Motivierende Gesprächsführung ist ein zielgerichtetes, personenzentriertes Konzept zur Lösung ambivalenter Einstellungen gegenüber Verhaltensänderungen. Zentral für diesen Ansatz ist, dass der Berater durchgängig ein klientendefiniertes Ziel im Auge behält und Strategien gezielt einsetzt, um es den Klienten erreichen zu lassen. Motivierende Gesprächsführung ist insofern eine personenzentrierte und zugleich direktive Kommunikationsmethode. Das Ziel besteht in der Verbesserung der intrinsischen Motivation als Schlüssel zur Veränderung.

Als Mittel dazu dient die Erforschung und Auflösung von Ambivalenzen. Klienten sind in der Lage, auf dem Hintergrund ihrer Ressourcen *Ambivalenzen aufzulösen und sich zu verändern.* Die Aufgabe des Verkehrspsychologen besteht darin, diese Stärken und Ressourcen des Klienten zu erkennen und zu nutzen, um die nötige Motivation zur Veränderung herbeizuführen. Ambivalenzen sollen aufgedeckt und in Änderungsbereitschaft umgesetzt werden (Miller & Rollnick, 1999). Motivierende Gesprächsführung begleitet den Änderungsprozess, der sich durch die fünf Stufen des Transtheoretischen Modells (TTM) der Erlebens- und Verhaltensänderung definiert: Absichtslosigkeit, Absichtsbildung, Handlungsvorbereitung, Handlungsumsetzung und Aufrechterhaltung (Prochaska, Norcross & DiClemente, 1994). Der Fokus des Veränderungsprozesses liegt auf der Eigenverantwortlichkeit und Autonomie des Klienten, d. h. der Verkehrspsychologe versteht sich als Begleitperson und Impulsgeber. Er bestärkt den Klienten in seinen Änderungsbemühungen. Er achtet das Selbstbestimmungsrecht und die individuellen (Änderungs-) Bedürfnisse des Klienten, indem dieser sein Veränderungstempo und -ziel selbst festlegt (Miller & Rollnick, 1999; Botelho, 2004). So können Eigenverantwortung und Wahlfreiheit, gekoppelt an eine stützende, motivierende Begleitung im Veränderungsprozess, zu einer langfristig stabilen Veränderung führen. Der Klient soll allein entscheiden, ohne dass er bei der Entscheidung jedoch allein gelassen wird.

Einige Interventionsmöglichkeiten in verschiedenen Prozessphasen des TTM werden in *Tabelle 3.5* aufgelistet.

Tabelle 3.5 Motivierende Gesprächsführung auf Basis des Transtheoretischen Modells (nach Miller & Rollnick, 1999)

Prozessebene der Verhaltensänderung	Interventionsbeispiele
Absichtslosigkeit	Aktives Zuhören, aufmerksame Zurückhaltung, auf die Gefühlsebene der sprachlichen Mitteilung achten, mit Widerstand umgehen, keine Wertung
Absichtsbildung	Lösungsfokussiertes Fragen, z. B.: „Was bringt mir die Verhaltensänderung?“ Zerstörung einer Suchtstruktur in Denken und Verhalten
Handlungsvorbereitung	Kooperation, konkrete, erreichbare Teilziele (Ziele legt der Klient selbst fest) vereinbaren, konkrete Durchführung festlegen, ggf. Alternativziele festlegen
Handlungsumsetzung	Änderungsfortschritte feststellen und verstärken, Fähigkeiten/Kompetenzen des Klienten herausstellen, Wertschätzung, individuelles Änderungstempo beachten
Aufrechterhaltung	Notfallplan erstellen, erreichbar bleiben

Unterschiedliche Phasen im Prozess der Veränderung erfordern auch ein unterschiedliches Vorgehen. Im Zentrum der Vorgehensweise steht zunächst immer die Frage, was im Leben des Klienten von besonderer Bedeutung ist, denn niemand ist wirklich „unmotiviert“. Deswegen geht es zunächst darum, Ziele und Werte des Klienten zu ergründen. Jeder Mensch hat Ziele und Werte, die sich jedoch nicht immer sofort offen zeigen. Der Klient wird als selbstverantwortlich behandelt. Es gilt, ihn auf seinem Weg ohne Einflussnahme oder Machtausübung zu begleiten. Der Umgang mit Widerstand und Ambivalenz steht im Zentrum der Motivierenden Gesprächsführung. Ambivalenz wird als normale Phase einer Verhaltensänderung akzeptiert und Motivation zur Veränderung ist nicht Voraussetzung, sondern Ziel der Beratung.

Problematisches Verhalten hat für die Betroffenen oft zwei Seiten. Einerseits können Schwierigkeiten in verschiedenen Lebensbereichen auftreten und Beziehungen zu Familie und Freunden nicht optimal verlaufen; die Selbstachtung gerät ins Wanken. Andererseits lindert das problematische Verhalten auch Ängste und lässt Hemmungen und Sorgen vorübergehend vergessen. Der Verkehrspsychologe akzeptiert diese Ambivalenz und gibt in der Motivierenden Gesprächsführung dem Klienten die Möglichkeit, beide Seiten des Zwiespalts zu akzeptieren. Er nutzt den Widerstand und arbeitet Äußerungen der Eigenmotivation heraus. Der Klient bestimmt Zeitpunkt, Richtung, Rhythmus und Intensität des Gesprächs, der Verkehrspsychologe begleitet ihn und behält dabei das klientendefinierte Ziel im Auge. Es geht also nicht darum, den Klienten von der Meinung des Fachmanns zu überzeugen.

Beachtet werden muss ferner, dass Zuversicht ein wichtiger Bestandteil von Motivation ist. Entscheidend ist deshalb, dass einem Klienten eine Veränderung nicht nur wichtig ist, sondern dass er sich auch in der Lage fühlt, sie zu vollziehen. Die Motivierende Gesprächsführung hat verschiedene Instrumente entwickelt, um Zuversicht zu stärken. Dazu zählt z. B. das Zuversichtsrating. Der Klient soll auf einer Ratingskala den Grad der Zuversicht für eine konkrete Verhaltensänderung einschätzen. Gleichzeitig kann anhand dieser Einschätzung besprochen werden, warum er sich so und nicht anders entschieden hat und wie ein höherer Zuversichtswert erreichbar wäre. Für den Verkehrspsychologen ist es dann wichtig, Wege zur Stärkung der Zuversicht mit dem Klienten zu diskutieren. Ist diese nicht ausreichend, so ist sehr wahrscheinlich ein Scheitern der Veränderung „vorprogrammiert".

Miller & Rollnick (2004) sehen die Förderung von Motivation für eine Veränderung als eine *„in sich selbst [...] angemessene Aufgabe, zeitweise sogar die wichtigste und notwendigste Aufgabe, innerhalb einer ‚helfenden' Beziehung"*.

Die Motivierende Gesprächsführung eignet sich für viele Arten von Interventionen. Da es vor allem um eine Grundhaltung in der Beratungssituation geht, lässt sie sich auch gut mit anderen Beratungs- und Therapieformen vereinbaren (Demmel, 2003). Sie eignet sich nicht nur zur Intervention bei Alkohol-, Nikotin-, Medikamenten- und Drogenproblemen, sondern auch bei Risikoverhalten von Adoleszenten und bei schwierigen Entscheidungen (Demmel, 2001; Kruse et al., 2001). Botelho (2004) entwickelte auf der Basis der Motivierenden Gesprächsführung ein Gesundheitstraining, das u. a. erfolgreich bei Alkoholabusus eingesetzt worden ist und auch in der verkehrspsychologischen Intervention Anwendung finden kann.

Anwendung in verkehrspsychologischen Interventionen

Im Folgenden sollen einige ausgewählte Aspekte der Anwendung der Motivierenden Gesprächsführung auf verkehrspsychologischen Tätigkeitsfeldern dargestellt werden. Für die Konzeption der Motivierenden Gesprächsführung und das TTM nach Miller & Rollnick (2004) konnte in verschiedenen Anwendungsbereichen nachweislich eine hohe Wirksamkeit zur Verhaltensänderung bestätigt werden. Weltweit stellt das TTM eines der am meisten angewandten Modelle zur Verhaltensänderung dar.

Für das verkehrspsychologische Anwendungsgebiet wurden TTM und Motivierende Gesprächsführung bisher noch zu wenig als effektive Form der Intervention entdeckt und bewusst angewandt. Dabei können die Methoden und die Arbeitsweise der Motivierenden Gesprächsführung sehr hilfreich sein, um das Ziel, Veränderungsmotivation für auffällig gewordene Kraftfahrer zu schaffen, zu erreichen. Grundsätzlich sind bei der Anwendung der Motivierenden Gesprächsführung einige wichtige Prinzipien zu beachten, die hier überblickartig dargestellt werden:

Prinzip 1 – Empathie ausdrücken
- Akzeptanz fördert Veränderung.
- Geschicktes aktives Zuhören ist unabdingbar.
- Ambivalenz ist normal.

Prinzip 2 – Diskrepanz entwickeln
- Der Klient soll die Argumente für eine Veränderung selbst liefern, nicht der Behandelnde.
- Eine wahrgenommene Diskrepanz zwischen gegenwärtigem Verhalten und persönlich wichtigen Werten und Zielen motiviert zu Veränderung.

Prinzip 3 – Widerstand umlenken
- Nicht für die Veränderung argumentieren.
- Dem Widerstand nicht direkt begegnen.
- Zu neuen Perspektiven einladen, nicht verschreiben.
- Widerstand ist ein Signal, die Vorgehensweise zu ändern.
- Der Klient ist die beste Quelle für Antworten und Lösungen.

Prinzip 4 – Selbstwirksamkeit fördern
- Der Glaube, sich verändern zu können, ist ein wichtiger Motivator.
- Der Klient, nicht der Verkehrspsychologe, ist für die Entscheidung zur Veränderung und deren Umsetzung verantwortlich.
- Der Glaube des Verkehrspsychologen an die Fähigkeiten der Person, sich zu verändern, wird zu einer self-fulfilling prophecy.

Die Beachtung dieser Prinzipien kann dem Verkehrspsychologen helfen, Motivation beim Klienten aufzubauen und zu entwickeln. Nicht selten ist der Klient in der verkehrspsychologischen Intervention zunächst nur wenig motiviert, wirklich eigene (Fehl-) Gewohnheiten und (Fehl-)Verhaltensweisen, die letztendlich zu Delikten im Straßenverkehr maßgeblich beigetragen haben, zu erkennen, zu hinterfragen und zu verändern. Häufig besteht eine zu positive Einschätzung des eigenen Fahrverhaltens, während nur die Sanktionen als störend erlebt werden. Ergänzend kommt es nicht selten vor, dass als Gründe für die „Misere“ externe Faktoren und unglückliche Umstände angeführt werden. Zugleich besteht auf Seiten des Verkehrspsychologen das Problem, dass ihm in der Regel das zu erreichende Ziel, Regeln als sinnvoll akzeptieren und beachten, schon von vornherein klar umrissen erscheint. Je stärker jedoch das zu erreichende Ziel von vornherein festgelegt ist, desto schwerer fällt es, die Ambivalenzen des Klienten auszuhalten und nicht direktiv auf ihn einzuwirken.

Ein Anknüpfungspunkt für die Entwicklung einer Veränderungsmotivation liegt erfahrungsgemäß darin, dass im Regelfall vom Klienten die große Bedeutung der Fahrerlaubnis z.B. zur Ausübung des Berufes oder zum Zwecke des Erhalts der Mobilität schon erkannt worden ist. Somit entsteht eine Diskrepanz zwischen dem delinquenten Verhalten und dem damit verbundenen (bzw. drohenden) Fahrerlaubnisentzug sowie der Bedeutung der Fahrerlaubnis zur Sicherung der Berufsausübung und zum Erhalt der Lebensqualität.

Dieser Sachverhalt kann im Sinne der Motivierenden Gesprächsführung vom Verkehrspsychologen geschickt genutzt werden, um ein Nachdenken über die Vor- und Nachteile bisherigen und alternativen Verhaltens im Straßenverkehr auszulösen und entsprechende Überlegungen zu vertiefen. Der Klient soll für sich selbst, natürlich mit Unterstützung des Verkehrspsychologen, diese Abwägungen und daraus abzuleitende Konsequenzen erarbeiten.

Neben dem „Verändernwollen“ spielt natürlich auch das „Verändernkönnen“ in der verkehrspsychologischen Intervention eine wesentliche Rolle. Auch zur Entwicklung der Veränderungsfähigkeit hält die Motivierende Gesprächsführung, wie schon oben erwähnt, verschiedene Instrumente bereit, die jedoch an dieser Stelle aus Platzgründen nicht dargestellt werden können. Es wird auf die weiterführende Literatur verwiesen (Miller & Rollnick, 2004).

Insgesamt bleibt festzustellen, dass es vielfältige Anwendungsmöglichkeiten der Motivierenden Gesprächsführung in der verkehrspsychologischen Intervention gibt. Eine verkehrspsychologische Anwenderspezifikation der Motivierenden Gesprächsführung steht derzeit noch aus.

3.3.6 Gruppenmaßnahmen vs. Einzelmaßnahmen

Annika Januszewski, Paul Brieler

In diesem Kapitel werden nicht verfahrensspezifische Aspekte, sondern methodische und Durchführungsbesonderheiten verkehrspsychologischer Interventionen erörtert. Es geht dabei um die Unterscheidung zwischen Einzelinterventionen und Interventionen in Gruppen. Für rechtsförmlich eingebundene verkehrspsychologische Interventionen ist in Deutschland meistens ein Gruppensetting mit maximal 12 Teilnehmern vorgeschrieben (§§ 36, 70 FeV). Allein die verkehrspsychologische Beratung (§§ 38, 71 FeV) sowie die verkehrspsychologische Teilmaßnahme des Fahreignungsseminars (§ 42 FeV) stellen Einzelmaßnahmen dar. Im ungeregelten Bereich finden sich sowohl Einzelinterventionen als auch Gruppenangebote. Es stellt sich daher die Frage, welche Vorteile die Durchführung in Gruppen, abgesehen von ökonomischen Aspekten, mit sich bringt bzw. ob und, wenn ja, in welchen Fällen Gruppenmaßnahmen Einzelmaßnahmen vorzuziehen sind.

Die gruppendynamische Orientierung im verkehrspsychologischen Kontext

Historische Entwicklung

Die ersten von Psychologen geleiteten Gruppenmaßnahmen zur Rehabilitation auffälliger Kraftfahrer begannen im Jahr 1968 (Spoerer & Ruby, 1996). Für diese und folgende Modellkurse gab es jedoch noch keine Rechtsgrundlagen, diese wurden erstmalig 1986 mit der Einführung der Fahrerlaubnis auf Probe eingeführt. In den dazwischen liegenden Jahren wurden wichtige Grundlagen für die heutige Ausgestaltung der Rehabilitationsmaßnahmen mit Rechtsfolgen vorwiegend als Gruppenmaßnahmen geschaffen. Seit 1979 etablierte sich ein Angebot therapeutisch orientierter Einzelmaßnahmen (Kapitel 1.2).

Die Bedeutung der Gruppe für die Konzeption von Interventionsangeboten für auffällige Kraftfahrer kann z.B. dem Projektgruppenbericht „Kurse für auffällige Kraftfahrer“ entnommen werden:

„Die Einbeziehung jedes einzelnen Teilnehmers in die Kursarbeit und die aktive Beteiligung versprechen [...] bessere Ergebnisse. Die Bedeutung der Eigenaktivität der Kursteilnehmer ist darin zu sehen, dass sie sich neue Einsichten und Erkenntnisse erfahrungsgemäß stärker und nachhaltiger zu eigen machen, wenn sie diese in der Gruppe erarbeiten und zugleich aussprechen. Dieses Vorgehen erreicht zugleich eine gefühlshafte Verankerung von Erkenntnissen, die in aller Regel wirksamer ist als ein bloß verstandesmäßiges Wiederholen oder Anwenden von Erlerntem.

Aus diesen Gründen wurde einer Kursarbeit der Vorzug gegeben, die in gruppendynamischen Sitzungen mit acht bis zwölf Teilnehmern unter der Leitung eines Moderators vollzogen wird. In methodischer Hinsicht steht das Gruppengespräch (mit der Gesamtgruppe) im Vordergrund. [...] Einen besonderen Stellenwert gewinnt daneben die Arbeit in Kleingruppen von maximal 5 Teilnehmern. Die Vorteile der Kleingruppenarbeit liegen in der besseren Bereitschaft zum Durchdenken und Erarbeiten neuer Einsichten, in der gründlicheren Aneignung der selbstgewonnenen Erkenntnisse, im Erlernen kooperativer Arbeitsformen sowie schließlich in der Möglichkeit einer gezielten Förderung des Einzelnen" (v. Hebenstreit et al., 1982, S. 26).

Die Kurskonzeption beruht auf den zu behebenden Defiziten der auffälligen Fahrer, z.B. auf einer mangelnden Perspektivenübernahme. Entsprechend sollten sich die Teilnehmer in einer Sitzung

„darin üben, das Verhalten anderer Verkehrsteilnehmer zu beobachten und mit dem Ziel zu deuten, eigene Zielvorstellungen und Verhaltensweisen mit den Absichten anderer sinnvoll abzustimmen. Die Kursteilnehmer lernen, sich in die Lage der anderen zu versetzen und einzufühlen. Diese Sitzung dient ferner dazu, den Teilnehmern deutlich werden zu lassen, dass ihr Verhalten im Straßenverkehr auch das Verhalten anderer Verkehrsteilnehmer mitbedingt und dass sich daraus wiederum Konsequenzen für das eigene Verhalten ergeben" (ebd., S. 32).

Auch bei den Kurskonzeptionen für alkoholauffällige Kraftfahrer sind Gruppendiskussionen und Techniken wie Rollenspiele von großer Bedeutung, da der Alkoholkonsum im Wesentlichen in sozialen und damit Gruppenzusammenhängen stattfindet. Alkohol komme dabei die Funktion zu, Hemmnisse, Ängste und Unsicherheiten und damit *„seine Gefühle der Unterlegenheit zu kompensieren und mit dessen Hilfe das Gefühl der Überlegenheit und Stärke herbeizuführen"* (Jensch & v. Wolmar, 1992, S. 10). Im IRaK-Modell wird die

„Lebensstil-Analyse beim Einzelnen und in der Gruppe vertieft [...]. Das Erkennen und Erleben der eigenen Sicherungsmechanismen soll es dem Teilnehmer an dem Kurs ermöglichen, die Aufgaben und Probleme, vor denen er ausweicht, zu überdenken, anders einzuschätzen und mit mehr Erfolg direkt und ohne Umwege anzugehen" (v. Hebenstreit et al., 1982, S. 193).

Die Gruppe ist damit der Ort, um positive Erfahrungen im alkoholnüchternen Zustand zu ermöglichen, wie z.B. reden vor anderen Teilnehmern oder seinen Standpunkt vertreten.

Im Trainermanual zum IFT-Modell wird ausführlich die Bedeutung der Gruppenkohäsion thematisiert. Die Autoren empfehlen unter Verweis auf die Vor- und Nachteile einer hohen bzw. niedrigen Gruppenkohäsion den Kursmoderatoren, eine balancierte Gruppenkohäsion anzustreben. Von der Kurskonzeption her erscheine es

„weniger wichtig, ein Wir-Gefühl oder solidarisches Gruppengefühl zu fördern. Vielmehr werden individuelle Ziele und die individuelle Verfolgung bestimmter Maßnahmen zur Verminderung der Rückfallgefahr im Zusammenhang mit Alkoholkonsum und Straßenverkehr angestrebt. Möglicherweise bewirkt jedoch eine Förderung der Gruppenkohäsion dieser Klientel eine höhere Erfolgseffektivität, wenn die Ziele und Maßnahmen in einer für die Gruppenteilnehmer angenehmen und zufriedenstellenden Atmosphäre vermittelt und erarbeitet werden" (Kraemer, Kuhnert & Krauthan, 1983, S. 8).

Vorteile verkehrspsychologischer Gruppeninterventionen

Kalwitzki et al. (2011) sehen durch die Gruppenarbeit Ressourcen und Vorteile als gegeben, die wie folgt kategorisiert werden können:

- *Gefühlswahrnehmung und Entlastung*: Da die Gruppenteilnehmer ähnliche bzw. vergleichbare Problemlagen aufweisen, soll eine „emotionale Entlastung" für den einzelnen Kursteilnehmer entstehen. Es soll die Möglichkeit gegeben werden, offen zu sprechen und dadurch die Gefühle der anderen Teilnehmer und auch die eigenen Gefühle wahrzunehmen.
- *Bewusstwerdung*: Durch die Arbeit in der Gruppe soll dem Kursteilnehmer die Bedeutung der eigenen Trink- und Fahrgewohnheiten sowie des Umgangs mit Alkohol bewusst werden.
- *Nutzung von Erfahrungen und Feedback anderer Teilnehmer*: Durch Rückmeldungen anderer Kursteilnehmer sollen Veränderungsanstöße gegeben werden. Die Erfahrungen anderer Kursteilnehmer sollen helfen, eigene Lösungswege und Alternativen zu entwickeln.
- *Übung*: In Rollenspielen, z. B. in Kleingruppen, kann die Bewältigung problematischer Verhaltensmuster mithilfe von entwickelten Alternativen und Lösungswegen erprobt und eingeübt werden.
- *Reflexion des Alltagserlebens*: Zusätzlich kann in der Gruppe besprochen und reflektiert werden, was die Teilnehmer selbst erarbeitet und im Alltag erfahren haben.

Empirische Ergebnisse aus verkehrspsychologischer Forschung

Spoerer & Ruby (1996) weisen darauf hin, dass es kaum Erkenntnisse dazu gibt, *„welche psychischen Variablen von größerer oder geringerer Bedeutung für den Erfolg einer Rehabilitationsmaßnahme sind"*. Bis heute gibt es nur wenige empirische Befunde zum Gruppenaspekt von verkehrspsychologischen Interventionen.

Einschätzung der Kursteilnehmer

Die Auswertung von 1000 Feedbackbögen von Teilnehmern an IRaK-Kursen gibt eine Idee davon, wie die Kursteilnehmer den Gruppenaspekt wahrnehmen. Auf die Frage „Was hat mir der Kurs persönlich gebracht?" antworteten die Teilnehmer u. a., dass „Anregungen aus der Gruppe" sie bereichert hätten (Kalwitzki et al., 2011). Auf die Frage „Was hat mir am Kurs gefallen?" wurde vor allem Offenheit genannt, womit laut Autoren sowohl die Offenheit von anderen Kursteilnehmern als auch die Möglichkeit, selbst offen zu reden, gemeint ist. Weiterhin wurde das Erleben von Gemeinschaft als positiv benannt. Vergleichbare Ergebnisse zu Teilnehmerrückmeldungen sind dem EU-Projekt „ANDREA" (Bartl et al., 2002) zu entnehmen.

Gruppengröße

Eine Evaluationsstudie der DEKRA Akademie mit 568 Teilnehmern ergab, dass die Gruppengröße keinen signifikanten Effekt auf den Wissenszuwachs, die Güte des Erfahrungsaustauschs und die Gruppendynamik hatte (Kalwitzki et al., 2011; Kollbach, 2013). Kurse mit 4–5, 6–7 oder 8–12 Teilnehmern waren gleich wirksam (Kollbach, 2013). Nur in vereinzelten Bereichen ergaben sich Unterschiede bezüglich der Teilnehmerzahl. Danach war die Arbeitsmotivation in Gruppen mit 6–7 Teilnehmern tendenziell größer als bei kleineren oder größeren Gruppen. Der Wissenszuwachs war in der Tendenz in kleinen Gruppen etwas größer, bei Verhaltens- und Einstellungsänderungen zeigte sich kein Zusammenhang mit der Gruppengröße.

Einen ähnlichen Befund gibt es auch aus der Forschung zu Gruppentherapie bei depressiven Patienten (Feng et al., 2012). Auch hier hat die Gruppengröße keinen Effekt auf die Wirksamkeit der Therapie (bei einer Gruppengröße von max. 12 Teilnehmern).

Einzelmaßnahmen vs. Gruppenmaßnahmen

Die Wirksamkeit von Einzelmaßnahmen und Gruppenmaßnahmen stellte Born (2005) einander gegenüber. Hierzu verglich er die Wirksamkeit der jeweiligen Maßnahme bei Personen, die mit Alkohol am Steuer auffällig geworden waren, anhand der Legalbewährung (Beobachtungszeitraum: drei Jahre). Es ergab sich, dass von jeweils 453 Personen 36 Personen (7,9 %) der Kursteilnehmer (Kurs zur Abkürzung der Sperrfrist) und 16 Personen (3,5 %) der Teilnehmer an Einzelinterventionen rückfällig geworden sind. Da es sich um nicht-gematchte Stichproben gehandelt hat, ist eine Vergleichbarkeit kaum gegeben.

Empirische Ergebnisse der Therapie-Forschung

Wirksamkeitsvergleiche von Einzel- und Gruppentherapie

In der Therapieforschung gibt es eine Vielzahl von Wirksamkeitsstudien in unterschiedlichen Settings und zu unterschiedlichen Störungsbildern sowie eine Vielzahl von Metaanalysen zu einzelnen Störungsbildern.

Bei der Metaanalyse von Lange & Petermann (2013) handelt es sich um einen Vergleich der Wirksamkeit von Einzel- und Gruppentherapie über verschiedene psychische Erkrankungen hinweg. Untersucht wurde die Wirksamkeit von Kognitiv-behavioraler Therapie (CBT) im Erwachsenenalter an Patientengruppen mit folgenden Störungsbildern: affektive Störungen, Angststörungen, Zwangsstörungen und Essstörungen. In den einbezogenen Studien waren die Gruppeninterventionen mindestens von der gleichen zeitlichen Dauer wie die Einzelinterventionen, teilweise aber auch deutlich zeitintensiver (bezogen auf die Länge der Sitzungen). Insgesamt zeigte sich, dass Einzeltherapie sowohl kurzfristig als auch langfristig signifikant wirksamer ist als Gruppentherapie. Diese Effekte sind mit Effektgrößen von $d = 0{,}13$ (kurzfristig, 14 Studien) bzw. $d = 0{,}11$ (langfristig, neun Studien) jedoch als klein zu klassifizieren. Nach Kontrolle eines möglichen Publikationsbias (Fail-Safe-N-Methode) ist die höhere Wirksamkeit der Einzeltherapie allerdings nicht mehr als gesichert anzusehen.

Werden die Störungsbilder einzeln betrachtet, ergibt sich ein differenzierteres Bild. Für den Bereich der affektiven Störungen erzielen Gruppen- und Einzeltherapie eine vergleichbare Wirksamkeit. Ängste und Zwänge können in Einzeltherapien deutlicher reduziert werden als in Gruppentherapien.

Gruppentherapeutische Wirkmechanismen

Laut Strauß & Mattke (2012) gibt es eine große Zahl empirischer Forschungsergebnisse zu den Wirkmechanismen, die jedoch als sehr uneinheitlich bezüglich der Wirkfaktoren beurteilt werden müssen. Trotz verschiedener Modelle zu den Wirkfaktoren sollen hier beispielhaft einige davon genannt werden.

Die Gruppenpsychotherapie verfügt über Wirkfaktoren, die in der Einzeltherapie nicht auftreten. Folgende gruppenspezifische Wirkfaktoren können nach Tschuschke (2010b) genannt werden, die auch Übereinstimmungen mit den angenommenen Vorteilen verkehrspsychologischer Interventionen im Gruppenformat erkennen lassen:

- Altruismus (anderen Gruppenmitgliedern Hilfen geben)
- Input durch interpersonales Lernen (Feedback erhalten)
- Interpersonales Lernen (Verhaltensänderungen im sozialen Feld der Gruppe entwickeln und erproben)
- Katharsis (emotionale Affektabfuhr durch dynamische Gruppenprozesse fördern)
- Kohäsion (Zusammenhalt der Gruppe, Zugehörigkeits- und Akzeptanzgefühl erfahren)
- Rekapitulation der Primärfamilie (unbewusste Wiederholung des Erlebens oder Reinszenierung früherer Familienstrukturen in der Gruppe)
- Universalität des Leidens (Erlebnis des Nichtalleinseins mit den eigenen Problemen und Schwierigkeiten).

Als nicht (notwendigerweise) gruppenspezifische Wirkfaktoren werden darüber hinaus genannt:

- Anleitung (Ratschläge, Hilfestellungen und Anweisungen erhalten)
- Häusliche Trainingsaufgaben (zur Vor- und Nachbereitung der Sitzungsinhalte)
- Identifikation (mit anderen in der Gruppe oder dem Moderator)
- Hoffnung
- Selbstöffnung (Mitteilung scham- oder schuldbesetzter privater oder intimer Einzelheiten vor anderen Menschen)
- Einsicht
- Existenzielle Faktoren (grundlegende Aspekte wie Sinn des Lebens und Daseins, Sterbens, Todes).

Nach Tschuschke (2010b) ergeben Befragungen von Gruppenteilnehmern verschiedener Studien, dass die Wirkfaktoren Katharsis und Kohäsion am bedeutendsten sind.

Im Gruppenkontext können sich auch negative Faktoren zeigen, die im Einzelsetting nicht auftreten, wie z. B. Konformitätsdruck, Prozesse der Sündenbockbildung oder Mob-Bildung (Tschuschke, 2010a). Leiter von Gruppen sind aufgefordert, solche negativen gruppenspezifischen Prozesse zu erkennen und in geeigneter Weise zu intervenieren.

Indikation zur Gruppen- bzw. Einzeltherapie

Nach Mattke & Strauß (2012) wird die Entscheidung, ob eine Gruppentherapie geeignet sein könnte, in der Praxis überwiegend erfahrungsbasiert getroffen. Sie schlagen vor, dass hierbei folgende übergeordnete Faktoren berücksichtigt werden sollten:

- Klientenmerkmale (Passung in Gruppenmaßnahmen)
- Zusammensetzung der Gruppe (Homogenität vs. Heterogenität)
- Strukturelle Merkmale der Gruppe (Vorbereitung, Größe und Format der Gruppe)
- Formale Veränderungstheorien und Gruppenleitercharakteristika (z. B. therapeutischer Ansatz).

Im verkehrspsychologischen Kontext erscheinen die ersten beiden Punkte besonders relevant.

Klientenmerkmale

Für die Entscheidung, ob ein Klient in einer Therapiegruppe und, wenn ja, in welcher Art von Gruppe behandelt werden sollte, sollten Merkmale des Klienten genutzt werden. Laut Mattke & Strauß (2012) sollten die *„Motivation für die vorgesehene Gruppenbehandlung, ein Mindestmaß an interpersonellen Fähigkeiten, keine aktuellen gruppenbezogenen Ängste"* bei der Auswahl eine wichtige Rolle spielen. Eckert (2010, S. 45) führt aus, dass der Indikator Motivation sich auf „gruppenspezifische Ziele" richtet, also beispielsweise das Entwickeln von Vertrautheit und Nähe unter den Teilnehmern, eines „selbstreflexiven Umgangs" mit sich selbst und „eines verstehenden Umgangs mit anderen Gruppenteilnehmern" sowie „interpersonaler Aufrichtigkeit". Des Weiteren sei eine Gruppentherapie bei einer Reihe bestimmter interpersonaler Probleme indiziert, beispielsweise bei sozialem Rückzug, Schüchternheit, Gehemmtheit, „unangemessenem Konkurrenzverhalten", Unterwürfigkeit, „übertriebener Streitsucht" usw. (Zu Indikationen und Prädiktoren von Behandlungserfolg bei Gruppenpsychotherapie siehe Tabelle bei Eckert (2010, S. 49 ff.).)

Homogenität vs. Heterogenität

Haben die Gruppenmitglieder gemeinsame Merkmale, werden diese als homogene Gruppen bezeichnet (Piper, 2010). Tschuschke (2010c) benennt verschiedene Merkmale, die in einer Gruppe homogen oder heterogen ausgeprägt sein können: die Symptomatik, die Problematik und das psychische Funktionsniveau. Mattke & Strauß (2012) gehen davon aus, dass *„störungshomogene Gruppen bzw. Gruppen, in denen Patienten mit ähnlichem Strukturniveau zusammen behandelt werden, günstigere Prozesse entwickeln"*. Laut Tschuschke (2010c) kann als Grundsatz gelten: Je kürzer die Dauer einer Gruppentherapie, desto homogener sollte die Gruppe zusammengesetzt sein. Übertragen auf verkehrspsychologische Gruppenmaßnahmen heißt dies, dass besonders wegen der kurzen Dauer eine Homogenität der Gruppen anzustreben ist. Dies kann für §-70-Kurse aufgrund der Zuweisung gemäß den Beurteilungskriterien (DGVM & DGVP, 2013) angenommen werden und sollte im ungeregelten Bereich ebenfalls bei Gruppenmaßnahmen zur Förderung der Fahreignung mindestens hinsichtlich der Anlassgruppen (alkohol-, drogen- und verkehrsauffällige Kraftfahrer) beachtet werden.

Laut Eckert (2010, S. 49 ff.) ist für Patienten mit Suchterkrankungen eine homogene Gruppenzusammensetzung gesichert als „profitabler" anzusehen. Auch dieses Ergebnis ist im Hinblick auf die verkehrspsychologischen Interventionen interessant, denn es geht zwar nicht primär um Abhängigkeit, aber doch um verwandte Themenfelder. So existieren im ungeregelten Bereich homogene Gruppen für kontrollierten Umgang mit Alkohol, für eine alkoholfreie Lebensweise, für (ehemalige) Cannabiskonsumenten sowie allgemein für Drogenkonsumenten.

■ Fazit

In der Verkehrspsychologie wird angenommen, dass Gruppeninterventionen bestimmte Vorteile mit sich bringen. Es liegen jedoch nur wenige empirische Ergebnisse verkehrspsychologischer Forschung zu den Vorteilen von Gruppenmaßnahmen vor. Aus vorliegenden Studien werden aus Sicht der Teilnehmer positive Gruppeneffekte berichtet. Zusätzlich gibt es Hinweise darauf, dass die Gruppengröße in dem rechtlich vorgegebenen Rahmen von max. 12 Teilnehmern keinen Einfluss auf den Erfolg der Gruppenintervention hat (gemessen am Wissenszuwachs, der Güte des Erfahrungsaustausches und der Gruppendynamik). Diese Befunde bedürfen allerdings noch der Absicherung durch weitere empirische Forschung.

Verkehrspsychologische Interventionen unterscheiden sich von Psychotherapie im Sinne des PsychThG (Kapitel 1.4.1). Daher können die Befunde aus der Therapieforschung zur Thematik Einzel- vs. Gruppeninterventionen nicht ohne weiteres auf die Verkehrspsychologie übertragen werden. Allerdings fehlen aussagekräftige Befunde aus verkehrspsychologischer Forschung, sodass es unvermeidlich und auch sinnvoll erscheint, die Erkenntnisse der Therapieforschung auch für verkehrspsychologische Zwecke zu nutzen und unter gebotener Vorsicht zu übertragen. Intensivere verkehrspsychologische Forschung auf dem Gebiet der Einzel- vs. Gruppentherapie wäre sinnvoll, um die Maßnahmen entsprechend zu evaluieren und zu verbessern.

Die Therapieforschung verfügt über eine Vielzahl an empirischen Studien zum Thema Wirksamkeitsvergleiche von Einzel- und Gruppeninterventionen. Es kann als gesichert gelten, dass Gruppeninterventionen im Allgemeinen ähnlich oder gleich wirksam sind wie Einzelmaßnahmen. Einer so pauschalen Aussage steht jedoch entgegen, dass im Einzelfall immer auch die Art der zu behandelnden Störung bzw. Problemlage betrachtet werden muss, um spezifische Aussagen über die Wirksamkeit zu treffen.

Auch in der Therapieforschung wird angenommen, dass Gruppentherapie über Vorteile und Wirkmechanismen verfügt, die in Einzeltherapie nicht auftreten. Darüber, welche diese Wirkfaktoren sind und wie sie kategorisiert und empirisch erfasst werden können, besteht allerdings kein Konsens. Wirkmechanismen wie Kohäsion oder Katharsis werden jedoch übereinstimmend genannt. Werden die Vorteile verkehrspsychologischer Gruppenmaßnahmen mit den Wirkmechanismen verglichen, finden sich inhaltliche Überschneidungen (Tschuschke, 2010b).

Bezüglich der Homo- bzw. Heterogenität von Gruppen, kann davon ausgegangen werden, dass kurze Interventionen eher in homogenen Gruppen durchgeführt werden sollten. Dies ist bei §-70-Kursen durch die gutachterliche Selektion der Fall. Bei besonderen Aufbauseminaren ist die Homogenität über die geringe Erfahrung im Straßenverkehr gegeben.

In die Abwägung, ob Einzel- oder Gruppenmaßnahmen zu bevorzugen sind, müssen auch weitere Faktoren wie die Wartezeit, die sich auf die Motivation der Teilnehmer auswirken kann (Polnay et al., 2014), und die finanzielle sowie zeitliche Belastung der Teilnehmer (Jansen, 2003) berücksichtigt werden.

Insgesamt betrachtet, könnte es ein praktikabler Mittelweg sein, sowohl Einzel- als auch Gruppensitzungen im Rahmen der verkehrspsychologischen Therapie zu konzipieren, sodass auf die individuelle Problemlage einer Person im vertiefenden Einzelsetting eingegangen werden kann, ohne auf die positiven Wirkfaktoren einer Gruppenintervention zu verzichten.

3.3.7 Allgemeine Psychotherapie

Konrad Reschke, Birgit Kollbach

In diesem Kapitel werden einige Grundaussagen der Allgemeinen Psychotherapie und der Neuropsychotherapie aufgeführt (Grawe, 2004). Dies geschieht mit der Absicht, dieses grundlegend neue, auf allgemeinen Wirkfaktoren und auf der Konsistenztheorie beruhende Interventionsdenken auch in das Gebiet der verkehrspsychologischen Interventionen einzuführen. Es bietet sich schon heute an, diese Richtung der Psychotherapie daraufhin zu untersuchen, inwieweit sie geeignet erscheint, auch eine Grundlage und ein Rahmenmodell für heute noch unverbundene Bausteine verkehrspsychologischer Interventionspraxis zu bilden.

Die Wirkungsweise der verkehrspsychologischen Therapie basiert ebenso wie viele andere erfolgreich wirkende Psychotherapien vielleicht weniger auf den spezifischen Therapiemethoden, sondern vielmehr auf allgemeinen therapeutischen Wirkfaktoren. Diese wurden zusammenfassend von Grawe, Donati & Bernauer (1994) wie folgt formuliert:

- *Ressourcenaktivierung*: Positive Eigenarten, motivationale Bereitschaften und Fähigkeiten, die eine Person in die Therapie mitbringt, werden als positive Ressourcen für das therapeutische Vorgehen genutzt.
- *Problemaktualisierung*: Probleme werden erlebnismäßig aktualisiert und unmittelbar erfahrbar gemacht.
- *Problembewältigung*: Positive Bewältigungserfahrungen im Umgang mit Problemen werden durch Anwendung problemspezifischer Maßnahmen unterstützt.
- *Motivationale Klärung*: Ein klares, reflektiertes Bewusstsein der Determinanten des problematischen Verhaltens wird erarbeitet.
- *Therapiebeziehung*: Die Qualität der Therapiebeziehung trägt zum Therapieergebnis signifikant bei.

Verschiedene Therapieschulen setzten Schwerpunkte auf verschiedene Perspektiven. Während verhaltenstherapeutische Ansätze eher den Fähigkeitsaspekt und damit die Bewältigungsperspektive betonen, fokussieren tiefenpsychologische und auch gesprächspsychotherapeutische Ansätze eher die Klärungsperspektive durch Schaffung neuen Bewusstseins zu den verhaltenssteuernden Mechanismen. Systemische Therapie hingegen präferiert eine Ressourcenaktivierung.

Kollbach (2013) zeigt am Beispiel des IFT-Kursmoduls „*Kontrolliertes Trinken*" die Anwendung dieser nicht schulengebundenen allgemeinen Wirkfaktoren (*Tabelle 3.6*).

Unter dem *Bewältigungsaspekt* unterstützt das Modul „Kontrollierter Umgang mit Alkohol" die Kursteilnehmer, konkrete Hinweise zu erhalten über Mengen und Häufigkeiten

Tabelle 3.6 Modul „Kontrollierter Umgang mit Alkohol" im IFT-Kurs

Praktisches Verfahren	Ziele	Kriterien	Methodische Vorschläge	Materialien
Kontrollierter Umgang mit Alkohol	Verhaltensregeln entwickeln, kennen, bewerten; einhalten, auch falls eine alkoholfreie Lebensweise einmal aufgegeben wird.	Bewertung der Verhaltensvorschläge und persönliche Ergänzung. Erprobung in vivo und Bericht an die Gruppe	Brainstorming Training in vivo	IFT-Begleitmaterial „Kontrollierter Umgang mit Alkohol"

zum risikoarmen und zum kontrollierten Umgang mit Alkohol und diese zu diskutieren. Vielen Kursteilnehmern sind diese unbekannt oder bislang nicht beachtenswert erschienen. Solche Verhaltensregeln nur zu kennen, muss jedoch nicht dazu führen, sie auch zu befolgen. Unter dem *Klärungsaspekt* werden die motivationalen Ebenen (Trinkmotive, Änderungsmotivationen) individuell identifiziert und diskutiert. Welche Möglichkeiten der Realisierung im persönlichen Alltag bestehen, kann als *Ressourcenaktivierung* aufgefasst werden. Veränderungen sowohl in den Bewertungen durch Gruppendiskussion als auch im selbstbeobachteten und selbstkontrollierten Alltagshandeln rufen neben positiven Emotionen auch aversive oder negative Emotionen hervor. Bei dieser *Problemaktivierung* werden Schemata aktiviert und somit einer Veränderung zugänglich. Insgesamt stellt der Fahrerlaubnisentzug für die meisten Betroffenen ein kritisches Lebensereignis dar, das unter anderem als erhebliche Einbuße der Lebensqualität wahrgenommen wird. Teilnehmer an einer medizinisch-psychologischen Begutachtung messen diesem Ereignis sogar einen höheren Belastungswert bei als der Arbeitslosigkeit (Kieschke, Kieschke & Schubert 2010). Auch bei Kursteilnehmern ist immer wieder eine hohe emotionale Beteiligung anzutreffen, was für einen hohen Grad an Problemaktualisierung bzw. Prozessaktivierung spricht.

Die Definition allgemeiner Wirkfaktoren ist jedoch allein keine ausreichende Grundlage für die Therapiepraxis. Es wird ein theoretisches Konzept gebraucht, das zu Entscheidungen verhilft, wo bei einem konkreten Problem konkrete Ansatzpunkte bestehen, um möglichst gute therapeutische Wirkungen zu erzielen. Dieses theoretische Konzept besteht in den konsistenztheoretischen Grundlagen der Allgemeinen Psychotherapie (Grawe, 2004). Das konsistenztheoretische Paradigma entspricht heute einem Leitbild der Psychotherapieentwicklung. Psychotherapie ist Konsistenzverbesserung im Sinne von Reduktion lebensgeschichtlicher Inkongruenzquellen und im Sinne des Aufbaus von neuen positiven Erfahrungsbildungen im Therapieprozess. In der verkehrspsychologischen Therapie vermitteln Verkehrspsychologen durch komplementäre Beziehungsgestaltung und Ressourcenaktivierung dem Klienten positive bedürnisbefriedigende Erfahrungen und „primen“ damit eine Aktivierung des Annäherungssystems für die Klärung motivationaler Konflikte.

Grawe differenziert zwei grundsätzliche Varianten motivationaler Schemata: Annäherungsschemata, die der Erfüllung der Grundbedürfnisse dienen, und Vermeidungsschemata, die Bedrohungen, Verletzungen oder Enttäuschungen der Grundbedürfnisse verhindern. Inkongruenz tritt auf, sofern aktivierte motivationale Ziele verfehlt werden. Wahrnehmungen sind stets komplex, sodass verschiedene Schemata gleichzeitig aktiviert sein können. Dabei können gleichzeitig aktivierte Annäherungs- und Vermeidungsziele als Diskordanz (im Sinne eines motivationalen Konflikts) gegeneinanderstehen. Diskordanz und Inkongruenz stellen zwei besonders wichtige Formen von Inkonsistenz im psychischen Geschehen dar. Beide Phänomene führen langfristig zu einer Nichtbefriedigung und Verletzung der Grundbedürfnisse des Menschen, was sich in somatischen und psychischen Störungen und Symptomen äußern kann. Jede Person sucht nach kongruenten Wahrnehmungen und Beziehungen zu ihrer Umwelt sowie nach den damit einhergehenden ausreichend befriedigten Grundbedürfnissen. Auf der Systemebene strebt der Organismus nach Konsistenz als *„Übereinstimmung beziehungsweise Vereinbarkeit der gleichzeitig ablaufenden neuronalen/psychischen Prozesse“* (Grawe, 2004).

Psychische Störungen und Verhaltensprobleme werden im Rahmen der Konsistenztheorie und der Neuropsychotherapie also als Reaktionen auf schwerwiegende Verletzungen der menschlichen Grundbedürfnisse zurückgeführt. Die Neuropsychotherapie nach Grawe postuliert, das die neuronalen Grundlagen über die Störung selbst hinausreichen und mitbehandelt werden müssen, um ein möglichst gutes Therapieergebnis zu erzielen. Daraus ergibt sich ein neues Bild von den Aufgabenstellungen und Möglichkeiten der Psychotherapie. Die Neuropsychotherapie vermittelt die relevanten Erkenntnisse der Neurowissenschaften für die Psychotherapie und formuliert konkrete Leitlinien für eine neurowissenschaftlich fundierte Therapiepraxis. Ein oft verwendetes Grundmotto der Neuropsychotherapie ist: *„Psychotherapie wirkt, wenn sie wirkt, darüber, dass sie das Gehirn verändert“* (Grawe, 2004). Auch das nachfolgende Zitat ist richtungsweisend: *„In this sense, psychotherapy ultimately uses biological mechanisms to treat mental illness“* (LeDoux, 2002).

Eine moderne psychotherapeutische Intervention sollte immer von einem psychologischen ganzheitlichen Rahmenmodell ausgehen, also den lebensgeschichtlichen und motivationalen Kontext sehen, der zur Bedürfnisbefriedigung führt. Sie sollte auch das Sinn- und Bedeutungserleben des Menschen einbeziehen, wozu auch die kontextuellen Bedingungen zählen, unter denen Verhaltensstörungen ebenso wie psychische Störungen entstehen und behandelt werden. Ein solches psychologisch-ganzheitliches Rahmenmodell, das in der Lage ist, biologische, psychologische und soziale Bedingungen zu integrieren, ist die Konsistenztheorie (Grawe, 2004). Sie enthält folgende Grundkonzepte:

Kongruenz psychischer und neurobiologischer Faktoren bildet die Basis psychischer Gesundheit und garantiert das psychische Wohlbefinden. Im Fall einer erreichten Kongruenz gelingt es der Person, auch die vier Grundbedürfnisse des Menschen zu befriedigen:

1. Orientierung und Kontrolle
2. Bindung
3. Selbstwerterhöhung und Selbstwertschutz
4. Lustgewinn und Unlustvermeidung.

Unter Inkonsistenz wird die Unvereinbarkeit gleichzeitig ablaufender psychischer und neurobiologischer Prozesse verstanden. Sie kann aus Diskordanz (Konflikte motivationaler Ziele untereinander) und aus Inkongruenz (Konflikte zwischen realen Lebenserfahrungen bzw. Realitätswahrnehmungen und motivationalen Zielen, also eine unzureichende Umsetzung motivationaler Ziele) resultieren. Konsistenztheoretisch spielen auch starkes Vermeidungsverhalten, Defizite der Wohlbefindensregulation und Symptombelastungen eine wichtige Rolle für die seelische Gesundheit.

Wichtige Interventionsanteile liegen hier (neben verhaltens- und lösungsspezifischen Interventionen) in der maßgeschneiderten Beziehungsgestaltung und in der Ressourcenaktivierung. Die zu klärenden Fragen sind:

1. Welche Ressourcen des Klienten können am besten genutzt und aktiviert werden und wie gelingt das bei diesem Klienten am besten? → Verbesserte Ressourcenaktivierung führt zu verbesserter Bedürfnisbefriedigung durch Aktivierung existierender neuronaler Erregungsbereitschaften.

2. Für welche Probleme/Inkongruenzquellen sollten vordringlich Bewältigungs- und/oder Klärungserfahrungen herbeigeführt werden und wie kann das bei diesem Klienten am besten erreicht werden? → Neue Bewältigungs- und korrektive Erfahrungen entstehen aus Problemaktivierung, gefolgt von schrittweise angeleiteten Bewältigungs- und/oder Klärungserfahrungen, welche zu neuen Ressourcen für die Bedürfnisbefriedigung führen können.

Für die Intervention hat das folgende Konsequenzen, die im Rahmen spezifischer Verfahren und Methoden zu spezifizieren wären; auch deren verkehrspsychologische Spezifikation steht aus:

- Beachte die Grundbedürfnisse und damit die emotionale Grundtönung des Menschen.
- Der wichtigste Wirkfaktor ist die (therapeutische) Beziehung.
- Arbeite gleichzeitig in einem expliziten und impliziten Funktionsmodus.
- Stimuliere das Annäherungssystem.
- Reflektiere oft die Ziele, Zielerreichung und Interventionseffekte.
- Stelle Inkongruenzquellen und den Grad der Inkongruenz fest. Das Emotionserleben dient dabei als ein Indikator. Folgende Testverfahren können beispielsweise Verwendung finden: SEE-Test (Behr & Becker, 2004) und INK (Grosse, Holtforth, Grawe & Tamcan, 2004).
- Führe den Interventionsprozess als Aktivierung von Wirkfaktoren in Richtung auf die Inkongruenzreduktion und die Konsistenzerhöhung.

Bisher wurden für die Neuropsychotherapie kaum konkrete Leitlinien und Durchführungsregeln formuliert. Eine Ausnahme bilden folgende Handlungsanweisungen für eine neuropsychotherapeutisch fundierte Interventionspraxis:

1. Kläre, für welche der möglichen Ansatzstellen für Veränderung der Patient die höchste motivationale Bereitschaft und die besten Ressourcen mitbringt.
2. Führe bei jedem Patienten eine Ressourcenanalyse durch. Verschaffe Dir ein Bild von den Stärken und positiven Seiten des Patienten, die Du in der Therapie nutzen kannst.
3. Bringe die möglichen Ansatzstellen für Veränderung nach diesen Kriterien in eine Rangordnung.
4. Achte auf die Formulierung von Annäherungszielen bei Ausarbeitungen zur Therapieplanung, akzeptiere keine Vermeidungsziele (negativ formulierte Ziele).
5. Achte auf Inkongruenzen (in Konflikt stehende Strebungen) und thematisiere sie als mögliche Ansatzstellen für die Veränderung.
6. Wechsle vom Inhalt immer wieder auf die Prozess-/Strukturebene.
7. Gib jeder Therapiesitzung einen klaren Fokus.
8. Lass den Patienten in jeder Therapiesitzung möglichst viele positive Wahrnehmungen für sein Bedürfnis nach Orientierung und Kontrolle machen.
9. Gestalte jede Therapiesitzung so transparent wie möglich.
10. Sorge dafür, dass der Patient sich im Klaren darüber ist, was in der Sitzung erreicht werden soll und was er selbst dazu beitragen kann.
11. Lass ihn möglichst viele Entscheidungen selbst treffen.
12. Erläutere ihm, worauf es ankommt, und stelle ihm, wann immer es geht, mehrere Möglichkeiten zur Wahl.

13. Plane und gestalte die Sitzung so, dass der Patient sich zutrauen kann, dabei gut mitzumachen, und dass er das Gefühl hat, ein eigenes Anliegen zu verfolgen.
14. Lasse jeden Veränderungsschritt wiederholt durchlaufen; neuronale Bahnung braucht längere Aktivierung und Wiederholung.
15. Bringe den Patienten nicht dazu, Dinge zu tun, die er eigentlich nicht will.
16. Bei Anzeichen von Widerstand gehe ernsthaft darauf ein und stelle ihm frei, wie weiter vorgegangen werden soll.
17. Jede Aktivierung eines Problems sollte einmünden in eine konkrete Klärungs- oder Bewältigungserfahrung.
18. Sorge dafür, dass unmittelbar vor und bei jeder problembearbeitenden Intervention das motivationale Ziel aktiviert ist und der Patient in einem geöffneten, aufnahmebereiten Zustand ist.
19. Verwende einen genügenden Teil jeder Therapiesitzung darauf, die Herbeiführung von Erfahrungen außerhalb der Therapie in der konkreten Lebensrealität des Patienten (Hausaufgaben) genau zu planen und detailliert zu besprechen.
20. Beharre nicht auf Therapiezielen, für die der Patient sich nicht wirklich einsetzt, und führe keine Intervention durch, für die der Patient nicht wirklich erkennbar motiviert ist, vermeide jedoch dauernde Zielwechsel.

Mindestens drei Grundbedürfnisse sind mit der Regulation des Fahrverhaltens verknüpft:

1. das Bedürfnis nach Orientierung und Kontrolle (selbstständig jederzeit ein Kfz nutzen zu können, Auto-Mobilität)
2. das Bedürfnis nach Lustgewinn/Unlustvermeidung (Autofahren als Freizeitgestaltung, Entzug der Fahrerlaubnis als Verlust mobiler Freiheit)
3. das Bedürfnis nach Selbstwerterhöhung (Autonutzung als Statussymbol, Entzug als Statusverlust).

Die Erfüllung und die Nichterfüllung dieser Bedürfnisse sind mit Annäherungs- und Vermeidungszielen in Bezug auf Behalt oder Neuerteilung der Fahrerlaubnis verbunden. Der Verlust der Fahrerlaubnis kann Inkongruenzquellen eröffnen. Auch Bemühungen zur Wiedererlangung der Fahrerlaubnis können sich als spezifische Inkongruenzerfahrungen darstellen. Sofern annähernde und vermeidende Tendenzen gleichzeitig auftreten und sich gegenseitig hemmen, kann der motivationale Konflikt als motivationale Diskordanz dargestellt werden. Auch im Falle zeitgleich aktivierter Annäherungsschemata (Annäherungs-Annäherungs-Konflikte) oder Vermeidungsschemata (Vermeidungs-Vermeidungs-Konflikte) entsteht Inkongruenz. Ein Beispiel für einen solchen Konflikt stellen die Wünsche dar, Alkohol zu trinken und auch Auto fahren zu wollen. Beide Annäherungsziele können nicht gemeinsam ohne Gesetzesbruch realisiert werden. Auch bei der Absicht eines Klienten, sich einer medizinisch-psychologischen Begutachtung (MPU) zu unterziehen, treffen Annäherungs- und Vermeidungsschemata aufeinander: Die Fahrerlaubnis soll schnell wiedererlangt werden – was mit Befürchtungen, Veränderungen und hohen psychischen sowie finanziellen Belastungen verbunden ist. Hier kann ein Annäherungs-Vermeidungs-Konflikt entstehen, der sich im Verhalten mit negativen Konsequenzen ausdrückt.

Eine konsistenztheoretisch verfasste verkehrspsychologische Interventionspraxis ist derzeit noch nicht in Sicht. Die für die Allgemeine Psychotherapie zuvor genannten Eckpunkte können als eine erste Orientierung dienen. Den Versuch einer Anwendung der Konsistenztheorie im Bereich verkehrspsychologischer Interventionen formulierte Kollbach (2013).

Eine verkehrspsychologische Intervention sollte auf der Basis der allgemeinen Wirkfaktoren und unter Beachtung der o.g. Regeln problemlösend wirken und Kongruenz und Konsistenz wiederherstellen. Dieses Kapitel stellt insofern eine Skizze, eine Vision eines allgemeinen psychologischen, konsistenztheoretisch basierten Interventionsmodells dar.

Kapitel 4
Spezifika in der Arbeit mit Teil- und Zielgruppen im ungeregelten Bereich

In diesem Kapitel werden spezifische Bausteine der Arbeit mit verkehrsauffälligen Kraftfahrern im ungeregelten Bereich in zweifacher Hinsicht für die Praxis beschrieben. Erstens werden Module verkehrspsychologischer Interventionen, die sich in allen Anwendungsfeldern bewährt haben, praxisorientiert vorgestellt. Zweitens werden Spezifika der Arbeit mit einzelnen Zielgruppen herausgearbeitet.

4.1 Exemplarische Module in der Praxis

Die in diesem Kapitel vorgestellten interventionstypischen Module des verkehrspsychologischen Arbeitens sind:

- Verkehrspsychologische Fahreignungsberatung – Klärung nötiger Veränderungsschritte und Zielvereinbarung
- Analyse der Vorgeschichte (biografische Analyse, fokale Lebensstilanalyse)
- Analyse der Konsumentwicklung
- Bedingungsanalyse der Auffälligkeiten (Deliktanalyse Alkohol-, Drogenauffälligkeiten)
- Bedingungsanalyse von Straf- und Verkehrsauffälligkeiten (Deliktanalyse)
- Informationsvermittlung (Drogen, Alkohol, Fahrphysik, Regeln)
- Ziele und Zielstrukturierung
- Rückfallprävention
- Trainings- und Übungsaufgaben.

Hinzuweisen ist auf die Besonderheit des Kapitels 4.1.2, in welchem verkehrspsychologische Biografiearbeit auf psychodynamischer Grundlage vorgestellt wird. Die nachfolgenden drei Kapitel zeigen dann verhaltenstheoretisch begründete Deliktentstehungsanalysen zu den Anlassgruppen auf.

4.1.1 Verkehrspsychologische Fahreignungsberatung – Klärung nötiger Veränderungsschritte und Zielvereinbarung

Birgit König

Die Fahreignungsberatung ist der erste Schritt auf dem Weg einer individuell gestalteten verkehrspsychologischen Intervention zur Fahreignungsförderung. Bei dieser Beratung wird geklärt, welche Veränderungen der Klient vornehmen sollte bzw. bereits vorgenommen hat, um sein zukünftiges Verhalten im Straßenverkehr regelkonform gestalten sowie in einer Fahreignungsbegutachtung überzeugend darlegen zu können. Es muss Bezug genommen werden auf die Begutachtungsleitlinien und auf die Beurteilungskriterien (vgl. Kapitel 3.1).

Für den Erstkontakt ist wesentlich, dass sich der Klient zum Aufsuchen einer Fahreignungsberatung zwar selbst entschließt, aber dennoch nicht wirklich freiwillig erscheint. Derzeit besteht keine Pflicht zur Teilnahme an einer Beratung vor der Fahreignungsbegutachtung (MPU). Klienten nehmen die Beratung in Anspruch, um ihre Chance auf ein positives Ergebnis in der unumgänglichen MPU zu verbessern. Daher wird auch die Beratung oftmals als eine von außen aufgezwungene Maßnahme verstanden.

Häufig sind Klienten vor einer ersten MPU oder nach einer MPU mit negativer Prognose verunsichert und verstehen die behördlichen Abläufe, denen sie sich unterworfen fühlen, nicht. Aufgabe des Verkehrspsychologen ist es daher auch, den Klienten unnötige Ängste und Irritationen zu nehmen und schon zu Beginn zu vermitteln, dass sie auf Unterstützung vertrauen können. Die Beratung kann stets nur so gut sein wie die Informationen, auf denen sie beruht. Hilfreich für die Vertrauensbildung ist es, dass der Berater dem Klienten behördliche Abläufe und Entscheidungen erklären kann.

Die Klienten wünschen häufig vordergründig keine Unterstützung für eine persönliche Veränderung, sondern wollen einfach ihre Fahrerlaubnis zurückerhalten. Die Ursachen für ihre Schwierigkeiten werden external auf die Polizei, die Fahrerlaubnisbehörde oder die Begutachtungsstelle (BfF) attribuiert. In der Fahreignungsberatung muss es trotz dieser Ausgangsbedingung gelingen, eine Änderungsmotivation aufseiten des Klienten zu schaffen. Die weitere gemeinsame Arbeit ist dann in der Regel wie eine Kurzzeittherapie gestaltet, speziell zugeschnitten auf die Problematik auffälliger Kraftfahrer.

Entscheidend ist, dass wie jede psychologische Maßnahme auch die verkehrspsychologische Intervention erst durch die Etablierung einer tragfähigen Arbeitsbeziehung möglich wird. Denn: *„Man kann nur mit Klienten arbeiten, die wiederkommen!“* (Kanfer et al., 2006, S. 124), und es muss geklärt werden, was im Rahmen der verkehrspsychologischen Therapie erreicht werden soll bzw. kann. Weitergehende Empfehlungen für andere Anlaufstellen, wie etwa Suchtkliniken, Krisenzentren oder Psychotherapeuten, können gegeben werden.

Organisatorische Rahmenbedingungen der Beratung und Intervention

Vor Beginn einer verkehrspsychologischen Intervention zur Fahreignungsförderung müssen die Rahmenbedingungen (Ausschlusskriterien, Datenschutz, Termingestaltung, Mitwirkungserklärung, Kostenumfang usw.) vertraglich geregelt sein. Sie ist wie die Fahreignungsberatung vom Kunden selbst zu finanzieren.

In Abhängigkeit davon, ob und ggf. seit wann der Klient schon selbst Verhaltensänderungen vollzogen hat, haben sich der Umfang der Maßnahme und die Termingestaltung auszurichten.

Am Ende des ersten Termins einer Fahreignungsberatung sollte ein vorläufiger Überblick über die Situation des Klienten bestehen, sodass der Verkehrspsychologe auf dem Kenntnishintergrund der Beurteilungskriterien zur Fahreignungsbegutachtung (DGVM & DGVP, 2013) eindeutige Empfehlungen geben kann, was der Klient tun sollte und welche Optionen bestehen. Für die Diagnostik im Rahmen der Fahreignungsberatung bzw. verkehrspsychologischen Intervention ist es daher wichtig, den anlassbezogenen Sachverhalt möglichst genau zu kennen. Hierzu soll der Klient alle Unterlagen und Korrespondenzen zu seiner Situation mitbringen (siehe Kapitel 3.1.1). Auch verkehrspsychologisch relevante medizinische Befunde müssen in der Beratung in Betracht gezogen werden (siehe Kapitel 3.1.2); eine Frage nach aktueller Medikation und Krankenhausaufenthalten ist sinnvoll. Gegebenenfalls sind Befunde und Korrespondenzen in der verkehrspsychologischen Intervention zur Fahreignungsförderung nachzufordern.

Vereinbarung von Interventionszielen

Veränderungen bedürfen immer der Zielorientierung. Diese ermöglicht erst, die Schritte einer Veränderung zu planen und durchzuführen sowie zu erkennen, wann ein Veränderungsprozess abgeschlossen ist (siehe Kapitel 3.1.5).

Zielarbeit mit alkoholauffälligen Kraftfahrern

Die Anfangsmotivation des Klienten, einfach nur die MPU bestehen zu wollen, muss ersetzt bzw. ergänzt werden durch die Einsicht, dass das ehemalige Trinkverhalten insgesamt problematisch war und dauerhaft stabil verändert werden muss (IfS, 2000; Brieler & Grunow, 2011).

Im Spannungsfeld zwischen Abstinenznotwendigkeit und einem reduzierten, kontrollierten Umgang mit Alkohol (Hypothesen A1, A2, A3, A4, DGVP & DGVM, 2013) ist ein (vorläufiges) Ziel mit dem Klienten zu vereinbaren. Zu diesem Zweck werden erste Informationen zur Person des Klienten, zum Delikt oder den Delikten der Vergangenheit (siehe Kapitel 4.1.4), zu den Trinkgewohnheiten in der Zeit vor der Fahrauffälligkeit und zu den Änderungen im Umgang mit Alkohol (siehe Kapitel 4.1.3) erhoben.

Zielarbeit mit punkte- und strafauffälligen Kraftfahrern

Bei dieser Zielgruppe geht es im ersten Schritt darum, sich einen Überblick über die aktenkundigen Delikte zu verschaffen, aber auch das Gespräch auf diejenigen Verstöße zu lenken, die unentdeckt geblieben sind. Aktenkundige Verkehrsdelikte können über eine Auskunft aus dem Fahreignungsregister (FAER) geklärt werden, für die anderen ist der Verkehrspsychologe auf die Auskünfte des Klienten angewiesen. Bei langjährig auffälligen Klienten ist es häufig notwendig, dass diese Akteneinsicht bei der Behörde einholen, um sich mit ihrer Vorgeschichte tiefergehend vertraut zu machen.

In der Fahreignungsberatung und den weiteren Maßnahmen ist es erforderlich, die Gründe für das systematische Fehlverhalten der Vergangenheit zu erkennen und zu verstehen. Ein besonderes Augenmerk sollte darauf gelegt werden, ein Unrechtsbewusstsein und ein Verständnis für die Gefahren ihres vergangenen Verhaltens zu entwickeln. Hilfreich ist die Erläuterung der Hintergründe für behördliches Handeln und damit zusammenhängender Regelwerke, da die Verstöße gegen Verkehrsregeln häufig als ungefährlich angesehen werden. Zielstellung ist die Entwicklung bzw. Festigung von Alternativen zu problematischen Einstellungen und Verhaltensweisen. Dies kann in verschiedenen Tiefen der Reflexion verfolgt werden (Hypothesen V1, V2, V3, DGVP & DGVM, 2013).

Zielarbeit mit drogenauffälligen Kraftfahrern

Bei Auffälligkeiten im Straßenverkehr mit illegalen Drogen wird es im Erstgespräch vor allem darum gehen, zu klären, welche Drogen in welcher Menge in der Vergangenheit konsumiert wurden und wie lange der letzte Konsum zurückliegt. Denn vor einer Neuerteilung der Fahrerlaubnis wird von Kraftfahrern i.d.R. erwartet, dass sie ihren Drogenkonsum in einer ausreichend langen Zeitspanne vollständig eingestellt haben (Hypothesen D1, D2, D3, DGVP & DGVM, 2013). Ziel der Fahreignungsberatung ist es, auf Basis von Informationen zur Abstinenznotwendigkeit eine Motivation zum Beginn oder zur Aufrechterhaltung der Abstinenz zu fördern. In seltenen Fällen kann das Ziel auch darin bestehen, einen gelegentlichen Konsum von Cannabis vom Führen von Kraftfahrzeugen zu trennen (Hypothese D4).

Eine drogenfreie Lebensweise muss über die Teilnahme an einem anerkannten Abstinenzprogramm (Haar- oder Urinanalysen) nachgewiesen werden. Da bei dieser Klientel die Abstinenz überwiegend eine notwendige Voraussetzung für ein positives MPU-Ergebnis ist, darüber aber häufig Informationslücken bestehen, erscheinen zum Teil uninformierte Klienten vor einer geplanten MPU, ohne bisher an einem Abstinenzprogramm teilgenommen zu haben. In diesem Fall ist es sinnvoll, den Antrag auf Neuerteilung der Fahrerlaubnis bei der Behörde zurückzuziehen und sich in ein Abstinenzprogramm zu begeben.

Im Rahmen des Erstkontaktes sollten auch die Gründe für den Drogenkonsum und dessen Bedeutung im Leben thematisiert werden. Genauere Analysen der Situationen und (inneren und äußeren) Randbedingungen für den Drogenkonsum sind aus zeitlichen Gründen während des Erstkontaktes noch nicht möglich. In der Regel wird es so sein, dass Drogenkonsumenten im Vergleich zu Alkoholkonsumenten sehr viel genauer beschreiben können, welche Drogen sie wann genommen haben und welche Wirkungen sie erzielen oder vermeiden wollten. Welcher Hintergrund auch immer besteht, es muss geklärt werden, welche individuellen Bedürfnisse mit dem Drogenkonsum befriedigt werden sollten und welche Alternativen der Klient hierzu bereits entwickelt hat. Der Klient ist auch auf seinen Konsum des legalen Rauschmittels Alkohol anzusprechen sowie auf eventuellen Mischkonsum von Alkohol und Drogen. Dabei ist eine Zielsetzung abzuschätzen, ob die Problematik möglicherweise auch eine alkoholfreie Lebensweise erfordert, die ggf. durch ein Screening auf EtG zu belegen ist.

4.1.2 Analyse der Vorgeschichte (biografische Analyse; fokale Lebensstilanalyse)

Klaus-Peter Kalwitzki, Joachim Seidl

Ende der 1970er-Jahre begann sich die Individualpsychologie (IP) nach Alfred Adler in der Verkehrspsychologie zu etablieren (siehe Kapitel 2.1.3.3). Im Mittelpunkt des therapeutischen Prozesses in der IP steht die fokale Lebensstilanalyse. Dabei geht es auch um die Erarbeitung der spezifischen Ziele des Klienten in einer Art „Teleoanalyse". Der Lebensstil wird erfasst, erklärt und es werden neue Ziele und Strategien zu deren Erreichen erarbeitet. Diesen Prozess nennt die Individualpsychologie „Umfinalisieren". Um das Verfahren zu verdeutlichen, wird der verkehrstherapeutische Prozess im Folgenden beschrieben (Kalwitzki, Pirke, Seidl, v. Wolmar, 2009).

Vier Phasen der Intervention

Der verkehrstherapeutische Prozess kann modellhaft in vier Phasen gegliedert werden, die in der Praxis allerdings oft nicht so stringent zu trennen sind:

- Phase A, die **Analysephase**, in der mit dem Klienten die unbewussten Strukturmerkmale seines Lebensstils erarbeitet werden
- Phase B, die **Erarbeitung des Veränderungskonzepts**, in der realisierbare Veränderungsschritte mit dem Klienten erarbeitet werden
- Phase C, die **Begleitung der Umsetzung**, in welcher der Klient bei der Erprobung und Stabilisierung seines neuen Verhaltens vom Verkehrspsychologen begleitet wird, und
- Phase D, die **Kontroll- und Abschlussphase**, in der mit dem Klienten überprüft wird, ob die vereinbarten Ziele erreicht sind.

Die vier Phasen können gegebenenfalls mehrfach durchlaufen werden, wenn sich z.B. in der Umsetzungsphase weiterer Analysebedarf zeigt.

Die Analysephase – Erarbeitung der unbewussten Strukturmerkmale des Lebensstils

Die Analysephase kann modellhaft in eine Phase der Datenerhebung und -gewichtung sowie eine Phase der analytischen Deutung der Daten unterteilt werden. In der Praxis sind diese Phasen häufig nicht stringent voneinander zu trennen. In der Phase der Datenerhebung werden berechtigterweise bereits Teilaspekte gedeutet.

Da die Klienten eine Bearbeitung ihres Verkehrsverhaltens erwarten, bietet es sich in der Regel an, den verkehrstherapeutischen Prozess mit der Deliktanalyse oder der Deliktkurve zu beginnen. Dabei werden die Auffälligkeiten (Trunkenheits- oder Drogenfahrt, Verkehrsverstöße) und die ihnen vorausgegangenen und nachfolgenden Ereignisse und Erlebnisse aus der Sicht des Klienten sorgfältig nachgezeichnet. Der Erstellung einer Deliktkurve, in der die Konsum- und Deliktgewohnheiten über die Zeit abgebildet werden, geht die Sammlung wesentlicher Stationen der Lebensgeschichte voraus. Häufig deutet sich hier bereits ein Zusammenhang zwischen dem problematischen Verhalten und wichtigen Ereignissen in der Lebensgeschichte an. Das problematische Verhalten wird dabei aus tiefenpsychologischer Sicht als eine zumeist unbewusste Vermeidungstaktik betrachtet, mit der innere und äußere Konflikte scheinbar immer wieder gelöst werden. Gewinn des Verhaltens ist die Überwindung von negativen Gefühlen (gefühlte Minus-Situationen) wie Alleinsein, Anspannung, Überbelastung, Unterlegenheit, Schuld, Unfähigkeit oder Ohnmacht (vgl. Jensch & v. Wolmar, 1992).

Weitere Methoden sind die Analyse der Familien- und Geschwisterkonstellation sowie von Fremdeinschätzungen und Kindheitserinnerungen. Bei der Lebensstilanalyse wird die frühkindliche Ausgangsproblematik erhellt, indem die Erziehungsgeschichte des Klienten sowie seine Position in der Geschwisterkonstellation beleuchtet werden. Anlagebezogene Stärken und Schwächen des Kindes werden individuell erfasst und in Beziehung gesetzt zu den (unbewussten) Zielen, die das Kind entwickelt. Denn der Schlüssel zum Verstehen der Verhaltensmuster von Erwachsenen liegt in dem Begreifen der Ängste, Ohnmacht, Hoffnungen, Sehnsüchte, Demütigungen, aber auch der Verwöhnungen des Kindes. Der Lebensplan, der aus dem Zusammenspiel aller Anlagen und Umwelteinflüsse schöpferisch entwickelt wird, ist das Grundmodell des Verhaltens von Erwachsenen und wird nach Adler „Lebensstil“ genannt.

Bei der Fremdeinschätzung schildern der Verkehrspsychologe und ggf. andere Gruppenmitglieder ihre Eindrücke vom Verhalten des Klienten in der Einzel- oder Gruppensitzung. Diese Eindrücke basieren auf verbal geäußerten und nicht-sprachlichen Informationen. Mimik, Blickverhalten, Gestik, physiologische Äußerungen (z.B. Erröten, Schwitzen), räumliches Verhalten (Nähe/Distanz), Parasprache (z.B. Tonfall, Sprachfluss, Betonungen) und äußere Erscheinung des Klienten ergänzen die Information des Gesprochenen, denn die Art und Weise seines Auftretens ist Bestandteil seines Lebensstils. Durch die Fremdeinschätzung kann dem Klienten eine mögliche Diskrepanz zwischen Selbst- und Fremdbild deutlich gemacht werden. Ergibt sich eine Diskrepanz, besteht die Aufgabe des Klienten darin, sich damit auseinanderzusetzen und gegebenenfalls Inhalte des Fremdbildes in sein Selbstbild zu integrieren und dieses damit zu korrigieren.

In der individualpsychologischen Arbeit mit Kindheitserinnerungen wird der Klient aufgefordert, eine Erinnerung an ein Erlebnis seiner Kindheit zu schildern. Diese Kindheitserinnerung wird wörtlich in der Ich-Form am Flipchart protokolliert. „*Erinnerungen können als Erzeugnisse des Individuums betrachtet werden, weil sie nach Adler eine Auslese, Entstellungen oder Erfindungen vergangener Ereignisse seitens des Individuums sind, die seiner zugrunde liegenden Stimmung, seinem Ziel und seinen Interessen angepasst sind*" (Ansbacher & Ansbacher, 1982). Der Klient projiziert also seine derzeitige Befindlichkeit in die Kindheit und wählt die Erinnerung aus, welche sein aktuelles Erleben spiegelt. Oft wird in dieser Erinnerung das Dilemma des Kindes dargestellt und sie gibt den psychischen Konflikt wieder, welcher für die Entwicklung des einseitigen Lebensstils maßgeblich war. Dabei geht es weniger darum, die in den Schilderungen der Kindheitserinnerungen sichtbar werdenden Begebenheiten in einen Sinnzusammenhang mit frühkindlichen Entwicklungsschritten zu stellen, sondern vielmehr darum, in den in diesen Erinnerungen spürbaren Gefühlen und Empfindungen eine Metapher für die momentane Lebensbefindlichkeit des Klienten zu sehen.

Insbesondere die Schilderung der Trunkenheits-, Drogen- bzw. Deliktfahrt, die Familien- und Geschwisterkonstellation und die Kindheitserinnerung sind projektive Methoden. Sie basieren darauf, dass die Schilderungen der Klienten von teils unbewussten Einstellungen, Motiven und innersten Wünschen beeinflusst sind. Diese können vom Verkehrspsychologen gedeutet werden und erlauben eine diagnostische Aussage über die Persönlichkeit des Klienten. Ihr Einsatz ermöglicht es, mit ihm unbewusste Strukturmerkmale seines Lebensstils zu erarbeiten.

Arbeit mit projektiven Verfahren

Äußern sich Menschen, so sind ihr Verhalten, Denken und Erinnern stets von teils unbewussten Einstellungen, Motiven und innersten Wünschen beeinflusst. Dreikurs schreibt: „*Wenn man weiß, an was jemand sich erinnert, dann weiß man, wie er das Leben ansieht bzw. was er vom Leben erwartet oder befürchtet. Diese ersten Erinnerungen sind so verlässlich, dass wir sie nicht nur als diagnostisches Mittel zur Erfassung des Lebensstils des Patienten benötigen; wir können am Ende der Therapie auf diese Weise genau feststellen, ob der Patient sich in seinen Einstellungen zum Leben geändert hat oder nicht [...]*" (Dreikurs, 1969).

Entscheidend ist, dass aus der Auswahl der Erinnerungen und aus ihrer Ausgestaltung Rückschlüsse auf die momentane Grundgestimmtheit des Individuums gezogen werden können und dass das dort vorgestellte typisch für das heutige Problemlöseverhalten ist – denn die Auswahl und Färbung der Erinnerungen sind ein Produkt von heute.

Deutung

In der Deutung der erhobenen Daten werden die Analyseergebnisse komprimiert zusammengefasst. Ausgangspunkt sind dabei frühe Frustrationen in der Kindheitsentwicklung, aus denen sich dann die frühen Ängste bilden, zu deren Abwehr überhöhte Ziele zur Angstreduzierung entwickelt werden. Entsprechende Handlungsstrategien werden zur Zielerreichung erprobt und verfestigt.

Im Verlauf der weiteren Entwicklung und Lebensgeschichte werden diese Strategien allerdings häufig immer weniger nützlich – ja, sogar störend und behindernd. So kommt es zu Engpässen und zu einem Aussparen von wichtigen Lebensbedürfnissen. Diese werden durch das Deliktverhalten vorübergehend „ausgelebt". In Zukunft gilt es, die nicht mehr sinnvollen Strategien durch gemeinschaftsfähigere Strategien zu ersetzen. Die komprimierten Analyseergebnisse werden auf einem Ergebnisblatt zusammengefasst, das im Verlauf der Arbeit folgende Struktur erhält:

- *Aufspüren prägender Lebenserfahrungen*: Hier werden in der Kindheit erlebte Unter- bzw. Überforderungen sowie Enttäuschungen und Versagungen oder Verwöhnung und Überversorgung des Klienten festgehalten.
- *Benennung früher Ängste und Erfahrungen*: Aus den prägenden Erfahrungen entsteht beim Kind die Angst, Enttäuschung und Versagung wieder zu erleben oder den Verlust von Verwöhnung und Überversorgung zu erleiden.
- *Herausarbeiten überhöhter Ziele zur Angstreduzierung*: Gegen die Angst wird ein überhöhtes Streben nach Sicherung ausgebildet, das sich als bisheriges „Lebensmotto" formulieren lässt.
- *Herausarbeiten von Verhaltensweisen im Alltag*: Die Verhaltensmuster im Alltag oder außerhalb des Verkehrs orientieren sich am überhöhten Anspruch mit der Intention nach Angstreduzierung („Nüchtern"- oder Alltags-Strategien).
- *Herausarbeiten des kompensatorischen Verhaltens*: Die Handlungsstrategien unter Alkohol und/oder Drogeneinfluss und das Deliktverhalten im Verkehr orientieren sich an den bislang unterdrückten Bedürfnissen und lassen sich im Sinne der Dialektik („Pendelbewegung") aus den Verhaltensweisen im Alltag zumeist direkt ableiten. Dies gilt natürlich auch umgekehrt: Aus dem geschilderten Verhalten unter Alkohol und/oder Drogeneinfluss und Deliktverhalten im Verkehr kann meist direkt das entsprechende Repertoire für die allgemeinen Verhaltensweisen abgeleitet werden.
- *Ziele des Verhaltens unter Alkohol-/Drogeneinfluss oder des Deliktverhaltens im Verkehr*: Hier werden das „Wozu?", die Ziele und Zwecke – die angestrebten oder aber vermiedenen Gefühle – des Problemverhaltens identifiziert und benannt.

Erarbeitung des Veränderungskonzepts

Ist Einsicht in Sinn und Zweck, in das *Wozu* des Verhaltens allgemein und des Regelverstoßes (oder anderer neurotischer Arrangements) gewonnen worden, dann wird der Blick frei für neue, realistische Ziele und die Entwicklung neuer zielführender Strategien sowie für brachliegende Impulse und ungenutzte Ressourcen („Umfinalisieren").

Aus den in der Analysephase erarbeiteten Ergebnissen werden nun plausible und konkret realisierbare Veränderungsschritte abgeleitet, das Gemeinsame, die Klammer oder allgemeine Richtung der Veränderung kann dabei in einer Überschrift (z. B. „Neues Motto") formuliert werden. Auf diese Weise entwickelt der Klient mit Unterstützung des Therapeuten sein individuelles Konzept für eine Veränderung.

Begleitung der Umsetzung, Kontroll- und Abschlussphase

In dieser Phase wird der Klient bei der Erprobung und Stabilisierung seiner im Veränderungskonzept beschriebenen neuen Verhaltensmuster unterstützt. Die positiven und negativen Erfahrungen bei der beherzten Anwendung der neuen Strategien werden besprochen und zur weiteren Umsetzung genutzt. Das neue, korrigierte Selbstbild muss in die Persönlichkeit integriert und das Spektrum neuer Verhaltensstrategien erprobt und erlernt werden; außerdem müssen Rückschritte, Misserfolge und Enttäuschungen bei den neuen „Gehversuchen" verkraftet werden.

Insgesamt wird dem Klienten deutlich, dass die in der verkehrspsychologischen Therapie behandelten Probleme und Lösungen weit über das Verhalten im Verkehr hinausgehen und den gesamten Lebensstil betreffen. So entwickelt sich der Klient in der Umsetzungsphase mehr und mehr zu einer in ihrem Alltag eigenverantwortlich handelnden Person, während sich der Verkehrspsychologe mehr und mehr zurücknimmt.

In der Kontroll- und Abschlussphase wird schließlich überprüft, ob die Interventionsziele erreicht sind. Aus individualpsychologischer Sicht geht es dabei vor allem um folgende Kriterien:

- Hat der Klient die problematischen Strategien seines Nüchtern-Lebens und die Engpässe seines (bisherigen) Lebensstils erkannt? Hat er den Einfluss seiner frühen prägenden Erfahrungen sowie die Funktion des Alkohols/ der Drogen/ des Deliktverhaltens in seinem Lebensstil verstanden?
- Hat der Klient geeignete Veränderungen zur Abschwächung bzw. Beseitigung der Engpässe seines Lebensstils bei sich/in seinem Umfeld eingeleitet? Erscheinen diese Veränderungen stabil (überdauernd) und in seine Persönlichkeit integriert? Hat er überwiegend positive Erfahrungen mit diesen Veränderungen gesammelt? Ist er sich seiner individuellen „Schwachpunkte" (im Sinne eines Rückfallrisikos) bewusst und kann er damit konstruktiv umgehen?

Die fokale Lebensstilanalyse folgt den Erkenntnissen moderner Therapieforschung, die nach Grawe (2004) die vier therapeutischen Wirkprinzipien „Therapeutische Klärung", „Problemaktualisierung", „Aktive Hilfe zur Problembewältigung" und „Ressourcenaktivierung" berücksichtigen sollte.

Insgesamt hat sich die individualpsychologische Methode der fokalen Lebensstilanalyse zur Bearbeitung problematischen Verkehrsverhaltens mehrfach bewährt (siehe Kapitel 3.3.3).

4.1.3 Analyse der Konsumentwicklung

Michael Escrihuela-Branz, Michael Minge, Antje Rötzscher

Die Aufarbeitung der eigenen Geschichte im Umgang mit Alkohol und illegalen Drogen ist ein entscheidendes Element in der verkehrspsychologischen Interventionsarbeit. In erster

Linie geht es darum, differentialdiagnostische Kriterien zu gewinnen, um Anhaltspunkte zur besseren Unterscheidung für Alkohol-/Drogenabhängigkeit, Missbrauch und problematischen Überkonsum zu erhalten (vgl. gutachterliche Arbeitshypothesen A1/A2, D1/D2/D3 bzw. A3, D4). Eine besondere Schwierigkeit in diesem Zusammenhang ist, dass Alkoholkonsum und damit einhergehende Problematiken von den Betroffenen häufig bagatellisiert werden. Subjektive Selbstbeurteilungen sollten zur besseren Einordnung daher durch Fremdbeurteilungen von Psychologen ergänzt werden, wie dies zum Beispiel beim Münchener Alkoholismustest (MALT) nach Feuerlein, Küfner, Ringer & Antons-Volmerg (1999) der Fall ist.

Vorbereitung und Strukturierung

Zu Beginn empfiehlt es sich, die vorliegende aktuelle Ausgangssituation des Klienten zu besprechen und zu analysieren: Wie ist der derzeitige konkrete Umgang mit Alkohol und/oder Drogen? Welche Einstellungen und welche Vorsätze hat der Klient momentan (Alkohol-/Drogenmissbrauch bis hin zu selbsteingeschätzter oder fremdanamnestischer Alkohol-/Drogenabhängigkeit; Abstinenz, Trinkpause, kontrollierter (temperenter) Umgang). Außerdem ist die Umsetzung dieser Vorsätze zu thematisieren und, falls Konsum vorliegt, das Trink-/Konsumverhalten hinsichtlich Häufigkeit, Regelmäßigkeit, Ausmaß und Umfang (z.B. Maximalmengen) zu eruieren. Im Vorfeld kann das Führen eines Konsumprotokolls zur Schulung der Selbstwahrnehmung und -beobachtung nützlich sein, sofern der Betroffene aktuell Alkohol konsumiert.

Die Eruierung der Konsumentwicklung kann auf Basis dreier Module vorgenommen werden, die im Folgenden exemplarisch dargestellt werden:

- Interview zur Alkohol-/Drogenanamnese
- Ausarbeitung einer persönlichen Trink-/Konsumkurve durch den Betroffenen
- Fragebögen und standardisierte Testverfahren zur Ergänzung.

Interview zur Alkohol-/Drogenanamnese

Die Alkohol- bzw. Drogenanamnese erfolgt über ein Gespräch, das in einer halbstrukturierten Interviewsituation auf der Basis von Leitfragen oder eines Fragenkatalogs geführt wird. Da häufig ein relevanter Beigebrauch beobachtet werden kann, umschließt die Anamnese ggf. auch andere stoffgebundene Suchtmittel, wie weitere illegale Drogen, Nikotin, Medikamente usw.

Als Leitthemen für ein Anamnesegespräch, das prototypische Phasen der Konsumbiografie adressiert, kommen exemplarisch die folgenden Bereiche in Betracht:

A. Erstkontakt mit Alkohol/Drogen
B. Weiterentwicklung
C. erste Hochphase(n)
D. ggf. weitere Hochphase(n)
E. ggf. Reduktionsphase(n)
F. ggf. Abstinenzphase.

Ausarbeitung einer persönlichen Trink-/Konsumkurve durch den Betroffenen

Die Erfahrung zeigt, dass die individuelle Auseinandersetzung mit der eigenen Konsumbiografie durch das Erstellen einer persönlichen Trink- bzw. Konsumkurve entscheidend an

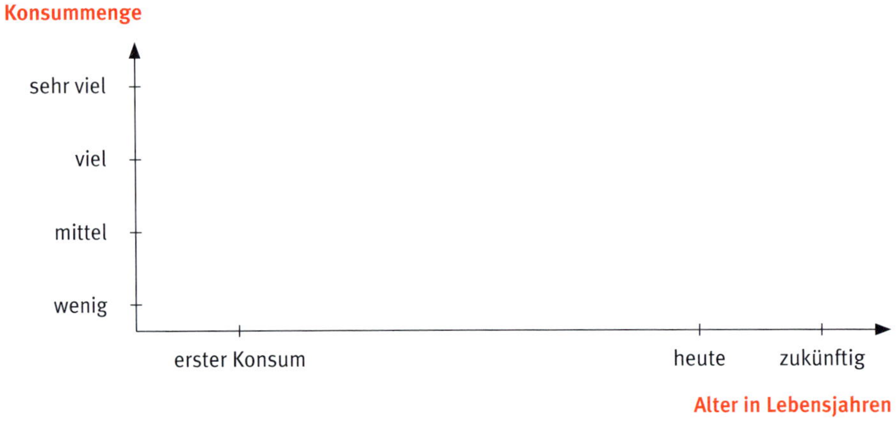

Bild 4.1 Vorlage für eine Konsumkurve über die Lebensspanne

Tiefe und Einsicht gewinnt. Das Prinzip der Trinkkurve ist, dass die konsumierten Mengen an Alkohol für einzelne Lebensphasen in einem Koordinatensystem rückblickend eingeschätzt werden. Die Kurve kann für alle konsumierten Substanzen in jeweils verschiedenen Farben erweitert werden. *Bild 4.1* zeigt, wie eine persönliche Konsumkurve aufgebaut sein kann.

Klienten können die Erarbeitung ihrer Kurve auch mithilfe von Angehörigen (z. B. Partner/in, Eltern, Kinder, Freunde usw.) vornehmen, um dann durch die Erstellung der Kurven über den Substanzkonsum in der Vergangenheit ins Gespräch zu kommen. Auch hierdurch besteht die Möglichkeit, Angaben zu Mengen und zur Einschätzung von Mengen durch die Rückmeldung von Dritten einzubeziehen und zu validieren.

Folgende Fragen können die Analyse der biografischen Konsumkurve begleiten und motivieren:

- Welche Rolle spielt bzw. spielte Alkohol/Drogen in meinem Leben?
- Wie haben sich Konsummengen in den einzelnen Lebensphasen entwickelt und verändert?
- Welche positiven Erlebnisse und Erinnerungen verbinde ich mit dem Konsum von Alkohol/Drogen?
- Inwiefern hat mein heutiger Umgang mit Alkohol/Drogen damit zu tun, wie ich früher mit Alkohol/Dogen umgegangen bin?
- Welche Auswirkungen haben die Beschäftigung mit meiner Lebensgeschichte und die daraus gewonnenen Einsichten und Erkenntnisse auf mein derzeitiges und zukünftiges Verhalten?

Weiterhin kann mit den folgenden exemplarischen Fragen, ausgehend von der Aufarbeitung der eigenen Geschichte des Umgangs mit Alkohol und/oder anderen Suchtmitteln, ein konstruktiver Blick in die Zukunft mit konkreter Formulierung von Zielen gewagt werden:

- Wie sehen Ihre Lebensziele in den nächsten Jahren aus?
- Was beschäftigt Sie zurzeit oder schon seit Längerem besonders?
- Wo gibt es Ärger oder Unzufriedenheit(en)?
- Wie können Sie besser damit fertig werden?

- Was haben Sie im Umgang mit Alkohol oder Drogen schon alles geändert?
- Worauf müssen Sie in der nächsten Zeit besonders achten?

Fragebögen und standardisierte Testverfahren zur Ergänzung

Heute stehen zahlreiche verschiedene Testverfahren und standardisierte Fragebögen zur Erfassung des Alkohol- und Drogenkonsums zur Verfügung. Diese können nicht nur zu Diagnosezwecken eingesetzt werden, sondern auch dazu dienen, die Konsumentwicklung des Betroffenen retrospektiv nachvollziehbar zu machen. Im Folgenden wird daher nur eine Auswahl der gängigsten Verfahren dargestellt.

AUDIT – Alcohol Use Disorder Identification Test

Die deutsche Version des von der WHO entwickelten AUDIT (Rist et al., 2003; Brieler, 2008) erlaubt eine Identifikation alkoholassoziierter Probleme und eines gesundheitsschädigenden, riskanten Alkoholkonsums anhand von zehn Fragen (Selbstaussagen).

SESA – Skala zur Erfassung der Schwere der Alkoholabhängigkeit

Dieser Fragebogen von John, Hapke & Rumpf (2001) erfasst anhand von Selbstaussagen (28 Items) den Schweregrad (quantitative Ausprägungen) einer Alkoholabhängigkeit.

LAST – Lübecker Alkoholabhängigkeits- und -Missbrauchs-Screening-Test

Mit diesem Kurzfragebogen, der ebenfalls von Rumpf, Hapke & John (2001) stammt, kann anhand von sieben Fragen auf Selbstaussagebasis eingeschätzt werden, ob bei dem Betroffenen eine alkoholbezogene Störung vorliegt.

TAI – Trierer Alkoholismus-Inventar

Beim TAI von Funke, Funke, Klein & Scheller (1987) handelt es sich um einen standardisierten Test (90 Fragen) für alkoholabhängige Männer und Frauen zur Gewinnung von behandlungsrelevanten, differentialdiagnostischen Informationen.

MALT – Münchner Alkoholismus-Test

Dieses Verfahren von Feuerlein, Küfner, Ringer & Antons-Volmerg (1999) besteht aus einem Fremdbeurteilungsteil (MALT-F) für den Psychologen und einem Selbstbeurteilungsteil (MALT-S) für den Betroffenen selbst.

KFA – Kurzfragebogen für Alkoholgefährdete

Der KFA von Feuerlein, Küfner, Haf, Ringer & Antons (1989) ermöglicht aufgrund einer Selbstbeurteilung (22 Items) die Diagnose von Alkoholismus bei noch unklarer Ausprägung und umschließt zusätzlich den Bereich somatischer Schäden durch Alkoholmissbrauch.

CUDIT – Cannabis Use Disorder Identification Test

Die deutsche Version des vom neuseeländischen National Addiction Center entwickelten CUDIT (Brieler, 2008; Zentgraf, Brieler & Rötzscher, 2014) erlaubt eine Identifikation cannabisassoziierter Probleme und eines gesundheitsschädigenden, riskanten Cannabiskonsums anhand von zehn Fragen (Selbstaussagen).

4.1.4 Bedingungsanalyse Alkohol- und Drogenauffälligkeiten (Deliktanalyse)

Michael Minge, Antje Rötzscher

Die systematische Analyse der verkehrsrechtlich relevanten Delikte ist ein in mehrfacher Hinsicht zentrales Element bei der Rehabilitation der Kraftfahreignung. In ihrem Zustandekommen drücken sich all jene unangemessenen Einstellungen und Verhaltensweisen aus, die es zu bearbeiten gilt. Zudem ist die Deliktanalyse ein wichtiges Bindeglied, um bereits vorhandene oder zusätzlich erforderliche Bedingungsfaktoren zu erkennen, die im Sinne der zukunftsorientierten Ressourcennutzung für eine langfristig anhaltende Verhaltensmodifikation und -stabilisierung aktiviert werden können.

Um die Deliktanalyse sorgfältig durchzuführen, empfiehlt es sich, die Exploration auf Basis der funktionalen Verhaltensanalyse nach Kanfer & Saslow (1976, S. 34 ff.) umzusetzen. Bereits bei der Einführung der Deliktanalyse, spätestens jedoch bei der Ergebnissicherung im Abschluss sollte auf die zentrale verhaltensanalytische Bedeutung der Deliktanalyse hingewiesen werden.

Es bietet sich an, die Deliktanalyse frühzeitig durchzuführen, da sich Klienten durch die Einbeziehung persönlicher Erlebnisse meist anlassbezogen abgeholt fühlen. Zudem bietet sie eine sinnvolle praktische Einführung in die Inhalte und unterstützt die Schärfung des Problembewusstseins. Nicht zuletzt liefert sie die notwendigen Informationen für eine erfolgreiche Rehabilitation der Kraftfahreignung im Rahmen einer zeitlich äußerst begrenzten Maßnahme.

Für die Klienten ist die Erkenntnis zentral, dass sich weder die Fahrt noch das Delikt zufällig ergeben haben. Beide sind Folge von meist über einen langen Zeitraum erlernten Verhaltensketten, die sich in der persönlichen Vorgeschichte als funktional erwiesen haben und die aufgrund ausbleibender oder subjektiv ausgeblendeter Folgen nicht hinterfragt wurden. Sowohl die Fahrt als auch das Delikt sind somit Ausdruck des gesamten damaligen Lebens sowie des Alkohol- bzw. Drogenmissbrauchs und erst vor diesem Hintergrund vollständig zu verstehen. (Die Bedingungsanalyse/Deliktanalyse Verkehr/Straftaten folgt im Kapitel 4.1.5)

Zur Durchführung der Deliktanalyse bietet es sich an, den Klienten bestimmte Kategorien vorzugeben, anhand derer sie die notwendigen Informationen für eine Verhaltensanalyse herausarbeiten können. Eine exemplarische Deliktanalyse ist in *Tabelle 4.1* ausgeführt:

Konsumsituation:	*Zu welchem Anlass habe ich konsumiert?*
Konsummotiv:	*Wozu habe ich konsumiert? Welche Wirkung habe ich erwartet?*
Motiv für die Fahrt:	*Warum wurde die Fahrt angetreten? Wohin wollte ich?*
Fahrtüchtigkeit:	*Welche Gedanken und Gefühle hatte ich beim Losfahren?*
Länge der Fahrt:	*Wie weit war die Strecke? Wie weit bin ich gekommen?*
Auffälligkeit:	*Wodurch wurde ich der Polizei auffällig (z.B. Kontrolle, Unfall)?*
Festgestellter Befund:	*Welche Droge und welche Menge wurde gemessen (z.B. BAK)?*
Gesamtkosten:	*Welche Kosten sind durch das Delikt insgesamt entstanden?*
Negativster Moment:	*Was war bis heute für mich die persönlich schlimmste Erfahrung?*
Alternativen:	*Wie hätte ich das Delikt aus heutiger Sicht vermeiden können?*
Vorsatz:	*Welchen Schluss habe ich aus dem Delikt für die Zukunft gezogen?*

Tabelle 4.1 Exemplarische Angaben aus der Dokumentation einer Deliktanalyse mit drei Teilnehmern

Konsumsituation – WO? WER? WANN?	K. (19 J.) hat mit Freunden im Club gefeiert	U. (52 J.) war allein zu Hause, hatte Feierabend	Ch. (29 J.) besuchte eine Party bei einem Kumpel, Wochenende (ca. 30 Stunden vor Fahrt)
Konsummotiv – WOZU?	locker werden, Leute kennenlernen	Abschalten, Stress der Arbeit vergessen	mit den anderen gleichziehen, dazugehören
Motiv für die Fahrt	nach Hause kommen, Bekannte mitnehmen	zur Apotheke, um Medizin für die Ehefrau zu holen	Fahrt zur Arbeit mit Firmenwagen (Montag früh)
Fahrtüchtigkeit	körperlich abgeschlafft, aber noch aufgedreht	müde, gereizt, angetrunken, „geht schon gut"	Ausgeschlafen, fit, keine Bedenken
Länge der Fahrt insgesamt, bis zum Delikt	5 km, 1 km gefahren	2 km, 1,8 km gefahren	8 km, 3 km gefahren
Auffälligkeit	Schlangenlinien, Polizei fuhr hinterher	Unfall an Kreuzung, einem Radfahrer die Vorfahrt genommen	Allgemeine Kontrolle, wurde rausgewunken
Befund	0,7 Promille	1,4 Promille	4,5 ng THC, 35 ng THC-COOH
Gesamtkosten	2 500 €	8 500 €	15 000 €
Negativster Moment	es den Eltern sagen	Aufwachen am nächsten Tag, „Ich habe einen anderen verletzt"	Job verloren
Alternativen	Taxi nehmen	laufen, Medizin früher nachkaufen, auf Alkohol verzichten	nein sagen und daran festhalten, abwarten, wie andere reagieren, sonst gehen
Vorsatz für die Zukunft	wenn Feier im Club, dann ohne Auto	keinen Alkohol unter der Woche trinken	nicht mitkiffen, meinen Standpunkt vertreten

Die Kategorien „Konsumsituation" und „Konsummotiv" umfassen mehr oder weniger typisch erste relevante Bedingungsfaktoren, die es zur Erklärung des früheren Alkohol- und Drogenkonsums zu thematisieren gilt. Während mit der Konsumsituation in erster Linie äußere Auslöser wie die personale Zusammensetzung sowie zeitliche und räumliche Gegebenheiten angesprochen werden, beschreibt das Konsummotiv die persönlichen Ziele und die erwünschten Wirkungen, die mit dem Konsum assoziiert worden sind.

Das „Motiv für die Fahrt" trägt ebenso wie die Kategorie „Länge der Fahrt" dazu bei, die Episode des Delikts in ihrem Zustandekommen zu beschreiben.

Der wahrgenommene Zustand bei Fahrtbeginn bzw. die erlebte „Fahrtüchtigkeit" beschreibt im Sinne der funktionalen Verhaltensanalyse organismische Bedingungsfaktoren. Einerseits lassen sich diese als Folgen des dargestellten Anlasses und des Konsums selbst begreifen, andererseits äußern sich in den gemachten Angaben häufig unangemessene Gewohnheiten und subjektive Einstellungen, die objektive Vermeidungsmöglichkeiten und Verhaltensalternativen auf subjektiver Ebene irrelevant erscheinen lassen.

Die Kategorie „Auffälligkeit“ umfasst die auf Grundlage des Alkohol- und Drogenkonsums in Verbindung stehenden unmittelbaren Verhaltenskonsequenzen.

Die Angaben zum „Befund“ bieten sich im Fall von Alkoholauffälligkeiten an, um in die Promilleberechnung einzuführen. Darüber hinaus geben sie Hinweise zur Besprechung der strafrechtlichen Verfolgung.

Mit den „Gesamtkosten“ und dem „negativsten Moment“ werden die längerfristig erlebten negativen Konsequenzen besprochen. Das Prinzip ist, diese Situation als gezielte Maßnahme zur „Vorwegnahme unangenehmer Folgen“ kognitiv abrufbar zu halten und zu instrumentalisieren.

Mit den „Alternativen“ werden die aus jetziger Sicht objektiven Möglichkeiten zur Vermeidung der Fahrt aufgeführt. Insbesondere im Fall des kontrollierten Trinkens geht es in dieser Kategorie um die Effektivität von Maßnahmen zur Trink-/Fahrproblematik.

Als „Vorsatz“ wird die persönliche und zukunftsorientierte Schlussfolgerung aus dem durchlebten Delikt zusammengefasst. Diese bezieht sich auf den zukünftig geplanten Umgang mit Alkohol und Drogen, auf beabsichtigte Strategien zur Vermeidung weiterer Trunkenheitsfahrten oder auf das persönliche Verhaltensrepertoire.

4.1.5 Bedingungsanalyse Straf- und Verkehrsauffälligkeiten (Deliktanalyse)

Michael Minge, Antje Rötzscher

Beobachtungen des Fahrverhaltens in vivo sind im Fahrerlaubnisrecht vorgesehen. Bei der verkehrspsychologischen Beratung nach § 71 FeV (Kapitel 2.1.3) können die Einzelgespräche durch eine Fahrprobe ergänzt werden, wenn der Berater dies für erforderlich hält (§ 2a Abs. 7 StVG). Im Rahmen einer medizinisch-psychologischen Begutachtung können negative Ergebnisse in einem Leistungstest durch eine psychologische Fahrverhaltensbeobachtung kompensiert werden.

Bei verkehrspsychologischen Interventionen zur Förderung der Fahreignung auf der tertiären Präventionsebene kommt eine direkte Beobachtung des Fahrverhaltens in vivo meist nicht in Betracht, da bei Klienten ohne Fahrerlaubnis ein Fahrlehrer hinzugezogen werden muss. Daher wird die Analyse des Fahrverhaltens überwiegend in sensu stattfinden. Sie orientiert sich am individuell-spezifischen Denken, Wahrnehmen, Bewerten und dem daraus resultierenden Verhalten.

Ausgangspunkt und Motivation

Das Verhalten im Straßenverkehr wird von Gedanken und Gefühlen beeinflusst, deren Zusammenhänge zum Teil über Jahre hinweg erlernt werden und die sich, wenn sie mit positiven Folgen und einem persönlichen Nutzen erlebt werden, als gewohnte Automatismen im individuellen Verhaltensrepertoire verfestigen. Ist es in der Vergangenheit zu aktenkundigen Verkehrsverstößen gekommen, kann davon ausgegangen werden, dass Personen in ihrer individuellen Verkehrsbiografie automatische Gedanken und Bewertungen von Verkehrssituationen entwickelt haben, die einem durchgängig regelkonformen Verkehrsverhalten entgegenstehen. Aktenkundige Verstöße stellen meist nur die Spitze eines „Verhaltens-Eisbergs“ dar. Eine besondere Schwierigkeit ist, dass sich Automatismen in der Vergangenheit einer willentlichen Beeinflussung entzogen haben.

Da der Fahrstil automatisiert und unbewusst abläuft, ist es für viele Punktetäter schwierig, verbalen Zugriff auf die jeweiligen Gründe des Fehlverhaltens zu erlangen. Ein Großteil der individuellen Ursachen zeigt sich im konkreten Fahrverhalten, weshalb eine Beobachtung der Fahrverhaltens in vivo sinnvoll ist. Den Punktetäter im eigenen Auto zu erleben, bietet ein wesentlich größeres Spektrum an Einsichten, als nur mit ihm über sein Verhalten und mögliche Hintergründe zu reden. Im Auto wird für den Verkehrspsychologen erlebbar, was Fahren für den Betreffenden bedeutet. Wie reagiert er, was sieht er, was nicht, was ist für ihn von Bedeutung, was hält er für einen angemessenen Abstand, wie aufmerksam fährt er, worauf konzentriert er sich, wie schnell reagiert er worauf, was tut er noch so nebenbei? Fühlt sich der Verkehrspsychologe als Beobachter sicher und woran ist das festzumachen usw.?

Werden Ursachen lediglich im Gespräch benannt, bleiben außerdem die individuellen Werte oft unangetastet. Wenn ein Fahrer schnell nach Hause will, wird das auch nach der Maßnahme so sein. Wie kann er es schaffen, schnell nach Hause zu kommen und den neuen Wert Verkehrssicherheit dabei nicht zu vernachlässigen? Zumal er glaubt, bisher auch verkehrssicher gefahren zu sein. Verbalisierte Einschätzungen des eigenen Fahrstils beinhalten unweigerlich auch Äußerungen sozialer Erwünschtheit und die selbst erwünschte Darstellung der eigenen Persönlichkeit. Eine selbstkritische Einschätzung der eigenen Person setzt eine psychische Leistungsfähigkeit voraus, die bei punkteauffälligen Kunden oft nicht hoch ausgeprägt ist. Wird das Fahrverhalten jedoch in vivo beobachtet, entfallen bewusste Beschreibungen zugunsten offensichtlicher Verhaltensaspekte, die dann gezielt und direkt bearbeitet werden können.

An eine psychologische Fahrverhaltensanalyse in vivo schließt sich daher eine sehr individuelle Arbeit an: das Eruieren persönlicher Glaubenssätze, Denkstrukturen und Handlungskonsequenzen und deren Veränderung. Sollte die Verkehrssicherheit das oberste Ziel sein, gilt es beispielsweise zu erheben, was die statistisch wahrscheinlichen und die subjektiv gefühlten oder gedachten Gefahrenquellen im Verkehr sind.

Planung und Durchführung einer Fahrverhaltensanalyse in vivo

Die Umsetzung einer Fahrverhaltensanalyse beginnt mit der Planung und Auswahl einer geeigneten Strecke, um individuelle Auslöser für verkehrswidriges Verhalten gezielt ergründen zu können. Für Beobachtungszwecke in der Intervention erscheint es deutlich zweckmäßiger, vor allem die besonders bekannten Strecken und vertraute Fahraufgaben aus dem Alltag des Klienten auszuwählen. Während die Fahrt bei der standardisierten, gutachterlichen Fahrverhaltensbeobachtung nicht weniger als 50 Minuten dauern darf und durchgängig zu erfolgen hat, bestehen bei der qualitativen Beobachtung im Rahmen der Intervention keine Vorgaben an die raumzeitliche Aufeinanderfolge von Beobachtungspunkten. Im Übrigen können die Fahraufgaben und Fragen jederzeit durch den Fahrer oder den Psychologen unterbrochen werden. Im Fall von zu großer Ablenkung empfiehlt es sich schon aus Gründen der eigenen Sicherheit anzuhalten. Gleichfalls können Fragen geklärt, das Verhalten neu strukturiert, imaginiert, erprobt und im Weiterfahren getestet werden.

Verkehrspsychologische Interventionsmöglichkeiten

In verkehrspsychologischen Interventionen zur Fahreignungsförderung gilt es, Werte zu verändern, die Wahrnehmung zu erweitern, die Konzentration zu fördern, Gewohnheiten aufzubrechen, neues Verhalten zu installieren und zu stabilisieren. Aus Erfahrung finden sich bei Punktetätern häufig vier generelle Ursachen, die das Auftreten von kritischen Fahrsituationen und Fahrfehlern begünstigen:

1. *Bewertungsmaßstab*: Klienten mit vielen Punkten halten sich häufig für gute und sichere Autofahrer, die Verkehrssituationen eigenmaßstäblich bewerten und somit ihr Verhalten am eigenen Gutdünken ausrichten und nicht an vorgegebenen Verkehrsregeln und -zeichen.
2. *Innerspeed*: Innere Prozesse wie Wahrnehmung, physiologische Reaktionen und Verhaltenstendenzen sowie Vorgänge des Lernens und wiederholten Erfahrens beeinflussen das subjektive Empfinden von Geschwindigkeit in entscheidendem Maße. Diesbezüglich liegen zwischen Personen hochgradige interindividuelle Differenzen vor, die sich durch persönlich erworbene Glaubens- und Gedankensätze zusätzlich verstärken können.
3. *Einnahme einer Außenperspektive während des Autofahrens*: Bei vielen Punktetätern zeigt sich die Unfähigkeit, eine zweite Perspektive während der Fahrt einzunehmen, also sich selbst mit den Augen des Gegenübers betrachten zu können.
4. *Place-dependent memory*: Bezugnehmend auf das „mood-dependent memory" (Bower, Gilligan & Monteiro, 1982) zeigt sich im Straßenverkehr, dass bestimmte Orte im Verkehrsraum immer gleiche Verhaltensweisen auslösen. So zeigen frühere Arbeiten von Kroj & Pfeiffer (1973) auf, dass spezifische äußere Verkehrsbedingungen bei Mehrfachtätern eher zur Wiederholung gleichartiger Delikte, für die wiederum persönliche Voraussetzungen verantwortlich sind, führen.

Auch wenn eine Fahrverhaltensanalyse in vivo häufig nicht zur Anwendung kommt, müssen das Fehlverhalten und persönliche Hintergründe analysiert und Fehleinstellungen und -verhalten korrigiert werden. Mögliche Techniken, welche die Reflexion von Fehlverhalten und die Einübung neuer Verhaltensweisen in sensu unterstützen können, sind:

- *Tabellarische Deliktanalyse*: Der Klient wird aufgefordert, seine Delikte chronologisch aufzuzeichnen und gemäß den Kategorien in *Tabelle 4.2* zu analysieren.
- *Lebenslaufanalyse*: Der Klient wird aufgefordert, seine Belastung mit Punkten (Straftaten) für Vergangenheit, Gegenwart und Zukunft als Kurve über dem jeweiligen Alter und mit Angaben zur Lebenssituation in ein Schema, wie es *Bild 4.2* zeigt, einzutragen.
- *Fahrantrittsimagination*: Bei dieser Methode wird gemeinsam mit dem Klienten ein routinierter Handlungsablauf mit einer geeigneten Selbstinstruktion entwickelt und eingeübt, die es ihm ermöglichen, seine Aufmerksamkeit auf die Gegenwart zu fokussieren und mit neutralen Gedanken und einem entspannten Gefühl die Fahrt anzutreten. Es kann sich hierbei auch um einen Selbstcheck handeln mit dem Ziel, die momentane Befindlichkeit zu erkennen, eine größere Flexibilität in der Durchführung der Fahrt zu erreichen und die Bewusstheit von Handlungsentscheidungen zu verbessern.

Tabelle 4.2 Vorlage für Kategorien einer chronologischen Deliktanalyse, mit einem Beispiel zur individuellen Anpassung der Kategorien

Tattag	Sach-verhalt	Bewertung damals		Risiko	Bewertung heute	
Tattag	**Sach-verhalt**	**Berufliche Situation**	**Situation/ Tages-verhalten**	**Bezie-hungs-status**	**Freizeit**	**Stress-pegel an diesem Tag in %**
1. TT.MM.JJ						
2.						
3.						

- *Vorwegnahme unangenehmer Folgen*: Mit dieser Form der Imaginationsarbeit ist es möglich, im Sinne einer gezielten Rückfallarbeit hochrisikobehaftete Auslöser für das alte regelmissachtende Verkehrsverhalten systematisch zu bearbeiten. Neben der Herausarbeitung möglicher Hochrisiko-Auslöser ist es zunächst notwendig, mit dem Klienten die für ihn unangenehmste Folge zu operationalisieren. Zusätzlich sollten für das gezeigte Verhalten eine ausreichende Anzahl alternativer Verhaltensweisen detailliert beschrieben werden. Anschließend erfolgt die Imagination dieser Situationen und es soll das Erleben möglichst bewusst und genau auf allen Wahrnehmungskanälen beschrieben werden.
- *Entspannungsverfahren*: Die Auswahl von Techniken, die der Klient einüben kann, um sich auch in nicht vorhersehbaren Situationen zu entspannen und zu fokussieren (Achtsamkeit), sollte dessen frühere Erfahrungen und Kenntnisse berücksichtigen. Eine oft eingesetzte Technik ist die progressive Muskelentspannung nach Jacobsen (1990), doch auch alternative Entspannungsmöglichkeiten sollten angesprochen werden.
- *Zeitmanagement*: Nicht selten entsteht ein regelmissachtendes Fahrverhalten infolge mangelhafter oder fehlender vorausschauender Planung. Beim Zeitmanagement geht

– 18/8 Punkte Entzug							
– 14/6 Punkte Verwarnung							
– 8/4 Punkte Ermahnung							
1 Punkt							
Lebensalter eintragen	Früher					heute	in Zukunft

Bild 4.2 Vorlage für eine Punktekurve über die Lebensspanne

es darum, konkrete Strategien mit dem Klienten zu entwickeln und einzuüben, die geeignet sind, ihn langfristig wirkungsvoll in der Vorbereitung von Fahrten zu unterstützen. Vielen Klienten fällt es schwer, sowohl in ihrem Alltag als auch in der Teilnahme am Straßenverkehr Dinge zu priorisieren und Wichtiges von Unwichtigem zu unterscheiden. Fahrverhaltensanalysen oder Selbstbeobachtungen im Alltag können hierzu wichtige Erkenntnisse liefern. Zeitmanagement beinhaltet, die Dauer von Fahrten bewusst und realistisch einzuschätzen, Zeitpuffer für unvorhergesehene Ereignisse fest einzuplanen sowie das Planungssystem zu dokumentieren und verfügbar zu machen. Das Planungssystem sollte auch angemessene, nützliche und erprobte Strategien bereithalten für den Fall, dass ein Zeitplan wider Erwarten nicht funktioniert.

Ergänzende Methoden

Die Vor- und Nachbereitung der Beobachtung des Fahrverhaltens kann um Protokolle zur Selbstwahrnehmung (Fahrtenbuch) und um den Einsatz von Fragebögen ergänzt werden. Mit Protokollen analysiert der Klient Situationen genauer, die in Bezug auf verkehrsrechtliche Bestimmungen nicht korrekt verlaufen sind bzw. in denen er oder andere Verkehrsteilnehmer beinahe gegen Bestimmungen verstoßen hätten. Dies kann auch als Beifahrer erfolgen.

Tabelle 4.3 Möglicher Aufbau eines Fahrtenbuchs zu verkehrstherapeutischen Zwecken

Situation: Beschreiben Sie Ort, Zeitpunkt und Beteiligte.
Verhalten: Was ist geschehen, wie war Ihr eigenes Verhalten?
Gedanken: Was ging Ihnen durch den Kopf? Bei mehreren Nennungen markieren Sie den stärksten Gedanken.
Erleben: Wie waren Ihre Körperempfindungen, Ihre Gefühle? Markieren Sie das stärkste Gefühl.

Um die Auseinandersetzung mit dem eigenen Fahrverhalten zu vertiefen, kann auch der Einsatz von Fragebögen in Betracht kommen. Zurzeit verfügbare Instrumente sind u. a. der „DBQ – Driver Behavior Questionnaire“ (Arthur, Strong & Williamson, 1994), der auch in einer validierten deutschen Kurzversion vorliegt (Vöhringer-Kuhnt & Trexler-Walde, 2009) und der Erhebung dreier Skalen dient:

1. Schwerwiegende Fehleinschätzungen und Wahrnehmungsfehler, die für andere Verkehrsteilnehmer riskant werden können
2. Leichte Fehler ohne Schädigung Anderer (sogenannte „Schnitzer“) und

3. Absichtlich aggressive Verletzung sicherer Fahrpraktiken infolge mangelhafter Impulskontrolle.

Die dispositionelle Ärgerneigung im Straßenverkehr lässt sich mit der „Driving Anger Scale“ (Deffenbacher, Oetting & Lynch, 1994) erheben, verkehrsspezifische Maße der Aggressivität über den „Fragebogen zur Erfassung aggressiver Verhaltensweisen im Straßenverkehr“ (AViS nach Herzberg, 2003). Speziell für die Zielgruppe jugendlicher Fahrer entwickelte Mienert (2003) ein deutschsprachiges Messinstrument, das auch bereits vor Erwerb der Fahrerlaubnis anwendbar ist. Dieser „Fragebogen zu Fahrzeug und Fahren, Risikobereitschaft und Regelakzeptanz“ umfasst die Unterskalen „Psychische Funktion des Führerscheins“, „Verkehrsbezogene Risikobereitschaft“, „Imponieren und Fahrspaß“ sowie die „Nicht-Akzeptanz von Verkehrsregeln“. Da es sich bei Antworten in Fragebögen um Selbsteinschätzungen handelt, sollten die ermittelten Angaben, ähnlich wie die Beobachtungen in der Fahrverhaltensanalyse, mit dem gebotenen Zweifel und in keiner Weise diagnostisch betrachtet und interpretiert werden. Vielmehr bieten sie dem Verkehrspsychologen wertvolle Einstiegs- und Validierungsmöglichkeiten für das Führen therapeutischer Gespräche, ebenso wie sie aufseiten des Klienten Gesprächsanlässe eröffnen und Reflexionsprozesse motivieren können.

4.1.6 Informationsvermittlung (Alkohol, Drogen, Fahrphysik, Regeln)

Andrea Noeske, Paul Brieler

Wer im Straßenverkehr auffällig geworden ist, sei es mit Alkohol, Drogen oder durch Verstöße gegen Verkehrsregeln, sollte als Voraussetzung für die Kraftfahreignung nicht nur erlerntes Fehlverhalten und/oder Einstellungen verändern, sondern auch Wissensdefizite ausräumen. Aus den Beurteilungskriterien (DGVM & DGVP, 2013) ergeben sich bei allen Untersuchungsanlässen Indikatoren, die spezifische Wissensinhalte voraussetzen. In verkehrspsychologischen edukativen und rehabilitativen Interventionen müssen die entsprechenden Forderungen berücksichtigt werden. Im Folgenden soll auf einzelne Elemente der Wissensvermittlung eingegangen werden. Hierzu werden exemplarisch einige Module zu den Themen Alkohol, Drogen, Fahrphysik und Regeln vorgestellt.

Bei Personen, die mit Alkohol oder Drogen am Straßenverkehr teilnehmen, sind Kenntnisse zur Substanzeinnahme und deren Folgen oft nicht im wünschenswerten Maß vorhanden. Deshalb sind Informationen zur Wahrnehmungs- und Reaktionsveränderung nach Alkohol- oder Drogenkonsum, die dadurch bedingte Erhöhung des Unfallrisikos, die Berechnung der Blutalkoholkonzentration mithilfe einer Schätzformel für einen kontrolliert-bewussten Umgang mit Alkohol, gesundheitliche Folgen von Alkohol und Drogen, Suchtentwicklung und Wirkung der Substanzen im Gehirn und ihre Folgen für die Botenstoffausschüttung wesentliche Bestandteile der Wissensvermittlung, neben der Aufklärung zu rechtlichen Fragen und Verkehrsregeln.

Auch wenn die Wissensvermittlung parallel zur Verhaltensmodifikation innerhalb der verkehrspsychologischen Intervention verläuft, kommt diese erst in der Anwendung in den praktischen Verfahren und Diskussionen der Teilnehmer zum Erfolg, da Wissen erst in der Anwendung vertieft und verinnerlicht werden kann (Brieler, Grunow & Zentgraf, 2008). Grundsätzlich orientieren sich die einzelnen Module und Elemente zur Verhaltensänderung an Ansätzen aus der Verhaltenstherapie sowie der systemischen Therapie. Im Vordergrund steht dabei die Wiedererlangung emotionaler und sozialer Kompetenzen der Klienten. Ein erster Schritt in diese Richtung besteht daraus, den Begriff „Verhalten" näher zu beleuchten.

Verhalten

Eine Voraussetzung, um Verhaltensänderungen zu erreichen, ist es, sich das eigene Verhalten bewusst zu machen, denn nur so kann man es verstehen und anschließend verändern.

Ein Hilfsmittel hierfür ist die Führung eines Selbstbeobachtungsprotokolls zu den Trinkgewohnheiten der Klienten über die gesamte Dauer der verkehrspsychologischen Intervention. Hiermit sollen Klienten für ihr eigenes Verhalten, für ihre Gewohnheiten sensibilisiert und dazu angeregt werden, eventuelle Verhaltensänderungen in Erwägung zu ziehen und durchzuführen. Dabei fokussiert das Trinkprotokoll nicht nur auf den Alkoholkonsum, sondern insbesondere auf das alltägliche Konsumverhalten alkoholfreier Getränke (Brieler, Grunow & Zentgraf, 2008).

Mit einer Einführung in die Gesetzmäßigkeiten des Verhaltens und Lernens werden den Teilnehmern drei Lerngesetze vorgestellt, die verdeutlichen, wie insbesondere unbewusste Lernvorgänge ablaufen. Dabei geht es um:

- *Lernen aus den Folgen des Verhaltens (operante Konditionierung)*: Es wird erarbeitet, dass Verhalten sowohl positive als auch negative Folgen haben kann. Verhalten, das positiv verstärkt wird, wird mit höherer Wahrscheinlichkeit wieder gezeigt als Verhalten, das negativ verstärkt wird. Dabei können bei bestimmten Verhaltensweisen sowohl angenehme als auch unangenehme Folgen auftreten, z. B. beim Alkoholkonsum (angenehm: *„lustig werden, entspanntes Gefühl"* usw.; unangenehm: *„Kater, Stress in der Partnerschaft"* usw.). Trotz der unangenehmen Folgen wird wieder Alkohol konsumiert. Ursachen hierfür sind die fehlende Unmittelbarkeit der negativen Folgen (*„Kater tritt erst am nächsten Tag auf"*), zu geringe Wahrscheinlichkeit des Auftretens der Folgen (Fahren unter Alkohol mit der Annahme *„ich werde schon nicht erwischt"*) und die nicht gegebene persönliche Bedeutsamkeit der möglichen Folgen.
- *Lernen durch vorausgehende Ereignisse (klassische Konditionierung)*: Wesentlich hierbei ist, dass ein Ereignis, das zeitgleich mit einem Auslöser für eine bestimmte Verhaltensweise auftritt, selbst zu einem Auslöser für das Verhalten werden kann.
- *Lernen durch Beobachtung und Nachahmung (Modell-Lernen)*: Bei diesem Lerngesetz geht es um z. B. die unbewusste Übernahme bestimmter Mimik und Gestik, Stimmlagen, Wörter im Sprachgebrauch von Personen aus dem nahen Freundes- oder Familienkreis oder auch fremden Personen mit Vorbildfunktion.
- *Verhaltensketten*: Den Teilnehmern wird vermittelt, dass jedes Verhalten Folgen hat und jede Folge auch wieder Verhalten hervorruft. So lassen sich Verhaltensketten bilden, wie das folgende *Beispiel* darstellt:

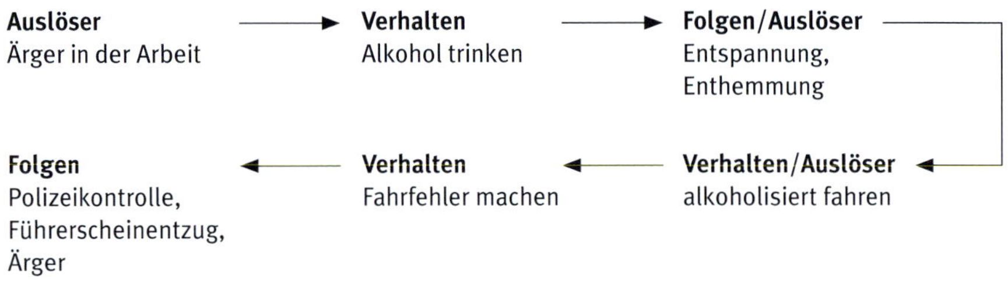

An dieser Stelle können Alternativen erarbeitet werden, um die am Ende dieser Kette stehenden Folgen (Polizeikontrolle, Führerscheinentzug, Ärger) zu vermeiden. Es wird deutlich, dass nur eine frühzeitige Unterbrechung der Verhaltenskette zum Erfolg führen kann.

Wissensvermittlung für alkoholauffällige Kraftfahrer

Rechtliche Grundlagen

Die Teilnehmer erhalten Informationen über das aktuelle Punktsystem und aktuelle Promillegrenzen. Rechtliche Konsequenzen von Fehlverhalten werden besprochen.

Wahrnehmungs- und Reaktionsveränderung nach Alkoholkonsum

Alkohol beeinflusst einen Kraftfahrer durch

- eingeschränkte Bewegung und Reaktion,
- verändertes Denken und Fühlen,
- beeinträchtigte Wahrnehmung und
- erhöht dadurch das Unfallrisiko exponentiell zur Blutalkoholkonzentration.

Wirkung von Alkohol im Gehirn

Alkohol hat sowohl angenehme als auch unangenehme Wirkungen. Angenehme und damit gewünschte Wirkweisen betreffen den Bereich des Empfindens und Erlebens. Auf der einen Seite werden Anspannungen reduziert, gleichzeitig aber entfaltet sich auch die anregende Wirkung des Alkohols. Unangenehme Wirkungen richten sich auf die Leistungsfähigkeit und Persönlichkeit einer Person (Brieler & Zentgraf, 2013).

Gesundheitliche Auswirkungen von Alkoholkonsum

Neben den bekannten Leberschäden werden die zahlreichen weiteren Folgeerkrankungen durch übermäßigen Alkoholkonsum vermittelt.

Missbrauch und Abhängigkeit

Die Übergänge eines problematischen über einen missbräuchlichen Alkoholkonsum hin zur Alkoholabhängigkeit sind fließend und die Problematik betrifft sämtliche gesellschaftliche Schichten. Es wird dargestellt, ab wann von einem Missbrauch oder einer Alkoholabhängigkeit gesprochen werden kann.

Wissensvermittlung für drogenauffällige Kraftfahrer

Es wird Wissen zu illegalen Betäubungsmitteln nach BtmG vermittelt, wobei auf die Zusammensetzung, Anwendungsgebiete, Nebenwirkungen und Langzeitfolgen eingegangen wird.

Wirkung von Cannabis im Gehirn – Entwicklung eines Suchtgedächtnisses

Neben der durch Drogenkonsum erreichten Stimulierung des Lust- und Belohnungszentrums werden aktuelle Forschungsergebnisse von Suchtstudien besprochen.

Missbrauch und Abhängigkeit

Hier wird dargestellt, ab wann von einem Missbrauch oder einer Drogenabhängigkeit gesprochen werden kann.

Erfahrungen mit verschiedenen Drogen

Da es oftmals nicht nur bei einer Droge geblieben ist, die der Klient probiert und konsumiert hat, wird über die Verwendung, Wirkung, akute Gefahren des Missbrauchs, Langzeitfolgen und mögliche körperliche und/oder seelische Abhängigkeiten gesprochen. Halluzinogene (z. B. LSD, Meskalin, Psylocibin), Psychostimulanzien (z. B. Amphetamine, Kokain, Ecstasy), Sedativa (z. B. Benzodiazepine, Barbiturate) aber auch Alkohol und Medikamente werden einbezogen.

Wissensvermittlung für verkehrsauffällige Kraftfahrer

Bei Kraftfahrern, die mit erheblichen oder wiederholten Verkehrsverstößen auffällig geworden sind, spielte fehlendes Wissen zu den Verkehrsregeln eher selten eine Rolle (Grunow et al., 2005). Vielmehr ist es so, dass bestimmte Regeln, besonders die Geschwindigkeit betreffend, nicht akzeptiert worden sind. Für die Zukunft muss der Betroffene deutlich machen, dass er sich konsequent an alle Regeln halten wird. Dazu müssen die aktuellen Verkehrsregeln allerdings bekannt sein, sodass meist eine Auffrischung der Inhalte der theoretischen Fahrerlaubnisprüfung empfohlen werden kann. Darüber hinaus ist es für die nachzuweisende Akzeptanz der Verkehrsregeln hilfreich, deren Sinn und Zweck für einen sicheren Verkehrsraum für alle Verkehrsteilnehmer verstanden zu haben und sich entsprechend äußern zu können. Daher sind anlassbezogene Themen wie z. B. Berechnung des Anhaltewegs, Lärmentstehung, ökologische Fahrweise im Rahmen der verkehrspsychologischen Intervention einzuplanen.

4.1.7 Ziele und Zielstrukturierung

Antje Rötzscher

Um verfestigte Verhaltensweisen einer gezielten Änderung zu unterziehen, sind folgende Aspekte erforderlich: der Aufbau von Veränderungsmotivation (Vorsatzbildung), die Festlegung der Ziele, das Herausarbeiten von notwendigen Bedingungen und das Finden von hindernden und stützenden Glaubenssätzen.

Glaubenssätze erarbeiten

Glaubenssätze sind sprachlich gebildete Meinungen, innere Dogmen über die Welt, sich selbst und andere. Sie bestimmen das menschliche Handeln, auch wenn sie nur unbewusst existieren. Soll ein Verhalten geändert werden, dient es der Stabilität, diese Glaubenssätze zu extrahieren und auf ihre Nützlichkeit zu testen. Beispielsweise kann an der generellen Haltung zu Alkohol und Drogen angesetzt werden. Lautet ein gefühlter, gelebter Glaubenssatz: *„Alkohol gehört zu unserem Leben. Jeder trinkt doch!“*, dann drückt er die tiefe Verwobenheit aus, die eine Substanz im Leben des Klienten einnimmt. Er erzeugt bei einer Person andere Handlungsweisen, die als selbstverständlich betrachtet werden, als beispielsweise folgender Glaubenssatz eines anderen Klienten: *„Alkohol hat keine Relevanz in meinem Leben!“*

Es kann jedoch auch beim Selbst- und Fremdbild angesetzt werden. Ausgehend von der Rubrik *„So sehe ich mich selbst“* und *„So sehen mich die anderen“* können individuelle Glaubenssätze erarbeitet und somit ein Verständnis dafür erzeugt werden, wieso diese Person in bestimmten Situationen so gehandelt hat, wie sie gehandelt hat. Folgende Satzergänzungen können z. B. hierbei genutzt werden:

- *Ich bin jemand, der ...*
- *Meine Devise ist ...*
- *Andere sagen über mich, dass ich ...*

Stellen Glaubenssätze eine Behinderung für ein neues Verhalten dar, werden sie in unterstützende Glaubenssätze transformiert.

Bei Glaubenssätzen ist darauf zu achten, dass sie keine Fremdzuschreibungen oder Schuldverlagerungen nach außen beinhalten, sondern einen positiven Selbstbezug aufweisen. Neben den Glaubenssätzen sind in der Veränderung von Substanzgebrauch auch klare Ziele zu erarbeiten. Mit der Übung „Gute Gründe“ können unerwünschte Handlungen (z. B. *„zu viel Alkohol trinken“* oder ähnliche nicht förderliche Angewohnheiten) aufgedeckt und transformiert werden. Es gilt, das eigentliche Ziel und Bestreben einer unerwünschten Handlung oder Gewohnheit zu finden und dann mindestens sieben Alternativen zu entwickeln, die genauso gut oder besser geeignet sind, eben dieses Ziel zu erreichen.

■ Konzept für den künftigen Umgang (kontrolliertes Trinken, Abstinenz)

Die erarbeiteten Regeln werden besprochen, ergänzt, evtl. erweitert und kritisch auf ihren Realitätsgehalt hinterfragt. Die Verhaltensregeln für einen kontrolliert-bewussten Alkoholkonsum werden erprobt, über die Erfahrungen wird in der nächsten Sitzung berichtet. Eine ergänzende Möglichkeit besteht in der Erarbeitung bzw. Besprechung eines „Notfallplans“.

■ Alternativverhalten/bessere Verhaltensmöglichkeiten (Verdeckte Reaktionssubstitution)

Die Einführung in die Erarbeitung alternativer Verhaltensweisen kann folgendermaßen erfolgen: *„Es erleichtert Ihnen, Autofahren unter Alkoholeinfluss zu verhindern, wenn Sie sich vorher einmal gründlich überlegen, wie Sie Situationen vermeiden, in denen Sie Alkohol trinken, bzw. was Sie in solchen Fällen statt Alkoholtrinken anderes machen können. Genauso wichtig ist es aber zu wissen, was man macht, nachdem man bereits alkoholisiert ist und nicht mehr Auto fahren darf.“*

Die Trainingsaufgabe wird so gestaltet, dass der Klient sich ein konkretes Handeln vornimmt und umsetzt, welches er bislang vernachlässigt oder vermieden hat, obwohl die Sinnhaftigkeit für ihn gegeben war. Es geht um eine Handlung, welche in der Folge mit Zufriedenheit und Freude verbunden ist, völlig losgelöst vom Alkoholkonsum.

4.1.8 Rückfallprävention

Antje Rötzscher

Da die Rückfallwahrscheinlichkeit bei Substanzmissbrauch oder Abhängigkeit mit bis zu 80 % sehr hoch ist, gilt es, sichere Strategien zu finden, die in gefährdenden Situationen eingesetzt werden können. Nach Herausarbeiten der potenziell gefährdenden Situationen werden alternative Handlungswege erarbeitet.

■ Entspannungstraining

Stress ist ein häufig genannter Rückfalltrigger. Eine Möglichkeit der Rückfallprävention ist somit der bessere Umgang mit Stress. Hierzu lernen die Teilnehmer sich mithilfe eines täglichen Entspannungstrainings zu entspannen. Ob Autogenes Training, Progressive Relaxation nach Jacobsen, Meditation, Atemtechniken, Yoga oder andere beruhigende Methoden angewandt werden, bleibt den Teilnehmern in freier Entscheidung überlassen. Auch Stressvermeidung kann als zentrale Thematik erarbeitet werden.

Rollenspiele

Eine andere Möglichkeit stellt das Ablehnungstraining mittels der Methode des Rollenspiels dar. Strategisch ist es in aller Regel sinnvoll, Rollenspiele inhaltlich vorbereiten zu lassen.

Beispielsituation

Zeit/Ort	freitags nach der Arbeit im Umkleideraum der Firma
Übungspartner	guter Kollege (Duzverhältnis), der gerne trinkt
Handlung	Kollege lädt mich auf ein Bier in die Kneipe ein. Ich lehne ab, weil ich (mit dem Auto) gemeinsam mit meiner Frau ins Einkaufscenter muss. Auch als der Kollege immer wieder nachsetzt, bleibe ich bei meiner Begründung und achte darauf, dass ich den Blickkontakt halte und ruhig und bestimmt wirke.

Vorwegnahme unangenehmer Folgen als mentales Training

Eine weitere Methode zur Rückfallprävention ist die Vorwegnahme unangenehmer Folgen. Die Teilnehmer werden zunächst über den Sinn des Trainings unterrichtet, im Weiteren werden mit ihnen gemeinsam die einzelnen Elemente erarbeitet. Diese Übung kann folgendermaßen instruiert werden: *„Durch das Training soll erreicht werden, dass Sie in sogenannten Hochrisikosituationen mindestens eine Verhaltensalternative präsent haben, die Sie dann auch umsetzen.“*

Es werden eine oder mehrere Auslösesituationen für einen erneuten Alkohol-/Drogenkonsum, das Fehlverhalten sowie die negativen Folgen – also das, was der Klient am unangenehmsten erlebt hat – herausgearbeitet. Es empfiehlt sich, diese Vorstellung der „negativen Erfahrung“ auch mit einem negativen Körperreiz zu verknüpfen, z. B. Bauch stark nach innen ziehen (anspannen und dabei weiter atmen), bis es unangenehm wird. Als nächstes wird ein Alternativverhalten – das neue, erwünschte Verhalten – erarbeitet und installiert.

Das Training sollte im Alltag eigenständig wiederholt und trainiert werden. Erst die Wiederholung führt dazu, dass das ungewohnte Zielverhalten routiniert wird und sich die intendierte Verhaltensänderung langfristig stabilisiert.

4.1.9 Trainings- und Übungsaufgaben

Torsten Liemandt

Dieser Abschnitt gibt einen Überblick über wichtige Aspekte des Umgangs mit Trainings- und Übungsaufgaben im Sinne therapeutischen Hausaufgaben und deren Implikationen für die Arbeit mit auffälligen Kraftfahrern.

„Hausaufgaben“ gehören zum Standardrepertoire in der Psychotherapie (Sonnenmoser, 2010; Wittchen & Hoyer, 2006) und bilden wichtige Elemente verhaltenstherapeutischer

Interventionsansätze (Blagys & Hilsenroth, 2002; Breil, 2010). Borgart & Kemmler (1989) verstehen unter Hausaufgaben solche Aufgaben, „*die der Klient außerhalb des Therapiezimmers zwischen den Therapiesitzungen durchführt, um das in der Therapie Gelernte einzuüben und zu vertiefen, auf seinen konkreten Lebensbereich zu übertragen oder Beobachtungsmaterial für die nächste Therapiesitzung zu sammeln*“ (S. 10).

Um hohe Adhärenz (Sabaté, 2003) zu erreichen, ist eine genaue Abstimmung der Hausaufgaben zwischen Klient und Verkehrspsychologe erforderlich.

Funktion von Hausaufgaben

Hausaufgaben haben während eines Interventionsprozesses unterschiedliche Funktionen:

- *Diagnostik*: Der Umgang des Klienten mit Hausaufgaben gibt dem Berater wichtige Hinweise zu dessen Verständnis der Interventionsinhalte (Hudson & Kendall, 2002) bzw. zu Ressourcen, Kompetenzen und Veränderungsmotivation, sodass im Verlauf auch die Gestaltung der Arbeitsaufträge verändert werden kann (Broder, 2000; Freeman & Rosenfield, 2002).
- *Festigung des Gelernten und Transfer*: Das in den Sitzungen Gelernte wird wiederholt und gefestigt, da Wiederholungen Voraussetzung für die zukünftige Stabilität von Einstellungs- und Verhaltensänderungen sind (Fehm & Helbig, 2008). Neu gelerntes Verhalten wird dabei unter realen Umfeldbedingungen und in verschiedenen Situationen ausgeführt, um dessen Generalisierung zu ermöglichen.
- *Wirtschaftlichkeit*: Wenige Sitzungen in einem kurzen Zeitraum bei hohem Leidensdruck (Kieschke, Kieschke & Schubert, 2010) und geringen Ressourcen sowie oftmals extrinsische (Anfangs-)Motivation sorgen dafür, dass nur wenig Zeit bleibt, um viel zu erreichen. Der Klient kann Art und Umfang der Aufgabenbearbeitung frei wählen und damit die knappe Ressource „Sitzung“ sowie die kurzen Zeiträume besser nutzen (Hay & Kinnier, 1998, in Fehm & Helbig, 2008).
- *Selbstregulationsförderung und Erfahrungsbildung*: Unbekannte oder bisher vermiedene Situationen ermöglichen dem Klienten neue Erfahrungen, erleichtern ihm die Verantwortungsübernahme für Veränderungen und mit Spaß erledigte Hausaufgaben sorgen für Selbstwirksamkeitserfahrungen und einen größeren Umfang an Autonomie. Folgen sind die Erhöhung seiner Therapiemotivation und seines Selbstwertgefühls (Deane et al., 2005; Hay & Kinnier, 2001).
- *Integration von Bezugspersonen und Strukturierung*: Durch die Einbeziehung des sozialen Umfelds des Klienten lassen sich neue Verhaltensweisen erproben und stabilisieren. Mittels Aufgabenvergabe und deren Nachbesprechung wird der Prozess thematisch und zeitlich strukturiert und gewinnt dadurch an Kontinuität (Freeman & Rosenfield, 2002, Coon & Gallagher-Thompson, 2002, in Breil, 2010).
- *Selbstreflexion und Bildung neuer Überzeugungen*: Perspektivenwechsel, kognitive Umstrukturierungen sowie das Einüben kognitiver und behavioraler Techniken ermöglichen die Bildung neuer Einstellungen und Werte (Franklin, Huppert & Ledley, 2005). Dies gilt auch für Aufgaben zum sozialen Vergleich (z. B. zum Alkoholkonsum).
- *Informationsvermittlung*: Der Einsatz therapeutischer Materialien (z. B. Bücher, Tonaufzeichnungen, Videos) (Bibliotherapie, Beck, 1999) ist bei der verkehrspsychologischen Intervention bedeutsam: In der Zeit zwischen den Sitzungen kann sich der Klient relevantes Wissen aneignen und verarbeiten und so sich auf die darauf folgende

Sitzung vorbereiten. Auch ist eine gezielte Internetrecherche als Auftrag geeignet (z. B. Berechnung des Anhalteweges).

- *Rezidivprophylaxe*: Risikosituationen können durch Hausaufgaben bereits während der Maßnahme antizipiert werden, sodass adäquate Coping-Strategien generiert werden können, die für den Klienten nach Ende der Maßnahme verfügbar sind (Kazantzis & Lampropoulos, 2002).
- *Überbrückung von längeren Zeiträumen*: Arbeitsaufträge können bei großen Intervallen oder Pausen zwischen den Sitzungen beim Klienten ein Gefühl des Kontakts entstehen lassen und die Kontinuität des Prozesses fördern, sodass der Wiedereinstieg besser gelingt. Insbesondere bei Arbeitsaufträgen mit Dokumentationserfordernis (z. B. Selbstbeobachtungsprotokolle) wird der Klient kontinuierlich aktiviert und „bleibt bei der Stange" (Hare-Mustin & Tushup, 1977, in Fehm & Helbig, 2008).

Beim Einsatz von Hausaufgaben sollten nachfolgende Anregungen beachtet werden (ausführlich bei Wendlandt, 2002, und Breil, 2010):

- Rechtzeitige Einführung in das Thema „Hausaufgaben"
- Abwehrhaltungen wahr- und ernst nehmen
- Im Wichtignehmen von Hausaufgaben ein Verhaltensmodell sein
- Alltagserprobtes zu Hausaufgaben machen
- Orientierung an den Veränderungszielen
- Sitzungserprobtes zu Hausaufgaben machen
- Förderung von Erfolgsgewissheit
- Betonung der Eigenverantwortlichkeit
- Nachholen von Nichterledigtem
- Training in Alltagssituationen durchführen.

4.2 Zielgruppen

In diesem Kapitel wird die Spezifik der Arbeit mit verschiedenen Zielgruppen verkehrspsychologischer Interventionen im ungeregelten Bereich beschrieben. Zuerst werden Besonderheiten bei der Arbeit mit verkehrspsychologischen Anlassgruppen, die eine positive Verkehrsverhaltensprognose in einer medizinisch-psychologischen Begutachtung anstreben, erörtert.

Dies sind alkohol- und drogenauffällige Fahrer (unterschieden in THC-Konsumenten und Konsumenten anderer psychoaktiver Substanzen) sowie verkehrs- und strafauffällige Fahrer. Auch Klienten mit Migrationshintergrund weisen Besonderheiten auf. Danach folgt die Erörterung von Besonderheiten bei Fahranfängern sowie bei älteren Verkehrsteilnehmern. Abschließend werden verkehrspsychologisch besonders relevante klinische Störungsbilder beschrieben: die Aufmerksamkeitsdefizit-/Hyperaktivitätsstörung (ADHS), die Posttraumatische Belastungsstörung (PTBS) und Persönlichkeitsstörungen.

4.2.1 Alkoholauffällige Kraftfahrer

Hans-Günter Kollra, Daniel Schmidt, Paul Brieler

Alkohol stellt ein gesellschaftlich akzeptiertes, legales Rauschmittel dar. Der Konsum von alkoholischen Getränken ist weit verbreitet. In den letzten Jahrzehnten hat sich die Einstellung der Bevölkerung zum Thema „Alkoholkonsum und Autofahren" offenbar verändert, da alkoholbedingte Unfallhäufigkeiten und MPU-Durchführungen deutlich rückläufig sind. In Deutschland wurde der Gefährdungsgrenzwert von 0,8 Promille 1998 zugunsten von 0,5 Promille abgelöst (§ 24a StVG). Auch das Alkoholverbot für Fahranfänger und Personen unter 21 Jahren (§ 24c StVG) hat zur Veränderung des Trinkverhaltens im Straßenverkehr beigetragen.

Allgemein bekannt ist die Fahrschulregel, dass 0,1 Promille pro Stunde abgebaut wird; allgemein unbekannt ist, mit wie viel Promille beispielsweise nach Konsum von einem halben Liter Bier zu rechnen ist. Viele Trunkenheitstäter sind über den erreichten Wert der Blutalkoholkonzentration erstaunt und betroffen. Ein Bewusstsein zur Problematik der Alkoholtoleranz ist nur selten anzutreffen. Verkehrspsychologische Intervention hilft, diesen Zusammenhang zu erkennen und Trinkgewohnheiten, die häufig im Missbrauchsbereich angesiedelt sind, nachhaltig zu verändern. Wenn sich eine Abhängigkeitsproblematik ergeben hat, ist Zusammenarbeit mit Institutionen der Suchtkrankenhilfe gefragt.

Rechtliche Situation

Wer Alkoholmissbrauch betreibt oder von Alkohol abhängig ist, ist ungeeignet zum Führen eines Kraftfahrzeugs. Die Fahrerlaubnisbehörde hat ihm die Fahrerlaubnis zu entziehen. Regelungen zu Alkoholkonsum und Fahren beinhalten in Deutschland das Strafgesetzbuch (§§ 315c, 316 StGB), das Straßenverkehrsgesetz (§ 3 Abs.1, § 24a, § 24c StVG), die Fahrerlaubnis-Verordnung (§§ 11, 13 sowie Anlage 4 FeV), die Begutachtungsleitlinien (Gräcmann & Albrecht, 2014) und die Beurteilungskriterien (DGVP & DGVM, 2013).

Die Grenze der relativen Fahruntüchtigkeit für Fahrzeugführer wird bei 0,3 Promille angenommen, bei Auffälligkeit ist hier eine Verurteilung nach § 315c StGB möglich. Die Grenze der absoluten Fahruntüchtigkeit für Kraftfahrzeugführer liegt bei 1,1 Promille, die von Radfahrern bei 1,6 Promille (§ 316 StGB). Diese Grenzwerte sind aus Grundsatzurteilen der Rechtsprechung abgeleitet. Der Gefährdungsgrenzwert für Kraftfahrzeugführer von 0,5 Promille ist in § 24a StVG dargelegt. Fahranfänger haben nach § 24c StVG ein grundsätzliches Alkoholverbot beim Fahren. In Anlage 4 Nr. 8 FeV und in den Begutachtungsleitlinien wird bei Alkoholmissbrauch und bei Abhängigkeit der Eignungsausschluss festgelegt. Grundsätze der Maßnahmen von Verwaltungsbehörden zur Klärung von Eignungszweifeln bei Alkoholproblematik sind in § 13 FeV dargelegt.

In Rechtsprechung und Verwaltung wird seit 2013 ein Auslegungswiderspruch bei der Anordnung einer medizinisch-psychologischen Begutachtung (MPU) diskutiert. In einigen Bundesländern sind die Fahrerlaubnisbehörden gestützt auf Grundsatzurteile dazu übergegangen, eine MPU bei einer Ersttat mit 1,1 Promille zu fordern, andere Bundesländer bleiben bei 1,6 Promille. Der Verordnungsgeber ist aufgerufen, hier für eindeutige Formulierungen in den Regelwerken zu sorgen (Verkehrsgerichtstag, 2016).

Eine zusammenfassende Darstellung des fahreignungsrelevanten Rechtsrahmens ist bei Patermann, Schubert & Graw (2015) zu finden.

Häufigkeit

„Seit 2007 liegt der Pro-Kopf-Konsum knapp unter 10 l reinem Alkohol und unverändert auf sehr hohem Niveau“ (DHS Jahrbuch Sucht, 2015). Im globalen Vergleich ermittelte die WHO für Deutschland Rang 23 von 190 Staaten. In Deutschland konsumieren ca. 10 Mio. Menschen Alkohol in gesundheitlich riskanter Weise, wenn sie mehr als 12 g (Frauen) bzw. 24 g (Männer) täglich konsumieren. *Tabelle 4.4* zeigt die Verbreitung des Alkoholkonsums und alkoholbezogener Störungen in Deutschland (Pabst et al., 2013).

Hochrechnungen aufgrund des Epidemiologischen Suchtsurveys von 2012 (Pabst et al., 2013) zufolge waren insgesamt 3,38 Mio. (6,5 %) Erwachsene in Deutschland von einer alkoholbezogenen Störung in den letzten zwölf Monaten betroffen (Missbrauch: 1,61 Mio.; Abhängigkeit: 1,77 Mio.). Alkohol als gesellschaftlich akzeptiertes, legales Rauschmittel steht in direktem Zusammenhang mit der Häufigkeit von Trunkenheitsdelikten.

In Deutschland kam es im Jahr 2014 zu 35 310 Verkehrsunfällen unter Alkoholeinfluss. Dabei starben 290 Personen, 12 168 wurden leicht und 4 688 schwer verletzt. Alkoholunfälle mit Personenschaden haben eine überdurchschnittliche Schwere. Knapp 8 % aller tödlich verletzten Verkehrsteilnehmer sterben an den Folgen eines Alkoholunfalls. *Tabelle 4.5* zeigt alkoholisierte Beteiligte an Straßenverkehrsunfällen mit Personenschaden 2014 nach Blutalkoholwerten.

49 % der deutschen Begutachtungsanlässe beinhalteten 2015 eine Alkoholfragestellung (*Bild 4.3*). Alkoholauffälligkeit war der häufigste Grund für eine MPU (BASt, 2016). Infolgedessen zeigt die Mehrzahl der Klienten verkehrspsychologischer Interventionen eine Alkoholthematik.

Tabelle 4.4 Prävalenz des Alkoholkonsums, des Rauschtrinkens und alkoholbezogener Störungen nach DSM-5, Prozent (n), nach Altersgruppen (Pabst et al., 2013, S. 325)

Gesamt			Altersgruppen						
			18–20	21–24	25–29	30–39	40–49	50–59	60–64
Konsum-prävalenz[1]	8793		1112	965	873	1350	1607	1836	1050
Lebenslang abstinent	3.6	(304)	7.2	4.8	2.9	4.2	3.3	2.7	3.5
Nur letzte 12 Monate abstinent	9.8	(701)	3.5	5.6	8.2	10.5	9.5	10.7	14.6
Nur letzte 30 Tage abstinent	15.1	(1287)	17.4	17.9	14.9	15.2	14.5	15.4	12.2
Risikoarmer Konsum	57.3	(5155)	55.2	56.3	59.8	58.3	58.6	55.6	55.9
Riskanter Konsum	14.2	(1346)	16.7	15.5	14.1	11.9	14.0	15.5	13.8
Rauschtrinken[2]	6693		857	752	689	988	1250	1378	779
0 Tage	64.5	(4336)	42.3	46.9	50.6	61.3	70.9	71.0	77.0
1 bis 3 Tage	21.3	(1490)	39.0	32.5	32.3	24.7	17.5	14.4	12.3
4 oder mehr Tage	14.3	(867)	18.7	20.6	17.1	14.1	11.6	14.6	10.7
DSM-5[3]	9014		1137	990	892	1386	1644	1885	1080
Missbrauch	3.1	(293)	6.0	4.1	4.0	4.1	2.6	2.6	0.8
Abhängigkeit	3.4	(310)	6.4	6.1	4.6	4.5	3.2	1.9	1.1

Anmerkungen

1 Risikoarmer Konsum: > 0–12/24 Gramm Reinalkohol pro Tag in den letzten 30 Tagen für Frauen/Männer
Riskanter Konsum: > 12/24 Gramm Reinalkohol pro Tag in den letzten 30 Tagen für Frauen/Männer
2 bezogen auf Konsumenten der letzten 30 Tage: Tage mit fünf oder mehr Gläsern Alkohol
3 ungewichtete Anzahl der Fälle mit validen Angaben auf mindestens einer Diagnose, 12-Monats-Prävalenz bezogen auf die Gesamtstichprobe

Tabelle 4.5 Alkoholisierte Beteiligte an Straßenverkehrsunfällen mit Personenschaden 2014 nach Blutalkoholwerten (Daten: Statistisches Bundesamt, 2015, S. 141)

Art der Beteiligung		Blutalkoholkonzentration in Promille						
		< 0,5	0,5–1,1	1,1–1,7	1,7–2,0	2,0–2,5	> 2,5	o. A.
Alkoholisierte Beteiligte	13742	720	2485	4197	4655	2493	1494	191
Pkw	7775	520	1713	2530	2336	1192	589	87
Davon männlich	6582	434	1469	2141	1982	991	479	77
Fahrrad	3457	90	362	937	1461	839	555	52
Davon männlich	2984	82	311	780	1277	731	492	42

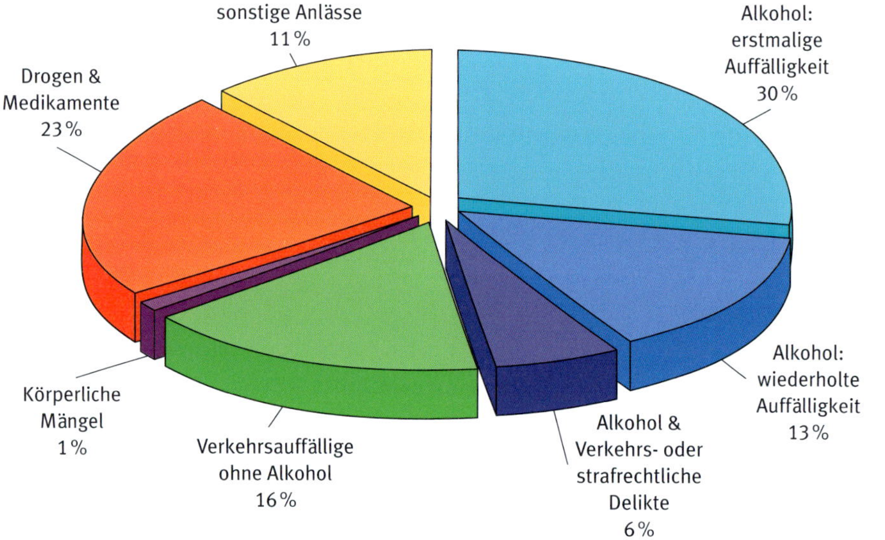

Bild 4.3 Verteilung der Untersuchungsanlässe im Jahr 2015 (BASt, 2016)

Risiko, Ursachen und Entwicklung

„Grundsätzlich ist Alkoholkonsum mit einem erhöhten Risiko für die Entwicklung akuter und chronischer (somatischer und psychischer) Erkrankungen verbunden. Der Konsum von Alkohol ist das dritthöchste vermeidbare Risiko zu erkranken und vorzeitig zu sterben. Neben dem Risiko eine Substanzabhängigkeit zu entwickeln, kann durch Alkohol nahezu jedes Körperorgan geschädigt werden. Es sind über 200 Krankheiten bekannt, die durch Alkoholkonsum verursacht werden können. […] Alkohol erhöht das Risiko an Krebs zu erkranken. […] Das wichtigste und giftigste Zwischenprodukt der Verstoffwechslung von Alkohol ist Acetaldehyd, welches in der Forschung als krebserregend (karzinogen) beschrieben wird (DHS, 2014).

„Fast jede dritte Gewalttat in Deutschland wird unter Alkoholeinfluss begangen. Alkoholkonsum wirkt direkt auf die körperlichen und geistigen Funktionen des Menschen. Aufgrund reduzierter Selbstkontrolle reagieren Alkoholtrinkende in Konfrontationen eher gewalttätig als Menschen, die keinen Alkohol getrunken haben“ (DHS, 2014).

Wissenschaftliche Studien, die neben alkoholbedingten Schäden auch die sozialen Schäden berücksichtigen, kommen zu dem Ergebnis, dass nach Heroin Alkohol die gefährlichste Droge darstellt (Nutt et al., 2010).

Der Entwicklung eines schädlichen Konsums von Alkohol oder einer Alkoholabhängigkeit liegen vielfältige Faktoren und deren Wechselwirkung zugrunde. Alle Suchttheorien postulieren die Entstehung süchtigen Verhaltens im Dreieck von Persönlichkeit (Anlage, Eigenschaften, Entwicklung), Umwelt (Gruppenzugehörigkeit, soziale und materielle Faktoren) und Droge (Potenz, Verfügbarkeit, Legalität). Die Gesamtheit ursächlicher Faktoren eines Suchtmittelmissbrauchs oder einer Abhängigkeit unter Einschluss neuerer neuropsychologischer Erkenntnisse kann an dieser Stelle nicht erörtert werden. Zu nennen sind lern- und verhaltenspsychologische, psychoanalytisch-triebtheoretische und neuropsychologische Modelle.

Psychologische Faktoren

Besonders wichtige psychologische Faktoren, die zu einem gesteigerten Alkoholkonsum führen können, sind nach Sachse (2013):

- gering entwickelte Stressmanagementfähigkeiten
- niedriges Selbstvertrauen
- hohe Lage-Orientierung
- geringe Übernahme von Verantwortung
- Alkohol als Problemlöser in der Lerngeschichte.

Stressmanagementfähigkeiten sind Fähigkeiten, mit deren Hilfe eine Person gut mit Belastungen umgehen kann. Personen mit gering entwickelten Stressmanagementfähigkeiten sind anfälliger für Alkohol. Auch ein hohes Selbstvertrauen stellt einen protektiven Faktor gegen eine Alkoholproblematik dar; das Gegenteil ist der Fall bei niedrigem Selbstvertrauen.

Soziale Faktoren

- Familie und Freunde (peer group)

Für die ersten Trinkerfahrungen ist das Trinkverhalten der Eltern und später das der Gleichaltrigen (peers) von entscheidender Bedeutung. Elterliche Billigung starken Alkoholkonsums steht in Zusammenhang mit einem höheren Alkoholkonsum von Jugendlichen. Auch starker Alkoholkonsum des Vaters korreliert hoch mit dem späteren Alkoholkonsum von Jugendlichen.

- Berufs- und Arbeitssituation

Bestimmte Berufsgruppen weisen eine besondere Alkoholgefährdung auf, z.B. Gastronomie, Alkoholproduktion und -vertrieb. In bestimmten beruflichen Bereichen gibt es besondere Belastungssituationen, die oft mit vermehrtem Alkoholkonsum korrelieren, z.B. Stresssituationen, aber auch mangelnde Arbeitszufriedenheit. Eine besondere Belastungssituation stellt auch die Arbeitslosigkeit dar.

Andere Einflussfaktoren

Weitere Belastungssituationen ergeben sich etwa durch finanzielle Notlagen, Verlust der Wohnung, Obdachlosigkeit (Feuerlein, 2005).

Chronifizierungsprozess und Aufrechterhaltung der Sucht

Zur Aufrechterhaltung der Sucht trägt insbesondere die Verleugnungstendenz vieler Personen mit einer Alkoholproblematik bei. Diese Verleugnung wird in der Annahme, dass jemand mit einer Alkoholproblematik stark abgewertet wird, für notwendig gehalten. Verleugnungsstrategien sind dabei Verharmlosung und Bagatellisierung (*„ich trinke nur ganz wenig“* oder *„ich kann jederzeit mit dem Trinken aufhören“*), was die Bearbeitung und Lösung von Problemen verhindert. Die Verleugnung kann bei einer Verschlechterung der Situation des Betreffenden, z.B. durch Arbeitsplatzverlust wegen der Alkoholerkrankung, zudem dazu führen, das weiter wie zuvor oder noch stärker getrunken wird. Damit kann der Alkoholkranke in einen Teufelskreis geraten. Die Verleugnung dient auch als Schutz. Dem Betroffenen ist schon bewusst, dass sein Verhalten nicht situationsgerecht ist. Sich dies selbst einzugestehen, ist ein oft sehr schwieriger und langwieriger Prozess.

Co-abhängiges Verhalten Dritter trägt ebenfalls zur Aufrechterhaltung der Sucht bei.

Fahreignungsrelevanz

Die Geschichte der medizinisch-psychologischen Begutachtung zeigt, dass es sich bei Alkohol um die Droge mit der höchsten Fahreignungsrelevanz handelt. Die Beeinträchtigungen durch Alkohol sind in den Bereichen Verhalten, kognitive Fähigkeiten, sensomotorische Fähigkeiten und Reaktionsvermögen eindeutig belegbar. In den verschiedenen Rechtssystemen der europäischen Länder werden Promille-Grenzwerte definiert, ab deren Überschreitung eine Verkehrsteilnahme risikovoll wird und damit sanktioniert werden muss. Es ist eine Tatsache, dass Alkoholmissbrauchende und Abhängige bei aktiver Teilnahme am Straßenverkehr ein erhöhtes Unfall- und Verletzungsrisiko für sich und andere darstellen. Die Fahreignungsrelevanz von Alkohol ist unbestritten. Alkohol im Straßenverkehr ist hochgradig verkehrssicherheitsrelevant, da eine sichere Teilnahme am Straßenverkehr unter Alkohol ausgeschlossen ist. Aus *Bild 4.4* geht hervor, dass sich gegenüber nüchternen Fahrern das Unfallrisiko bei 0,5 Promille verdoppelt. Bei 1,0 Promille muss von einer Verzehnfachung ausgegangen werden und bei 1,6 Promille liegt das Risiko um das Vierzigfache höher als bei 0,0 Promille.

Grundsätzlich ist zu Beginn einer verkehrspsychologischen Therapie mit einem durch Alkohol im Straßenverkehr aufgefallenen Kraftfahrer diagnostisch zu klären, von welchem Entwicklungsstadium einer Alkoholproblematik auszugehen ist. Grundlage sind die Begutachtungsleitlinien (Gräcmann & Albrecht, 2014) und die Beurteilungskriterien (DGVP & DGVM, 2013). Letztere unterscheiden vier Fallgruppen (Hypothesen A 1 bis A 4, vgl. *Bild 4.5*) hinsichtlich der Fahreignungsrelevanz. Diese Fallgruppen zeigen eine unterschiedliche Ausprägung und Verwurzelung des Alkoholkonsums in das verkehrsbezogene Fehlverhalten, in das Gesamtverhalten bzw. in die Persönlichkeit des Fahrers. Daraus ergibt sich auch eine Orientierung für verschiedene Stufen von Interventionsansätzen.

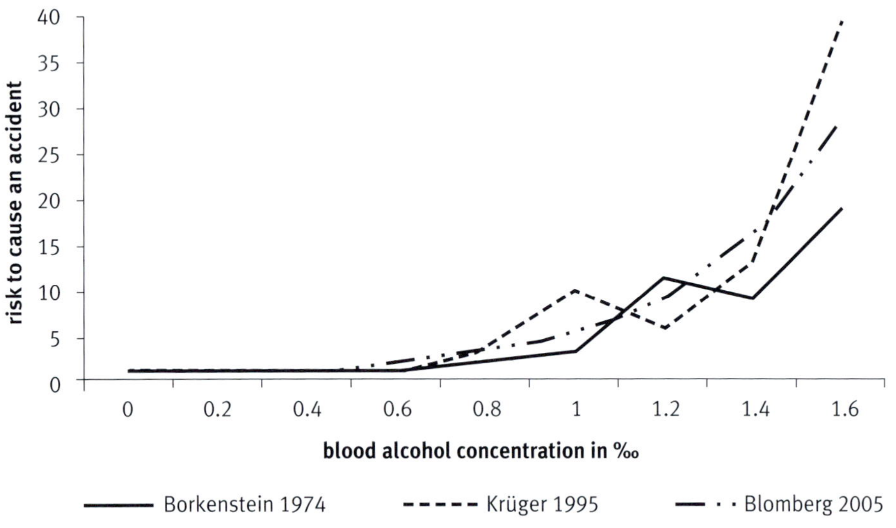

Bild 4.4 **Verursachungsrisiko für einen Unfall in Abhängigkeit von der Blutalkoholkonzentration** (Reimann et al., 2014)

Bewältigung und verkehrspsychologische Interventionen zur Fahreignungsförderung

Die Interventionsziele für alkoholauffällige Fahrer leiten sich sowohl aus den Begutachtungsleitlinien als auch aus den Beurteilungskriterien ab.

Die Begutachtungsleitlinien unterscheiden zwischen Missbrauch und Abhängigkeit. Die Eignung kann bei Alkoholmissbrauch

„nur dann als wiederhergestellt gelten, d. h. es muss nicht mehr mit einer erhöhten Wahrscheinlichkeit mit einer Fahrt unter Alkoholeinfluss gerechnet werden, wenn die folgenden Voraussetzungen gegeben sind:

a) Das Alkoholtrinkverhalten wurde ausreichend geändert [kontrolliertes Trinken oder Alkoholabstinenz; d. Verf.]. [...]

b) Die vollzogene Änderung im Umgang mit Alkohol ist stabil und motivational gefestigt. [...]
  - *Die Änderung ist nach genügend langer Erprobung und Erfahrungsbildung (in der Regel ein Jahr, mindestens jedoch 6 Monate) bereits in das Gesamtverhalten integriert. [...]*
  - *Eine den Alkoholmissbrauch eventuell bedingende Persönlichkeitsproblematik wurde erkannt und entscheidend korrigiert. [...]*

c) Es lassen sich keine körperlichen Befunde erheben, die auf missbräuchlichen Alkoholkonsum hindeuten. [...]

d) Verkehrsrelevante Leistungs- oder Funktionsbeeinträchtigungen als Folgen früheren Alkoholmissbrauchs fehlen. [...]

e) Bei Alkoholmissbrauch eines Kranken mit [...] Persönlichkeitsveränderung (infolge Alkohols oder bei anderer Verursachung) ist das Kapitel [...] ‚Demenz und organische Persönlichkeitsveränderungen', [...] ‚Affektive Psychosen' [oder] [...] ‚Schizophrene Psychosen' zu berücksichtigen.

f) Nach Begutachtung in einer amtlich anerkannten Begutachtungsstelle für Fahreignung wird die Wiederherstellung der Fahreignung angenommen, wenn sich die noch feststellbaren Defizite durch einen anerkannten und evaluierten Rehabilitationskurs für alkoholauffällige Kraftfahrer beseitigen lassen [§ 70 FeV, Kapitel 2.1.1]" (Albrecht & Gräcmann, 2013, S. 70 f.).

Die Eignung kann bei Alkoholabhängigkeit nach den Begutachtungsleitlinien

„nur dann wieder als gegeben angesehen werden, wenn durch Tatsachen der Nachweis geführt wird, dass dauerhafte Abstinenz besteht.

Als Tatsache zu werten ist in der Regel eine erfolgreiche Entwöhnungsbehandlung, die stationär oder im Rahmen anderer Einrichtungen für Suchtkranke erfolgen kann. In der Regel muss nach der Entgiftungs- und Entwöhnungszeit eine einjährige Abstinenz nachgewiesen werden, und es dürfen keine sonstigen eignungsrelevanten Mängel vorliegen.

Hierzu sind regelmäßige ärztliche Untersuchungen erforderlich einschließlich der relevanten Labordiagnostik [...].

Die besonderen Anforderungen und Risiken für die Fahrer der Gruppe 2 sind gemäß Anlage 5 zur Fahrerlaubnis-Verordnung zu berücksichtigen" (Gräcmann & Albrecht, 2014, S. 72 f.).

Die Begutachtungsleitlinien werden durch die Beurteilungskriterien (DGVP & DGVM, 2013) konkretisiert und operationalisiert. Der Gutachter wird die Diagnostik von der

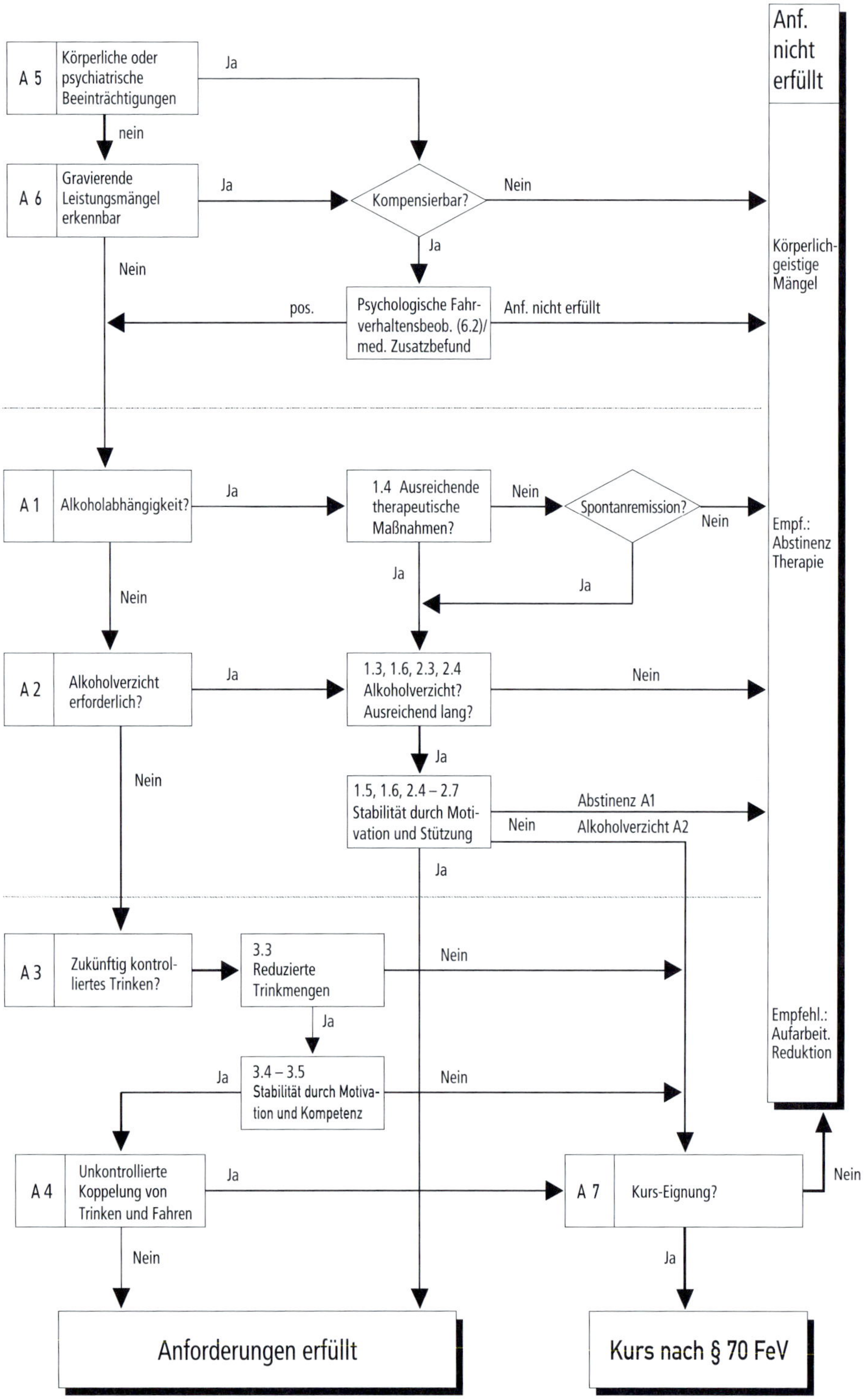

Bild 4.5 Entscheidungsablauf Anlass Alkoholauffälligkeit (Quelle: Beurteilungskriterien)

Hypothese A 1 bis zur Hypothese A 4 absteigend durchführen, wie *Bild 4.5* zeigt. Neben der Zugehörigkeit des Klienten zu einer der vier Fallgruppen (A1–A4) ist bei alkoholauffälligen Kraftfahrern immer auch zu klären, ob die Auffälligkeiten im Zusammenhang mit medizinischen Ursachen stehen (A 5) oder ob die psycho-physiologische Leistungsfähigkeit beeinträchtigt (A 6) ist.

Interventionsziele sind in den jeweiligen Hypothesen enthalten. Sie ergeben sich aus den zu jeder Hypothese gehörenden Kriterien und Indikatoren. Im Folgenden werden beispielhaft Auszüge der A-Hypothesen sowie der dazu gehörenden Kriterien zur Problembewältigung aufgeführt.

Hypothese A 1: *Abstinenznotwendigkeit, denn es liegt eine Alkoholabhängigkeit vor.*

Von einer Abhängigkeit kann bei Vorliegen der folgenden Merkmale ausgegangen werden. Sollte die Diagnose nicht absicherbar sein, wird von Hypothese A 2 auszugehen sein:

- Extern gestellte Diagnose einer Alkoholabhängigkeit nach ICD bzw. DSM-5, z. B. im Entlassungsbericht einer Suchttherapie
- Ableitung aus den interdisziplinären Befunden der MPU. Während des letzten Jahres müssen Merkmale aus mindestens drei von sechs verschiedenen Bereichen (zu den Schlüsselzahlen F10.2 der Diagnosemanuals) in relevanter Ausprägung vorhanden gewesen sein:

  1. Bereich: Verminderte Kontrollfähigkeit während des Konsums (ICD: 2; DSM: 3), z. B. Trinken bis zur körperlichen Unfähigkeit einer weiteren Aufnahme
  2. Bereich: Trinkzwang (ICD: 1) und fehlgeschlagene Kontrollversuche (DSM: 4), z. B. Craving oder erfolglose Versuche aufzuhören
  3. Bereich: Körperliche Entzugssymptome (ICD: 3; DSM: 2), z. B. Tremor, vegetative Hyperaktivität, Schlafstörungen
  4. Bereich: Toleranzentwicklung (ICD: 4; DSM: 1), z. B. BAK über 3 Promille bei Trunkenheitsfahrt, mindestens 5 km unfallfreie Fahrt bei BAK über 2,5 Promille, „Hochkonsum“ (mehr als 120 g Reinalkohol pro Tag für Männer, 80 g für Frauen)
  5. Bereich: Vernachlässigung anderer Interessen und Verpflichtungen (ICD: 5; DSM: 5 und 6), z. B. Probleme am Arbeitsplatz, Aufgabe von Freizeitaktivitäten, Zeit für Beschaffung
  6. Bereich: Fortsetzung des Konsums trotz eindeutiger und überdauernder schädlicher Folgen (ICD: 6; DSM: 7), z. B. Trinken trotz Kritik, entgegen ärztlichen Rat, trotz körperlicher Schäden, heimliches Trinken (DGVP & DGVM, 2013, S. 119–133).

Kriterien der Problembewältigung sind in der Regel eine erfolgreiche Entwöhnungstherapie und nachfolgend eine einjährige, über den Marker Ethylglucuronid lückenlos nachgewiesene, stabile, zufriedene und motivierte Abstinenz. Sonstige eignungsrelevante Mängel dürfen nicht vorliegen.

Klienten in der verkehrspsychologischen Intervention können bereits eine externe Diagnose und Therapie der Alkoholabhängigkeit erhalten haben. In diesem Fall ist es Aufgabe des Verkehrspsychologen in der Fahreignungsberatung, dem Klienten die für eine positive Verkehrsverhaltensprognose notwendigen Schritte vor allem der Art und Dauer der belegten Abstinenz nahezubringen. Häufig ist es dem Klienten nicht bewusst, dass er nach der erfolgreichen klinischen Behandlung ein weiteres Jahr der Abstinenz nachweisen muss, um die Stabilität seiner Veränderung im Alltag glaubhaft zu machen. Des Weiteren ist seine Reflexionstiefe zu erfassen und ggf. sind noch gezielte Themen für

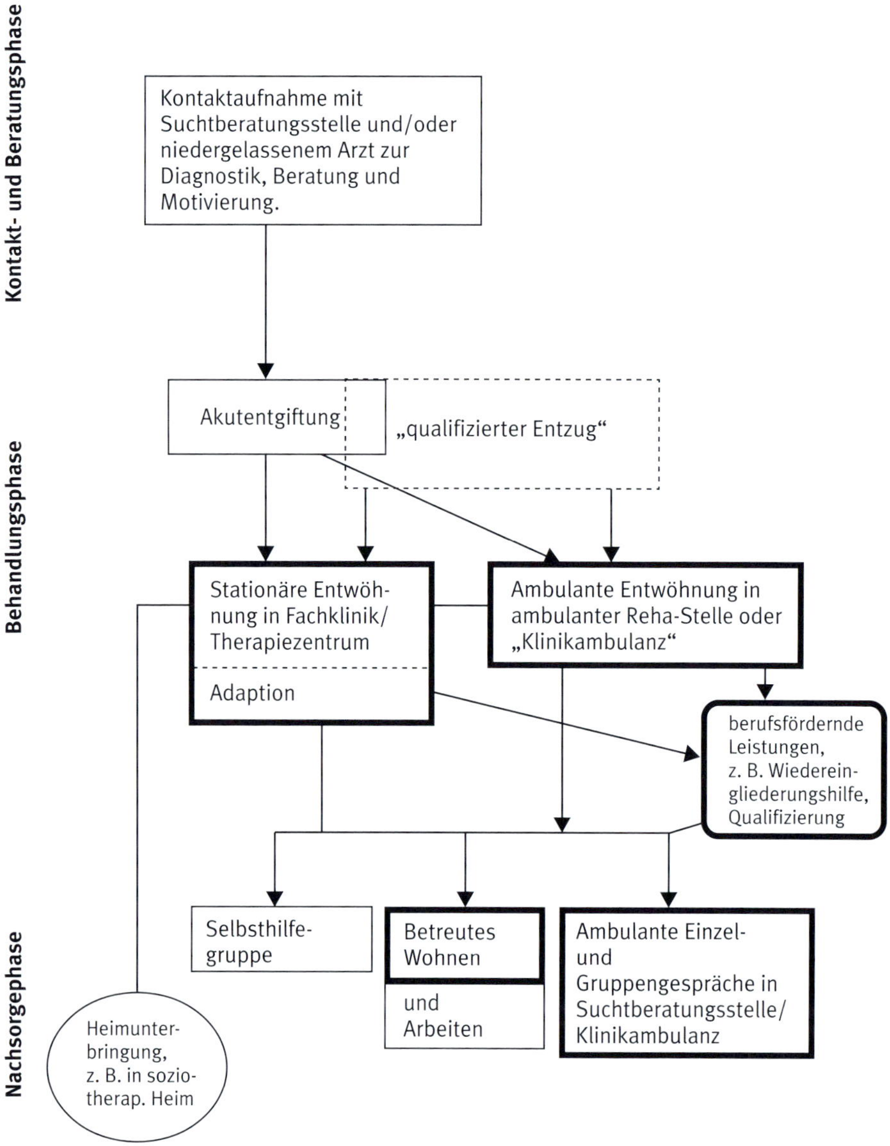

Bild 4.6 Gesamtrehabilitation Abhängigkeitskranker nach Kulick et al. (1996)

eine weitere Aufarbeitung in einer verkehrspsychologischen Intervention zu beschreiben. Nicht immer können Klienten die Entwicklung ihrer Suchterkrankung im Verlauf selbstkritisch reflektiert darstellen und auch Trinkmengen und Trinkmotive angemessen beschreiben. Dies herauszuarbeiten ist dann Aufgabe einer sich anschließenden verkehrspsychologischen Intervention.

Bei manchen Klienten zeigen sich in der verkehrspsychologischen Fahreignungsberatung Hinweise auf eine Abhängigkeitserkrankung, die der Verkehrspsychologe gemäß Beurteilungskriterien (er)kennen muss. Das Bewusstsein hierzu und die Selbstkritikfähigkeit können beim Klienten sehr unterschiedlich ausgeprägt sein. Bei Hinweisen auf eine

Abhängigkeitserkrankung sollte eine Abklärung durch einen Arzt oder eine Institution der Suchtkrankenhilfe initiiert werden. Sollte der Verkehrspsychologe über eine Approbation verfügen, ist er zur Diagnose berechtigt. Der Entzug der Fahrerlaubnis und die Kenntnis des Weges zurück zur Fahrerlaubnis können eine sehr hohe Motivation darstellen, sich dem Problem der Alkoholabhängigkeit zu stellen. Eine verkehrspsychologische Begleitung neben suchtherapeutischen Maßnahmen kann im Verlauf hilfreich und angezeigt sein.

Die fallspezifische Umsetzung der Beurteilungskriterien und der Begutachtungsleitlinien innerhalb der verkehrspsychologischen Therapie erfordert umfassende Sachkenntnis insbesondere der Indikatoren zu den gutachterlichen Hypothesen. Daraus leiten sich die einzelfallspezifischen Interventionsempfehlungen insbesondere zur Abstinenz ab (Dauer und Belegmodi über Urin und/oder Haaranalysen und Besonderheiten).

Verkehrspsychologen beachten in ihrer Arbeit auch das in *Bild 4.6* dargestellte gestufte, interdisziplinäre Behandlungs- und Betreuungsangebot von Beratung/Motivation → Entgiftung/Entzug → Entwöhnung → Nachsorge.

Forschungsergebnisse haben gezeigt, dass es auch bei unbehandelter Alkoholabhängigkeit zu einer Spontanremission kommen kann. Die Ergebnisse US-amerikanischer Studien mit je mehr als 40 000 Teilnehmern konnten im Rahmen der TACOS-Studie (Transitions in Alcohol Consumption and Smoking) bestätigen, dass 53,1 % der remittierten Alkoholabhängigen keinen Kontakt zum Suchthilfesystem aufwiesen (Rumpf et al., 2009). Diese unbehandelten Remissionen wiesen eine hohe Stabilität auf. Auch bei Schwerstabhängigen wurden bis zu 50 % hilfefreie Remissionen festgestellt. Hauptmotive für die Remissionen waren familiäre und gesundheitliche Gründe. Bei der Aufrechterhaltung der Symptomfreiheit spielen soziale Unterstützung und positive Lebensänderungen die entscheidende Rolle.

Auch wenn bei einer klinischen Diagnose die Kriterien für eine Alkoholabhängigkeit noch nicht erfüllt oder nicht absicherbar waren, kann aus verkehrspsychologischer Sicht eine Abstinenznotwendigkeit bestehen.

Hypothese A 2: *Konsequent alkoholfreie Lebensweise, denn der Klient ist nicht dauerhaft in der Lage, mit Alkohol kontrolliert umzugehen.*

Wenn folgende Merkmale vorliegen, kann hinsichtlich der Verhaltenskontrolle bei der Verkehrsteilnahme nach Alkoholkonsum keine hinreichend sichere Steuerungsfähigkeit angenommen werden:

- Substanzmissbrauch nach DSM-5, Konsum trotz wiederholter, deutlich nachteiliger Konsequenzen
- Aus der Lerngeschichte ist abzuleiten, dass der Klient zum kontrollierten Konsum nicht zuverlässig in der Lage ist. Hierzu werden Indikatoren aus den Bereichen psychischer, sozialer und deliktspezifischer Merkmale, aus Trinkbedingungen, aus (gescheiterten) Vermeidungsstrategien sowie aus quantitativen Merkmalen des Alkoholkonsums angegeben. Beispiele hierzu sind ein erneutes Alkoholdelikt nach §-70-Kurs, mehr als zwei Entziehungen der Fahrerlaubnis wegen Trunkenheit, Trunkenheitsfahrten mit einer BAK über 1,1 Promille zu einer frühen Tageszeit, Rauschtrinken, um psychische Spannungen abzubauen, u. v. m. (DGVP & DGVM, 2013, S. 133–144).

Klienten in der verkehrspsychologischen Intervention, die diese Merkmale aufweisen, sind sich häufig nicht der Tragweite ihres stattgehabten Alkoholmissbrauchs und der daraus folgenden Unfähigkeit zu kontrolliertem Trinken bewusst. *„Insbesondere der Lerngeschichte bei der Herausbildung einer hohen Alkoholgewöhnung und der damit häufig verbundenen Entwicklung von habituellen Automatismen, dem Verlust von physischer Alkoholsensibilisierung als Warnhinweis sowie der Ausbildung von Verdrängungstendenzen in der Wahrnehmung negativer Alkoholkonsumfolgen, kommt hierbei Bedeutung zu.“* In diesem Fall ist es Aufgabe des Verkehrspsychologen in der verkehrspsychologischen Fahreignungsberatung und Intervention, den Klienten für diese Zusammenhänge zu sensibilisieren und ihn zu motivieren, seine Entscheidung für eine alkoholfreie Lebensweise zu treffen. Da es sich *„um eine vernunftgeleitete Entscheidung für eine Erfolg versprechende Verhaltensstrategie für die aktive Teilnahme am motorisierten Straßenverkehr handelt und nicht um eine aus gesundheitlichen Gründen zwingend erforderliche Maßnahme“* (Stephan, E. in Schubert & Mattern, 2009), ist dies ein besonderer und großer Schritt für den Betroffenen.

Dem Klienten die einzelfallspezifischen Interventionsempfehlungen insbesondere zur Abstinenz (Dauer und Belegmodi über Urin und/oder Haaranalysen und Besonderheiten) nahezubringen, erfordert umfassende Sachkenntnis insbesondere der Indikatoren zu den gutachterlichen Hypothesen sowie Einfühlungsvermögen und Praxis in z.B. motivierender Gesprächsführung (Kapitel 3.3.5). Dass der Klient seine Abstinenz über einen ausreichend langen (in der Regel einjährigen) Zeitraum nachweisen muss, führt zu der unbedingt notwendigen Konsequenz, Alkohol in jeder Form zu meiden. Daraus ergeben sich für den Klienten viele (überwiegend positive) Veränderungen in seinem Leben und in seinem Erleben. Der Verkehrspsychologe soll den Klienten dabei begleiten und die Selbstwirksamkeit fördern. Vor allem durch die Bearbeitung der Module „Analyse der Vorgeschichte“ (Kapitel 4.1.2), „Analyse der Konsumentwicklung“ (Kapitel 4.1.3), „Deliktanalyse“ (Kapitel 4.1.4) sowie durch gezielte Psychoedukation (Kapitel 4.1.6) kann die Notwendigkeit der alkoholfreien Lebensweise herausgearbeitet werden.

Zielsetzung der verkehrspsychologischen Interventionen zur Fahreignungsförderung ist bei Abhängigkeit (A 1) und bei Unvermögen, kontrolliert mit Alkohol umzugehen (A 2), immer die zufriedene, motivierte, stabile und in der Regel über ein Jahr belegte Abstinenz.

Ist die Zuordnung eines Klienten zu den Hypothesen A 1 oder A 2 nicht möglich, wird beim alkoholauffälligen Kraftfahrer eine Alkoholgefährdung angenommen, welche zu prüfen ist.

***Hypothese A 3:** Dauerhaft kontrollierter Alkoholkonsum, da eine Alkoholgefährdung vorlag, die sich in gesteigerter Alkoholgewöhnung, unkontrollierten Trinkepisoden oder ausgeprägtem Entlastungstrinken äußerte.*

Wenn folgende Merkmale vorliegen, kann eine Alkoholgefährdung angenommen werden:

- Überdurchschnittlich gesteigerte Alkoholtoleranz und/oder unkontrollierte Trinkepisoden, z.B. Trunkenheitsfahrt ab 1,1 Promille ohne Beeinträchtigungen, erlebte Alkoholwirkung erst über 0,5 Promille
- Häufige Trinkmengen, die zu einer BAK von 1,1 bis 1,3 Promille geführt haben
- Ausgeprägtes Entlastungstrinken
- Vermehrter Konsum in belastenden Lebenssituationen
- Unkontrollierter Konsum bei Euphorie (DGVP & DGVM, 2013, S. 144–153)

Klienten in der verkehrspsychologischen Intervention, die diese Merkmale aufweisen, sind sich häufig ihrer Alkoholgefährdung, insbesondere durch die gesteigerte Alkoholtoleranz, nicht bewusst.

Für eine positive Verkehrsverhaltensprognose muss der Klient sein Trinkverhalten in ausreichendem Umfang und über eine ausreichende Dauer verändert haben. Dies betrifft die Menge, die Häufigkeit und die Trinksituationen. Der Klient muss für sich klare Obergrenzen definiert haben, diese quantifizieren und in den Situationen und Motiven konkret benennen können. Die reduzierten Trinkmengen und -anlässe sollen zu einer geringeren Alkoholverträglichkeit geführt haben. Auch wenn eine mögliche Trinkpause wieder aufgegeben wird, muss die Verhaltenskontrolle zum Alkoholkonsum als stabil bewertet werden können.

In der verkehrspsychologischen Intervention wird der Verkehrspsychologe die Module Analyse der Vorgeschichte (Kapitel 4.1.2), Analyse der Konsumentwicklung (Kapitel 4.1.3) und Deliktanalyse (Kapitel 4.1.4) bearbeiten. Der gezielten Psychoedukation (Kapitel 4.1.6) zum Zusammenhang von Trinkmengen, Alkoholwirkungen und Toleranzbildung kommt eine besondere Bedeutung zu. Die quantitativen Grenzwerte für einen „risikoarmen", also gesundheitlich tolerierbaren, Alkoholkonsum (DHS, 2014) wurden in den letzten Jahrzehnten gesenkt. Persönliche Höchstmengen, die mit dem Klienten herausgearbeitet werden, orientieren sich an der Kontrollierbarkeit des Konsummusters und an der Fähigkeit zu einer verantwortlichen Verhaltenssteuerung. Beim Mann sollten 60 Gramm Reinalkohol täglich nicht überschritten werden, bei der Frau 40 Gramm. Mithilfe der verkehrspsychologischen Intervention soll der Klient zu einer weitreichenden Einstellungsänderung kommen. Seine Vorsätze sollen mit ausreichender Durchsetzungskompetenz und veränderten Bedingungen im Umfeld ausreichend lang erprobt sein und das veränderte Trinkverhalten soll positiv erlebt werden.

In seltenen Fällen, beispielsweise wenn die Anordnung zur MPU aufgrund einer zweiten Alkoholfahrt im Bereich der Ordnungswidrigkeiten erfolgte und keine kritischen Trinkmuster berichtet werden, muss aufgrund der Befundlage nicht von einer erhöhten Alkoholtoleranz und einer Alkoholgefährdung ausgegangen werden. Hier ist das Trennvermögen von Trinken und Fahren als eigenständige Anforderung zu überprüfen.

Hypothese A 4: *Beim Klienten besteht keine unkontrollierte Kopplung von Alkoholkonsum und dem Führen eines Fahrzeugs (mehr).*

In diesen Fällen wird der gezielten Psychoedukation (Kapitel 4.1.6) zum Zusammenhang von Trinkmengen, Alkoholwirkungen, Steuerungsfähigkeit, Auf- und Abbau der Blutalkoholkonzentration sowie rechtlichen Promillegrenzen eine besondere Bedeutung zukommen. Auch hier ist eine Deliktanalyse (Kapitel 4.1.4) durchzuführen und die Vorgeschichte (Kapitel 4.1.2) bzw. die Konsumentwicklung (Kapitel 4.1.3) zu bearbeiten. Der Klient muss sich der Risiken einer Fahrt unter Alkoholeinfluss bewusst sein. Seine Vorsätze, eine solche Fahrt zu vermeiden, müssen konkret umsetzbar sein.

Die Erfahrung zeigt, dass die Mehrzahl der Trunkenheitstäter zwar ein Unrechtsbewusstsein aufweist, jedoch wird die Alkoholfahrt *„in den meisten Fällen nicht als Symptom für den eigenen missbräuchlichen Umgang mit Alkohol erkannt [...], so dass die Konsumgewohnheiten in der Regel aufrechterhalten werden"* (Klipp et al., 2005), sofern keine Maßnahme ergriffen wird. Ziel der verkehrspsychologischen Intervention ist es, den Zusammenhang zwischen der Alkoholfahrt und (früheren) missbräuchlichen Konsumgewohnheiten aufzuzeigen und zu einer alkoholfreien Lebensweise oder zu einem reduzierten und kontrollierten Konsum zurückzuführen.

„*Der Verlust der Fahrerlaubnis führt bei Betroffenen zu erheblichem Leidensdruck, so dass sie eine Intervention zunächst extrinsisch motiviert beginnen und sich in gewisser Weise als ‚unfreiwillig' betrachten. Ein kunden-, ressourcen- und lösungsorientiertes Arbeiten mit diesen ‚Mandated Clients' kann eine beeindruckend hohe Veränderungsbereitschaft freisetzen und im Prozess beibehalten. Betroffene nutzen einen ‚besonderen' Zeitpunkt im Leben für nachhaltige Veränderungen, die weit über ‚das Führerscheinproblem' hinausweisen*" (Kollbach, 2009).

Der Verkehrspsychologe benötigt neben einer hohen Beratungskompetenz umfassende Sachkenntnisse zu den Begutachtungsleitlinien und den Beurteilungskriterien, insbesondere zu den Indikatoren, um diese fallspezifisch umsetzen zu können. Hierzu gehört ein fachlicher kollegialer Austausch der Supervision und Intervision, damit einzelfallspezifische Interventionsempfehlungen insbesondere zur Abstinenz (Dauer und Belegmodi über Urin und/oder Haaranalysen und Besonderheiten) auch in der Begutachtung zu einer positiven Verkehrsverhaltensprognose führen und darüber hinaus die Grundlage für eine langfristige motivierte Verhaltensänderung bilden, sodass die Fahrerlaubnis dauerhaft erhalten bleibt.

Exkurs Therapieforschung

Verkehrspsychologisch wenig relevant ist die Debatte um Abstinenz vs. kontrolliertes Trinken bei der klinischen Behandlung Alkoholabhängiger. Die traditionelle Behandlung von Alkoholabhängigen wird nach Mann (2015) nur von rund 10 % der Betroffenen wahrgenommen; ein Grund liege in der Forderung nach lebenslanger Abstinenz. Etliche Kritiker sind allerdings der Meinung, dass kontrolliertes Trinken nur bei leichteren Alkoholproblemen möglich sei. Nach Körkel (2010; 2015) belegen Studien, dass verhaltenstherapeutische Einzel- und Gruppenbehandlungen zum kontrollierten Trinken unabhängig vom Schweregrad der Alkoholproblematik kurz- wie auch längerfristig wirksam und Abstinenzbehandlungen mindestens ebenbürtig sind. Er legt aber auch dar, dass Klienten, die mit der lebenslangen Abstinenz einverstanden sind, bei diesem Ziel bleiben sollten, vor allem dann, wenn durch den Alkoholkonsum schon Organschädigungen eingetreten sind (Körkel, 2013). Etliche Studien kommen zu dem Ergebnis, dass die Zielwahl des Patienten (Abstinenz oder kontrolliertes Trinken) einen wichtigen Prädiktor des klinischen Behandlungserfolgs darstellt. Bei der verkehrspsychologisch diagnostizierten Abstinenznotwendigkeit (A 1 oder A 2) geht es jedoch um die Risikominimierung für ein erneutes Trunkenheitsdelikt im Straßenverkehr.

Das neue DSM-5 fasst die bisher getrennten Diagnosen Abhängigkeit und Missbrauch zu „Substance use disorder" zusammen. Die bisherige kategoriale Differenzierung wird in ein dimensionales Störungsmodell mit unterschiedlicher Ausprägung überführt.

„*Es werden nun insgesamt 11 Kriterien für die Substanzgebrauchsstörung benannt:*

1. *Wiederholter Konsum, der zu einem Versagen bei der Erfüllung wichtiger Verpflichtungen bei der Arbeit, in der Schule oder zu Hause führt*
2. *Wiederholter Konsum in Situationen, in denen es aufgrund des Konsums zu einer körperlichen Gefährdung kommen kann*

3. *Wiederholter Konsum trotz ständiger oder wiederholter sozialer oder zwischenmenschlicher Probleme*
4. *Toleranzentwicklung, gekennzeichnet durch Dosissteigerung oder verminderte Wirkung*
5. *Entzugssymptome oder deren Vermeidung durch Substanzkonsum*
6. *Konsum länger oder in größeren Mengen als geplant (Kontrollverlust)*
7. *Anhaltender Wunsch oder erfolglose Versuche der Kontrolle*
8. *Hoher Zeitaufwand für Beschaffung und Konsum der Substanz sowie Erholen von der Wirkung*
9. *Aufgabe oder Reduzierung von Aktivitäten zugunsten des Substanzkonsums*
10. *Fortgesetzter Gebrauch trotz Kenntnis von körperlichen oder psychischen Problemen*
11. *Craving, starkes Verlangen oder Drang die Substanz zu konsumieren.*

Bei Auftreten von 2 Merkmalen innerhalb eines 12-Monats-Zeitraums gilt die Substanzgebrauchsstörung als erfüllt. Die Schwere der Symptomatik wird folgend weiter spezifiziert:

- *Vorliegen von 2–3 Kriterien: moderat*
- *Vorliegen von 4 oder mehr Kriterien: schwer*" (Rumpf & Kiefer 2011, S. 46).

In den Vorschlägen für eine Revision des ICD, die für 2018 angekündigt ist, bleibt hingegen die Unterscheidung der beiden Störungen Abhängigkeit und Missbrauch erhalten (Rumpf & Mann, 2015).

Verkehrspsychologisch Tätige sind gehalten, sich zeitnah über die Weiterentwicklung der fachlichen Grundlagen (Begutachtungsleitlinien und Beurteilungskriterien) zu informieren, denn die verkehrspsychologische Intervention zur Fahreignungsförderung/Verkehrstherapie stellt eine kriterien- und leitlinienorientierte Intervention dar. Die Einzelfallentscheidungen für jeden Klienten erfordern Erfahrung, Verantwortung und ggf. Supervision und Intervision.

4.2.2 Drogenauffällige Kraftfahrer

Thomas Pirke

Im allgemeinen Sprachgebrauch werden Drogen gleichgesetzt mit illegalen Betäubungsmitteln. Nach dem deutschen Betäubungsmittelgesetz (BtMG) sind Betäubungsmittel Stoffe oder Zubereitungen, die nicht ohne weiteres in den allgemeinen Warenverkehr gebracht werden dürfen und deren Besitz teilweise strafbar ist. Betäubungsmittel sind bei nicht bestimmungsgemäßem Gebrauch oft gesundheitsschädlich und haben meist ein Abhängigkeitspotential. Sie sind in den Anlagen I bis III des BtMG aufgelistet. Im folgenden Text wird das Wort „Droge" für dem BtMG unterliegende Stoffe verwendet. Die bekanntesten sind Opiate, Kokain, Benzodiazepine, Amphetamine und Cannabis.

Der Besitz und der Konsum von Drogen und das Fahren unter Drogeneinfluss können zu rechtlichen Konsequenzen führen und zum Anlass einer Begutachtung der Fahreignung werden. Wer Drogen nimmt, ist in der Regel nicht geeignet, ein Kraftfahrzeug zu führen. Bei medizinisch indizierten Anwendungen bestimmter Betäubungsmittel jedoch führt deren Gebrauch nicht automatisch zu fahreignungsrelevanten Konsequenzen. Beispielsweise liegt es in der Selbstüberprüfungspflicht des Fahrers, nach Aufklärung durch den Arzt und bei bestimmungsgemäßem Gebrauch Verkehrssicherheitsrisiken auszuschließen.

„*Wer Betäubungsmittel im Sinne des Betäubungsmittelgesetzes (BtMG) nimmt oder von ihnen abhängig ist, ist nicht in der Lage, den gestellten Anforderungen zum Führen von Kraftfahrzeugen beider Gruppen gerecht zu werden. Dies gilt nicht, wenn die Substanz aus der bestimmungsgemäßen Einnahme eines für einen konkreten Krankheitsfall verschriebenen Arzneimittels herrührt*“ (Grächmann & Albrecht, 2014).

Eine weitere Ausnahme besteht für Cannabis. Bei regelmäßigem Konsum ist die Fahreignung ausgeschlossen. Bei gelegentlichem Konsum und bei ausreichendem Trennvermögen von Konsum und dem Führen eines Kraftfahrzeugs kann sie noch gegeben sein.

Klienten, die eine verkehrspsychologische Intervention wegen Drogenauffälligkeit in Anspruch nehmen, sind überwiegend jüngeren Lebensalters. Der Schweregrad ihres Konsums reicht von einmaligem Probierkonsum von Cannabis bis zur schweren Polytoxikomanie und Teilnahme an Substitutionsprogrammen. In der verkehrspsychologischen Praxis häufig sind Personen, die regelmäßig Cannabis konsumieren und/oder mit ‚Partydrogen‘ wie Amphetamin bzw. Amphetaminderivaten aufgefallen sind. Aufgabe des Verkehrspsychologen ist es, die Tiefe der Problematik zu erfassen und leitlinien- und kriteriengeleitet den Betroffenen einen gangbaren Weg zur Problembewältigung zu weisen, ggf. mit interdisziplinärer Beteiligung. Für die Betroffenen ist der behördliche Eignungszweifel häufig anlassgebend, um eine grundsätzliche Veränderungen ihres Drogenkonsums einzuleiten.

Verkehrspsychologen müssen für die Arbeit mit drogenauffälligen Kraftfahrern über spezifische Kenntnisse zu den Wirkungsspektren der Drogen, zu Beeinträchtigungen und Risiken, zu gesetzlichen Regelungen im Zusammenhang mit der Fahreignung, zu Behandlungs- und Unterstützungsmöglichkeiten im Suchthilfesystem, zu Art und Umfang von Drogenkontrollprogrammen sowie zu Dauer und Inhalten von verkehrspsychologischen Interventionen verfügen (*Bild 4.7*).

Rechtliche Situation

Wer Betäubungsmittel oder andere psychoaktiv wirksame Stoffe einnimmt oder von ihnen abhängig ist, ist ungeeignet zum Führen eines Kraftfahrzeugs. Gleiches gilt für die missbräuchliche Einnahme von psychoaktiv wirkenden Arzneimitteln. Die Fahrerlaubnisbehörde hat ihm die Fahrerlaubnis zu entziehen. Regelungen zu Drogenkonsum und Fahren beinhalten das Strafgesetzbuch (§§ 315c, 316 StGB), das Straßenverkehrsgesetz (§ 24a, § 3 Abs. 1 StVG), die Fahrerlaubnis-Verordnung (§§ 11, 14 sowie Anlage 4 FeV), die Begutachtungsleitlinien (Grächmann & Albrecht, 2014) und die Beurteilungskriterien (DGVP & DGVM, 2013). Generell ist zu sagen, dass im Falle des Konsums illegaler Drogen, mit Ausnahme eines gelegentlichen Konsums von Cannabis und dem gegebenen Trennvermögen von Konsum und Fahren, eine Fahreignung ausgeschlossen ist. In Anlage 4 Nr. 9 FeV und in den Begutachtungsleitlinien wird bei Einnahme von Betäubungsmitteln (§ 1 Abs. 1 und Anlage I–III BtMG) der Eignungsausschluss festgelegt.

Im Vergleich zu Alkohol sind bei Drogen eindeutige Indikatoren für das Vorliegen einer relativen oder absoluten Fahruntüchtigkeit schwerer zu definieren. Damit ergeben sich wegen Ungeeignetheit aufgrund von Fahruntüchtigkeit weniger Verurteilungen mit der

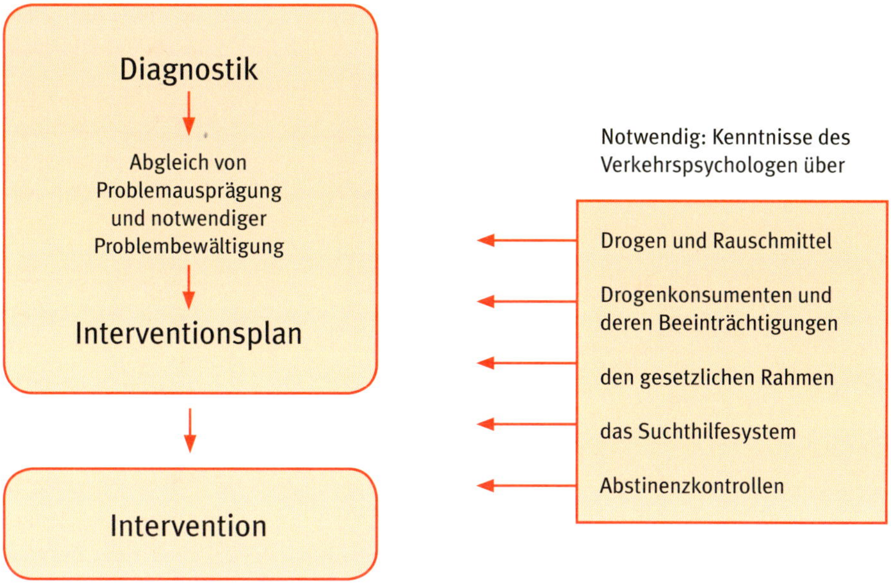

Bild 4.7 Verkehrspsychologische Therapie mit Drogenkonsumenten

Konsequenz des Entzugs der Fahrerlaubnis im Bereich der Verkehrsstraftaten (§§ 315 c, 316 StGB). Die meisten Verurteilungen mit Fahreignungsrelevanz entstehen im Bereich der Ordnungswidrigkeit (§ 24a StVG), wenn der Kraftfahrer unter der Wirkung eines berauschenden Mittels im Verkehr angetroffen wurde. Die aus dieser Tatsache entstehenden Eignungszweifel führen im Verwaltungsverfahren dann zu einer Überprüfung der Fahreignung.

Auch die Angabe von Eigenkonsum in (bei geringer Menge häufig eingestellten) Verfahren und eine Verurteilung nach § 29 BtMG kann zu Eignungszweifeln der Verwaltung führen. *„Mit Freiheitsstrafe bis zu fünf Jahren oder mit Geldstrafe wird bestraft, wer Betäubungsmittel unerlaubt anbaut, herstellt, mit ihnen Handel treibt, sie, ohne Handel zu treiben, einführt, ausführt, veräußert, abgibt, sonst in den Verkehr bringt, erwirbt oder sich in sonstiger Weise verschafft"* (§ 29 Abs. 1 Nr. 1 BtMG).

Festzustellen bleibt, dass schon der bloße Konsum von Stoffen (auch von Kleinstmengen), die dem Betäubungsmittelgesetz unterliegen (Ecstasy, Designerdrogen, Kokain usw.), zu der Annahme führt, dass der Betroffene den Anforderungen zum Führen von Kraftfahrzeugen nicht gerecht wird (§ 46 Abs. 1 i. V. m. Anlage 4 Nr. 9 FeV). Eine Ausnahme von diesem Grundsatz stellt Cannabis dar, sofern der Konsum nachweislich gelegentlich erfolgt und Konsum und Fahren ausreichend getrennt werden.

Eine zusammenfassende Darstellung des fahreignungsrelevanten Rechtsrahmens ist bei Patermann, Schubert & Graw (2015) zu finden.

Häufigkeit

Deutschland gehört mit geschätzt 4,1 problematischen Drogenkonsumenten pro 1 000 Einwohner (DHS, 2014) zu den weniger belasteten Ländern. Die Lebenszeitprävalenz für illegale Drogen außer Cannabis liegt bei 6 %. Im Einzelnen haben 3 % der Deutschen in ihrem Leben Amphetamine, 3 % Ecstasy, 2 % LSD, 3 % Kokain, 0,6 % Heroin, 0,3 % Crack, 2,6 % Pilze, 0,6 % Spice und 1,5 % Schnüffelstoffe konsumiert (Kraus et al., 2014).

4,6 Millionen Europäer konsumieren Cannabis. Die 12-Monats-Prävalenz für Cannabis in Europa beträgt für Personen im Alter von 15 bis 34 Jahren 11,2 %. Deutschland liegt hinsichtlich des Cannabiskonsums auf dem zehnten Rang. Die 12-Monats-Prävalenz für 12- bis 17-jährige Jugendliche liegt bei 4,9 %, die der 18- bis 39-jährigen Erwachsenen bei 9 bis 10 %. Die Anzahl der Cannabisabhängigen der Bevölkerung im Alter von 18 bis 64 Jahren beträgt in Deutschland 0,5 %. Männer sind häufiger betroffen als Frauen (DHS, 2015).

Cannabis ist die weltweit und auch in Deutschland am meisten konsumierte illegale Droge. Konsumiert werden die getrockneten Blüten der weiblichen Cannabispflanze (cannabis sativa), das Marihuana, sowie das Harz der Pflanze, das Haschisch. Geringe Verbreitung hat das Haschischöl, dessen Wirkstoffgehalt allerdings sehr hoch ist. In Cannabispflanzen ist eine Vielzahl von Cannabinoiden nachgewiesen. Davon hauptsächlich ursächlich für den Rauschzustand ist das Δ-9-Tetrahydrocannabinol. Beruhigende und angstlösende Wirkung hat das Cannabidiol.

Zunehmend fanden in den letzten Jahren zudem synthetische Cannabinoide Verbreitung. Das sind psychoaktive Substanzen, die die Wirkung des Δ-9-Tetrahydrocannabinol nachahmen, allerdings eine andere Molekularstruktur aufweisen. Synthetische Cannabinoide wurden zumeist als Kräuter- oder Räuchermischungen (z. B. unter dem Namen „Spice") zunächst über sogenannte „Head-Shops", dann über das Internet vertrieben. Diese Mischungen werden ähnlich konsumiert wie Cannabis. Sie haben eine starke psychoaktive Wirksamkeit. Synthetische Cannabinoide werden auch „Legal Highs" genannt, denn sie fielen zunächst nicht unter das Betäubungsmittelgesetz und waren mit herkömmlichen Drogenschnelltests zunächst nicht nachweisbar. Mittlerweile sind auch synthetische Cannabinoide in das Betäubungsmittelgesetz aufgenommen. Für synthetische Cannabinoide liegt eine Studie für das Stadtgebiet Frankfurt am Main vor, nach der die Lebenszeitprävalenz für den Konsum von „Spice" bei Jugendlichen zwischen 15 und 18 Jahren bei 7 % liegt und die 30-Tage-Prävalenz bei 2 % (Werse, 2010).

Eine relative Beschreibung der Häufigkeit von Drogen im Straßenverkehr liefert die von der Bundesanstalt für Straßenwesen (BASt) publizierte jährliche Statistik der Anlässe der medizinisch-psychologischen Untersuchungen. Die Anzahl von Drogenfragestellungen ist in den letzten Jahren stetig angestiegen. 2014 bezogen sich 23 % aller MPU-Fragestellungen in 20.757 Fällen auf Drogen und Medikamente (vgl. *Bild 4.3*), 2010 waren dies 20 % und 2005 17 %. Im Jahr 2014 wurde in Deutschland bei den Ursachen von Straßenverkehrsunfällen mit Personenschaden 13 011-mal ein Fehlverhalten der Fahrzeugführer unter Alkohol und 1.509-mal unter dem Einfluss anderer berauschender Mittel festgestellt (Statistisches Bundesamt, 2014, S. 271).

Wirkung und Beeinträchtigungen

Die Wirkung der verschiedenen illegalen Drogen kann aufputschend, beruhigend oder halluzinogen sein. Die Wirkungen betreffen hauptsächlich die Stimmung, den Antrieb, das Denken und die Wahrnehmung. Grundsätzlich ist festzustellen, dass Drogenkonsumenten Substanzen konsumieren, die aufgrund ihrer Illegalität in ihrem Wirkstoffgehalt und ihrer chemischen Zusammensetzung nicht kalkulierbar sind und bei denen es schwer einzuschätzen ist, welche Effekte auftreten und zu welcher Zeit. Stark vereinfacht lassen sich die verschiedenen psychoaktiven Stoffe nach unterschiedlichen Wirkungstypen in drei Hauptgruppen einteilen:

- **Psychostimulanzien** (Steigerung der Reagibilität und Spontanaktivität): Amphetamin, Kokain, Methamphetamine (MDMA, „Ecstasy", „Speed" „Chrystal"), aber auch Coffein und Nikotin.
- **Psychosedativa** (Minderung der Reagibilität und Spontanaktivität): Alkohol, Benzodiazepine, Barbiturate, teilweise auch Morphin.
- **Psychotomimetika, Halluzinogene**: LSD und potenzielle Halluzinogene wie THC (Cannabis, Marihuana, Haschisch, mit eher sedierenden Nebeneffekten) und MDA (mit eher stimulierenden Nebeneffekten, Variante von „Ecstasy").

Die Wirkungsspektren der verschiedenen Drogen und die dazu gehörenden Risiken sind z. B. bei www.drugcom.de (Bundeszentrale für gesundheitliche Aufklärung) oder bei www.mindzone.info/drogen/substanzen (Landescaritasverband Bayern e. V.) beschrieben.

Drogenkonsum ist von einer Vielzahl komorbider Störungen begleitet. So sind drogenabhängige Menschen in erhöhtem Maße von körperlichen Erkrankungen, aber auch von psychischen Störungen betroffen. Bei 61 % von ihnen wurde eine Persönlichkeitsstörung und bei 73 % eine affektive Störung diagnostiziert (Behrendt et al., 2013). Nach einer Einschätzung der Europäischen Beobachtungsstelle für Drogen und Drogensucht muss davon ausgegangen werden, dass bei 50 bis 90 % der Drogenabhängigen eine Persönlichkeitsstörung diagnostiziert werden kann. 20 bis 60 % leiden an Depressions- und Angststörungen, 15 bis 20 % an psychotischen Störungen (EBDD, 2004).

Die internationale Klassifikation psychischer Störungen (ICD) unterscheidet hinsichtlich der Störungen die Intoxikation, den schädlichen Gebrauch und die Abhängigkeit. Die Begutachtungsleitlinien unterscheiden zwischen Intoxikationszuständen und Sucht (Abhängigkeit). Die Beurteilungskriterien (DGVP & DGVM, 2013) unterscheiden hinsichtlich der Fahreignungsrelevanz vier Fallgruppen (Hypothesen D 1 bis D 4, *Tabelle 4.6*) mit Drogengefährdung, fortgeschrittener Drogenproblematik und Drogenabhängigkeit als Stadien unterschiedlicher Entwicklung der Problematik. Die Fallgruppen/Hypothesen berücksichtigen die unterschiedliche Ausprägung des Drogenkonsums und dessen Auswirkungen auf das verkehrsbezogene Fehlverhalten sowie das Gesamtverhalten bzw. die Persönlichkeit des Fahrers. Die Struktur der Hypothesen und der ihnen zugeordneten Kriterien und Indikatoren bei Drogenauffälligkeit entspricht der Systematik bei Alkoholauffälligkeit (Kapitel 4.2.1).

Tabelle 4.6 Vergleich der Hypothesen bei Alkohol- und Drogenauffälligkeit nach den Beurteilungskriterien (DGVP & DGVM, 2013)

Hypothese		Hypothese	
A 1	Alkoholabhängigkeit	**D 1**	Drogenabhängigkeit
A 2	Abstinenznotwendigkeit mangels Kontrollvermögen	**D 2**	Fortgeschrittene Drogenproblematik
A 3	Alkoholgefährdung	**D 3**	Drogengefährdung
A 4	Trennen von kontrolliertem Alkoholkonsum und Verkehrsteilnahme	**D 4**	Trennen von gelegentlichem Cannabiskonsum und Verkehrsteilnahme

Chronifizierung und Aufrechterhaltung

Bei allen Abhängigkeitserkrankungen sind chronische Verläufe und Rückfälle typisch. Bei anhaltenden Prozessen schweren Drogenmissbrauchs und der Drogenabhängigkeit sowie bei einer ungenügenden Abstinenzmotivation ist eine verkehrspsychologische Intervention allein nicht ausreichend. Die Zusammenarbeit mit Institutionen der Suchthilfe ist zu gewährleisten.

Fahreignungsrelevanz

Die Risiken der verschiedenen Drogen für Gesundheit und Verkehrssicherheit sind schwerer einzuschätzen als die Risiken von Alkohol. Es wird eine breite Risikopalette für das Fahren unter Drogeneinfluss beschrieben. Hierzu zählen:

- Euphorie, Selbstüberschätzung und Enthemmung
- Konzentrationsstörungen und Ablenkbarkeit
- Wahrnehmungs- und Denkstörungen
- verminderte Kritikfähigkeit und hohe Risikobereitschaft
- verlängerte Reaktionszeit
- Einschränkung, Zeit und Entfernung richtig abzuschätzen
- Unterschätzung von Gefahren
- illusionäre Verkennungen und Halluzinationen
- Störungen der Koordination
- zu schnelles oder zu langsames Fahren
- Unruhe, Reizbarkeit, Ungeduld
- Müdigkeit und Erschöpfung.

Jeder Mischkonsum verschiedener Drogen, auch der mit Alkohol, ist besonders gefährlich, da die Wechselwirkungen unkalkulierbar sind. Wenn eine Blut- oder Urinprobe bei Drogenauffälligkeit im Rahmen der forensisch gesicherten Analyse genommen wird, so wird diese stets auf die üblichen Substanzklassen untersucht. Die Suche nach Grenzwerten, bei denen der Tatbestand vorliegt, unter der Wirkung eines berauschenden Mittels gefahren zu sein, ist ein Gegenstand der verkehrsmedizinisch-forensischen Forschung. Bei Cannabis erlaubt der Wert für (aktives) THC eine Aussage darüber, ob der Betroffene unter der Wirkung von THC gestanden hat. Der Grenzwert wird bei 1 ng/ml THC angenommen. Die Werte für Hydroxy-THC und THC-COOH (Carbonsäure), Langzeitwerte für Abbauprodukte von THC, erlauben eine Aussage über das stattgehabte Konsummuster.

Die Daldrup-Tabelle (*Tabelle 4.7*) zeigt die bisher diskutierten Grenzwerte für das Vorliegen eines gelegentlichen und eines regelmäßigen Cannabiskonsums und die hieraus abzuleitenden Maßnahmen der Fahrerlaubnisbehörden. Aktuelle Ausführungen sind bei Patermann, Schubert & Graw (2015) zu finden.

Bewältigung und verkehrspsychologische Interventionen zur Fahreignungsförderung

Die Arbeit mit drogenauffälligen Kraftfahrern stellt eine Herausforderung dar, nicht nur aufgrund der oben genannten differenziellen Wirkungen der Drogen und der Motivationsdefizite und Rückfallgefahren, sondern auch aufgrund der häufigen Komorbiditäten der Klienten.

Grundsätzlich ist zu Beginn einer verkehrspsychologischen Intervention zur Fahreignungsförderung mit einem durch Drogen im Straßenverkehr aufgefallenen Kraftfahrer

Tabelle 4.7 Maßnahmen der Verwaltung bei einmaligem, gelegentlichem und regelmäßigem Cannabiskonsum (Daldrup-Tabelle) (Daldrup, 2000)

Befund	Beurteilung	Zusätzliche Auffälligkeiten	Maßnahmen
THC-COOH < 5,0 ng/mL	**einmaliger** oder Verdacht auf **gelegentlichen** Konsum	keine	keine
THC-COOH < 5,0 ng/mL, THC positiv	**gelegentlicher** Konsum, Verdacht auf gelegentlichen Konsum wurde bestätigt, weil mindestens zweimaliger Cannabiskonsum nachgewiesen wurde	Kontrollverlust, da der/die Betroffene in engem zeitlichen Zusammenhang mit der Blutentnahme Cannabis konsumiert hat	Anordnung einer medizinisch-psychologischen Untersuchung
THC-COOH ≥ 5,0 und < 75 ng/mL	es liegt mindestens **gelegentlicher** Konsum mit Verdacht auf regelmäßigen Konsum vor	keine	Persönliches Gespräch mit Nachuntersuchung (Blutuntersuchung) unter kurzfristiger Einbestelllung
		z. B. THC positiv, mehrfache Verkehrsauffälligkeiten, Hinweise auf – fehlende Trennung von Konsum und Fahren, – Gebrauch von Alkohol, – Beigebrauch anderer Drogen, – Störung der Persönlichkeit, – Kontrollverlust	Anordnung einer medizinisch-psychologischen Untersuchung
THC-COOH ≥ 75 ng/mL	es liegt **regelmäßiger** Konsum von Cannabisprodukten vor	Unerheblich	Versagung bzw. Entziehung der Fahrerlaubnis, Ausnahmen siehe Ziff. 3.9.1 der Begutachtungs-Leitlinien zur Kraftfahrereignung

diagnostisch zu klären, von welchem Entwicklungsstadium einer Drogenproblematik auszugehen ist. Grundlage sind die Begutachtungsleitlinien (Gräcmann & Albrecht, 2014) und die Beurteilungskriterien (DGVP & DGVM, 2013).

In der verkehrspsychologischen Fahreignungsberatung *„soll gemäß den jeweils gültigen Standards (z. B.: Beurteilungskriterien Fahreignung) eine diagnostische Momentaufnahme erfolgen, in der der Schweregrad des den Verkehrsauffälligkeiten zu Grunde liegenden Problemverhaltens erfasst sowie mögliche bereits vollzogene Veränderungsschritte des Klienten identifiziert werden. […] Darüber hinaus soll der Klient bei noch* *vorhandenen Defiziten dazu motiviert werden, sich mit seinen individuellen Einstellungs- und Veränderungsaspekten auseinanderzusetzen*“ (BASt, 2015).

Für die verkehrspsychologische Intervention mit Drogenkonsumenten bedeutet dies zuerst eine Erfassung des Konsummusters:

- Wie lange wurden welche Drogen konsumiert?
- Wie viel und wie häufig wurde/wird konsumiert?
- Wurden/werden mehrere Drogen, auch Alkohol, zusammen eingenommen (Mischkonsum)?
- Besteht glaubwürdig Abstinenz, seit wann und wie lange?
- Besteht eine belastbare Veränderungsmotivation?
- Bei gelegentlichem Cannabiskonsum: Gelang/gelingt die Trennung von Konsum und Teilnahme am Straßenverkehr?

Weiterhin werden die Zusammenhänge zwischen der Lebensgestaltung und dem Konsumverhalten untersucht:

- Welche Psychodynamik liegt dem Konsumverhalten zugrunde?
- Welche auslösenden und aufrechterhaltenden Bedingungen gibt es für den Konsum?
- Sind die Zusammenhänge zwischen Lebensgestaltung und Konsum dem Klienten bewusst?
- Welche schädigenden Auswirkungen in psychischer, sozialer und ggf. körperlicher Hinsicht hat der Konsum?

Zu beachten ist bei der Exploration, dass die Selbstauskünfte des Drogenkonsumenten durch Abwehrprozesse und manipulative Inszenierungen verzerrt sein können und der Konsum bagatellisiert bzw. verleugnet wird. Auf der Basis der Einschätzungen des Schweregrads des Konsummusters sowie der sozialen, psychischen und ggf. körperlichen Beeinträchtigungen kann dann eine erste Zuordnung zu den Hypothesen der Beurteilungskriterien vorgenommen werden.

Aus dieser Diagnostik ergibt sich die Orientierung für verschiedene Stufen von Interventionsansätzen. In der Intervention können fahreignungsfördernde Maßnahmen miteinander kombiniert werden. Dies können zum Beispiel sein:

- Weiterführende verkehrspsychologische Intervention
- Nachweis der Abstinenz im Rahmen eines Abstinenzkontrollprogramms
- Konsultation eines (Verkehrs-) Mediziners
- Kontaktaufnahme zu einer Suchtberatungsstelle
- Besuch einer Selbsthilfegruppe
- Psychotherapie
- Konsultation eines Fachanwalts für Verkehrsrecht
- Kontakt zur Fahrerlaubnisbehörde
- Kontakt zu einer Begutachtungsstelle für Fahreignung.

In der verkehrspsychologischen Intervention selbst werden zunächst die Veränderungsmotivation, die Übernahmen von Eigenverantwortlichkeit und ggf. die Akzeptanz professioneller Hilfsangebote gefördert. Motivationale Klärung, Ressourcenaktivierung und Förderung der Einsicht in Prozesse der Emotionsregulation bestimmen den Aufbau der Maßnahme.

Zur motivationalen Klärung gehört bei Drogenkonsumenten zunächst die Akzeptanz der Notwendigkeit der Abstinenz. Als Methode bietet sich neben den traditionellen Beratungs- und Therapieansätzen die Motivierende Gesprächsführung von Miller & Rollnick (2015) an. Dieser klientenzentrierte direktive Beratungsansatz soll die Eigenmotivation erhöhen, ein problematisches Verhalten zu ändern. Klientenzentriert, d.h. die Sichtweise und das Erleben des Klienten in den Mittelpunkt stellend, werden zielorientiert die positiven und negativen Aspekte des Suchtmittelkonsums erkundet und die intrinsische Veränderungsmotivation des Klienten erhöht. Ambivalenztendenzen hinsichtlich der Veränderung werden verdeutlicht und aufgelöst (vgl. www.motivational-interviewing.de). Dann ist zu erarbeiten, welche unbewussten Motive und Verhaltensweisen zum Drogenkonsum und zum Fahren unter Drogeneinfluss geführt haben. Zumeist sind negative Gefühle der unbewusste Ausgangspunkt des Konsums: Enttäuschungen, Ängste, Unterlegenheits- und Minderwertigkeitsgefühle.

Ist die Psychodynamik erarbeitet, kann darauf aufbauend ein Veränderungskonzept erstellt werden, im Rahmen dessen der Klient andere Verhaltensweisen erproben kann, mit denen er seine Probleme besser lösen kann. Im Rahmen der verkehrspsychologischen Intervention werden auch rückfallpräventive Verhaltensempfehlungen und Fähigkeiten erarbeitet. Deren Erprobung und Umsetzung wird begleitet (Rückfallprophylaxetraining: Sensibilisierung für Rückfallgefährdungen und Bewältigungsstrategien).

Die Spezifik der Arbeit mit drogenauffälligen Klienten basiert auf drogenspezifischen Interventionsmodulen der Verkehrspsychologie (Kapitel 4.1) und kann Elemente suchttherapeutischer Programme beinhalten. In der ambulanten, aber auch stationären Behandlung von Cannabisstörungen werden in den letzten Jahren standardisierte, manualisierte Programme erfolgreich eingesetzt:

Das CANDIS-Programm ist ein verhaltenstherapeutisch orientiertes Entwöhnungsprogramm, das für Jugendliche und Erwachsene mit problematischem Cannabiskonsum entwickelt wurde. Es besteht aus einem Vorgespräch und zehn Einzelsitzungen im Zeitraum von zwei bis drei Monaten. Die Einzelsitzungen beinhalten Bausteine der Motivationsförderung, der kognitiv-behavioralen Therapie und des Problemlösens (Hoch et al., 2011).

„CAN Stop" ist ein Gruppentraining für junge Menschen mit einem problematischen Cannabiskonsum, die diesen überdenken, einschränken oder beenden wollen. Das Programm besteht aus acht Gruppensitzungen à 90 Minuten und einer angeleiteten Selbstbeobachtung der Teilnehmer zwischen den Sitzungen. Die Gruppengröße beträgt sechs bis zehn Teilnehmer. Ziele sind Aufbau einer Veränderungsmotivation, Erarbeitung der Funktionalität und Dysfunktionalität des Konsums, die Distanzierung von bisherigen Konsummustern, Entwicklung einer Motivation zum Konsumverzicht, Verbesserung der Selbstwirksamkeit, Verbesserung der Widerstandsfähigkeit gegenüber konsumierenden Freundeskontexten und die Vermittlung von Methoden zur Aufrechterhaltung der erreichten Ergebnisse nach dem Training (vgl. www.canstop.med.uni-rostock.de).

„Quit the Shit" ist ein anonymes Online-Beratungsprogramm der Bundeszentrale für gesundheitliche Aufklärung (BZgA). Jugendliche und junge Erwachsene sollen dabei unterstützt werden, ihren Cannabiskonsum zu reduzieren oder einzustellen. Das Online-Programm erstreckt sich über 50 Tage. Die Nutzerinnen und Nutzer nehmen an verschiedenen Übungen teil, führen ein Tagebuch über ihren Cannabiskonsum und können im Chat Beratungsgespräche wahrnehmen. Das Portal arbeitet mit Beratern aus Drogenberatungsstellen zusammen. Einmal pro Woche erhalten die Nutzer ein detailliertes Feedback durch ihren persönlichen Berater oder ihre Beraterin (vgl. www.drugcom.de).

Kooperation mit Angeboten der Suchthilfe

Für die Hypothesen D 1 und D 2 verbindet sich die verkehrspsychologische Intervention bei der Aufarbeitung verkehrsrelevanter Delikte häufig mit Beratung, Behandlung und Rehabilitation der Suchthilfe. Eine Verbindung zwischen stationärer Suchtrehabilitation und Verkehrspsychologie ist über die wechselseitige Zuweisung von Klienten hinaus auch möglich, wenn verkehrspsychologische Angebote in die Rehabilitation Abhängigkeitskranker integriert werden. Häufig wird in Suchtkliniken bereits in unterschiedlicher Form, zumeist im Rahmen edukativer Angebote, über Fahreignung und die medizinisch-psychologische Untersuchung informiert. Schmidt & Brieler (2010) entwickelten ein Gruppenangebot im stationären Kontext zur Förderung der Fahreignung als Vorbereitung auf die MPU.

Einen Sonderfall der Behandlung stellt die Substitutionsbehandlung dar. Unter Substitutionstherapie versteht man die Behandlung von Opiatabhängigen mit Ersatzstoffen wie Methadon, Buprenorphin oder Diamorphin. Die Beurteilungskriterien sehen unter bestimmten, genau definierten Bedingungen im Einzelfall die Möglichkeit vor, dass für Substituierte eine Kraftfahreignung gegeben sein kann (Beurteilungskriterien D 1.4). Diese wird durch eine medizinisch-psychologische Nachuntersuchung nach einem bei der Begutachtung zu bestimmenden Zeitraum überprüft. Fahreignung bei Behandlung mit Diamorphin ist grundsätzlich ausgeschlossen.

Wesentlichen Anteil an der langfristigen Stabilisierung von Suchtkranken haben Selbsthilfegruppen. Die verbreitetsten Selbsthilfegruppen für Konsumenten illegaler Drogen, also auch für Cannabiskonsumenten, sind die „na-Gruppen" (vgl. www.narcotics-anonymous.de). Sie dienen dem Informations- und Erfahrungsaustausch von Betroffenen, der praktischen Lebenshilfe sowie der gegenseitigen emotionalen Unterstützung und Motivation.

Abstinenznachweise

Zu berücksichtigen ist, dass der Drogenverzicht bzw. die Drogenabstinenz jeweils nachzuweisen ist, wenn die Zuordnung zu den Hypothesen D 3, D 2 und D 1 der Beurteilungskriterien erfolgt ist. Der Drogenverzicht bzw. die Drogenabstinenz muss durch die Ergebnisse geeigneter polytoxikologischer Urin- oder Haaranalysen bestätigt werden, die forensisch verwertbar sind (DGVP & DGVM, 2013). Konsumenten von Drogen außer Cannabis müssen zur Wiedererlangung der Fahreignung in der Regel für den Zeitraum von einem Jahr Drogenabstinenz nachweisen. Die zeitliche Festsetzung begründet sich in der sehr hohen Rückfallwahrscheinlichkeit im ersten Jahr nach Konsumende und der sich aus einem Jahr stabiler Abstinenz ableitenden positiven Prognose für eine dauerhafte Abstinenz. Lediglich bei gelegentlichem Konsum von Ecstasy, Amphetaminen oder Kokain kann laut Beurteilungskriterien der Nachweis einer halbjährigen Abstinenz ausreichend sein. Der gelegentliche Konsum dieser Drogen ist in den Beurteilungskriterien näher definiert. So darf er z. B. nicht von Alkoholkonsum begleitet gewesen sein und Cannabis darf nicht zur Wirkungsreduktion verwendet worden sein (Beurteilungskriterien D 3.1). Bei Hinweisen auf zusätzlichen Alkoholmissbrauch bzw. unkontrollierten Alkoholkonsum oder auf eine Suchtverlagerung hin zum Alkohol wird, den Begutachtungskriterien folgend (D 1.3 und D 2.4), auch die Alkoholabstinenz notwendig und Alkohol muss bei den toxikologischen Untersuchungen berücksichtigt werden.

Wurde eine Entwöhnungsbehandlung (stationär oder im Rahmen einer Einrichtung für Suchtkranke) durchgeführt, werden Abstinenzzeiträume in der Fahreignungsbegutachtung nur berücksichtigt, wenn sie nach Abschluss dieser Maßnahmen nachgewiesen werden. Nachsorgemaßnahmen sind von dieser Regelung nicht betroffen. Während einer Nachsorgemaßnahme können Abstinenznachweise erbracht werden. Weitere Regelungen betreffen ambulante Langzeitmaßnahmen oder die Abstinenz ohne vorhergehende psychologische Aufarbeitung (siehe Beurteilungskriterien D 1.3 und D 2.4).

Verkehrspsychologische Interventionen zur Fahreignungsförderung sind kriterien- und leitlinienorientierte Interventionen. Verkehrspsychologisch Tätige sind aufgerufen, sich über die Weiterentwicklung der fachlichen Grundlagen (Begutachtungsleitlinien und Beurteilungskriterien) stets zu informieren, denn die Einzelfallentscheidungen für jeden Klienten erfordern Erfahrung, Verantwortung und ggf. Supervision und Intervision.

4.2.3 Verkehrsauffällige Kraftfahrer

Maritta Zentgraf, Paul Brieler, Jörg-Michael Sohn

Verkehrsauffällige Kraftfahrer werden in verschiedenen Phasen ihrer Auffälligkeiten verwaltungsrechtlich ermahnt und verwarnt, verkehrspädagogisch betreut und verkehrspsychologisch behandelt (Modell PASS, Kapitel 1.3.3). Ein Fahrer weist häufig eine mehrjährige Lerngeschichte mit Eintragungen im Fahreignungs- und Strafregister sowie mit verkehrserzieherischen und -interventiven Maßnahmen auf, bevor ihm die Fahrerlaubnis entzogen wird. In der verkehrspsychologischen Intervention zur Fahreignungsförderung geht es in der Regel um die Veränderung sehr stark verfestigter Verhaltensgewohnheiten bis hin zu generalisierten Störungen der emotionalen und sozialen Entwicklung (Persönlichkeitsstörungen). Im letzteren Fall ist die Zusammenarbeit mit Klinischen Psychologen angezeigt.

Rechtliche Situation

Seit dem 1.5.2014 gilt das deutsche Straßenverkehrsgesetz in einer neuen Fassung. Auch die Fahrerlaubnis-Verordnung wurde aktualisiert. Das Punktsystem wird nun als Fahreignungs-Bewertungssystem bezeichnet, das Verkehrszentralregister wurde in Fahreignungsregister (FAER) umbenannt und das frühere Aufbauseminar wurde durch das Fahreignungsseminar ersetzt (Kapitel 2.1.4). Mit Punkten werden nur noch alle sogenannten „verkehrssicherheitsbeeinträchtigenden Ordnungswidrigkeiten“ (OWi) und Straftaten eingetragen, die in Anlage 13 zu § 40 FeV aufgelistet sind. Nicht mehr punktebewehrt sind beispielsweise das Fahren in der Umweltzone ohne Plakette, ein Verstoß gegen die Fahrtenbuchauflage, Beleidigung oder ein Verstoß gegen das Pflichtversicherungsgesetz.

Eingetragen werden pro Delikt, statt wie bisher bis zu sieben Punkten, nur noch ein bis drei Punkte (§§ 4 Abs. 2 Satz 2, 28 Abs. 3 StVG). Die Tilgungshemmung wurde abgeschafft, d.h. neue Eintragungen hindern nicht mehr die Tilgung der Voreintragungen. Es gilt das Tattagprinzip, was eine Überliegefrist von einem Jahr bedingt (Patermann, 2015, S. 100). Nach einem Fahrerlaubnisentzug oder -verzicht wird der Punktestand erst mit der Neuerteilung auf Null gestellt.

- Beispiele für 1-Punkt-Delikte (Tilgungsfrist 2,5 Jahre ab Rechtskraft): 21 km/h zu schnell, Handybenutzung, mangelnde Ladungssicherung
- Beispiele für 2-Punkt-Delikte (OWi + Fahrverbot, Straftat **ohne** Entzug der Fahrerlaubnis, Tilgungsfrist 5 Jahre ab Rechtskraft): 31 km/h zu schnell im Ort, 41 km/h zu schnell außerhalb einer Ortschaft, Rotlicht über eine Sekunde
- Beispiele für 3-Punkt-Delikte (**mit** Entzug der Fahrerlaubnis, Tilgungsfrist 10 Jahre ab Rechtskraft): Fahrlässige Körperverletzung (§ 229 StGB), Nötigung (§ 240 StGB), unerlaubtes Entfernen vom Unfallort (§ 142 StGB)

Bei Erreichen der jeweiligen Eingriffsschwellen (*Bild 4.8*) hat die Fahrerlaubnisbehörde Maßnahmen zu ergreifen (*Tabelle 4.8*). Wie bisher muss die Fahrerlaubnisbehörde den Fahrerlaubnisinhaber in zwei Stufen zuvor ermahnt und verwarnt haben, dann hat sie beim Erreichen von acht oder mehr Punkten die Fahrerlaubnis zu entziehen. Sind diese beiden behördlichen Maßnahmen nicht erfolgt, wird der Betroffene entsprechend zurückgestuft auf fünf bzw. sieben Punkte.

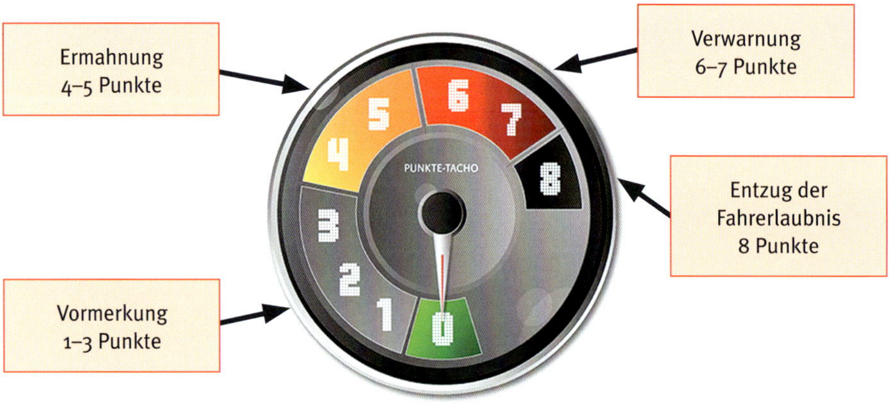

Bild 4.8 Fahreignungsmesser und Eingriffsschwellen (BMVI)

Tabelle 4.8 Eingriffsschwellen im Punkt- und im Fahreignungs-Bewertungssystem

Punktsystem bis 30.4.2014	Fahreignungs-Bewertungssystem
	1–3 Punkte: **Vormerkung** (keine Maßnahmen)
8–13 Punkte: Verwarnung und Empfehlung für ein (besonderes[1]) Aufbauseminar (mit Bonus Punktereduktion)	4–5 Punkte: **Ermahnung** Empfehlung für ein Fahreignungsseminar (Bonus: Abzug eines Punktes)
4–17 Punkte: Anordnung (besonderes) Aufbauseminar ohne Punktereduktion (sofern noch nicht absolviert), Empfehlung für eine verkehrspsychologische Beratung nach § 71 FeV (Bonus: Abzug von zwei Punkten)	6–7 Punkte: **Verwarnung** Empfehlung für ein Fahreignungsseminar (ohne Punktereduktion)
18 Punkte: Fahrerlaubnisentzug	8 Punkte: **Fahrerlaubnisentzug**

Anmerkungen
1 bei Alkohol- oder Drogendelikt

Häufigkeit

Am 1.1.2014 waren ca. 9 Millionen Personen im Verkehrszentralregister erfasst (KBA, 2015a). Je größer die Punktehäufung ist, desto geringer ist die Anzahl betroffener Personen (*Tabelle 4.9*). Die auffallend geringe Zahl der Mehrfachpunktetäter mit sechs Punkten und mehr (umgerechnet auf die neue Rechtslage) führt zu der Annahme, dass nur stark deviante Kraftfahrer, die durchgängig gegen Verkehrsvorschriften verstoßen, auf viele Eintragungen kommen können.

Tabelle 4.9 Personen im Fahreignungsregister (FAER) nach Anzahl der Punkte und Geschlecht am 1.1.2014, angepasst an die Punkteklassen nach dem 1.5.2014 (nach KBA, 2015a)

	%	Insgesamt*	Männer %	Männer insgesamt	Frauen %	Frauen insgesamt
Personen**	100	8,849 Mill.	77,2	6,828 Mill.	22,8	2,015 Mill.
Ohne Punkte***	21,7	1,920 Mill.	23,5	1,604 Mill.	15,5	313 Tsd.
1–3 Punkte	72,2	6,390 Mill.	69,5	4,744 Mill.	81,6	1,644 Mill.
4–5 Punkte	4,8	429 Tsd.	5,5	377 Tsd.	2,5	51 Tsd.
6 und mehr Punkte	0,4	39 Tsd.	0,5	35 Tsd.	0,4	39 Tsd.

* einschließlich ohne Geschlechtsangabe
** ohne Personen, deren Punktestand nicht mittels DV-Programm berechnet werden konnte, insgesamt 0,8%
*** einschließlich Personen, deren Fahrerlaubnis nach altem Recht entzogen wurde

Wichtige Forschungsergebnisse zu Verkehrsdelikten, ihren Arten und differentiellen Häufigkeiten werden regelmäßig durch das Kraftfahrt-Bundesamt und die Bundesanstalt für Straßenwesen publiziert (KBA, 2015b; Heinzmann & Schade, 2004). Diese Veröffentlichungen sowie die Jahrespresseberichte des KBA stellen für Verkehrspsychologen aktuelle Trends zur Entwicklung von Verkehrsdelikten zur Verfügung. Statistische Angaben zum Einfluss der Einführung des Fahreignungs-Bewertungssystems auf die verschiedenen Eintragungen für den Zeitraum 1. Mai bis 31. Dezember der Jahre 2014 (FAER) und 2013 (VZR) sind in KBA (2015b) zu finden. Informationen und Bewertungen zur Rückfallwahrscheinlichkeit in Abhängigkeit von der Punktevorbelastung werden bei Klipp (2013) und bei Klipp, Hundertmark & Kühne (2015) gegeben.

Risiko, Ursachen und Entwicklung

Bei Mehrfachpunktetätern handelt es sich um eine Gruppe mit hohem Unfallrisiko (Kapitel 1.1). Eintragungen in Punkteregistern erlauben „nicht nur kraft Gesetzes, sondern auch empirisch begründet den Schluss auf ein erhöhtes Verkehrsrisiko, sodass in diesen Fällen durch ein ‚Driver Improvement' oder notfalls durch den Entzug der Fahrerlaubnis tatsächlich eine Verbesserung der allgemeinen Verkehrssicherheit eintritt" (Schade, 2005).

Raithel & Widmer (2012) haben ein kognitiv-verhaltenstheoretisches Modell des devianten Verkehrsverhaltens vorgelegt (*Bild 4.9*). Sie gehen aus von individuellen persönlichen Risikofaktoren, die für eine devianzaffine Vulnerabilität verantwortlich sein können. Das

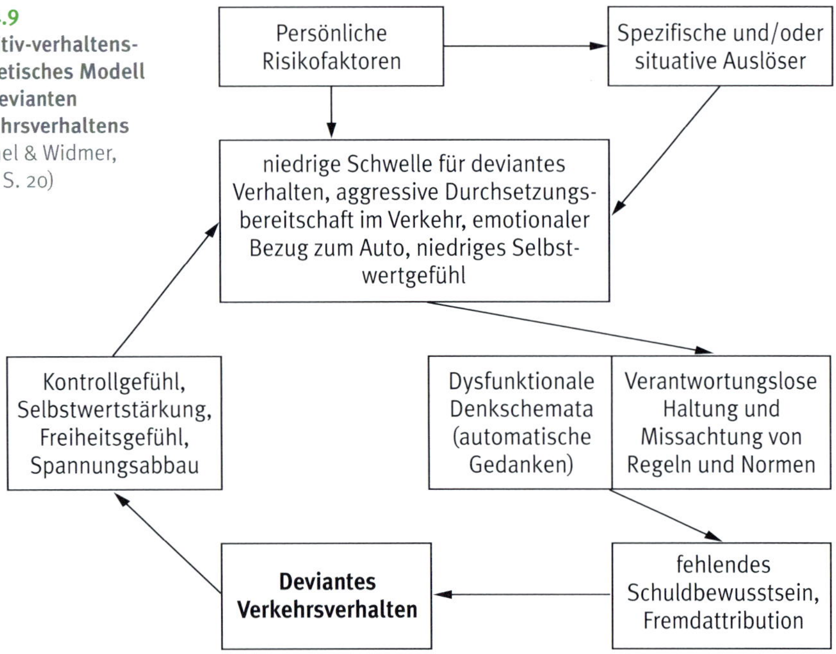

Bild 4.9 **Kognitiv-verhaltenstheoretisches Modell des devianten Verkehrsverhaltens** (Raithel & Widmer, 2012, S. 20)

Tabelle 4.10 **Spektrum persönlicher und situativer Risikofaktoren** (nach Raithel, 2013, S. 28)

Risikofaktoren verkehrsdevianten Verhaltens
Charakterliche Faktoren
Geringes Selbstwertgefühl
Geringe Frustrationstoleranz/Stressresistenz, ungenügende Emotionsregulation
Mangelhafte Impulskontrolle/Selbstkontrolle, Spontanität, Undiszipliniertheit
Erhöhte Risikobereitschaft
Aggressive Durchsetzungsbereitschaft, Aggressionsneigung
Hoher Leistungsimperativ/Perfektionismus
Narzisstische, egozentrische Persönlichkeitsakzentuierung („Ich muss mich nicht an Regeln halten, die gelten nur für die anderen“)
Anti-soziale, dissoziale Persönlichkeitsakzentuierung
Oppositionelle oder anomische Haltung: Geringe Normenakzeptanz/Anpassungsbereitschaft (an soziale Normen)
Geringes Verantwortungsbewusstsein
Expressivität, „impulse expression“ (Schuman et al., 1967)
Mangelhafte emotionale Stimulierung, Alexithymie
Bedürfnis nach „arousal“, „sensation seeking“ (Zuckerman, 1979)
Fremdattribuierung (Schuldsuche bei anderen)
Situationsunangepasster Umgang mit psychotropen Substanzen

Tabelle 4.10 Spektrum persönlicher und situativer Risikofaktoren (Fortsetzung)

Risikofaktoren verkehrsdevianten Verhaltens
Kognitiv-wissensbezogene Faktoren
Dysfunktionale Denkschemata (z. B. Fehlannahmen über das Verkehrsverhalten der Allgemeinheit)
Geringes Gefahrenwissen sowie Gefahrenbewusstsein
Geringe Risikowahrnehmung
Mentalitätsspezifische Faktoren (Milieu, Kultur, Ethnie)
Statusdemonstration durch das Auto und somit hoher emotionaler Bezug zum Fahrzeug
Geschlechtsrolle/Maskulinitätskonzept (vgl. Raithel, 2005), z. B. Macht, Kontrolle, Konkurrenz, Territorial-Kampf („Ich muss besser sein als die anderen", „Ein richtiger Mann fährt so")
Hedonistische Wertorientierung und Lebensstil (vgl. Raithel, 2004)
Anomisches Wertesystem
Intellektbezogene Faktoren
Eingeschränkte Reflexionsfähigkeit
Geringe geistige Elastizität/Flexibilität
Geringe Lernfähigkeit
Situative Risikofaktoren
Zeitdruck
Beeindrucken wollen/Imponieren
Gruppendruck/-dynamik
Ablenkung (z. B. Konzentration aufs Gespräch)
Frustration
Konflikt/Streit
Gute Stimmung/Euphorie
Günstige/verlockende Straßen-/Verkehrsverhältnisse
Müdigkeit
Bequemlichkeit
Offensive Provokation durch eine andere Person
Situationsangepasster Umgang mit Alkohol, Drogen, Medikamenten

Spektrum persönlicher Risikofaktoren umfasst charakterliche, kognitiv-wissensbezogene, intellektbezogene und mentalitätsspezifische Faktoren, die durch situative Auslöser und/oder das Fahrmotiv aktiviert werden können (*Tabelle 4.10*).

Aus dem Modell ergibt sich, wie nach der Bewertung einer Verkehrssituation unter Berücksichtigung der Bewältigungsstrategien bei verkehrsauffälligen Kraftfahrern ein dysfunktionales Verhalten entstehen kann. Für den devianten Fahrer ergeben sich positiv verstärkende Effekte, die stärker wiegen als die relativ selten zu erwartenden negativen Effekte durch behördliche Sanktionierung:

„Die Verkehrsdevianz kann ein Gefühl der Kontrolle über Risikosituationen vermitteln und somit einen positiven Effekt auf das Selbstwertkonzept auslösen. Kompensatorisch ermöglicht es beispielsweise durch Imponieren Selbstwertstärke herzustellen. Sich nicht an die Vorschriften qua eigenem Auto zu halten, initiiert bei manchen Akteuren ein Freiheitsgefühl. Der Akteur instrumentalisiert das Auto und den unmittelbaren Verkehrsraum zu einem selbstbestimmten bzw. rechtsnormfreien Territorium“ (Raithel, 2013, S. 29).

Kalwitzki (2016) weist zudem auf gesellschaftliche Einflüsse auf das Verkehrsverhalten und auf die Regeleinhaltung hin:

„So deutet z. B. die Art und der hohe Anteil der Verkehrsdelikte, die im Zusammenhang mit beruflichen Fahrten des Täters stehen, auf den hohen Leistungs- bzw. Zeitdruck hin, dem sich Erwerbstätige in unserer Gesellschaft ausgesetzt sehen [vgl. Kapitel 2.3.4; d. Verf.]. [...] Auch die Betrachtung von Verkehrsverstößen als Kavaliersdelikte (z. B. bei Geschwindigkeitsverstößen) lässt auf eine zumindest widersprüchliche Haltung der Gesellschaft und ihrer Medien diesen Delikten gegenüber schließen. Hier stößt die Wirkung verkehrspsychologischer Interventionen auf Grenzen, mit deren Überwindung sie zweifellos überfordert ist.“

Fahreignungsrelevanz

In den Begutachtungsleitlinien wird einleitend begründet, warum Kraftfahrer, die durch wiederholte oder erhebliche Verkehrsverstöße aufgefallen sind, eine besondere und nicht zu tolerierende Gefährdung der Verkehrssicherheit darstellen:

„Diese Gefährdung lässt sich damit erklären, dass den Verkehrsauffälligkeiten Gewohnheiten, verfestigte Fehleinstellungen oder Leistungsmängel zugrunde liegen. [...]. Damit es nicht zu weiteren erheblichen Verstößen gegen die verkehrsrechtlichen Vorschriften und zu einer Gefährdung der Verkehrssicherheit kommt, die der Allgemeinheit nicht zugemutet werden kann, dürfen also nicht nur oberflächliche Vorsatzbildungen erfolgt sein (angepasste Fahrweise bis zur Löschung der Eintragungen im Verkehrszentralregister), sondern es müssen die Grundzüge und Ursachen der Fehleinstellungen und der eigenen Lerngeschichte erkannt, die Einstellungen und das Verhalten ausreichend geändert, stabile neue Gewohnheiten gebildet und/oder evtl. vorhandene Leistungsmängel korrigiert bzw. kompensiert worden sein“ (Gräcmann & Albrecht, 2014, S. 82 f.).

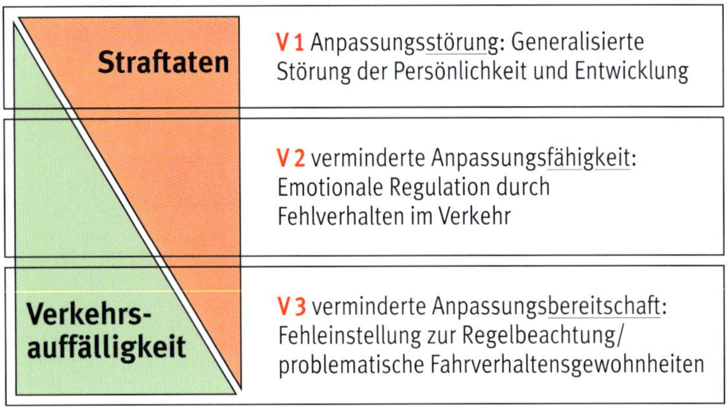

Bild 4.10 V-Hypothesen der Beurteilungskriterien

Die Beurteilungskriterien (DGVP & DGVM, 2013) unterscheiden in der 3. Auflage drei Fallgruppen (Hypothesen V 1 bis V 3, *Bild 4.10*) hinsichtlich der Fahreignungsrelevanz. Da diese Fallgruppen sich in der dispositionellen Tiefe der Verwurzelung des verkehrsbezogenen Fehlverhaltens im Gesamtverhalten bzw. in der Persönlichkeit unterscheiden, geben sie auch eine Orientierung für Interventionsansätze. Neben der Zugehörigkeit des Klienten zu einer der drei Fallgruppen ist bei verkehrs- oder strafauffälligen Kraftfahrern immer auch zu klären, ob die Auffälligkeiten im Zusammenhang mit medizinischen Ursachen stehen (V 4) oder ob die psycho-physiologische Leistung beeinträchtigt (V 5) ist.

Bewältigung und verkehrspsychologische Interventionen zur Fahreignungsförderung

Die Interventionsziele für verkehrsauffällige Kraftfahrer leiten sich sowohl aus den Begutachtungsleitlinien als auch aus den Beurteilungskriterien ab. Die Eignung kann nach den Begutachtungsleitlinien „*nur dann als gegeben oder als wiederhergestellt betrachtet werden, wenn der Betroffene die nachstehend aufgeführten Voraussetzungen erfüllt:*

a) Es besteht Einsicht in die Problematik des Fehlverhaltens bzw. in die Ungewöhnlichkeit der Häufung, die Ursachen der Verkehrsverstöße werden erkannt und risikoarme Vermeidungsstrategien sind entwickelt.

b) Die wesentlichen Bedingungen, die für das problematische Verhalten maßgeblich waren, werden von dem Betroffenen erkannt.

c) Innere Bedingungen (Antrieb, Affekte, Stimmungsstabilität bzw. -labilität, Motive, persönliche Wertsetzungen, Selbstbeobachtung, Selbstbewertung, Selbstkontrolle), die früher das problematische Verhalten determinierten, haben sich im günstigen Sinne entsprechend verändert.

d) Ungünstige äußere Bedingungen, die das frühere Fehlverhalten mitbestimmten, haben sich unter den entscheidenden Gesichtspunkten günstig entwickelt oder ihre Bedeutung so weit verloren, dass negative Auswirkungen auf das Verhalten als Kraftfahrer nicht mehr zu erwarten sind.

Hypothese V 1: *Der Klient hat aufgrund einer generalisierten* ***Störung*** *der emotionalen und sozialen Entwicklung (z. B. Störung der Persönlichkeit) vermehrt oder erheblich gegen strafrechtliche und ggf. auch verkehrsrechtliche Bestimmungen verstoßen.*

Folgende Merkmale sind hinweisgebend:

- Extern gestellte Diagnose einer verkehrsrelevanten Persönlichkeitsstörung nach ICD bzw. DSM-5
- Hinweise aufgrund der aktuellen Befundlage oder der Auffälligkeiten in der Vorgeschichte auf das Vorliegen einer Persönlichkeitsstörung nach den Kriterien des DSM-5 bzw. des ICD, die sich ungünstig auf das Verkehrsverhalten auswirkt
- Die straf- oder verkehrsrechtliche Auffälligkeit ist als Ausdruck einer generalisierten Störung der sozialen Anpassungsbereitschaft, der Impulssteuerung und/oder der emotionalen Ansprechbarkeit zu sehen, wobei die Regelverstöße wiederholt bewusst, intentional oder mit erhöhter Aggressionsbereitschaft begangen wurden.

Bewältigungsanforderungen zu V 1: *Der Klient zeigt nach einem nachvollziehbaren, in der Regel therapeutisch unterstützten Veränderungsprozess nun keine grundsätzlich antisoziale Einstellung (mehr), ist zur Einhaltung relevanter sozialer Normen und gesetzlicher Bestimmungen motiviert und konnte dies auch bereits erfolgreich über einen längeren Zeitraum umsetzen.*

e) Die psychische Leistungsfähigkeit ermöglicht eine ausreichende sichere Verkehrsteilnahme aufgrund situationsangemessener Aufmerksamkeitsverteilung, rascher und zuverlässiger visueller Auffassung und Orientierung, aufgrund Belastbarkeit sowie Reaktionsschnelligkeit und -sicherheit [siehe Kapitel 3.1.4 „Anforderungen an die psychische Leistungsfähigkeit"; d. Verf.].

f) Ausgeprägte Intelligenzmängel, die eine vorausschauende Fahrweise bei realistischer Gefahrenwahrnehmung und -einschätzung infrage stellen, liegen nicht vor [siehe Kapitel 3.1.4 „Intellektuelle Leistungseinschränkungen"; d. Verf.].

g) Körperliche und psychische Beeinträchtigungen, die als Ursache für die Verkehrsverstöße infrage kommen, liegen nicht mehr vor beziehungsweise können als kompensiert gelten.

Wegen der zusätzlichen Risiken der Fahrer der Gruppe 2 (LKW und Bus) sind die besonderen Anforderungen gemäß Anlage 5 zur FeV zu berücksichtigen" (Gräcmann & Albrecht, 2014, S. 82).

Die Begutachtungsleitlinen werden durch die Beurteilungskriterien (DGVP & DGVM, 2013) konkretisiert und operationalisiert. Interventionsziele sind in den jeweiligen Hypo-

Hypothese V 2: *Der Klient hat aufgrund problematischer und verfestigter Verhaltensmuster bei verminderter Anpassungs**fähigkeit** vermehrt oder erheblich gegen verkehrs- und/oder strafrechtliche Bestimmungen verstoßen.*

Folgende Merkmale sind hinweisgebend:

- Wiederholte Verkehrsauffälligkeit trotz einer früheren positiven Eignungsbegutachtung oder einer Maßnahme (Kurs nach § 70 FeV für Punktetäter oder Verkehrstherapie)
- Wiederholte Entziehung der Fahrerlaubnis
- Heterogene Tatstruktur (Vermischung von Verkehrsdelikten, aber auch Straftaten)
- Hinweise auf wiederholt massive Ausprägungen von Abweichungen der normativen Vorgaben (z. B. innerorts mit 90 km/h statt 50 km/h)
- Vorliegen einer schweren Straftat (mit Haftstrafe, auch zur Bewährung) und Wiederauffälligkeit danach
- Hinweise auf besondere Persistenz und nachvollziehbare Änderungsresistenz
- Beteiligung von Delikten unter Alkohol- oder Drogeneinfluss
- Die Delinquenzneigung lässt eine zunehmend eskalierende Dynamik erkennen (z. B. zunächst leichte Ordnungswidrigkeit, dann Straftaten).

Bewältigungsanforderungen zu V 2: *Der Klient ist sich mittlerweile, zumeist mit fachlicher verkehrspsychologischer Unterstützung, dieser Zusammenhänge bewusst geworden und konnte angemessene alternative Bewältigungsstrategien entwickeln und stabilisieren, sodass er nun über eine ausreichende Selbstkontrolle bei der Einhaltung von Verkehrsregeln verfügt.*

Folgende Merkmale zur Problembewältigung müssen erfüllt sein:

- Der Zusammenhang zwischen Auffälligkeit(en) im Verkehr und Persönlichkeit/Biografie wurde erkannt und konnte benannt werden
- Für die Zukunft sind eine verbesserte Anpassungsfähigkeit sowie eine ausreichende Verhaltenskontrolle zur Regelbefolgung zu erwarten. Einstellungsänderungen, Einsichtsprozesse und ein Kompetenzaufbau haben zu veränderten Verhaltensweisen in Problemsituationen geführt und werden als zufriedenstellend erlebt
- Die Inanspruchnahme einer Interventionsmaßnahme (im Regelfall verkehrspsychologische Therapie oder Psychotherapie) war fachlich angemessen, wurde vollständig absolviert und hat zu einer nachvollziehbaren und stabilen Einstellungs- und Verhaltensänderung geführt
- Das soziale Umfeld, berufliche Bedingungen und der Lebensstil stützen die Veränderungen bzw. gefährden sie nicht.

thesen enthalten. Sie ergeben sich konkludent aus den zu jeder Hypothese gehörenden Prognosekriterien. Hier werden beispielhaft Auszüge der V-Hypothesen sowie der dazu gehörenden Kriterien zur Problembewältigung aufgeführt.

In der Regel wird bei einer Persönlichkeitsstörung ein Veränderungsprozess mit belegbar lang andauernder psychiatrischer oder psychotherapeutischer Unterstützung Voraussetzung für eine positive Begutachtung sein. Der Verkehrspsychologe kann diese anregen und/oder verkehrspsychologisch begleiten und im Falle einer Approbation selbst durchführen. Die besonderen motivationalen und behavioralen Dysregulationen mit Bezug zum Fahrverhalten sind bei Menschen mit Persönlichkeitsstörungen ein aktueller Forschungsgegenstand (Kapitel 4.2.10).

Trifft diagnostisch weder die Hypothese V 1 noch die Hypothese V 2 zu, wird der Betroffene in die Hypothese V 3 eingeordnet.

Bei der Zielgruppe verkehrsauffälliger Kraftfahrer ist ein gezielter und umfassender Veränderungsprozess erforderlich, der dazu führt, dass der Klient zukünftig ein regelkonformes, verkehrssicheres und situationsangemessenes Verhalten zeigt. Relevante Persönlichkeitsaspekte werden in dieser Zielgruppe besonders stark berührt. Wie auch aus den Beurteilungskriterien hervorgeht, ist bei verkehrsdelinquentem Verhalten die Tiefe der Verwurzelung der Problematik zu beachten. Ggf. ist eine multiprofessionelle Zusammenarbeit Voraussetzung für die erfolgreiche Wiederherstellung der Fahreignung.

Hypothese V 3: *Der Klient hat aufgrund von Fehleinstellungen gegenüber Regelbeachtung bei verminderter Anpassungsbereitschaft und aufgrund problematischer Fahrverhaltensgewohnheiten vermehrt oder erheblich gegen verkehrsrechtliche und ggf. auch strafrechtliche Bestimmungen verstoßen.*

Folgende Merkmale der Verkehrsbiografie sind zur Feststellung von Fehleinstellungen gegenüber Regelbeachtung bei einer verminderten Anpassungsbereitschaft hinweisgebend:

- Entwicklung problematischer Verhaltensgewohnheiten, die durch eine erhöhte Risikobereitschaft und/oder verminderte Risikowahrnehmung aufrechterhalten wurden
- Geringe Beeindruckbarkeit durch Sanktionen oder sonstige Konsequenzen des Fehlverhaltens in der Vergangenheit
- Im Grunde akzeptierte Regelungen wurden bei der Verkehrsteilnahme nicht im erforderlichen Maße umgesetzt.

Bewältigungsanforderungen zu V 3: *Beim Klienten ist mittlerweile eine weitreichende Einstellungs- und Verhaltensänderung eingetreten, sodass er über eine ausreichende Selbstkontrolle bei der Einhaltung von Verkehrsregeln verfügt.*

Folgende Merkmale zur Problembewältigung müssen erfüllt sein:

- In der Regel ist verkehrspsychologische, ggf. andere fachlich angemessene Unterstützung notwendig
- Die Problematik des eigenen Verhaltens bzgl. Ausprägung oder Häufung wurde erkannt und richtig bewertet
- Die frühere Gewohnheitsbildung wurde reflektiert, Zusammenhänge zwischen Grundhaltungen bzw. Lebensstil (mit Stärken und Engpässen) und den Delikten wurden erkannt
- Änderungen in Einstellungen und Verhalten sind angemessen, Regeln werden akzeptiert und sicherheitsorientiert angewendet, Verhaltensvorsätze werden umgesetzt
- Veränderungen in Einstellungen und Verhalten sind konkret, auf Dauer angelegt, weitgehend stabilisiert und werden als zufriedenstellend erlebt
- Arbeits- und Lebensbedingungen haben keinen destabilisierenden Einfluss.

Tabelle 4.11 Phasen des Interventionsprozesses, modifiziert nach Raithel (2013)

Phase	Interventionsmodule
1	Statusfeststellung, Auftragsklärung Zielformulierung Stabiler Beziehungsaufbau
2	Motivationsaufbau
3	Deliktbezogene Problemanalyse Personenbezogene, biografische Problemanalyse Psychoedukatives Erklärungsmodell des Verkehrsverhaltens
4	Kompetenzaufbau Psychoedukation Regelwissen Selbstbeobachtung, Selbstreflexion, Selbstkontrolle Zeitmanagement Skillstraining, Lösungsstrategien, Problemlösetraining Verhaltensübungen und -experimente
5	Stabilisierung Rückfallprophylaxe Legalbewährung

Ein verkehrspsychologischer Interventionsansatz, der sich konsequent an den V-Hypothesen orientiert, existiert bisher nicht in publizierter Form. Gleichzeitig ist das Interventionsziel „Veränderung von Einstellung und Verhalten verkehrsauffälliger Kraftfahrer" komplex und multikausal determiniert, sodass verkehrspsychologische Interventionen in der Praxis häufig modular aufgebaut und individuell zugschnitten werden. Nach Raithel & Widmer (2013) gliedert sich der Interventionsprozess in fünf Phasen. Diesen können Interventionsmodule zugeordnet werden (*Tabelle 4.11*). In Kapitel 4.1 werden Module für verschiedene Phasen der Intervention exemplarisch beschrieben.

In der praktischen Arbeit eignet sich auch das vereinfachte Modell zur Geschwindigkeitsregelung (*Bild 4.11*) nach Sohn (2012). Davon abgeleitet können beispielsweise folgende Interventionen erfolgen:

- Bedingungsanalyse und Ursachenklärung
- Verhaltensanalysen an Deliktbeispielen
- Psychoedukation (zulässige Geschwindigkeit, zulässige Höchstgeschwindigkeit, Einzelbestimmungen, fahrphysikalische Gesetzmäßigkeiten)
- Ziel- und Vorsatzbildung
- SOLL-IST-Wert-Vergleiche, Fehlerquellen beim Wahrnehmen des SOLL-Wertes und des IST-Wertes
- Analyse von tendenziellen Fehlbewertungen
- Analyse persönlicher Motive und internalisierter Regeln, Reaktanz
- Gewinn- und Verlustbetrachtungen
- Systematische Analyse dysfunktionaler Kognitionen (Mythen und Denkfehler)
- Aufbau adäquater regelgeleiteter Selbstverbalisationen
- Emotionsregulation, Aufbau funktionaler Emotionsregulationsstile

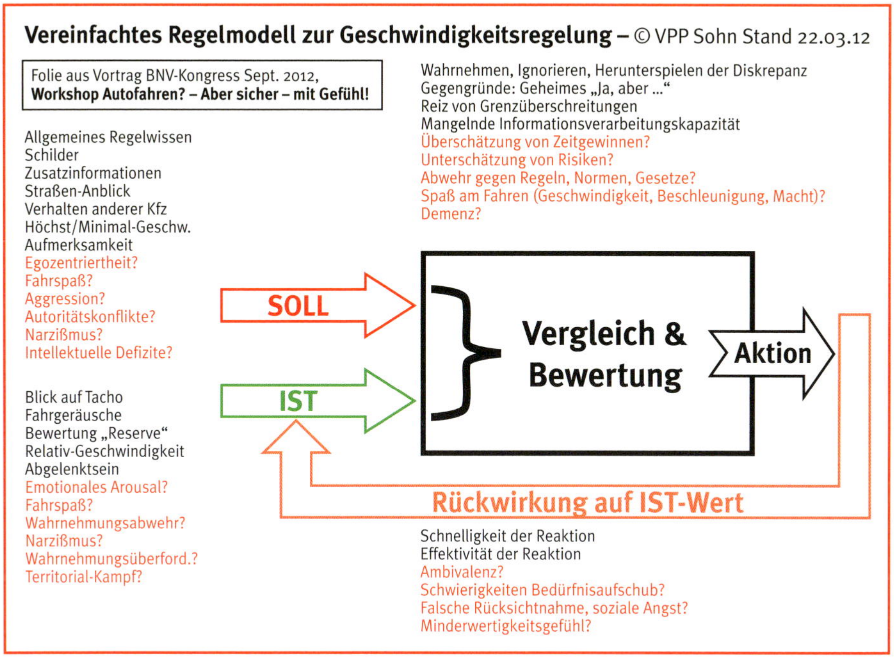

Bild 4.11 Vereinfachtes Regelmodell zur Geschwindigkeitsregelung (Sohn, 2012)

- Risiko-Einschätzung, Rückfallrisiken bei Beibehaltung ungünstiger Einstellungen
- Rückfallprophylaxe.

Nachfolgend werden einige Praxisbeispiele für Ursachenanalysen devianten Verkehrsverhaltens beschrieben (Sohn, 2012). Diese Praxisbeispiele zeigen, dass die Ursachen von Verkehrsauffälligkeiten sehr unterschiedlich sein können.

- *„Dünnhäutig, Gerechtigkeitsgefühl und frühzeitig gelernt, sich zu wehren, provozierbar durch Regelverletzung durch andere, damalige private Belastungssituation, fehlende Gesprächspartner“* (Kranführer mit mehrfachen Beleidigungen und Handgreiflichkeiten im Straßenverkehr, auch vor dem Hintergrund einer deutlichen Ausländerfeindlichkeit)
- *„Distanziertes Verhältnis zu Regeln, subjektive Einschätzung der Berechtigung, Unterschätzung von Risiken, Überschätzung von Zeitgewinnen, schlechtes Zeitmanagement“* (Journalist mit permanenten Geschwindigkeitsüberschreitungen außerhalb geschlossener Ortschaften)
- *„Mangelnde Achtsamkeit für eigenes Verhalten im Straßenverkehr, unterschiedlich differenziertes Normensystem für Leben insgesamt und Autofahren, subjektives Gefühl von Unverwundbarkeit, Verkehr als Spiel-Raum“* (differenzierter Unternehmer mit spirituellem Anspruch, trockener Alkoholiker)
- *„Zeitdruck der Fahrgäste nachgegeben, Konsequenzen unterschätzt, Regeln nicht präzise gewusst“* (türkischstämmiger Taxifahrer, unterschiedliche Verstöße mit Taxi: Geschwindigkeitsübertretungen, Handybenutzung, rote Ampel überfahren)
- *„Familienkonflikte als Lebenshintergrund, Entscheidung für ein vollgepacktes Leben statt Puffer“* (Erfolgreicher Konzertmusiker mit selbstorganisiertem Zeitdruck und Widerwillen gegen ein angepasstes Leben, Geschwindigkeitsübertretungen, rote Ampel überfahren, Handybenutzung)

Die Praxis verkehrspsychologischer Interventionen bei verkehrsauffälligen Kraftfahrern muss gut geplant und dokumentiert werden. Ihre Anlassbezogenheit stellt auch aus Klientensicht eine wichtige Grundlage für eine motivationsunterstützte erfolgreiche Maßnahme dar, denn die Verkehrsdelikte bilden die Grundlagen des zu modifizierenden Verhaltens ab. Eine positive Verkehrsverhaltensprognose in der medizinisch-psychologischen Begutachtung stellt nur den ersten Schritt einer nachhaltigen Einstellungs- und Verhaltensänderung dar. Langfristiges Ziel ist es, mobil zu bleiben, Rückfälle in alte Verhaltensmuster zu vermeiden und erkannte Gründe für auffälliges Verhalten dauerhaft zu überwinden. Damit ist häufig eine höhere Lebensqualität und aufgrund von geringeren Konfliktspannungen ein verbessertes Wohlbefinden verbunden.

4.2.4 Strafauffällige Kraftfahrer

Alexander Schmidt

Aggressive und dissoziale Erlebens- und Verhaltensweisen sind häufige und heterogene Phänomene, die sich auch im Fahrverhalten von Kraftfahrern manifestieren können. Aggressives und dissoziales Verhalten resultiert aus dem Zusammenspiel von Beeinträchtigungen der Selbstkontrolldisposition und der akuten Emotionsregulation in frustrierenden Situationen (Banse, 2012). Diese lassen sich zum Ausgangspunkt transdiagnostischer (d. h. störungsübergreifender) therapeutischer Ansätze machen, die mittels selbstregulationsstärkender Interventionen die jeweiligen Problembereiche in sozial erwünschter Weise zu beeinflussen versuchen. Es werden therapeutische Ansätze zur Verbesserung der Emotionsregulation, der Selbstkontrolle und des Ärgermanagements vorgestellt sowie ein kurzer Überblick über den aktuellen Forschungsstand zur Straftäterbehandlung gegeben. Dabei steht die empirische Bewährung der vorgestellten Ansätze im Zentrum.

Interventionen bei dissozialem und aggressivem Verhalten

Aggressive und dissoziale Erlebens- und Verhaltensweisen sind heterogene und häufige Phänomene von erheblicher gesellschaftlicher Relevanz, was sich nicht nur in einer Vielzahl unterschiedlicher Straftatbestände im Strafgesetzbuch niederschlägt, sondern auch in den Symptomen verschiedener psychischer Störungen in den standardisierten Diagnosemanualen (DSM-5; Falkai & Wittchen, 2015; ICD-10; Dilling, Mombour & Schmidt, 2013) seine Entsprechung findet. Auf der Ebene der Straftaten verteilten sich von den ca. sechs Millionen erfassten Straftaten in der polizeilichen Kriminalstatistik 2014 die mit Aggressivität im engeren Sinne assoziierten Delikte folgendermaßen (Deliktbereiche teilweise überlappend): 22 % Straßenkriminalität, 13 % Rohheitsdelikte und Straftaten gegen die persönliche Freiheit und 3 % Gewaltdelikte (davon 29 % unter Alkoholeinfluss). Von allen 2013 durch das Kraftfahrtbundesamt registrierten Verkehrsauffälligkeiten betrug der Anteil der Verkehrsstraftaten 6 %, in 68 % der klassifizierbaren Fälle wurde erkennbar riskantes Verkehrsverhalten gezeigt. Jeder zweite Autofahrer gibt geschlechtsunabhängig an, aggressive Verhaltensweisen im Straßenverkehr häufig zu beobachten oder selbst aggressiv zu fahren (Burns & Katovich, 2003; Maag, Krüger, Benmimoum & Neunzig, 2004; Maxwell, Grant & Lipkin, 2005). Aggressives Fahren wird als Verursachungsfaktor mit der Hälfte aller Autounfälle in Verbindung gebracht (American Automobile Association, 2009), wobei hier zu berücksichtigen ist, dass die externe Klassifizierung aggressiven Verhaltens nicht notwendigerweise auf Aggression als verursachenden Faktor schließen lässt (Galovski, Malta & Blanchard, 2006). So sind auf psychologischer Ebene neben allgemeiner Aggressivität und Ärger primär Impulsivität und „Sensation Seeking" als weitere Persönlichkeitsdispositionen mit dem Konstrukt „aggressives Fahren" assoziiert (für einen Überblick, auch über andere Risikofaktoren, siehe Galovski & Blanchard, 2004; Herzberg & Schlag, 2006; Wickens, Mann & Wiesenthal, 2013; Witthöft, Hofmann & Petermann, 2011). Aktuelle Erklärungsmodelle aggressiven Fahrverhaltens basieren auf einer Vulnerabilitäts-Stress-Konzeption, innerhalb derer aggressives und riskantes Fahren als Folge des Zusammenspiels mangelnder Selbstkontrolldispositionen und akuten negativen Affekts im Sinne von Frustrationen konzipiert werden (Ellwanger & Pratt, 2014).

Im Folgenden werden transdiagnostisch einsetzbare Behandlungsansätze für Erlebens- und Verhaltensweisen aus dem erst- und letztgenannten Syndrombereich samt deren empirischer Bewährung dargestellt. Für die anderen Bereiche sei auf die entsprechenden Kapitel in diesem Werk verwiesen.

Behandlungsansätze zur Verbesserung der Emotionsregulation, Impuls- und Selbstkontrolle

Den therapeutischen Grundstock empirisch wirksamer Ansätze zur Verbesserung selbstregulativer Kompetenzen bilden häufig angewandte klassische Ansätze wie das Problemlösetraining (D'Zurilla & Goldfried, 1971), das Stressimpfungstraining (Meichenbaum & Deffenbacher, 1988) sowie das Stressbewältigungstraining (Heinrichs, Stächele & Domes, 2015). Diese Verfahren werden zumeist kombiniert mit Entspannungstechniken wie z. B. der Progressiven Muskelrelaxation (Jacobson, 1938) und Interventionen, die aus der emotionsfokussierten Therapie (Greenberg, 2002) entlehnt worden sind. Zunehmend finden auch Elemente der sogenannten dritten Welle der kognitiv-behavioralen Therapie (Hayes, 2004) als erfolgreiche Behandlungsrationale Zuspruch, die auf den Mechanismen Achtsamkeit (Grossman, Niemann, Schmidt & Wallach, 2004) und Akzeptanz (Hayes, Strosahl & Wilson, 1999) beruhen. Letztere Ansätze haben – wenn auch nicht unwidersprochen (z. B. Hofmann & Asmundson, 2008) – bei bislang schwierig zu behandelnden Problemen zu Behandlungsfortschritten geführt (Öst, 2008; Grossman et al., 2008). Ein zentrales Thema dieser neueren Ansätze ist die bewusste zielbezogene Regulation belastend empfundener Emotionen durch nicht bewertende Wahrnehmung und momentane Akzeptanz unangenehmer Gefühle anstelle direkter Beeinflussungsversuche.

Beispielhaft sei an dieser Stelle das Fertigkeiten-Training innerhalb der Dialektisch-Behavioralen Therapie der Borderlinestörung (DBT; Linehan, 1993; 2004) erwähnt, das schon früh Elemente der dritten Welle aufgegriffen hat. Zentrale Bewältigungsmechanismen, die mittels spezifischer Interventionen geübt werden, sind:

a) Achtsamkeitsfertigkeiten, die sich auf die Wahrnehmung von Gefühlen und Impulsen beziehen (sogenannte Was- und Wie-Fertigkeiten)
b) Fertigkeiten zur Steigerung der interpersonellen Wirksamkeit, wie z. B. gesprächsförderliche Aussagen zu tätigen, Bedürfnisse einfordern und ablehnen zu können
c) Fertigkeiten zum bewussten Umgang mit Gefühlen (z. B. wahrnehmen, benennen, deren Bedeutung/Funktion analysieren, positive Gefühle steigern, Akzeptanz von negativen Gefühlen, gegenregulatorisches Handeln)
d) Fähigkeiten, die zur Stresstoleranz beitragen.

Das Training emotionaler Kompetenzen (TEK; Berking, 2010) ist ein transdiagnostisch angelegtes Fertigkeitentraining, das mit einem Umfang von zehn Sitzungen explizit auch für nicht-klinische Kontexte konzipiert worden ist. Die wichtigsten Trainingsbausteine sind:

a) Psychoedukation zu Entstehung, Verlauf, Funktion und Beeinflussung von Emotionen
b) Vermittlung von Entspannungstechniken
c) Fähigkeiten zur bewertungsfreien Wahrnehmung
d) Stressakzeptanz und -toleranz
e) Möglichkeiten der Selbstunterstützung
f) Techniken zur Situationsanalyse
g) Emotionsmodifikationsfertigkeiten.

Empirisch konnten inkrementelle emotionsregulationsspezifische Verbesserungen gegenüber einer kognitiv-behavioralen Standardbehandlungsgruppe belegt werden, was für die spezifische emotionsregulative Wirksamkeit dieses Trainings spricht (Berking et al., 2008).

Beim Ärger-Management-Training (AM; Novaco, 2007; Steffgen, de Boer & Vögele, 2014) und den sogenannten Antiaggressionsprogrammen (z. B. Goldstein, Glick & Gibbs, 1998) handelt es sich ebenfalls um für nicht-klinische Populationen entwickelte störungsunabhängige Interventionsprogramme. Zentraler Fokus des AM ist die Unterscheidung zwischen funktionalem und dysfunktionalem Ärger, wobei lediglich letzterer zum Ziel der Interventionen gemacht wird. Das Training besteht aus drei Phasen:

1. In der Vorbereitungsphase stehen neben einer umfangreichen Ärgerdiagnostik hauptsächlich Komplianz und motivationale Aspekte auf Seiten des Teilnehmers im Vordergrund sowie die Vermittlung psychoedukativer Informationen zum Ärgererleben.
2. In der zweiten Phase werden im Rahmen von Übungen und Rollenspielen Wahrnehmung von Ärger, Entspannung, kognitive Umstrukturierung ärgerbezogener Gedanken sowie förderliche Selbstinstruktionen eingeübt.
3. Die dritte Phase dient dem Transfer der gelernten Inhalte in das Alltagsverhalten anhand vertiefender Rollenspiele und systematischer Desensibilisierung in vivo.

Die Erweiterung um ein soziales Kompetenztraining und Übungen zum moralischen Schlussfolgern erfolgt im Aggression Replacement Training (ART; Goldstein et al., 1998). Sowohl das AM als auch das ART haben sich in verschiedenen klinischen und auch nicht-klinischen Stichproben als wirksam herausgestellt (Hollin & Bloxsom, 2007; Hatcher et al., 2008). Demgegenüber verbleibt das im deutschen Sprachraum mit einer gewissen Popularität versehene sogenannte Anti-Aggressivitäts- & Coolness-Training® (AAT/CT) bislang ohne wissenschaftlich überzeugenden Wirkungsnachweis. Zusätzlich ist in letzterem Programm das stark tatkonfrontative Vorgehen im Gruppensetting als problematisch einzuschätzen, da der Einsatz massiver Schamanteile therapeutisch sowohl auf Gruppen- als auch auf Einzelebene ungünstig ist.

Spezifische Ansätze für aggressives Fahrverhalten („Road Rage")

Es gibt nur eine geringe Anzahl empirisch evaluierter Behandlungsprogramme spezifisch für aggressives Fahrverhalten („Road Rage"). Galovski & Blanchard (2004) konnten in ihrem Überblicksartikel insgesamt drei Programme identifizieren, die sich mit den in der deutschen Literatur dargestellten Ansätzen überlappen (Herzberg & Schlag, 2006). Die in den Programmen eingesetzten Interventionen orientieren sich an den bislang dargestellten Ansätzen und basieren auf psychoedukativen Inhalten, Entspannungstechniken, kognitiven Umstrukturierungsmaßnahmen sowie Bausteinen zur systematischen Desensibilisierung und Emotionsregulation. Galovski & Blanchard (2004) berichten, dass die beiden methodisch besser evaluierten Programme (Deffenbacher, Huch, Lynch, Oetting & Salvatore, 2000; Galovski & Blanchard, 2002) zu spezifischen Verbesserungen im fahrbezogenen Ärgererleben und in Fahrverhaltenstagebüchern führen.

Behandlungsansätze zur Reduktion von Rückfälligkeit im Rahmen der allgemeinen Straftäterbehandlung

Zu den wichtigsten Zielen der allgemeinen Straftäterbehandlung gehört die Verhinderung von erneuter Delinquenz. In der Literatur zur Straftäterbehandlung haben sich für erfolgreiche Programme drei störungsunabhängige Prinzipien empirisch herauskristallisiert (Risk-Need- Responsivity, RNR; Andrews, Bonta & Hoge, 1990; Andrews & Bonta, 2010). Das *Risikoprinzip* besagt, dass Straftäter in Abhängigkeit von ihrem Rückfallrisiko behandelt werden sollten. Dementsprechend sollten sich Rückfallrisiko und Behandlungsintensität entsprechen (je höher, desto intensiver). Intensive Behandlungen für Täter mit geringem Rückfallrisiko können dabei sogar negative Effekte aufweisen und erhöhte Rückfallraten zur Folge haben (Andrews & Bonta, 2010). Nach dem *Bedürfnisprinzip* ist Straftäterbehandlung nur dann wirksam, wenn empirisch bewährte und veränderbare (dynamische) Risikofaktoren behandelt werden, die ursächlich sind für die Begehung der Straftaten. Ziel der Interventionen sollen demnach nur solche Risikofaktoren sein, deren Veränderung tatsächlich zu einer Veränderung der Rückfallwahrscheinlichkeit führt (sogenannte „criminogenic needs"; vgl. die Liste empirisch belegter (dynamischer) Delinquenzrisikofaktoren bei Andrews & Bonta, 2010, S. 58 ff.). Die Behandlung anderer Problemverhaltensweisen (z. B. geringer Selbstwert, unklares personales Stresserleben) hat dagegen keine rückfallsenkende Wirkung. Schließlich fordert das *Ansprechbarkeitsprinzip*, dass Interventionen den kognitiven Stilen und motivationalen Besonderheiten der Straftäter angepasst werden müssen, um deren Wirksamkeit zu garantieren.

An diesem Prinzip setzt auch eine vielversprechende neuere Konzeption der Straftäterbehandlung an, das sog. Good-Lives-Model (GLM; Ward, Mann & Gannon, 2007), die als theoretisch vielversprechend ausformulierte Erweiterung des klassischen Ansatzes von Andrews & Bonta (2010) betrachtet werden kann. Die stärkere Fokussierung individueller Zielvorstellungen des Straftäters im GLM steht dabei nicht in direktem Widerspruch zum RNR-Modell, verbleibt aber bislang ohne überzeugenden empirischen Wirkungsnachweis der postulierten (überlegenen) Wirksamkeit.

Empirisch kann über alle Straftäterbehandlungsprogramme hinweg (im Vergleich zu klassisch strafenden Sanktionen) unabhängig von den drei Straftäterbehandlungsprinzipien eine mittlere Senkung der Rückfallrate um 12 % festgestellt werden. Eine differenziertere Betrachtung zeigt, dass die Effektivität im Zusammenhang mit der Anzahl der in der Behandlung umgesetzten RNR-Prinzipien steht: So steigt die Effektstärke auf bis zu 26 % verringerte Rückfallraten in hochstrukturierten Programmen, die alle drei Prinzipien umsetzen können (Andrews & Bonta, 2010).

Das Reasoning & Rehabilitation Program (R&R; Ross & Fabiano, 1985; Gretenkord, 2002) ist ein störungsunabhängig konzipiertes Fertigkeitentraining für Straftäter, das insgesamt aus 35 hochstrukturierten doppelstündigen Sitzungen besteht. Primäres Ziel ist es, soziales Schlussfolgern und zwischenmenschliche Problemlösefähigkeiten zu verbessern. Dabei werden Rollenspiele und Übungen stark betont. Die einzelnen Module des R&R beinhalten Interventionen, die der Verbesserung von Problemlösen, sozialen Fertigkeiten, Verhandlungskompetenzen, Umgang mit Emotionen, kreativem und kritischem Denken sowie der Weiterentwicklung von Werten dienen. Empirisch ist die rückfallsenkende Wirkung des Programms mit methodisch relativ belastbaren Studien aus mehreren Ländern belegt (Allen, McKenzie & Hickman, 2001; Tong & Farrington, 2006).

Eine schwer zu behandelnde Straftätergruppe sind Personen, die hohe Ausprägungen des sogenannten *Psychopathy*-Konstrukts (Hare, 2003) aufweisen und sich als besonders gefährliche und wiederholt rückfällige dissoziale Kerngruppe erwiesen haben (Dahle & Haase, 2008). Die für diese Personengruppe charakteristischen Merkmale wie fehlende Veränderungsmotivation, ausgeprägte Manipulations- und Täuschungstendenzen, oberflächliche Emotionalität, Bindungsprobleme und ein hohes Sensation Seeking stellen Behandler vor besondere Herausforderungen. Entsprechend der zuvor beschriebenen Behandlungsprinzipien kommt bei dieser Gruppe dem Ansprechbarkeitsprinzip ein besonders hoher Stellenwert zu. Gemeinhin überwiegt oftmals ein therapeutischer Skeptizismus, der in der Annahme der Unbehandelbarkeit gipfelt. Empirisch existieren jedoch einzelne – methodisch schwächere – Studien, die moderate Effekte hinsichtlich gesenkter Rückfallraten belegen, insbesondere wenn es sich um jugendliche Straftäter handelt, die frühzeitig behandelt werden, und das Ansprechbarkeitsprinzip beachtet wird (Salekin, Worley & Grimes, 2010; Olver & Wong, 2009). Fasst man die Befundlage über alle Studien hinweg zusammen, so ist sie bislang als uneindeutig zu bezeichnen, da keine methodisch starken Studien vorhanden sind, die belastbare Schlüsse zur Effektivität der Behandlung dieser Hochrisikogruppe zulassen (Salekin et al., 2010).

Schlussfolgerungen

Zusammenfassend lässt sich festhalten, dass eine Vielzahl von therapeutischen Programmen, Trainings- und Behandlungsansätzen zur wirksamen Reduktion von aggressiven und dissozialen Erlebens- und Verhaltensweisen existiert, die auf zumeist klassischen kognitiv-behavioralen Interventionen zur Stärkung der Emotions- und Selbstregulation oder der Veränderung empirisch nachgewiesener Delinquenzrisiken beruhen. Dies gilt für eine große Bandbreite unterschiedlicher Symptome, Syndrome, Störungen sowie auch spezifisches und generell kriminelles Verhalten. Lediglich für eine eng umschriebene Gruppe von Hochrisikostraftätern (sogenannte Psychopaths) ist die Befundlage zur Effektivität von Behandlungsmaßnahmen als uneindeutig zu bezeichnen.

Einschränkend ist anzumerken, dass die empirische Absicherung zumeist nur auf relativ distalen, aggressionsunspezifischen Maßen unter primärer Verwendung von klinischen Befindlichkeits- und Fertigkeitsinstrumenten basiert. Die meisten Ergebnisse beruhen auf Selbstberichtsmaßen und nicht auf Verhaltensdaten. Eine Ausnahme bilden hier die Untersuchungen zur Straftäterbehandlung sowie AM und ART, die Rückfälligkeit auf Aktenbasis (Fremdbeobachtung) als Effektivitätsnachweise vorweisen können.

Die Wirksamkeit der meisten Programme ist durch eine intensivere Implementierung beträchtlich steigerbar – was jedoch in deutlichem Widerspruch zu den knappen Ressourcen für Interventionsansätze steht. Je mehr der Fokus weg von rein psychoedukativen Programmen hin zu intensiv übenden Ansätzen verlagert wird, umso nachhaltigere Verhaltensänderungen sind zu erwarten. Dies ist u.a. beeindruckend belegt in den Daten zum Ansprechbarkeitsprinzip in der Straftäterbehandlung (Andrews & Bonta, 2010, Andrews et al., 1990). Auch sind umfassendere Interventionsansätze, die der konkreten Einübung verschiedener, sich ergänzender Fertigkeiten dienen - wie sie z.B. in der Straftäterbehandlung oder dem ART realisiert werden -, erfolgversprechender bei der Beeinflussung verfestigter und schwerwiegender Verhaltensprobleme als die im verkehrspsychologischen Bereich häufig eingesetzten Kurztrainings (z.B. Larson, 1996). Im Umgang mit einer Klientel, deren problematische Erlebens- und Verhaltensweisen Änderungen teilweise nur schwer zugänglich sind (Lebensstiländerungen), scheint eine Orientierung an den Interventionsprinzipien erfolgreicher Programme aus anderen Bereichen (Sucht, Persönlichkeitsstörungen, Straftäterbehandlung) ein geeigneterer Ansatz zu sein, um Fortschritte bei der deutlich ausbaufähigen Entwicklung und Erforschung verkehrsspezifischer Aggressionsprogramme (Galovski & Blanchard, 2004) zu erzielen. Dies erfordert auch, dass theoretische und empirische Erkenntnisse zu tatsächlichen Risikofaktoren auffälligen Fahrverhaltens herangezogen werden, die über die Einfachannahme eines Aggressionsphänomens hinausgehen (Galovski et al., 2006; Wickens et al., 2013). Ein bislang völlig vernachlässigter Bereich ist hierbei das Zusammenspiel automatischer und kontrollierter Selbstregulationsprozesse, das besonders geeignet ist, Verhalten unter akut beeinträchtigter Selbstkontrolle vorherzusagen (Schmidt, Zimmermann, Banse & Imhoff, im Druck). Der Anteil von Verkehrspsychologen, die in der Intervention verkehrsauffälliger Straftäter praktisch mitarbeiten, ist derzeit nicht bekannt. Die Spezialisierung von Verkehrspsychologen für diesen Interventionsbereich sollte weiterentwickelt und eine Zusammenarbeit von Psychologen in beiden Bereichen gefördert werden.

4.2.5 Klienten mit Migrationshintergrund

Renate Eyßelein de Rodrigues, Udo Kranich

Eine verkehrspsychologische Intervention setzt voraus, dass die Lebenssituation, die Einstellungen zur Teilnahme am Straßenverkehr sowie auch das erlernte Verkehrsverhalten angemessen analysiert werden können. Im Prozess der verkehrspsychologischen Intervention/Verkehrstherapie sollen zudem Verhaltensänderungen initiiert werden, die eine an die Regeln angepasste Verkehrsteilnahme ermöglichen. Nicht zuletzt wird eine verkehrspsychologische Intervention im Regelfall auch auf eine Fahreignungsbegutachtung vorbereiten.

Wenn ein Klient aus einem anderen Kulturkreis verkehrspsychologische Angebote nutzt, ergeben sich bei den Erfordernissen und Zielen spezifische Herausforderungen. Diese Herausforderungen können umso erfolgreicher bewältigt werden, je mehr Hintergrundinformationen über die Besonderheiten der kulturellen Herkunft des Klienten dem Psychologen bekannt sind.

Manches, was im deutschen Kulturkreis nahezu unhinterfragt als allgemeingültig vorausgesetzt wird, stellt sich für Personen aus anderen Ländern oder Kontinenten gänzlich anders dar. Genau in diesen vermeintlichen Selbstverständlichkeiten manifestiert sich die kulturelle Prägung des individuellen Seins. Die Kultur einer Gesellschaft wurde von dem Anthropologen Harris (1989, S. 20) als *„die erlernten sozial angeeigneten Traditionen und*

Lebensformen der Mitglieder einer Gesellschaft einschließlich ihrer strukturierten, gleichbleibenden Weisen des Denkens, Empfindens und Handelns" definiert. Dieser Lernprozess stellt sich im Ergebnis wie folgt dar: *„Für die Angehörigen einer Kultur sind diese Muster häufig nicht explizit abrufbar, sondern stellen nur implizit als Selbstverständlichkeiten die Grundlage für ein sinnhaftes, plausibles und weitgehend routinemäßiges Handeln dar"* (Hofstätter, 1966, S. 57).

Bei einer Begegnung mit einem Menschen aus einem anderen Kulturkreis stellt somit die Erkenntnis, dass eigene Gewissheiten nicht voraussetzungslos geteilt werden, zunächst eine wichtige Grundlage für das Gelingen der therapeutischen Beziehung dar. Kulturell geprägte Unterschiede und mögliche Missverständnisse können sowohl auf der Ebene der verbalen wie nonverbalen Kommunikation, bei der Beziehungsgestaltung, der Form der Wissensvermittlung als auch bei der Veränderungsmotivation eine erhebliche Rolle spielen.

Die Kulturdimensionen nach Hofstede

Hofstede (2003) geht von der Grundannahme aus, dass Gesellschaften ähnliche Grundprobleme besitzen, zu deren Lösung sie unterschiedliche Antworten gefunden haben. Verschiedene Kulturen unterscheiden sich in folgenden Dimensionen, wobei sich die einzelnen Dimensionen auch überschneiden:

1. Beziehung zwischen Individuum und Gesellschaft
2. Umgang mit sozialer Ungleichheit und Verhältnis zu Autoritäten
3. Ausgestaltung der Geschlechterrollen
4. Umgang mit Konflikten und Unsicherheit
5. Umgang mit der Zeit, zeitliche Orientierung des Lebens.

Andere Forscher haben ähnliche Dimensionen ermittelt. Insofern mag es an dieser Stelle genügen, sich auf diese bekannte Unterscheidung zu beziehen, um einige mögliche Verständigungsprobleme an ausgewählten Beispielen zu skizzieren.

Beziehung zwischen Individuum und Gesellschaft

Die Beziehung zwischen Individuum und Gesellschaft lässt sich in dem Begriffspaar „Individualismus" versus „Kollektivismus" abbilden. In einer individualistischen Kulturform – zu der z. B. Deutschland zu zählen ist – erfolgt die Sozialisation unter der Zielsetzung, dass das Individuum künftig für sich selbst und seine direkte Kernfamilie zu sorgen haben wird. Ein Grundsatz besteht darin, dass Gesetze und Rechte für alle gleichermaßen gelten sollen. Zudem stellt die Selbstverwirklichung eines jeden Individuums eines der höchsten Ziele dar.

Bei einer kollektivistischen Kulturform werden die Menschen in Großfamilien oder andere Wir-Gruppen hineingeboren, die sie weiterhin schützen und im Gegenzug Loyalität einfordern. Die Identität des Einzelnen ist in seinem sozialen Netzwerk begründet. Regelmissachtungen führen zu Beschämung und Gesichtsverlust, nicht nur für den Betroffenen selbst, sondern auch für die Gruppe. Die Meinungsbildung wird stark durch die Gruppenzugehörigkeit vorbestimmt. Es wird allgemein akzeptiert, dass Gesetze und Rechte je nach Gruppe unterschiedlich sind.

Bei Menschen aus einem kollektivistischen Kulturkreis werden sowohl die bisherige Verkehrsteilnahme als auch die Veränderungsvorsätze abhängig sein von den Einstellungen der Bezugsgruppe zu den Regeln des Straßenverkehrs. Folglich müssen Haltungsbesonderheiten der Bezugsgruppe in den Beratungsprozess mit einbezogen werden, da die Beachtung der Regeln des Straßenverkehrs z. B. zu einem Loyalitätskonflikt mit der Gruppe führen kann.

Dies kann anhand des folgenden Praxisbeispiels beleuchtet werden:

So berichten Männer aus einer kollektivistischen Kultur, dass es üblich und sozial erwünscht ist, bei einem gemeinsamen Treffen mit anderen Männern im Café den Fahrzeugschlüssel auf den Tisch zu legen. Zudem wird erwartet, dass jeder bei Bedarf einen Schlüssel nehmen und das dazugehörige Fahrzeug benutzen kann.

Bei derartigen Ritualen besteht ein hohes Risiko, sich des Strafdeliktes „Zulassen des Fahrens ohne Fahrerlaubnis" schuldig zu machen. Fraglich dürfte auch bleiben, ob in derartigen Gruppen das Vorgehen auf Verständnis stößt, bei einer Geschwindigkeitsüberschreitung eines anderen Fahrers den Anhörungsbogen der Polizei entsprechend auszufüllen. Vielfach wird erwartet werden, dass die Fahrfehler ‚vergesellschaftet' und von dem jeweiligen Halter des Fahrzeuges getragen werden. In der verkehrspsychologischen Intervention sollten auch die Normen und Werte der Bezugsgruppe des Klienten thematisiert werden.

Bei Menschen aus einem individualistischen Kulturkreis wären hingegen eher Konflikte zwischen den eigenen Interessen und den Interessen der Verkehrsgemeinschaft zu erwarten. Typische Reibungspunkte ergeben sich zwischen den individuellen Gewinnerzielungsabsichten, dem Streben nach beruflichem Fortkommen und den allgemeinverbindlichen Regeln des Straßenverkehrs.

Umgang mit sozialer Ungleichheit und Verhältnis zu Autoritäten

Zur Unterscheidung im Umgang mit sozialer Ungerechtigkeit und dem gesellschaftlichen Verhältnis zu Autoritäten definiert Hofstede (2003) den Begriff Machtdistanz als das Ausmaß, inwieweit weniger mächtige Individuen eine ungleiche Verteilung von Macht akzeptieren bzw. erwarten. Deutschland gilt als ein Land mit niedriger Machtdistanz, die Türkei beispielsweise als ein Land mit hoher Machtdistanz. Die Unterschiede zwischen Kulturen mit niedriger bzw. hoher Machtdistanz wirken sich auf kollektive Einstellungen sowie auf Verhaltensweisen aus.

Bei Kulturen mit niedriger Machtdistanz besteht ein gesellschaftlicher Konsens darin, dass die Ungleichheit zwischen den Menschen so gering wie möglich sein sollte. Dies äußert sich z. B. darin, dass Lehrer Eigeninitiative erwarten und Schüler dazu tendieren, Lehrer wie ihresgleichen zu behandeln. Im Berufsleben erwarten Mitarbeiter ein Mitspracherecht. Insgesamt stoßen Privilegien auf Missbilligung. In Kulturen mit hoher Machtdistanz wird Ungleichheit zwischen Menschen erwartet und ist teilweise auch erwünscht. In der schulischen Ausbildung geht die Initiative primär vom Lehrer aus. Die Schüler stehen in einer respektvollen Beziehung zum Lehrer. Im Berufsleben erwarten die Mitarbeiter, Anweisungen zu erhalten. Letztlich geht Macht vor Recht. Privilegien und Statussymbole werden für Entscheidungsträger erwartet und sind populär.

Unterschiedliche Bedingungen der Sozialisation sowie der Ausgestaltung der zwischenmenschlichen Beziehungen lassen auch erhebliche Konsequenzen für die Teilnahme am Straßenverkehr erwarten. So liegt es zunächst nahe, dass ein Mensch, der von Kindheit an zu einer kreativen und durchdachten Mitbestimmung aufgefordert wurde, bei der Akzeptanz von Regeln, die unlogisch erscheinen und nicht seinen Vorstellungen entsprechen, in ganz anderer Weise herausgefordert wird als ein Mensch, bei dem das Befolgen konkreter Anweisungen den Lebensalltag weit mehr bestimmt. Je nach kultureller Herkunft lassen sich z. B. auch deutliche Unterschiede erwarten in der Akzeptanz des Grundsatzes, dass die Verkehrsregeln für alle gleichermaßen gelten, unabhängig vom eigenen Status. Auch hinsichtlich des Umgangs mit Polizei, Behörden oder Gerichten – also staatlichen Autoritäten – sind kulturell geprägte Unterschiede realistisch.

Ausgestaltung der Geschlechterrollen

In diesem Zusammenhang prägt Hofstede (2003) das Begriffspaar „Maskulinität" versus „Femininität". Es bezieht sich auf das erwartete soziale Rollenverhalten von Mann und Frau. Maskulin und feminin bezeichnen dabei die kulturell bestimmten Geschlechterrollen. Im Kontext der Kulturdimension definiert sich eine feminine Gesellschaft darüber, dass typisch feminine Werte vorherrschen. Als feminine Werte gelten Fürsorglichkeit, Kooperation und Bescheidenheit. In einer maskulinen Gesellschaft kommt der Konkurrenzbereitschaft, dem Selbstbewusstsein und materieller Orientierung eine hohe Bedeutung zu.

In einer femininen Kultur liegen die vorherrschenden Werte der Gesellschaft im Kümmern um Mitmenschen und in der Bewahrung der Werte. Von den einzelnen Mitgliedern der Gesellschaft wird erwartet, bescheiden zu sein. Sympathie mit den Schwachen wird gepflegt. Die Betonung liegt auf Gerechtigkeit, Solidarität und Qualität des Lebens. In einer maskulinen Kultur stehen materieller Erfolg und Fortkommen in der Werteskala ganz oben. Folglich sind Geld und Besitz wichtig. Von Männern wird erwartet, dass sie bestimmt, ehrgeizig und hart sind. Mädchen dürfen weinen, Jungen jedoch nicht. Letztlich besteht eine ausgeprägte Sympathie mit den Starken.

Unterschiedliche Gewichtungen könnten auch bei der Verkehrsteilnahme entstehen, wenn berufliches Fortkommen mit der Regelbeachtung kollidiert, wenn gegenseitige Rücksichtnahme gefordert wird, wenn Konflikte im Straßenverkehr über den Prestigegehalt des Kraftfahrzeuges ausgetragen werden. In der Gesprächssituation selbst sind – insbesondere bei Männern – Unterschiede im Ausdruck der Emotionen zu erwarten.

Unabhängig von der Kulturdimension stellt sich bei der Thematik die Frage, inwieweit in den verschiedenen Kulturen persönliche Gespräche zwischen den Geschlechtern üblich sind. Die entsprechenden Vorerfahrungen mit der eigenen Geschlechterrolle haben Auswirkungen auf die Gesprächssituation in einer verkehrspsychologischen Intervention. Dabei ist zu berücksichtigen, dass eine Abwehrreaktion aufgrund von Verunsicherung wegen des Geschlechts des Verkehrspsychologen bzw. der Verkehrspsychologin erfolgen kann.

Umgang mit Konflikten und Unsicherheit

Kulturen unterscheiden sich dahingehend, inwieweit sie sich von ungewissen bzw. unbekannten Lebenssituationen bedroht fühlen und wie stark sie infolgedessen ein Bedürfnis danach entwickeln, diese Unsicherheit durch Regeln zu vermindern.

In Gesellschaften mit schwacher Unsicherheitsvermeidung wird Unsicherheit bzw. Ungewissheit eher als eine normale Erscheinung im Leben angenommen. Diese Hinnahme von Unsicherheiten führt zu einem vergleichsweise geringen Stresserleben. Aggressionen werden verborgen. Zeit wird eher als Orientierungsrahmen wahrgenommen, d. h. als wenig einengend. Es gibt nur wenige, allgemein gehaltene Gesetze und Regeln.

In Kulturen mit starker Unsicherheitsvermeidung wird die dem Leben innewohnende Unsicherheit als ständige Bedrohung empfunden, die es zu bekämpfen gilt. Dies führt zu einem verstärkten Stressempfinden. Es ist gesellschaftlich akzeptiert, dass Aggressionen bei geeigneten Gelegenheiten gezeigt werden. Im Hinblick auf das Zeitempfinden tendiert die Gemeinschaft zur Zeitdisziplin und Eile. Es gibt viele exakte Regeln und Gesetze.

Bei der Verkehrsteilnahme kann sich die unterschiedliche kulturelle Prägung in Bezug auf diese Kulturdimension deutlich auswirken im Umgang mit Fahrfehlern anderer Verkehrsteilnehmer, in der Häufigkeit gestressten Fahrens, in der Genauigkeit bei der Einhaltung von Regeln und in der Bewertung von Risiken.

Umgang mit der Zeit, zeitliche Orientierung des Lebens

Diese fünfte Dimension der Kultur definiert nach Hofstede (2003) die Besonderheiten einer langfristigen gegenüber einer kurzfristigen Lebensorientierung. Das Zeitverständnis spielt in der verkehrspsychologischen Intervention sowohl bei der Vergangenheitsbearbeitung als auch bei der Zukunftsplanung eine wesentliche Rolle.

In industriell geprägten Ländern ist es eher üblich, sich das Leben als linearen Ablauf von Vergangenheit, Gegenwart, Zukunft vorzustellen, wobei die Zeitdimensionen unterschiedliche Gewichtungen haben können. Hier lassen sich die traditionsbewussten Kulturen mit ihrem starken Bezug zur Vergangenheit von den gegenwartsbezogenen Kulturen sowie den zukunftsgerichteten Kulturen unterscheiden. In manchen Ländern herrscht ein zyklisches Erleben von Vergangenheit und Gegenwart vor, wobei die Zukunft wieder einen Neuanfang darstellen wird. Dies drückt sich nicht nur in der Vorstellung, sondern auch in der Sprache aus. In manchen afrikanischen Sprachen fehlen sogar Zukunftsformen (Ike, 2007, S. 165 f.; Broszinsky-Schwabe, 2011).

In der verkehrspsychologischen Praxis ist dies bei der Exploration sowie bei Lebenslauf- und Bedingungsanalysen zu beachten. In der Regel folgt das Explorationsgespräch der linearen Abfolge der Zeitdimensionen, d. h. die Erfahrungen der Vergangenheit werden beleuchtet, die Gegenwart bewertet und das künftige Verhalten erfragt und in seiner Wahrscheinlichkeit beurteilt. Wenn gemeinhin ein Denken in zukünftigen Dimensionen nachgeordnet bis unwichtig erlebt wird, muss folglich eine differenzierte Darlegung der Vorsätze für ein künftiges Verhalten einschließlich der Vorwegnahme möglicher „Glatteisstellen" sowohl für jemanden, der das lineare Zeitverständnis nicht gewohnt ist, als auch für jemanden, der vornehmlich gegenwartsbezogen lebt, eine hohe Herausforderung darstellen. Auf diese Herausforderung sollte die verkehrspsychologische Maßnahme vorbereiten können. Fehlen in einem Explorationsgespräch schlüssige Vorstellungen über das zukünftige Verhalten, wird dadurch die Prognose ungünstig beeinflusst. Die Aufgabenstellung einer Fahreignungsbegutachtung liegt schließlich darin, Aussagen über das zukünftige Verhalten zu treffen.

Das unterschiedliche Zeitverständnis beeinflusst auch, welchen Stellenwert Pünktlichkeit besitzt. Während in einigen Kulturkreisen eine Veranstaltung zu einem festgelegten Zeitpunkt beginnt, wird sich der Beginn einer Veranstaltung z. B. in vielen afrikanischen

Gesellschaften häufig daran orientieren, wann alle Teilnehmer eingetroffen sind. Bei der Durchführung einer Beratungsmaßnahme kann eine Neigung zur Verspätung als mangelhafte Motivation oder Regelbruch gewertet werden. Eine rechtzeitige telefonische Terminabsage sollte nicht als erlerntes Verhalten vorausgesetzt werden. Auch sollte bei den Themenbereichen Zeiteinteilung und Planung, die bei einer terminlich strukturierten Verkehrsteilnahme (z. B. Außendienst, Kurierfahrten) von besonderer Bedeutung sind, die kulturelle Vorerfahrung nicht unbeachtet bleiben.

Besonderheiten der Kommunikation

Trotz der in der verkehrspsychologischen Intervention eingesetzten bewährten Methoden können kulturbedingte Unterschiede zu einer Verzerrung führen. So gibt es Hinweise auf eine ostasiatische Tendenz, bei mehrstufigen Antwortmöglichkeiten (z. B. einer Likert-Skala) Extreme zu vermeiden, das Antwortverhalten bewegt sich folglich in der Mitte (Helfrich, 2013).

Auch hinsichtlich der Vertrauensbildung in der verkehrspsychologischen Intervention ist zu beachten, dass es z. B. in Japan als unhöflich gilt, seinem Gegenüber in die Augen zu sehen.

Bedeutsam erscheint auch der Kommunikationsstil. Während im direkten Kommunikationsstil – wie er für Deutschland typisch ist – erwartet wird, dass all das, was gemeint ist, auch entsprechend in einer absoluten, Gewissheit vermittelnden Form ausgedrückt wird, bevorzugen Gesellschaften mit einem indirekten Kommunikationsstil eine umschreibende und relativierende Ausdruckform. Hier gibt es schon innerhalb Europas deutliche Unterschiede.

Relativierungen können als mangelnde Entschlossenheit missverstanden werden. Darüber hinaus muss in Vorbereitung auf eine Fahreignungsbegutachtung auch darauf hingearbeitet werden, dass die betreffende Person mit den direkten Fragen und den erwarteten direkten Antworten umgehen kann.

In der Kommunikation gibt es auch kulturbedingte Unterschiede, wie man mit unverständlichen Botschaften umgeht. Während es in vielen Kulturen kein Problem darstellt, zuzugeben, dass man etwas nicht verstanden hat, ist dies in anderen Kulturen (z. B. Vietnam) möglichst zu vermeiden. Die Frage *„Haben Sie mich verstanden?“* wird in diesem Fall keine Aufklärung bringen, da der Andere zur Vermeidung eines Gesichtsverlustes in jedem Fall mit *„Ja“* antworten wird (Broszinsky-Schwabe, 2011).

Ein weiterer Aspekt kultureller Unterschiede dürfte im Zusammenhang mit der Verkehrsteilnahme das Thema „Informationsgewinnung“ sein. So ergab eine Studie, dass 41 % der türkischen Mitarbeiter Informationen inoffiziell über ihr soziales Netzwerk erhielten, während deutsche Mitarbeiter die offiziellen Informationskanäle des Betriebes bevorzugten (Broszinsky-Schwabe, 2011). Hierbei spielten möglicherweise Schwierigkeiten im schriftlichen Sprachverständnis eine Rolle.

Bei der Verkehrsteilnahme obliegt es jedem Kraftfahrer, sich hinreichend über die bestehenden Vorschriften und ggf. Änderungen zu informieren. Wenn man sich hierbei ausschließlich auf das soziale Netz verlässt, besteht ein erhöhtes Risiko, Fehlinformationen zu erhalten. Beispielsweise können bei der Frage, bis zu welchem Alter Kinder nur in einem Kindersitz bzw. auf einer Sitzerhöhung im Kraftfahrzeug mitgeführt werden dürfen, ausschließlich mündlich weitergegebene Informationen leicht zu Fehleinschätzungen führen. Insofern sollte im Rahmen einer verkehrspsychologischen Intervention das Thema Informationsgewinnung aufmerksam bedacht werden.

Umgang mit mangelnden Deutschkenntnissen

Mangelnde Deutschkenntnisse werden in der verkehrspsychologischen Intervention oftmals dadurch überwunden, dass aus Kostengründen ein Kind oder der Ehepartner die Rolle des Dolmetschers übernimmt. Dies kann jedoch dazu führen, dass persönliche Schwierigkeiten, die mit der Familie bzw. Partnerschaft im Zusammenhang stehen, nicht reflektiert werden oder dass die eigene Rolle in der Familie auch im therapeutischen Prozess aufrechterhalten werden muss. Nach Möglichkeit sollte eine neutrale Person die Dolmetschertätigkeit ausführen.

Ausblick

Bei den Überlegungen zu kulturellen Unterschieden soll nicht unberücksichtigt bleiben, dass kein Individuum dem anderen gleicht. Die Unterschiede zwischen den einzelnen Mitgliedern einer Kultur sind oftmals größer als die Unterschiede zwischen zwei Kulturen. Dennoch kann das Wissen um die eigene kulturelle Prägung und die Neugier auf die Lernerfahrungen in anderen Kulturen ausgesprochen hilfreich sein, um implizite Grundannahmen und Handlungsmuster sowie die damit verbundenen Gedanken und Gefühle aufzudecken und Missverständnissen vorzubeugen. Kulturelle Unterschiede können auch in Gruppenmaßnahmen thematisiert werden und eine Bereicherung des Kursgeschehens darstellen. Der Verkehrspsychologe soll auf eventuell mögliche Diskriminierungen achten und ggf. gegensteuern.

4.2.6 Fahranfänger

Annika Januszewski, Paul Brieler

Der Erwerb einer Fahrerlaubnis mit der Erwartung einer selbstbestimmten Mobilität stellt für den überwiegenden Teil der Heranwachsenden eine wichtige Übergangsphase in die Erwachsenenwelt dar. Autofahren kann nach Mienert (2003) spezielle Motive und Erwartungen erfüllen:

- die Ablösung und damit zunehmende Autonomie vom Elternhaus
- die Intensivierung von Peerkontakten durch Kommunikations- und Identifikationsangebote
- die Unterstützung des Übergangs in das Berufsleben
- den Wunsch auf Teilhabe am Konsum
- den Ausdruck gesellschaftspolitischer Einstellungen
- die Möglichkeit der automobilen gesellschaftlichen Teilhabe
- die Anerkennung als Teil der Erwachsenenwelt
- den erreichten Status durch das Zuschaustellen von Symbolen des Erwachsenseins nach außen zu beweisen.

Denn: „*In unserer Kultur gibt es nur ein Symbol, das gleichzeitig öffentlich gut wahrnehmbar und exklusiv mit dem Erwachsenenalter verknüpft ist: Das Autofahren*“ (Mienert, 2003).

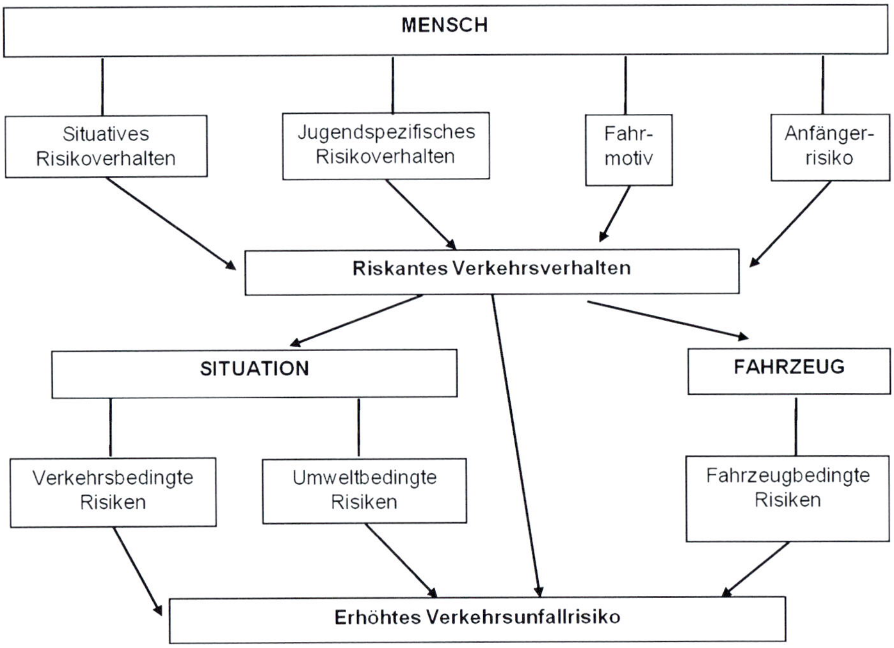

Bild 4.12 Modell zum multifaktoriellen Geschehen des riskanten Verkehrsverhaltens und des erhöhten Verkehrsunfallrisikos im Jugendalter (Raithel, 1999)

Bei jungen Fahranfängern kommen zwei Risikomerkmale zusammen: Fahranfänger haben wenig Fahrpraxis (Anfängerrisiko) und weisen jugendspezifische Besonderheiten auf (Jugendrisiko). Diese jugendspezifischen Besonderheiten sind beispielsweise eine auf das Lebensalter zurückzuführende erhöhte Risikobereitschaft, typische Lebenssituation (Fahrten in die Disco, Übermüdung) oder das Überschätzen des eigenen Könnens. Das Anfängerrisiko entsteht durch geringe Fahrerfahrung. Verstärkende Bedingungen riskanten Verkehrsverhaltens sind nach Raithel (1999) situative Faktoren wie unbekannte Verkehrssituationen, Umwelteinflüsse oder der Zustand des Fahrzeugs (*Bild 4.12*).

Risiko, Ursachen und Entwicklung (Auffälligkeit)

Die Forschung zu jungen Fahrern zeigt die stark überproportionale Unfallgefahr dieser Fahrergruppe. So verunglückten in Deutschland im Jahre 2014 496 junge Erwachsene (18 bis 24 Jahre) tödlich (Statistisches Bundesamt, 2015, S. 45 f.). *Bild 4.13* veranschaulicht das überproportionale Unfallrisiko für junge Erwachsene.

Die häufigsten Unfalltypen bei jungen Pkw-Fahrern sind der Fahrunfall (28,4 %) und der Unfall im Längsverkehr (27,8 %) (Daten für 2013; Statistisches Bundesamt, 2014, S. 11; siehe auch Grattenthaler, Krüger & Schoch, 2009, S. 9). Die vier häufigsten Unfallursachen sind eine nicht angepasste Geschwindigkeit (19 %), Abstandsfehler (13,1 %), Fehler beim Abbiegen und Wenden, Rückwärtsfahren, Ein- und Anfahren (10,6 %) sowie Vorfahrt- und Vorrangfehler (10,2 %). Die Hauptursachen für Unfälle mit Getöteten bei jungen Erwachsenen sind die nicht angepasste Geschwindigkeit (40,7 %), falsche Straßenbenutzung (13 %) und Alkoholeinfluss (7,5 %). Für die Zukunft dürfte sich die Problematik der Handybenutzung und des Textings ver-

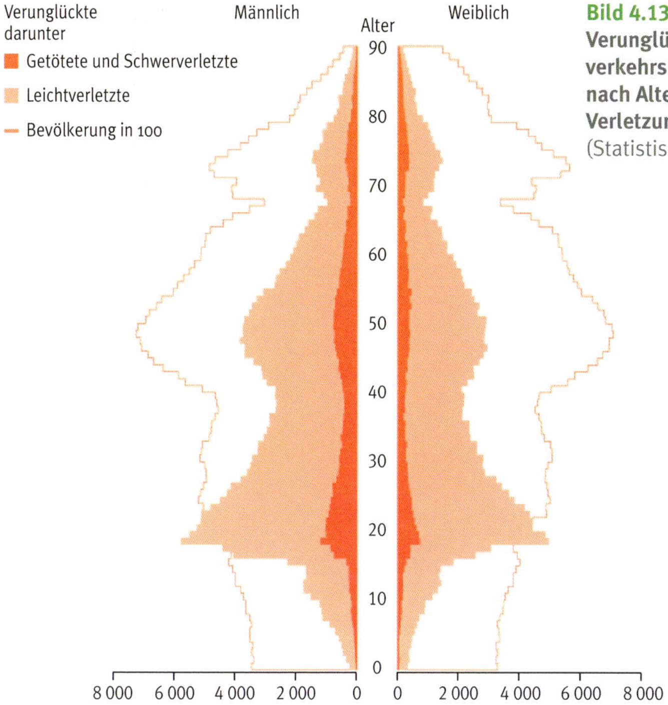

Bild 4.13
Verunglückte bei Straßenverkehrsunfällen 2013 nach Altersjahren und Verletzungsschwere
(Statistisches Bundesamt, 2014)

schärfen. Junge Erwachsene sind damit überproportional häufig Hauptverursacher eines Unfalls.

Junge Männer sind wesentlich öfter an Unfällen beteiligt als junge Frauen. Beispielsweise waren im Jahr 2014 ca. 17 000 Männer und ca. 12 000 Frauen zwischen 18 und 21 Jahren als Fahrer eines Pkw an einem Unfall mit Personenschaden beteiligt.

Seit Ende der 1990er-Jahre sinkt die Verunglücktenrate bei jungen Erwachsenen überproportional. Die Zahl der Getöteten in dieser Altersgruppe ist sogar um über 80 % gesunken (1991: 2 749; 2013: 493) (Statistisches Bundesamt, 2014). Diese Entwicklung kann als Folge der Nutzung neuerer Fahrzeuge und insgesamt als Konsequenz der vielfältigen die Verkehrssicherheit fördernden Maßnahmen gesehen werden, darunter das Alkoholverbot (§ 24c StVG) und das Begleitete Fahren ab 17 Jahre (§ 48a FeV).

Insgesamt kann gesagt werden, dass das Unfallrisiko von Fahranfängern in den ersten Führerscheinmonaten besonders hoch ist und sich mit zunehmender Fahrpraxis reduziert. Das sogenannte Jugendlichkeitsrisiko scheint dagegen langsamer zu sinken. Eine Übersicht zu internationalen Befunden zum Anfänger- und Jugendlichkeitsrisiko ist bei Grattenthaler et al. (2009) zu finden. Im Vergleich zu älteren Fahrern schätzen junge Fahrer das Unfallrisiko in Verkehrssituationen und auch das Verletzungsrisiko bei Unfällen geringer, ihre eigenen Fahrfähigkeiten jedoch höher ein. Bei der Wahrnehmung von Gefahrensituationen weisen sie Defizite auf.

Fahreignungsrelevanz

Aufgrund der Unfallhäufigkeit junger Fahrer und Fahranfänger ist man bemüht, gesetzliche Rahmenbedingungen zu schaffen und primär- und sekundärpräventive

Interventionen zu entwickeln (Kapitel 1.3.3). Verkehrsbehörden, Fahrlehrer und Verkehrspsychologen sind an diesen Maßnahmen beteiligt. Aktuell zielen deutsche Verkehrssicherheitsmaßnahmen bei Fahranfängern z. B. auf

- bessere Fahrausbildung (z. B. „Regio-Protect 21" – regionalisierte protektive Fahranfängervorbereitung (arge TP 21, 2009); computerunterstützte Fahrausbildung, Reform des Fahrlehrerrechts (VGT, 2016)),
- anspruchsvollere theoretische und praktische Fahrbefähigungsprüfungen (Videofragen; optimiertes elektronisches Prüfprotokoll, BASt, 2014),
- verlängerte Lern- und Übungszeiten durch Begleitetes Fahren ab 17 Jahre (BF 17, § 48a FeV) und Fahrsicherheitstrainings,
- die Verhinderung alkoholisierter Verkehrsteilnahme (Alkoholverbot für Fahranfänger (§ 24c StVG); Aktion BOB – „Wer trinkt, fährt nicht!") und
- frühzeitige Sanktionierung und Hilfestellung (Fahrerlaubnis auf Probe).

Bewältigung und verkehrspsychologische Interventionen

Die verkehrspsychologischen Maßnahmen innerhalb der Probezeit als verpflichtender Interventionsansatz für auffällig gewordene Fahranfänger werden in Kapitel 2.1.2 (besonderes Aufbauseminar, § 36 FeV) und 2.1.3 (verkehrspsychologische Beratung, § 71 FeV) dargestellt. Dadurch werden die Teilnehmer zu einer problemorientierten Reflexion ihrer risikoreichen Einstellungen und Verhaltensweisen angehalten.

Bei einer verkehrspsychologischen Fahreignungsberatung sollte auf jeden Fall beachtet werden, ob die zugrunde liegenden Auffälligkeiten in die Probezeit gefallen sind. Wenn ja, wird seitens der Fahrerlaubnisbehörde vor einer Neuerteilung der Fahrerlaubnis der Teilnahmenachweis an einem (besonderen) Aufbauseminar (§§ 35, 36 FeV) gefordert werden, wenn ein solches nicht bereits absolviert worden ist. Waren Alkohol oder Drogen Anlass, eine Begutachtung zu fordern, dann empfiehlt es sich, das besondere Aufbauseminar als Baustein in der Vorbereitung einzuplanen. Dabei sind Unterschiede zwischen deutschen Bundesländern zu beachten. Beispielsweise wird in Berlin die Anordnung des besonderen Aufbauseminars erst nach erfolgreicher MPU erteilt.

In der Adoleszenz und im frühen Erwachsenenalter ist die Bereitschaft zu risikoreichem Verhalten sowohl im Straßenverkehr als auch z. B. im Umgang mit Alkohol oder Drogen erheblich. Hinzu kommen Diskrepanzen in der Selbstwahrnehmung und der Einfluss der Peer Group. Wenn Auffälligkeiten zu einem Fahrerlaubnisentzug geführt haben, kann der Wunsch nach einer Neuerteilung der Fahrerlaubnis eine wesentliche, zunächst extrinsische Motivation darstellen, z. B. den Umgang mit Alkohol oder Drogen zu verändern. Häufig ist zu beobachten, dass ein junger Erwachsener während eines einjährigen Abstinenznachweises erhebliche Fortschritte in seiner schulischen oder beruflichen Laufbahn macht. Diese Veränderungen sind vom Verkehrspsychologen einzuleiten und zu begleiten. Dabei können eine motivierende Gesprächsführung (Naar-King & Suarez, 2012; Kapitel 3.3.2.5) und die Anwendung systemischer Methoden (Kapitel 3.3.2.4) eine Veränderungsmotivation hervorrufen und die Veränderung konfliktreichen Verhaltens begleiten. Die Arbeit mit jungen Erwachsenen in der verkehrspsychologischen Intervention fordert vom Verkehrspsychologen eine authentische und ehrliche Kommunikation, um eine konstruktive Verhaltensänderung und Stabilisierung zu fördern.

4.2.7 Ältere Verkehrsteilnehmer

Udo Kranich, Thomas Friedrich

Das Thema „Ältere Kraftfahrer“ steht leider immer wieder dann im Fokus, wenn diese nach Auffälligkeiten im Straßenverkehr in medienwirksamer Form zu einer Fahreignungsüberprüfung aufgefordert werden sollen oder als Verursacher schwerer Unfälle in Erscheinung treten. Dabei gerät manchmal aus dem Blick, dass dies eher Einzelfälle sind und eine Verallgemeinerung oder gar ein „Generalverdacht“ schon angesichts der Unfallstatistik ungerechtfertigt ist, da der ältere Kraftfahrer keine Hochrisikogruppe im Straßenverkehr darstellt. Dennoch ist es nach Bekanntwerden von Auffälligkeiten, Mängeln oder Krankheiten möglich, dass sich auch dieser einer Überprüfung der Fahreignung entsprechend § 11 FeV unterziehen muss. Häufig geht es dann um Fragen der Auseinandersetzung mit der aktenkundigen Vorgeschichte, aber auch darum, ob ein angemessenes Krankheitsverständnis besteht, altersbedingte Veränderungen adäquat wahrgenommen werden und ausreichende Kompensationsmöglichkeiten (Schlag & Engeln, 2001) zum sicheren Führen von Kfz vorliegen. Im Folgenden werden einige Schwerpunkte und Besonderheiten in der verkehrspsychologischen Intervention mit dieser Zielgruppe dargestellt. Der Grundsatz sollte dabei immer sein, Mobilität und damit ein Stück Lebensqualität möglichst lange zu erhalten, dabei aber die Verkehrssicherheit nicht aus den Augen zu verlieren.

Einstellungen und Selbstwahrnehmung älterer Kraftfahrer

Für jeden Kraftfahrer besteht vor Antritt einer Fahrt die Pflicht zur kritischen Selbstprüfung seiner Fahrtüchtigkeit. Dies trifft auch und insbesondere auf den älteren Kraftfahrer zu. In einem Urteil des Bundesgerichtshofes heißt es dazu:

„Ein Kraftfahrer, der bei gewissenhafter Selbstprüfung altersbedingte Auffälligkeiten erkennt und erkennen muss, die ihn zu Zweifeln an der Gewährleistung seiner Fahrtüchtigkeit veranlassen müssen, ist verpflichtet, sich – ggf. unter Hinzuziehung eines Arztes – vor Antritt einer Fahrt zu vergewissern, ob er eine Beeinträchtigung seiner Fahrtüchtigkeit noch durch Erfahrung, Routine und Fahrverhalten auszugleichen vermag“ (Bundesgerichtshof, 1987).

Weiterhin heißt es:

„Die Anforderungen an die gebotene Selbstbeobachtung und Selbstkontrolle sind umso schärfer, je eher der Kraftfahrer nach Lage der Dinge mit einer Beeinträchtigung seiner Fahrtüchtigkeit rechnen muss. So kann etwa eine Schwächung durch Krankheit Veranlassung zu einer besonders kritischen Selbstbeobachtung und Selbstkontrolle geben. Dasselbe gilt für ein höheres Lebensalter“ (ebd.).

Verschiedene Studien (Hartenstein et al., 1990; Ellinghaus, Schlag & Steinbrecher, 1990) belegen, dass das Selbstbild der älteren Kraftfahrer bezüglich der eigenen Fahrkompetenz (*Bild 4.14*) und des verkehrsrelevanten Leistungsvermögens sich nicht von dem der jüngeren Altersgruppen unterscheidet. Es zeigt sich, dass ältere Fahrer mögliche Konflikte und Probleme im Zusammenhang mit der aktiven Teilnahme am Straßenverkehr kaum anders wahrnehmen als jüngere Kraftfahrer.

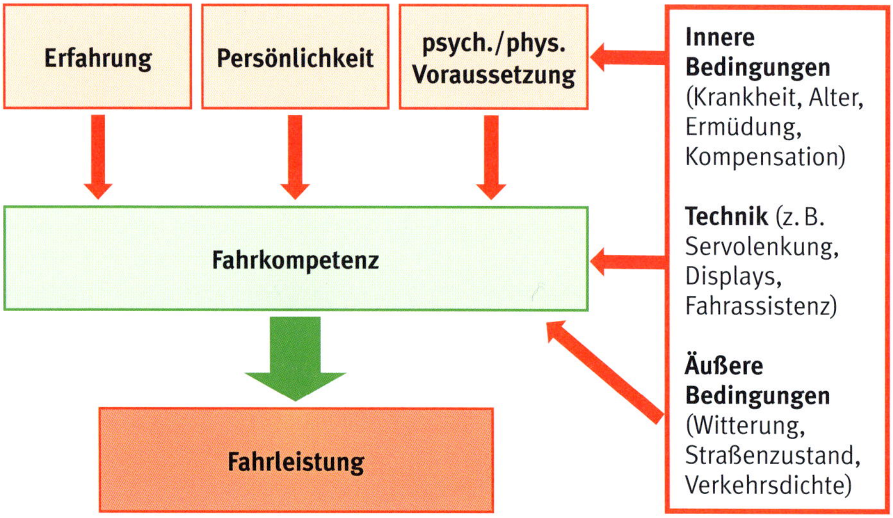

Bild 4.14 Multidimensionales Konzept der Fahrkompetenz (Quelle: Burgard, 2005)

Besonderheiten des Lernens älterer Menschen – Lernstrategien im Alter

Bereits 1984 stellte der amerikanische Intelligenzforscher Schaie fest, dass *„[...] ein intellektueller Altersabbau [...] empirisch nicht zu belegen [ist]“* (Schaie, 1984, S. 231). Individuen und ihre kognitiven Fähigkeiten altern auf sehr unterschiedliche Weise. Einerseits gibt es Personen, die im hohen Lebensalter kaum Einbußen in ihren kognitiven Funktionen verzeichnen. Andererseits gibt es Personen, die sehr große Einschnitte in ihrer geistigen Leistungsfähigkeit erleben. Demzufolge sind die Unterschiede zwischen den Individuen innerhalb der Altersgruppen größer als zwischen den Altersgruppen. Bei einer Längsschnittbetrachtung des Alterungsverlaufs zeigt sich, dass es weniger zu einer generellen Abnahme der intellektuellen Fähigkeiten kommt. Vielmehr verschiebt sich die Intelligenzstruktur zugunsten der kristallinen Intelligenzanteile. *Bild 4.15* verdeutlicht den Verlauf des qualitativen Umbaus der intellektuellen Fähigkeitsstruktur im Alter.

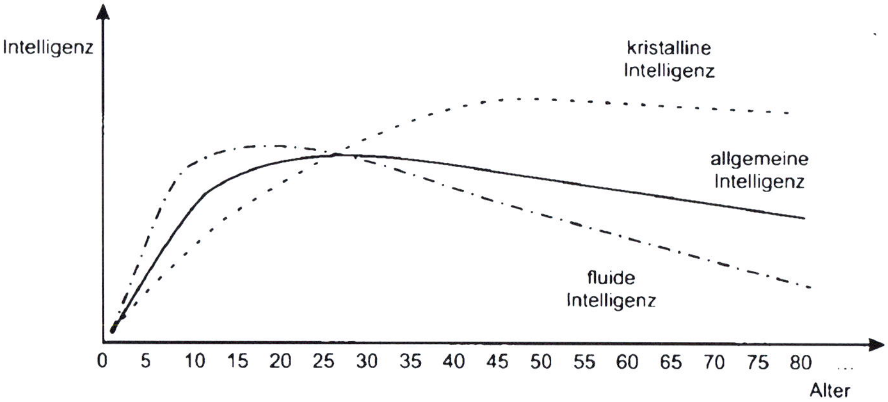

Bild 4.15 Entwicklung der fluiden und kristallinen Fähigkeiten nach Cattell (Rindermann, 2004)

Baltes (1990) beschreibt in seinem Konzept „Entwicklungspsychologie der Lebensspanne" die Leistungsfähigkeit im hohen Erwachsenenalter als multidirektional und plastisch.

Zusammenfassend kann konstatiert werden, dass der Alterungsprozess von Mensch zu Mensch sehr verschieden verläuft. Deswegen können keine generellen Aussagen getroffen werden, ab welchem Alter die geistigen und körperlichen Fähigkeiten so eingeschränkt sind, dass eine aktive Teilnahme als Kraftfahrer am Straßenverkehr nicht mehr zu verantworten ist (vgl. Reschke, Kranich & Gellert, 2009). „*Insoweit sind die derzeitigen gesetzlichen Regelungen in Deutschland bezüglich der Thematik ‚Alter, Führerschein und motorisierte Verkehrsteilnahme' als sinnvoll zu erachten*" (Reschke, Kranich & Gellert, 2009, S. 48). Häufig ist bei dieser Zielgruppe ein engeres Zusammenwirken zwischen Verkehrsmedizin und Verkehrspsychologie als bei anderen Kraftfahrerpopulationen erforderlich. Dabei stehen Fragen im Mittelpunkt wie:

- Liegen fahreignungsrelevante Erkrankungen in welcher Ausprägung vor?
- Können diese im Zusammenhang mit Auffälligkeiten im Straßenverkehr stehen?
- Wie ist der Krankheitsverlauf einzuschätzen?
- Besteht Krankheitseinsicht und Compliance?
- Gibt es Kompensationsmöglichkeiten?
- Ist eine bedingte Fahreignung (noch) gegeben?

Krankheiten im Alter – Fahreignung

Mit zunehmendem Alter steigt die Häufigkeit an Erkrankungen allgemein und somit auch die Anzahl an fahreignungsrelevanten Erkrankungen. Dies betrifft z. B. die nachlassende Sehkraft, Herz-Kreislauf-Erkrankungen mit Gefahr des plötzlichen Bewusstseinsverlustes im Rahmen von Herzinfarkten oder Schlaganfällen, Diabetes mellitus und zunehmend auch Demenzerkrankungen. Nicht zu unterschätzen ist ebenso die Tatsache, dass die Behandlung der Erkrankungen aufgrund der Nebenwirkungen der Medikamente ebenfalls von hoher Fahreignungsrelevanz sein kann. Bekanntestes Beispiel ist sicher die Unterzuckerung nach Insulingabe, die bei falscher Dosierung oder ungünstigen sonstigen Umständen wie Vergessen der Nahrungsaufnahme nach Insulininjektion oder zusätzlichen fieberhaften Erkrankungen zu plötzlichem Bewusstseinsverlust führen kann.

Nach § 315c Satz b StGB hat zwar jeder Fahrzeugführer selbst die Verantwortung, zu prüfen, ob er zur Teilnahme am Verkehr gesundheitlich in der Lage ist. Die Besonderheit älterer Verkehrsteilnehmer wiederum besteht darin, dass sehr häufig nicht nur eine fahreignungsrelevante Erkrankung vorliegt und mehrere Erkrankungen sich zum einen gegenseitig negativ beeinflussen können und zum anderen die Interaktionen verschiedener Medikamente zu teilweise unvorhersehbaren Beeinträchtigungen der Fahrfähigkeit führen. Die Compliance kann eingeschränkt sein, Medikamente werden vergessen oder in falscher Dosierung genommen und auch die Einsichtsfähigkeit kann insbesondere bei beginnender oder manifester Demenz so weit eingeschränkt sein, dass eine gemäß § 315c Satz b StGB notwendige selbstkritische Prüfung der Fähigkeit zum Führen eines Kfz dem betreffenden Verkehrsteilnehmer gar nicht mehr möglich ist. Der Arzt muss dann im Spannungsfeld zwischen dem Recht des Einzelnen auf seine individuelle Mobilität und dem Recht der Allgemeinheit auf Schutz vor ungeeigneten Kraftfahrern eine Rechtsgüterabwägung zwischen der Verletzung der ärztlichen Schweigepflicht (§ 203 StGB) und dem Vorliegen eines rechtfertigenden Notstandes (§ 34 StGB) vornehmen, der es ihm erlaubt, ungeeignete uneinsichtige Kraftfahrer den zuständigen Behörden zu melden. Die Entscheidung muss wohlbegründet und vor allem ausführlich dokumentiert sein, um bei etwaigen Klagen bzw. der Verursachung eines Verkehrsunfalles durch einen zum Führen eines Kfz ungeeigneten Patienten den Ermittlungsbehörden nachvollziehbare Entscheidungswege nachzuweisen. Die Rechtsprechung zu dieser Thematik ist derzeit noch als strittig zu bezeichnen, auch wenn die Empfehlungen des 50. Deutschen Verkehrsgerichtstages in Goslar 2012 im Arbeitskreis III Punkt 6 das Recht des Arztes, bei akuter Gefahr uneinsichtige nicht fahrtüchtige Patienten der Polizei zu melden, befürworten.

4.2.8 Aufmerksamkeitsdefizit-/Hyperaktivitätsstörung (ADHS)

Konrad Reschke, Sören Schmidt

Krankheitsbild

Die Aufmerksamkeitsdefizit-/Hyperaktivitätsstörung (ADHS) ist eine psychische Störung, die typischerweise im Kindesalter beginnt, sich in die Adoleszenz fortsetzt und bei einem Großteil der Erwachsenen auch als Teil- oder Gesamtsymptomatik erhalten bleibt. ADHS umfasst drei psychopathologische Symptombereiche: Aufmerksamkeitsstörungen, Impulsivität und Hyperaktivität. Während die Hyperaktivität im Erwachsenenalter oft nicht mehr festzustellen ist bzw. in vielen Fällen einer inneren Unruhe weicht, bleiben Aufmerksamkeitsstörung und Impulsivität meist erhalten. Die Unaufmerksamkeit begünstigt desorganisiertes und/oder unstrukturiertes Verhalten. Probleme mit impulsivem Verhalten begünstigen unüberlegte Handlungen oder auch Probleme in der zwischenmenschlichen Interaktion (z. B. in Gesprächen andere unterbrechen). Hinzu kommen Emotionsregulationsprobleme, affektive Labilität und eine ausgeprägte Stressintoleranz. ADHS stellt eine hohe Belastung für die Betroffenen dar und ist häufig von zusätzlichen komorbiden Störungen begleitet, z. B. Abhängigkeitserkrankungen, Angststörungen oder Persönlichkeitsstörungen (Bresner, Moussa & Reschke, 2009; Rösler & Retz, 2006; Rösler & Römer, 2011). Die Komorbidität mit Abhängigkeitserkrankungen ist hier besonders hervorzuheben. So berichten Rösler & Retz (2008) von einer Komorbidität mit Alkohol- und Drogensucht in etwa 60 % der Fälle, wodurch sich wiederum ein erhöhtes Risiko für die Teilnahme am Straßenverkehr ergibt (Schmidt, Wendler, Brieler, Kollra & Petermann, 2015).

Epidemiologie

ADHS ist die häufigste psychiatrische Erkrankung des Kindes- und Jugendalters. Für Deutschland werden Prävalenzraten von etwa 5 % der 3- bis 17-Jährigen angegeben, wobei Jungen etwa viermal häufiger betroffen sind als Mädchen (Schlack, Hölling, Kurth & Huss, 2007). Die Symptomatik persistiert bei bis zu 60 % der Erwachsenen (Kessler et al., 2005; Wender, Wolf & Wasserstein, 2001). De Zwaan et al. (2012) berichten eine Auftretenshäufigkeit im Erwachsenenalter von 4,7 % in Deutschland.

Ätiologie

Die Entstehungsbedingungen einer ADHS sind mehrdimensional, sodass von einer multifaktoriellen Genese gesprochen werden kann. Große Bedeutung kommt dabei den genetischen Faktoren zu. Daneben sind jedoch gleichermaßen weitere Einflussfaktoren zu nennen, wie z. B. Schwangerschaftskomplikationen, Alkohol- oder Nikotinkonsum während der Schwangerschaft oder weitere ungünstige Umweltfaktoren, die ebenfalls Funktionsdefizite im Bereich neuronaler Regelkreise begünstigen (vgl. Schmidt & Petermann, 2009). Daraus ergeben sich neuropsychologische Funktionsdefizite, die sich in unterschiedlichen Bereichen manifestieren. So sind insbesondere Aufmerksamkeitsintensität (allgemeine Aktivierungsbereitschaft (Alertness), Daueraufmerksamkeit und Vigilanz), Aufmerksamkeitsselektivität (Aufmerksamkeitsfokussierung, -teilung und die Fähigkeit zur Reizinhibition), exekutive Funktionen (u. a. Selbstregulation, Handlungsplanung und -überwachung) und Motivation („Delay Aversion" – mangelnde Fähigkeit, Belohnungsaufschub aushalten zu können) beeinträchtigt (Hellwig-Brida, Daseking, Petermann & Goldbeck, 2010; Schmidt & Petermann, 2015; Schmidt, Schüßler & Petermann, 2012; Sonuga-Barke, 2002).

Behandlung

Grundlage der ADHS-Therapie bei Erwachsenen ist die medikamentöse Therapie mit Stimulanzien. Daneben leisten psychotherapeutische Interventionen einen wichtigen Beitrag zur Bewältigung der Störung (multimodales Behandlungskonzept NICE, 2013).

Pharmakotherapie

Für das Erwachsenenalter sind in Deutschland Methylphenidat und Atomoxetin zugelassen. Dabei ist Methylphenidat (z. B. Ritalin) das Mittel erster Wahl, jedoch führt auch Atomoxetin zu einer signifikanten Symptomreduktion (Asherson et al., 2014), sowie Lisdexamphetamin und D-Amphetamin (Schmidt & Petermann, 2015).

Psychotherapie, Psychoedukation und Coaching

Die empirische Datenlage bezüglich der Wirksamkeit psychotherapeutischer Interventionen ist insgesamt vergleichsweise unbefriedigend, es liegen dennoch Studien vor, die die Wirksamkeit verhaltenstherapeutischer Ansätze bei Erwachsenen mit ADHS belegen (Kordon & Hofecker Fallahpour, 2006; Nyberg & Stieglitz, 2006; Young et al., 2015). Im deutschsprachigen Raum existieren verschiedene Therapiekonzepte. Diese fokussieren beispielsweise auf die psychotherapeutische Arbeit im Rahmen eines dialektisch-behavioralen Ansatzes (Hesslinger, Philipsen & Richter, 2004), neuropsychotherapeutische Methoden (Frehse, 2006) oder Vermittlung von verhaltensorientierten Strategien der Alltagsbewältigung (Lauth & Minsel, 2009). Konkrete Trainingsprogramme bei ADHS im Erwachsenenalter sind z. B. Baer & Kirsch (2010) und D'Amelio, Retz, Philipsen & Rösler (2009).

Fahreignungsrelevanz

ADHS wird weder in der FeV noch in den Begutachtungsleitlinien behandelt. Bisherige Studien (z. B. Barkley, Murphy, Dupaul & Bush, 2002; Cox et al., 2008; Jerome, Segal & Habinski, 2006) berichten, dass von ADHS betroffene Erwachsene im Vergleich zu Gleichaltrigen zwei- bis viermal so häufig in Verkehrsunfälle verwickelt sind. Die Gründe dafür sind Unaufmerksamkeit und Überaktivität, welche zu (unabsichtlichen) Fahrfehlern führen können. Gesteigerte Impulsivität sowie Schwierigkeiten bei der Emotionsregulation können außerdem (bewusste) Regelverstöße hervorrufen, wie beispielsweise Geschwindigkeitsüberschreitungen oder Fahren ohne Fahrerlaubnis.

Es gibt bisher keine etablierten Beurteilungsmaßstäbe für die Fahreignung. Generell ist allein durch Vorliegen der Diagnose ADHS kein Zweifel an der Fahreignung begründbar. Erst wenn augenfällige und gehäufte Verstöße gegen Verkehrsvorschriften vorliegen, sollte geklärt werden, inwieweit diese mit einer ADHS-Symptomatik interagieren. Verkehrspsychologen sollten Aufmerksamkeit und Sensibilität auch für ADHS-bedingte Verkehrsauffälligkeiten entwickeln und Interventionsmöglichkeiten kennen und vermitteln.

Dabei sollten auch mögliche Komorbiditäten betrachtet werden. Die Meta-Analyse von Vaa (2014) zeigt, dass das relative Unfallrisiko von ADHS-Betroffenen um das 1,86-fache höher ausfällt, wenn Komorbiditäten mit Störungen des Sozialverhaltens und/oder Störungen des Sozialverhaltens mit oppositionellem, aufsässigem Verhalten vorliegen. Bestehen diese Komorbiditäten nicht, so beträgt das relative Risiko 1,31. Es konnten keine Belege dafür gefunden werden, dass ADHS-Patienten zu mehr Alkoholfahrten oder rücksichtslosem Fahren tendieren, jedoch neigen sie zu Geschwindigkeitsüberschreitungen. Eine mögliche Ursache hierfür scheint zu sein, dass dadurch sowohl die Aufmerksamkeit als auch die Reaktionszeit stimuliert wird. Schmidt et al. (2015) verglichen N = 630 deliktauffällige Kraftfahrer mit einer Normstichprobe N = 1 845. Eine Prädiktorenanalyse ergab, dass ADHS nur „Fahren ohne Fahrerlaubnis" prädiziert. In der Gruppe von Verkehrsdelinquenten besteht eine erhöhte Wahrscheinlichkeit von Personen mit ADHS-Symptomatik gegenüber einer Normstichprobe.

Rösler & Römer (2011) beschreiben ungünstige Konstellationen der Beeinträchtigung der Fahreignung durch ADHS. Eine ausführliche Psychoedukation der Betroffenen, um über die speziellen Probleme im Straßenverkehr zu informieren und Strategien zur Risikovermeidung auszuarbeiten, wird von Ludolph et al. (2009) empfohlen.

ADHS-Medikamente unterliegen häufig dem Betäubungsmittelgesetz (BtMG). Verordnungs- und bestimmungsgemäßer Gebrauch bleiben ohne rechtliche Konsequenzen. Selbstmedikation, z. B. von im BtMG gelisteten Stimulanzien, ist nicht zugelassen (§ 24a StVG). Das Fahren unter berauschenden Mitteln ist dann strafbar, wenn derjenige nicht mehr in der Lage ist, das Fahrzeug sicher zu führen (§ 315c StGB). Dem Patienten muss also vermittelt werden, dass das Führen von Fahrzeugen unter Stimulanzien bei Vorliegen einer ärztlichen Verordnung zwar nicht ordnungswidrig ist, aber bei eingeschränkter Fahrtüchtigkeit dennoch strafbar sein kann. Gerade zu Beginn einer Stimulanzienbehandlung oder bei Überdosierung kann dies der Fall sein (Ludolph et al., 2009). Studien zeigten, dass der Einsatz von Stimulanzien (z. B. Methylphenidat) die Fahrleistung signifikant verbessern kann (Cox, Merkel, Kovatchev & Seward, 2000; Jerome et al., 2006).

4.2.9 Posttraumatische Belastungsstörung (PTBS)

Konrad Reschke, Anna Hempel

Krankheitsbild

Mobilität und Verkehr stellen Lebensbereiche dar, in denen es vermehrt zu unvorhergesehenen und plötzlichen Extremereignissen (z. B. Auto-, Eisenbahn-, Flug- und Schiffsunfälle) mit katastrophalem Ausmaß kommen kann. In den westlichen Ländern gehören Unfälle zu den häufigsten zivilen Traumata. Solche Extremereignisse können die Existenz von Personen bedrohen und zu fahreignungsrelevanten psychischen Störungen führen. Diese äußern sich als akute Reaktionen (Akute Belastungsreaktion, ABR) und/ oder verfestigte Störungen (Posttraumatische Belastungsstörung, PTBS), welche unterschiedliche Krankheitswertigkeiten bedingen können.

Hier wird auf die PTBS eingegangen (Angenendt, Nyberg & Frommberger, 2013; Echterhoff, 2009). Gemäß ICD-10 ist die PTBS eine verzögerte Reaktion auf ein oder mehrere belastende Ereignisse, welche durch außergewöhnliche Bedrohung gekennzeichnet sind und bei der Mehrheit der Menschen tiefe Verzweiflung hervorrufen würden. Bestimmte prädisponierende Faktoren (z.B. zwanghafte oder emotional instabile Persönlichkeitszüge) können die Entwicklung einer PTBS begünstigen und deren Verlauf erschweren. Typische Merkmale sind:

a) das wiederholte Erleben des Traumas in sich aufdrängenden Erinnerungen (Nachhallerinnerungen, Flashbacks) sowie (Alp-)Träumen
b) das Vermeiden von Aktivitäten bzw. Situationen, welche Erinnerungen an das Trauma wecken könnten
c) Vermeidungsverhalten vor dem Hintergrund eines andauernden Gefühls von Betäubung und emotionaler Abstumpfung, was sich auch in Gleichgültigkeit gegenüber anderen, Teilnahmslosigkeit und Freudlosigkeit zeigen kann
d) Zustände vegetativer Übererregtheit mit Vigilanzsteigerung, übermäßiger Schreckhaftigkeit und Schlafstörungen.

Im DSM-5 ist die Posttraumatische Belastungsstörung in der Gruppe der Trauma- und Stressor-assoziierten Störungen mit der Kategorie 309.81 klassifiziert (DSM-5, 2013). Verkehrsunfallassoziierte PTBS sind häufig als Typ-I-Traumata (einmalig/kurzfristig) und interpersonell („man made“) verursacht.

Epidemiologie

Die Häufigkeit einer PTBS ist abhängig von der Art des Traumas. Nach Schätzungen der Arbeitsgemeinschaften der Wissenschaftlichen Medizinischen Fachgesellschaften (AWMF) bilden 10 % der Verkehrsunfallopfer in Deutschland eine PTBS-Symptomatik aus (Flatten et al., 2011). Die Lebenszeitprävalenz für PTBS in der Allgemeinbevölkerung liegt zwischen 1 und 7 %, wobei für Deutschland Werte zwischen 1,5 und 2 % angegeben werden (Flatten et al., 2011). Ursano et al. (1999) untersuchten N = 122 Überlebende schwerer Verkehrsunfälle zwei bis drei Wochen nach dem Trauma sowie in Abständen von einem bis zwölf Monaten nach dem Unfall mithilfe des SCID. Die den Zeitpunkten entsprechenden PTBS-Raten lagen bei 34,4 % (1 Monat), 25,3 % (3 Monate), 18,2 % (6 Monate), 17,4 % (9 Monate) und 14,0 % (12 Monate).

Ätiologie

Es gibt verschiedene psychologische Erklärungsmodelle zur Entstehung einer PTBS. Nach *kognitiven Erklärungsansätzen* erschüttert ein Extremerlebnis wichtige Grundüberzeugungen sowie bewährte Handlungsweisen. Den Betroffenen wird die eigene Machtlosigkeit vorgeführt und somit das Gefühl des Ausgeliefertseins und der grundsätzlichen Hilflosigkeit des Menschen in der Welt verstärkt. *Gedächtnismodelle* (z.B. Furchtstrukturmodell) postulieren, dass zentrale Gedächtnisinhalte in ihrer Struktur und Funktion durch das traumatische Erlebnis nachhaltig verändert werden. *Psychodynamischen Ansätzen* zufolge scheitert das Ich vollständig bei der Vermittlung zwischen Über-Ich, Es und der

Außenwelt, wodurch starke Angst ausgelöst wird. *Integrative Ansätze* berücksichtigen mehrere Verursachungsbedingungen (z. B. individuelle Merkmale, Art und Schwere des traumatischen Erlebnisses, kognitive Prozesse) gleichzeitig. Gemäß *psychobiologischen Modellen* zur Entstehung der PTBS kommt es zu einer Beeinflussung hirnphysiologischer und neuroendokrinologischer Funktionen durch die Unvorhersehbarkeit und Unkontrollierbarkeit des Stressors. Risikofaktoren, die eine PTBS begünstigen können, sind jugendliches oder höheres Lebensalter, ungünstige Kindheit und Kriegserlebnisse, frühere psychiatrische Störungen sowie die Zugehörigkeit zu einer niedrigen sozioökonomischen Schicht (Echterhoff, 2009; Maercker, 2013).

Behandlung

Die Diagnose einer PTBS erfolgt leitlinienorientiert durch Exploration, PTBS-spezifische strukturierte klinische Interviews (z. B. SCID-PTBS – Structured Clinical Interview for DSM, CAPS – Clinician Administered PTBS Scale, DIPS – Diagnostisches Interview bei psychischen Störungen) sowie Selbstbeurteilungsverfahren (z. B. IES – Impact of Event Scale, MPSS – Modified PTSD Symptom Scale, PDS – Posttraumatic Diagnostic Scale). Sobald eine ausreichend sichere Umgebung (Schutz vor weiterer Traumaeinwirkung) hergestellt wurde, kann eine Traumatherapie (z. B. Kognitive Verhaltenstherapie, Psychodynamische Therapie) begonnen werden. Eine PTBS-Psychotherapie ist leitlinienorientiert stets eine phasenorientierte Psychotherapie mit den Stufen Stabilisierung, Traumakonfrontation und Neuorientierung. Gegebenenfalls sind unterstützende Verfahren wie körpertherapeutische Verfahren (z. B. Vogt, 2014) sowie Pharmakotherapie (z. B. mittels SSRI's, Olanzapin, Risperidon) einzubeziehen. Soziale Unterstützung aus der bestehenden Sozialstruktur muss obligat im Sinne der psychosozialen Reintegration ermöglicht werden. Erst wenn ein Patient ausreichend emotional stabilisiert ist, erfolgt die Traumaexposition mit dem Ziel, das Trauma strukturiert durchzuarbeiten und die durch das Extremereignis entstandenen Probleme emotional zu integrieren (Echterhoff, 2009; Flatten et al., 2011). Exposition in vivo ist bei mit Kraftfahrzeugnutzung verbundener Exposition versicherungsrechtlich oft schwierig zu realisieren. Ggf. gelingt dies nur unter Einbeziehung eines Fahrlehrers. Es werden daher häufig imaginationsbasierte Methoden wie EMDR (Eye Movement Desensitization and Reprocessing) nach Shapiro (1988) oder IRRT (Imagery Rescripting and Reprocessing Therapy) nach Schmucker (2008, 2015) angewandt. Hier könnte in Zukunft die VRET (Virtual Reality Exposure Therapy; z. B. Rothbaum, Hodges & Kooper, 1997; Rothbaum, 2010) eine Alternative darstellen. Hickling & Blanchard (2006) entwickelten ein evidenzbasiertes kognitiv-behaviorales Behandlungsprogramm („Overcoming the Trauma of your Motor Vehicle Accident"), welches speziell auf Verkehrsunfallopfer zugeschnitten ist.

Bei der Behandlung von verkehrsunfallbedingten Traumata mit der Folge einer PTBS handelt es sich um Psychotherapie nach SGB V. Die Spezifik der Förderung der Fahreignung ist durch psychologische Psychotherapeuten jedoch nur in Einzelfällen gewährleistet, weshalb eine Kooperation mit Verkehrspsychologen anzustreben ist.

Fahreignungsrelevanz

Es ist zu bezweifeln, ob bei einer schweren akuten Belastungsreaktion unmittelbar nach einer Traumatisierung die verfügbaren kognitiven Mittel, Übersicht, Konzentration,

Urteilskraft und Belastbarkeit ausreichen, um die gefahrlose Teilnahme am Straßenverkehr zu gewährleisten (Rösler & Römer, 2011). Liegt die Symptomatik einer PTBS vor, welche durch ein Extremereignis im Straßenverkehr hervorgerufen wurde, so zeigen Betroffene sehr häufig Ängste, hohe Anspannung und Vermeidungsverhalten im Straßenverkehr (Taylor & Koch, 1995). Im Zuge eines Konditionierungsprozesses hat „Verkehr" im Allgemeinen bzw. haben spezielle Verkehrssituationen Angst auslösende Qualität bekommen. Es kann zur reizgebundenen Auslösung von Ängsten und Intrusionen bei der Konfrontation mit Situationen, die Parallelen zum Unfallszenario aufweisen (z. B. Fahren derselben/ähnlichen Strecke, Fahren bei ähnlichen Witterungsbedingungen), kommen. Als Folge können Verzerrungen der Wahrnehmung, z. B. falsche Einschätzung von Abständen und Geschwindigkeiten, entstehen, welche in Extremfällen tatsächlich zu Fahrfehlern und somit zu einer Gefährdung führen. Betroffene versuchen diese Ängste durch Sicherheitsverhalten (z. B. langsames und besonders wachsames Fahren) zu kompensieren. Ist dies nicht möglich, so kommt es in vielen Fällen zu Vermeidungsverhalten: Das Autofahren wird unterlassen bzw. das Steuer an andere Personen abgegeben. Auch als Beifahrer sind viele Betroffene extrem angespannt und versuchen sich während der Fahrt abzulenken (Angenendt, Nyberg & Frommberger, 2013). Blanchard & Hickling (1997, 1999) geben in ihren Werken einen sehr ausführlichen Überblick über die Problematik der PTBS nach einem Verkehrsunfall.

Weder in der FeV noch in den Begutachtungsleitlinien werden Aussagen hinsichtlich der Fahreignung bei PTBS-Patienten getroffen. Es lassen sich unter Berücksichtigung der Häufigkeit dieser Erkrankung keine generellen Risiken belegen, die als Begründung für restriktive Eingriffe benannt werden könnten. Eine individuelle Begutachtung sollte dann erfolgen, wenn es zu schwerwiegenden Auffälligkeiten im Straßenverkehr mit Eigen- oder Fremdgefährdung gekommen ist. Verkehrspsychologen sollten Aufmerksamkeit und Sensibilität auch für traumabedingte Verkehrsauffälligkeiten entwickeln und Interventionsmöglichkeiten kennen und vermitteln.

4.2.10 Persönlichkeitsstörungen

Konrad Reschke, Anna Hempel

Krankheitsbild

Unter Persönlichkeitsstörungen versteht man sozial unflexible, wenig angepasste und extrem normabweichende Verhaltensauffälligkeiten. Bei den Betroffenen liegt ein überdauerndes Muster des Denkens, Verhaltens, Wahrnehmens und Fühlens vor, welches sich in starren Reaktionen auf unterschiedliche persönliche und soziale Lebenslagen zeigt und deutliche Abweichungen gegenüber der Mehrheit der betreffenden Bevölkerung aufweist. Im ICD-10 werden folgende Persönlichkeitsstörungen (PS) unterschieden:

- *paranoide* PS: gekennzeichnet durch übertriebene Empfindlichkeit gegenüber Zurückweisung, Misstrauen, streitsüchtiges und beharrliches Bestehen auf eigenen Rechten und übertriebene Selbstbezogenheit
- *schizoide* PS: gekennzeichnet durch Rückzug von affektiven, sozialen und anderen Kontakten, übermäßige Vorliebe für Phantasie, einzelgängerisches Verhalten und in sich gekehrte Zurückhaltung

- *dissoziale* PS: gekennzeichnet durch Missachtung sozialer Verpflichtungen, herzloses Unbeteiligtsein an Gefühlen für andere, geringe Frustrationstoleranz und einer niedrigen Schwelle für aggressives, gewalttätiges Verhalten
- *emotional instabile* PS (impulsiver oder Borderline-Typus): gekennzeichnet durch unvorhersehbare, launenhafte Stimmung, Neigung zu emotionalen Ausbrüchen, Unfähigkeit, impulshaftes Verhalten zu kontrollieren, und Tendenz zu streitsüchtigem Verhalten
- *histrionische* PS: gekennzeichnet durch oberflächliche und labile Affektivität, Dramatisierung, theatralischen und übertriebenen Gefühlsausdruck, Egozentrik, Genusssucht und dauerndes Verlangen nach Anerkennung, äußeren Reizen und Aufmerksamkeit
- *anankastische* (zwanghafte) PS: gekennzeichnet durch Gefühle von Zweifel, Perfektionismus, übertriebene Gewissenhaftigkeit, ständige Kontrollen, Halsstarrigkeit, Vorsicht und Starrheit
- *ängstliche* (vermeidende) PS: gekennzeichnet durch Gefühle von Anspannung und Besorgtheit, Unsicherheit und Minderwertigkeit, andauernde Sehnsucht nach Zuneigung und Überempfindlichkeit gegenüber Zurückweisung und Kritik
- *abhängige* (asthenische) PS: gekennzeichnet durch große Trennungsangst, Gefühle von Hilflosigkeit und Inkompetenz, Neigung, sich den Wünschen anderer unterzuordnen, und Versagen gegenüber den Anforderungen des täglichen Lebens
- *sonstige spezifische* PS: z. B. exzentrische, narzisstische, passiv-aggressive PS.

Häufig treten auch Kombinationen dieser Persönlichkeitsstörungen auf (Bohus et al., 2009; Fiedler, 2011; ICD-10-GM, 2015).

Epidemiologie

Persönlichkeitsstörungen kommen in der Bevölkerung häufig vor. In einer ersten repräsentativen Studie an N = 2 053 Personen von Torgersen, Kringlen & Cramer (2001) wurde eine Prävalenz von 13,4 % ermittelt. Die paranoide (2,4 %) und die schizoide (1,7 %) Persönlichkeitsstörung traten dabei am häufigsten auf. Insgesamt betrachtet kommen große epidemiologische Studien zu Prävalenzraten von 5 bis 10 % (Torgersen, 2005). Die bisher einzige in Deutschland durchgeführte epidemiologische Studie gibt eine Prävalenz von 9,4 % an (Maier, Lichtermann, Klingler, Heun & Hallmayer, 1992).

Ätiologie

Die Entwicklung einer Persönlichkeitsstörung resultiert aus der komplexen Wechselwirkung zwischen Umweltfaktoren und Anlagefaktoren. Hierzu zählen genetische bzw. früh erworbene Dispositionen, spezifische belastende Lebensumstände und die psychische Entwicklungsdynamik. Linehan (1993) erarbeitete ein differenziertes biosoziales Modell für die Borderline-Persönlichkeitsstörung, das sogenannte Diathese-Stress-Modell (auch Vulnerabilitäts-Stress-Modell). Zentral ist nach diesem Modell eine Störung der Emotionsregulation, die insbesondere durch hohe emotionale Verletzlichkeit gekennzeichnet ist. Diese entsteht als Folge biologischer Veranlagung in Wechselwirkung mit bestimmten Umweltfaktoren (der sogenannten invalidierenden Umwelt).

Behandlung

Persönlichkeitsstörungen werden heute leitlinienorientiert behandelt (Gaebel & Falkai, 2008). Verschiedene psychotherapeutische Methoden können zum Einsatz kommen,

z. B. DBT oder Schematherapie. Ihre Basis kann psychodynamische Psychotherapie oder kognitiv orientierte Verhaltenstherapie sein. Die Behandlung zielt dabei nicht auf die Persönlichkeitsstörung an sich, sondern auf die sich daraus ergebenden komplexen Interaktionsstörungen, Störungen des emotionalen Erlebens, der Realitätswahrnehmung, der Selbstwahrnehmung oder Selbstdarstellung sowie der Impulskontrolle. In einigen Fällen kommen Psychopharmaka (Antidepressiva, Antipsychotika, Neuroleptika) zum Einsatz, die eine Abmilderung von Symptomen bewirken sollen. Im Bedarfsfall ist die störungsspezifische Behandlung komorbider Symptomatik (z. B. Essstörungen, Angststörungen, Zwangsstörungen) vorzusehen (Fiedler, 2011; Tress et al., 2002). Die Dialektisch-Behaviorale Therapie (Linehan, 1996a, 1996b) ist ein Verfahren, welches speziell bei Patienten mit Borderline-Persönlichkeitsstörung angewendet wird. Die grundlegenden Elemente dieses Ansatzes sind Einzeltherapie, Fertigkeitentraining in der Gruppe, Telefonkontakt im Notfall sowie regelmäßige Fallsupervisionssitzungen des Therapeuten.

Fahreignungsrelevanz

Die Fahreignungsrelevanz von Persönlichkeitsstörungen ergibt sich aus den Beurteilungskriterien (DGVP & DGVM, 2013) von Mehrfachpunktetätern (Hypothese V 1), denn Interaktionsstörungen können in Verbindung mit Kfz-Verwendungen auftreten. Persönlichkeitsstörungen werden weder in der FeV noch in den Begutachtungsleitlinien explizit behandelt. Jedoch ist in den Begutachtungsleitlinien im Abschnitt „Straftaten" festgehalten, dass Personen, die Straftaten begangen haben, welche auf ein hohes Aggressionspotenzial mit bedenkenloser Durchsetzung der eigenen Interessen oder einer Bereitschaft zu ausgeprägt impulsivem Verhalten schließen lassen, nicht geeignet zum Führen von Kraftfahrzeugen sind. Dies gilt gemäß § 2 Abs. 4 StVG und weist eine gewisse Nähe zur Problematik der Persönlichkeitsstörungen auf.

Bezüglich der Fahreignung sind die schizoide, die emotional instabile und insbesondere die dissoziale Persönlichkeitsstörung von Interesse. Die schizoide Persönlichkeitsstörung ist insofern relevant, als bei Betroffenen eine mangelhafte Sensibilität im Erkennen und Befolgen gesellschaftlicher Regeln zu finden ist. Bei der emotional instabilen Persönlichkeitsstörung sind die affektive Instabilität und das augenblicksbezogene, von Anmutungsqualitäten beherrschte Verhalten, welches die langfristigen Folgen des eigenen Handelns weitgehend unbeachtet lässt, problematisch. Die andauernde Verantwortungslosigkeit und Missachtung sozialer Regeln und Verpflichtungen, die geringe Frustrationstoleranz und die niedrige Schwelle für gewalttätiges Verhalten rücken bei der dissozialen Persönlichkeitsstörung hinsichtlich der Fahreignungsbeurteilung in den Fokus (Rösler & Römer, 2011). Raithel & Widmer (2012) geben u. a. mangelhafte Impulskontrolle, geringe Anpassungsbereitschaft (an soziale Normen) und geringes Verantwortungsbewusstsein, eingeschränkte Reflexionsfähigkeit und Selbstwahrnehmung, geringe Einsicht in das eigene Fehlverhalten, geringe emotionale Belastbarkeit und ungenügende Emotionsregulation sowie Aggressionsneigung als Auslöser für riskantes Verkehrsverhalten an. In einer Studie von Galovski, Blanchard & Veazey (2002) wurde gezeigt, dass unter aggressiven Fahrern signifikant mehr Personen eine dissoziale Persönlichkeitsstörung haben. Außerdem wurden vermehrt Borderline- und intermittierend explosive Störungen (Form der emotional instabilen Persönlichkeitsstörung nach DSM-5) gefunden. Bisherige Forschungsergebnisse (z. B. Blanchard, Barton & Malta, 2000; Chliatoukis et al.,

2002; Dula & Ballard, 2003; Wells-Parker et al., 2002) untermauern die Annahme, dass aggressives Fahren zu einem signifikant höheren Verkehrsunfallrisiko führt (Galovski, Malta & Blanchard, 2006; Meadows, Stradling & Lawson, 1998). Banse, Koppehele-Gossel, Rebetez, Böhme & Schubert (2014) untersuchten in einer sechsjährigen Längsschnittstudie an N = 486 Personen Persönlichkeit, Einstellungen und Fahrverhalten bei jungen Autofahrern. Es wurden direkte und indirekte Maße der Aggressivität, Risikosuche sowie verkehrsrelevante Einstellungen erhoben, die zukünftige Verkehrsdelikte, Führerscheinentzüge und selbstberichtetes Fahrverhalten vorhersagen sollen. Die verschiedenen Maße der Aggressivität zeigten dabei nur schwache und inkonsistente Zusammenhänge mit Verkehrsdelikten, wohingegen verkehrsrelevante Einstellungen (z.B. Imponieren, mangelnde Regelakzeptanz) stärker und konsistenter mit Verkehrsdelikten einhergingen. Maße der Aggressivität und verkehrsrelevante Einstellungen hingen allerdings substanziell mit selbstberichtetem Fahrverhalten (z.B. risikoreiches und zu schnelles Fahren) zusammen.

Kapitel 5 Anforderungen an die Qualifikation

In diesem Kapitel werden die Grundlagen der Aus-, Fort- und Weiterbildung von Verkehrspsychologen, die im Fachgebiet verkehrspsychologischer Interventionen tätig sind, erörtert. Dabei werden gesetzliche Regelungen in Deutschland sowie berufsethische Standards berücksichtigt.

5.1 Hochschulabschluss in Psychologie

Konrad Reschke

Die Psychologie vereint als empirische Wissenschaft Elemente der Natur-, Sozial- und Geisteswissenschaften. Um Psychologe zu werden, ist ein Studienabschluss erforderlich, der in der Regel durch ein Hochschulstudium erworben wird. Eine Spezialisierung zur Arbeit im Tätigkeitsgebiet Verkehrspsychologie setzt den Abschluss eines Psychologiestudiums voraus. Nach Definition der DGPs (2015) stehen das Erleben und Verhalten des Menschen im Mittelpunkt des Psychologiestudiums. Das Studium umfasst allgemeine Gesetzmäßigkeiten ebenso wie Unterschiede zwischen Menschen und Unterschiede zwischen „normalem und abweichendem" Erleben und Verhalten. Neben den Grundlagenfächern der Psychologie werden an Universitäten, Hochschulen und Fachhochschulen die breiten Erkenntnisbereiche von ca. 20 Berufs- und Anwendungsfeldern gelehrt.

Diplom in Psychologie

Trotz der Vielfalt psychologischer Studieninhalte und späterer Berufsfelder hatte bisher die große Mehrzahl von Absolventen einen gemeinsamen Studienabschluss: das an einer Universität erworbene Diplom in Psychologie. Die Einführung des ersten Diplomstudienganges in Deutschland erfolgte im Jahre 1941. Krampen (2003) teilte die Entwicklung der Psychologieausbildung in fünf Phasen ein. Dieser Entwicklungsgeschichte müsste heute eine weitere, sechste Phase hinzugefügt werden, die die Einführung der Bachelor- und Masterstudiengänge Psychologie reflektiert.

1. Phase (bis 1941): Psychologieausbildung am Anfang
2. Phase (1941–1945): Normierung, Gleichschaltung und Ideologisierung des Psychologiestudiums
3. Phase (1946–1972): Die lange Nachkriegszeit – Phase der Ausbesserungen und Anpassungen
4. Phase (1973–1987): Reformen, Spezialisierung und Verstärkung der Anwendungsorientierung im Psychologiestudium
5. Phase (1987–2003): Die Wende – Zurück zum Standard oder vorwärts in die europäische Zukunft?
6. Phase (seit 2003): Bachelor- und Masterstudiengänge.

Die ca. sechzigjährige Geschichte des Psychologie-Diploms als gemeinsame Basis von Psychologen in allen Anwendungs- und Forschungsfeldern kann als eine Erfolgsgeschichte bezeichnet werden, was die Bewerber- und Absolventenzahlen zeigen. Die Studierenden erwerben im Verlauf des Studiums Kenntnisse, Fertigkeiten und Erfahrungen, die zur Aufnahme einer beruflichen Tätigkeit als Diplom-Psychologe bzw. heute als Bachelor/Master der Psychologie befähigen. Zu dieser Tätigkeit gehören sowohl wissenschaftliche Untersuchungen, fachliche Ausbildung und Weiterbildung als auch diagnostische und psychotherapeutische Aufgaben sowie psychologische Beratung im Gesundheits- und Sozialwesen, in Verwaltung, Wirtschaft, Verkehrswesen und in der Industrie. Ein Diplom oder ein Abschluss als Master of Science (M.Sc.) in Psychologie ist die Voraussetzung für eine uneingeschränkte angestellte oder freiberufliche und selbstständige psychologische Berufstätigkeit in verschiedenen Berufsfeldern. Diplom und Master sind zudem die Zugangsvoraussetzung für die Ausbildung zum Psychologischen Psychotherapeuten und andere Formen der Weiterbildung, darunter auch für die Verkehrspsychologie. Daneben existiert das Konzept des European Diploma in Psychology (EuroPsy) zur Schaffung eines europaweit akzeptierten Ausbildungsstandards. Es hat ebenfalls ein Diplom- oder Master-Studium zur Grundlage. Ein Masterabschluss in Psychologie steht heute gleichwertig neben dem Diplomabschluss (Krämer, 2002).

Konsekutive Studiengänge in Psychologie – Bachelor und Master

Mit dem Bologna-Prozess wurde in Deutschland ab 2003 (Kultusministerkonferenz, 2003; Lindner, 2001, 2003) eine bildungspolitisch geforderte Angleichung der deutschen Hochschulabschlüsse an internationale Standards vorgenommen. Im Bologna-Prozess haben vierzig europäische Länder vereinbart, bis zum Jahr 2010 ihre Hochschulsysteme anzugleichen (europäischer Hochschulraum). Studienabschlüsse sollen in Qualität und Struktur vergleichbar sein. Bachelor und Master sind bereits international gängige und anerkannte Abschlüsse und werden daher kurz- bis mittelfristig in Europa zum Standard werden. Häufig bauen Bachelor- und Masterstudiengänge inhaltlich aufeinander auf (konsekutive Studiengänge). Nach Maßgabe der Prüfungsordnung kann ein konsekutiver Master den Bachelorstudiengang fachlich fortführen und vertiefen oder – soweit der fachliche Zusammenhang gewährt bleibt – fachübergreifend erweitern. Das neue System soll darüber hinaus folgende Vorteile bieten: stärkere Ausrichtung der Studiengänge auf Berufsqualifikationen, Verringerung der Zahl von Studienabbrüchen ohne einen akademischen Abschluss und Verkürzung der Studienzeiten durch bessere Studierbarkeit.

Bachelor

Der Bachelor of Science (B.Sc.) in Psychologie stellt eine Zugangsvoraussetzung für ein M.Sc.-Studium in Psychologie dar. Der B.Sc.-Abschluss ist grundsätzlich berufsqualifizierend, Berufsbild und Arbeitsmarkt des Bachelors sind gegenwärtig jedoch noch völlig offen. Nach dem Verständnis der europäischen Fachgesellschaften für Psychologie qualifiziert der Bachelor nicht für eine unabhängige, selbstständige psychologische Berufstätigkeit. Vorwiegend soll er daher für psychologische Routinetätigkeiten, z.B. im Bereich der Diagnostik oder Evaluation, zuständig sein. Die Anfangsschwierigkeiten nach der Einführung der neuen Studienformen werden an Universitäten nur langsam überwunden. Besonders problematisch sind die geringere Zahl der Master-Studienplätze und die erneute Antragstellung für das Master-Studium, was häufig mit Universitäts- und

Studienortveränderungen und frustrierenden Ablehnungen für Absolventen einhergeht. Ein Masterstudiengang für Verkehrspsychologie mit Zugangsmöglichkeiten für Bachelor ist schon entstanden. Auch sollte überdacht werden, wie die Absolventen der Bachelorstudiengänge in Psychologie für das Tätigkeitsfeld Verkehrspsychologie interessiert und ggf. beruflich integriert werden können.

Master

Der Masterstudiengang für Psychologie strebt eine Vertiefung der Kenntnisse und Kompetenzen im Anschluss an einen Bachelorstudiengang an. Er ist meist auf zwei Jahre angelegt und endet mit der Prüfung zum Master of Science für Psychologie (M.Sc.). Beim Zugang zum Master können die Hochschulen besondere Anforderungen festlegen. Ein Masterstudiengang in Verkehrspsychologie wird an der Rheinischen Friedrich-Wilhelms-Universität Bonn angeboten. Lehrstühle, die sich mit Angeboten der Forschung und Lehre in Verkehrspsychologie an Studierende wenden, existieren an verschiedenen Hochschulen und Universitäten, z. B. Dresden (Lehrstuhl Verkehrspsychologie), Chemnitz (Allgemeine Psychologie und Arbeitspsychologie), Regensburg (Lehrstuhl für Experimentelle und Angewandte Psychologie), Würzburg (Verkehrsforschung), Braunschweig (Ingenieur- und Verkehrspsychologie), Bonn (Sozial- und Rechtspsychologie).

Studienstruktur und Regelstudienzeit

Das Studium besteht heute aus Modulen. Diese sind inhaltlich und thematisch abgeschlossene Studieneinheiten, die sich in der Regel aus mehreren Veranstaltungen und unterschiedlichen Veranstaltungstypen (z. B. Vorlesung, Übung, Seminar) zusammensetzen. Dafür erhalten die Studierenden ECTS-Punkte (European Credit Transfer System). Dies ist ein System zur europaweiten Anrechnung von Studienleistungen. Für den erfolgreichen Abschluss eines Moduls werden Leistungspunkte (Credit Points) vergeben. Diese beschreiben den Arbeitsaufwand („workload") von Studierenden, d. h. Präsenzzeiten und Vor- und Nachbereitung im Selbststudium. Für ein Jahr wird ein Arbeitsaufwand von 1800 Stunden angenommen, für ein voll absolviertes Studienjahr werden insgesamt 60 Leistungspunkte vergeben. Ein Punkt entspricht somit etwa 30 Stunden Studienzeit. Die Regelstudienzeiten betragen mindestens drei bis vier Jahre für die Bachelorstudiengänge und mindestens ein bis zwei Jahre für die Masterstudiengänge. Bei konsekutiven Studiengängen beträgt die Regelstudienzeit höchstens fünf Jahre. Der Bachelorabschluss setzt somit mindestens 180 ECTS-Punkte voraus. Unter Einbeziehung des Studiengangs bis zum ersten berufsqualifizierenden Abschluss sind für den konsekutiven Masterabschluss insgesamt 300 ECTS-Punkte erforderlich.

Fazit

Die heute entstandene, teilweise verwirrende Heterogenität von Bachelor- und Masterausbildungsgängen in der Psychologie und ihre Spezialisierungen haben gravierende Auswirkungen auf die Aus-, Weiter- und Fortbildung in der Psychologie. Auch die Grenze zwischen Aus- und Weiterbildung kann in Zukunft nicht mehr eindeutig gezogen werden, wie zum Beispiel die Diskussion der Einführung eines Psychotherapie-Masterstudiums im Rahmen der Reformierung des Psychotherapeutengesetzes (Direktausbildung bis zur Approbation analog zum Medizinstudium) zeigt. Evaluationen der veränderten Psychologieausbildung sind im Entstehen (Schwarz-Hahn & Rehburg, 2003).

5.2 Verkehrspsychologische Qualifikation

Udo Kranich

5.2.1 Ausbildung im geregelten und im nicht geregelten Bereich

Geregelter Bereich

Im geregelten Bereich sind in Deutschland die Anforderungen an die Ausbildung für im Arbeitsfeld der verkehrspsychologischen Intervention Tätige beschrieben. Entsprechende Festlegungen finden sich überwiegend in der Fahrerlaubnis-Verordnung (FeV) in den §§ 36, 71, 70 FeV sowie in § 4a des Straßenverkehrsgesetzes (StVG). Um Gemeinsamkeiten und Unterschiede aufzuzeigen, werden diese in *Tabelle 5.1* nebeneinandergestellt.

Neben diesen Ausbildungsvorschriften bestehen zur Anerkennung weitere Vorschriften. § 70 FeV verlangt, dass Kursleiter die Voraussetzungen der Kursleiterqualifikation gemäß den Anforderungen der Richtlinie nach § 72 Absatz 2 Nummer 3 erfüllen, darunter z. B. spezifizierte Anforderungen an die programmspezifische Ausbildung und Anforderungen zur Aufrechterhaltung der Qualifikation. § 36 FeV fordert die Vorlage eines sachgerechten, auf wissenschaftlicher Grundlage entwickelten Seminarkonzepts, den Nachweis geeigneter Räumlichkeiten sowie einer sachgerechten Ausstattung sowie persönliche Zuverlässigkeit. § 71 FeV macht die Teilnahme an einem vom BDP anerkannten oder einem vergleichbaren anderen Qualitätssicherungssystem erforderlich. § 4a StVG verlangt die persönliche Zuverlässigkeit, eine maximale Belastung mit zwei Punkten sowie eine geeignete räumliche und sachliche Ausstattung. Weitere Bestimmungen beziehen sich auf die regelmäßige Fortbildung der Verkehrspsychologen (siehe Kapitel 5.2.3).

Nicht geregelter Bereich

Anders als im geregelten Bereich gibt es für den nicht geregelten Bereich keine festgelegten Qualifikationsanforderungen an die in diesem Gebiet Tätigen. In einem Positionspapier der Deutschen Gesellschaft für Verkehrspsychologie (DGVP) werden Empfehlungen gegeben (DeVol et al., 2015). Darin heißt es u. a.:

„*Damit die Beratung und Intervention, die auf eine langfristig stabile Verhaltensänderung abzielt, seriös und kompetent durchgeführt werden kann, sind besondere Anforderungen an die Qualifikation der Durchführenden zu stellen. Dabei sind Grund- und Zusatzqualifikationen sowie die Verpflichtung zu kontinuierlicher Weiterbildung voneinander zu unterscheiden. Als Grundqualifikationen sollten folgende Ausbildungen vorliegen:*

I. Diplompsychologe oder gleichwertiger Master in Psychologie

II. Verkehrspsychologische Ausbildung entweder

- *als Gutachter bei einer amtl. anerkannten Begutachtungsstelle für Fahreignung oder*
- *als Kursleiter bei einem nach § 70 FeV anerkannten Träger oder*
- *als verkehrspsychologischer Berater gem. § 71 FeV oder*
- *als Fachpsychologe für Verkehrspsychologie (BDP) oder*
- *im Rahmen eines Hochschulstudiums mit Schwerpunkt Verkehrspsychologie.*

Tabelle 5.1 Ausbildungsanforderungen an Verkehrspsychologen im geregelten Bereich

	Kurse zur Wiederherstellung der Kraftfahreignung	Besondere Aufbauseminare	Verkehrspsychologische Beratung	Verkehrspsychologische Teilmaßnahme des Fahreignungsseminars
	§ 70 Fev	§ 36 FeV	§ 71 FeV	§ 4a StVG
Hochschulstudium	Diplom-Psychologe oder gleichwertiger Master-Abschluss in Psychologie			
Verkehrspsychologische Ausbildung	an einer Universität oder gleichgestellten Hochschule oder bei einer Stelle, die sich mit der Begutachtung oder Wiederherstellung der Kraftfahreignung befasst			
			oder an einem Ausbildungsseminar des BDP	oder durch fachpsychologische Qualifikation nach dem Stand der Wissenschaft
Kenntnisse und Erfahrungen	in der Untersuchung und Begutachtung der Eignung von Kraftfahrern		in der Verkehrspsychologie durch a) min. 3 Jahre Gutachter oder Kursleiter §§ 70 oder 36 FeV b) 5 Jahre bestätigte freiberufliche verkehrspsychologische Tätigkeit (z. B. durch Dokumentation von 10 Verkehrstherapien mit positiver MPU) c) 3 Jahre freiberufliche verkehrspsychologische Tätigkeit nach vorherigem Erwerb einer Qualifikation als klinischer Psychologe oder Psychotherapeut nach dem Stand der Wissenschaft	
Spezifische Ausbildung	Kursleiterausbildung im entsprechenden Programm		Einführungsseminar Verkehrsrecht, min. 16 Stunden	keine

Zusätzlich sind folgende fachspezifische Ausbildungen zu fordern:

I. Einweisung und Fachkunde bei der Anwendung der Begutachtungsleitlinien und der Beurteilungskriterien

II. Bei Verkehrstherapeuten

- *Therapieausbildung bzw. ausreichende therapeutische Kompetenzen, um einen Veränderungsprozess fachgerecht zu führen, und/oder*
- *Rehabilitationsmaßnahmenspezifische Fortbildung.“*

Diese Empfehlungen orientieren sich an den Vorschlägen der AG „Qualität in Fahreignungsberatung und fahreignungsfördernden Maßnahmen“ bei der BASt (Klipp et al.,

2015). Es bleibt abzuwarten, ob sich diese Mindestanforderungen an die Qualifikation für den nicht geregelten Bereich als Standard durchsetzen lassen.

5.2.2 Fachpsychologe für Verkehrspsychologie/ Master der Verkehrspsychologie

Neben der verkehrspsychologischen Ausbildung, wie sie für den geregelten Bereich in den jeweiligen Qualifikationsanforderungen für bestimmte Dienstleistungen beschrieben ist, gibt es auch übergreifende berufliche Qualifikationen verkehrspsychologischer Fachkompetenz zu erwerben. Dazu gehört z. B. die Absolvierung eines Curriculums mit dem Ziel, das Zertifikat „Fachpsychologe für Verkehrspsychologie“ zu erwerben. Voraussetzung für die Teilnahme an der Fortbildung ist das Diplom oder ein vergleichbarer Abschluss des Studiengangs Psychologie. Das Curriculum umfasst mindestens zwei Jahre und höchstens vier Jahre und erfolgt in der Regel berufsbegleitend. (Weitere Informationen finden sich unter www.bdp-verkehr.de.)

Seit dem Jahr 2012 wird zudem ein berufsbegleitender Studiengang zum Master of Science Verkehrspsychologie an der Universität Bonn angeboten. Es werden die Spezialisierungen „Verkehrspsychologische Begutachtung“ oder „Verkehrspsychologische Rehabilitation“ angeboten. (Weitere Informationen finden sich unter www.master-verkehrspsychologie.de.)

5.2.3 Aufrechterhaltung der Qualifikationen

Birgit Kollbach

Das Arbeitsgebiet des in der Intervention tätigen Verkehrspsychologen ist in Bezug auf neue Gesetzeslagen, neue medizinisch-therapeutische Ansätze und neue psychologische Methoden in einer steten Weiterentwicklung begriffen. Deshalb ist eine ständige jährliche Fortbildung, wie sie im geregelten Bereich Standard ist und im Positionspapier der DGVP (DeVol et al., 2015) auch für den nicht geregelten Bereich gefordert wird, unerlässlich. In Deutschland gibt es für die in Kapitel 2.1 beschriebenen verkehrspsychologischen Interventionen im geregelten Bereich ausführliche Regelungen für die Aufrechterhaltung der Qualifikationen, die sich aus den Verordnungs- bzw. Gesetzestexten oder aus den jeweiligen Anerkennungsbescheiden ergeben. Die folgenden Anforderungen werden hier benannt:

- eine jährlich mindestens sechsstündige, insbesondere die Fahreignung betreffende verkehrspsychologische Fortbildung (§ 4a Abs. 7 StVG)
- Nachweis der Teilnahme an einer Fortbildungsveranstaltung oder Praxisberatung von mindestens 16 Stunden innerhalb von jeweils zwei Jahren (§ 71 Abs. 2 Nr. 4 d FeV).

Die umfangreichsten Anforderungen ergeben sich aus der „Richtlinie über die Anforderungen an Träger von Kursen zur Wiederherstellung der Kraftfahreignung (§ 70 FeV) und deren Begutachtung durch die Bundesanstalt für Straßenwesen“ vom 27. Januar 2014 (VkBl. S. 110). Demnach muss der Träger sicherstellen,

- *„dass jeder Kursleiter im Umfang von mindestens zwei Tagen pro Jahr an für den Tätigkeitsbereich relevanten Weiterbildungsmaßnahmen teilnimmt und mindestens zwei Kurse pro Jahr durchführt.“* Wenn der Kursleiter die Qualifikation von

§-70-Kursen sowohl für drogenauffällige als auch für alkoholauffällige Kraftfahrer hat, muss in beiden Kursarten mindestens ein Kurs durchgeführt werden.
- Darüber hinaus wurde trotz der umfangreichen Grundqualifikation verfügt, dass ein Kursleiter, der ein Jahr lang oder länger ausgesetzt hat (keine Tätigkeit als Kursleiter in dieser Zeit), erneut in das Programm eingewiesen werden und einen vollständigen Kurs komoderieren muss.
- Zur Sicherstellung einer einheitlichen Durchführungsqualität der Kurse sind außerdem regelmäßige Kursleiteraudits durchzuführen.
- *„Den Kursleitern muss ein Grundbestand an Fachliteratur zur Verfügung stehen, der kontinuierlich zu aktualisieren ist."*
- Der Träger muss sicherstellen, *„dass durch einen innerbetrieblichen Informationsdienst betroffene Mitarbeiter über den aktuellen Stand der relevanten rechtlichen Bestimmungen, Normen, Methoden und wissenschaftlichen Erkenntnisse informiert werden"*.

Träger von Maßnahmen im geregelten Bereich, insbesondere von Kursen zur Wiederherstellung der Kraftfahreignung nach § 70 FeV, haben diese umfangreichen Fortbildungsanforderungen in ihre Qualitätsmanagementsysteme aufgenommen und in der Regel auch auf alle Maßnahmen ausgedehnt, die sie im ungeregelten Bereich verkehrspsychologischer Interventionen anbieten. Jeder Träger bietet seinen Kursleitern i. d. R. Kursleitertreffen im Umfang von zwei Tagen jährlich an. Darüber hinaus können – und sollten – auch andere relevante Fortbildungsveranstaltungen besucht werden, wie beispielsweise die Symposien der DGVP/DGVM, der „Fit to Drive"-Kongress und die Fortbildungsveranstaltungen der Berufsverbände sowie verkehrspsychologische Arbeitsgruppen (z. B. Fachteams). Im Sinn einer interdisziplinären Zusammenarbeit können darüber hinaus auch Veranstaltungen aus dem klinisch-psychologischen, psychotherapeutischen, medizinischen oder juristischen Kontext besucht werden, sofern diese fahreignungsrelevant sind.

5.3 Therapeutische und Berater-Qualifikation

Ingeborg Blume

Eine fundierte Aus- und Weiterbildung und die damit erzielte Qualifikation bilden die Voraussetzung für eine qualitätsgerechte Erbringung verkehrspsychologischer Interventionen. Neben den spezifischen verkehrspsychologischen Grundqualifikationen sind auch therapeutische Zusatzqualifikationen in Verfahren, Methoden und Techniken sinnvoll. Dieses Kapitel stellt die Bedeutung von therapeutischen Qualifikationen im Gesamtkontext verkehrspsychologischer Interventionen im Überblick dar.

Der Verkehrspsychologe im Rehabilitationsbereich arbeitet rund um die MPU. Diese ist der Kristallisationspunkt für verkehrspsychologische Fahreignungsberatung sowie Interventionen zur Fahreignungsförderung/Verkehrstherapie (siehe Kapitel 1)[1]. Das kurzfristige Ziel ist ein positives Gutachten und in der Folge die Erteilung bzw. Belassung der Fahrerlaubnis. Das langfristige Ziel der verkehrspsychologischen Rehabilitation ist eine stabile und dauerhafte Einstellungs- und Verhaltensänderung, welche dazu führt, die Fahrerlaubnis auf Dauer zu behalten. Jede therapeutische Zusatzqualifikation, über die ein Verkehrspsychologe verfügt, erleichtert und fördert dauerhafte Einstellungs- und Verhaltensänderungen.

Der Verkehrspsychologe in der Rehabilitation ist Experte rund um das Thema MPU: Er informiert den Klienten fachgerecht, zeigt Wege zur Wiedererlangung der Fahrerlaubnis und hilft, die persönlichen Voraussetzungen hierfür zu schaffen. Er unterstützt den Klienten bei der Einstellungs- und Verhaltensänderung und bei der Stabilisierung des veränderten Verhaltens.

Notwendige Voraussetzung für verkehrspsychologische Intervention ist die Ausbildung, wie in den Kapiteln 5.1 und 5.2 beschrieben. Verkehrspsychologische Intervention bedeutet *„Veränderung von Verhaltensweisen im (Straßen-)Verkehr mit therapeutischen Mitteln, ohne dass damit der Anspruch einer Gesamtveränderung im Sinne einer (heilenden) Psychotherapie verbunden ist"* (Kranich et al., 2008, S. 124). Verkehrspsychologische Intervention erfordert also nicht grundsätzlich nach dem Studium eine psychotherapeutische Ausbildung mit Approbation (siehe Kapitel 1.4.1). Die Berater in der verkehrspsychologischen Intervention müssen therapeutische Verfahren kennen und anwenden können. Eine (Grund-)Ausbildung in einem oder mehreren therapeutischen Verfahren ist zielführend. In der Verkehrspsychologie werden insbesondere verhaltenstherapeutische, psychodynamische oder systemische Methoden angewandt (Kranich et al., 2008, S. 126). Diese Methoden sind in der Regel auch Grundlage der Konzepte für Kursprogramme, z. B. bei §-70-Kursen.

Der Therapie- bzw. Beratungsprozess beginnt mit einer Verhaltensanalyse, Befunderhebung und der Feststellung von Veränderungszielen. Es werden Verkehrsvorgeschichte, biografische Aspekte, Missbrauchs- bzw. Suchtgeschichte, bereits eingeleitete Verhal-

1 Seit Ende der 1970er-Jahre haben sich in Deutschland für verkehrspsychologische Interventionen zur Fahreignungsförderung auch die Begriffe „Verkehrstherapie" bzw. „verkehrspsychologische Therapie" etabliert, ohne dass es sich um ein gemeinsames und ausformuliertes Konzept handelt. In der Schweiz findet der Begriff Verkehrstherapie Verwendung.

tensänderungen und deren Stabilität erfragt. Daraus ergibt sich die Art und Dauer der Intervention. Der Verkehrspsychologe sollte ein guter Diagnostiker sein und relevante Problemkonstellationen und Störungsbilder kennen. Die Frage, ob eine mehr oder weniger kurzfristige Maßnahme oder ein längerfristiges therapeutisches Vorgehen erforderlich ist, muss in der diagnostischen Phase geklärt werden (siehe Kapitel 2.2.1 und Kapitel 3.1).

Die Feststellung der Ausgangslage muss ebenfalls verkehrsrechtliche Bedingungen (z. B. Dauer der Sperrfrist) berücksichtigen und beinhaltet zwingend die Anwendung der Beurteilungskriterien zur Fahreignung (z. B. Notwendigkeit und Dauer von Abstinenznachweisen bei Alkohol- oder Drogenauffälligen). Entsprechend fundierte Kenntnisse des Verkehrs- und Fahrerlaubnisrechts sowie der Beurteilungskriterien und Leitlinien sind vorauszusetzen (siehe Kapitel 1.3).

Weiterhin sind profunde Kenntnisse der Missbrauchs- und Abhängigkeitsdiagnostik und Behandlung für den Verkehrstherapeuten und Berater im Rehabilitationsbereich unerlässlich. Im diagnostischen Erstgespräch muss eine belastbare Einschätzung des Schweregrades der Problematik vorgenommen werden. Dies ist eine weitere Grundlage, um das Vorgehen in Richtung positive MPU festlegen zu können.

Erfolgskontrollen im Verlauf des therapeutischen bzw. beraterischen verkehrspsychologischen Interventionsprozesses können die Wirksamkeit der gewählten Interventionsmethoden deutlich verbessern. In der Regel geschieht dies mit Check-up-Gesprächen (siehe Kapitel 3.1.5). Festgestellt werden soll dabei, wie weit sich der Klient seinem kurzfristigen Ziel (Bestehen der MPU) genähert hat und wie stabil die Veränderungen sind. Der Verkehrspsychologe muss flexibel auf den jeweiligen Klienten eingehen und gegebenenfalls Methoden und strategisches Vorgehen anpassen können.

5.4 Fortbildung und Supervision

Ingeborg Blume

Für die Tätigkeit in der verkehrspsychologischen Intervention ist regelmäßige Fortbildung unabdingbar. Diese sollte nicht auf psychologische Inhalte (z. B. Tests, Methoden und Techniken der Intervention) begrenzt werden, sondern auch aktuelle Entwicklungen im Bereich devianten Verhaltens in den für die Verkehrspsychologie relevanten Störungsformen und im Bereich Sucht verfolgen. Änderungen der für den Verkehrspsychologen relevanten Gesetze und Verordnungen müssen diesem geläufig sein. Hierzu zählen u. a. das Straßenverkehrsgesetz, die Straßenverkehrs-Ordnung und die Fahrerlaubnis-Verordnung. Das Wissen um Neuerungen in den Begutachtungsleitlinien und Beurteilungskriterien gehört zwingend dazu. Vorgeschrieben ist die Fortbildung derzeit bei den Maßnahmen mit Rechtsfolgen im geregelten Bereich (siehe Kapitel 5.2.3). Für den ungeregelten Bereich wird im Positionspapier der DGVP (2015) empfohlen: *„Zur Aufrechterhaltung der Qualifikation und Sicherung der langfristigen Dienstleistungsqualität sind von den Verkehrspsychologen regelmäßig einschlägige Fortbildungen zu besuchen."*

Supervision in der Verkehrspsychologie sollte nicht nur in der Ausbildungs- und/oder Einarbeitungsphase wahrgenommen werden. Das Arbeitsgebiet ist vielseitig und erfordert verkehrsrechtliches, verkehrsmedizinisches sowie (verkehrs-)psychologisches Wissen. Auch erfahrene Verkehrspsychologen können hinsichtlich Methodenkompetenz, Persönlichkeitsmerkmalen, eigener Gefühle und Gedanken sowie in ihrem Verhalten im Setting mit dem Klienten durch Supervision ihre Kompetenz stärken. Dies kann sowohl im Einzel- wie auch im Gruppensetting stattfinden. Häufig und hilfreich in der Verkehrspsychologie ist die Fallsupervision, bei der mit einem oder mehreren Kollegen über spezifische Klienten gesprochen wird, wenn etwa die Diagnostik schwierig ist oder der Verkehrspsychologe im Interventionsprozess keinen oder wenig Fortschritt sieht. Bei §-70-Kursen muss der Träger den Kursleitern Supervision als Einzelbetreuung oder in der Gruppe mit maximal zehn Supervisanden anbieten und die Teilnahme dokumentieren. Die Qualifikation des Supervisors ist hierbei vorgeschrieben. Weitere Festlegungen über Qualifikation und Auswahl von Supervisoren im Bereich verkehrspsychologischer Interventionen existieren bisher nicht.

Fachspezifische Fortbildungsangebote werden von verschiedenen Trägern und Organisationen durchgeführt, beispielsweise vom Berufsverband Deutscher Psychologinnen und Psychologen (BDP) und der Deutschen Gesellschaft für Verkehrspsychologie (DGVP). Der kollegiale Erfahrungsaustausch (Intervision) kann jederzeit auch selbst organisiert werden.

5.5 Berufsethische Standards

Udo Kranich

Grundlagen und Rahmenbedingungen

Richtlinien zum ethischen Verhalten des Psychologen gehören zum Standard in großen Organisationen, Institutionen und Verbänden, so z. B. auch im Berufsverband Deutscher Psychologinnen und Psychologen (BDP). Die Berufsordnungen der Psychotherapeutenkammern enthalten ebenso entsprechende Festlegungen.

Anerkannt ist der Grundsatz des Trennungsgebotes von therapeutischer und gutachterlicher Arbeit, d. h. dass bei einem Betroffenen nicht dieselbe Person sowohl als Gutachter wie auch als Therapeut tätig werden darf. Eine solche Verbindung stellt neben der Befangenheitsgefahr eine Verletzung des Prinzips der Unvoreingenommenheit dar. Entsprechende Festlegungen finden sich in der Fahrerlaubnis-Verordnung.

Es ist gängige Praxis, dass nach jeder verkehrspsychologischen Intervention zur Fahreignungsförderung aus fachwissenschaftlicher Sicht eine Begutachtung erforderlich ist, um den Erfolg der Maßnahme im Einzelfall durch einen unabhängigen Gutachter prüfen zu lassen. Entsprechend sind diese beiden verkehrspsychologischen Praxisfelder getrennt, auch in personeller Hinsicht.

Bereits im Jahr 1998 wurden in einer Selbstverständniserklärung berufspolitische und berufsethische Grundsätze der klinischen Verkehrspsychologie erarbeitet und beschlossen. Einige Schwerpunkte im Hinblick auf die verkehrspsychologische Intervention sind:

- Der Verzicht auf eine nur vordergründige „Testvorbereitung“. Vielmehr sind zumeist fundierte Verhaltens- und Einstellungsänderungen nötig, um einen Rückfall auf Dauer zu vermeiden.
- Der in diesem Bereich Tätige muss bereit sein, sich auf die subjektiven Sichtweisen des Klienten einzulassen, es aber vermeiden, sich zum bedingungslosen „Anwalt“ des Klienten zu machen. Dazu ist ein hohes Maß an therapeutischer Kompetenz und professioneller Distanz nötig. Somit sind besondere Qualifikationsanforderungen für die in diesem Bereich Tätigen erforderlich.
- Diese Tätigkeit muss sich auch Qualitätsstandards unterwerfen und der Erfolg muss messbar sein, insbesondere im Sinne der Legalbewährung.
- Es handelt sich i. d. R. um keine Leistung der gesetzlichen Krankenkasse. Es kann ein angemessenes Honorar verlangt werden, nicht jedoch erfolgsabhängig.
- Die Therapie wird aufgrund eines schriftlich fixierten Vertrages durchgeführt, der auch die Bezahlungsmodalitäten regelt.

Smith (2003) verweist in ihrem Aufsatz zur Vermeidung ethischer „Fallen“ darauf, dass der Psychologe zunächst im Patienten-Therapeuten-Verhältnis seine Rolle identifizieren muss. Wenn ein Psychologe mit Menschen oder Organisationen zusammenarbeitet, muss von Anfang an klar sein, von wem er als Hilfe „angestellt“ wurde und was von ihm erwartet wird. Als Beispiel wird angeführt, dass im Gericht deutlich sein muss, ob ein Psychologe als Expertenzeuge oder als Fürsprecher einer Seite auftritt. *„Because* *they can't provide an objective evaluation, psychologists who are therapists for one of the parties shouldn't serve as expert witnesses.*" Dieses Beispiel ist uneingeschränkt übertragbar auf die jeweilige Rolle des Psychologen im Rahmen eines Verwaltungs-, Zivil- oder Strafverfahrens, wie es z. B. bei dem (Wieder-)Erwerb bzw. der Sicherung der Fahrerlaubnis der Fall ist.

Eine Fortsetzung und Vertiefung in der Auseinandersetzung mit ethischen Verhaltensweisen findet sich in den Leitsätzen verkehrspsychologischer Therapie (Sohn, 2009):

- Verkehrspsychologische Therapie[2] wird von therapeutisch qualifizierten Verkehrspsychologen durchgeführt.
- Diese dokumentieren und überprüfen ihre Arbeit nach dem Modell der kontrollierten Praxis bzw. nach den Kriterien von Qualitätssicherungssystemen.
- Der Therapieprozess wird in Abschlussbescheinigungen dokumentiert, ohne gutachterliche Aussagen zu präjudizieren.
- Verkehrspsychologische Therapie hat ihre Wirksamkeit am Kriterium der Legalbewährung nachgewiesen.
- Therapeuten müssen finanziell unabhängig vom Ergebnis ihrer Therapie und fachlich nicht weisungsgebunden sein.

Ethisches Verhalten unter Hinweis auf Regelwerke

In den Ethischen Richtlinien der Deutschen Gesellschaft für Psychologie e. V. (DGPS) und des Berufsverbands Deutscher Psychologinnen und Psychologen e. V. (BDP) (2007) ist unter Punkt B.IV „Gutachten und Untersuchungsberichte", Unterpunkt IV.1 „Sorgfaltspflicht" aufgeführt, dass „*die föderativen Richtlinien für die Erstellung von Gutachten*" zu beachten sind (Kühne und Zuschlag, 2006).

Aufgrund der besonderen Sachlage beim (Wieder-)Erwerb bzw. der Sicherung der individuellen Mobilität bei gleichzeitiger Beachtung der Schutzpflicht des Staates wurden für den Bereich der Verkehrsmedizin und Verkehrspsychologie in den Begutachtungsleitlinien zur Kraftfahreignung (Gräcmann & Albrecht, 2014) differenzierte Ausführungen zur Thematik Rollenkonflikt von Therapeut und Gutachter getroffen. So wird zu diesem Themenkomplex im Abschnitt 2.2 „Auswahl des Gutachters" u. a. ausgeführt, dass jeder Sachverständige vor Annahme eines Gutachtenauftrages prüfen solle, „*ob Sachverhalte vorliegen, die Anlass zum Vorwurf der Besorgnis der Befangenheit eines Sachverständigen geben könnten, was zur Ablehnung führen kann*".

Auch der Kommentar zu den Begutachtungs-Leitlinien zur Kraftfahrereignung (Schubert et al., 2005) beinhaltet im Kapitel 3.11.2 „Abhängigkeit" unter dem vierten Abschnitt „Qualitätssicherung und Qualitätskontrolle" spezielle und eindeutige Ausführungen zur Vermeidung der Rollenkonfusion.

Bezogen auf die Verkehrspsychologie ist eine – wenn auch eingeschränkte – Festlegung zum Themenkomplex Rollenkonflikt in der Anlage 4 a der FeV enthalten:

2 In Deutschland haben sich für verkehrspsychologische Interventionen zur Fahreignungsförderung auch die Begriffe „Verkehrstherapie" bzw. „verkehrspsychologische Therapie" etabliert. In der Schweiz findet der Begriff Verkehrstherapie Verwendung.

„5. Wer

a. mit Unternehmen oder sonstigen Institutionen vertraglich verbunden ist, die
aa) Personen hinsichtlich der typischen Fragestellungen in der Begutachtung von Begutachtungsstellen für Fahreignung im Sinne des § 66 zur Klärung von Zweifeln an der Kraftfahreignung in Gruppen oder einzeln beraten, behandeln, betreuen oder auf die Begutachtung vorbereiten oder
bb) Kurse zur Wiederherstellung der Kraftfahreignung anbieten, oder

b. solche Maßnahmen in eigener Person anbietet,

darf keine Personen zur Klärung von Zweifeln an der Kraftfahreignung in Begutachtungsstellen für Fahreignung untersuchen oder begutachten."

Sofern eine in verkehrspsychologischen Interventionen zur Fahreignungsförderung tätige Person in einer Teilnahme-/Therapiebescheinigung eine Aussage über die Fahreignung eines behandelten Betroffenen macht, ernennt sie sich selbst zu einem Gutachter, ohne einen Auftrag eines Gerichtes, einer Verwaltungsbehörde usw. und eine zu beantwortende Fragestellung erhalten zu haben. Selbst wenn der Betroffene den Verkehrspsychologen gebeten haben sollte, in seiner Bescheinigung eine Aussage zur Fahreignung zu treffen, wäre dies als ein Parteiengutachten zu bewerten. Darüber hinaus sind der Psychologe und der Arzt, die im Rahmen der Erteilung der Fahrerlaubnis oder der Sperrfristverkürzung tätig werden, von dem Betroffenen finanziell abhängig und können daher kaum eine neutrale „gutachterliche Stellungnahme" über die zukünftige Verkehrsteilnahme ihres Klienten abgeben. Sich in Bescheinigungen, Stellungnahmen o. Ä. nach einer entsprechenden Maßnahme äußernde Psychologen oder Ärzte nehmen eine Selbstbewertung ihrer fachlichen Arbeit vor. Ihre Unabhängigkeit ist damit nicht mehr gegeben.

Im Fahrerlaubnisrecht unterscheidet sich die Rolle der verkehrspsychologischen und verkehrsmedizinischen Sachverständigentätigkeit (Gutachter) grundlegend von der Rolle des Verkehrspsychologen in Interventionen zur Förderung der Fahreignung. Dieser befindet sich in einem Betreuungsverhältnis zu seinem Klienten.

Zusammenfassung

Ethische Grundsätze sind auch im Bereich der verkehrspsychologischen Intervention zu beachten und einzuhalten. Entsprechende Hinweise finden sich in verschiedenen Regelwerken.

Betroffene, die sich in Vorbereitung auf eine Fahreignungsbegutachtung psychologische und/oder ärztliche Unterstützung suchen, sind i. d. R. nicht im sozialversicherungsrechtlichen Sinne krank. Die Kosten dieser Maßnahmen trägt daher der Betroffene.

Verkehrspsychologen sollten sich in ihren Bescheinigungen jeglicher Aussage bezüglich einer Verkehrsverhaltensprognose bzw. zur Fahreignung enthalten, um die Verwertbarkeit der Bescheinigungen im Verwaltungs- oder Strafverfahren nicht zu gefährden.

Nach jeder verkehrspsychologischen Intervention zur Fahreignungsförderung/Verkehrstherapie im nicht geregelten Bereich ist eine Begutachtung erforderlich, um den Erfolg der jeweiligen Maßnahme im Einzelfall durch einen unabhängigen Gutachter prüfen zu lassen. Die Bündelung therapeutischer und gutachterlicher Arbeit in einer Person bei einem Betroffenen stellt neben Befangenheit eine Verletzung des Prinzips der Unvoreingenommenheit dar.

5.6 Rechtliches und medizinisches Basiswissen

Paul Brieler, Birgit Kollbach

Alle Maßnahmen im Rahmen der Fahrerlaubnis auf Probe, im Rahmen des Fahreignungs-Bewertungssystems oder im Straf- oder Verwaltungsverfahren gründen auf gesetzlichen Regelungen. Sie sind daher ebenfalls Inhalte einer verkehrspsychologischen Ausbildung.

„Das Fahreignungsrecht als ein juristisches System besteht aus handelnden Behörden, Institutionen und Personen. Es beruht auf einem gesetzlich gegebenen institutionellen Rahmen, innerhalb dessen die Akteure mit unterschiedlichen Aufgabenstellungen und Verbindlichkeitsgraden handeln müssen, sollen, können und dürfen. Diese Handlungszwänge und Handlungsalternativen sind vom Gesetzgeber systematisch konstruiert in der Form von Rechtsvorschriften mit den jeweiligen Merkmalen eines gesetzlichen Tatbestandes, an dessen vorliegenden Voraussetzungen – je nach Perspektive des Betrachters – genau definierte Rechte und Pflichten geknüpft sind“ (Müller, Kollbach & Schulte, 2015, S. 366).

Klienten verkehrspsychologischer Interventionen sind mit Rechtsfolgen ihrer Handlungen im Rahmen von Bußgeldverfahren, Strafverfahren oder verwaltungsrechtlichen Verfahren konfrontiert. Die Ahndung ihrer Delikte fußt auf rechtlichen Bestimmungen zum Verhalten. Im verkehrspsychologischen Arbeitsbereich sind dies etwa das Strafgesetzbuch (StGB), das Straßenverkehrsgesetz (StVG), die Straßenverkehrs-Ordnung (StVO), die Straßenverkehrs-Zulassungs-Ordnung (StVZO), das Gesetz über die Pflichtversicherung für Kraftfahrzeughalter (PflVG). Der Verkehrspsychologe benötigt entsprechende Grundkenntnisse darüber, wie ein Verhalten normiert ist. Beispielsweise ist die sog. *„Fahrerflucht“* ein unerlaubtes Entfernen vom Unfallort (§ 142 StGB), das auf den Bestimmungen zum Verhalten an einer Unfallstelle für alle Unfallbeteiligten beruht (§ 34 StVO). Um dem Klienten auch eine rechtliche Einschätzung seines Fehlverhaltens und seines zukünftigen Verhaltens zu ermöglichen, benötigt der Verkehrspsychologe ein aktuelles rechtliches Basiswissen, das Gegenstand seiner verkehrspsychologischen Aus- und Fortbildung ist (siehe Kapitel 5.2.1 und 5.2.3).

Klienten in Kurs- oder Einzelmaßnahmen sind häufig nicht über ihren rechtlichen Status informiert und fühlen sich daher einem aus ihrer Sicht undurchsichtigen Verfahren ausgeliefert. Auch hier kann der Verkehrspsychologe zur Klärung beitragen, um dem Klienten eine Orientierung über seinen Verfahrensweg bzw. eine Einschätzung seiner Handlungsoptionen zu ermöglichen. Eine verkehrspsychologische Fahreignungsberatung oder ein Modul im Rahmen einer Kursmaßnahme kann jedoch nie eine Rechtsberatung darstellen. Verkehrspsychologen sollten – wie andere Berufsgruppen auch – die eigenen Kompetenzen nicht überschreiten. In Zweifelsfällen ist dem Klienten zu raten, die Hilfe eines Fachanwalts für Verkehrsrecht zu suchen.

Verkehrspsychologen müssen zudem wissen, welche Informationen aus rechtlicher Sicht bedeutsam sind, um diese zielführend erheben zu können. Die erhaltenen, häufig unklaren bzw. manchmal auch bewusst verfälschten Angaben der Klienten müssen rechtlich korrekt zugeordnet und bewertet werden können, auch um mögliche Regressforderungen aufgrund einer Falschberatung abzuwenden.

Eine Schnittmenge rechtlichen und medizinischen Basiswissens stellen die Anlagen 4 und 4a FeV zusammen mit den Begutachtungsleitlinien zur Kraftfahreignung (Gräcmann & Albrecht, 2014) dar. Hier werden für häufiger vorkommende Erkrankungen bzw. Mängel Bewertungen bzgl. der Eignung zum Führen von Kraftfahrzeugen getroffen, über deren Grundzüge der Verkehrspsychologe durch seine Ausbildung informiert sein muss. Bei Vorliegen einer entsprechenden Erkrankung oder eines Mangels kann der beratende Verkehrspsychologe unter Verweis auf diese Grundlagen entweder eine Aussage darüber treffen, dass eine Eignung nicht gegeben sein wird, und auf einen Arzt der entsprechenden Fachrichtung verweisen. Dieser sollte dann die Voraussetzungen zur Erfüllung der spezifischen Eignungsanforderungen klären. Insbesondere sollte abgeklärt werden, ob die Voraussetzungen der Eignung durch eine medizinische Behandlung geschaffen werden können oder ob aufgrund besonderer Umstände Kompensationsmöglichkeiten zu erkennen sind. Häufig gibt die Frage nach Medikamenten, die eingenommen werden, Hinweise in der Fahreignungsberatung über eventuell fahreignungsausschließende Erkrankungen (siehe Kapitel 8.2.1.2).

Verkehrspsychologen müssen einzelfallbezogen einschätzen können, welche Informationen aus verkehrsmedizinischer bzw. toxikologischer Sicht bedeutsam sind, um diese zielführend erheben zu können. Die erhaltenen, häufig unklaren bzw. manchmal auch bewusst verfälschenden Angaben der Klienten müssen verkehrsmedizinisch korrekt zugeordnet und bewertet werden können, auch um mögliche Regressforderungen aufgrund einer Falschberatung abzuwenden. So können z.B. Verkehrsunfälle durchaus krankheitsbedingt sein. Können Alkohol- oder Drogenbeeinflussung als Ursache für Verkehrsauffälligkeiten ausgeschlossen werden, müssen Krankheiten wie beispielsweise Epilepsie, labiler Diabetesstatus, Schlafapnoe, Demenz usw. oder eine damit in Zusammenhang stehende Medikamenteneinnahme berücksichtigt werden. Zur Abklärung bedarf es der interdisziplinären Zusammenarbeit.

Verkehrspsychologen kommt neben der diagnostischen „Hellhörigkeit" auch eine präventive Aufgabe zu. Beispielsweise kann eine Beratung zu den Folgen eines Mischkonsums von Medikamenten mit Alkohol und Drogen Problembewusstsein schaffen und die Wahrscheinlichkeit künftiger Auffälligkeiten nachhaltig senken.

Im Rahmen der Kursleitertätigkeit im geregelten Bereich, aber auch in verkehrspsychologischen Interventionen zur Fahreignungsförderung, muss der Verkehrspsychologe in jedem Fall in der Lage sein, Wirkungsweisen und Folgen des Konsums von Suchtmitteln für den medizinischen Laien verständlich und fachlich korrekt zu erläutern. Auf diese Weise wird dem Klienten die Möglichkeit gegeben, bei seiner Entscheidung über den künftigen Suchtmittelkonsum die körperlichen Auswirkungen einzubeziehen bzw. Voraussetzungen zu schaffen, um Auslösesituationen für erneuten Konsum zu erkennen und zu vermeiden.

5.7 Fach- und Feldkompetenz

Ingeborg Blume

Neben der umfangreichen Ausbildung zum Verkehrspsychologen in der Rehabilitation verlangt die Tätigkeit weitere Voraussetzungen. Verkehrspsychologen in der Rehabilitation benötigen ein breit gefächertes, fachübergreifendes Wissen. Hierzu zählen medizinische, suchttherapeutische und juristische Kenntnisse.

Der Verkehrspsychologe in der Intervention muss wissen, dass er mit Klienten arbeitet, die in der Regel ohne den Verlust der Fahrerlaubnis keine psychologische Unterstützung suchen würden. Der Leidensdruck entsteht häufig erst aufgrund des Entzugs der Fahrerlaubnis. Diesen bringt der Klient aber nicht zwingend mit eigenem Fehlverhalten in Verbindung. Er wendet sich an Verkehrspsychologen, weil er seine Fahrerlaubnis wiederhaben möchte. Der Verkehrspsychologe in der Rehabilitation sollte daher die Fähigkeit besitzen, in sehr kurzer Zeit eine tragfähige Beziehung mit dem Klienten aufzubauen und aufrechtzuerhalten (siehe Kapitel 3.3.3). Wie in allen psychotherapeutischen Interventionen ist in der Verkehrspsychologie die Beziehung zwischen Klient und Verkehrspsychologe die wirksamste Variable für den Interventionserfolg (Chaloupka-Risser et al. 2011, S. 216). In der Arbeit des Verkehrspsychologen ist die Wertschätzung des Klienten – ihn mit seinen Delikten annehmen können, ohne zu werten oder zu urteilen – wichtig. Aufgrund von Kompetenz, Empathie und Authentizität können auch Schuld- und Schamgefühle, Wut und Hilflosigkeit hoffnungsgebend reflektiert werden. „*Daher ist eine Ausbildung der Kursleiter dahingehend, dass sie über die soziale Kompetenz verfügen, um in Kursen mit einer problematischen Klientel trotzdem eine professionelle Beziehung aufbauen zu können, als unbedingte Voraussetzung anzusehen*“ (Bartl et al., 2002, S. 137).

Verkehrspsychologen benötigen eine breite Feldkompetenz für das Verkehrswesen und die spezielle Fachkompetenz für die Effekten in der Einstellungs- und Verhaltensänderung. Sie sollten schnell erkennen können, in welche rechtlichen Rahmenbedingungen ein Klient eingebunden ist und welche persönlichen Voraussetzungen er für die Durchführung einer Maßnahme besitzt. Die Verbindung von Fach- und Feldkompetenz hilft dem Klienten, sein Problem differenziert zu erkennen und zu bewältigen. Der Verkehrspsychologe muss sich insbesondere auf das kurzfristige Ziel des Klienten, die Fahrerlaubnis wiederzuerlangen, wertfrei einlassen können, ohne das langfristige Ziel der Erhaltung der Fahreignung aus dem Blick zu verlieren.

Kapitel 6
Qualitätssicherung und Evaluation

Birgit Kollbach, Konrad Reschke

Grundsätze zur Qualitätssicherung und Evaluation verkehrspsychologischer Interventionen sind zwischen 2002 und 2009 in drei großen Forschungsvorhaben in Europa entwickelt worden. In den EU-Studien ANDREA (Bartl et al., 2002), SUPREME (Winkelbauer & Machata, 2008) und DRUID (Bukasa et al., 2009) wurden Kriterien der Wirksamkeit verkehrspsychologischer Kursmaßnahmen im europäischen Kontext definiert (siehe Abschnitt 6.7.8). Diese bei Kollbach (2013) zusammengefassten Kriterien für Interventionskurse, die einen positiven Einfluss auf die Einstellung und auf das Verhalten auffälliger Kraftfahrer haben, beziehen sich

- auf die Konzeption des Programms,
- auf Kursleitervariablen,
- auf die Methodik,
- auf die Eckdaten,
- auf die gesellschaftlichen und rechtlichen Rahmenbedingungen,
- auf Evaluationen und
- darauf, ob ein Alkohol-Interlock einbezogen werden kann.

Daraus ist zu ersehen, dass beispielsweise die zielgruppenspezifische Konzeption einer Maßnahme, die Darlegung der Methodik in Kursleitermanuals, die Anforderungen an eine spezielle psychologische Grundqualifikation sowie an die Aus- und Weiterbildungspflicht der Verkehrspsychologen, eine transparente, allgemeinverständliche gesetzliche Regelung zur Teilnahme sowie definierte Eckdaten grundsätzliche und konsensfähige Elemente der Qualitätssicherung darstellen. Evaluation im Sinne der Legalbewährung stellt im europäischen Kontext nur ein Kriterium der Qualitätssicherung unter vielen dar.

Um zu allgemein gültigen Good-Practice-Kriterien zu gelangen, wurde im Rahmen des DRUID-Projekts das Erhebungsinstrument DRET (Driver Rehabilitation Evaluation Tool) entwickelt und im Internet frei zur Verfügung gestellt (Bukasa et al., 2008). Mit DRET können beispielsweise Programmentwickler und Maßnahmenträger ihre Kursprogramme anhand der DRUID-Rehabilitationsstandards mit einem Ampelsystem bewerten (evaluieren) und so Anregungen für die Erarbeitung neuer oder für die Verbesserung bestehender Programme finden. Mit DRET-S (National System Level) können die gesellschaftlichen Rahmenbedingungen für Driver-Rehabilitation-Programme bewertet werden. Mit DRET-P (Single Programme Level) kann die Güte einzelner Programme bewertet werden.

Die Anwendung von DRET-S und DRET-P auf die deutschen gesetzlichen und institutionellen Rahmenbedingungen für verkehrspsychologische Interventionen und deren Programme *mit* Rechtsfolgen ergibt eine ausgezeichnete Kompatibilität mit diesen europäischen Standards.

Die Anwendung von DRET-S auf verkehrspsychologische Interventionen ohne Rechtsfolgen in Deutschland ergibt viele Verbesserungsvorschläge. Mit der Anwendung von DRET-P auf einzelne Interventionen kann eine Aussage über die jeweilige Güte des bewerteten Programms getroffen werden.

6.1 Angebotsvielfalt, Standards und Qualitätssicherung

Bei verkehrspsychologischen Interventionen ohne Rechtsfolgen (z.B. Angebote zur verkehrspsychologischen Fahreignungsberatung und Fahreignungsförderung, Maßnahmen zur Sperrfristverkürzung) haben heterogene Methoden und Techniken verschiedener Träger und Einzelpraxen in Deutschland heute zu einer fast unüberschaubaren Angebotsvielfalt geführt. Diese Interventionen sind häufig nur wenig systematisch entwickelt, eher eklektisch begründet bzw. pragmatisch konstruiert und oft nur in

Tabelle 6.1 §-70-Kursprogramme IFT, LEER, IRaK – Wissenschaftliche Grundlagen und Rückfallquoten

Überblick über ausgewählte §-70-Kursprogramme für alkoholauffällige Kraftfahrer				
	Kursprogramm (Autor/Träger)	**Namensableitung**	**Wissenschaftliche Grundlage**	**Legalbewährung Rückfallquoten**
1	IFT (Krämer et al. 1987)	**I**nstitut **f**ür **T**herapieforschung	Verhaltenstheoretisch-behavioraler Ansatz	13,5 % (Winkler, Jacobshagen & Nickel, 1988, ALKOEVA)
2	LEER (Winkler et al. 1988)	1971 wurden in **Leer**/Ostfriesland erstmals im Modellversuch Gruppengespräche durchgeführt	Gruppendynamischer Ansatz	14,0 % (Winkler, Jacobshagen & Nickel, 1988, ALKOEVA)
3	IRaK (Jensch & Lemm 1978)	**I**ndividualpsychologische **R**ehabilitation **a**lkoholauffälliger **K**raftfahrer	Tiefenpsychologischer Ansatz nach A. Adler, fokale Lebensstilanalyse	12,8 % (Winkler, Jacobshagen & Nickel, 1988, ALKOEVA)
Aktuelle re-evaluierte Weiterentwicklungen der oben genannten Programme				
1a	IFT (DEKRA* Akademie)	s.o.	Verhaltenstheoretische, kognitive und systemische Fundierung	6,7 % (Rudinger et al., 2010)
1b	IFT (IFS*) (5. Aufl. 2008)	s.o.	Verhaltenstheoretische Grundlage	7,4 % (König & Zentgraf, 2015)
2a	LEER (TÜV* Nord)	s.o.	Gruppendynamischer Ansatz, Allgemeine Psychotherapie (Grawe 1998)	7,3 % (Krauss, 2011)
3a	IRaK (AFN*)	s.o.	Tiefenpsychologischer Ansatz nach A. Adler, fokale Lebensstilanalyse	6,6 % (Kalwitzki et al., 2011)

* TÜV = Technischer Überwachungsverein; AFN = Gesellschaft für Ausbildung, Fortbildung und Nachschulung; IFS = Institut für Schulungsmaßnahmen; DEKRA = Deutscher Kraftfahrzeug-Überwachungs-Verein

Tabelle 6.2 Güteprüfungen vor Dienstleistungserbringung eines Kurses nach § 70 FeV

Prüfungen als Voraussetzungen der Dienstleistungserbringung bei §-70-Kursen		
	Prüfung durch	**Güteprüfungen**
1	Anerkennungsbehörde im jeweiligen Bundesland	Gem. § 70 FeV: Die Anerkennung des Trägers von Kursen zur Wiederherstellung der Kraftfahreignung für – seine Stellen (s. 2), – seine Kurse (s. 3 und 4), – seine Kursleiter wird für längstens 10 Jahre erteilt, wenn die Voraussetzungen vorliegen gemäß – Anlage 15 FeV und – Richtlinie über die Anforderungen an Träger von Kursen zur Wiederherstellung der Kraftfahreignung (§ 70 FeV) und deren Begutachtung durch die Bundesanstalt für Straßenwesen vom 27. Januar 2014 (VkBl. S. 110). → **Anerkennungsbescheid** für den Träger. Überwachung mit Prüfungen bei Abweichungen.
2	Für den Arbeitsschutz zuständige staatliche Behörde	Prüfung der Erfüllung der Verordnung über Arbeitsstätten → **Bescheinigung** für jede einzelne Stelle, an der Kurse durchgeführt werden
3	Unabhängige Stelle gemäß Anlage 15 Abs. 3 FeV	Prüfung der wissenschaftlichen Grundlage und der Geeignetheit der Kurse → **wissenschaftliches Gutachten** (Bestätigung)
5	Kraftfahrt-Bundesamt (KBA) und ggf. weiterer Evaluator	– Erfolg: KBA prüft die Legalbewährung der Teilnehmer – Wirksamkeit: Evaluator prüft Wissenszuwachs, Einstellungs- und Verhaltensänderung, Akzeptanz (vgl. BASt Leitfaden, 2002) → **Evaluationsstudie/n** (erstmals nach 6 Jahren, Re-Evaluation alle 10 Jahre)
6	BASt	Begutachtung des Trägers, Erstbegutachtung (Anl. 14 Abs. 2 Nr. 7 FeV) – auf Konformität mit der „Richtlinie über die Anforderungen an Träger von Kursen zur Wiederherstellung der Kraftfahreignung (§ 70 FeV) [...] vom 27. Januar 2014 (VkBl. S. 110)“, darunter auch – auf Konformität des Kursprogramms mit den dort genannten wissenschaftlichen Gütekriterien für Kursprogramme. → Übergabe des **Begutachtungsberichts** an die nach Landesrecht zuständigen Behörden → Aufnahme des Trägers mit seinen Kursen in die veröffentlichte **Liste der begutachteten Träger** (www.bast.de, Begutachtung)
7	BASt	Wiederkehrende jährliche Begutachtung des Trägers – auf Konformität mit der „Richtlinie über die Anforderungen an Träger von Kursen zur Wiederherstellung der Kraftfahreignung (§ 70 FeV) [...] vom 27. Januar 2014 (VkBl. S. 110)“ → Übergabe des **Begutachtungsberichts** an die nach Landesrecht zuständigen Behörden

Ansätzen evaluiert. Entsprechend ist die Entwicklung von standardisierten Verfahren zur Qualitätssicherung und Evaluation hinter dieser Vielfalt zurückgeblieben. Dies sollte zukünftig geändert werden. Auch Fahreignungsberatung und verkehrspsychologische Interventionen zur Fahreignungsförderung müssen qualitätsgesichert angeboten und mit vergleichbaren bzw. standardisierten Instrumenten evaluiert werden. Das Mindestmaß der Bewertung und Evaluation aller Angebote zur Fahreignungsförderung sollten die oben genannten europäischen Standards darstellen. Eine Selbstverpflichtung hierzu wäre die erste Stufe.

Hingegen ist die Angebotsvielfalt der verkehrspsychologischen Interventionen mit Rechtsfolgen (§§ 36, 70, 71 FeV und § 4a StVG) durchaus in ihrer Anzahl überschaubar, wissenschaftlich begründet und häufig auch am Kriterium der Legalbewährung evaluiert. Sie entsprechen den europäischen Standards (siehe *Tabelle 6.7*). Die *Tabelle 6.1* zeigt beispielhaft ausgewählte §-70-Kursprogramme für alkoholauffällige Kraftfahrer, deren wissenschaftliche Grundlagen und aktuelle Rückfallquoten. Hierzu ist eine Übersicht zu allen derzeitigen Programmen in der *Tabelle 2.3* dargestellt.

Ein Ansatz zur Standardisierung der Evaluation einer verkehrspsychologischen Maßnahme, der sich an den Kriterien des Leitfadens der Bundesanstalt für Straßenwesen zur Anerkennung von Kursen gemäß § 70 FeV (BASt, 2002) orientiert, ist bei Kollbach (2013) dargestellt. *Tabelle 6.2* zeigt den erheblichen Aufwand der Güteprüfungen, der für einen Kurs gemäß § 70 entsteht, damit dieser als Dienstleistung durchgeführt werden darf. Damit gehört diese Kursart zu den am besten geregelten verkehrspsychologischen Interventionen in Deutschland. Gemessen an den europäischen Standards wird hier Qualität auf höchstem Standard dargestellt.

Auch in Zukunft sind die Träger und die Durchführenden aufgerufen, Standards verkehrspsychologischer Interventionen in Bezug auf Vertragsgestaltung, Qualitätssicherung und Evaluation einzuhalten. Ferner sollten für verkehrspsychologische Interventionen ohne Rechtsfolgen Standards geschaffen werden. Dies betrifft auch die nachfolgenden Konkretisierungen zur Gestaltung von Verträgen, zu Ausstattungsstandards, zu Teilnahmebescheinigungen, zum Erhalt der wirtschaftlichen Unabhängigkeit, zu Qualitätsmanagementsystemen und zu den fachlich begründeten und notwendigen Evaluationen.

6.2 Vertragsgestaltung – Differenzierung nach Maßnahmen

Vertragliche Regelungen innerhalb der Verkehrspsychologie unterscheiden sich sowohl inhaltlich als auch formal von Regelungen der Psychotherapie im Rahmen freier oder sozialrechtlich gebundener Psychotherapie. Verkehrspsychologische Interventionen müssen auf fairen und transparenten vertraglichen Regelungen beruhen. Rechtlich zu unterscheiden sind Dienstleistungsverträge und Werkverträge. Die verkehrspsychologische Intervention wird in der Regel im Rahmen eines Dienstleistungsvertrages erbracht. Die Begutachtung der Fahreignung erfolgt gemäß ihrem Inhalt über einen Werkvertrag.

Ein **Werkvertrag** ist ein privatrechtlicher Vertrag, bei dem ein Werk gegen Zahlung einer Vergütung hergestellt wird. In Deutschland sind Werkverträge nach §§ 631 ff. BGB

Tabelle 6.3 Regelungen in der verkehrspsychologischen Intervention im Vergleich zur Psychotherapie

	Regelungen bei Durchführung einer verkehrspsychologischen Intervention	Regelungen bei Durchführung einer Psychotherapie
Durchführende Einrichtung	Name, Anschrift, Gesellschaftsform	Name, Anschrift, Gesellschaftsform, KV-Nummer (lebenslange Abrechnungsnummer)
Klient/Patient	Angaben des Klienten zu Name, Anschrift Ausweis-Nr., ausstellende Behörde (nur §-36-/§-70-Kurse)	Angaben des Patienten zu Name, Anschrift, Krankenkasse, Versichertennummer, Unfallkennzeichen (BG)
Vereinbarter Stundenumfang	Bei verkehrspsychologischer Fahreignungsberatung und Fahreignungsförderung verhandelbare Anzahl der Stunden nach Empfehlung durch Verkehrspsychologen Bei Maßnahmen mit Rechtsfolgen gesetzlich bzw. in Anerkennung geregelt	Anzahl der Stunden: 1) 5 probatorische Sitzungen, 2) Kurzzeittherapie 25 Behandlungsstunden, 3) gesamt 45 Behandlungsstunden, 4) weitere Verlängerungen schulenspezifisch möglich
Preis pro Stunde	Laut Preisliste Bei Maßnahmen mit Rechtsfolgen Maßnahmeentgelt	Frei verhandelbar bei Privatbehandlungen, ansonsten lt. GOP/GOÄ
Wissenschaftliche Grundlage	Jeweils im Manual beschriebene theoretische Basis der Intervention mit Bezügen zu psychotherapeutischen Methoden	Verfahrensspezifik gemäß Psychotherapierichtlinien
Mitgeltende Unterlagen	AGB des Dienstleisters Immer: Schweigepflicht nach § 323 StGB BGB	SGB V Arztrecht BGB

Tabelle 6.3 Regelungen in der verkehrspsychologischen Intervention im Vergleich zur Psychotherapie (Fortsetzung)

	Regelungen bei Durchführung einer verkehrspsychologischen Intervention	Regelungen bei Durchführung einer Psychotherapie
Aufklärung, Information	Verkehrspsychologische Fahreignungsberatung	Probatorik
Verpflichtung zur Qualitätssicherung	nicht für alle Interventionen vorgeschrieben	QM-Handbuch ist vorzuhalten Indikationsdiagnostik, Antrag auf Psychotherapie im Gutachterverfahren, Verlaufsdiagnostik, Effektkontrolle
Vorzeitiger Abbruch	Grundsätzlich beiderseits möglich, bei Einhaltung der vertraglichen Regelungen	Jederzeit möglich im gegenseitigen Einverständnis mit Abschlussgespräch Abbruch durch Therapeuten nur bedingt möglich

geregelt. Vergütungen sind frei vereinbar. Es kann nach Einheitspreis, Pauschalpreis und nach Zeitaufwand vergütet werden. Die Vergütungen der Werkverträge im Rahmen der medizinisch-psychologischen Begutachtung sind derzeit noch in der Gebührenordnung für Maßnahmen im Straßenverkehr (GebOSt) festgelegt. Im Unterschied dazu liegt ein **Dienstleistungsvertrag** vor, wenn sich eine Vertragspartei zur Leistung von bestimmten Diensten und die andere Vertragspartei zur Zahlung der vereinbarten Vergütung verpflichtet haben. Darunter fallen selbstständige oder nichtselbstständige, abhängige, eigenbestimmte oder fremdbestimmte Dienstleistungen.

Bei der Rehabilitation von verkehrsauffälligen Kraftfahrern wird in der Regel durch den Träger der Intervention kein **Behandlungsvertrag** im Sinne der sozialrechtlichen Krankenbehandlung abgeschlossen, da es sich nicht um die Behandlung von krankheitswertigen Störungen handelt und die Behandlung in der Regel nicht in medizinischen und psychotherapeutischen Einrichtungen stattfindet. Wenngleich die Gebührenordnung für Ärzte (GOÄ) und die Gebührenordnung für psychologische Psychotherapeuten (GOP) sowie diverse weitere Gebührenordnungen privatrechtlicher und unfallrechtlicher Behandlungen existieren und somit Richtwerte für die Vergütung psychologischer Leistungserbringung darstellen, sind sie im Kontext der Verkehrspsychologie nicht anwendbar.

Die *Tabelle 6.3* zeigt Unterschiede in den Regelungen bei der Durchführung einer verkehrspsychologischen Intervention und einer Psychotherapie (Vertragsbeispiel in Kapitel 8.2).

6.3 Sachliche Ausstattung

Verkehrspsychologische Intervention verlangt einen Grundstandard an sachlicher Ausstattung. Der sachliche Ausstattungsgrad bestimmt unter anderem die Höhe der Strukturqualität eines Anbieters. Festlegungen dazu sind in der Richtlinie über die Anforderungen an Träger von Kursen zur Wiederherstellung der Kraftfahreignung (§ 70 FeV) und deren Begutachtung durch die Bundesanstalt für Straßenwesen vom 27. Januar 2014 (VkBl. S. 110) getroffen. An diesen Festlegungen sollten sich alle Anbieter verkehrspsychologischer Interventionen orientieren.

6.3.1 Räume

Für verkehrspsychologische Interventionen müssen geeignete Räume mit Standardausstattungen für Seminare, Workshops und für Einzelgespräche in ausreichender Größe verfügbar sein. Für jede Stelle, in der Kurse zur Wiederherstellung der Kraftfahreignung durchgeführt werden sollen, ist eine Bescheinigung der zuständigen Stelle über die Erfüllung der Verordnung über Arbeitsstätten vorzuhalten.

6.3.2 Literatur

Anbieter verkehrspsychologischer Interventionen besitzen in einer Präsenzbibliothek die verkehrspsychologische Basisliteratur. Die Kursleiter verfügen jeweils über das Kursleiterhandbuch, aktuelles Begleitmaterial für Teilnehmer bzw. für Klienten steht in ausreichender Menge und benutzerfreundlich zur Verfügung. Durchführende von verkehrspsychologischen Interventionen sollen Teilnehmern Hinweise auf weiterführende Literatur, z. B. für Selbststudium und Rückfallprävention, geben. Auch auf geeignete Internet-Ressourcen sind die Teilnehmenden hinzuweisen.

6.3.3 Technik

Die technische Ausstattung der Räumlichkeiten ist den Inhalten und Techniken der Interventionsformen angepasst verfügbar zu halten. Visualisierung und Veranschaulichung verkehrspsychologischer Zusammenhänge sind durch moderne Medien zu unterstützen. Hierbei kann es sich um Flip-Chart, Whiteboard, OH-Projektor, Laptop und Beamer sowie um Anschauungsmaterialien handeln.

6.3.4 Arbeits- und Prüfmittel, chemisch-toxikologische Untersuchungen

Der Anbieter verkehrspsychologischer Interventionen sollte die Ausstattung mit Arbeits- und Prüfmitteln sowie deren Beschaffung, Einsatz, Überwachung und Aufbewahrung im Rahmen eines Qualitätsmanagement-Systems regeln, wodurch die fortdauernde Eignung der Arbeits- und Prüfmittel für deren vorgesehene Verwendung sichergestellt wird.

Anbieter, in deren Verantwortung Maßnahmen für alkohol- und drogenauffällige Kraftfahrer durchgeführt werden, müssen sicherstellen, dass einheitliche Standards für die Vergabe von Unteraufträgen, insbesondere zur Durchführung von Haaranalysen und Urinscreenings, vorliegen. Es dürfen nur solche Lieferanten verpflichtet werden, die forensisch gesicherte Verfahren anwenden, welche den Kriterien für chemisch-toxikologische Untersuchungen der aktuellen Auflage der Beurteilungskriterien (DGVM & DGVP, 2013) genügen. Die Leistungsqualität regelmäßig beauftragter Lieferanten ist durch eigene Recherchen und jährliche Bewertung zu verifizieren.

Für die Anwendung von psychologischen Testverfahren, Fragebögen und apparativen Verfahren zur Messung von Parametern der Fahreignung gilt, dass diese den Gütekriterien der Fachgesellschaften entsprechend auf dem aktuellen Stand der Wissenschaft vorzuhalten sind.

6.4 Teilnahmebescheinigungen

Jeder Teilnehmer besitzt ein Recht auf eine Teilnahmebescheinigung, sofern alle sich aus dem Vertrag ergebenden Bedingungen erfüllt sind. Teilnahmebescheinigungen von Rechtsfolgeprogrammen sind in ihrer Form vorgeschrieben. Teilnahmebescheinigungen für Maßnahmen verkehrspsychologischer Fahreignungsförderung sollten qualifizierte Teilnahmebescheinigungen sein, welche die Ziele, die Inhalte und den Verlauf der Maßnahme darstellen. Sie sind nicht mit Wertungen oder Schlussfolgerungen auf die Fahreignung des Klienten zu versehen. Ein Beispiel einer Teilnahmebescheinigung ist in Kapitel 8.2 dargestellt.

6.5 Unabhängigkeit

Träger und verkehrspsychologische Praxen haben unparteiisch und von den durch ihre Dienstleistung betroffenen Parteien unabhängig zu sein. Gleiches gilt für alle dort Beschäftigten. Der Träger, die Praxis und die Beschäftigten befassen sich nicht mit Tätigkeiten, die ihre Unabhängigkeit und ihre Integrität bei den Interventionen verletzen können. Die Beschäftigten werden keinerlei kommerzieller, finanzieller oder sonstiger Beeinflussung ausgesetzt. Insbesondere ist die Vergütung für die mit den Interventionen beschäftigten Personen nicht von den Ergebnissen abhängig. Auf diese Regelungen sollten alle Beteiligten beispielsweise im Qualitätsmanagement des Trägers/der Praxis festgelegt werden. In den QM-Dokumentationen sollten Verfahrensweisen angewandt werden, die sicherstellen, dass außenstehende Personen und Organisationen auf die Durchführung der Intervention nicht einwirken können. Dies gilt insbesondere auch für die personelle und institutionelle Trennung von verkehrspsychologischer Begutachtung und Intervention speziell in Deutschland.

6.6 Zertifizierung Qualitätsmanagementsystem

Simone Klipp

Qualitätssicherungssysteme (QSS) sichern, dass eine definierte Qualität eines Produkts – hier besser gesagt: Service – jederzeit nach festgelegten, prüfbaren Vorgaben oder Standards reproduziert werden kann. Das bedeutet, dass, wenn eine bestimmte Qualität eines Services festgelegt ist, die festgelegten Standards zur Durchführung des Services die größtmögliche Wahrscheinlichkeit garantieren, dass die Servicequalität erreicht wird – vorausgesetzt, dass die Durchführung des Services in Übereinstimmung mit den festgelegten Standards erfolgt. So gesehen sind die Definition und die Überwachung der Erfüllung von QS-Standards für verkehrspsychologische Interventionen am wichtigsten, wenn an das erwartete Ergebnis ein hohes Ziel gesetzt ist (z. B. die Wiederherstellung der Kraftfahreignung) und die erfolgreiche Teilnahme an der Intervention zu direkten Rechtsfolgen führt (z. B. die Neuerteilung einer Fahrerlaubnis). Somit hängen die Ausprägungen, das Niveau der rechtlichen Regulierung und der staatlichen Überwachung von Qualitätssicherungsmaßnahmen von den Konsequenzen (d. h. Rechtsfolgen) der Teilnahme ab (Klipp et al., 2009).

6.6.1 Qualitätssicherung im rechtlich geregelten Bereich – Amtliche Anerkennung von Personen und Trägern

Wie schon erwähnt, ist bei verkehrspsychologischen Interventionen mit Rechtsfolgen der Gesetzgeber in der Pflicht, für die Qualitätssicherung zu sorgen. Dementsprechend bestehen für diesen Bereich rechtliche Regelungen hinsichtlich der Qualitätssicherung, die mehrheitlich in der FeV verankert sind. Die Umsetzung dieser Regelungen obliegt den Ländern in Form einer amtlichen Anerkennung und der dazugehörigen Überwachung, die durch die nach Landesrecht zuständigen Behörden den Anbietern verkehrspsychologischer Interventionen auf schriftlichen Antrag hin erteilt wird (siehe *Tabelle 6.4*). Für die Erteilung einer amtlichen Anerkennung zur Durchführung verkehrspsychologischer Interventionen ist das Erfüllen bestimmter Anforderungen, das von der nach Landesrecht zuständigen Behörde geprüft wird, erforderlich. Eine Ausnahme hiervon stellt die amtliche Anerkennung als Verkehrspsychologischer Berater gemäß § 71 FeV dar. Hiernach gelten Verkehrspsychologische Berater als amtlich anerkannt, wenn sie eine Bestätigung der Sektion Verkehrspsychologie im Berufsverband Deutscher Psychologinnen und Psychologen e. V. (BDP) besitzen. Zuständig für die Rücknahme oder den Widerruf einer amtlichen Anerkennung, ob als Träger oder Person, ist aber in jedem Fall die nach Landesrecht zuständige Behörde.

In der Mehrheit der Fälle findet die amtliche Anerkennung für verkehrspsychologische Tätigkeiten im Interventionsbereich auf Personenebene statt. Das geringste Ausmaß an Regelungen zur Qualitätssicherung findet sich in § 71 FeV, also für die Tätigkeit als Verkehrspsychologischer Berater. Dieser regelt die Anforderungen an die Qualifikation der Berater (siehe Kapitel 5) sowie deren Zuverlässigkeit und die Erfordernis, der Sektion Verkehrspsychologie des BDP alle zwei Jahre eine Bescheinigung über die Teilnahme an der Qualitätssicherung vorzulegen. Dabei besteht die Möglichkeit der Teilnahme an einem vom BDP anerkannten oder an einem anderen, vergleichbaren Qualitätssicherungssystem. Dieses muss mindestens den Nachweis des regelmäßigen Führens einer standardisierten Beratungsdokumentation über jede Beratungssitzung, regelmäßige Kontrollen und Auswertung der Beratungsdokumente und den Nachweis der Teilnahme an einer Fortbildungsveranstaltung oder Praxisberatung von mindestens 16 Stunden jeweils innerhalb von zwei Jahren umfassen. Wie die Qualitätssicherung oder Maßnahmen dazu durchgeführt werden und welche Qualitätssicherungssysteme vom BDP als anerkannt gelten, wird nicht explizit benannt. Auch unabhängig vom BDP sind Qualitätssicherungssysteme anerkannt.

Das vom BDP vorgelegte Qualitätssicherungssystem beschreibt die Verfahren der Anerkennung und Aufrechterhaltung der Anerkennung, stellt Antragsformulare hierfür

Tabelle 6.4 Übersicht über die Qualitätssicherung von verkehrspsychologischen Interventionen im rechtlich geregelten Bereich

Intervention	Teilnahmemodus	Rechtsfolgen der Teilnahme	Zuständigkeiten		
			Amtliche Anerkennung	Überwachung	Rücknahme oder Widerruf
Verkehrspsychologische Beratung gem. § 71 FeV § 2a StVG	freiwillig	keine	Sektion Verkehrspsychologie des BDP	Qualitätssicherungssystem der Sektion Verkehrspsychologie des BDP oder vergleichbares QSS	nach Landesrecht zuständige Behörde
Besonderes Aufbauseminar gem. § 36 FeV	obligatorisch bei Alkohol- oder Drogenauffälligkeit in der Probezeit	keine Entziehung der Fahrerlaubnis bzw. Neuerteilung bei vorangegangener Entziehung	nach Landesrecht zuständige Behörde	nach Landesrecht zuständige Behörde	nach Landesrecht zuständige Behörde
Fahreignungsseminar gem. § 4a StVG	freiwillig	1 Punkt Rabatt bei einem Punktestand von 1 bis 5 Punkte	nach Landesrecht zuständige Behörde	nach Landesrecht zuständige Behörde	nach Landesrecht zuständige Behörde
Kurs zur Wiederherstellung der Kraftfahreignung gem. § 70 FeV	freiwillig auf Basis der Empfehlung im MPU-Gutachten und Zustimmung der Fahrerlaubnisbehörde	Neuerteilung der Fahrerlaubnis	nach Landesrecht zuständige Behörde	BASt	nach Landesrecht zuständige Behörde

bereit und formuliert Rechte und Pflichten der Berater. Darüber hinaus werden Aussagen zur Durchführung der Verkehrspsychologischen Beratung hinsichtlich der Ziele, Rahmenbedingungen, Dokumentation und Teilnahmebescheinigung getroffen. Durch die Darstellung der Aufgaben der Sektion Verkehrspsychologie, d. h. Durchführung des Anerkennungsverfahrens, Verwaltung, Erstellen von Statistiken und Berichten, Umgang mit Beschwerden und Evaluation, sollen die Prozesse innerhalb der Sektion Verkehrspsychologie transparent und damit nachvollziehbar und prüfbar gemacht werden.

Eine amtliche Anerkennung auf Personenebene, diesmal durch die nach Landesrecht zuständige Behörde, findet auch für die Kursleiter von besonderen Aufbauseminaren gemäß § 36 FeV statt. Verbindlichkeiten zu den Anforderungen an die Qualifikation und Zuverlässigkeit der Durchführenden sowie hinsichtlich der Durchführung selbst sind im § 36 FeV enthalten. Zwar nicht explizit als Maßnahmen der Qualitätssicherung dargestellt, aber diese betreffend, regelt § 36 FeV über die Qualifikation der Kursleiter auch die Eckdaten der Seminare, d. h. Gruppengröße, Sitzungsanzahl und -dauer sowie das Anfertigen von Kursaufgaben zwischen den Sitzungen und den Zeitraum, über den sich das Seminar erstreckt. Zusätzlich werden Inhalte, Methoden und Ziele der Seminare festgelegt: Diskussion der Ursachen für die Auffälligkeiten, Erörterung der Möglichkeiten ihrer Beseitigung, Schließung von Wissenslücken über die Wirkung von Alkohol und anderen berauschenden Mitteln, Entwicklung und Erprobung angepasster Verhaltensweisen zur zuverlässigen Trennung von Konsum und Fahren, mit dem Ziel, zukünftig weitere Verkehrszuwiderhandlungen unter Alkoholeinfluss oder dem Einfluss anderer berauschender Mittel zu vermeiden. Für die amtliche Anerkennung als Seminarleiter müssen zusätzlich zum Nachweis der Qualifikation ein sachgerechtes, wissenschaftlich begründetes Konzept vorgelegt und geeignete Räume zur Durchführung der Seminare nachgewiesen werden. Die Aufsicht (und damit wohl auch die Überwachung) der besonderen Aufbauseminare ist der auch für die amtliche Anerkennung zuständigen Behörde übertragen worden, die diese Aufgabe auf geeignete andere Stellen übertragen kann. Inwieweit also eine regelmäßige Überwachung der besonderen Aufbauseminare stattfindet, ist dem zuständigen Bundesland überlassen.

Auch die Seminarleiter der verkehrspsychologischen Teilmaßnahme der Fahreignungsseminare (FES) werden auf der Personenebene durch die nach Landesrecht zuständige Behörde amtlich anerkannt. Die Regelungen zu den Qualifikationsanforderungen, Fortbildungspflichten und der Zuverlässigkeit sind hier jedoch nicht in der FeV geregelt, sondern gesetzlich in § 4a StVG verankert. Sie entsprechen weitestgehend den Anforderungen nach §§ 35 und 71 FeV, allerdings wird hier erstmalig die Anforderung an die persönliche Zuverlässigkeit durch den Nebensatz *„im Fahreignungsregister mit nicht mehr als zwei Punkten belastet“* definiert. Darüber hinaus ist in den Anforderungen auch enthalten, dass der Inhaber der Seminarerlaubnis einen Nachweis über die für die Durchführung der Maßnahme geeignete räumliche und sachliche Ausstattung bereitstellen muss. Des Weiteren regelt § 4a StVG die Aufbewahrung und Löschung personenbezogener Daten zum Zweck der Qualitätssicherung sowie die Übermittlung dieser Daten an die Bundesanstalt für Straßenwesen oder von ihr beauftragte Dritte zum Zweck der Evaluation. Die genauen Bestimmungen zur Evaluation enthält der nachfolgende § 4b StVG. Hier wird gesetzlich festgelegt, dass die FES durch die Bundesanstalt für Straßenwesen wissenschaftlich begleitet und evaluiert werden. Die Regelung zur Überwachung der Durchführung der FES durch die zuständige Behörde oder von ihr beauftragte Stellen ist schließlich im vorhergehenden § 4a StVG enthalten. Hiernach hat die nach Landesrecht zuständige Behörde (oder beauftragte Stelle) mindestens alle zwei Jahre an Ort und Stelle zu prüfen, ob die gesetzlichen Anforderungen an die Durchführung der verkehrspsychologischen Teilmaßnahme eingehalten werden. Von dieser wiederkehrenden Prüfung kann abgesehen werden, wenn der Inhaber der Seminarerlaubnis sich einem von der nach Landesrecht zuständigen Behörde anerkannten Qualitätssicherungssystem angeschlossen hat. Um den zuständigen Behörden Anhaltspunkte für die Anerkennung von Qualitätssicherungssystemen zu geben, hat das Bundesministerium für Verkehr und digitale Infrastruktur (BMVI) im § 43a FeV dazu Anforderungen an Qualitätssicherungssysteme und Regeln für die Durchführung der Qualitätssicherung bestimmt. Als Kernelemente von Qualitätssicherungssystemen sind dort genannt:

- erforderliche Zuverlässigkeit
- finanzielle und organisatorische Leistungsfähigkeit
- Vorhandensein und Dokumentation von Verfahren zur Qualitätssicherung, die sicherstellen, dass die regelmäßige Prüfung (alle zwei Jahre) der Erfüllung der Anforderungen vor Ort durchgeführt wird.

Das zur Prüfung eingesetzte Personal verfügt über die erforderliche Fachkunde, Zuverlässigkeit und Unabhängigkeit.

Zur Erhaltung des Qualitätsniveaus der FES sollten ergänzende Fortbildungen, Auswertungen der Seminardurchführungen, institutionalisierter fachlicher Austausch oder gleichwertige Maßnahmen vorgesehen und dokumentiert werden. Die im Rahmen der Qualitätssicherung zu prüfenden Unterlagen sind in Anlage 17 FeV dargestellt und betreffen im Wesentlichen die anonymisierten Dokumentationen der durchgeführten FES (z. B. Datum, Dauer, Ort, erarbeitete Inhalte) sowie die Einhaltung des Datenschutzes und der Maßnahmen der Qualitätssicherung.

Am stärksten reglementiert ist die Qualitätssicherung für Kurse zur Wiederherstellung der Kraftfahreignung. § 70 FeV regelt die Anerkennung auf Trägerebene. Demnach werden Träger der Kurse durch die nach Landesrecht zuständige Behörde amtlich anerkannt, wenn die Voraussetzungen der Anlage 15 FeV und der „Richtlinie über die Anforderungen an Träger von Kursen zur Wiederherstellung der Kraftfahreignung" erfüllt sind. Die Prüfung, ob alle Voraussetzungen und Anforderungen erfüllt sind, ist eine durch den § 70 FeV festgelegte Aufgabe der BASt. Ein Träger, der eine amtliche Anerkennung beantragt, muss sich durch die BASt begutachten lassen. Das Begutachtungsverfahren mit Erstbegutachtung und nachfolgenden regelmäßigen Begutachtungen ist im Teil I der „Richtlinie über die Anforderungen an Träger von Kursen zur Wiederherstellung der Kraftfahreignung (§ 70 FeV) und deren Begutachtung durch die Bundesanstalt für Straßenwesen" vom 27. Januar 2014 (VkBl. S. 110) beschrieben. Die Richtlinie gibt vor, welche Unterlagen dem Antrag auf Begutachtung beizufügen sind und wie die Erstbegutachtung durchgeführt wird. Hierbei handelt es sich zunächst um eine Überprüfung der übersandten Unterlagen auf Konformität mit den geltenden Anforderungen. Die erste Begutachtung vor Ort in der Niederlassung des Trägers findet gemäß der Richtlinie frühestens sechs und spätestens acht Monate nach Aufnahme der Tätigkeit statt. Die nachfolgenden regelmäßigen Begutachtungen müssen abhängig von der nachgewiesenen Qualität und Stabilität der Dienstleistung, in der Regel vor Ort, mindestens alle zwei Jahre erfolgen. In Teil I der Richtlinie ist darüber hinaus festgelegt, dass neue Kursprogramme durch die BASt überprüft werden, bevor sie eingesetzt werden dürfen, dass Begutachtungen aus besonderem Anlass, d. h. auf Forderung der Anerkennungsbehörde, stattfinden können und dass der von der BASt erstellte Gutachtenentwurf zunächst dem Träger zur Stellungnahme übersendet wird, bevor das Gutachten abschließend dem Träger und der zuständigen Behörde zugestellt wird. Der weitaus umfassendere Teil II der Richtlinie beschreibt die Anforderungen, die an die Träger gestellt werden. Demnach muss der Träger ein umfassendes Qualitätsmanagementsystem bereitstellen, welches in einem Qualitätsmanagement-Handbuch dokumentiert ist.

Im Gegensatz zur Qualitätssicherung, die eine bestimmte Qualität sichert, muss der Träger also darüber hinaus Maßnahmen bereitstellen, die für die kontinuierliche Verbesserung der Dienstleistung sorgen. Insgesamt sind 20 Punkte beschrieben, die ein Träger im Rahmen des Qualitätsmanagements beachten muss, z. B. Gewährleistung der Unabhängigkeit der Mitarbeiter, Dokumentationspflichten, Aufbewahrung personenbezogener Daten entsprechend den Vorgaben des Bundes- und Landesdatenschutzes, Durchführung von regelmäßigen Audits, Beschwerdemanagement, Erhebung jährlicher Statistiken usw.

Teil II der Richtlinie gibt auch die Anforderungen an das Personal hinsichtlich der Qualifikation, Weiterbildung, regelmäßige Kursleiterpraxis und Supervision sowie an die räumliche und sachliche Ausstattung vor. Nicht zuletzt werden auch Vorgaben zu den Kursprogrammen wie Vorliegen eines Kursleiterhandbuchs, das die theoretischen Grundlagen, Kursziele, -bausteine und -ablauf sowie die Eckdaten des Programms beschreibt, gemacht. Insbesondere zu den Eckdaten werden Mindestanforderungen hinsichtlich der Stunden- und Sitzungszahl, Zeitraum und Anzahl der Teilnehmer in der Richtlinie dargestellt. Ferner regelt die Richtlinie die Durchführung der Kurse, insbesondere die über die Durchführung anzufertigenden Unterlagen, Sicherstellung der Zugangsvoraussetzungen der Teilnehmer durch Eingangsprüfung, Vertrag, Kursprotokoll und Teilnahmebescheinigung. Im Rahmen der Begutachtung durch die BASt hat diese auch die Aufgabe, die Konformität mit den in Anlage 15 FeV genannten Voraussetzungen für die amtliche Anerkennung zu prüfen. Rechtlich betrachtet steht die Anlage 15 FeV, da Teil der Verordnung, noch über der Richtlinie und reglementiert, was teilweise auch in den Anforderungen an die Träger in der Richtlinie vorgegeben ist, wie z. B. Antragsunterlagen, sachlich-räumliche Ausstattung und Qualifikation der Kursleiter. Zusätzlich werden durch die Anlage 15 FeV aber noch Vorgaben zur Unabhängigkeit des Kursträgers von Trägern von Maßnahmen der Fahrausbildung und Trägern von Begutachtungsstellen für Fahreignung gemacht. Darüber hinausgehend werden hier analog der bis zum 30.4.2014 geltende § 70 FeV, der die Anerkennung von Kursprogrammen und nicht Kursträgern vorsah, die Bestätigung der wissenschaftlichen Grundlage und der Geeignetheit der Kursprogramme von einer geeigneten unabhängigen Stelle gefordert und die Anforderungen an diese unabhängige Stelle vorgegeben. Außerdem wird in Anlage 15 noch der Nachweis der Wirksamkeit durch die Evaluation des Kursprogramms erstmalig spätestens nach sechs Jahren und regelmäßig im Verlauf nach spätestens zehn Jahren verlangt.

Abschließend kann zusammengefasst werden: Je weitreichendere Rechtsfolgen eine verkehrspsychologische Intervention für die Straßenverkehrssicherheit hat, desto reglementierter, aufwendiger und mithin auch kostenintensiver sind die Maßnahmen zur Qualitätssicherung gestaltet.

6.6.2 Qualitätssicherung im rechtlich nicht geregelten Bereich

Verkehrspsychologische Interventionen im rechtlich nicht geregelten Bereich werden hauptsächlich mit dem Ziel einer seriösen und kompetenten Vorbereitung auf eine anstehende MPU in Anspruch genommen. In einigen Bundesländern werden auch Maßnahmen zur Verkürzung der Sperrfrist angeboten. In beiden Bereichen liegt die Verantwortlichkeit für das Ausmaß an Qualitätssicherungsmaßnahmen beim jeweiligen Anbieter der Intervention.

Schaut man sich den rechtlich nicht geregelten Bereich der Fahreignungsberatung und der fahreignungsfördernden Maßnahmen in Vorbereitung auf die MPU an, wird deutlich, dass die fehlenden rechtlichen Grundlagen zur Qualitätssicherung in diesem Gebiet zu einer gewissen Intransparenz führen. Unabhängig von der Qualifikation kann jeder eine „MPU-Vorbereitung“ anbieten. Der nach kompetenter und seriöser Intervention Suchende kann hinsichtlich der Qualifikation des Beraters nicht zuverlässig nachprüfen, ob dieser kompetent und seriös arbeitet. Dies wäre aber in diesem Sektor unbedingt erforderlich, da es eine Fülle von unseriösen und inkompetenten Vorbereitungsangeboten gibt, die dem Betroffenen nicht zu einer Verhaltensänderung verhelfen (und somit nicht die Fahreignung fördern), sondern ihn quasi zum Bestehen der MPU „coachen“, i. S. v. Fragen und Antworten auswendig lernen. Dazu kommen andere „MPU-Umgehungsmöglichkeiten“, z. B. Führerscheintourismus, deren Wahrscheinlichkeit der Inanspruchnahme mit jedem negativen Gutachten steigt. Neben einer Vielzahl von seriösen und kompetenten Angeboten zur Fahreignungsberatung/Fahreignungsförderung im Hinblick auf die MPU existiert auf dem Markt ein Überangebot an unseriösen und/oder inkompetenten Angeboten. Gibt man bei Google das Suchwort „MPU-Beratung“ ein, erhält man ungefähr 383 000 vorgeschlagene Ergebnisse. Gibt man „MPU-Vorbereitung“ ein, sind es immerhin noch 113 000 Vorschläge [22.5.2015]. Follmann et al. (2008) führen aus:

„Aufgrund der Tatsache, dass dieser Bereich keinen gesetzlichen Regelungen unterliegt, findet eine Qualitätssicherung der Maßnahmen nur auf freiwilliger Basis durch den jeweiligen Anbieter statt. Das führt dazu, dass auch unseriöse Anbieter ihr Produkt auf dem Markt anbieten können. Untersuchungen belegen, dass beispielsweise im Internet mindestens 10 % der Angebote im Bereich MPU-Vorbereitung als verdächtig bzw. dubios eingeschätzt werden können und weitere 20 % aufgrund fehlender Informationen über den angebotenen Service überhaupt nicht hinsichtlich ihrer Seriosität bewertet werden können.“

Dabei würde es dem Präventionsgedanken des Straßenverkehrsrechts entsprechen und damit die Verkehrssicherheit erhöhen, wenn der Verkehrsauffällige an einer seriösen und kompetenten fahreignungsfördernden Maßnahme teilgenommen hat und die MPU dann auf dieser Basis zu seinen Gunsten ausfällt. War eine Maßnahme jedoch unseriös, geht dies entweder zu Lasten des Betroffenen, der mit hoher Wahrscheinlichkeit ein negatives Gutachten erhält, oder zu Lasten der Verkehrssicherheit, wenn das Gutachten (falsch) positiv ausfällt. Im Fall eines negativen Gutachtens hat der Begutachtete viel Zeit und Geld aufgebracht, hat aber das Ziel, die Wiedererlangung der Fahrerlaubnis, nicht erreicht. Häufig führt dies zu Beschwerden bei den Trägern von Begutachtungsstellen für Fahreignung und den zuständigen Behörden (Landesbehörden, Anerkennungsbehörden, Fahrerlaubnisbehörden). Diese müssen entsprechende Beschwerden prüfen und beantworten. Das erhöht kostenintensiv den administrativen Aufwand – sowohl seitens des Trägers als auch der Behörden (Klipp, 2009).

Einige Anbieter verkehrspsychologischer Interventionen (in Form von Organisationen) lassen ihren verkehrspsychologischen Service kostenintensiv und aufwendig nach DIN ISO 9001 zertifizieren. Ohne hier die Details der ISO-Norm darzustellen, sei daraufhin gewiesen, dass damit die Mindestanforderungen an ein Qualitätsmanagementsystem festgelegt sind, die die Organisation erfüllen muss, um eine Dienstleistung anzubieten, die den Erwartungen des Kunden entspricht. Gleichzeitig wird dadurch deutlich, dass die Organisation einen kontinuierlichen Verbesserungsprozess anstrebt. Je nachdem, welcher Service allerdings angeboten wird, geht mit der ISO-Zertifizierung nicht eindeutig einher, dass es sich bei der angebotenen Dienstleistung um eine seriöse und kompetente verkehrspsychologische Intervention handelt. So können sich beispielsweise Fahrschulen jenseits jeglicher verkehrspsychologischer Kompetenz zertifizieren lassen und „MPU-Vorbereitung" anbieten.

Anbieter verkehrspsychologischer Interventionen, die Mitglied des Bundesverbands Niedergelassener Verkehrspsychologen (BNV) sind, arbeiten auf Basis einer Selbstverständnis-Erklärung. Hierin verpflichten sich die anbietenden Psychologinnen und Psychologen, nach zwölf berufspolitischen und berufsethischen Grundsätzen verkehrspsychologische Interventionen durchzuführen. Im Gegensatz zu formalen Maßnahmen zur Qualitätssicherung, wie beispielsweise sachliche und personelle Mindestausstattung oder Dokumentationspflichten, betreffen diese Grundsätze eher die Zielsetzung der eigenen Arbeit, die Sicht des und den Umgang mit den Klienten sowie das Erfolgskriterium. So wird bei Einhaltung dieser Grundsätze in gewisser Hinsicht die Qualität der Intervention gesichert.

Eine Arbeitsgruppe unter Federführung der BASt hat sich ganz umfassend mit der Thematik der Qualitätssicherung im rechtlich nicht geregelten Bereich der Fahreignungsberatung und der fahreignungsfördernden Maßnahmen in Vorbereitung auf die MPU auseinandergesetzt. Diese empfiehlt, Personen, die solche Maßnahmen anbieten und durchführen, ebenfalls amtlich anzuerkennen. Im BASt-Bericht „Qualität in Fahreignungsberatung und fahreignungsfördernden Maßnahmen" wird dazu ausgeführt:

„[...] Eine Anerkennung von Beratern kann analog den §§ 36, 43 FeV oder § 4a StVG erfolgen. Die Überwachung der ordnungsgemäßen Durchführung der Beratung sollte analog der Überwachung der verkehrspsychologischen Teilmaßnahme der Fahreignungsseminare (FES) durchgeführt werden. Da es im Bereich der gesetzlich geregelten verkehrspsychologischen Tätigkeiten (nach §§ 36, 66, 70, 71 FeV und § 4a StVG) äußerst ähnliche Qualifikationsanforderungen gibt (...), jedoch auf jedwede Tätigkeit beschränkte Anerkennungsverfahren zu durchlaufen sind, wäre ein einheitliches Anerkennungs- und Überwachungsverfahren wünschenswert. Dies würde den Aufwand bei den zuständigen Anerkennungsbehörden deutlich reduzieren. Operationalisiert werden könnte dies im Rahmen eines Paragrafen ‚Verkehrspsychologen-§' (VerkehrsPsych§), der im StVG verankert wird. Hier könnte die Grundqualifikation einheitlich geregelt sein und über die

Zusatzqualifikation die Tätigkeitsbereiche definiert werden. Eine Vereinheitlichung der verkehrspsychologischen Ausbildungen im Rahmen von Masterstudiengängen wurde die Implementierung eines VerkehrsPsych§ stützen und zusätzlich das Anerkennungsverfahren erleichtern" (Klipp, Bischof, Born, DeVol, Dreyer, Ehlert, Hofstätter, Kalwitzki, Schattschneider & Veltgens, 2015, S. 21).

Das BMVI hatte diesen Vorschlag aufgenommen und die Umsetzung einer Anerkennung von Beratern im Vorfeld der MPU zumindest als „vorgesehen" angekündigt (Albrecht, 2015). Bund und Länder haben jedoch gemeinsam beschlossen, dass eine fahrerlaubnisrechtliche Regelung zur amtlichen Anerkennung von Fahreignungsberatern nicht weiter verfolgt wird. Stattdessen soll eine Lösung in Anlehnung an Regelungen im Sonderwettbewerbsrecht formuliert werden.

6.7 Evaluation

Birgit Kollbach, Konrad Reschke

Der Begriff der Evaluation als Bewertung eines Produkts, eines Programms oder einer Auswahl von Handlungsalternativen unterliegt in der Sozialforschung sehr verschiedenen Definitionen.

Nach Wottawa & Thierau (2003) reichen diese von jeglicher Art der Festsetzung des Wertes einer Sache, auch ohne Nachweis durch ein systematisches oder datengestütztes Verfahren, bis hin zur systematischen Anwendung sozialwissenschaftlicher Verfahren zur Bewertung des Konzepts, des Designs, der Durchführung und der Nützlichkeit sozialer Interventionsprogramme.

Der von Wottawa & Thierau (2003) eingeführte Begriff der „sozialwissenschaftlich gestützten Evaluation“

- dient der Planungs- und Entscheidungshilfe,
- ist ziel- und zweckorientiert und
- soll dem aktuellen Stand wissenschaftlicher Forschung angepasst sein.

Sozialwissenschaftlich gestützte Evaluationsvorhaben sollen deshalb Transparenz aufweisen, nicht nur hinsichtlich ihrer wissenschaftlichen Methodik, sondern auch hinsichtlich des Auftraggebers mit seinen kontextuellen Fragestellungen und Zielen. Der interne oder externe Evaluator arbeitet auftragsabhängig. Der erwartete Nutzen der Evaluation soll sich in den Fragen der Evaluation ausdrücken, um in den Antworten abgeschätzt zu werden.

Auch die Evaluation verkehrspsychologischer Interventionen erfolgt stets kontextbezogen in spezifischen, offenzulegenden Frage- und Auftragsstrukturen.

6.7.1 Interventionsbegleitende Evaluation

Die interventionsbegleitende Evaluation fragt als Prozessevaluation nach Akzeptanz und nach Verbesserungen zum Ablauf und zur Methodik der angewandten Verfahren. Erfolgt dies anbieterübergreifend durch externe Evaluation, so ist damit der Fokus einer internen Erfolgskontrolle bereits erweitert.

6.7.2 Interne Erfolgskontrollen

Zur Vereinheitlichung der Qualität nach innen bieten sich interne Erfolgskontrollen an. Die Qualitätskontrollsysteme aller Anbieter verkehrspsychologischer Interventionen benötigen bestimmte Formen der Teilnehmerbefragung, um ihre Maßnahmen ständig zu evaluieren. Diese Maßnahmen dienen in der Regel nicht der Evaluation der Maßnahme in ihrer Struktur- und Ergebnisqualität, sondern der Qualitätssicherung bezüglich der anbieterinternen Durchführungsstandards mit dem jeweiligen durchführenden Verkehrspsychologen.

6.7.3 MPU als Qualitätsmarker für Angebote zur verkehrspsychologischen Fahreignungsberatung und Fahreignungsförderung

Sofern es sich bei der Intervention um eine Maßnahme zur verkehrspsychologischen Fahreignungsberatung oder Fahreignungsförderung im Kontext der medizinisch-psychologischen Begutachtung (MPU) handelt, stellt die intendierte positive Verkehrsverhaltensprognose ein wichtiges Interventionsziel dar und damit ein erstes Wirksamkeitskriterium. Eine positiv bestandene MPU ist ein Nachweis einer hinreichend und auf qualitativ hohem Niveau erfolgten Einzel- oder Gruppenintervention. Das verkehrspsychologische Personal konnte den Einzelfall im Hinblick auf die zur Prüfung anstehenden Beurteilungskriterien (DGVP & DGVM, 2013) einordnen, angemessene Interventionsziele ableiten und erreichte eine im Ergebnis der MPU sichtbar werdende Einstellungs- und Verhaltensänderung. Somit ist ein positives Ergebnis einer medizinisch-psychologischen Begutachtung immer auch ein Evaluationsbefund für die Qualität der Maßnahme zur Fahreignungsförderung. Das langfristige Ziel dieser Maßnahmen besteht in der nachhaltigen Verhaltensänderung und somit im Behalten der Fahrerlaubnis.

6.7.4 Legalbewährung (Erfolg)

Die Feststellung der Legalbewährung ist eine im System der Verkehrspsychologie einmalige Möglichkeit, den Erfolg einer Maßnahme darzustellen. Es handelt sich um ein valides externes Kriterium, was in der Evaluation psychologischer Maßnahmen selten zu finden ist. Dennoch sind auch hier Fragen angebracht, z. B. nach der Wahl des adäquaten Bewährungszeitraums, in welchem Rückfälle erfasst werden.

Die Legalbewährung stellt jedoch nur ein Kriterium zur Evaluation dar. Es bildet die erste Ebene eines Systems der Outcome-Evaluation verkehrspsychologischer Interventionen (*Bild 6.1*).

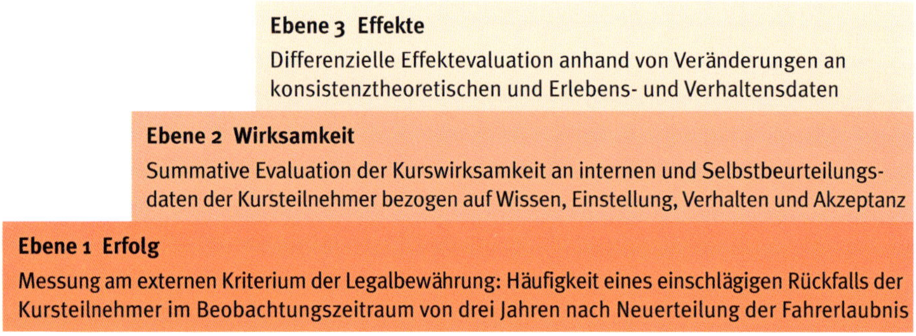

Bild 6.1 Ebenen der Wirksamkeitsbetrachtung (nach Kollbach, 2013)

Ebene 1 – Legalbewährung

Bei Interventionen, die zu Rechtsfolgen führen, also beispielsweise zur Neuerteilung der Fahrerlaubnis nach negativer Verkehrsverhaltensprognose mit Kursempfehlung (§ 70 FeV), oder zur Verkürzung der Sperrfrist, wird der Erfolg der Maßnahme erfragt (Hoffmann, 2001). Hierzu wird das „harte" Außenkriterium der Legalbewährung herangezogen. Gemessen wird dazu die Häufigkeit eines einschlägigen Rückfalls der Teilnehmenden im

Beobachtungszeitraum von mindestens drei Jahren nach Neuerteilung der Fahrerlaubnis als Eintrag im Fahreignungs-Bewertungssystem (früher Punktsystem). Wirksam wäre auch ein Interventionsprogramm, das beispielsweise eine (fiktive) Rückfallquote von 60 % auf 40 % absenken würde. Jedoch könnte eine so hohe Rückfallquote als nicht ausreichend im Sinne der Rechtsfolge „Neuerteilung der Fahrerlaubnis“ bewertet und gesellschaftlich nicht akzeptiert werden. Diese Intervention wäre also nicht erfolgreich.

Die Rückfallquote von auffälligen Kraftfahrern wird ermittelt aus der Anzahl der aktenkundig gewordenen (geahndeten) einschlägigen Delikte (z. B. Trunkenheitsfahrten bei alkoholauffälligen Kraftfahrern) in einem definierten Zeitraum. In Deutschland ist dabei ein Beobachtungszeitraum von drei Jahren nach Neuerteilung der Fahrerlaubnis als Kennwert der Legalbewährung üblich (BASt, 2002), wodurch eine Vergleichbarkeit der Interventionen gegeben ist.

Ebene 2 – Wirksamkeit

Der reine Blick auf Rückfallzahlen trifft jedoch keine Aussage darüber, wie eine Maßnahme auf die Teilnehmenden wirkt oder wie sie verbessert werden kann. Hier stehen die folgenden Fragen im Vordergrund: Ist bei den Teilnehmenden ein Wissenszuwachs, eine Einstellungs- und eine Verhaltensänderung festzustellen? Wird die Maßnahme von den Teilnehmenden akzeptiert?

Die Ebenen 1 und 2 sind die im Leitfaden der Bundesanstalt für Straßenwesen (2002) vorgesehenen Evaluationsebenen.

Ebene 3 – Effekte

Schließlich können verkehrspsychologische Interventionen auch die Gesamtpersönlichkeit betreffen oder der Gesundheitsförderung dienen. Deshalb kann auf einer dritten Evaluationsebene nach differenziellen Effekten auf der Erlebens- und Verhaltensebene gefragt werden. Dazu eignen sich standardisierte psychologische Messverfahren, die den jeweiligen Betrachtungsfokus erfassen können. Beispiele sind das Arbeitsbezogene Verhaltens- und Erlebensmuster AVEM (Schaarschmidt & Fischer, 2008) und der Fragebogen zur Erfassung von Aggressionen im Straßenverkehr AViS (Herzberg, 2004).

Aktueller Stand der Diskussion zur Legalbewährung

Wenn es um die Wiederherstellung der Kraftfahreignung bei Kursen nach § 70 FeV geht, wird der Erfolg einer Maßnahme seit der maßgeblichen Evaluationsstudie ALKOEVA (Winkler, Jacobshagen & Nickel, 1988) durch Vergleich mit einem Referenzwert der positiv Begutachteten (MPU) ermittelt. Kursteilnehmer müssen hinsichtlich der Legalbewährung nicht „besser“ sein als die in der MPU positiv bewerteten Personen, sie dürfen jedoch nicht wesentlich „schlechter“ abschneiden. Denn sowohl nach positiver MPU als auch nach erfolgreicher Kursteilnahme gilt die Fahreignung als wiederhergestellt. Erweist sich die Rückfallquote der Kursteilnehmer also als nicht signifikant höher als die der positiv Begutachteten, dann hat der Kurs seinen Erfolg nachgewiesen. Dieser Vergleich mit den Referenzwerten des BASt-Leitfadens (BASt, 2002) hatte 2009 dazu geführt, dass Kurse für verkehrsauffällige Kraftfahrer aus der Verordnung eliminiert wurden. Denn der BASt-Referenzwert von 32,6 % wurde durch Rückfallquoten bei 42 % signifikant überschritten (Buchard & Brieler, 2011). Der BASt-Referenzwert von 18,8 % von Kursen für alkoholauffällige Kraftfahrer ist angesichts der aktuellen Rückfallquoten bei ca. 7 % nicht mehr aktuell und in einer wissenschaftlichen Diskussion neu zu bewerten (*Tabellen 2.3* und *6.1*). Bei Kursen für drogenauffällige Kraftfahrer fehlt jede Referenzwertangabe; aktuelle Studien zeigen eine Rückfallquote von ca. 8 % (Hilger & Rudinger, 2009).

Die neueste Studie zum Erfolg der MPU und der Kursprogramme nach § 70 FeV bei alkoholauffälligen Kraftfahrern, EVA-MPU (Hilger et al., 2012), zeigt die in den Jahrzehnten seit 1980 erheblich gesunkenen Wiederauffälligkeitsquoten für positiv Begutachtete (*Bild 6.2*) und bestätigt darüber hinaus die Ergebnisse der 15-Jahre-Re-Evaluationsstudien von 2009/2010 der §-70-Träger (vgl. *Tabellen 2.3* und *6.1*).

Die Ausgangswerte, statistische Daten von Stephan (1984), beziehen sich auf alkoholauffällige Kraftfahrer aus dem Jahr 1973, von denen viele eine MPU positiv absolviert hatten. Diese Kraftfahrer wurden in den drei Jahren nach Neuerteilung als Ersttäter zu 24,9 %, als Zweittäter zu 16,7 % rückfällig. Bei den Dritt- und Mehrfachtätern lag diese Zahl damals sogar bei 26,7 %.

In der heute aktuellen EVA-MPU-Studie lagen die Rückfallquoten bei den MPU-Gruppen (n = 1 600 Männer, erstmals alkoholauffällig/wiederholt auffällig/positiv) zwischen 8,3 % und 6,5 %. Einen neuen Ansatz stellte die Kontrollgruppe dar: 3 200 Männer, die erstmals mit einer Ordnungswidrigkeit (0,5-Promille-Grenze) aufgefallen waren, wurden als Zufallsstichprobe im Verkehrszentralregister gezogen. Hier lag die Rückfallquote bei 8,2 % (*Tabellen 6.5* und *6.6*).

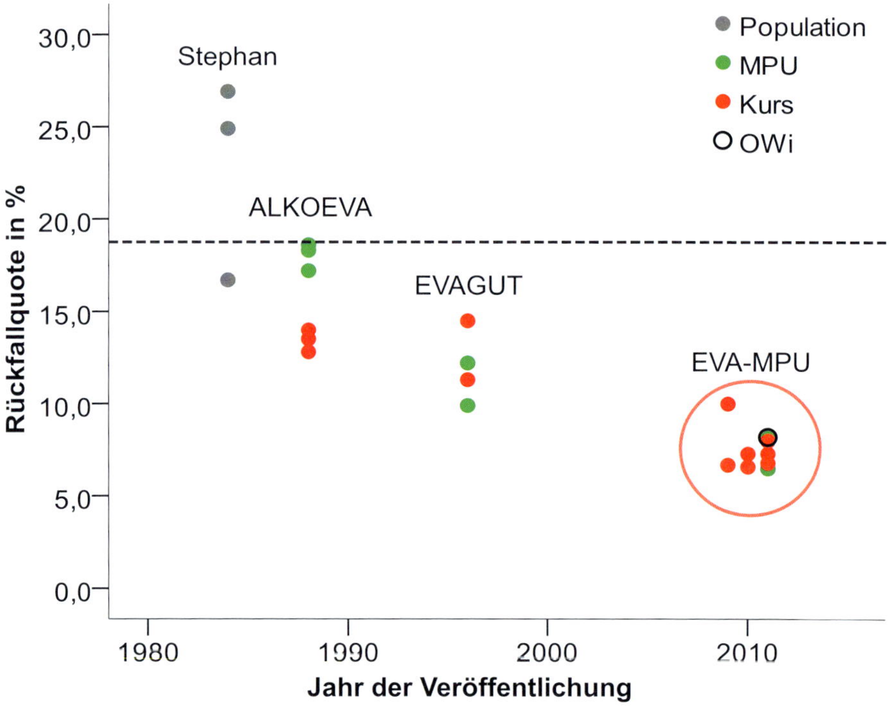

Bild 6.2 **EVA-MPU – Rückfallquoten der deutschen MPU-Legalbewährungsstudien im Vergleich nach Hilger et al. (2012)**

Tabelle 6.5 EVA-MPU – Aufbau und Größe der Bruttostichproben nach Hilger et al. (2012)

		Alkohol	
		erstauffällig	wiederholt
MPU	positiv	n = 400	n = 400
	§ 70	n = 400	n = 400
OWi		n = 3 200	

Tabelle 6.6 EVA-MPU – Rückfälligkeit der Versuchsgruppen und der OWi-Kontrollgruppe nach Hilger et al. (2012)

		Alkohol	
		erstauffällig	wiederholt
MPU	positiv	**6,5 %** (21/325)	**8,3 %** (27/326)
	§ 70	**8,0%** (25/312)	**6,8 %** (20/296)
OWi		**8,2 %** (261/3180)	

Positiv ausgedrückt liegen heute die Bewährungsquoten aller MPU- und §-70-Gruppen zwischen 91,7 % und 93,5 %, was keine signifikante Abweichung von der Bewährungsquote der OWi-Gruppe mit 91,2 % darstellt. Dies spricht für eine hohe Prognosesicherheit der MPU. Mit diesem Erfolg haben sich sowohl die MPU als auch die Kurse zur Wiederherstellung der Kraftfahrereignung im Alkohol- und Drogenbereich in ihrem rückfallvermeidenden Charakter bewährt.

Die Dunkelziffer beispielsweise bei Alkoholdelikten (entdeckte zu unentdeckten Trunkenheitsfahrten) wird seit 1976 in verschiedenen Untersuchungen bei 1 : 600, bezogen auf Trunkenheitsfahrten über 0,8 Promille, angegeben (Müller, 1976) und beispielsweise durch die „Deutsche Roadside Survey"-Studie erneut bestätigt (Vollrath & Katzenwadel, 1997). In der Evaluationsstudie ALKOEVA (Winkler, Jacobshagen & Nickel, 1988) wurde untersucht, ob die Senkung der Rückfallquote durch Kursteilnahme möglicherweise durch regionale Einflüsse wie Überwachungsdichte und Trinkgewohnheiten verursacht sei. Im Ergebnis stellte sich ein nicht signifikanter Einfluss dieser Parameter heraus, sodass es sich nicht empfiehlt, die Dunkelzifferproblematik in Legalbewährungsstudien einzubeziehen (Hoffmann 2001, S. 338).

Unter „Rückfall" können auch andere Ereignisse verstanden werden als beispielsweise die aktenkundige Feststellung einer erneuten Trunkenheitsfahrt. Jede Fahrt unter Alkoholeinfluss (jedenfalls oberhalb der nationalen gesetzlichen Promille-Grenzwerte) stellt einen Rückfall dar. Wenn der Hintergrund der Trunkenheitsfahrten überhöhter Alkoholkonsum und die damit verbundene Giftfestigkeit ist, dann stellt auch jeder Rückfall in alte Verhaltensgewohnheiten (Trinkgewohnheiten) oder die Überschreitung selbstgesetzter Konsumgrenzen hinsichtlich Menge und Frequenz einen solchen Rückfall dar. Diese Rückfälle werden bei der Betrachtung der Legalbewährung nicht erfasst. Sie könnten jedoch durch retrospektive Selbstaussagen von ehemaligen Teilnehmern als Evaluationskriterien erhoben werden.

Fazit

Abschließend ist zu bemerken, dass Erfolgsanalysen über Legalbewährungsquoten in einem Beobachtungszeitraum von drei Jahren nach Neuerteilung der Fahrerlaubnis eine gängige Praxis darstellen, die verkehrspsychologische Interventionen und die Begutachtung der Fahreignung in ihren Ergebnissen für die Verkehrssicherheit vergleichbar machen. Hierbei wurden in den vergangenen Jahrzehnten große Fortschritte in der Prognosesicherheit der MPU und bei der Rückfallprävention durch Kurse zur Wiederherstellung der Fahreignung nachgewiesen. Dieser Maßstab sollte auch für andere verkehrspsychologische Interventionen gelten. Aus der Betrachtung des Erfolges einer Maßnahme sind noch keine Rückschlüsse auf deren Wirkungsweise oder auf Verbesserungspotenziale der Intervention zu ziehen. Deshalb sollte die Evaluation einer verkehrspsychologischen Intervention nicht bei der Legalbewährung stehen bleiben.

6.7.5 Wirksamkeitsanalyse

Die allgemeinen Fragen der Wirksamkeitsanalyse stellen sich gemäß BASt-Leitfaden (2002) in dessen Anforderungen zur Evaluation hinsichtlich weiterer, über die Legalbewährung hinausweisender Wirksamkeitskriterien wie folgt:

- Verbessert sich das deliktspezifische Wissen?
- Werden konstruktive Einstellungs- und Verhaltensänderungen berichtet?
- Besteht eine ausreichende Akzeptanz der Intervention?

Dieses Vorgehen entspricht auch den Ergebnissen der DRUID-Qualitätsstandards zu „weiteren Wirksamkeitskriterien“ bei Programmevaluationen auf EU-Ebene.

Bei explorativen Wirksamkeitsstudien sollte von folgenden empirischen Erwartungen ausgegangen werden:

- Der kognitive Wissenszuwachs bezüglich deliktspezifischer Zusammenhänge steigt signifikant.
- Einstellungsänderungen werden bei mehr als 80 % der Teilnehmenden in positiver Richtung berichtet.
- Verhaltensveränderungen der Teilnehmenden werden mehrheitlich in positiver Richtung berichtet.
- Die Akzeptanz der Intervention wird grundsätzlich bei mehr als 80 % der Teilnehmenden erreicht.

Als Untersuchungsdesign sollte eine schriftliche Teilnehmerbefragung im Prä-Post-Design ohne Kontrollgruppe gewählt werden. Die Einbeziehung einer Kontrollgruppe ist davon abhängig, ob eine parallelisierte, unbehandelte Vergleichsgruppe, bei der diese Veränderungen gemessen werden könnten, verfügbar ist.

Die Teilnehmerbefragung sollte mit einem hierfür konzipierten Fragebogen realisiert werden. Bislang gibt es dazu kein einheitliches valides Instrument. Ein Vorschlag für die Anlassgruppe Alkohol besteht bei Kollbach (2013), wobei eine Darstellung der testtheoretischen Güteprüfung bei Rudinger, Hilger & Schmitz (2009) zu finden ist. Weitere Entwicklungen von Erhebungsinstrumenten sind in Planung, beispielsweise zur Alkohol-Interlock-Forschung (Nickel & Schubert, 2012). Die Erhebungsinstrumente, die für Evaluationen in der Verkehrspsychologie angewandt werden können, sollten systematisch erfasst und allgemein verfügbar gemacht werden. Zu planen wäre auch eine Einbindung in ein computergestütztes verkehrspsychologisches Testsystem.

Erhebungsinstrumente sollten zu mindestens zwei Messzeitpunkten Wissen, Einstellungen und Verhaltensweisen der Teilnehmenden zu der anlassgebenden Problematik (Alkohol, Drogen oder Verkehrsteilnahme) anhand identischer Items erfassen. Die Wirksamkeit der Intervention wird über ein verändertes Antwortverhalten in Schlüsselrichtung vom ersten zum zweiten Messzeitpunkt erfasst. Die Einbeziehung eines dritten Messzeitpunktes zur Messung der Stabilität der Interventionseffekte, beispielsweise nach ein bis drei Jahren, wird im Leitfaden der BASt nicht gefordert, wäre jedoch wünschenswert.

6.7.6 Effektanalyse

Die Ebene 3 der Evaluation (siehe Abschnitt 6.7.4) ist immer ein Versuch der Erweiterung bisheriger Evaluationspraxis durch Nutzung neuerer psychologischer Theorien und Methoden, auch unter Einbezug der Personenperspektive von Gesundheit, Belastungsbewältigung und Wohlbefinden. Kollbach (2013) zeigte erstmals, dass eine dritte Evaluationsebene sinnvolle Ergebnisse und Aussagen darüber erbringt, in welcher Weise Teilnehmende verkehrspsychologischer Interventionen sich in Bezug auf Arbeitsbezogene Verhaltens- und Erlebensmuster AVEM (Schaarschmidt & Fischer, 2008) verändern. Daraus kann die Schlussfolgerung gezogen werden, der in weiteren Studien nachzugehen ist, dass verkehrspsychologische Interventionen nach alkoholbedingten Verkehrsdelikten auch in einem engen Zusammenhang mit einem positiven Gesundheitsbewusstsein stehen können. Zugleich wird damit den Hinweisen der EU-DRUID-Studie zur Evaluation von Rehabilitationsmaßnahmen für auffällige Kraftfahrer entsprochen, nach der weitere Kriterien der Evaluation zur Verbesserung des Programmes eingeführt werden sollen.

Wer auf dem Gebiet verkehrspsychologischer Interventionen zukünftig mit seinen Neu- und Weiterentwicklungen Beachtung finden möchte, muss der Evaluation ständige und höchste Aufmerksamkeit widmen. Einerseits ist der Bereich verkehrspsychologischer Interventionen bei Programmen mit Rechtsfolgen hinreichend geregelt (siehe Abschnitt 6.1). Auch ein eher geringer Teil der heute bestehenden Maßnahmen zur verkehrspsychologischen Fahreignungsberatung oder Fahreignungsförderung ist evaluiert. Andererseits bestehen eine Vielzahl nicht evaluierter MPU-Vorbereitungen durch nicht ausreichend qualifiziertes Personal ohne Qualitätssicherung im nicht geregelten System („grauer Markt" der MPU-Vorbereitung).

6.7.7 Langzeitentwicklung/Katamnese

Während im Bereich der klinischen Psychologie, Psychotherapie und Psychiatrie eine Vielzahl von Befunden zur Langzeitwirkung von Interventionen bei verschiedenen Krankheitsbildern existieren, ist im verkehrspsychologischen Kontext die Frage der Langzeitwirkung von Interventionen bisher kaum untersucht worden. Auch sogenannte Katamnesestudien, die erheben, wie sich Teilnehmende entwickeln, nachdem sie verkehrspsychologisch betreut und untersucht wurden, sind selten. Legalbewährungsstudien stellen in gewissem Sinne katamnestische Studien dar, gehen aber meist nicht über drei Jahre hinaus. Eine Ausnahme bildet die 10-Jahres-Legalbewährungsstudie von Jacobshagen (1996), die eine Rückfälligkeit von 30,4 % bei alkoholauffälligen Kursteilnehmenden im Verhältnis zu 37 % Rückfälligkeit bei positiven MPU-Teilnehmenden in der damaligen Zeit belegt.

Aufgrund der Anlassbezogenheit vieler verkehrspsychologischer Interventionen sowie einer nicht vorhandenen zentralen Forschungseinrichtung und sehr begrenzter Forschungsmittel sind Langzeitstudien aus neuerer Zeit nicht verfügbar.

6.7.8 EU-Evaluationsprojekte – ANDREA, SUPREME und DRUID

Wie eingangs erwähnt, wurden in den bisher durchgeführten großen EU-Studien ANDREA (Bartl et al., 2002), SUPREME (Winkelbauer & Machata, 2008) und DRUID (Bukasa et al., 2009) Kriterien der Wirksamkeit verkehrspsychologischer Kursmaßnahmen im europäischen Kontext neu definiert. Mit dem ANDREA-Projekt wurde in der EU erstmals der Erfolg von „Driver Rehabilitation (DR)"-Programmen (verkehrspsychologischen Kursinterventionen) am Rückfallkriterium im Vergleich ermittelt. Die dabei meta-analysierten acht Evaluationsstudien umfassten relevante Veröffentlichungen im Zeitraum von 1987 bis 2002. Im Ergebnis der Literaturanalyse standen die „magischen minus 50 %": Verkehrspsychologische Interventionen für alkoholauffällige Kraftfahrer halbieren die Rückfallquote um durchschnittlich 50 % in Beobachtungszeiträumen von zwei bis fünf Jahren im Verhältnis zur Rückfallquote von Personen aus den Kontrollgruppen ohne Kursteilnahme.

Eine Zusammenfassung der Kriterien für Interventionskurse, die einen positiven Einfluss auf die Einstellung und auf das Verhalten auffälliger Kraftfahrer haben, aus den drei o. g. EU-Studien findet sich in *Tabelle 6.7*. Die Kriterien beziehen sich auf die Konzeption des Programms (P), auf Kursleitervariablen (KL), auf die Methodik (M), auf die Eckdaten (Eck), auf die gesellschaftlichen und rechtlichen Rahmenbedingungen (R), auf Evaluationen (Eva) und darauf, ob ein Alkohol-Interlock einbezogen werden kann (I). Die vorgeschlagene Übersicht ist ein Ausgangspunkt für weitere Harmonisierungen von Rehabilitationsmaßnahmen auffälliger Kraftfahrer in Europa. Daraus ist zu ersehen, dass im europäischen Kontext die Legalbewährung ein Kriterium unter vielen darstellt.

Tabelle 6.7 Kriterien der EU-Studien ANDREA, SUPREME und DRUID für Driver-Rehabilitations-Programme

Bezug	Kriterium	ANDREA	SUPREME	DRUID
P	Zielgruppenspezifische Konzeption (z. B. Alkohol vs. andere Substanzen; Führerscheinneulinge vs. Fahrer nach Probezeit)	×	×	×
P	Unterschiedliche Intervention bei Missbrauch oder Abhängigkeit, bei Abhängigen suchtspezifische Rehabilitation		×	×
P	Einbezug gesundheitlicher Aspekte	×		
P	Kursleiterhandbuch schriftlich vorliegend, weiterzuentwickeln	×		×
P	Berücksichtigung des kulturellen und ethnischen Hintergrunds der TN, jedoch keine geschlechts- oder altersspezifischen Kurse		×	×
I	Interlock (Einbau einer elektronischen Wegfahrsperre, zusätzlich Teilnahme am Kurs für alkoholauffällige Fahrer)			×

Tabelle 6.7 Kriterien der EU-Studien ANDREA, SUPREME und DRUID für Driver-Rehabilitations-Programme (Fortsetzung)

Bezug	Kriterium	ANDREA	SUPREME	DRUID
KL	Soziale Kompetenz, Herstellung einer professionellen Arbeitsbeziehung insbesondere mit „unfreiwilligen" Klienten	×	×	
KL	Spezielle psychologische Grundqualifikation, Aus- und Weiterbildungspflicht, hohe Fachkompetenz	×	×	×
M	Psychologische und therapeutische Ansätze mit edukativen Elementen, Schwerpunkt auf Selbstreflexion statt auf Lehre	×	×	×
M	Anpassbare Programme sind besser als fixe Programme	×		
M	Die Methodik soll auf Verhaltensänderung abzielen		×	
Eck	Mehrwöchiger Kurszeitraum, Wirkungen zwischen den Sitzungen (Veränderung braucht Zeit)	×	×	
Eck	Gruppengröße ca. 10 Teilnehmer	×	×	
R	EU: normative Funktion, Gesetzgebung, QM, Harmonisierung			×
R	Interventionen als Teil eines verständlichen gesetzlich geregelten Maßnahmensystems, Teilnahme transparent und nachvollziehbar, kein „Pech"	×		×
R	Früher Zugang zu Interventionen nach Delikt		×	×
R	Diagnostik vor Intervention, Zugangs-, Ausschlusskriterien		×	×
R	Diagnostik nach Intervention für Hochrisikofahrer			×
R	Pflichtteilnahme, aber kein Ersatz für Fahrerlaubnisentzug		×	
R	Qualitätssicherung/-kontrolle als staatliche Aufgabe, da die Allgemeinheit profitiert	×		×
R	Qualitätsmanagement-Standards bei Träger und Programm			×
R	Zulassung von Programmen	×		×
R	Unabhängigkeit der Träger und KL von staatlichen Autoritäten		×	×
R	Preise/Gebühren einheitliches Niveau		×	
R	Fahrerrehabilitation leistet Beitrag zum Gesundheitssystem (Public Health Care), fachliches Netzwerk zur Suchthilfe	×		×
Eva	Programmevaluation, Teilnehmer-Feedback, Prozess- und Rückfall-Evaluation	×	×	×
Eva	Einbezug Kostenwirksamkeit		×	

Zusammenfassung nach folgenden Quellen: ANDREA (Bartl et al., 2002, S. 129); SUPREME (2007, S. 44); DRUID (Bukasa et al., 2009, S. 26 ff.)

Den in *Tabelle 6.7* zusammengestellten Kriterien ist auch bei der weiteren Entwicklung von Evaluationskriterien in Deutschland Beachtung zu schenken. Diese Kriterien bilden die Basis der Entwicklung europäischer standardisierter Gruppeninterventionen.

Um zu allgemein gültigen Good-Practice-Kriterien zu gelangen, wurde im Rahmen des DRUID-Projekts das oben bereits erwähnte Erhebungsinstrument DRET (Driver Rehabilitation Evaluation Tool) in kontrollierter Weise entwickelt und im Internet frei zur Verfügung gestellt (Bukasa et al., 2008). Mit DRET können beispielsweise Programmentwickler und Maßnahmenträger ihre Kursprogramme anhand der DRUID-Rehabilitationsstandards mit einem Ampelsystem bewerten (evaluieren) und so Anregungen für die Erarbeitung neuer oder für die Verbesserung bestehender Programme finden. Die Kriterien nach DRET stellen eine nicht überregulierende Empfehlung für Europa dar und sollten baldigst in Deutschland insbesondere auf verkehrspsychologische Interventionen ohne Rechtsfolgen angewandt werden.

Kapitel 7
Perspektiven

Paul Brieler, Margit Herle, Udo Kranich, Jürgen Merz

Im Mittelpunkt der Verkehrssicherheitsarbeit steht auch für die Zukunft die Aufgabe, die Zahl von Verkehrstoten und Verletzten im Straßenverkehr weiter zu senken. Aktuelle Programme, z.B. „Vision Zero“ und „On the Move – For Safer Roads in Europe“, sollen die Verkehrssicherheit in Europa deutlich verbessern. Die EU hat es sich zum Ziel gesetzt, bis zum Jahr 2020 die Zahl der Verkehrstoten gegenüber 2010 zu halbieren. Dies zu verwirklichen, ist sehr ambitioniert und bedarf weiterer erheblicher Anstrengungen mit verschiedenen Ansatzpunkten. Entsprechende Programme zur Erhöhung der Verkehrssicherheit haben unterschiedliche Zugänge, wobei zumeist die Beeinflussung menschlichen Verhaltens im Mittelpunkt steht. Grundzüge der Verkehrssicherheitsarbeit für Deutschland in den nächsten Jahren finden sich z.B. im Verkehrssicherheitsprogramm 2011 der Bundesregierung. Darin sind u.a. die Schwerpunkte im Hinblick auf die Verkehrssicherheit für einzelne Zielgruppen dargestellt. Im Zusammenhang mit der demografischen Entwicklung in Deutschland werden insbesondere Ziele für Fahranfänger, aber auch für ältere Kraftfahrer formuliert. Daneben werden die Gefahrenquellen für den Straßenverkehr wie Alkohol, Drogen und Medikamente, aber auch Müdigkeit und Ablenkung sowie unzureichende Regelakzeptanz thematisiert und entsprechende Aufgaben zur Verbesserung der Verkehrssicherheit daraus abgeleitet.

Mit der Entwicklung der Verkehrspsychologie in Deutschland haben sich u. a. Schlag & Richter (2010) beschäftigt. In ihrem Ausblick betonen die Autoren, dass die Verkehrspsychologie ein wachsendes Arbeitsfeld und speziell die Gebiete der Diagnostik und Intervention international anerkannt sind. Zum Teil werden deutsche Formate und Angebote in anderen Ländern übernommen. Allerdings ist die Verkehrspsychologie im Psychologiestudium der meisten Universitäten noch unterrepräsentiert und das Berufsbild zu wenig bekannt.

Die Sektion Verkehrspsychologie im BDP hat eine Kurzbeschreibung für das Berufsbild des verkehrspsychologisch Tätigen erarbeitet, die das Berufsfeld umreißt und wichtige Kompetenzen benennt. Die Arbeit findet im Spannungsfeld von Verkehrssicherheitsanliegen der Gesellschaft und dem Anliegen des Einzelnen auf uneingeschränkte Mobilität und Freiheit der Berufsausübung statt. Angesichts der demografischen Entwicklung in Deutschland wird dieses Spannungsfeld eher noch an Brisanz zunehmen.

Bereits in der Vergangenheit hat es vielfältige Bemühungen gegeben, auch das Teilgebiet der verkehrspsychologischen Interventionen weiterzuentwickeln (siehe Kapitel 1.2). Begriffe wie Qualitätssicherung und Verbraucherschutz, aber auch Einhaltung fachlicher Standards, Seriosität und Transparenz standen dabei zunehmend im Zentrum. Meyer (2010) hat die „Landschaft“ der verkehrspsychologischen Intervention in Deutschland analysiert, empirische Befunde bewertet und Zukunftsperspektiven vorgestellt. Er plädiert für regelmäßige Evaluation entsprechender Maßnahmen und für die Umsetzung der Ergebnisse in die Praxis. Primär sollte es darum gehen, festzustellen, welchen Beitrag diese Maßnahmen zur Erhöhung der Verkehrssicherheit leisten können. Dies jedoch ist derzeit noch nicht hinreichend umgesetzt. Während für Gruppenmaßnahmen, die zur Wiederherstellung der Fahreignung führen, Evaluationen *verpflichtend* sind, ist dies für Einzelmaßnahmen bisher nicht vorgesehen (Kollbach, 2013).

Gegenwärtig stellt sich die Situation wie folgt dar: Für alle gesetzlich geregelten verkehrspsychologischen Interventionen gibt es Vorgaben und klare Standards sowohl für den Zugang von Betroffenen zu den Programmen als auch für die Programme selbst, für die Qualifikationen des eingesetzten Personals sowie ggf. auch für die Qualitätssicherung. Derzeit gibt es aber noch keine verbindlichen Regelungen für adäquate Beratungs- und Fördermaßnahmen vor einer Fahreignungsüberprüfung. Betroffenen fehlt somit eine klare Orientierung, wo und durch wen eine passgenaue und wirksame Unterstützung für die Entwicklung eines in Zukunft angepassten Verkehrsverhaltens geleistet werden kann. Hier besteht *„neben einer Vielzahl von seriösen und kompetenten verkehrspsychologischen Angeboten zur Beratung und Vorbereitung auf die MPU [...] auf dem Markt auch ein Überangebot an unseriösen und/oder inkompetenten Angeboten“* (BASt, 2015). Gerade im nicht geregelten Bereich hat der Verkehrsgerichtstag angesichts dieser Situation in den letzten Jahren (z. B. 2010, 2015) immer wieder darauf hingewiesen, dass die Qualität in diesem Bereich zu verbessern sei. Auch die Forderung nach mehr Transparenz wurde u. a. anlässlich des 52. Verkehrsgerichtstags in Goslar im Januar 2014 laut: *„Die Qualifikation von Personen, die zur Vorbereitung auf die MPU tätig sind, bedarf einer gesetzlichen Regelung. So wird es den Betroffenen erleichtert, seriöse Anbieter zu finden“* (Deutscher Verkehrsgerichtstag, 2014). Die Qualifikationsvoraussetzungen des Beraters müssen wissenschaftlich fundiert sein. Dabei müssen diagnostische und kommunikative Kompetenzen gefordert werden.

Insgesamt bleibt festzustellen, dass fachlich fundierte Maßnahmen durchaus hilfreich und vielfach indiziert sind: Fahrer, die rechtzeitig nach dem Fahrerlaubnisentzug die entscheidenden Informationen erhalten, bekommen in der Mehrheit bereits beim ersten Versuch ein positives Fahreignungsgutachten. Die Erfolgsquote erhöht sich auf über 80 %, wenn der rechtzeitig informierte Betroffene eine Schulungsmaßnahme besucht hat (Glitsch, Bornewasser & Dünkel, 2012).

Diese Interventionen sollten darüber hinaus theoretisch begründet sein, also auf Erkenntnissen aus der psychologischen Interventionsforschung beruhen. Ein qualifizierter Abschlussbericht stellt die fachlich-inhaltliche Nachvollziehbarkeit der verkehrspsychologischen Intervention sicher. Damit die Beratung und Intervention, die auf eine langfristig stabile Verhaltensänderung abzielt, seriös und kompetent durchgeführt werden kann, sind besondere Anforderungen an die Qualifikation der Durchführenden zu stellen. Obwohl die genannten Bedingungen für eine fachlich fundierte verkehrspsychologische Intervention immer wieder angemahnt werden, bleibt festzustellen, dass im ungeregelten Bereich nach wie vor ein deutliches Umsetzungsproblem besteht. Es ist aber durchaus möglich, dass Reformierungsbemühungen im Zusammenhang mit der medizinisch-psychologischen Untersuchung zu einer Verbesserung dieses Zustandes führen werden.

Zum Ausbau und zur Bereicherung des Arbeitsfeldes der verkehrspsychologischen Interventionen werden auch weitere Entwicklungen aus anderen Anwendungsfeldern der Psychologie beitragen. Hierzu gehören z. B. neue Ansätze in der Klinischen Psychologie und Psychotherapie, aber ebenso integrative Beratungskonzepte, die neue Erkenntnisse der Gehirnforschung berücksichtigen und integrieren. Es bleibt noch abzuwarten, in welcher Form diese Entwicklungen z. B. auch Auswirkungen auf die Verbesserung des Methodeninventars der verkehrspsychologischen Intervention haben werden.

Gleiches trifft auf die Nutzung des Internets zu. Gegenwärtig gibt es schon verschiedene Möglichkeiten der internetbasierten Beratung. Dieser Trend wird mit Sicherheit in den nächsten Jahren auch auf den Bereich der verkehrspsychologischen Intervention verstärkt ausstrahlen und zu neuen Beratungsansätzen beitragen. Erforderlich sind dazu weitere Forschungen zu Risiken, Chancen und Wirksamkeit der internetbasierten Beratung ebenso wie Untersuchungen zu Anwendungsmöglichkeiten für spezielle Zielgruppen.

Auch technische Weiterentwicklungen, insbesondere die verstärkte Nutzung von Fahrerassistenzsystemen in Fahrzeugen bis hin zum teil- und vollautomatisierten Fahren, werden Auswirkungen auf die Art und Weise der Durchführung sowie Zielsetzung der verkehrspsychologischen Intervention haben. Beispielsweise stellen Alkohol-Interlock-Geräte schon heute eine international erprobte Möglichkeit dar, die Zahl der Alkoholunfälle zu verringern. Die verkehrspsychologische Intervention muss hierbei eine wichtige Rolle bei der Herstellung von Compliance, Reflexion und zur nachhaltigen Verhaltensänderung spielen. Bei primärpräventivem Einsatz eines Alkohol-Interlock-Systems sind psychoedukative begleitende Maßnahmen wünschenswert, um die Gerätecompliance sicherzustellen. Beim sekundärpräventiven Einsatz ist eine verkehrspsychologische Begleitung unerlässlich, um den Erfolg der Maßnahme auch nach dem Ausbau der Technik zu sichern. Die Möglichkeit zum Erhalt der Mobilität eines alkoholauffälligen Kraftfahrers durch ein Alkohol-Interlock-Programm kann belastende soziale und wirtschaftliche Folgen verringern (siehe Kapitel 2.3.5).

Das nicht mehr nur als Utopie anzusehende vollautomatisierte Fahren wird dazu führen, dass an den Faktor Mensch im Straßenverkehr völlig andere Anforderungen gestellt werden. Verkehrspsychologische Interventionen werden diese Entwicklung begleiten.

Abschließend soll hier noch auf Konsequenzen für die verkehrspsychologische Intervention, die sich aus der europäischen Perspektive ergeben, eingegangen werden. Veränderungen und Entwicklungen im deutschen Fahrerlaubnisrecht sind zunehmend auch Reaktionen auf europäisches Fahrerlaubnisrecht. Inzwischen gibt es europäische Modellvorstellungen, die verschiedene Ebenen der verkehrspsychologischen Intervention integrieren, beispielsweise das PASS-Modell (siehe Kapitel 1.3.3). Das PASS-Modell nach Allhoff-Cramer et al. (2007) gründet auf dem Drei-Ebenen-Ansatz der Prävention, um die Mobilitätskompetenz durch Aufklärung, Schulung und verkehrspsychologische Beratung und Therapie zu fördern und nachhaltig zu sichern. Es ist auf alle Verkehrssysteme anwendbar. Im Vordergrund des Modells stehen der Mensch in seinem Erleben und Verhalten und die durch ihn beeinflusste Verkehrssicherheit. Ziel ist es, eine Verkehrsumwelt zu schaffen, in der jeder Mensch sein Bedürfnis nach Mobilität mit möglichst geringen Risiken umsetzen kann. Dazu gehören Bestrebungen zum Erwerb und zur Erhaltung der Fahreignung. Im Fokus stehen die persönlichen Ressourcen und Kompetenzen des Fahrers, die es zu stärken gilt, wie auch die Veränderung seiner Gewohnheiten und Einstellungen. Neben der Verbesserung und nachhaltigen Sicherung der Mobilität des Verkehrsteilnehmers soll dem Bedürfnis des einzelnen Bürgers nach selbstbestimmter

Mobilität Rechnung getragen werden, indem die Eigenverantwortung des Verkehrsteilnehmers gestärkt wird. Als generelle Ziele des PASS-Modells können formuliert werden:

- Umsetzung der Vorgaben der Europäischen Union zur Erhöhung der Verkehrssicherheit
- Realisierung von Einzelfallgerechtigkeit und Rechtssicherheit
- Berücksichtigung des Bedürfnisses nach selbstbestimmter Mobilität (Allhoff-Cramer et al., 2007).

Der Anspruch an freie Mobilität innerhalb der EU führt zunehmend dazu, verkehrspsychologische Entwicklungen und Standards auf einer gesamteuropäischen Ebene anzugleichen. In den Mitgliedsländern der EU ist das Wissen zu Einsatz- und potenziellen Einflussmöglichkeiten der Verkehrspsychologie sehr unterschiedlich. Daher besteht eine wesentliche Aufgabe für dieses Arbeitsgebiet darin, nationale Aktivitäten im europäischen Raum abzustimmen und auf politischer Ebene fachliche Grundlagen und Erkenntnisse möglichst geschlossen darzulegen und zu vertreten. Europaweite Projekte wie DRUID und Best-Point sind hierfür wichtige und erfolgreiche Beispiele. Aber auch die Kongressreihe „Fit to Drive" stellt eine bedeutsame Grundlage dar, um international länderübergreifende verkehrspsychologische Aspekte zu diskutieren und den lokalen Entscheidern abgestimmte Vorgehensweisen vorzulegen. Eine kontinuierliche, engmaschige Vernetzung auf europäischer und internationaler Ebene ist notwendig, um das Potenzial der Verkehrspsychologie zu stärken.

Im Jahre 2010 wurde die europäische Initiative „Traffic Psychology International" (TPI) zur Unterstützung der Verkehrssicherheitsprogramme der Europäischen Union ins Leben gerufen. Die Erkenntnis der Wichtigkeit, einen Wissensaustausch über verkehrspsychologische Erfahrungen europaweit zu fördern, führte zunächst zur Gründung einer Arbeitsgruppe zwischen der Deutschen Gesellschaft für Verkehrspsychologie (DGVP) und der Kommission Fahreignung des VdTÜV mit einem Kernteam von vier Verkehrspsychologen. Beide Gesellschaften haben sich zum Ziel gesetzt, verkehrspsychologische Aktivitäten zu unterstützen und Positionen gegenüber Politik und Rechtsprechung zu formulieren. Die sich stets weiter vergrößernde Mitgliederzahl aus verschiedenen europäischen Ländern besteht aus Experten der Verkehrspsychologie mit langjähriger Erfahrung in ihrem Arbeitsgebiet. Primäres Ziel der TPI-Gruppe ist es, als Expertengruppe politischen Entscheidungsträgern zur Verfügung zu stehen und die Netzwerke CIECA (International Commission for Driver Testing), EFPA (European Federation of Psychologists' Associations), ETSC (European Transport Safety Council) und ICADTS (International Council on Alcohol, Drugs and Traffic Safety) zu komplementieren. Darüber hinaus setzte man sich die Ziele, gemeinsame Strategien und Standpunkte hinsichtlich verkehrspsychologischer Fragen zu entwickeln, Standards zur Einführung psychologischer Methoden zu vereinbaren und an europäischen Forschungsprojekten zu partizipieren. TPI stärkt das Bewusstsein, dass es länderübergreifende Zusammenarbeit braucht, um internationale Verkehrssicherheitsfragen bewältigen zu können.

Zusätzliche Ziele lassen sich wie folgt beschreiben:

- Einführung von Sicherheitsstandards für Berufskraftfahrer mit besonders hoher Verantwortung
- Definitionen von verkehrspsychologischen Anforderungen für unterschiedliche Fahrergruppen (z. B. ältere Kraftfahrer)

- Formulierung von verkehrspsychologischen Anforderungen zur Einführung von Alkohol-Interlock-Programmen
- Entwicklung eines europaweiten Curriculums für die Ausbildung von Verkehrspsychologen
- Nennung von Mindeststandards verkehrspsychologischer Arbeit zum Zwecke der internationalen Qualitätssicherung.

TPI begann seine Arbeit mit der Erhebung der aktuellen Situation der Verkehrspsychologie in Europa. Dabei ging es darum, genauere Informationen zu Organisationsformen, Qualifikationen von Berufsgruppen und gesetzlichen Voraussetzungen in den EU-Mitgliedstaaten zu erhalten. Hieraus werden strategische Entscheidungen entwickelt, um Ziele oder Forderungen zur Festigung des Berufsstandes auf internationaler Ebene zu formulieren. Erste Ergebnisse dazu wurden beim 6. Fit-to-Drive-Kongress 2012 in Barcelona vorgestellt. Im folgenden Jahr wurde ein Vorschlag für ein postgraduales Studium präsentiert.

Arbeiten der TPI-Gruppe

Die TPI-Gruppe trifft sich zweimal im Jahr. Das erste Treffen fand 2011 in Berlin statt. TPI präsentiert sich als ständig wachsende Gruppe; inzwischen gehören elf Länder als ständige Vertreter dazu. Jedes Land stellt dabei bis zu vier verkehrspsychologische Repräsentanten, die in ihrem jeweiligen Arbeitsgebiet hoch spezialisiert sind. Dadurch wird es innerhalb der TPI-Gruppierung möglich, verkehrspsychologisches Fachwissen auf internationaler Ebene zu bündeln und für andere Länder nutzbar zu machen.

Ein Schwerpunkt bei den internationalen Meetings ist der Austausch von Erfahrungen, aktuellen Fragen und der Bericht über die jeweiligen Aktivitäten und neuen Entwicklungen im verkehrspsychologischen Sektor. Wichtig ist, ein gemeinsames Verständnis darüber zu entwickeln, was Verkehrspsychologie bewirken kann, um menschliche Verkehrsrisiken zu minimieren.

Gemeinsame Ziele und Aufgaben der TPI-Gruppe sind:

- Gegenseitige Unterstützung in berufspolitischen Anliegen
- Konstanter Informationsaustausch und internationale Vernetzung
- Aufbau eines internationalen wissenschaftlichen Netzwerkes für Forschungsprojekte im Rahmen der Verkehrssicherheit
- Festsetzung von Empfehlungen verkehrspsychologischen Handelns, die in allen Mitgliedsländern umgesetzt werden können und sollen
- Einigung über europaübergreifende Strategien seitens der Verkehrspsychologie zur Realisierung der „Vision Zero".

Auf europäischer Ebene ist es noch nicht selbstverständlich, verkehrspsychologisches Know-how in gleicher Weise zu berücksichtigen wie verkehrsmedizinisches Wissen. Verkehrspsychologische Expertise steht und fällt mit politischer Gremienarbeit und braucht klare Aussagen und Empfehlungen. An diesem Beispiel wird sichtbar, dass die europäische Perspektive verstärkt Einfluss auf Rahmenbedingungen verkehrspsychologischer Tätigkeit in den einzelnen Staaten nehmen wird.

Zusammenfassend bleibt festzustellen, dass sich in verschiedenen Feldern, wie z.B. Änderungen fachlicher Standards, neuen wissenschaftlich-technischen Erkenntnissen und Verbesserungen im Verbraucherschutz, neue Entwicklungen abzeichnen, die auch zu Konsequenzen in der Arbeit mit Betroffenen im Bereich der verkehrspsychologischen Intervention führen werden. Auf diesem Weg kann die verkehrspsychologische Intervention auch zukünftig einen bedeutenden Beitrag zur Erhöhung der Verkehrssicherheit leisten.

Kapitel 8
Praktische Hilfen

Paul Brieler, Birgit Kollbach, Jörg-Michael Sohn

Eine einheitliche Vorgehensweise und dokumentierte Prozesse leisten einen wichtigen Beitrag zum Erfolg verkehrspsychologischer Interventionen und zu guten Evaluationsergebnissen. In diesem Kapitel werden Beispiele verschiedener Träger und Anbieter für praktische Hilfen zur Dokumentation bei der Durchführung gegeben. Dabei wird zwischen dem geregelten und dem ungeregelten Bereich unterschieden. Außerdem werden Quellen und Ressourcen zu verkehrspsychologischen Interventionen und ein Hinweisblatt zur Suche nach qualifizierten Fahreignungsberatern aufgeführt.

8.1 Praktische Hilfen im gesetzlich geregelten Bereich

Bei geregelten verkehrspsychologischen Interventionen, die auf rechtlichen Bestimmungen beruhen und für den Teilnehmer zu einer Rechtsfolge führen (z. B. Punktereduktion oder Neuerteilung der Fahrerlaubnis), existieren verbindliche Regelungen für die Durchführung und für Qualitätskriterien. Die Regelungen und die Regelungstiefe zur Zuweisung, zu den Inhalten, zum Ablauf, zur Teilnehmerzahl und zur Teilnahmebescheinigung ergeben sich in Deutschland aus dem Straßenverkehrsgesetz (StVG), aus der Fahrerlaubnis-Verordnung (FeV), aus den Anlagen zur FeV sowie aus Richtlinien. Die einzelnen Dienstleistungen unterliegen der behördlichen Aufsicht. Hinzu kommen für Teilbereiche vorgeschriebene und von der Bundesanstalt für Straßenwesen begutachtete, für weitere Bereiche freiwillig eingerichtete Qualitätsmanagementsysteme großer Träger sowie Qualitätssicherungssysteme und Zertifizierungen einzelner Anbieter verkehrspsychologischer Interventionen. Die nachfolgende *Tabelle 8.1* zeigt die Rechtsgrundlagen, auf denen die Regelungen für die einzelnen Maßnahmen basieren. Je weitreichendere Rechtsfolgen eine verkehrspsychologische Intervention für die Verkehrssicherheit hat, desto reglementierter, aufwändiger und auch kostenintensiver sind die Maßnahmen zur Qualitätssicherung gestaltet (vgl. Kapitel 6.6.2).

Tabelle 8.1 Rechtsgrundlagen für einheitliche Regelungen zur Durchführung von verkehrspsychologischen Interventionen im geregelten Bereich in Deutschland

Verkehrspsychologische Intervention	Rechtsrahmen	Rechtsgrundlagen	Regelungen
Besonderes Aufbauseminar	Fahrerlaubnis auf Probe	§§ 2a und 2b i. V. m. § 6 StVG	Grundsätze zu Anordnung, Inhalt, Anerkennung, Zuständigkeit, Ausführungsvorschriften
		§ 34 FeV i. V. m. Anl. 12 FeV	Anordnungsgründe
		§ 36 FeV	Ausführliches zu Anordnung, Inhalt, Ablauf, Kursleiterqualifikation, Anerkennung, Aufsicht
		§ 37 FeV	Teilnahmebescheinigung, personenbezogene Daten
Verkehrspsychologische Beratung	Fahrerlaubnis auf Probe	§ 2a StVG i. V. m. § 6 StVG	Grundsätze zu Verwarnung, Inhalt, Anerkennung, Zuständigkeit, Ausführungsvorschriften
		§ 38 FeV	Inhalt, Teilnahmebescheinigung
		§ 71 FeV	Ausführliches zu Anerkennung und Weiterbildung der Berater, Qualitätssicherung, Aufsicht
Verkehrspsychologische Teilmaßnahme des Fahreignungsseminars	Fahreignungs-Bewertungssystem	§ 4 StVG i.V.m. § 6 StVG	Grundsätze zu Bewertung der Delikte, Maßnahmestufen, Punktereduktion, Ausführungsvorschriften
		§ 4a StVG	Ausführliches zu Seminarerlaubnis, personenbezogenen Daten, Grundsätzliches zu Evaluierung, Qualitätssicherung, Überwachung
		§ 4b StVG	Evaluierung
		§ 42 FeV	Ausführliches zu Inhalt, Ablauf
		§ 43 FeV	Ausführliches zu Überwachung, Dokumentation
		§ 43a FeV	Anforderungen an Qualitätssicherungssysteme
		§ 44 FeV	Teilnahmebescheinigung

Tabelle 8.1 Rechtsgrundlagen für einheitliche Regelungen zur Durchführung von verkehrspsychologischen Interventionen im geregelten Bereich in Deutschland (Fortsetzung)

Verkehrs-psychologische Intervention	Rechtsrahmen	Rechtsgrund-lagen	Regelungen
Kurse zur Wieder-herstellung der Kraftfahr-eignung	Neuerteilung der Fahr-erlaubnis nach medizinisch-psychologischer Begutachtung (MPU)	§ 6 StVG	Ausführungsvorschriften
		§ 11 FeV Abs. 10	Teilnahmevoraussetzungen: Kursempfehlung durch MPU, Zustimmung der Fahrerlaubnis-behörde, Teilnahmebescheinigung
		§ 70 FeV	Anerkennung des Trägers, Zuständigkeit, Teilnahmevoraussetzungen (Nichtinhaber), Evaluation
		§ 72 FeV	Begutachtung des Trägers
		Anl. 15 FeV	Voraussetzungen der Träger-anerkennung mit Anforderungen an die Kursleiter, die Kursorte, die Kurse, Trägertrennung (Begutachtung – Kurse), Definition der „unabhängigen Stelle" zur wissenschaftlichen Beurteilung der Kurse, Evaluation und Zeiträume
		„Richtlinie über die Anforderungen an Träger von Kursen zur Wiederherstellung der Kraftfahreignung (§ 70 FeV) und deren Begutachtung durch die Bundesanstalt für Straßenwesen" vom 27.1.2014 (VkBl. S. 110)	Ausführliches zum Begutachtungs-verfahren, zu den Anforderungen an Qualitäts-management, Personal, räumliche und sachliche Ausstattung, Kursprogramme, Durchführung von Kursen

8.2 Praktische Hilfen im ungeregelten Bereich

Verkehrspsychologische Interventionen existieren auch im rechtlich nicht geregelten Bereich. Diese sollten stets mit dem Ziel einer wissenschaftlich fundierten und in der Basisqualifikation adäquaten sowie kompetenten Vorbereitung auf eine anstehende MPU angeboten werden. In einigen Bundesländern werden auch Maßnahmen zur Verkürzung der Sperrfrist durchgeführt. In beiden Bereichen liegt die Verantwortlichkeit für das Ausmaß an Qualitätssicherungsmaßnahmen beim jeweiligen Anbieter der Intervention (siehe Kapitel 6.6.1). Große Träger von Maßnahmen im geregelten Bereich haben ihre Qualitätsmanagementsysteme in der Regel auch auf alle Maßnahmen ausgedehnt, die sie im ungeregelten Bereich verkehrspsychologischer Interventionen anbieten.[1] Ebenfalls existiert für die verkehrspsychologische Beratung nach §§ 38, 71 FeV ein System zur Qualitätssicherung. Außerdem haben Zusammenschlüsse verkehrspsychologischer Dienstleister (z. B. Pro Non e.V.) sowie einige Einzelpraxen ebenfalls Qualitätssicherungssysteme etabliert.

Allerdings führen die fehlenden rechtlichen Grundlagen auf diesem Gebiet zu einer großen Anzahl qualitativ sehr verschiedener Angebote. Für den betroffenen Kraftfahrer ist es oft nicht einfach zu erkennen, ob ein Anbieter mit seinem Angebot anforderungsgemäß und einem hohen fachlichen Anspruch verpflichtet die Fahreignung fördert. Unter den Anbietern verkehrspsychologischer Interventionen existiert zwar ein weitgehender fachlicher Konsens in Bezug auf Inhalte, Zielsetzung, Anbieterqualifikation und Grundanforderungen an eine Qualitätssicherung. Eine anbieterübergreifende Diskussion über Organisation, Dokumentation und fachliche Mindeststandards findet zurzeit aber noch nicht statt. Zu erwähnen sind jedoch verschiedene Initiativen, die eine Qualitätssicherung auch im ungeregelten Bereich der MPU-Vorbereitung anstreben, z. B. die MPU-Reformgruppe der BASt (Klipp et al., 2015), das Positionspapier der DGVP (DeVol et al., 2015), die Leitsätze zur verkehrspsychologischen Therapie des BNV (Sohn, 2010) sowie die berufsethischen Standards der Sektion Verkehrspsychologie (1998).

Fast alle Anbieter führen meist einstündige Fahreignungsberatungen („Laufbahnberatung", „Fahrerlaubnisberatung", „Führerscheinberatung" usw.) durch sowie fahreignungsfördernde Interventionen (auch) im Einzelgespräch („verkehrspsychologische Intervention", „verkehrspsychologische Therapie", „Verkehrstherapie" usw., siehe Kapitel 2.2). Im Folgenden werden für diese beiden wesentlichen Dienstleistungen Beispiele zur prozessorientierten Dokumentation von sinnvollen und notwendigen qualitätssichernden Aufzeichnungen im Sinne einer Good Practice gegeben (*Tabelle 8.2*). Diese

---

1 Folgende Träger von §-70-Kursen bieten alle üblichen verkehrspsychologischen Interventionen mit und ohne Rechtsfolgen an (www.bast.de, Liste der Träger):
- AFN (Gesellschaft für Ausbildung, Fortbildung und Nachschulung e. V.)
- DEKRA Akademie GmbH – MPD (Medizinisch-Psychologischer Dienst)
- Verkehrspsychologisches Institut IDRAS SYSTEMS UG (haftungsbeschränkt)
- IFS (Institut für Schulungsmaßnahmen GmbH)
- Impuls (Institut für medizinisch-psychologische Unternehmensleistungen und Schulungen GmbH)
- Nord-Kurs GmbH & Co. KG
- TÜV SÜD Pluspunkt GmbH
- TÜV Thüringen Anlagentechnik GmbH & Co. KG

Tabelle 8.2 Dokumentationsbeispiele für ungeregelte verkehrspsychologische Interventionen

8.2.1	**Dokumentationsbeispiele zur verkehrspsychologischen Fahreignungsberatung**	**Herausgeber**
8.2.1.1	Beratungsdokumentation zur verkehrspsychologischen Fahreignungsberatung	BASt
8.2.1.2	Internes Protokoll	DEKRA Akademie MPD
8.2.1.3	Beratungsergebnis für den Klienten	VPP Sohn
8.2.2	**Dokumentationsbeispiele zur verkehrspsychologischen Intervention**	
8.2.2.1	**Vereinbarungen**	
8.2.2.1.1	Vereinbarung über eine verkehrstherapeutische Einzelintervention	IFS
8.2.2.1.2	Vereinbarung über eine verkehrstherapeutische Kompakt-Beratung	VPP Sohn
8.2.2.2	**Interne Dokumentation des Verlaufs**	
8.2.2.3	**Abschluss**	
8.2.2.3.1	Protokoll Abschlussgespräch zur Verkehrsproblematik	IFS
8.2.2.3.2	Abschlussbogen für Teilnehmer	IFS
8.2.2.4	**Teilnahmebescheinigungen**	
8.2.2.4.1	Teilnahmebescheinigung kurz	DEKRA Akademie MPD
8.2.2.4.2	Teilnahmebescheinigung Alkohol	IFS
8.2.2.4.3	Teilnahmebescheinigung Alkohol und Drogen	DEKRA Akademie MPD
8.2.2.4.4	Teilnahmebescheinigung Verkehrs-/Strafdelikte V2	DEKRA Akademie MPD
8.2.2.4.5	Teilnahmebescheinigung Sperrfristverkürzung	VPP Sohn
8.3	**Orientierung für allgemeine Hilfen**	

haben sich in der praktischen Arbeit bewährt. Die hier abgedruckten Formulare unterliegen dem Schutz des geistigen Eigentums der Verfasser und können daher nur sinngemäß und in angepasster Form übernommen werden. Sie sind dafür gedacht, dass anerkannte und qualifizierte Verkehrspsychologen sich in den von ihnen angebotenen verkehrspsychologischen Interventionen daran orientieren.

Auch auf Besonderheiten bei der Dokumentation von Maßnahmen zur Sperrfristverkürzung wird eingegangen. Die Herausgeber danken allen Anbietern für ihre Beiträge, mit denen diese sich einer Diskussion zur laufenden Verbesserung öffnen. Auch der Vorschlag der MPU-Reformgruppe bei der Bundesanstalt für Straßenwesen (BASt) zur Dokumentation der Fahrerlaubnisberatung (Klipp et al., 2015) wird im Folgenden mit aufgeführt.

8.2.1 Dokumentationsbeispiele zur verkehrspsychologischen Fahreignungsberatung

Im Folgenden werden Beispiele gegeben für eine allgemeine und für eine interne Beratungsdokumentation zur Fahreignungsberatung sowie für ein Beratungsergebnis, das dem Betroffenen ausgehändigt werden kann.

8.2.1.1 Klipp et al. (2015) – Beratungsdokumentation zur verkehrspsychologischen Fahreignungsberatung

Der Aufbau der Dokumentation orientiert sich an den „Zielen" des Beratungskonzepts. Dokumentiert werden folglich (neben den vom Klienten mitgebrachten Unterlagen)

1. die Gesprächsergebnisse:

- die Fragestellung einer ggf. bevorstehenden MPU
- die Definition der Probleme und Lösungsmöglichkeiten durch den Klienten selbst
- die Auswertung der Befragung

2. die diagnostische Einschätzung des Klienten unter Berücksichtigung der Beurteilungskriterien

Beispieldokumentation

Herr/Frau ... nahm am ... in ... an einer Fahreignungsberatung teil. Ziele der Beratung waren eine Prüfung, inwieweit Fahreignungsmängel bestehen, sowie ggf. Empfehlungen für eine angemessene Bearbeitung dieser Mängel.
Zur Beratung brachte der Klient die folgenden Unterlagen mit: [...]

Falls eine MPU zu erwarten ist, lautet die Fragestellung: [...]

1. Definition der Problematik und der Lösungsmöglichkeiten durch den Klienten selbst: [...]
2. Einschätzung der Ausprägung der Problematik aus fachlicher Sicht: [...]
3. Formulierung der Hypothese (z. B. „Herr N ist nicht dauerhaft in der Lage, mit Alkohol kontrolliert umzugehen"), Auflistung der Kriterien/Indikatoren, welche die Hypothese untermauern (inkl. Zitate aus dem Beratungsgespräch) [...]
4. Einschätzung des (aktuellen) Ausmaßes der Problembewältigung

   Auflistung der erfüllten und nicht erfüllten Kriterien/Indikatoren für eine angemessene Problembewältigung

   Positiv zu werten ist, dass Herr N ... (ggf. mit Zitaten aus seinen Angaben) [...]

   Als problematisch ist zum gegenwärtigen Zeitpunkt noch zu bewerten, dass Herr N ... (ggf. mit Zitaten aus seinen Angaben) [...]
5. Beratungsergebnis und Empfehlungen

   Z. B.: „Zum gegenwärtigen Zeitpunkt liegen (keine/erhebliche) Fahreignungsmängel vor.

   Um seine Fahreignung zu verbessern, sollte Herr N. z. B. sein Konsumverhalten ändern (Abstinenz, Verzicht ...),

   die zugrunde liegende Problematik intensiver aufarbeiten,

   ggf. zur Unterstützung eine verkehrspsychologische Begleitung in Anspruch nehmen,

   ggf. Drogenscreenings, Abstinenzchecks usw."
6. Titel, Name, Unterschrift des Beraters

8.2.1.2 Internes Protokoll der Fahreignungsberatung

Dokumentation Fahreignungsberatung[2]

Klient/in ______________________ Geburtsdatum ______________________

Anliegen des Klienten

____

____

Status

❑ noch nie FE[3] ❑ Entzug ❑ freiwilliger Verzicht ❑ Inhaber FE-Klassen __________

Sperrfrist bis _______ ❑ Antrag auf Neuerteilung FE-Klassen _______ gestellt ja ❑ nein ❑

❑ behördliche Fragestellung ______________ ❑ Fristsetzung MPU bis ______________

❑ Begutachtung geplant am ____________ ❑ bereits terminiert ________________

Vorgelegte Unterlagen

❑ Vorgutachten vom ____________ aktenkundig ja ❑ nein ❑

❑ Entscheidung Justiz ❑ FAER-Auszug ❑ Drogenscreenings ❑ Leberwerte

❑ EtG ❑ ärztliche Befunde ❑ sonstige ______________________________

Selbst berichtete Angaben

____

____

Empfehlungen aufgrund des Beratungsgesprächs

Alkohol **aus heutiger Sicht** ❑ **A1**[4] ❑ **A2** ❑ **A3** ❑ **A4**

❑ Alkoholfreiheit

❑ Trinkpause (ca. _____ Monate)

❑ Abstinenz + Abstinenznachweis Ethylglucuronid (EtG) nur forensisch verwertbar[5]

EtG: ❑ Haar (3-Monats-Rückblick) ❑ Urin: Dauer ______________ Anzahl _______

❑ Leberwerte (GGT, GOT, GPT) Häufigkeit ______________________________

❑ Selbsthilfegruppe ❑ Suchtberatungsstelle ❑ Suchttherapie

❑ kontrolliertes Trinken

❑ Trinkprotokoll führen (Muster) ❑ Leberwerte (GGT, GOT, GPT) alle 4–6 Wochen ❑ CDT

>

2 Die hier abgedruckten Formulare unterliegen dem Urheberrecht und können daher nur sinngemäß und in angepasster Form übernommen werden.

3 FE = Fahrerlaubnis

4 DGVP & DGVM (2013): Urteilsbildung in der Fahreignungsbegutachtung – Beurteilungskriterien, 3. Auflage, Kirschbaum Verlag, Bonn.

5 Ausschließlich Begutachtungsstellen für Fahreignung sowie Laboratorien gem. DIN ISO EN 17025 entsprechend der 3. Auflage der Beurteilungskriterien.

Drogen **aus heutiger Sicht** ❑ **D1** ❑ **D2** ❑ **D3** ❑ **D4**

❑ Drogenabstinenz ❑ Drogenscreening (forensisch verwertbar) Dauer ______________

❑ Haar (6-Monats-Rückblick): Anzahl ______________ ❑ Urin: Anzahl ______________

❑ Selbsthilfegruppe ❑ Suchtberatungsstelle ❑ Suchttherapie

Verkehr/Strafrecht **aus heutiger Sicht** ❑ **V1** ❑ **V2** ❑ **V3**

❑ Deliktmatrix/-übersicht erstellen (Muster)

____

____

Weitere Empfehlungen

____

____

____

Allgemeines

❑ Antrag auf Fahrerlaubnisneuerteilung ❑ stellen ______________ ❑ zurückziehen

❑ Fristverlängerung bei der Führerscheinstelle beantragen

❑ Auszug aus dem Fahreignungsregister anfordern

❑ Begutachtungstermin verschieben

❑ Akteneinsicht nehmen ❑ selbst/❑ Rechtsanwalt

❑ Begleitliteratur bearbeiten (Auswahl): ❑ Harms: „MPU – (k)ein Problem"

❑ Wagenpfeil: „Testknacker" ❑ Brieler & Grunow: „Ich will meinen Führerschein zurück"

❑ Carr: „Endlich ohne Alkohol" ❑ weitere ______________

❑ Internetrecherche zum jeweiligen Thema: www.bast.de/MPU

❑ Einzelintervention (empfohlene Anzahl Sitzungen ________ über Zeitraum ________)

❑ keine Intervention ❑ Vereinbarung mitgegeben ❑ Vereinbarung unterzeichnet

Sonstiges/weitere Unterlagen beibringen/anfordern

____

____

Terminvorschlag für eine Begutachtung

❑ zeitnah möglich ❑ nach Abschluss der empfohlenen Maßnahmen ❑ heute unbestimmbar

❑ frühestens in ca. _____ Wochen/Monaten

Titel, Name, Unterschrift des Beraters ______________________________

8.2.1.3 Beratungsergebnis zur Fahreignungsberatung für den Betroffen

Fahreignungsberatung für ______________ am ______ durch Dipl.-Psych. ______________

Anschrift ____ Tel. ______________

Alkoholfahrten ____

Drogenauffälligkeiten ____

Punkte/Straftaten ____

MPU/Nachschulung ____

Aufgrund der vorliegenden Unterlagen und des Beratungsgespräches empfehle ich:

(Erläuterung: Angekreuztes bedeutet ❑ dringende Empfehlung, ❑ mögliche/alternative Maßnahme)

- ❑ ❑ Machen Sie eine MPU frühestens ______________________________
- ❑ ❑ Nehmen Sie an einem vorgeschlagenen Nachschulungskurs teil
- ❑ ❑ Lesen Sie: GEO-Artikel „Der Trinker in uns“ (GEO-WISSEN „Sucht und Rausch“ 03.09.90)
- ❑ ❑ Lesen Sie: Paul Brieler & Peter Grunow: Ich will meinen Führerschein zurück, Rowohlt Verlag (aktuelle Ausgabe)
- ❑ ❑ Lesen Sie: Dirk-Antonio Harms: MPU – (kein) Problem, Kirschbaum Verlag (aktuelle Ausgabe)
- ❑ ❑ Lesen Sie: Paul Brieler & Klaus Weber: Führerscheinentzug, Fachhochschulverlag (aktuelle Ausgabe)
- ❑ ❑ Informieren Sie sich im Internet, z. B. www.bast.de/MPU, www.mpu-forum.de, www.verkehrsportal.de, mpu-forum.mpu-idiotentest.com
- ❑ ❑ Leben Sie auf Dauer abstinent, d. h. strikt ohne jeden Alkohol/illegale Drogen
- ❑ ❑ Machen Sie eine stationäre/ambulante Entziehungskur
- ❑ ❑ Besuchen Sie eine Selbsthilfegruppe, Anlaufstellen für nähere Informationen über Angebote vor Ort erfahren Sie über: www.nakos.de/adressen
- ❑ ❑ Wenden Sie sich an eine Beratungsstelle für ______________________
- ❑ ❑ Vereinbaren Sie einen zweiten Beratungstermin mit mir zum Zwischencheck ________
- ❑ ❑ Machen Sie eine Kompakt-Beratung (KB) von ca. _____ Stunden in der VPP
- ❑ ❑ Machen Sie eine Verkehrstherapie von ca. _____ Stunden in der VPP
- ❑ ❑ Wenden Sie sich an einen Facharzt für ____________________________
- ❑ ❑ Lassen Sie alle _____ Wochen folgende Laborwerte erheben: GGT, GOT, GPT _________
- ❑ ❑ Nehmen Sie an einem EtG-Abstinenzkontrollprogramm teil (Urin/Haare) bei: ________
- ❑ ❑ Nehmen Sie an einem Drogenkontrollprogramm teil (Urin/Haare) bei: ____________
- ❑ ❑ Machen Sie eine Psychotherapie bei einem Diplompsychologen (Adressen über den Berufsverband Deutscher Psychologen oder die Psychotherapeutenkammer vor Ort)
- ❑ ❑ Klären Sie mit Ihrem Rechtsanwalt die Chancen eines juristischen Vorgehens
- ❑ ❑ Ziehen Sie den Antrag auf Erteilung der Fahrerlaubnis zurück/bitten, ihn ruhen zu lassen
- ❑ ❑ Falls Sie eine zweite Meinung/ein alternatives Angebot einholen wollen, wenden Sie sich an einen anderen qualifizierten Verkehrspsychologen vor Ort, ich empfehle: ____________

Weitere Empfehlungen (Dolmetscher, Unterlagen besorgen, ärztliche Abklärung): _________

______________________________	______________________________
Unterschrift Berater	Original erhalten, Unterschrift Ratsuchender

8.2.2 Dokumentationsbeispiele zur verkehrspsychologischen Intervention

8.2.2.1 Vereinbarungen

Beispielhaft werden zwei Vereinbarungen dargestellt (siehe Kapitel 6.2). Die erste beschreibt eine verkehrstherapeutische Maßnahme als Einzelintervention ohne speziellen Stundenumfang. Die zweite Vereinbarung bezeichnet eine sogenannte Kompakt-Beratung, die in einem bestimmten Stundenumfang zunächst als Dienstleistung umfassend und in sich abgeschlossen ist, jedoch darüber hinaus weiterführende Maßnahmen mit dem Ziel der Verhaltens- und Einstellungsänderung empfehlen kann.

8.2.2.1.1 Vereinbarung über eine verkehrstherapeutische Maßnahme als Einzelintervention

Vertragliche Vereinbarung[6]

zwischen

Institut ____________________

und

Herrn/Frau ____________________ geb. ____________

Anschrift ____________________

Kd.-Nummer ____________

1. Das Institut ____________ führt eine Einzelintervention als verkehrstherapeutische Maßnahme zur Wiederherstellung der Kraftfahreignung durch.
2. Die Voraussetzung für den Beginn einer Einzelintervention ist die grundsätzliche Bereitschaft, sich aktiv mit Einstellungs- und Verhaltensdefiziten im Rahmen von Einzel-/Gruppensitzungen auseinanderzusetzen. In einem der Maßnahme vorgeschalteten diagnostischen Beratungsgespräch wurde eine Teilnahmemöglichkeit bejaht. Ausschlussgründe, die eine Einzelintervention nicht ratsam erscheinen lassen, waren nicht erkennbar.
3. Im Rahmen der Einzelintervention wird der jeweils nächste Termin persönlich vor Ort bzw. telefonisch vereinbart. Die Kosten für den Termin ergeben sich aus der Preisliste und sind jeweils direkt beim Termin bar zu entrichten.
4. Die vereinbarten Termine sind pünktlich einzuhalten. Ist der/die Teilnehmer/in verhindert, so ist das Institut mindestens 3 Werktage vorher zu benachrichtigen. Spätere Absagen oder Nicht-Erscheinen zu einem vereinbarten Termin sind kostenpflichtig.
5. Bei alkoholisiertem Erscheinen und/oder bei Erscheinen unter Drogeneinfluss wird der Termin abgebrochen und der/die Teilnehmer/in hat die Kosten vollständig zu zahlen (der/die Teilnehmer/in stimmt einem Alko-Test bzw. einem Drogenschnelltest zu).
6. Die Ziele der Therapie können nur auf der Basis gegenseitigen Vertrauens erreicht werden. Psychologen und alle anderen Mitarbeiter unterliegen der Schweigepflicht (§ 203 Strafgesetzbuch). Alle zum persönlichen Lebensbereich zählenden Tatsachen, die ihnen im Rahmen der Beratung, Schulung und Einzelintervention bekannt werden, werden vertraulich behandelt.
   Der/die Teilnehmer/in erklärt sein/ihr Einverständnis, dass die im Auftrag des Instituts tätigen Ärzte und Dipl.-Psychologen untereinander von ihrer Schweigepflicht entbunden sind, soweit dies zur Durchführung der Maßnahme fachlich notwendig ist.
7. Die Teilnehmer ihrerseits verpflichten sich, über alle Tatsachen, die ihnen über andere Teilnehmer im Verlauf der Beratung, Schulung und Einzelintervention bekannt werden, gegenüber Außenstehenden Stillschweigen, auch über die Maßnahme hinaus, zu bewahren.
8. Voraussetzung für die Bescheinigung einer erfolgreichen Teilnahme ist ein diagnostisches Abschlussgespräch mit positivem Ergebnis. Im Gesamtentgelt für die Einzelintervention sind alle notwendigen Zusammenhangsarbeiten (wie z. B. Kontakte mit Fahrerlaubnisbehörden, Rechtsanwälten oder anderen Institutionen) enthalten.
   Im Falle, dass der/die Teilnehmer/in eine ausführliche Stellungnahme wünscht, z. B. bei besonderen Anforderungen von Behörden oder Gerichten, wird diese gegen zusätzliches Entgelt gemäß Preisliste erstellt.
9. Eine Übersicht über die Entgelte (Preisliste), die den vertraglichen Vereinbarungen zugrunde liegen, habe ich mit den Beratungsunterlagen ausgehändigt bekommen und wurden von mir zur Kenntnis genommen.
10. Telefonisch sind wir von Montag bis Freitag zwischen ____ Uhr und ____ Uhr erreichbar oder unter der Mailadresse ____________________

____________________, den ____________ ____________________, den ____________

____________________ ____________________

Dipl.-Psych., Institut Kunde

6 Die hier abgedruckten Formulare unterliegen dem Urheberrecht und können daher nur sinngemäß und in angepasster Form übernommen werden.

8.2.2.1.2 Vereinbarung über eine verkehrstherapeutische Maßnahme als Kompakt-Beratung

Zwischen

____ als Ratsuchender

Titel, Vorname, Nachname Geburtsdatum

und der Verkehrspsychologischen Praxis Dipl.-Psych. ____________________ wird der folgende

Vertrag über Kompakt-Beratung (KB)[7]

geschlossen:

1. Inhalt der Beratung

Die Kompakt-Beratung dient dem Ziel, Kraftfahrer, die wegen Ordnungswidrigkeiten und/oder Verkehrsstraftaten aufgefallen sind, über die Ursachen der Verkehrsauffälligkeiten aufzuklären und ihnen Wege zu einem angemesseneren Verhalten im Straßenverkehr aufzuzeigen. Sie erfolgt im Rahmen von 4–6 Gesprächsterminen mit einer Gesamtdauer von 5 Zeitstunden und zusätzlicher Vor- und Nachbereitung durch den Ratsuchenden selbst.

Die Kompakt-Beratung soll dazu anregen, die eigene Einstellung zum Straßenverkehr und zum verkehrssicheren Verhalten zu überprüfen und gegebenenfalls zu verändern. Dies setzt eine gründliche Auseinandersetzung mit den persönlichen Bedingungen von Verkehrsauffälligkeiten voraus (Nachdenken über das eigene Verhalten, Umgang mit Alkohol, Zeitdruck oder Belastungsfaktoren, Risikoeinschätzung, Gefühle im Straßenverkehr usw.).

Die Kompakt-Beratung ist als Dienstleistung umfassend und in sich abgeschlossen. Sie kann jedoch darüber hinaus Empfehlungen für weiterführende Maßnahmen mit dem Ziel der Verhaltens- und Einstellungsänderung beinhalten.

Der Berater stellt dem Ratsuchenden eine Teilnahmebescheinigung über die Durchführung der Kompakt-Beratung aus. Diese ersetzt keine gegebenenfalls notwendige Fahreignungsuntersuchung. Der Berater steht nicht für ein bestimmtes, vom Klienten gewünschtes Ergebnis der Beratung oder für gewünschte Rechtsfolgen der Teilnahmebescheinigung ein. Einen bestimmten Erfolg, insbesondere ein vom Klienten gewünschtes Ergebnis, kann der Berater nur im Rahmen objektiver und unparteiischer Anwendung seiner Sachkunde gewährleisten.

2. Qualitätssicherung

Der Berater verfügt über eine langjährige Erfahrung auf dem Gebiet der Verkehrspsychologie, er arbeitet nach einem mehrfach veröffentlichten Konzept und führt seine Tätigkeit auf der Grundlage der Selbstverständnis-Erklärung des Arbeitskreises „Klinische Verkehrspsychologen" der Sektion Verkehrspsychologie im Berufsverband Deutscher Psychologinnen und Psychologen e. V. (BDP) durch. Er ist eingebunden in den regelmäßigen Erfahrungsaustausch des Bundesverbandes Niedergelassener Verkehrspsychologen (BNV).

3. Schweigepflicht

Der Berater ist verpflichtet, alle zum persönlichen Lebensbereich des Ratsuchenden gehörenden Informationen absolut vertraulich zu behandeln (§ 203 StGB). Auch das Ergebnis der Beratung ist nur für den Ratsuchenden bestimmt und darf vom Berater ohne Einverständnis des Ratsuchenden nicht an Dritte weitergeleitet werden. Für die Weitergabe der Teilnahmebescheinigung an Gerichte, Fahrerlaubnisbehörde oder sonstige Einrichtungen ist der Ratsuchende selbst verantwortlich.

Der Berater kann die zur Durchführung der Kompakt-Beratung erforderlichen Daten für die interne Verwendung im Rahmen seiner Organisation speichern, eine Weitergabe persönlicher Daten an Dritte ist unzulässig. Die Vorschriften des Bundesdatenschutzgesetzes finden Anwendung.

4. Teilnahmebedingungen

Der Ratsuchende verpflichtet sich, alle relevanten Unterlagen über die Auffälligkeiten (Bußgeldbescheide, Urteile, Gutachten einer MPU, Schreiben der Verwaltungsbehörde, KBA-Auszug usw.) vorzulegen. Zur Erreichung des Beratungszieles ist die Mitwirkung eine wesentliche Voraussetzung. Der Auftraggeber verpflichtet sich daher

- **pünktlich zu allen Sitzungen zu erscheinen,**
- **an ihnen mitzuwirken,**
- **nicht unter dem Einfluss von Alkohol oder Drogen zu erscheinen (es gilt die 0,0-‰-Regel),**
- **vereinbarte zusätzliche Aufgaben zu erfüllen.**

Die Teilnahmebescheinigung wird dem Auftraggeber in der letzten Sitzung ausgehändigt, wenn die hier genannten Teilnahmebedingungen erfüllt wurden und er das vereinbarte Entgelt in Höhe von ____ € (inkl. 19 % MwSt. = ____ €) für die Kompakt-Beratung entrichtet hat. Dieser Betrag ist zu der ersten Sitzung fällig. Nimmt der Auftraggeber einen Termin nicht wahr oder sagt ihn später als 48 Stunden vor Beginn ab, ist eine Ausfallgebühr in Höhe von ____ € (inkl. 19 % MwSt.) fällig. Die Beratung kann vorzeitig abgebrochen werden, wenn eine der oben genannten Bedingungen nicht erfüllt wurde. Zusätzliche Sitzungen werden mit ____ € (inkl. 19 % MwSt.) pro angefangener Viertelstunde berechnet

Hamburg, den ______________________

______________________ ______________________

Verkehrspsychologische Praxis Ratsuchender

Formular Vertrag Kompakt-Beratung, © Verkehrspsychologische Praxis Sohn, www.vpp.de, Stand: 6.9.2015

7 Die hier abgedruckten Formulare unterliegen dem Urheberrecht und können daher nur sinngemäß und in angepasster Form übernommen werden.

8.2.2.2 Interne Dokumentation des Verlaufs

Das hier dargestellte Beispiel einer internen Dokumentation gibt dem durchführenden Verkehrspsychologen die Möglichkeit, seine Aufzeichnungen zum Maßnahmeverlauf und zum Maßnahmeergebnis zu führen. Dabei wird üblicherweise auf die Module und bei den Übungsaufgaben auf das Teilnehmer-Begleitmaterial des jeweiligen Interventionsprogramms zurückgegriffen.

Dokumentation zu Klient/in ____________________

Dokumentation über den Verlauf der verkehrspsychologischen Intervention[8]

1. Sitzung Einzel/Gruppe (Nichtzutreffendes streichen) am ____________________

Inhaltliche Schwerpunkte ____________________

Hausaufgabe ____________________

Bemerkung ____________________

2. Sitzung Einzel/Gruppe am ____________________

Inhaltliche Schwerpunkte ____________________

Hausaufgabe ____________________

Bemerkung ____________________

3. Sitzung Einzel/Gruppe am ____________________

Inhaltliche Schwerpunkte ____________________

Hausaufgabe ____________________

Bemerkung ____________________

4. Sitzung Einzel/Gruppe am ____________________

Inhaltliche Schwerpunkte ____________________

Hausaufgabe ____________________

Bemerkung ____________________

5. Sitzung Einzel/Gruppe am ____________________

Inhaltliche Schwerpunkte ____________________

Hausaufgabe ____________________

Bemerkung ____________________

6. Sitzung Einzel/Gruppe am ____________________

Inhaltliche Schwerpunkte ____________________

Hausaufgabe ____________________

Bemerkung ____________________ >

7. Sitzung Einzel/Gruppe am ______

Inhaltliche Schwerpunkte ______

Hausaufgabe ______

Bemerkung ______

8. Sitzung Einzel/Gruppe am ______

Inhaltliche Schwerpunkte ______

Hausaufgabe ______

Bemerkung ______

– Ggf. Zusatzblatt benutzen

Abschlusssitzung Einzel am ______

Inhaltliche Schwerpunkte ______

Hausaufgabe ______

Bemerkung ______

Abschlussempfehlung

Weitere Termine über Sitzungen vereinbart ______

Bemerkungen ______

Teilnahmebescheinigung angefordert/ausgehändigt (Nichtzutreffendes streichen) am ______

______ ______

Ort/Datum Unterschrift Dipl./Master Psych.

==

Rückmeldung MPU ❑ bestanden ❑ nicht bestanden ❑ §-70-Kurs

Rückmeldung am ______, Belegart (z. B. pers. Telefonat, Kopie MPU, Sonstiges)

______

Datum/Kürzel

8 Die hier abgedruckten Formulare unterliegen dem Urheberrecht und können daher nur sinngemäß und in angepasster Form übernommen werden.

8.2.2.3 Abschluss

Das hier dargestellte Beispiel der Dokumentation einer Abschlusssitzung zur Verkehrsproblematik zeigt Fragen an den Teilnehmer und Möglichkeiten der Aufzeichnung durch den Verkehrspsychologen. Entsprechende Formblätter sind auch für Alkohol- und Drogenproblematik sinnvoll. Auch der Teilnehmer kann einen Bogen zur Selbstreflexion erhalten.

8.2.2.3.1 Protokoll Abschlussgespräch Verkehr

Institut ________________

Abschlussgespräch Einzelintervention **VERKEHR**[9]

Klient ______________ Therapeut ______________ Diagnostik ______________ Datum ______________

Wie sehen Sie aus heutiger Sicht das letzte Gutachten (GA)?

____

In welchen Punkten können Sie dem GA zustimmen, in welchen nicht? Haben Sie die Empfehlungen des GA berücksichtigt? Welche Einstellung haben Sie gegenüber den Empfehlungen?

____

____

Was nehmen Sie von den Gesprächen/der Einzelintervention für Ihren Alltag, Ihr Leben mit? (Was haben Sie gelernt?)

____

____

Vergangenheit

Wie bewerten Sie Ihr damaliges Verhalten im Straßenverkehr?

____

____

Warum haben Sie sich so verhalten? Was waren die Zusammenhänge/Bedingungen Ihres damaligen Verhaltens? Welche Erfahrungen haben Sie gemacht (positiv/negativ)?

____

____

Darstellung der einzelnen Delikte:

____

____

Welche (eigentlichen) Ursachen/Bedingungen führten zu Ihrem Verhalten?

____

____

In welchem Zusammenhang standen Ihre Einstellungen und Ihr Verhalten im Straßenverkehr zu Ihrem sonstigen damaligen Leben?

____

Veränderungen (mit dem Ziel eines Regeln achtenden Verkehrsverhaltens):

____

____ >

9 Die hier abgedruckten Formulare unterliegen dem Urheberrecht und können daher nur sinngemäß und in angepasster Form übernommen werden.

Seit wann tun Sie dies? Was spricht aus Ihrer Sicht für diese Entscheidung (auch langfristig)? Welche Motive liegen hierfür vor (extern/intern)?

____

____

Welche Erfahrungen (positiv/negativ) haben Sie mit Ihren Änderungen gemacht?

- psychisch/seelisch: ______________________
- körperlich/gesundheitlich: ______________________
- leistungsbezogen: ______________________
- Familie/Partnerschaft: ______________________
- sozial/Freundeskreis: ______________________

Welche **Alternativen** verfolgen Sie in Ihrem Leben aktiv, anstatt z. B. *zu schnell zu fahren* oder *Haftpflicht nicht zu bezahlen* usw.? (Alternativen zu den das Fehlverhalten aufrecht erhaltenden Bedingungen/Ursachen)

____

Wie stabil schätzen Sie Ihre Verhaltensänderungen ein? Woran machen Sie dies fest?

____

____

Rückfall

Worauf müssen Sie in Ihrem Leben/Alltag/Freizeit langfristig achten, damit Sie Ihrem Vorsatz treu bleiben, sich regelkonform im Straßenverkehr zu verhalten?

____

____

Was könnte Sie gefährden?

____

____

Welche Alternativen (Bewältigung) haben und nutzen Sie?

____

____

Wie gehen Sie aktuell mit Belastungen/Stress um?

____

____

Wie gehen Sie mit Ärger/Enttäuschungen um?

____

____

Wie steht es damit, Ihre Gefühle wahrzunehmen, sie zu erleben und zu äußern?

____

Welche Möglichkeiten der Entspannung nutzen Sie? Mit welchem Erfolg?

____

____

Gesamteinschätzung mit Begründung:

____

____

8.2.2.3.2 Abschlussbogen für Teilnehmer

Check-up vor der Begutachtung[10]

- Ich habe das Problematische an meinen Trinkgewohnheiten/meinem Drogenkonsum/meinem Fahrstil erkannt (Unzutreffendes streichen)
- Ich weiß, wieso (wozu) ich mich so und nicht anders verhalten habe (damalige Ziele, Erwartungen, Sichtweisen sind mir bewusst und kann ich benennen)
- Ich kann die damaligen Bedingungen/Lebensumstände/Einstellungen, die zu meinem Verhalten beigetragen haben, benennen
- Ich kann darlegen, warum ich mich überhaupt ändern wollte bzw. ändern will (die Gründe liegen in meiner Person und nicht, weil ich ein positives Gutachten bekommen wollte/will)
- Ich kann den Prozess der Umgewöhnung/der Verhaltensänderung schildern
- Meine Änderungen entsprechen den Anforderungen bzw. den Kriterien der MPU (kontrolliert-bewusster Alkoholkonsum oder Alkohol-/Drogen-Abstinenz oder regelkonformes Fahrverhalten)
- Die Änderungen werden von mir auch langfristig und aktiv stabilisiert
- Ich fühle mich mit den Änderungen besser, meine Lebensqualität hat im Gegensatz zu früher zugenommen (worin bestehen die Unterschiede?)
- Meine Änderungen kann ich in der MPU verständlich, überzeugend und glaubhaft vortragen
- Ich schreibe mir vorher alle Gedanken noch einmal auf, dann kann ich mir das besser merken
- Ich finde Zugang zu meinen Gefühlen und habe Ausdrucksmöglichkeiten für meine Gefühle
- Ich übe mich im Reden
- Wenn ich mich blockiert fühle, kann ich mir eine Pause geben, kann ich um Wiederholung der Frage bitten, kann ich sagen, dass ich momentan blockiert bin
- Die Erinnerung an die Vergangenheit gelingt mir und ich finde eine Sprache dafür
- Prüfungsangst: Zu viel davon ist lähmend, etwas davon ist motivierend und macht wach und bewusst; sich zu sicher fühlen, macht unkonzentriert und oberflächlich
- Ich kann die MPU als Expertengespräch begreifen, nicht als Urteil und auch nicht als Plauderstunde und nicht als Beratungsstunde
- Ich will mit Hilfe des Gutachters die Zweifel an meiner Fahreignung, die immer noch bestehen, auch wenn noch so viel Zeit seit dem Delikt/den Delikten vergangen ist, ausräumen

10 Die hier abgedruckten Formulare unterliegen dem Urheberrecht und können daher nur sinngemäß und in angepasster Form übernommen werden.

8.2.2.4 Teilnahmebescheinigungen

Teilnahmebescheinigungen für Maßnahmen verkehrspsychologischer Fahreignungsförderung sollten qualifizierte Teilnahmebescheinigungen sein, welche die Ziele, die Inhalte und den Verlauf der Maßnahme darstellen. Beispielhaft werden diese hier für verschiedene Anlassgruppen dargestellt. Teilnahmebescheinigungen sind nicht mit Wertungen oder Schlussfolgerungen auf die Fahreignung des Klienten zu versehen (siehe Kapitel 6.4). Ein Siegel zur Fälschungserschwernis ist sinnvoll.

8.2.2.4.1 Teilnahmebescheinigung kurz

Teilnahmebescheinigung[11]

über eine verkehrspsychologische Kurzberatung

Wir bestätigen, dass sich

Herr/Frau ______________________________

geb. am ______________________________

in ______________________________

wohnhaft ______________________________

ausgewiesen durch Personalausweis Nr.: ______________________________

in der Zeit vom ________ bis ________ einer verkehrspsychologischen Beratungsmaßnahme unterzogen hat. Diese umfasste insgesamt ____ Stunden in Einzelgesprächen.

In der Beratungsmaßnahme nutzte Herr/Frau __________________ verkehrspsychologische Fachkompetenz zu einer Bestandsaufnahme der Deliktvorgeschichte und der persönlichen Aufarbeitung. Im alkoholbezogenen Bereich wurde die selbstkritische Reflexion gefördert. Ferner wurden Grundsätze einer verantwortungsvollen und sicherheitsbewussten Verkehrsteilnahme thematisiert.

Darüber hinaus wurde Herr/Frau __________________ zu einer problembewussten, offenen und kooperativen Haltung hinsichtlich der anstehenden medizinisch-psychologischen Begutachtung motiviert und bestärkt.

______________________________ ______________________________

Ort, Datum (Siegel) Dipl.-Psych./Master

11 Die hier abgedruckten Formulare unterliegen dem Urheberrecht und können daher nur sinngemäß und in angepasster Form übernommen werden.

8.2.2.4.2 Teilnahmebescheinigung Alkohol

[Briefkopf des Instituts]

Herrn
Max Mustermann
Musterstraße
xxxxx Musterstadt

Abschlussbescheinigung[12]

Herr Max Mustermann, geb. am _______________, nahm nach einer Beratung am _______________ in der Zeit vom _______________ bis _______________ **erfolgreich** an einer Einzelinterventionsmaßnahme in unserem Hause teil.

Die Maßnahme umfasste ____ verkehrstherapeutische Einzelsitzungen von je einer Zeitstunde (entspricht ____ UE).

In den einzelnen Sitzungen wurden schwerpunktmäßig folgende Punkte bearbeitet:

- detaillierte Deliktanalyse der Alkoholfahrt(en)
- Trinkgeschichte/Alkoholsozialisation
- funktionale Aspekte des Alkoholmissbrauchs
- Umgang mit Stress und Belastungen
- Stabilisierung und Reflexion der/des nach eigenen Angaben seit dem _______ praktizierten Alkoholabstinenz/kontrolliert-bewussten Alkoholkonsums
- Rückfallprophylaxe

In den Sitzungen wurde ferner angestrebt, Lerneffekte bezüglich folgender Merkmale zu erzeugen:

- Selbstbeobachtung/Selbstexploration
  Die Förderung von Selbstbeobachtung/Selbstexploration ist grundlegende Bedingung für Einstellungs- und Verhaltensänderungen. Sie ist Vorbedingung für das Erreichen des übergeordneten Lernziels, nämlich Verantwortung für das eigene Handeln zu übernehmen. Das Delikt bzw. die Delikte werden dann nicht länger als Effekt unglücklicher situativer Gegebenheiten gesehen, sondern der Teilnehmer erkennt, dass – bei aller Besonderheit der Umstände – sein individuelles Verhaltensrepertoire mit den dazugehörigen Einstellungen tatverantwortlich gewesen ist.
- Wissenszuwachs
  Die Erarbeitung relevanter Informationen zum Problemfeld Alkohol sowie Alkohol und Fahren ist notwendiger Bestandteil der Arbeit. Es geht hierbei um Kenntnisse wie verkehrsrechtliche Bestimmungen, Promilleberechnung, Wahrnehmungs- und Reaktionsveränderung, Unfallrisiko, Alkoholmissbrauch, Alkoholabhängigkeit, Rückfallarbeit u. a.
- Einstellungs- und Verhaltensänderung
  Selbstexploration und Selbstbeobachtung im Zusammenhang mit Wissenszuwachs haben bei erfolgreicher Teilnahme Einstellungs- und Verhaltensänderungen zur Folge, die sich in der Entwicklung von zunehmender Selbstkontrolle und Selbstbewusstsein sowie in einer Stärkung des Selbstwertgefühls zeigen.

Als Ergebnis der verkehrstherapeutischen Einzelintervention können wir feststellen, dass sich Herr Mustermann aus unserer Sicht die Grundlagen erarbeitet hat und sein neues Verhalten ausreichend stabilisieren konnte, um künftig regelkonform am Straßenverkehr teilnehmen zu können.

_______________	_______________	_______________
Ort, Datum	Institut	Dipl.-Psychologe/in

12 Die hier abgedruckten Formulare unterliegen dem Urheberrecht und können daher nur sinngemäß und in angepasster Form übernommen werden.

8.2.2.4.3 Teilnahmebescheinigung Alkohol und Drogen

Der Verkehrspsychologe prüft, ob diese Formulierungen zu den Entwicklungen seines Klienten passen, und spezifiziert sie gegebenenfalls. Er streicht Passagen der Teilnahmebescheinigung, die nicht zutreffend sind, und hat die Möglichkeit, eigene Formulierungen hinzuzufügen.

Teilnahmebescheinigung[13]

über eine verkehrspsychologische Intervention

Hiermit bestätige ich, dass

Herr/Frau ______________________________

geb. am ______________________________

in ______________________________

wohnhaft ______________________________

ausgewiesen durch Personalausweis Nr.: ______________________________

in der Zeit vom __________ bis __________ bei mir eine verkehrspsychologische Maßnahme absolviert hat. Diese umfasste insgesamt ____ Stunden in Einzelgesprächen. Zusätzlich wurden praxisrelevante Aufgaben zwischen den Sitzungen selbstständig bearbeitet.

Ziel der Intervention ist es, durch Erarbeitung neuer Einsichten in das persönliche Fehlverhalten, durch die Entwicklung persönlicher Strategien der Veränderung von Verhaltensgewohnheiten sowie durch die Herausarbeitung von Alternativen zu einer dauerhaft verantwortungsvollen und sicherheitsbewussten Teilnahme am Straßenverkehr zu gelangen.

Schwerpunktmäßig wurden folgende Themen behandelt:

- Deliktanalyse hinsichtlich Konsumanlass, Fahranlass, Unfallrisiko
- Lebenslaufanalyse zur Alkohol- und Drogenvorgeschichte
- Unterscheidung zwischen Missbrauch und Abhängigkeit
- Konsummotive
- Mischkonsum
- Wirkungsweisen von Alkohol und Drogen, alkohol- und drogentypische Beeinträchtigungen des Fahrverhaltens, gesundheitliche Risiken
- Übungen zur Berechnung der Blutalkoholkonzentration
- gesetzliche Bestimmungen und rechtliche Konsequenzen weiteren Fehlverhaltens, Promillegrenzen
- Dunkelziffer, Gewohnheitsbildung und Veränderungsperspektiven
- Ablehnungstechniken, Vermeidungsstrategien
- Abstinenzstabilisierende Netzwerke
- Rückfallprophylaxe.

Herr/Frau ________________ hat mit einer sehr guten Änderungsmotivation in den Sitzungen mitgewirkt und beteiligte sich an den Gesprächen zunehmend offen und ohne Verdeckungstendenzen. Nach meinen Beobachtungen hat Herr/Frau ________________ einen deutlichen Informations- und Erkenntniszuwachs erfahren und entwickelte und stärkte im Verlauf der Intervention die Fähigkeiten der Selbstwahrnehmung und der Selbstkritik, wodurch Selbstbetrugs- und Selbstüberschätzungstendenzen abgebaut wurden.

Herr/Frau ________________ berichtete, einen dauerhaften Alkohol- und Drogenverzicht schon vor Interventionsbeginn seit __________ zu betreiben und erwies sich auch in meiner Diagnostik als abstinenzpflichtig. Eine Zielsetzung der Einzelintervention war die Entwicklung/Aufrechterhaltung einer zufriedenen und stabilen >

13 Die hier abgedruckten Formulare unterliegen dem Urheberrecht und können daher nur sinngemäß und in angepasster Form übernommen werden.

Alkoholabstinenz und einer drogenfreien Lebensführung. Herr/Frau ________________ erarbeitete sich hierzu persönliche Verhaltensregeln und erprobte und festigte diese im Verlauf der Intervention.

Herr/Frau ________________ entwickelte Strategien zur Lösung individueller Probleme ohne berauschende Mittel. Konsummotive hinsichtlich Alkohol und hinsichtlich Drogen wurden analysiert. Abstinenzstabilisierende Netzwerke wurden empfohlen und genutzt.

Herr/Frau ________________ berichtete von neuen positiven Erfahrungen hinsichtlich sozialer, körperlicher und geistiger Fähigkeiten durch den Konsumverzicht. Das Freizeitverhalten veränderte sich und die persönlichen Interessen erweiterten sich. Zur beruflichen und privaten Zukunftsperspektive berichtete Herr/Frau ________________ neue Pläne und befriedigende Erfolge.

Im Verlauf der Intervention stabilisierte Herr/Frau ________________ die persönliche Einsicht in die Unvereinbarkeit des Konsums berauschender Mittel mit dem Führen von Kraftfahrzeugen.

Herr/Frau ________________ reflektierte die Deliktschwere im Kontext der sozialen und rechtlichen Bewertungen. Herr/Frau ________________ reflektierte selbstkritisch und verantwortlich die eigenen Verhaltensweisen im Straßenverkehr und entwickelte individuelle Strategien zur Rückfallvermeidung.

Die Intervention wurde in gegenseitigem Einvernehmen zwischen mir und Herrn/Frau ________________ als abgeschlossene Maßnahme beendet.

________________________________ ________________________________

Ort, Datum (Siegel) Dipl.-Psych./Master

8.2.2.4.4 Teilnahmebescheinigung Verkehr (V2)

Der Verkehrspsychologe prüft, ob diese Formulierungen zu den Entwicklungen seines Klienten passen, und spezifiziert sie gegebenenfalls. Er streicht Passagen der Teilnahmebescheinigung, die nicht zutreffend sind, und hat die Möglichkeit, eigene Formulierungen hinzuzufügen.

Teilnahmebescheinigung[14]

über eine verkehrspsychologische Intervention

Hiermit bestätige ich, dass

Herr/Frau ________________________________

geb. am ________________________________

in ________________________________

wohnhaft ________________________________

ausgewiesen durch Personalausweis Nr.: ________________________________

in der Zeit vom __________ bis __________ bei mir eine verkehrspsychologische Intervention absolviert hat. Diese umfasste insgesamt ____ Stunden in Einzelgesprächen. Zusätzlich wurden praxisrelevante Aufgaben selbstständig bearbeitet. Anlassgebend waren wiederholte Verkehrsverstöße nach einer vorangegangenen positiven Verkehrsverhaltensprognose (im Jahr ...).

>

14 Die hier abgedruckten Formulare unterliegen dem Urheberrecht und können daher nur sinngemäß und in angepasster Form übernommen werden.

Ziel der Intervention war eine tiefgreifende Auseinandersetzung mit den zugrunde liegenden Bewertungsmustern und dem daraus resultierenden Fahrstil, sodass Herr/Frau ________________ das persönliche Fehlverhalten im Kontext der Entstehungsgeschichte der Verkehrsdelikte noch kritischer und deutlicher reflektieren, erkennen und benennen konnte, um zu einer dauerhaft verantwortungsvollen und sicherheitsbewussten Teilnahme am Straßenverkehr zu gelangen.

Schwerpunktmäßig wurden folgende Themen behandelt:

- Deliktanalyse hinsichtlich der zurückliegenden verkehrs- und strafrechtlichen Auffälligkeiten
- tiefgreifende Lebenslaufanalyse zu den Hintergründen der Fahrgeschichte und Fahrpraxis
- Verhaltenskontrolle zur Regelbefolgung
- unterstützende soziale Veränderungen (Beruf, Familie, Lebensstil)
- psychophysische Voraussetzungen der Fahrtüchtigkeit
- Fahrstil- und Motivanalyse
- Erlernen von Techniken zur Stressbewältigung
- Methoden des Selbst- und Zeitmanagements
- Impulskontrolle.

Herr/Frau ________________ hat mit einer sehr guten Änderungsmotivation in den Sitzungen mitgewirkt und beteiligte sich an den Gesprächen zunehmend offen und ohne Verdeckungstendenzen.

Nach meinen Beobachtungen hat Herr/Frau ________________ die Gespräche intensiv genutzt, um eine kritische und tiefgreifende Auseinandersetzung mit den Entstehungsbedingungen des fehlerhaften Verkehrsverhaltens zu führen. Dabei wurden insbesondere problematische Bewertungsmuster herausgearbeitet und korrigiert.

Herr/Frau ________________ stellte sich im Rahmen einer ausführlichen Biografiearbeit wichtigen Lebensthemen und reflektierte und korrigierte internalisierte Glaubenssätze („Beliefs").

Herr/Frau ________________ berichtete glaubhaft über tiefgreifende berufliche und private Veränderungen, die seit geraumer Zeit greifen und außerordentlich positiv und beruhigend erlebt werden.

Dies führte zu einem Perspektivenwechsel, den Herr/Frau ________________ im Verlauf der Intervention stärken und stabilisieren konnte, sodass die Fähigkeiten der Selbstwahrnehmung und der Selbstkritik gefördert wurden und noch bestehende Selbstbetrugs- und Selbstüberschätzungstendenzen abgebaut wurden.

Die Intervention wurde in gegenseitigem Einvernehmen zwischen mir und Herrn/Frau ________________ als abgeschlossene Maßnahme beendet.

________________________________ ________________________________

Ort, Datum Siegel Dipl.-Psych./Master

8.2.2.4.5 Teilnahmebescheinigung Sperrfristverkürzung

In Abstimmung mit der regionalen Justizbehörde sollte abgeklärt werden, ob nur abgeschlossene Maßnahmen zu einer Sperrfristverkürzung führen können oder ob auch Zwischenbescheinigungen akzeptiert werden.

Dipl.-Psych. ___________________________

Fachpsychologe für Verkehrspsychologie BDP

Herrn
Testperson
Teststr. 123
12345 Testort

Datum

Bescheinigung[15]

Herr Testperson, geb. __________, nimmt seit dem __________ auf eigenen Wunsch an einer Verkehrstherapie teil, um seine Verkehrsauffälligkeiten zu bearbeiten. Die Therapie wurde von Dipl.-Psych. ____________________ auf der Grundlage von Verhaltenstherapie und Gesprächspsychotherapie durchgeführt, sie umfasste einschließlich eines Beratungsgespräches insgesamt _____ Zeitstunden Einzelgespräche und wurde erfolgreich beendet.

Die allgemeine Zielsetzung der Verkehrstherapie kann beschrieben werden als Reduzierung der Rückfallwahrscheinlichkeit durch

- Erarbeitung einer realistischen und selbstkritischen Einstellung zu den eigenen Verkehrsauffälligkeiten,
- Beseitigung von Informationsdefiziten,
- Bearbeitung und Veränderung des Trink- und Fahrverhaltens,
- Klärung des Zusammenhanges von Auffälligkeiten und persönlicher Lebenssituation,
- Aufbau angemessener Wahrnehmungs-, Einstellungs- und Handlungsmuster,
- Verbesserung der Voraussetzungen, gefasste Vorsätze langfristig einzuhalten.

Ausgehend von diesen allgemeinen Zielen wurde mit Herrn Testperson unter Berücksichtigung der spezifischen Problematik und der deutlich gewordenen Defizite schwerpunktmäßig auf folgenden Gebieten gearbeitet:

1. Klärung der Veränderungsbereitschaft und -fähigkeit und Klärung der Therapiemotivation.
2. Abwägen der potenziellen Therapieziele kontrollierter Konsum vs. grundsätzlicher Alkoholverzicht und Bekräftigung der eigenständig getroffenen Entscheidung für einen Alkoholverzicht.
3. Vermitteln von Informationen über Alkohol und Auswirkungen auf das Fahrverhalten, Korrektur der Tendenz zur Unterschätzung der Wirkung auf Fahrverhalten und Selbstkontrolle.
4. Besprechen der Lebens-, Berufs- und Familiengeschichte und der momentanen Lebenssituation in Verbindung mit den Auffälligkeiten.
5. Erarbeiten einer realistischen und differenzierten Wahrnehmung des früheren Trinkverhaltens und des Ausmaßes der eigenen Problematik.
6. Herausarbeiten des Hintergrundes der Trunkenheitsfahrt, Verdeutlichen der eigenen Ursachenanteile und Klären der notwendigen Konsequenzen.
7. Aufarbeiten der Erfahrungen mit früheren Phasen des Alkoholverzichtes und Stärkung des Bewusstseins für die Eskalationsgefahr bei Wiederaufnahme eines Konsums.
8. Bekräftigung und Unterstützung des Entschlusses zum lebenslangen Alkoholverzicht, Besprechen der gemachten Erfahrungen damit bei typischen Trinkanlässen.
9. Analyse kritischer Bedingungen und Aufbau spezifischer Vorsätze, um Rückfall in alte Verhaltensmuster sicher zu vermeiden.

>

15 Die hier abgedruckten Formulare unterliegen dem Urheberrecht und können daher nur sinngemäß und in angepasster Form übernommen werden.

Herr Testperson arbeitete in den Sitzungen sehr kooperativ und sehr engagiert mit und bemühte sich erfolgreich, eigenes Verhalten besser zu verstehen und zu verändern. Er beschäftigte sich auch zwischen den Sitzungen mit der Problematik und setzte erarbeitete Erkenntnisse selbstständig um. Aufgrund des bisherigen Verlaufes der Verkehrstherapie und der vorliegenden Daten (Führerscheinakte, Laborwerte siehe Anlage) kann für den restlichen Verlauf eine günstige Prognose gestellt werden, auch, da der erstrebte und angegebene Alkoholverzicht durch die Teilnahme an einem EtG-Kontrollprogramm (kurzfristige Urinproben auf Alkoholabbauprodukte) und zusätzliche Leberwerte (Hinweis auf größere Trinkmengen zwischen den Messzeitpunkten) bestätigt wird und die Motivation zur Aufrechterhaltung fundiert ist.

Damit erscheint aus therapeutischer Sicht eine Verkürzung der Sperrzeit gerechtfertigt, da mit dem erfolgreichen Abschluss neue Tatsachen vorliegen, die ein Indiz dafür sind, dass wesentliche Ziele dieser Maßnahme der Sicherung und Besserung vorzeitig erreicht wurden.

Die Frage, ob zu erwarten ist, dass Herr Testperson zukünftig unauffällig am Straßenverkehr teilnehmen wird, muss selbst bei sofortiger Aufhebung der Sperrfrist im sich anschließenden verwaltungsrechtlichen Erteilungsverfahren die Fahrerlaubnisbehörde auf der Grundlage eines Gutachtens einer amtlich anerkannten Begutachtungsstelle für Fahreignung beantworten.

Verkehrspsychologische Praxis

Dipl.-Psych. ______________________________

8.3 Orientierung zu allgemeinen Hilfen

Im Folgenden werden ausgewählte Informationsquellen benannt, die in Deutschland, Österreich und in der Schweiz zu Verfahrensfragen, Suchtberatung und Selbsthilfe bestehen. Von einigen Institutionen können auch kostenlose Informationsmaterialien angefordert werden. Außerdem wird ein Hinweisblatt zur Auswahl qualifizierter Fahreignungsberater vorgestellt.

Web	Information über	Organisation
Deutschland		
www.bast.de/mpu	Medizinisch-psychologische Begutachtung	Bundesanstalt für Straßenwesen
http://www.bzga.de/service/infotelefone/	Allgemeiner Informationsdienst	Bundeszentrale für gesundheitliche Aufklärung
http://www.bzga.de/infomaterialien/alkoholpraevention/ http://www.bzga.de/infomaterialien/suchtvorbeugung/	Informationsmaterialien	Bundeszentrale für gesundheitliche Aufklärung
http://www.dhs.de/informationsmaterial/bestellung.html		Deutsche Hauptstelle für Suchtfragen
http://www.bzga.de/service/beratungsstellen/	Suchtberatungsstellen und Selbsthilfegruppen	Bundeszentrale für gesundheitliche Aufklärung
https://www.kenn-dein-limit.de/alkohol/alkoholabhaengigkeit/nachsorge-und-selbsthilfe/beratungsstellen-und-selbsthilfegruppen/		
http://www.dhs.de/einrichtungssuche.html		Deutsche Hauptstelle für Suchtfragen
http://www.dhs.de/datenfakten.html	Aktuelle Daten und Fakten zu Sucht	Deutsche Hauptstelle für Suchtfragen
Österreich		
http://www.suchtvorbeugung.net/	Links auf die Fachstellen in den Bundesländern	Österreichische ARGE Suchtvorbeugung
https://www.bmvit.gv.at/verkehr/strasse/fuehrerschein/index.html	Führerscheinfragen	Bundesministerium für Verkehr, Innovation und Technologie (BMVIT)
https://www.help.gv.at/Portal.Node/hlpd/public/content/4/Seite.041020.htm	Amtswege	Help.gv.at, Herausgeber Bundeskanzleramt
http://www.api.or.at/sp/texte/001/004/sankt%20verwaltungsstrafrecht.htm	Alkoholsanktionen	Anton Proksch Institut

Web	Information über	Organisation
Schweiz		
http://www.suchtschweiz.ch/de/	Allgemeine Information	Sucht Schweiz Stiftung
http://shop.addictionsuisse.ch/de/	Informationsmaterialien	Sucht Schweiz Stiftung
http://www.suchtschweiz.ch/rat-und-hilfe/unterstuetzung-holen/	Suchtberatungsstellen und Selbsthilfegruppen	Sucht Schweiz Stiftung
http://www.infodrog.ch/suchtindex.html	Datenbank für regionale Angebote	Bundesamt für Gesundheit (BAG)
https://www.safezone.ch/	Onlineberatung	Pilotprojekt des BAG

Hinweise zur Auswahl von qualifizierten Fahreignungsberatern

Empfehlung

Wer eine Fahreignungsberatung oder eine verkehrspsychologische Therapie durchführt, sollte folgende Qualifikations- und Verhaltensmerkmale erfüllen:

- Diplom-Psychologe oder Studium der Psychologie mit Masterabschluss
- Verkehrspsychologische Ausbildung
- Regelmäßige verkehrspsychologische Fortbildung
- Kenntnis und Anwendung der geltenden Begutachtungsleitlinien und Beurteilungskriterien
- Keine Garantieversprechen („Geld zurück“ oder „100-Prozent-Chance“)
- Faire Aufklärung über Leistung, Kosten und Zahlungsmodalitäten
- Intensive Analyse der Verkehrsvorgeschichte und der Verkehrsauffälligkeiten (einschließlich Dokumenteneinsicht, z. B. Urteile, Schriftverkehr mit der Führerscheinstelle, Auszug aus dem Fahreignungsregister, Vorgutachten)
- Motivierende Gesprächsführung ohne Belehrungen, Vorhaltungen oder Angstappelle
- Erarbeitung selbstkritischer Reflexionen, Einsichten und Verhaltensvorsätze, keine „zurechtgebastelten“ Geschichten
- Schriftliche Aufzeichnungen zum Beratungsprozess
- Teilnahmebescheinigung mit schriftlichem Beratungsergebnis
- Steuerehrliche Rechnungslegung

Literaturverzeichnis

AAPA. (2015). *Was ist Luftfahrtpsychologie?* Abgerufen von http://www.aviation-psychology.at

ADAC. (1991). Schreiben an das Bundesministerium der Justiz vom 30.9.1991.

ADAC. (Hrsg.). (2014). *Handbuch Qualitätsmanagement ADAC Fahrsicherheitstrainings* (DIN EN ISO 9001: 2008) Version 5.2. Mai 2014.

Adler, A. (1933). *Der Sinn des Lebens.* Wien, Leipzig: Dr. Rolf Passer.

Adler, A. (1982). *Psychotherapie und Erziehung.* Hrsg. von Heinz L. Ansbacher u. Robert F. Antoch. Frankfurt am Main: Fischer-Taschenbuch. (Originalwerk veröffentlicht 1933–1937)

Albrecht, F. (2015, März). *Mensch und Verkehrssicherheit – Stand und Perspektiven aus Sicht des BMVI.* Vortrag auf dem 6. Sachverständigentag „Mobilität der Zukunft – sicher und geprüft", Berlin. Abgerufen von http://www.vdtuev.de/sachverstaendigentag/praesentationen/dok_view?oid=514994&vater=515001

Albrecht, M., Evers, C., Klipp, S. & Schulze, H. (2015). *Projektgruppe MPU-Reform: Schlussbericht.* Berichte der Bundesanstalt für Straßenwesen, Mensch und Sicherheit, Heft M 257, Bremen: Carl Schünemann. Abgerufen von http://bast.opus.hbz-nrw.de/volltexte/2015/1161/pdf/M257_barrierefreies_Internet.pdf

Allen, L. C., Mackenzie, D. L. & Hickman, L. J. (2001). *The effectiveness of cognitive behavioral treatment for adult offenders: A methodological, quality-based review.* International Journal of Offender Therapy and Comparative Criminology, 45, 498–514.

Allhoff-Cramer, A., Krohn, B., Laub, G., Nickel, W., Rohlfing, C., Rothenberger, B., Schubert, W. & Stephan, E. (2007). *PASS: Ein interdisziplinäres Modell zur Förderung und Sicherung der Mobilitätskompetenz in Europa.* Zeitschrift für Verkehrssicherheit, 53, 6–8.

American Automobile Association Foundation for Traffic Safety. (2009). *Aggressive driving: Research update.* Abgerufen von http://www.aaafoundation.org/pdf/AggressiveDriving ResearchUpdate2009.pdf

American Psychiatric Association. (2013). *Diagnostic and statistical manual of mental disorders, DSM-5* (5. Aufl.). Arlington, VA:. American Psychiatric Publishing.

American Psychological Association. (2002). *Criteria for Evaluating Treatment Guidelines.* American Psychologist Vol. 57, No. 12, 1052–1059.

American Psychological Association (2006). *Evidence-Based Practice in Psychology, APA Presidential Task Force on Evidence-Based Practice.* American Psychologist Vol. 61, No. 4, 271–285.

Ancoli-Israel, S. (1997). *Schlaf und Schlafstörungen.* Berlin: Ullstein Mosby.

Andrews, D. A. & Bonta, J. (2010). *The psychology of criminal conduct* (5. Aufl.). New Providence, NJ: LexisNexis Matthew Bender.

Andrews, D. A., Bonta, J. & Hoge, R. D. (1990). *Classification for effective rehabilitation: Rediscovering psychology.* Criminal Justice and Behavior, 17, 19–52.

Angenendt, J., Frommberger, U., Trabert, W., Stiglmayr, C. & Berger, M. (2000). Angststörungen. In M. Berger (Hrsg.), *Psychiatrie und Psychotherapie* (S. 567 ff.). München, Jena: Urban & Fischer.

Angenendt, J., Nyberg, E. & Frommberger, U. (2013). Posttraumatische Belastungsreaktionen bei Verkehrsunfallopfern. In A. Maercker (Hrsg.), *Posttraumatische Belastungsstörungen* (4., vollst. überarb. und aktualisierte Aufl., S. 509–524). Heidelberg: Springer.

Ansbacher, H. L. & Ansbacher, R. R. (1982). *Alfred Adlers Individualpsychologie. Eine systematische Darstellung seiner Lehre in Auszügen aus seinen Schriften* (3. erweiterte Aufl.). München: E. Reinhardt.

Antonovsky, A. (1979). *Health, stress, and coping: New perspectives on mental and physical well-being.* San Francisco: Jossey-Bass.

Antonovsky, A. (1997). *Salutogenese: Zur Entmystifizierung der Gesundheit.* Tübingen: DGVT.

Arthur, W., Strong, M. H. & Williamson, J. (1994). *Validation of a visual attention test as a predictor of driving accident involvement.* Journal of Occupational and Organizational Psychology, 67, 173–182.

Asherson, P., Bushe, C., Saylor, K., Tanaka, Y., Deberdt, W. & Upadhyaya, H. (2014). *Efficacy of atomoxetine in adults with attention deficit hyperactivity disorder: An integrated analysis of the complete database of multicenter placebo-controlled trials.* Journal of Psychopharmacology, 28, 837–846.

AVUS (2004). *Vorbereitung auf die MPU.* (Kundeninformation, Stand: Oktober 2004).

AWMF. (2016). Leitlinienportal der Arbeitsgemeinschaft der Wissenschaftlichen Medizinischen Fachgesellschaften. Abgerufen von http://www.awmf.org/leitlinien/aktuelle-leitlinien.html

Baer, N. & Kirsch, P. (2010). *Training bei ADHS im Erwachsenenalter – TADSE.* Weinheim: Beltz.

Baltes, M. M., Lang, F. R. & Wilms, H.-U. (1998). Selektive Optimierung mit Kompensation: Erfolgreiches Altern in der Alltagsgestaltung. In A. Kruse (Hrsg.). *Psychosoziale Gerontologie, Bd. 1: Grundlagen* (S. 188–202). Göttingen: Hogrefe.

Bamberger, G. (2001). *Lösungsorientierte Beratung.* Heidelberg: Beltz.

Banse, R. (2012). *Aggressivität, Straftaten und Fahreignung: Empirische Zusammenhänge und Implikationen für die Fahreignungsbegutachtung.* Zeitschrift für Verkehrssicherheit, 58, 119–123.

Banse, R., Koppehele-Gossel, J., Rebetez, C., Böhme, H. & Schubert, W. (2014). *Persönlichkeit, Einstellungen und Fahrverhalten bei jungen Autofahrern. Ergebnisse einer sechsjährigen Längsschnittstudie.* Bonn: Bonner Institut für Rechts- und Verkehrspsychologie e. V. Abgerufen von http://www.psychologie.uni-bonn.de/abteilungen/sozial-und-rechtspsychologie/forschungsprojekte/banse_abschlussbericht_2014

Bardodej, J. (2010). *Evaluation of driver rehabilitation programmes.* Unveröffentlichte Diplomarbeit, Universität Wien, Österreich.

Barkley, R. A., Murphy, K. R., Dupaul, G. J. & Bush, T. (2002). *Driving in young adults with attention deficit hyperactivity disorder: Knowledge, performance, adverse outcomes, and the role of executive functioning.* Journal of the International Neuropsychological Society, 8, 655–672.

Bartl, G., Assailly, J. P., Chatenet, F., Hatakka, M., Keskinen, E. & Willmes-Lenz, G. (2002). *EU-Project "Andrea": Analysis of Driver Rehabilitation Programmes*. Wien: Kuratorium für Verkehrssicherheit.

Bartl, G., Urbanek, K., Chaloupka-Risser, C., Gfrerer, W., Ortner, W., Schrader, C., Schützhofer, S., Strauß, B. & Strobl, C. (2010). Österreichische Alkolenker-Studie 2010. Abgerufen unter http://www.alles-fuehrerschein.at/dokumente/Bericht%20Alkolenker-Studie%202010.pdf

BASt. (2005). *Bewertung der Evaluation des Kursmodells DRUGS*. Unveröffentlichter Bericht v. 4.7.2005, Bergisch Gladbach.

BASt. (2016). *Begutachtung der Fahreignung 2015*. Abgerufen von http://www.bast.de/DE/Presse/Downloads/2016-16-langfassung-pressemitteilung.pdf;jsessionid=83487EE8FEB146DC9A7AD733DD5DFB58.live11293?__blob=publicationFile&v=2

Batra, A., Wassmann, R. & Buchkremer, G. (Hrsg.) (2013). *Verhaltenstherapie: Grundlagen – Methoden – Anwendungsgebiete* (4. Aufl.). Stuttgart: Georg Thieme.

Battegay, R. (2010). Geleitwort. In V. Tschuschke (Hrsg.), *Gruppenpsychotherapie: Von der Indikation bis zu Leitungstechniken*. Stuttgart: Georg Thieme.

Baumann, U. & Perrez, M. (1998). *Lehrbuch Klinische Psychologie, Psychotherapie*. Bern: Huber.

BDP. (1998). *Selbstverständniserklärung – Berufspolitische und berufsethische Grundsätze der Klinischen Verkehrspsychologie*. Abgerufen von http://www.bdp-verkehr.de/verband/ak/selbstverstaendnis.html

Bechtler, C., Hänel, A., Laube, M., Pohl, W. & Schmidt, F. (Hrsg.) (2010). *Shared Space-Beispiele und Argumente für lebendige öffentliche Räume*. Bielefeld: AKP.

Beck, A. T. (1979). *Wahrnehmung der Wirklichkeit und Neurose. Kognitive Psychotherapie emotionaler Störungen*. München: Pfeiffer.

Beck, A. T. (2004). *Kognitive Therapie der Depression*. Weinheim: Beltz.

Beck, A. T. (1976). *Cognitive therapy and the emotional disorders*. New York: University Press.

Beck, J. S. (1999). *Praxis der kognitiven Therapie*. Weinheim: Beltz.

Behr, M. & Becker, M. (2004). *Selbsterleben von Emotionen (SEE)*. Göttingen: Hogrefe.

Behrendt, K., Backmund, M. & Reimer, J. (2013). Drogenabhängigkeit. In *Suchtmedizinische Reihe* (Band 4). Hamm, Köln: Deutsche Hauptstelle für Suchtfragen.

Benson, H. & Klipper, M. Z. (1976). *The Relaxation Response*. New York: Harper Collins.

Berg, I. K. & Miller, S. D. (2004). *Kurzzeittherapie bei Alkoholproblemen. Ein lösungsorientierter Ansatz*. Heidelberg: Carl-Auer.

Berg, I. K. & Miller, S. D. (2009). *Kurzzeittherapie bei Alkoholproblemen. Ein lösungsorientierter Ansatz*, 2. Aufl., Heidelberg: Carl-Auer.

Berg, M. & Nädtke, J. (2015). *Psychometrisches Testsystem Corporal Plus, Testsystem zur Erfassung kognitiver Funktionen im bild-räumlichen Bereich*. Manual (in der Fassung von 4.2015). Olching: Vistec AG.

Berg, M. & Schubert, W. (2005). *Aufmerksamkeitsdefizite bei Alkoholikern*. Blutalkohol, 42, 3, 209–217.

Berg, M. (2008). Theoriegeleitete Testentwicklung und -konstruktion. In Schriftenreihe Fahreignung. *Tagungsband zum 3. Internationalen Fit to Drive*-Kongress in Prag vom 19.–20. Juni 2008. Bonn: Kirschbaum Verlag.

Berking, M. (2010). *Training emotionaler Kompetenzen* (2. Aufl.). Heidelberg: Springer.

Berking, M., Wupperman, P., Reichardt, A., Pejic, T., Dippel, A. & Znoij, H. (2008). *Emotion-regulation skills as a treatment target in psychotherapy research.* Behaviour Research and Therapy, 46, 1230–1237.

Betäubungsmittelgesetz (BtMG) (aktuelle Fassung). Abgerufen von https://www.gesetze-im-internet.de/btmg_1981/BJNR106810981.html

Beutel, M. E., Doering, S., Leichsenring, F. & Reich, G. (2010). *Psychodynamische Psychotherapie. Störungsorientierung und Manualisierung in der therapeutischen Praxis.* Göttingen: Hogrefe.

Biehl, B. & Birnbaum, D. (2004). Evaluation eines Rehabilitationskurses für drogenauffällige Kraftfahrer. *Zeitschrift für Verkehrssicherheit*, 50, 28–32.

Birnbaum, D., Biehl, B. & Seehars, I. (2005). Die Wirksamkeit des Nachschulungsmodells IRAK-S für erstmals alkoholauffällige Kraftfahrer. *Zeitschrift für Verkehrssicherheit*, 51, 202–207.

Birnbaum, D., Biehl, B., Sage, E. & Scheffel, B. (2002). Evaluation des Nachschulungskurses „Mainz 77". *Neue Zeitschrift für Verkehrsrecht*, 15, 164–170.

Blagys, M. D. & Hilsenroth, M. J. (2002). Distinctive activities of cognitive-behavioral therapy: a review of the comparative psychotherapy process literature. *Clinical Psychology Review*, 22, 671–706.

Blanchard, E. B. & Hickling, E. J. (1997). *After the crash. Assessment and treatment of motor vehicle accident survivors* (1. Aufl.). Washington, DC: American Psychological Association.

Blanchard, E. B., Barton, K. A. & Malta, L. (2000). Psychometric properties of a measure of aggressive driving. The Larson Driver's Stress Profile. *Psychological Reports*, 87, 881–892.

BMVBS (2014). *Reform des Verkehrszentralregisters, Umsetzung der Neuregelungen – Hinweise zur Punktestandsberechnung.* Beschluss des BLFA-FE vom 19.3.2014.

Böcher, W. (1979). Systembetrachtung des Geschwindigkeitsverhaltens im Straßenverkehr. In Einfluss der Geschwindigkeit auf das Unfallgeschehen. *Buchreihe der Arbeits- und Forschungsgemeinschaft für Straßenverkehr und Verkehrssicherheit – Institut an der Universität zu Köln (AFO)*, Band 17. Köln: Universität zu Köln.

Böcher, W. (1984). Verkehrsdisziplin und Unfallgeschehen. *Beiträge zur Verkehrssicherheit 1.* Braunschweig: Rot-Gelb-Grün.

Bohus, M., Buchheim, P., Doering, S., Herpertz, S. C., Kapfhammer, H.-P., Linden, M. et al. (2009). *Behandlungsleitlinie Persönlichkeitsstörungen* (S2-Praxisleitlinien in Psychiatrie und Psychotherapie, Bd. 1). Heidelberg: Steinkopff.

Bollnow, O. F. (1963). *Mensch und Raum.* Stuttgart: Kohlhammer.

Borgart, E.-J. & Kemmler, L. (1989): Hausaufgaben in der Psychotherapie. *Psychologische Rundschau*, 40, 10–17.

Born, R. (2005). Ergebnisse der BNV-Evaluation. In Verkehrstherapie: Bericht vom 1. BNV-Kongress. Hamburg: Bundesverband Niedergelassener Verkehrspsychologen. Abgerufen von http://www.bnv.de/vkth/Verkehrstherapie_01_2005.pdf

Born, R., Hellwig, H.-J., Müller, A., Rothenberger, B., Reschke, K., Schlottke, P. F., Seidl, J., Sohn, J.-M. & Voss, K.-F. (2008). Leitsätze Verkehrspsychologische Therapie. Abgerufen von www.verkehrstherapie.de

Borsboom, D., Mellenbergh, G. J. & van Heerden, J. (2004). The concept of validity. *Psychological Review*, 111, 1061.

Botelho, R. J. (2004). *Motivational practice*. University of Rochester School of Medicine and Dentistry Rochester, New York, 14620 US. Abgerufen von http://www.motivatehealthyhabits.com/index.html

Bower, G. H., Gilligan, S. G. & Monteiro, K. P. (1981). Selectivity of learning caused by affective states. *Journal of Experimental Psychology*, General, 110, 451–473.

Breil, J. (2010). *Hausaufgaben in der Psychotherapie*. Lengerich: Pabst Science Publishers.

Bresner, T., Moussa, W. & Reschke, K. (2009). *Emotionsregulation von Erwachsenen mit Aufmerksamkeitsdefizit-Hyperaktivitätsstörung (ADHS)*. Aachen: Shaker.

Brieler, P. & Grunow, P. (1993). Das Integrierte Schulungs- und Begutachtungsmodell „ISB Hamburg '79" – Ein Modellversuch in der Freien und Hansestadt Hamburg. In: *17. Kongress für Angewandte Psychologie des BDP e. V. 23. bis 26. Sept. 1993 in Bonn. Kurzfassungen der Beiträge*. S. 256. Bonn: Deutscher Psychologen Verlag, Bonn.

Brieler, P. & Grunow, P. (2016). *Ich will meinen Führerschein zurück – Erfolgreich durch die MPU. Mit praktischen Übungen*. (4. Aufl.). Reinbek: Rowohlt.

Brieler, P. & Zentgraf, M. (2010). Kurs zur Wiederherstellung der Kraftfahreignung gem. § 70 FeV für alkoholauffällige Kraftfahrer. Programm IFT – Teilnehmerstruktur und Wirksamkeit. *Blutalkohol*, 47, 383–393.

Brieler, P. & Zentgraf, M. (2013). *Alkohol und ... Informationen und Arbeitsbögen*. Hamburg: IFS Institut für Schulungsmaßnahmen GmbH.

Brieler, P. (2007). Zur Notwendigkeit einer effektiven Nutzung der gerichtlichen Sperrfrist – Anmerkungen aus verkehrspsychologischer Sicht. In P. Brieler & P. Grunow (Hrsg.), *Abkürzung der gerichtlichen Sperrfrist – Eine Chance für auffällige Autofahrer*. S. 27–59. Bargteheide: Verlagskontor.

Brieler, P. (2008). Effekte einer psychoedukativen Intervention auf die Selbsteinschätzung des Suchtmittelkonsums bei erstmals alkohol-/drogenauffälligen Kraftfahrern. Dissertation, Universität Duisburg-Essen.

Brieler, P. (2010). Einführung in das Symposium. In R.S. Born, P. Brieler & J.-M. Sohn (Hrsg.), *Beurteilungskriterien in der Fahreignungsdiagnostik – Fortschritte und Optimierungsbedarf*. S. 11–15, Lengerich/W.: Pabst Science Publishers.

Brieler, P. (2011). § 70 FeV – Kurse für verkehrsauffällige Kraftfahrer: Rechtsänderung zum 1.1.2011. *Verkehrsdienst*, 2, 38–40.

Brieler, P., Grunow, H.-P. & Zentgraf, M. (2008). Alkoholtrinken und Fahren – Verfahren zur Verhaltensänderung. IFT – Kursleitermanual. (5. überarb. Aufl.) Hamburg: Institut für Schulungsmaßnahmen.

Brieler, P., Jacobshagen, W., Kalwitzki, K.-P., Seidl, J. & Zentgraf, M. (2010). Zur Wirksamkeit von Kursen nach § 70 FeV für verkehrsauffällige Kraftfahrer/innen. *Zeitschrift für Verkehrssicherheit*, 56, 91–92.

Brieler, P., Kollra, G. & Schildmeier, A. (2008). Sprachliche Kompetenz – eine Voraussetzung für Seminarerfolg? *Zeitschrift für Verkehrssicherheit*, 54, 196–202.

Brieler, P., Zentgraf, M., Krohn, B., Seidl, J. & Kalwitzki, K.-P. (2009). Kurse zur Wiederherstellung der Kraftfahreignung gem. § 70 FeV. Evaluation des Kursprogramms für verkehrsauffällige Kraftfahrer ABS. *Zeitschrift für Verkehrssicherheit*, 55, 139–144.

Broder, M. S. (2000). Making optimal use of homework to enhance your therapeutic effectiveness. *Journal of Rational-Emotive & Cognitive-Behaviour Therapy*, 18, 3–18.

Broszinsky-Schwabe, E. (2011). *Interkulturelle Kommunikation – Missverständnisse – Verständigung.* Berlin, Heidelberg: Springer VS.

Brücher-Albers, C. & Hasselhorn, M. (2008). Kommentierung des Rechtsgutachtens zum Approbationsvorbehalt (April 2007). *report psychologie*, 7/8, 373–375.

Brücher-Albers, C. (2008). Editorial. *report psychologie*, 01, 1.

Buchardt, I. & Brieler, P. (2011). Wegfall der Kurse nach § 70 FeV für Punktetäter. *Straßenverkehrsrecht – Zeitschrift für die Praxis des Verkehrsjuristen*, 11, 401–407.

Buchardt, I. (2007). *Fahrerlaubnisrecht für Verkehrspsychologen und Verkehrsmediziner.* Bonn: Kirschbaum Verlag.

Büchges, G. (1993). Verkehrssicherheit als soziales und soziologisches Problem. *Zeitschrift für Verkehrssicherheit*, 39, 150–156.

Bukasa, B. & Utzelmann, H. D. (2009). Psychologische Diagnostik der Fahreignung. In H. P. Krüger (Hrsg.), *Enzyklopädie der Psychologie.* Themenbereich D, Praxisgebiete, Serie VI Verkehrspsychologie, Band 2. S. 237–284. Göttingen: Hogrefe.

Bukasa, B., Braun, E., Wenninger, U., Panosch, E., Klipp, S., Boets, S., Meesmann, U., Roesner, S., Kraus, L., Gaitanidou, L., Assailly, J.-P. & Billard, A. (2009). Deliverable 5.2.4: Validation of Existing Driver Rehabilitation Measures. *EU-Project DRUID, WP5.* Abgerufen von http://www.druid-project.eu/Druid/EN/deliverales-list/downloads/Deliverable_5_2_4.pdf?__blob=publicationFile&v=1

Bukasa, B., Braun, E., Wenninger, U., Panosch, E., Klipp, S., Escrihuela-Branz, M., Boets, S., Meesmann, U., Roesner, S., Kraus, L., Gaitanidou, L. & Assailly, J.-P. (2008). Deliverable 5.2.2: Development of an Integrated Evaluation Instrument for Driver Rehabilitation Measures (DRET). *EU-Project DRUID, WP5.* Abgerufen von http://www.druid-project.eu/Druid/EN/deliveraleslist/downloads/Deliverable_5_2_2.pdf?__blob=publicationFile&v=1

Bukasa, B., Christ, R., Ponocny-Seliger, E., Smuc, M. & Wenninger, U. (2006). *Zweite Fahrverhaltensvalidierung der ART2020 Testverfahren.* Abgerufen von http://psydok.psycharchives.de/jspui/handle/20.500.11780/3467

Bukasa, B., Wenninger, U. & Brandstätter, C. (1990). Validierung verkehrspsychologischer Testverfahren. *Kleine Fachbuchreihe des Kuratoriums für Verkehrssicherheit.* (Bd. 25), Wien: Literas.

Bundesagentur für Arbeit. (2013). *Berufskraftfahrer/in – Arbeitsbedingungen.* Abgerufen von http://berufenet.arbeitsamt.de/berufe.html

Bundesanstalt für Straßenwesen. (2002). Leitfaden der Bundesanstalt für Straßenwesen zur Anerkennung von Kursen gemäß § 70 FeV. *Verkehrsblatt 2002*, Heft 9, S. 324.

Bundesanstalt für Straßenwesen. (2014). *Optimierung der praktischen Fahrerlaubnisprüfung.* Mensch und Sicherheit, Heft M 243, Bremen: Carl Schünemann. Abgerufen von http://www.bast.de/DE/Publikationen/Foko/2015-2014/2014-12.html

Bundesanstalt für Straßenwesen. (2016). *Begutachtung der Fahreignung 2015.* Abgerufen von http://www.bast.de/DE/Presse/Downloads/2016-16-langfassung-pressemitteilung.pdf;jsessionid=83487EE8FEB146DC9A7AD733DD5DFB58.live11293?__blob=publicationFile&v=2

Bundesärztekammer. (2006). *Stellungnahme zur Aufmerksamkeitsdefizit-/Hyperaktivitätsstörung (ADHS). Ätiologie.* Abgerufen von http://www.bundesaerztekammer.de/page.asp?his=0.7.47.3161.3163

Bundesgerichtshof. (1987). Urteil VIZR 280/86 vom 20.10.1987. Abgerufen von https://dejure.org/dienste/vernetzung/rechtsprechung?Gericht=BGH&Datum=20.10.1987&Aktenzeichen=VI%20ZR%20280/86

Bundesministerium für digitale Infrastruktur. (2015). *Halbzeitbilanz des Verkehrssicherheitsprogramms 2011–2020.* Abgerufen von http://www.bmvi.de/SharedDocs/DE/Publikationen/LA/halbzeitbilanz-verkehrssicherheitsprogramm.pdf?__blob=publicationFile

Bundesministerium für Verkehr, Bau und Stadtentwicklung. (2011). *Verkehrssicherheitsprogramm 2011.* Abgerufen von https://www.bmvi.de/SharedDocs/DE/Publikationen/LA/verkehrssicherheitsprogramm-2011.pdf?__blob=publicationFile

Burgard, E. (2005). *Fahrkompetenz im Alter – Die Aussagekraft diagnostischer Instrumente bei Senioren und neurologischen Patienten.* Dissertation, Ludwig-Maximilians-Universität München, Deutschland.

Burns, R. G. & Katovich, M. A. (2003). Examining road rage/aggressive driving: Media depiction and prevention suggestions. *Environment and Behavior,* 35, 621–636.

Chaloupka, C. & Risser, R. (1995). Don't wait for accidents – possibilities to assess risk in traffic by applying the 'Wiener Fahrprobe'. *Safety Science,* 19, 137–147.

Chaloupka-Risser, C., Risser, R. & Zuzan, W.-D. (2011). *Verkehrspsychologie. Grundlagen und Anwendungen.* Wien: Facultas.

Chambless, D. L. & Ollendick, T. H. (2001). Empirically supported psychological interventions: *Controversies and Evidence Annual Review of Psychology,* 52, 685–716.

Chambless, D. L., Baker, M. J., Baucom, D. H., Beutler, L. E., Calhoun, K. S., Crits-Cristoph, P., et al. (1998). Update on empirically validated therapies, II. *The Clinical Psychologist,* 51, 3–16.

Chliatoukis, J. E., Demakakos, P., Tzamalouka, G., Bakou, V., Koumaki, M. & Darviri, C. (2002). Aggressive behaviour while driving as predictor of self-reported car crashes. *Journal of safety research,* 33, 431–443.

Christ, R. (2001). *Das universelle Kursmodell? – Ergebnisse österreichischer Evaluationsstudien zu unterschiedlichen Kursmodellen.* Referat anlässlich des 7. Internationalen Kongress „Driver Improvement" in Salzburg, 8.–10. Oktober 2001.

Coon, D. W. & Gallagher-Thompson, D. (2002). Encouraging homework completion among older adults in therapy. *Journal of Clinical Psychology,* 58, 549–563.

Cox, D. J., Merkel, R. L., Kovatchev, B. & Seward, R. (2000). Effect of stimulant medication on driving performance of young adults with attention-deficit hyperactivity disorder. A preliminary double-blind placebo controlled trial. *Journal of Nervous & Mental Disease,* 188, 230–234.

Cox, D. J., Moore, M., Burket, R., Merkel, R. L., Mikami, A. Y. & Kovatchev, B. (2008). Rebound effects with long-acting amphetamine or methylphenidate stimulant medication preparations among adolescent male drivers with attention-deficit/hyperactivity disorder. *Journal of Child and Adolescent Psychopharmacology*, 18, 1–10.

D'Zurilla, T. J. & Goldfried, M. R. (1971). Problem solving and behavior modification. *Journal of Abnormal Psychology*, 78, 107–126.

da Costa, R. T., Sardinha, A. & Nardi, A.E. (2008). Virtual reality exposure in the treatment of fear of flying. *Aviat Space Environ Med.*, 79, 899–903.

Dahle, K.-P. & Haase, N. (2008). Psychopathie. In R. Volbert & M. Steller (Hrsg.), *Handbuch der Rechtspsychologie* (S. 68–77). Göttingen: Hogrefe.

Daldrup (2000). Entscheidung zwischen einmaligem/gelegentlichem und regelmäßigem Cannabiskonsum. *Blutalkohol*, 37, S. 39.

D'Amelio, R., Retz, W., Philipsen, A. & Rösler, M. (2009). *Psychoedukation und Coaching – ADHS im Erwachsenenalter.* München: Urban & Fischer.

Daoud, I. (2015). Alcohol Interlocks and the fight against Drink-Driving. Präsentation zum Vortrag im Rahmen des Kongresses „Alkohol-Wegfahrsperre für Europas Kampf gegen alkoholisierte Fahrer", European Transport Safety Council, 30.1.2015 in Wien. Abgerufen von http://etsc.eu/wp-content/uploads/2.-Alcohol-Interlocks-in-the-EU-ETSC.pdf

De Shazer, S., Dolan, Y. (2015). *Mehr als ein Wunder. Lösungsfokussierte Kurztherapie heute.* Heidelberg: Carl-Auer.

Deane, F. P., Glaser, N. M., Oades, L. G. & Kazantzis, N. (2005). Psychologist's use of homework assignments with clients who have schizophrenia. *Clinical Psychologist*, 9(1), S. 24–30.

Deffenbacher, J. L., Huff, M. E., Lynch, R. S., Oetting, E. R. & Salvatore, N. F. (2000). Characteristics and treatments of high-anger drivers. *Journal of Consulting Psychology*, 47, 5–17.

Deffenbacher, J. L., Oetting, E. R., Lynch, R. S. & Richards, T. L. (2003). Anger, aggression, and risky behavior: a comparison of high and low anger drivers. *Behavior Research and Therapy*, 41, 701–718.

Demmel, R. (2001). Motivational Interviewing: Ein Literaturüberblick. *SUCHT – Zeitschrift für Wissenschaft und Praxis*, 47,171–188.

Demmel, R. (2003). *Motivational Interviewing (CD): Ein Leitfaden für die Praxis.* Göttingen: Hogrefe.

Detienne, K. B., Detienne, D. H. & Joshi, S. A. (2003). Neural networks as statistical tools for business researchers. *Organizational Research Methods*, 6, 236–265.

Deutsche Akademie für Verkehrswissenschaft. (1981). *Referate und Entschließungen 19. Deutscher Verkehrsgerichtstag 1981.* Abgerufen von http://www.deutscher-verkehrsgerichtstag.de/vgt/themen-empfehlungen

Deutsche Akademie für Verkehrswissenschaft. (2002). *Referate und Entschließungen 40. Deutscher Verkehrsgerichtstag 2002.* Abgerufen von http://www.deutscher-verkehrsgerichtstag.de/vgt/themen-empfehlungen

Deutsche Akademie für Verkehrswissenschaft. (2003). *Referate und Entschließungen 41. Deutscher Verkehrsgerichtstag 2003.* Abgerufen von http://www.deutscher-verkehrsgerichtstag.de/vgt/themen-empfehlungen

Deutsche Akademie für Verkehrswissenschaft. (2014). *Referate und Entschließungen 52. Deutscher Verkehrsgerichtstag 2014.* Abgerufen von http://www.deutscher-verkehrsgerichtstag.de/vgt/themen-empfehlungen

Deutsche Hauptstelle für Suchtfragen. (Hrsg.). (2015). *Jahrbuch Sucht 2015 Pressemitteilung.* Abgerufen von http://www.dhs.de/fileadmin/user_upload/pdf/Presse/2015/2015-5-13_PM3_Daten_und_Fakten.pdf

Deutsche Hauptstelle für Suchtfragen. (Hrsg.). (2015). *Jahrbuch Sucht 2015.* Lengerich: Pabst Science Publisher.

Deutscher Verkehrssicherheitsrat. (2015). Einführung von Alkohol-Interlocks für alkoholauffällige Kraftfahrer. Beschluss des DVR-Vorstands vom 30. April 2015 auf der Basis der Empfehlung der Vorstandsausschüsse Verkehrsmedizin und Erwachsene. Abgerufen von http://www.dvr.de/dvr/vorstandsbeschluesse/vm_interlocks.htm

DeVol, D., Seidl, J., Kiegeland, P. & Wagner, T. (2015). Die verkehrspsychologische Fahreignungsberatung und fahreignungsfördernde Interventionsangebote. Positionspapier 01/2015 der Deutschen Gesellschaft für Verkehrspsychologie. Abgerufen von http://www.dgvp-verkehrspsychologie.de/wp-content/uploads/2015/07/DGVP-Positionspapier-01-2015_Beratung_26052015.pdf

DGVP & DGVM. (Hrsg.). (2013). *Urteilsbildung in der Fahreignungsbegutachtung – Beurteilungskriterien* (3. Aufl.). Bonn: Kirschbaum Verlag.

DHS. (Deutsche Hauptstelle für Suchtfragen). (2014). *Alkohol: Mythen und Meinungen, Factsheet.* Abgerufen von http://www.dhs.de/fileadmin/user_upload/pdf/Factsheets/2016_Factsheet_Alkohol_Mythen_Meinungen.pdf

DHS. (2015). *Jahrbuch Sucht 2015.* Lengerich: Pabst Science Publisher.

Diamantopoulou, K., Cameron, M., Dyte, D., Harrison, W. (1997). *The relationship between demerit points accrual and crash involvement.* Report No. 116. Clayton, Victoria, Australia: Monash University Accident Research Centre.

Dilling, H., Mombour, W. & Schmidt, M. H. (2015). *Internationale Klassifikation psychischer Störungen. ICD-10, deutsche Ausgabe* (10. Aufl.). Bern: Huber.

DIMDI. (2017). *Internationale statistische Klassifikation der Krankheiten und verwandter Gesundheitsprobleme,* 10. Revision, German Modification, Version 2017. Abgerufen von https://www.dimdi.de/static/de/klassi/icd-10-gm/kodesuche/onlinefassungen/htmlgm2017/index.htm

DLR. (2013). *Broschüre des Instituts für Luft und Raumfahrtmedizin, Abteilung Luft- und Raumfahrtpsychologie.* Abgerufen von http://www.dlr.de/me/Portaldata/25/Resources/dokumente/luft-und-raumfahrtpsychologie/23208_dlr_broschuere_rf_psychologie_250413.pdf

Dreikurs, R. (1969). *Grundbegriffe der Individualpsychologie.* Stuttgart: Klett.

Dreikurs, R. (1990). *Grundbegriffe der Individualpsychologie* (6. Aufl.) Stuttgart: Klett.

Drexler, A. (2005). *Veränderungen von handlungsleitenden Faktoren durch eine Nachschulung bei alkoholauffälligen Kraftfahrern; Kurs INKA.* Dissertation, Universität Innsbruck.

DSM-5 (2013). *Diagnostic and statistical manual of mental disorders* (5. Aufl.). Washington, D.C.: American Psychiatric Association.

Dula, C. S. & Ballard, M. E. (2003). Development and Evaluation of a Measure of Dangerous, Aggressive, Negative Emotional and Risky Driving. *Journal of Applied Social Psychology*, 33, 263-282.

DVR & ADAC. (Hrsg.) (2004). *Trainerhandbuch Pkw-Training*. Bonn, München: DVR.

DVR. (Deutscher Verkehrssicherheitsrat) (Hrsg.) (1980). Sicherheitstraining für Pkw-Fahrer. Moderatorenhandbuch. Bonn: DVR.

DVR. (Hrsg.). (2004). *Konsequenzen für die Präventionspraxis*. Bonn: DVR.

DVR. (2004). *Auf den Punkt 2 – Studien zum Pkw-Sicherheitstraining* (Vol.2). Bonn: DVR.

DVR. (Hrsg.). (2009). *Qualitätsmanagement-Handbuch für die DVR-Fahrsicherheitsprogramme und Fahrsicherheitstrainings* (DIN EN ISO 9001: 2008). Bonn: DVR.

DVR. (Hrsg.). (1987). *Sicherheitstraining für Pkw-Fahrer. Ergänzungen zum Moderatorenhandbuch*. Bonn: DVR

DVR. (Hrsg.). (2012). Vision Zero – *Grundlagen und Strategien. Schriftenreihe Verkehrssicherheit*, Bd. 16.

EBDD Europäische Beobachtungsstelle für Drogen und Drogensucht. (2004). Drogen im Blickpunkt, *Briefing*.

Echterhoff, E. (1990a). Geschichte der Verkehrspsychologie. Teil 1. *Zeitschrift für Verkehrssicherheit*, 36, 50–70.

Echterhoff, E. (1990b). Geschichte der Verkehrspsychologie. Teil 2. *Zeitschrift für Verkehrssicherheit*, 36, 98–112.

Echterhoff, W. (1998). Legalbewährung von alkoholauffälligen Kraftfahrerinnen und Kraftfahrern fünf Jahre nach Abschluss der Verkehrstherapie IVT-Hö® – Qualitätskontrolle einer Langzeitrehabilitation in Nordrhein-Westfalen. *Zeitschrift für Verkehrssicherheit*, 44 (3), 113–116.

Echterhoff, W. (1999). Legalbewährung von alkoholauffälligen Kraftfahrerinnen und Kraftfahrern fünf Jahre nach Abschluss der Verkehrstherapie IVT-Hö®. In F. Meyer-Gramcko (Hrsg.), *Verkehrspsychologie auf neuen Wegen: Herausforderungen von Straße, Wasser, Luft und Schiene* (I). BDP-Kongress für Verkehrspsychologie (p. 292–294). Bonn: Deutscher Psychologen Verlag.

Echterhoff, W. (2009). Psychologische Unfallnachsorge. In H.-P. Krüger (Hrsg.), Anwendungsfelder der Verkehrspsychologie (Enzyklopädie der Psychologie. Themenbereich D, Praxisgebiete. Serie VI, Verkehrspsychologie, Bd. 2, S. 393–440). Göttingen: Hogrefe.

Eckert, J. (2010). Indikation und Prognose. In V. Tschuschke (Hrsg.), *Gruppenpsychotherapie: Von der Indikation bis zu Leitungstechniken*. Stuttgart: Georg Thieme.

Eifert, G. H. (2011). *Akzeptanz- und Commitment-Therapie (ACT)*. Göttingen: Hogrefe.

Ellinghaus, D. & Steinbrecher, J. (2002). Lkw im Straßenverkehr. Eine Untersuchung über die Beziehungen zwischen Lkw- und Pkw-Fahrern. *Uniroyal-Verkehrsuntersuchung Nr. 27*. Köln/Hannover: Uniroyal.

Ellinghaus, D., Schlag, B. & Steinbrecher, J. (1990). Leistungsfähigkeit und Fahrverhalten älterer Kraftfahrer. Schriftenreihe Unfall- und Sicherheitsforschung Straßenverkehr der Bundesanstalt für Straßenwesen (Hrsg.), Bd. 80. Bremerhaven: Wirtschaftsverlag NW.

Ellinghaus, D., Schlag, B. & Steinbrecher, J. (1990). *Leistungsfähigkeit und Fahrverhalten älterer Kraftfahrer.* Schriftenreihe Unfall- und Sicherheitsforschung Straßenverkehr der Bundesanstalt für Straßenwesen, Bd. 80. Bremerhaven: Wirtschaftsverlag NW.

Ellingson, J. E., Smith, D. B. & Sackett, P. R. (2001). Investigating the influence of social desirability on personality factor structure. *Journal of Applied Psychology*, 86, 122–133.

Ellis, A. (1962). *Reason and emotion in psychotherapy.* Secaucus, NJ: Lyle Stuart.

Ellwanger, S. J. & Pratt, T. C. (2014). Self-control, negative affect, and young driver aggression: An assessment of competing theoretical claims. *International Journal of Offender Therapy and Comparative Criminology*, 58, 85–106.

Engin, T., Kocherscheid, K., Feldmann, M. & Rudinger, G. (2010). *Entwicklung und Evaluation eines Screening-Tests zur Erfassung der Fahrkompetenz älterer Kraftfahrer (SCREEMO).* Berichte der Bundesanstalt für Straßenwesen. Mensch und Sicherheit. Heft M 210. Bremerhaven: Wirtschaftsverlag NW.

Erickson, M. H., (1965). The use of symptoms as an integral part of hypnotherapy. *American Journal of Clinical Hypnosis*, 8, 57–65.

Eschenröder, C. T. (2002). *Selbstsicher in die Prüfung. Wie man Prüfungsangst überwindet und sich effektiv auf Prüfungen vorbereitet.* München: CIP-Medien.

EU. (2001). Weißbuch der Europäischen Kommission vom 12. September 2001: *„Die Europäische Verkehrspolitik bis 2010: Weichenstellungen für die Zukunft".* KOM(2001) 370. Abgerufen von http://eur-lex.europa.eu/legal-content/DE/TXT/?uri=uriserv:l24007

EU. (2011) Weißbuch der Europäischen Kommission vom 28. März 2011: *„Fahrplan zu einem einheitlichen europäischen Verkehrsraum – Hin zu einem wettbewerbsorientierten und ressourcenschonenden Verkehrssystem."* KOM (2011) 144. Abgerufen von lex.europa.eu/LexUriServ/LexUriServ.do?uri=COM:2011:0144:FIN:DE:PDF

Europäische Kommission. (2010). *Ein europäischer Raum der Straßenverkehrssicherheit: Leitlinien für die Politik im Bereich der Straßenverkehrssicherheit 2011–2020.* Abgerufen von http://eur-lex.europa.eu/legal-content/DE/ALL/?uri=CELEX:52010DC0389

European Commission. (2015). *How safe are your roads? Commission road safety statistics show small improvement for 2014.* Press Release. Abgerufen von http://europa.eu/rapid/press-release_IP-15-4656_en.htm?utm_source=ETSC&utm_campaign=143709d611-20150324_pr_eu_figs&utm_medium=email&utm_term=0_3a7b55edbf-143709d611-103276549

European Commission. (2015). *Road Safety: New EU driving licence code on alcohol interlocks.* Abgerufen von http://ec.europa.eu/transport/media/news/2015-04-27-road-safety_en.htm

Evans, L. (2004). *Traffic safety.* Bloomfield, MI: Science Serving Society.

Evers, C. (2009). *Auswirkungen von Belastungen und Stress auf das Verkehrsverhalten von Lkw-Fahrern.* Berichte der Bundesanstalt für Straßenwesen, M 204. Bergisch Gladbach: Bremerhaven: Wirtschaftsverlag NW.

Expertengruppe Verkehrssicherheit (2000). *Leitfaden „Verdachtsgründe fehlender Fahreignung, Maßnahmen, Wiederherstellung der Fahreignung".* O. O.

Fachliche Weisung (1992). *Fachliche Weisung A 2/92 zur Durchführung eines Modellversuches für erstmals alkoholauffällige Kraftfahrer.* Freie und Hansestadt Hamburg, Behörde für Inneres.

Fahrerlaubnis-Verordnung (FeV) (aktuelle Fassung). *Verordnung über die Zulassung von Personen zum Straßenverkehr.* Abgerufen von https://www.gesetze-im-internet.de/fev_2010/index.html

Falkai, P. & Wittchen, H.-U. (Hrsg.) (2014). Diagnostisches und Statistisches Manual Psychischer Störungen – DSM-5, deutsche Ausgabe. Göttingen: Hogrefe.

Fastenmeier, W. & Gstalter, H. (2000). *Bewertung von Fahrsicherheitstrainings für junge Fahrer.* Institut für Fahrzeugsicherheit im GDV. München: GDV.

Fastenmeier, W. (2015). Die Rolle der Psychologischen Fahrverhaltensbeobachtung im Beurteilungsprozess der Fahreignung von Senioren. *Zeitschrift für Verkehrssicherheit,* 60, 97–105.

Fastenmeier, W., Gstalter, H., Kubitzki, J., Degener, S. & Huth, V. (2008). Der ältere Lkw-Fahrer – ein Problem der Zukunft? *Zeitschrift für Verkehrssicherheit,* 54, 124–128.

Fastenmeier, W., Brenner-Hartmann, J., Wagner, Th., DeVol, D., Graw; M. & Mußhoff, F. (2015). *Qualifizierte Beratung und Training oder Selektion: Wie kann die Mobilität älterer Fahrer aufrechterhalten werden?* 2. Positionspapier der DGVP. Abgerufen von http://www.dgvp-verkehrspsychologie.de/wp-content/uploads/2016/08/Positionspapier_Ältere-Fahrer_02_2015.pdf

Fehm, L. & Fydrich, T. (2011). *Prüfungsangst. Fortschritte der Psychotherapie.* Göttingen. Hogrefe.

Fehm, L. & Helbig, S. (2008). Hausaufgaben in der Psychotherapie. Strategien und Materialien für die Praxis. Göttingen: Hogrefe.

Feuerlein, W. (2005). Individuelle, soziale und epidemiologische Aspekte des Alkoholismus. In M. Singer & St. Teyssen (Hrsg.), Alkohol und Alkoholfolgekrankheiten (S. 42–54). Heidelberg: Springer.

Feuerlein, W., Küfner, H., Haf, C.-M., Ringer, C. & Antons, M. (1989). *Kurzfragebogen für Alkoholgefährdete.* Weinheim: Beltz.

Feustel-Seidl, P. (2013). *Erhöhung der Akzeptanz in Deutschland zur spezialpräventiven Einführung von Alkohol-Interlock-Geräten.* Bachelorarbeit, TU Chemnitz.

Fiedler, P. (1999). *Verhaltenstherapie in und mit Gruppen. Psychologische Psychotherapie in der Praxis.* Weinheim: Psychologie Verlags Union.

Fiedler, P. (2011). Persönlichkeitsstörungen. In H.-U. Wittchen & J. Hoyer (Hrsg.), *Klinische Psychologie & Psychotherapie* (Springer-Lehrbuch, S. 1101–1121). Heidelberg: Springer.

Fiesel, P. (1998). Entwicklung von Qualitätskriterien für die Rehabilitation alkoholauffälliger Kraftfahrer am Beispiel der IVT-Hö®. *Zeitschrift für Verkehrssicherheit,* 44, 111–113.

Flade, A. (Hrsg.) (2013). *Der rastlose Mensch. Konzepte und Erkenntnisse der Mobilitätspsychologie.* Wiesbaden: Springer VS.

Flade, A., Kalwitzki, K.-P. & Brieler. P. (2010). Verkehrspsychologische Beratung in der Verkehrsplanung. *Verkehrszeichen,* 26, (3), 31–35.

Flatten, G., Gast, U., Hoffmann, A., Knaevelsrud, C., Lampe, A., Liebermann, P. et al. (2011). S3 - Leitlinie Posttraumatische Belastungsstörung. *Trauma & Gewalt*, 3, 202–210.

Fliegel, S., Groeger, W. M., Künzel, R., Schulte, D. & Sorgatz, H. (1998). *Verhaltenstherapeutische Standardmethoden*. Weinheim: Psychologie Verlags Union.

Flückiger, C. & Wüsten, G. (2008). *Ressourcenaktivierung*. Bern: Huber.

Föderation deutscher Psychologenvereinigungen. (2008). Kommentierung des Rechtsgutachtens zum Approbationsvorbehalt. Abgerufen von http://www.psychologie.de/downloads/kommentar_gutachten_approbationsvorbehalt.pdf

Follmann, W., Heinrich, E., Corvo, D., Mühlensiep, M. & Zimmermann, C. (2008). Dokumentation von Maßnahmen außerhalb des gesetzlich geregelten Bereichs und Optimierungsansätze. In Bundesanstalt für Straßenwesen (BASt) (Hrsg.). *Psychologische Rehabilitations- und Therapiemaßnahmen für verkehrsauffällige Kraftfahrer*. Berichte der Bundesanstalt für Straßenwesen, Mensch und Sicherheit, Heft M 196, Bremerhaven: Wirtschaftsverlag NW.

Fox, G. K., Bowden, S. C. & Smith, D. S. (1998). On-road assessment of driving competence after brain impairment: review of current practice and recommendations for a standardized examination. *Archives of physical medicine and rehabilitation*, 79, 1288–1296.

Frank, R. (2007). *Therapieziel Wohlbefinden*. Heidelberg: Springer.

Franklin, M. E., Huppert, J. D. & Ledley, D. R. (2005). Obsessions and compulsions. In N. Kazantzis, F. P. Deane, K. R. Ronan & L. L'Abate (Hrsg.), *Using homework assignment in cognitive behaviour therapy* (S. 219–236). New York: Routledge.

Freeman, A. & Rosenfield, B. (2002). Modifying therapeutic homework for patients with personality disorders. *Journal of Clinical Psychology*, 58, 513–524.

Frehse, S. (2006). *Konzeption eines forschungsbasierten neuropsychotherapeutisch-orientierten, kognitiv-behavioralen Therapiemanuals für die Aufmerksamkeitsdefizit- und Hyperaktivitätsstörungen im Erwachsenenalter (TASIE)*. Unveröffentl. Diplomarbeit, Universität Leipzig.

Frey, D. & Schulz-Hardt, S. (1997). Eine Theorie der gelernten Sorglosigkeit. In H. Mandl (Hrsg.), *Bericht über den 40. Kongress der Deutschen Gesellschaft für Psychologie in München 1996*. S. 604–611. Göttingen: Hogrefe.

FSG-DV. *Führerscheingesetz*-Durchführungsverordnung. Verordnung des Bundesministers für Wissenschaft und Verkehr über die Durchführung des Führerscheingesetzes. StF: BGBl. II Nr. 320/1997.

Führerscheingesetz (FSG). Bundesgesetz über den Führerschein (BGBl. I 1997/120 idF BGBl. I 2014/52).

Führerscheingesetz-Durchführungsverordnung (FSG-DV). Verordnung des Bundesministers für Wissenschaft und Verkehr über die Durchführung des Führerscheingesetzes (BGBl. II 1997/320 idF BGBl. II 2015/54).

Führerscheingesetz-Nachschulungsverordnung (FSG-NV). Verordnung über verkehrspsychologische Nachschulungen (BGBl. II 2005/220).

Funke, W., Funke, J., Klein, M. & Scheller, R. (1987). *Trierer Alkoholismusinventar*. Göttingen: Hogrefe.

Fürstenau, P. (2001). *Psychoanalytisch verstehen, systemisch denken, suggestiv intervenieren.* Stuttgart: Pfeiffer bei Klett-Cotta.

Gaebel, W. & Falkai, P. (2008). *Behandlungsleitlinie Persönlichkeitsstörungen.* Darmstadt: Steinkopff.

Galovski, T. E. & Blanchard, E. B. (2002). The effectiveness of a brief, psychological intervention on court-referred and self-referred aggressive drivers. *Behaviour Research and Therapy, 40,* 1385–1402.

Galovski, T. E. & Blanchard, E. B. (2004). Road rage: A domain for psychological intervention?. *Aggression and Violent Behavior,* 9, 105–127.

Galovski, T. E., Malta, L. S. & Blanchard, E. B. (2006). *Road rage. Assessment and treatment of the angry, aggressive driver* (1. Aufl.). Washington, DC: American Psychological Association.

Galovski, T., Blanchard, E. B. & Veazey, C. (2002). Intermittent explosive disorder and other psychiatric co-morbidity among court-referred and self-referred aggressive drivers. *Behaviour Research and Therapy,* 40, 641–651.

Geiger, H. (2009). Die Zulässigkeit unbestimmter Rechtsbegriffe dargestellt an ausgewählten Beispielen aus dem Verkehrsverwaltungsrecht. In E. Miltner, R. Mattern & W. Schubert (Hrsg.), *Tagungsband 4. Gemeinsames Symposium am 24.–25. Oktober 2008 in Neu-Ulm* (DGVM & DGVP). Bonn: Kirschbaum Verlag.

Geiger, H. (2010). Der Einsatz von Alkohol-Interlocks aus verwaltungsrechtlicher Sicht. *Blutalkohol,* 47, 334–339.

Geiger, H. (2012). Die Zulässigkeit von Alkohol-Interlocks. *Zeitschrift für Verkehrssicherheit,* 58, 98–99.

Gibson, J. J. (1980). *Wahrnehmung und Umwelt.* München: Urban & Schwarzenberg.

Gilbert, (1909). Anleitung für die bahnärztlichen Untersuchungen des Eisenbahnpersonals. *Zeitschrift für Bahn- und Bahnkassenärzte,* 4, 331–335.

Gilbert, (1918). Psychotechnische Untersuchungen sächsischer Eisenbahnbediensteter. Zeitschrift für Bahn- und Bahnkassenärzte, 13, 57–63. Dresden. In: H. E. Lück, R. Miller (Hrsg.), Illustrierte Geschichte der Psychologie, S. 257–262. München: Quintessenz.

Glitsch, E, Bornewasser, M. & Dünkel, F. (2012). *Rehabilitationsverlauf bei verkehrsauffälligen Kraftfahrern.* Berichte der Bundesanstalt für Straßenwesen, Mensch und Sicherheit, Heft M 196. Bremerhaven: Wirtschaftsverlag NW.

Glitsch, E. & Bornewasser, M. (2014). Optimierung der Interventionsmaßnahmen im Rahmen der Reform des Mehrfachtäter-Punktsystems (FE 89.0261/2011). In E. Glitsch, M. Bornewasser, D. Sturzbecher, B. Bredow, J. Kaltenbaek, M. Büttner. *Intervention für punkteauffällige Fahrer – Konzeptgrundlagen des Fahreignungsseminars* (S. 3–61). Bremerhaven: Wirtschaftsverlag NW.

Glitsch, E., Bornewasser, M. & Dünkel, F. (2012). *Rehabilitationsverlauf bei verkehrsauffälligen Kraftfahrern.* Berichte der Bundesanstalt für Straßenwesen, Mensch und Sicherheit, Heft M 196. Bremerhaven: Wirtschaftsverlag NW.

Goede, W (2006). Panik hinterm Steuer. Wie man Fahrängste in den Griff bekommt. *Deutsche Angst Zeitschrift,* 35, 4.

Goeters, K.-M. (Hrsg.) (1998). *Aviation Psychology: A Science and a Profession.* Aldershot: Ashgate.

Goeters, K.-M. (Hrsg.) (2004). *Aviation Psychology: Practice and Research.* Aldershot: Ashgate.

Goldstein, A. P., Glick, B. & Gibbs, J. C. (1998). *Aggression Replacement Training.* Champaign, IL: Research Press.

Gräcmann, N. & Albrecht, M. (2014). *Begutachtungsleitlinien zur Kraftfahreignung.* Berichte der Bundesanstalt für Straßenwesen, Mensch und Sicherheit, Heft M 115. Bremerhaven: Wirtschaftsverlag NW.

Grattenthaler, H., Krüger, H.-P. & Schoch, S. (2009). *Bedeutung der Fahrpraxis für den Kompetenzerwerb beim Fahrenlernen.* Berichte der Bundesanstalt für Straßenwesen, Reihe Mensch und Sicherheit, Heft M 201. Bremerhaven: Wirtschaftsverlag NW.

Graumann, T. (2002). Verkehrspsychologische Einzelberatungsmaßnahme bei alkoholauffälligen Kraftfahrern – Evaluation und Darstellung der psychologischen Wirkkomponenten. In E. Panosch (Hrsg.), *7. Internationaler Kongress „Driver Improvement", 8.–10. Oktober 2001 in Salzburg, Austria,* CD-ROM, 482–505. Berichte. Wien: Kuratorium für Verkehrssicherheit.

Grawe, K. & Caspar, F. M. (1984). Die Plananalyse als Konzept und Instrument für die Psychotherapieforschung. In U. Baumann (Hrsg.), *Psychotherapie: Makro-/Mikroperspektive* (S. 177–197). Göttingen: Hogrefe.

Grawe, K. (1995). Grundriss einer allgemeinen Psychotherapie. *Psychotherapeut,* 40, 130–145.

Grawe, K. (1997). Research-informed psychotherapy. *Psychotherapy Research,* 7, 1–19.

Grawe, K. (1998, 2000). *Psychologische Therapie.* Göttingen: Hogrefe.

Grawe, K. (2004). Neuropsychotherapie. Göttingen: Hogrefe.

Grawe, K., Donati, R. & Bernauer, F. (1994). *Psychotherapie im Wandel – von der Konfession zur Profession.* Göttingen: Hogrefe.

Greenberg, L. S. (2002). *Emotion-focused therapy – Coaching clients to work through their feelings.* Washington, DC: American Psychological Association.

Gretenkord, L. (2002). Das Reasoning and Rehabilitation Programm (R & R). In R. Müller-Isberner & L. Gretenkord (Hrsg.). *Psychiatrische Kriminaltherapie* (S. 29–40). Lengerich: Pabst.

Grosse Holtforth, M., Grawe, K. & Tamcan, Ö. (2004). Der Inkongruenzfragebogen INK. Göttingen: Hogrefe.

Grossmann, P., Niemann, L., Schmidt, S. & Wallach, H. (2004). Mindfulness-based stress reduction and health benefits. A meta-analysis. *Journal of Psychosomatic Research,* 57, 35–43.

Grunow, H.-P., Krohn, B., Seidl, J. & Zentgraf, M. (2002): *Moderatoren-Manual. Kurs ABS – Autofahrer-Beratungs-Schulungs-Kurs.* IFS Institut für Schulungsmaßnahmen GmbH und AFN Gesellschaft für Ausbildung, Fortbildung und Nachschulung e. V.

Grunow, P. & Brieler, P. (2012). *Entspannung – Trainingsprogramm für Autofahrer* (2. Aufl.). Bargteheide: Verlagskontor.

Grunow, P., Nagel, J. & Brieler, P. (2008). *Kurshandbuch HAMBURG '79 – Rev. 2008. Kurs zur Abkürzung der Sperrfrist für erstmals alkoholauffällige Kraftfahrer und Kraftfahrerinnen.* (unveröffentl.). Hamburg: Verkehrspsychologisches Beratungs- und Schulungszentrum.

Gundlach, H. (1994). Moede, Walther. In Historische Kommission bei der Bayerischen Akademie der Wissenschaften (Hrsg.), *Neue Deutsche Biographie* (Bd. 17, S. 611). Berlin: Duncker & Humblot.

Gundlach, H. (1995). Max Brahn (1873–1944) In memoriam. *Psychologie und Geschichte,* 6 (3/4), 223–232.

Gundlach, H. (1996). Faktor Mensch im Krieg. Der Eintritt der Psychologie und Psychotechnik in den Krieg. *Berichte zur Wissenschaftsgeschichte,* 19 (3/4), 131–143.

Gundlach, H. (1997). The mobile psychologist: A chapter from psychology and the railroads. In W. G. Bringman, H. E. Lück, R. Miller, C. E. Early (Hrsg.). *A Pictorial History of Psychology* (pp. 506–509). Chicago: Quintessence Publishing Co.

Gundlach, H. (2002). *Psychologie und Psychotechnik bei der Eisenbahn.* Kongressband. 38. BDP-Kongress in Regensburg. Abgerufen von http://psydok.psycharchives.de/jspui/handle/20.500.11780/3466

Günther, R. (1994). *Untersuchung zur Akzeptanz und Wirksamkeit des Pkw-Sicherheitstrainings (SHT) nach dem DVR-Programm.* Reutlingen: Forschungsgruppe Dr. Günther.

Guthke, J., Schaarschmidt, U. & Sprung, L. (1983). Psychodiagnostik – gesellschaftliche Anforderungen, Trends, methodologische Probleme und Strategien. *Psychologie für die Praxis* (Berlin), 1, 54–65.

Häcker, H. & Echterhoff, W. (2003). Verkehrs- und Mobilitätspsychologie. In A. Schorr (Hrsg.). *Verkehrs- und Mobilitätspsychologie,* S. 598–611. Bern: Hans Huber.

Hacker, W. & Richter, P. (1980). *Psychische Fehlbeanspruchung. Psychische Ermüdung, Monotonie, Sättigung und Stress.* Berlin: VEB Deutscher Verlag der Wissenschaften.

Hacker, W. (1998). *Allgemeine Arbeitspsychologie. Psychische Regulation von Arbeitstätigkeiten.* Bern: Hans Huber.

Haley, E. (1968). *Technics of Family Therapy.* NY: Basic Books.

Hallbauer, U. (1937). Die Bedeutung der inneren Beherrschtheit für die Kraftfahrzeugeignung. *Zeitschrift für angewandte Psychologie und Charakterkunde,* 53, 129–232.

Hamm, A. (2006). *Spezifische Phobien.* Göttingen: Hogrefe.

Hampel, B. (1962). Untersuchungen zur Beziehung zwischen Fahrtauglichkeit und Intelligenzniveau. *Psychologie und Praxis,* 6, 1–13.

Hampel, B. (1990). Dreißig Jahre Fachausschuss Medizinisch-Psychologische Arbeitsgebiete bei der Vereinigung der Technischen Überwachungs-Vereine – Ein Beitrag zur Geschichte der angewandten Psychologie. In W.-R. Nickel (Bd.-Hrsg.), *Fahrverhalten und Verkehrsumwelt: Psychologische Analysen im interdisziplinären Feld.* Köln: Verlag TÜV Rheinland; Bonn: Deutscher Psychologen Verlag, S. 76–102.

Hare, R. D. (2003). *Psychopathy Checklist – Revised.* Toronto, Ontario: Multi-Health Systems.

Hare-Mustin, R. T. & Tushup, R. (1977). Maintaining a sense of contact with the patient during therapist's absences. *Journal of Clinical Psychology,* 33, 531–534.

Harris, M. (1989). *Kulturanthropologie.* Frankfurt a. M.: Campusverlag.

Hatakka, M., Keskinen, E., Gregersen, N. P., Glad, A. & Hernetkoski, K. (2002). From control of the vehicle to personal self-control; broadening the perspectives to driver education. *Transportation Research,* Part F, 201–215.

Hatcher, R. M., Palmer, E. J., McGuire, J., Hounsome, J. C., Bilby, C. A. L. & Hollin, C. (2008). Aggression replacement training with adult male offenders within community settings: A reconviction analysis. *Journal of Forensic Psychiatry & Psychology,* 19, 517–532.

Hauser, B., Merz, J., Pauls, C., Schnabel, E., Aydeniz, K., Blume, I., Bogus, M., Nitzsche, S., Stengl-Herrmann, D. & Klipp, S. (2014). *Alkohol-Interlocks für alkoholauffällige Kraftfahrer.* Berichte der Bundesanstalt für Straßenwesen. Heft M 251. Bremen: Carl Schünemann. Abgerufen von http://bast.opus.hbz-nrw.de/volltexte/2014/824/pdf/M251b.pdf

Hautzinger, M. (Hrsg.) (2011). *Kognitive Verhaltenstherapie. Behandlung psychischer Störungen im Erwachsenenalter.* Weinheim: Psychologie Verlags Union.

Hay, C. E. & Kinnier, R. T. (1998). Homework in counselling. *Journal of Mental Health Counselling,* 20, 122–132.

Hay, C. E. & Kinnier, R. T. (2001). Homework in counselling. In H. G. Rosenthal (Hrsg.), *Favorite counselling and therapy homework assignments: leading therapists share their most creative strategies* (S. 222–234). Philadelphia, PA: Brunner-Routledge.

Hayes, S. C. (2004). Acceptance and commitment therapy, relational frame theory, and the third wave of behavioral and cognitive therapies. *Behavior Therapy,* 35, 639–665.

Hayes, S. C., Strosahl, K. & Wilson, K. G. (1999). Acceptance and commitment therapy. New York, NY: Guilford Press.

Hayes, S.C., Strosahl, K. D. & Wilson, K. G. (2004). *Acceptance and commitment therapy: An experiential approach.* München: CIP-Medien.

Heidenreich, T. & Michalak, J. (Hrsg.) (2013). *Die „dritte Welle" der Verhaltenstherapie. Grundlagen und Praxis.* Weinheim: Beltz, Psychologie Verlags Union.

Heine, W. & Guski, R. (1994). Aspekte des Verkehrsverhaltens aus der Sicht des ökologischen Ansatzes von J. J. Gibson. In A. Flade (Hrsg.), *Mobilitätsverhalten. Bedingungen und Veränderungsmöglichkeiten aus umweltpsychologischer Sicht,* S. 65–80. Weinheim: Beltz.

Heinrichs, M., Stächele, T. & Domes, G. (2015). Stress und Stressbewältigung. *Fortschritte der Psychotherapie,* Band 58. Göttingen: Hogrefe.

Heinzmann, H.-J. & Schade, F.-D. (2004). *Risikogruppen im VZR als Basis für eine Prämiendifferenzierung in der Kfz-Haftpflicht.* Berichte der Bundesanstalt für Straßenwesen. Mensch und Sicherheit, Heft M 159. Bremerhaven: Wirtschaftsverlag NW.

Heinzmann, H.-J. (2010). *Evaluation des Kursprogramms IRaK. Bericht.* Unveröff. Manuskript, Köln: AFN.

Helfrich, H. (2013). *Kulturvergleichende Psychologie.* Wiesbaden: Springer VS.

Hellbrück, J. & Kals, E. (2012). *Umweltpsychologie.* Wiesbaden: Springer VS.

Hellwig-Brida, S., Daseking, M., Petermann, F. & Goldbeck, L. (2010). Intelligenz- und Aufmerksamkeitsleistungen von Jungen mit ADHS. *Zeitschrift für Psychiatrie, Psychologie und Psychotherapie,* 58, 299–308.

Henning, J. (2007). *Verkehrssicherheitsberatung älterer Verkehrsteilnehmer. Berichte der Bundesanstalt für Straßenwesen.* Mensch und Sicherheit. Heft M 189. Bremerhaven: Wirtschaftsverlag NW.

Henriksen, A. (1996). *Seeunfalluntersuchung und Berechtigungsentzug.* Berlin: Duncker und Humblot.

Hentschel, P. (2007). A 3 Recht. In B. Madea, F. Mußhoff, G. Berghaus (Hrsg.), *Verkehrsmedizin – Fahreignung, Fahrsicherheit, Unfallrekonstruktion.* S. 47–110. Köln: Deutscher Ärzteverlag.

Hentschel, P., König, P. & Dauer, P. (2007). *Straßenverkehrsrecht* (39. Aufl.). München: C. H. Beck.

Hermann, C. (2004). Arbeitsbedingungen im Straßengütertransport. *Verkehr und Infrastruktur* Nr. 23. Wien: Kammer für Arbeiter und Angestellte.

Herzberg, P. Y. & Schlag, B. (2006). Aggression und Aggressivität im Straßenverkehr. *Zeitschrift für Sozialpsychologie,* 37, 73–86.

Herzberg, P. Y. (2003). Der Fragebogen zur Erfassung aggressiver Verhaltensweisen im Straßenverkehr (AViS). *Zeitschrift für Differentielle und Diagnostische Psychologie,* 24, 45–55.

Herzberg, P. Y. (2004). Zur Validität des Fragebogens zur Erfassung aggressiver Verhaltensweisen im Straßenverkehr AViS. *Zeitschrift für differentielle und diagnostische Psychologie,* 25, 153–164.

Herzberg, P. Y. (2010). Aggressionsdiagnostik im Straßenverkehr. In K. Reschke, U. Kranich & W. Schubert (Hrsg.). *Mensch im Verkehr, Mobilität – Sicherheit – Lebensqualität. Tagungsband Sommeruniversität Verkehrspsychologie 25.–26.9.2009.* S. 56–58. Bonn: Kirschbaum Verlag.

Hesslinger, B., Philipsen, A. & Richter, H. (2004). *Psychotherapie der ADHS im Erwachsenenalter. Ein Arbeitsbuch.* Göttingen: Hogrefe.

Hettenbach, M., Winter, M., Grunert, G., Berger, M. & Moosmayer, R. (2000). *Führerschein/ MPU. Punkte – Alkohol – Drogen. Ratgeber von Juristen und Psychologen.* Hamburg: Libri Books on Demand.

Hickling, E. J. & Blanchard, E. B. (1999). *The international handbook of road traffic accidents and psychological trauma. Current understanding, treatment and law* (1. Aufl.). Amsterdam: Elsevier.

Hickling, E. J. & Blanchard, E. B. (2006). *Overcoming the trauma of your motor vehicle accident. A cognitive-behavioral treatment program – therapist guide (Treatments that work).* Oxford: Oxford University Press.

Hilger, N. & Rudinger, G. (2009). Evaluation des Kurses SPEED-02 zur Wiederherstellung der Kraftfahreignung für drogenauffällige Kraftfahrer. Bonn: Unveröffentlichter Abschlussbericht.

Hilger, N., Ziegler, H, Rudinger, G., DeVol, D., Jansen, J., Laub, G., Müller, K. & Schubert, W. (2012). EVA-MPU, Zur Legalbewährung alkoholauffälliger Kraftfahrer nach einer medizinisch-psychologischen Fahreignungsbegutachtung (MPU), *Zeitschrift für Verkehrssicherheit,* Sonderdruck zum Verkehrsgerichtstag 2012, 58, (Wiederabdruck in: *Blutalkohol,* 49, 74–84).

Himmelreich, K. (2005). Psychologische oder therapeutische Schulungs-Maßnahmen zwecks Reduzierung oder Aufhebung der Fahrerlaubnis-Sperre (§ 69a StGB) – ein Irrgarten für Strafrichter? *Deutsches Autorecht*, 3, 130–137.

Hinrichs, M., Stechele, T. & Domes, G. (2015). Stress und Stressbewältigung. *Fortschritte der Psychotherapie*, Bd. 58, Göttingen: Hogrefe.

Hobfoll, S. E. & Lilly, R. S. (1993). Resource conservation as a strategy for community psychology. *Journal of Community Psychology*, 21, 128–148.

Hobfoll, S. E. (1986). Conservation of resources: A new attempt at conceptualizing stress. *American Psychologist*, 44, 513–524.

Hoch, E., Zimmermann, P., Henker, J., Rohrbacher, H., Noack, R., Bühringer, G. & Wittchen, H.-U. (2011). *Modulare Therapie von Cannabisstörungen. Das CANDIS-Programm.* Göttingen: Hogrefe.

Hochbahn, Institut Wohnen und Umwelt, RNV & HSB (2005). *SuSi PLUS. Subjektives Sicherheitsempfinden im Personennahverkehr mit Linienbussen, U-Bahnen und Stadtbahnen.* Darmstadt: Institut Wohnen und Umwelt.

Höcher, G. (1985). Verkehrspsychologische Nachschulung, ihre Ziele und Wirksamkeit, sowie eine exemplarische Darstellung des Modells IVT-Hö. *Deutsches Autorecht*, 36–42.

Höcher, G. (1992). Langzeitrehabilitation alkoholauffälliger Kraftfahrer (1) – Individualpsychologische Verkehrstherapie (IVT-Hö). *Blutalkohol*, 29, 265–275.

Höcher, G. (1994). Alkoholauffällige Kraftfahrer nach Abschluss einer Langzeitrehabilitation Modell IVT-Hö. *Blutalkohol*, 31, 201–221.

Hoffman, E. (2011). Alfred Adler: Begründer der Individualpsychologie. *Psychologie Heute*, 38 (7), S. 72–77.

Hoffmann, H. (2001). Grenzwert für Rückfallquoten alkoholauffälliger Kraftfahrer nach der Teilnahme an Kursen gemäß § 70 FeV. *Blutalkohol*, 38, 336–348.

Hofmann, S. G. & Asmundson, G. J. G. (2008). Acceptance and mindfulness-based therapy: New wave or old hat? *Clinical Psychology Review*, 28, 1–16.

Hofstätter, P. R. (1966). *Einführung in die Sozialpsychologie.* Stuttgart: Kröner.

Hofstede, G. (2003). *Lokales Denken globales Handeln. Interkulturelle Zusammenarbeit und globales Management.* München: DTV.

Hollin, C. R. & Bloxsom, C. A. J. (2007). Treatments for angry aggression. In T. A. Gannon, T. Ward, A. R. Beech & D. Fisher (Hrsg.), *Aggressive offenders' cognition: Theory, research and practice* (S. 215–229). Chichester, West Sussex: Wiley.

Hörmann, H. J. & Lorenz, B. (2009). Psychologie der Luftfahrt – Forschungs- und Anwendungsgebiete. In H.-P. Krüger (Hrsg.). Anwendungsfelder der Verkehrspsychologie. *Enzyklopädie der Psychologie, Serie Verkehrspsychologie*, Band 2. Göttingen: Hogrefe.

Hudson, J. L. & Kendall, P. C. (2002). Showing you can do it: homework in therapy for children and adolescents with anxiety disorders. *Journal of Clinical Psychology*, 58 (5), 525–534.

ICD-10-GM. (2015). *Internationale statistische Klassifikation der Krankheiten und verwandter Gesundheitsprobleme; 10. Revision – German modification* (Version 2015, Stand: 30. September 2014). Köln: Deutscher Ärzteverlag.

IFS Institut für Schulungsmaßnahmen. (2000). *Berater/Therapeuten-Manual für Beratung und Einzelintervention.* (unveröffentl.). Hamburg: Institut für Schulungsmaßnahmen.

Ike, O. (2007). *Wende dein Gesicht der Sonne zu.* München: Pattloch.

Jacobshagen, W. & Nickel, W.-R. (2010). Bessere Wirksamkeit von MPU und Kursen. Warum die Routinemitteilungen an das Verkehrszentralregister ergänzt werden müssen. *Zeitschrift für Verkehrssicherheit*, 56, 74–78.

Jacobshagen, W. & Utzelmann, H.-D. (1996). Medizinisch-Psychologische Fahreignungsbegutachtungen bei alkoholauffälligen Fahrern und Fahrern mit hohem Punktestand. *Forschungsberichte des Verbandes der Technischen Überwachungsvereine e. V.* 178. Köln: TÜV Rheinland.

Jacobshagen, W. (1996). ALKOEVA und kein Ende? Eine 10-Jahres-Nachlese zu einer Evaluationsstudie. *Blutalkohol*, 33, 257–266.

Jacobshagen, W. (1997). Nachschulungskurse für alkoholauffällige Fahranfänger (NAFA) - Kurspraxis, Wirksamkeit und Akzeptanz. *Forschungsberichte des Verbandes der Technischen Überwachungsvereine e. V.* Köln: TÜV Rheinland.

Jacobshagen, W. (2001). Die Wirksamkeit des Modells BUSS – Beratung, Untersuchung und Schulung in der Sperrfrist – bei alkoholauffälligen Kraftfahrern. *Blutalkohol*, 38, 233–249.

Jacobson, E. (1938). *Progressive relaxation.* Oxford: University of Chicago Press.

Jacobson, E. (1990). *Entspannung als Therapie. Progressive Relaxation in Theorie und Praxis* (7. Aufl.). Stuttgart: Klett-Cotta.

Jahrbuch Sucht (2015). Deutsche Hauptstelle für Suchtfragen (Hrsg.). *Pressemitteilung.* Abgerufen von http://www.dhs.de/fileadmin/user_upload/pdf/Presse/2015/2015-5-13_PM3_Daten_und_Fakten.pdf

Jansen, B. (2003). Verkehrstherapeutische Interventionen: Methodische Aspekte und grundlegende Fragen am Beispiel einer Wirksamkeitskontrolle. *Blutalkohol*, 40, 5–14.

Jensch, M. & Lemm, R. (1978). *Individualpsychologisches Rehabilitationsprogramm für alkoholauffällige Kraftfahrer (IRaK).* Moderatorenhandbuch, unveröffentlichter Forschungsbericht. Köln: Bundesanstalt für Straßenwesen.

Jensch, M. & Lemm, R. (1979). IRaK. Individualpsychologisches Rehabilitationsprogramm für alkoholauffällige Kraftfahrer. In W.-D. Zuzan (Hrsg.). *Driver Improvement. 1. Internationaler Workshop Psychologische Behandlungsmodelle für Verkehrsauffällige Kraftfahrer vom 9.–13. Oktober 1978 in Salzburg*; Tagungsbericht. Wien, Salzburg: Kuratorium für Verkehrssicherheit, S. 105–111.

Jensch, M. & Lemm-Hackenberg, R. (1981). Alkohol und Lebensstil. *Faktor Mensch im Verkehr* (2. überarb. Aufl.), Bd. 31. Braunschweig: Rot-Gelb-Grün.

Jensch, M. & Seidl, J. (1999). Ganzheitliche Verkehrstherapie. Diagnose, Analyse und Synthese - nach dem Konzept der dynamischen Individualpsychologie. In F. Meyer-Gramcko (Hrsg.), *Verkehrspsychologie auf neuen Wegen. Herausforderungen von Straße, Wasser, Luft und Schiene. 37. Kongreß für Verkehrspsychologie des Berufsverbandes Deutscher und Österreichischer Psychologinnen und Psychologen und der Föderation der Schweizer Psychologinnen und Psychologen. Braunschweig, 14.–16. September 1998*, Bd. 2. S. 612–616, Bonn: Deutscher Psychologen Verlag.

Jensch, M. & von Wolmar, R. (1992). *Angst und Alkohol.* (2. unveränd. Aufl.), Braunschweig: Rot-Gelb-Grün.

Jensch, M. & von Wolmar, R. W. (1992): *Angst und Alkohol. Erfahrungen mit dem Langzeitmodell zur individualpsychologischen Rehabilitation alkoholauffälliger Kraftfahrer - I.R.A.K. - L.* Braunschweig: Rot-Gelb-Grün. Faktor Mensch im Verkehr, 38.

Jensen, H.-J. & Hansen, D.-P. (2009). Psychologie der Schifffahrt. In H.-P. Krüger (Hrsg.), *Enzyklopädie der Psychologie,* Themenbereich D, Praxisgebiete Serie VI, Band 2 Anwendungsfelder der Verkehrspsychologie. S. 779–812. Göttingen: Hogrefe.

Jensen, H.-J. (2010). Maritime Verkehrspsychologie im globalen Kontext. In K. Reschke, U. Kranich & W. Schubert (Hrsg.). *Mensch im Verkehr, Mobilität - Sicherheit - Lebensqualität. Tagungsband Sommeruniversität Verkehrspsychologie 25.-26.9.2009.* S. 75–79. Bonn: Kirschbaum Verlag.

Jerome, L., Segal, A. & Habinski, L. (2006). What we know about ADHD and driving risk. A literature review, meta-analysis and critique. *Canadian Academy of Child and Adolescent Psychiatry,* 15, 105–125.

John, U., Hapke, U. & Rumpf, H.-J. (2001). *Skala zur Erfassung der Schwere der Alkoholabhängigkeit (SESA).* Göttingen: Hogrefe.

Kaba, A. & Klemenjak, W. (Hrsg.) (1993). *Informationsaufnahme und Informationssysteme im Straßenverkehr.* Wien: Kuratorium für Verkehrssicherheit.

Kacena, S. (2011). *Evaluation von Nachschulungskursen für verkehrsauffällige Lenker: Eine wissenschaftliche Untersuchung zur Effektivität einer verkehrspsychologischen Rehabilitationsmaßnahme.* unveröff. Diplomarbeit, Universität Wien.

Kacena, S., Knessl, G., Risser, R. & Schützhofer, B. (2014). *Die Verkehrspsychologische Nachschulung - Eine Erfolgsgeschichte.* Wien: FACTUM Chaloupka & Risser OG.

Kaiser, H. J. & Oswald, W. D. (2000). Autofahren im Alter - eine Literaturanalyse. *Zeitschrift für Gerontopsychologie und -psychiatrie,* 13 (3/4), 131–170.

Kallus, W. K., Bauer, C., Dumendzics, M., Haberschek, S. Jeloucan, D., Streit, B. & Vogrincic, C. (Hrsg.) (2009). *Aviation Psychology in Austria.* Wien: Facultas.

Kalwitzki, K.-P. & Krohn, B. (2010). Individual psychological rehabilitation programmes and their effectiveness on DUI-offenders. T2010. *19th International Council on Alcohol, Drugs & Traffic Safety Conference (ICADTS) Oslo.* Abgerufen von http://www.icadtsinternational.com/pages/conference_list.php

Kalwitzki, K.-P. (2007). Mobilitätskompetenz als Gegenstand der Verkehrspsychologie - Überlegungen zur Weiterentwicklung des Modells PASS. *Zeitschrift für Verkehrssicherheit,* 53, 207.

Kalwitzki, K.-P. (2014). Rehabilitation verkehrsauffälliger Kraftfahrer - Zur Wirksamkeit pädagogischer und psychologischer Interventionen bei Punktetätern. *Verkehrszeichen,* 30 (2), 22–27.

Kalwitzki, K.-P. (2016). Wieviel Veränderung wollen wir? Zur Wirksamkeit verkehrspsychologischer Interventionen bei sog. Punktetätern. *Blutalkohol,* 53, 89–95.

Kalwitzki, K.-P., Höcher, G., Kollbach, B., Schroerschwarz, S., Stengl-Herrmann, D., Veltgens, U. & Brieler, P. (2011). Der Beitrag der Kurse nach § 70 FeV zur Verkehrssicherheit. *Zeitschrift für Verkehrssicherheit,* 57, 142–148.

Kalwitzki, K.-P., Pirke, T., Seidl, J. & von Wolmar, R. W. (2009). *Handbuch Verkehrspsychologische Therapie*. Unveröffentlichtes Arbeitsmaterial. Köln: AFN.

Kane, M. T. (1992). An argument-based approach to validity. *Psychological bulletin*, 112, 527.

Kane, M. T. (2001). Current concerns in validity theory. *Journal of educational Measurement*, 38, 319–342.

Kanfer, F. H., Reinecker, H. & Schmelzer, D. (2012). *Selbstmanagement-Therapie. Ein Lehrbuch für die klinische Praxis* (5. Aufl.). Heidelberg: Springer.

Kanfer, F. H., Reinecker, H. & Schmelzer, D. (2006). *Selbstmanagement-Therapie*. Heidelberg: Springer.

Kanfer, F. H. & Grimm, L. G. (1981). Bewerkstelligung klinischer Veränderungen: Ein Prozessmodell der Therapie. *Verhaltensmodifikation*, 2, 3, 125–136.

Kanfer, F. H. & Saslow, G. (1976). Verhaltenstheoretische Diagnostik. In D. Schulte (Hrsg.), *Diagnostik in der Verhaltenstherapie* (2. Aufl., 1. Aufl. 1974, S. 24–59). München: Urban & Schwarzenberg.

Kanfer, F. H., Reinecker, H. & Schmelzer, D. (2005). *Selbstmanagement-Therapie: Ein Lehrbuch für die klinische Praxis* (4. Aufl.). Heidelberg: Springer.

Karner, T. & Neuwirth, W. (2000). Validation of traffic psychology tests by comparing with actual driving. In: *International conference on traffic and transport psychology, Proceedings*, Vol. 4, No. 7.

Kazantzis, N. & Lampropoulos, G. K. (2002). Reflecting on homework in psychotherapy: What can we conclude from research and experience? *Journal of Clinical Psychology*, 58, 577–585.

KBA. (2015a). *Zugang in das Verkehrszentralregister*. Abgerufen von http://www.kba.de/DE/Statistik/Kraftfahrer/Verkehrsauffälligkeiten

KBA. (2015b). *Verkehrsauffälligkeiten, Zugang in das Verkehrszentralregister/Fahreignungsregister (FAER), Jahr 2014*. Abgerufen von http://www.kba.de/SharedDocs/Publikationen/DE/Statistik/Kraftfahrer/VA/2014/va1_2014_pdf.pdf?__blob=publicationFile&v=4

Keller, S. Velicer, W. F. & Prochaska, J. O. (1999). Das Transtheoretische Modell - Eine Übersicht. In S. Keller (Hrsg.), *Motivation zur Verhaltensänderung – Das Transtheoretische Modell in Forschung und Praxis*, S. 17–44. Freiburg im Breisgau: Lambertus.

Kemmler, R. (2007). *Regeneration und Optimierung fliegerischer Leistung*. Vortrag. Walldorf: Universität.

Kessler, R. C., Adler, L. A., Barkley, R., Biederman, J., Conners, C. K., Faraone, S. V., Zaslavsky, A. M. (2005). Patterns and Predictors of Attention-Deficit/Hyperactivity Disorder Persistence into Adulthood: Results from the National Comorbidity Survey Replication. *Biological Psychiatry*, 57, 1442–1451.

Kiegeland, P. (1997). *Arbeitsplatz für LKW-Fahrer: Ermüdung und Lenkverhalten, ökologische Aspekte, Perspektiven*. Berlin: Deutscher Psychologen Verlag.

Kiegeland, P. (1999). *Wirksamkeitsstudie zum Sicherheitstraining für Pkw-Fahrer/-Fahrerinnen. Schlussbericht zum Forschungsprojekt FE 82.051/1993* (Entwurf). Bergisch Gladbach: Bundesanstalt für Straßenwesen.

Kiegeland, P. (2011). *Praxishandbuch der Exploration: Arbeitstechniken für die medizinisch-psychologische Begutachtung.* Bonn: Deutscher Psychologen Verlag.

Kieschke, U., Kieschke, T. & Schubert, W. (2010). Fahrerlaubnisentzug als kritisches Lebensereignis. *Zeitschrift für Verkehrssicherheit,* 56, 143–148.

Klebelsberg, D. (1982). *Verkehrspsychologie.* Heidelberg: Springer.

Klipp, S. (2009). Der Einsatz atemalkoholgesteuerter Wegfahrsperren in Deutschland: politische und juristische Aspekte sowie Perspektiven der Umsetzung. *Blutalkohol,* 46, 190–197.

Klipp, S. (2013). *The road traffic risk of different offender groups after licence reinstatement.* Vortrag ICADTS 2013. Abgerufen von http://www.icadtsinternational.com/files/documents/2013_067.pdf

Klipp, S. (2013). The road traffic risk of different offender groups after licence reinstatement. *Proceedings 20th International Conference on Alcohol, Drugs and Traffic Safety* (T2013), Brisbane, 2013, p. 416–421. Abgerufen von www.t2013.com/wp-content/uploads/2013/08/160813_ICADTS_Proceedings.pdf vom 6.8.2014

Klipp, S., Bischof, B., Born, R., DeVol, D., Dreyer, B., Ehlert, B., Hofstätter, T., Kalwitzki, K.-P., Schattschneider, J. & Veltgens, U. (2015). *Qualität in Fahreignungsberatung und fahreignungsfördernden Maßnahmen.* (BASt-Projekt AP F1100.4413005) Berichte der Bundesanstalt für Straßenwesen, Mensch und Sicherheit, Heft M 262. Bremen: Carl Schünemann.

Klipp, S., Escrihuela-Branz, M., Boets, S., Meesmann, U., Roesner, S., Kraus, L., Panosch, E., Bukasa, B., Braun, E., Wenninger, U. & Siegrist, S. (2009). Quality Management Systems established along with Driver Rehabilitation Schemes. *DRUID Deliverable 5.2.3.* Abgerufen von http://www.druid-project.eu/cln_007/nn_107534/Druid/EN/deliverales-list/deliverables-list-node.html?_nnn=true

Klipp, S., Glitsch, E., Bornewasser, M., Dünkel, F. (2005). Bestimmungsfaktoren der frühzeitigen Teilnahme alkoholauffälliger Kraftfahrer an Interventionsmaßnahmen. *Blutalkohol,* 42, 285–302.

Klipp, S., Hundertmark, T. & Kühne, M. (2015). *(Wieder-)Auffälligkeits- und Unfallrisiko nach Neuerteilung einer Fahrerlaubnis.* Vortrag, Erster Kongress der Fachgruppe Verkehrspsychologie 25.–27. Februar 2015 an der TU Braunschweig, Deutschland.

Kollbach, B. (2009). „Was können wir für Sie / Sie für sich tun?" Verkehrspsychologische Fahrerlaubnisberatung als kundenorientiertes „Routing" bei Führerscheinproblemen [Abstract]. In K. Reschke, U. Kranich & W. Schubert (Hrsg.), *Mensch im Verkehr, Mobilität- Sicherheit – Lebensqualität. Tagungsband der Sommeruniversität Verkehrspsychologie.* (S. 34). Leipzig: Universität Leipzig.

Kollbach, B. (2013). *Evaluation in der verkehrspsychologischen Intervention.* Bonn: Kirschbaum Verlag.

Kollbach, B., (Hrsg.) (2003). *Kursleiterhandbuch IFT, Kurs zur Wiederherstellung der Kraftfahreignung für alkoholauffällige Kraftfahrer.* Versionsstand Dezember 2003. Berlin: DEKRA Akademie.

Kollbach, B., Müller, D., Rudinger, G., Schubert, W. & Schulte, K. (2014). *Das Fahreignungsseminar in der Praxis. Handbuch zur Aus- und Weiterbildung von Seminarleitern des Fahreignungsseminars.* Bonn: Kirschbaum Verlag.

König, B. & Zentgraf, M. (2015). Kurs zur Wiederherstellung der Kraftfahreignung gemäß & 70 FeV. Wirksamkeit des weiterentwickelten Kursprogramms IFT für alkoholauffällige Kraftfahrer. *Blutalkohol*, 52, 374–379.

König, B., Zentgraf, M. & Brieler, P. (2014). Rehabilitation drogenauffälliger Kraftfahrer durch das Kursprogramm GOOD (§ 70 FeV). *Verhaltenstherapie & psychosoziale Praxis*, 41, 569–578.

Kordon, A. & Hofecker Fallahpour, M. (2006). Pharmakotherapie der Aufmerksamkeitsdefizit-/Hyperaktivitätsstörung (ADHS) im Erwachsenenalter. *Zeitschrift für Psychiatrie*, Psychologie und Psychotherapie, 54, 99–110.

Körkel, J. (2010). Kontrollierter Alkoholkonsum als Zieloption für alkoholauffällige Kraftfahrer. In R. S. Born, P. Brieler & J. M. Sohn (Hrsg.), *Beurteilungskriterien in der Fahreignungsdiagnostik. Fortschritte und Optimierungsbedarf*, S. 47–84, Lengerich: Pabst Science Publishers.

Körkel, J. (2012). Wenn Alkohol das Problem ist, Abstinenz aber nicht die Lösung: Kontrolliertes Trinken als Behandlungsoption. In H. Schmidt-Semisch & H. Stöver (Hrsg.), *Saufen mit Sinn? Harm Reduction beim Alkoholkonsum*. S. 141–165. Frankfurt/M.: Fachhochschulverlag.

Körkel, J. (2013). *Kontrolliertes Trinken. So reduzieren Sie Ihren Alkoholkonsum*. Stuttgart: TRIAS.

Körkel, J. (2015). Kontrolliertes Trinken bei Alkoholkonsumstörungen: eine Übersicht. *SUCHT – Zeitschrift für Wissenschaft und Praxis*, 61,147–174.

Kraemer, S., Kuhnert, I. & Krauthan, G. (1983). *Trainermanual, Alkoholtrinken und Fahren: Verfahren zur Verhaltensänderung*. 2. überarbeitete Aufl. unter Beteiligung G. Kajan, H. D. Utzelmann, W. Wiegand und im Auftrag der Bundesanstalt für Straßenwesen. (unveröffentl.), Köln.

Kraftfahrgesetz (KFG). *Bundesgesetz über das Kraftfahrwesen* (BGBl. 1967/267 i.d.F. BGBl. I 2014/87).

Kraftfahrt-Bundesamt. (2015 a). *KBA Expertensuche*. Abgerufen von http://www.kba.de/DE/Statistik/Kraftfahrer/Fahrerlaubnisse/Fahrerlaubnismassnahmen/2014_fe_m_dusl.html;jsessionid=442849B415AFA786A3B587D604437F22.live2053?nn=1150864

Kraftfahrt-Bundesamt. (2015 b). *Verkehrsauffälligkeiten – Die „Punkte in Flensburg“*. Abgerufen von http://www.kba.de/DE/Statistik/Kraftfahrer/Verkehrsauffaelligkeiten/verkehrsauffaelligkeiten_node.html

Krämer, M. (2002). Frischer Wind in der Bildungslandschaft? *Report Psychologie*, 27, 11/12, 704–709.

Krampen, G. (2002). *Stundenbogen für die Allgemeine und Differentielle Einzelpsychotherapie (STEP)*. Göttingen: Hogrefe.

Krampen, G. (2003). Forschung und Lehre in der psychologischen Hauptfachausbildung. In A. Schorr (Hrsg.), *Psychologie als Profession* (S. 188–200). Bern: Huber.

Kranich, U. & Reschke, K. (2009). Approbationsvorbehalt – Ein Thema für die verkehrspsychologische Tätigkeit? *Zeitschrift für Verkehrssicherheit*, 55, 145–146.

Kranich, U., Kulka, K. & Reschke, K. (2008). *Verkehrspsychologie im automobilen Straßenverkehr*. Hamburg: Dr. Kovac.

Kranich, U., Lohse, M. & Reschke, K., (2012). *Erhaltung der Fahrkompetenz für ältere Kraftfahrer, Überführungsübungen zum Programm mobil 65 +.* Aachen: Shaker.

Kraus, C. (2011). Successful Evaluation of the Rehabilitation Program "LEER". Vortrag, *5. Internationaler Kongress „Fit to Drive"*, 7.–8. April 2011 in Den Haag/NL.

Kraus, L., Pabst, A., Gomes de Matos, E. & Piontek, D. (2014). Kurzbericht Epidemiologischer Suchtsurvey 2012. *Tabellenband: Prävalenz des Konsums illegaler Drogen, multipler Drogenerfahrung und drogenbezogener Störungen nach Geschlecht und Alter im Jahr 2012.* München: IFT Institut für Therapieforschung.

Kriz, J. (2001). *Grundkonzepte der Psychotherapie.* 5. Aufl. Weinheim: Beltz.

Kroj, G. & Pfeiffer, G. (1973). Der Kölner Fahr-Verhaltens-Test. *Faktor Mensch im Verkehr*, 21. Frankfurt: Tetzlaff.

Kroj, G. (Hrsg.) (1995). *Psychologisches Gutachten Kraftfahreignung.* Bonn: Deutscher Psychologen Verlag

Kroj, G. (1990). Perspektivenwechsel in der Fahreignungsdiagnostik. In W.-R. Nickel (Bd.-Hrsg.), *Fahrverhalten und Verkehrsumwelt: Psychologische Analysen im interdisziplinären Feld.* S. 152–166. Köln: Verlag TÜV Rheinland; Bonn: Deutscher Psychologen Verlag.

Kröske, B. & Teichert, C. (2015). Befunde zur Sicherheitswirksamkeit von Fahrsicherheitstrainings. *Zeitschrift für Verkehrssicherheit*, 61, 75–82.

Krüger, H.-P. (2009). Vorwort. In H.-P. Krüger (Hrsg.), *Enzyklopädie der Psychologie*, Themenbereich D, Praxisgebiete Serie VI, Band 2 Anwendungsfelder der Verkehrspsychologie. Göttingen: Hogrefe.

Kruse, G., Körkel, J. & Schmalz, U. (2001). *Alkoholabhängigkeit erkennen und behandeln.* Bonn: Psychiatrie Verlag.

Kubinger, K. D. (2006). *Psychologische Diagnostik.* Göttingen: Hogrefe.

Kühne, A. & Zuschlag. B.(2006). *Richtlinien für die Erstellung psychologischer Gutachten* (2. Aufl.). Bonn: Deutscher Psychologen Verlag.

Kultusministerkonferenz (Hrsg.). (2003). *Ländergemeinsame Strukturvorgaben gemäß § 9 Abs. 2 HRG für die Akkreditierung von Bachelor- und Masterstudiengängen.* Beschluss der Kultusministerkonferenz vom 10.10.2003. O. O.

Lach, K. (1999). *Belastungen und soziale Konfliktneigung von Lkw-Fahrern.* Diplomarbeit, Ruprecht-Karls-Universität, Heidelberg, Deutschland.

Lang, E. (1999). Autofahren und Krankheiten im Alter – immer eine Gefahr? In H. Kaiser, W. D. Oswald (Hrsg.), *Autofahren im Alter*, 35–49. Bern: Hans Huber.

Lange, M. & Petermann, F. (2013). Die Wirksamkeit von Einzel- und Gruppentherapie im Vergleich. Eine systematische Literaturanalyse. *Phys Med Rehab Kuror*, 23, 327–333.

Larson, J. A. (1996). *Steering clear of highway madness: a driver's guide to curbing stress and strain.* Wilsonville, OR: BookPartners.

Lauth, G. & Minsel, W.-R. (2009). *ADHS bei Erwachsenen - Diagnostik und Behandlung von Aufmerksamkeitsdefizit-/Hyperaktivitätsstörungen.* Göttingen: Hogrefe.

Lazarus, R. S. (1966). *Psychological stress and the coping process.* New York: Mc Graw-Hill.

Lazarus, R.S. & Launier, R. (1978). Stress-related transactions between person and environment. In L. Pervin & M. Lewis (Hrsg.), *Perspectives in Interactional Psychology* (pp. 287–327). New York: Plenum.

Leahy, R. L. (2007). *Techniken der kognitiven Therapie.* Paderborn: Junfermann.

LeDoux, J. (2002). *Synaptic Self: How Our Brains Become Who We Are.* Viking: Penguin.

Leichsenring, F. (2004). *Lehrbuch der Psychotherapie,* Band 2. Vertiefungsband psychoanalytische und tiefenpsychologisch fundierte Psychotherapie. München: CIP-Medien.

Leitsätze Verkehrspsychologische Therapie (2008). Abgerufen von www.verkehrstherapie.de

Lewrenz, H., Brieler, P. & Püschel, K. (2006). *Krankheit und Kraftverkehr. Fahreignungsdiagnostik aus medizinischer, juristischer und psychologischer Sicht.* Hamburg: Dr. Kovac.

Liemandt, T. (2013). *Die MPD-Intervention der DEKRA Akademie: Eine bewährte Maßnahme zur Unterstützung des Fahrers.* Poster, Gemeinsames Symposium DGVM und DGVP, Heringsdorf.

Lindeman, M. & Verkasalo, M. (1994). Personality, situation, and positive-negative asymmetry in socially desirable responding. *European Journal of Personality,* 9, 125–134.

Linden, M. & Hautzinger, M. (2005). *Verhaltenstherapie-Manual.* Heidelberg: Springer.

Linden, M. & Hautzinger, M. (Hrsg.) (2011). *Verhaltenstherapiemanual: Techniken, Einzelverfahren und Behandlungsanleitungen* (7. Aufl.). Heidelberg: Springer.

Lindner, I. (2001). Eckpunkte zur BA/MA-Diskussion. *Report Psychologie,* 26, 1, 53–54.

Lindner, I. (2003). *Studienführer Psychologie* (5. überarbeitete und aktualisierte Aufl.). Würzburg: Lexika Verlag.

Lindzey, P. H. & Norman, D. A. (1977). *Human information processing. An introduction to psychology* (2. Auf.). New York: Academic Press.

Linehan, M. (1993). *Cognitive behavioral treatment for borderline personality disorder.* New York, NY: Guilford.

Linehan, M. (1996a). *Dialektisch-behaviorale Therapie der Borderline-Persönlichkeitsstörung.* München: CIP-Medien.

Linehan, M. (1996b, 2004). *Trainingsmanual zur dialektisch-behavioralen Therapie der Borderline-Persönlichkeitsstörung.* München: CIP-Medien.

List, M. (1990). Drei Jahre Fahrerlaubnis auf Probe – Betrachtungen und Ergebnisse. In W.-R. Nickel, (Bd.-Hrsg.). *Fahrverhalten und Verkehrsumwelt: Psychologische Analysen im interdisziplinären Feld.* S. 197–222, Köln: Verlag TÜV Rheinland; Bonn: Deutscher Psychologen Verlag.

Lohmann-Haislah, A. (2012). *Stressreport Deutschland 2012, Psychische Anforderungen, Ressourcen und Befinden* (1. Aufl.). Dortmund: Bundesanstalt für Arbeitsschutz und Arbeitsmedizin.

Ludolph, A. G., Kölch, M., Plener, P. L., Schulze, U. M., Spröber, N. & Fegert, J. M. (2009). Aufmerksamkeitsdefizit-Hyperaktivitätsstörung (ADHS) und Straßenverkehr. Was gibt es in der Behandlung Jugendlicher mit ADHS zu beachten? *Zeitschrift für Kinder- und Jugendpsychiatrie und Psychotherapie,* 37, 405–411.

Lüftenegger, M. (2006). *Evaluation von verkehrspsychologischen Nachschulungskursen.* Unveröff. Diplomarbeit, Universität Wien.

LVV. (1996). *Wirksamkeitsuntersuchung ISB Hamburg '79.* Schriftliche Mitteilung Landesverkehrsverwaltung Hamburg vom 12.6.1996.

LVV. (1997). *Wirksamkeitsuntersuchung ISB Hamburg '79.* Schriftliche Mitteilung Landesverkehrsverwaltung Hamburg vom 10.3.1997.

Maag, C., Krüger, H.-P., Benmimoun, A. & Neunzig, D. (2004). Aggressionen im Straßenverkehr – Modellierung von Individual- und Systemverhalten. *Zeitschrift für Verkehrssicherheit,* 50, 132–140.

Maag, Ch., Schmitz, M. & Fröschl, Th. (2009). Psychologie des Eisenbahnverkehrs. In H.-P. Krüger (Hrsg.), *Enzyklopädie der Psychologie,* Themenbereich D, Praxisgebiete Serie VI, Band 2 Anwendungsfelder der Verkehrspsychologie. Göttingen: Hogrefe.

MacKenzie, K. R. (1997). Clinical Application of Group Development Ideas. *Group Dynamics: Theory, Research, and Practice* (4), 275–287.

Madea, B., Mußhoff F. & Berghaus, G. (2007). *Verkehrsmedizin. Fahreignung, Fahrsicherheit, Unfallrekonstruktion.* Köln: Deutscher Ärzteverlag.

Maercker, A. (2013). Symptomatik, Klassifikation und Epidemiologie. In A. Maercker (Hrsg.), *Posttraumatische Belastungsstörungen* (4., vollst. überarb. u. aktualisierte Aufl., S. 13–34). Heidelberg: Springer.

Maier, W., Lichtermann, D., Klingler, T., Heun, R. & Hallmayer, J. (1992). Prevalences of Personality Disorders (DSM-III-R) in the Community. *Journal of Personality Disorders,* 6, 187–196.

Mann, K. (2015). Können Alkoholabhängige ihre Trinkmengen durch eine Kombination von Medikamenten und Kurzinterventionen dauerhaft reduzieren? *SUCHT – Zeitschrift für Wissenschaft und Praxis,* 61, 29–36

Marbe, K. (1913). Psychologisches Gutachten zum Prozeß wegen des Müllheimer Eisenbahnunglücks. Fortschritte der Psychologie und ihrer Anwendungen, 1 (6), 339–374.

Marbe, K. (1924). Ueber Psychologie und Eisenbahnwesen. Vortrag, gehalten am 26. Juni 1924 bei der 3. Tagung des Psychotechnischen Ausschusses der Reichsbahn. *Archiv für Eisenbahnwesen,* 47, 729–744.

Margraf, J. & Schneider, S. (Hrsg.) (2009a). *Lehrbuch der Verhaltenstherapie. Band 1: Grundlagen, Diagnostik, Verfahren, Rahmenbedingungen* (3. Aufl.). Heidelberg: Springer.

Margraf, J. & Schneider, S. (Hrsg.) (2009b). *Lehrbuch der Verhaltenstherapie. Band 2: Störungen im Erwachsenenalter, spezielle Indikationen, Glossar* (3. Aufl.). Heidelberg: Springer.

Maschke, P. (2004). Personality evaluation of applicants in aviation. In: K.-M. Goeters (Hrsg.), *Aviation Psychology: Practice and Research.* S. 141–152. Aldershot: Ashgate.

Mäthner, E., Jansen, A. & Bachmann, T. (2005). Wirksamkeit und Wirkfaktoren von Coaching. In C. Rauen (Hrsg.), *Handbuch Coaching,* S. 137–152, Göttingen: Hogrefe.

Matthews, G. (2002). Towards a transactional ergonomics for driver stress and fatigue. *Theoretical Issues in Ergonomics Science,* 3, 195–211.

Matthews, G., Desmond, P. A., Joyner, L., Carcary, B. & Gilliland, K. (1996). Validation of the driver stress inventory and driver coping questionnaire. *International Conference on Traffic and Transport Psychology (ICTTP).* Valencia, Spain, May 1996.

Matthews, G., Desmond, P. A., Joyner, L., Carcary, B. & Gilliland, K. (1997). A Comprehensive Questionnaire Measure of Driver Stress and Affect. In T. Rothengatter &

Reason, J., Manstead, A., Stradling, S., Baxter, J. & Campbell, K. (1990). Errors and violations on the roads: a realistic distinction? *Ergonomics*, 33, 1315–1332.

Mattke, D. & Strauß, B. (2012). Indikation, Prognose, Vorbereitung und Zusammensetzung von Therapiegruppen. In B. Strauß & D. Mattke (Hrsg.), *Gruppenpsychotherapie*. S. 59–67. Heidelberg: Springer.

Maxwell, J. P., Grant, S. & Lipkin, S. (2005). Further validation of the propensity for angry driving scale in British drivers. *Personality and Individual Differences*, 38, 213–224.

McFarland, L. A. & Ryan, A. M. (2000). Variance in faking across non-cognitive measures. *Journal of Applied Psychology*, 85, 812–821.

Meadows, M. L., Stradling, S. G. & Lawson, S. (1998). The role of social deviance and violations in predicting road traffic accidents in a sample of young offenders. *British Journal of Psychology*, 89, 417–431.

Meichenbaum, D. H. & Deffenbacher, J. L. (1988). Stress inoculation training. *The Counseling Psychologist*, 16, 69–90.

Meinlschmidt, G., Schneider, S. & Margraf, J. (2012). *Lehrbuch der Verhaltenstherapie. Band 4: Materialien für die Psychotherapie*. Heidelberg: Springer.

Menken, E. (1980). *Die Rechtsbeziehungen zwischen Verwaltungsbehörde, Betroffenem und Gutachter bei der Medizinisch-Psychologischen Fahreignungsbegutachtung*. Köln: TÜV Rheinland.

Messick, S. (1995). Validity of psychological assessment: validation of inferences from persons' responses and performances as scientific inquiry into score meaning. *American Psychologist*, 50, (9), 741.

Meyer, H. (2010). Verkehrs-Intervention in Deutschland. Empirische Befunde und Zukunftsperspektiven. *Blutalkohol*, 47, 61–88.

Meyer, H. (2016). *Erfolgsbilanz, PRO·NON Qualitätsmanagement: Wie uns unsere Klienten beurteilen*. Abgerufen von http://www.pronon.info/erfolgsbilanz.html

Meyer-Gramcko, F. & Sohn, J.-M. (1993). *Mitarbeiter-Handbuch Verkehrstherapie*. (unveröffentl. Ms.). Braunschweig, Hamburg: Verkehrstherapeutische Praxis.

Meyer-Gramcko, F. & Sohn, J.-M. (1998). Evaluation der Verkehrstherapie. *Zeitschrift für Verkehrssicherheit*, 44, 170–173.

Michalke, H., Barglik-Chory, Ch. & Brandstätter, Ch. (1987). Effizienzkontrolle von Gruppentrainingsmaßnahmen für alkoholauffällige Kraftfahrer – Driver Improvement. Wien: Kuratorium für Verkehrssicherheit.

Michie, S., Atkins, L. & West, R. (2014a). *The Behaviour Change Wheel – A Guide to Designing Interventions*. London: Silverback Publishing.

Michie, S., Campbell, R. Jamie Brown, J., West, R. & Gainforth, H. (2014b). *ABC of Behaviour Change Theories: An Essential Resource for Researchers, Policy Makers and Practitioner*. London: Silverback Publishing.

Mienert, M. (2003). Entwicklungsaufgabe Automobilität - Teil 1, Psychische Funktionen des Pkw-Führerscheins für Jugendliche im Übergang ins Erwachsenenalter. *Zeitschrift für Verkehrssicherheit*, 49, 26–48.

Miller, W. R. & Rollnick, S. (1999). *Motivierende Gesprächsführung: Ein Konzept zur Beratung von Menschen mit Suchtproblemen*. Freiburg im Breisgau: Lambertus.

Miller, W. R. & Rollnick, S. (1999, 2004). Motivierende Gesprächsführung. Freiburg: Lambertus.

Moede, W. (1930). *Lehrbuch der Psychotechnik* (Bd. 1). Berlin: Julius Springer.

Molt, W. (1986). Die Behavior Settings Straßen. In G. Kaminski (Hrsg.). *Ordnung und Variabilität im Alltagsgeschehen*, S. 83–126. Göttingen: Hogrefe.

Mühlberger, A. & Herrmann, M. J. (2011). *Strategien für entspanntes Fliegen. Ein Selbsthilfeprogramm zur Bewältigung von Flugangst.* Göttingen: Hogrefe.

Mühlberger, A. (2001). *Exposition in virtuellen Welten zur Flugangsttherapie und experimentellen Therapieforschung.* Augsburg: Pinus.

Mühlberger, A. P., Pauli, P. & Rößler, J. (2012). *FAPI. Flugangst- und Flugphobie-Inventar.* Göttingen: Hogrefe.

Müller, A. (1976). Der Trunkenheitsersttäter im Straßenverkehr der Bundesrepublik Deutschland. *Beiträge zur empirischen Kriminologie*, Bd. 3. Frankfurt am Main: Peter Lang

Müller, Ch. P., Topic, B., Huston, J. P., Lutz, B., Skopp, G. & Aderjan, R. (2006). Cannabis und Verkehrssicherheit. Bergisch Gladbach, Berichte der Bundesanstalt für Straßenwesen. Mensch und Sicherheit, Heft M 182. Bremerhaven: Wirtschaftsverlag NW.

Müller, D., Kollbach, B. & Schulte, K. (2015). Rechtsgrundlagen und Praxis des Fahreignungsseminars. In Patermann, A., Schubert, W. & Graw, M. (Hrsg.), *Handbuch des Fahreignungsrechts. Leitfaden für Gutachter, Juristen und andere Rechtsanwender* S. 365-377. Bonn: Kirschbaum Verlag.

Müller, F. & Ruhr, H.-J. (2010). *Keine Angst mehr hinterm Steuer.* Heidelberg: Springer.

Müller, K. (2008). *Autofahren ohne Angst.* Bern: Huber.

Mummendey, H. D. (1995). *Die Fragebogen-Methode.* Göttingen: Hogrefe.

Münsterberg, H. (1912). *Psychologie und Wirtschaftsleben. Ein Beitrag zur angewandten Experimental-Psychologie.* Leipzig: Johann Ambrosius Barth.

Münsterberg, H. (1913). *Psychology and industrial efficiency.* Boston: Houghton Mifflin Company.

Münsterberg, H. (1914a). *Grundzüge der Psychotechnik.* Leipzig: Johann Ambrosius Barth.

Münsterberg, H. (1914b). *Psychology, general and applied.* New York: D. Appleton and Company.

Müßig, V. (2008). Wer zu spät kommt ... – Bedeutung der Kursregeln in Kursen zur Wiederherstellung der Kraftfahreignung (§ 70 FeV) aus fachlicher Sicht. *Zeitschrift für Verkehrssicherheit,* 54, 92–96.

Mutzenbecher, v. Y. & Butzmann, R. (2005). Ressourcenorientierte Therapie mit verkehrsauffälligen Kraftfahrern. In: *Verkehrstherapie, Schriftenreihe des Bundesverbandes Niedergelassener Verkehrspsychologen.* Abgerufen von http://www.bnv.de/vkth/Verkehrstherapie_01_2005.pdf.

Naar-King, S. & Suarez, M. (2012). *Motivierende Gesprächsführung mit Jugendlichen und jungen Erwachsenen.* Weinheim: Beltz.

NICE. (2013). *CG72 Attention deficit hyperactivity disorder (ADHD): NICE guideline.* London: National Institute for Health and Care Excellence.

Nickel, W.-R. & Schubert, W. (2012). *Best Practice Alkohol-Interlock, Erforschung alkoholsensitiver Wegfahrsperren für alkoholauffällige Kraftfahrer, Literaturstudie, Bewertung und Designperspektiven.* Bonn: Kirschbaum Verlag.

Nickel, W.-R. (1993). Licensing and medical-psychological assessment in Germany. In: Utzelmann/Berghaus/Kroj (Hrsg.), *Alcohol, drugs and traffic safety* - T 92., S. 246–250. Köln: TÜV Rheinland.

Nochajski, T. H. & Stasiewicz, P. R. (2006). Relapse to driving under the influence (DUI): A review. *Clinical Psychology Review*, 26, 179–195.

Novaco, R. W. (2007). Anger dysregulation: Its assessment and treatment. In T. A. Cavell & K. T. Malcolm (Hrsg.), *Anger, Aggression and inteventions for interpersonal* violence (S. 3–54). Mahwah, NJ: Erlbaum.

Nutt, D. J., King, L. A. & Phillips, L. D. (2010). Drug harms in the UK: a multicriteria decision analysis. *The Lancet* 376, Issue 9752, 1558–1565.

Nyberg, E. & Stieglitz, R.-D. (2006). Psychotherapie der Aufmerksamkeitsdefizit-/Hyperaktivitätsstörung (ADHS) im Erwachsenenalter. *Zeitschrift für Psychiatrie, Psychologie und Psychotherapie*, 54, 111–121.

Olver, M. E. & Wong, S. C. P. (2009). Therapeutic responses of psychopathic sexual offenders: treatment attrition, therapeutic change, and long-term recidivism. *Journal of Consulting and Clinical Psychology*, 77, 328–336.

Öst, G. (2008). Efficacy of the third wave of behavioral therapies: A systematic review and meta-analysis. *Behaviour Research and Therapy*, 46, 296–321.

Ostermann, D. (2010). *Gesundheitscoaching.* Wiesbaden: VS Verlag für Sozialwissenschaften.

Pabst, A., Kraus, L., Gomes de Matos, E. & Piontek, D. (2013). Substanzkonsum und substanzbezogene Störungen in Deutschland im Jahr 2012. *SUCHT - Zeitschrift für Wissenschaft und Praxis*, 59, 321–331.

Patermann, A. (2015). Begrenzungen des Untersuchungsgrundsatzes. In A. Patermann, W. Schubert & M. Graw (Hrsg.), *Handbuch des Fahreignungsrechts. Leitfaden für Gutachter, Juristen und andere Rechtsanwender*, S. 98–107, Bonn: Kirschbaum Verlag.

Patermann, A., Schubert, W. & Graw, M. (2015). *Handbuch des Fahreignungsrechts. Leitfaden für Gutachter, Juristen und andere Rechtsanwender.* Bonn: Kirschbaum Verlag.

Paulhus, D. L. (1991). Measurement and control of response bias. In J. P. Robinson, P. R. Shaver & L. S. Wrightsman (Hrsg.), *Measures of personality and social psychological attitudes*: Vol. 1 (pp. 17-59). San Diego, CA: Academic Press.

Peitz, J. & Hoffmann-Born, H. (2011). *StreetReadyTool. Diagnosecheck und ärztliche Dokumentation der Fahrsicherheit.* Stuttgart: Schattauer.

Pfafferott, I. (1974). *Psychische Einflussgrößen für die Einhaltung und die Übertretung von Geschwindigkeitsbeschränkungen.* Dissertation, Universität Köln.

Pfafferott, I. (2002). Komplexität handlungssteuernder Hintergründe im Straßenverkehr am Beispiel „Geschwindigkeitsverhalten". In G. Bliersbach, W. Culp, M. Geiler, M. Heß, B. Schlag, K. Schuh & I. Pfafferott (Hrsg.), Gefühlswelten im Straßenverkehr. *Schriftenreihe Verkehrssicherheit*, Heft 10. S. 7–11. Bonn: DVR.

Piper, W. E. (2010). Patientenauswahl und Gruppenzusammensetzung. In V. Tschuschke (Hrsg.), *Gruppenpsychotherapie: Von der Indikation bis zu Leitungstechniken*. Stuttgart: Georg Thieme.

Plagemann, H. (2007). Rechtsgutachten zum Approbationsvorbehalt. Abgerufen von http://www.bdponline.de/intern/web/2008/80418-gutachten.pdf

Plewka, M. (2014). Geschwindigkeit – Unterschätztes Risiko. Überschätzter Nutzen. *Fahrlehrerbrief* 11/2014. München: Heinrich Vogel.

Plewka, M. (2014). *Sicherheit im Fokus. Trainerhandbuch Berufskraftfahrerweiterbildung* Modul 3. München: Heinrich Vogel.

Polnay, A., James, V. A. W., Hodges, L., Murray, G. D., Munro, C. & Lawrie, S. M. (2014). Group therapy for people with bulimia nervosa: systematic review and meta-analysis. *Psychological Medicine*, 44, 2241–2254.

Posch, C. (2000). *Veränderungen von Einstellungen und Befindlichkeit alkoholauffälliger Kraftfahrer im Laufe von Driver Improvement Kursen*. Unveröff. Diplomarbeit, Universität Innsbruck.

Priewe, J. (2007). *Prüfungsangst bei Studierenden: Eine empirische Studie zur Häufigkeit von Prüfungsangst*. Saarbrücken: Akademikerverlag.

Prochaska, J. O. & DiClemente, C. C. (1982). Transtheoretical therapy: Toward a more integrative model of therapy. *Psychotherapy: Theory, Research, and Practice*, 19, 267-288.

Prochaska, J. O. & DiClemente, C. C. (1986). Toward a comprehensive model of change. In Miller, W. R. & Heather, N. (Hrsg.), *Treating addictive behaviors: Processes of change* (pp. 3–17). New York: Plenum Press.

Prochaska, J. O. (1994). Strong and weak principles for progressing from precontemplation to action on the basis of twelve problem behaviors. *Health Psychology*, 13, 47–51.

Prochaska, J. O., Norcross, J. C. & DiClemente C. C. (1994). *Changing for Good*. New York: William Morrow and Company, Inc.

Psychologengesetz (PG): *Bundesgesetz über die Führung der Bezeichnung „Psychologin" oder „Psychologe" und über die Ausübung der Gesundheitspsychologie und der Klinischen Psychologie* (Psychologengesetz 2013), (BGBl. 2013/182 i.d.F. BGBl. I 2014/32), Österreich.

Psychotherapeutengesetz (PsychThG) (aktuelle Fassung). Abgerufen von https://www.gesetze-im-internet.de/psychthg/index.html, Deutschland.

Psychotherapie-Richtlinie (2016). *Richtlinie des Gemeinsamen Bundesauschusses über die Durchführung der Psychotherapie*. Abgerufen von https://www.g-ba.de/informationen/richtlinien/20/. Deutschland.

Rademacher, A. (2009). *Entwicklung eines Stressbewältigungsprogramms für verkehrsauffällige Kraftfahrer; Konzeption eines Manualentwurfs auf Grundlage des Programms „Optimistisch den Stress meistern"*. Unveröff. Bachelorarbeit, Universität Leipzig.

Raithel, J. & Widmer, A. (2012). *Deviantes Verkehrsverhalten: Grundlagen, Diagnostik und verkehrspsychologische Therapie*. Göttingen: Hogrefe.

Raithel, J. (2013). Deviantes Verkehrsverhalten – Ein kognitiv-behaviorales Erklärungsmodell und seine therapeutische Anwendung am Beispiel FiaZ. *Verkehrszeichen*, 29 (4), 27–30.

Rakes, T. (1991). Research in the neural networks/expert system area. *Decision Line*, 22, 11–14.

Rattner, J. (2006). *Alfred Adler mit Selbstzeugnissen und Bilddokumenten*. 12. Aufl. (Rowohlts Monographien, 189). Reinbek: Rowohlt.

Rauen, C. (Hrsg.) (2005). *Handbuch Coaching*. Göttingen: Hogrefe.

Reimann, C., Schubert, W., Berg, M. & van der Meer, E. (2014). Indication for the Assessment of Driver's Fitness after Problematic Alcohol Consumption. *Sucht – Journal of Addiction Research and Practice*. *60* (3), 2014, 139–147.

Reimer, C. & Rüger, U. (2000). *Psychodynamische Psychotherapien, Lehrbuch der tiefenpsychologisch orientierten Psychotherapien*. Heidelberg: Springer.

Reschke, K. & Schröder, H. (2010). *Optimistisch den Stress meistern – Theorie und Praxis eines Interventionsprogramms für Gesundheitsförderung und Rehabilitation*. Tübingen: DGVT.

Reschke, K., Kranich, U. & Gellert, G. (2009). *mobil 65+: Ein Interventionsprogramm für ältere Kraftfahrer zur Erhaltung der Fahrkompetenz*. Aachen: Shaker.

Reschke, K., Kranich, U. & Lessing, A. (2015). *Optimistisch den Fahr(er)stress meistern*. Aachen: Shaker.

Reschnar, G. & Schlag, B. (2002). Bewältigungsstrategien älterer Autofahrer. In: B. Schlag, K. Megel (Hrsg.): *Mobilität und gesellschaftliche Partizipation im Alter*. Bundesministerium für Familie, Senioren, Frauen und Jugend. Bd. 230. S. 242–257. Stuttgart: Kohlhammer.

Richtlinie (2008). Richtlinie Nr. 4 – aktualisierte Fassung vom 12.11.2008 – im Einvernehmen mit der See-Berufsgenossenschaft zur Dritten Verordnung zur Änderung der Verordnung über die Krankenfürsorge auf Kauffahrteischiffen vom 5.9.2007 § 15 (4) – Aufnahme einer Tätigkeit als Schiffsärztin/-arzt.

Richtlinie (2014). *Richtlinie über die Anforderungen an Träger von Kursen zur Wiederherstellung der Kraftfahreignung (§ 70 FeV) und deren Begutachtung durch die Bundesanstalt für Straßenwesen* vom 27.1.2014 (VkBl. S. 110).

Rief, W., Exner, C. & Martin, A. (2006). *Psychotherapie. Ein Lehrbuch*. Stuttgart: Kohlhammer.

Rindermann, H. (2004). Intelligenz. In H. S. Friedman & M. W. Schustack (Hrsg.) *Persönlichkeitspsychologie und Differentielle Psychologie*. S. 372–389. München: Pearson.

Risser, R. & Brandstätter, C. (1985). Die Wiener Fahrprobe. Freie Beobachtung. *Kleine Fachbuchreihe, 21*, Kuratorium für Verkehrssicherheit, Wien: KfV.

Risser, R. (1997). Validity of driver's diagnostics and selection. In R. Risser (Hrsg.), *Assessing the driver*. S. 89–101. Braunschweig: Rot-Gelb-Grün.

Risser, R., Chaloupka, Ch., Grundler, W., Sommer, M., Häusler, J. & Kaufmann, Ch. (2008). Using non-linear methods to investigate the criterion validity of traffic-psychological test-batteries. *Accident Analysis and Prevention*, 40, 149–157.

Rist, F., Scheuren, B., Demmel, R., Hagen & Aulhorn, I. (2003). Der Münsteraner Alcohol Use Disorders Identification Test (AUDIT-GM). In A. Glöckner-Rist, F. Rist, H. Küfner,

(Hrsg.), *Elektronisches Handbuch zu Erhebungsinstrumenten im Suchtbereich (EHES)*. Version 3.00. Mannheim: Zentrum für Umfragen, Methoden und Analysen.

Roediger, E. & Jacob G. (2010). *Fortschritte der Schematherapie: Konzepte und Anwendungen*. Göttingen: Hogrefe.

Roediger, E. (2009). *Praxis der Schematherapie*. Stuttgart: Schattauer.

Roediger, E. (2009). *Was ist Schematherapie? Eine Einführung in Grundlagen, Modell und Anwendung*. Paderborn: Junfermann.

Rösler, M. & Retz, W. (2006). Die Aufmerksamkeitsdefizit-/Hyperaktivitätsstörung (ADHS) im Erwachsenenalter. *Zeitschrift für Psychiatrie, Psychologie und Psychotherapie*, 54, 77–86.

Rösler, M. & Retz, W. (2008). ADHS, Antisoziale Persönlichkeitsstörung und Delinquenz. *Zeitschrift für Psychiatrie, Psychologie und Psychotherapie*, 56, 121–132.

Rösler, M. & Römer, K. D. (2011). Verkehrsmedizinische Fahreignungsbeurteilung bei psychischen Erkrankungen und psychopharmakologischer Behandlung. In B. Madea, F. Mußhoff & G. Berghaus (Hrsg.), *Verkehrsmedizin. Fahreignung, Fahrsicherheit, Unfallrekonstruktion* (2. vollst. überarb. u. erw. Aufl., S. 406–448). Köln: Deutscher Ärzteverlag.

Ross, R. R. & Fabiano, E. A. (1985). *Time to think: A cognitive model of delinquency prevention and offender rehabilitation*. Johnson City, TN: Institute of Social Sciences and Arts.

Rothbaum, B. O. (2010). Virtual Reality Exposure Therapy. In I. B. Weiner & W. E. Craighead (Hrsg.), *The Corsini Encyclopedia of Psychology*. Hoboken, NJ, USA: John Wiley & Sons.

Rothbaum, B. O., Hodges, L. & Kooper, R. (1997). Virtual Reality Exposure Therapy. *Journal of Psychotherapy Practice & Research*, 6, 219–226.

Rudinger, G., Hilger, N. & DeVol, D. (2009). Zur Wirksamkeit eines Nachschulungskurses für drogenauffällige Kraftfahrer gemäß § 70 der FeV. In W. Schubert & V. Volker (Hrsg.), *Faktor Mensch – Zwischen Eignung, Befähigung und Technik. Tagungsband. 5. Gemeinsames Symposium der DGVP und DGVM in Weimar*. Bonn: Kirschbaum Verlag.

Rudinger, G., Hilger, N. & Kollbach, B. (2010). Zur Wirksamkeit des § 70 Kurses zur Wiederherstellung der Kraftfahreignung für alkoholauffällige Kraftfahrer in der Weiterentwicklung durch die DEKRA Akademie GmbH. *Blutalkohol*, 47, Suppl. 2, 20.

Rudinger, G., Hilger, N. & Schmitz, M. (2009). *Re-Evaluation IFT, Kurs zur Wiederherstellung der Kraftfahreignung gemäß § 70 FeV*. Unveröffentlichter Bericht.

Rudolf, G. (2011). *Psychodynamische Psychotherapie: Die Arbeit an Konflikt, Struktur und Trauma*. Stuttgart: Schattauer.

Rumpf, H.-J. & Kiefer, F. (2011). DSM-5: Die Aufhebung der Unterscheidung von Abhängigkeit und Missbrauch und die Öffnung für Verhaltenssüchte. *SUCHT – Zeitschrift für Wissenschaft und Praxis*, 57, 45–48.

Rumpf, H.-J. & Mann, K. (2015). ICD-11: Was können wir für Suchtforschung und Suchttherapie erwarten? *SUCHT – Zeitschrift für Wissenschaft und Praxis*, 61, 123–125.

Rumpf, H.-J. , Bischof, G., Hapke, U., Meyer, C. & John, U. (2009). Remission ohne formelle Hilfe bei Alkoholabhängigkeit: Der Stand der Forschung. *SUCHT – Zeitschrift für Wissenschaft und Praxis*, 55, 75–85.

Rumpf, H.-J., Hapke, U. & John, U. (2001). *Lübecker Alkoholabhängigkeits- und - missbrauchs-Screening-Test.* Göttingen: Hogrefe.

Sabaté, E. (2003). *WHO Adherence to Long Term Therapies Project, Global Adherence Interdisciplinary Network, World Health Organization.* Dept. of Management of Noncommunicable Diseases. Adherence to long-term therapies: evidence for action. Geneva: World Health Organization.

Sachse, R. (2013). *Persönlichkeitsstörungen: Leitfaden für die Psychologische Psychotherapie* (2., überarb. u. erweiterte Aufl.). Göttingen: Hogrefe.

Salekin, R. T., Worley, C. & Grimes, R. D. (2010). Treatment of psychopathy. A review and brief introduction to the Mental Model Approach for psychopathy. *Behavioral Sciences and the Law*, 28, 235–266.

Saß, H., Wittchen, H. U., Zaudig, M. & Houben, I. (2003). *Diagnostisches und Statistisches Manual Psychischer Störungen – Textrevision – DSM IV TR.* Göttingen: Hogrefe.

Schaarschmidt, U. & Fischer, A. W. (2008). *AVEM – Arbeitsbezogenes Verhaltens- und Erlebensmuster* (3. überarbeitete und erweiterte Aufl.). London: Pearson PLC.

Schade, F.-D. (2002). Das Verkehrszentralregister, ein Messinstrument zur Prüfung der Kraftfahreignung – Konstrukt, teststatistische Gütekriterien, neue Ergebnisse. In E. Panosch (Hrsg.), *Driver Improvement. 7. Internationaler Kongress.* Kuratorium für Verkehrsicherheit, Wien, S. 325–337.

Schade, F.-D. (2005). Lebt gefährlich, wer im Verkehrszentralregister steht? Das Verkehrszentralregister als Prädiktor des habituellen Verkehrsrisikos. *Zeitschrift für Verkehrssicherheit,* 51, 7–15.

Schaefer, A., Mattheß, H., Pfitzer, G. & Köhle, K. (2007). Seelische Gesundheit und Studienerfolg von Studierenden der Medizin mit hoher und niedriger Prüfungsängstlichkeit. *Psychotherapie, Psychosomatik, Medizinische Psychologie,* 57, 289–297.

Schäfer, T. & Steiniger, S. (1989). *Krankheiten und Berufsverläufe von Kraftfahrzeugführern des Straßengüterverkehrs.* Bremerhaven: Wirtschaftsverlag NW.

Schaie, K.W. (1984). Intelligenz. In W. B. Oswald, W. M. Hermann, S. Kanowski, U. M. Lehr, & H. Thomae (Hrsg.), *Gerontologie.* Stuttgart: Kohlhammer.

Schemmel, H. & Schaller, J. (2003). *Ein Hand- und Lesebuch zur psychotherapeutischen Arbeit.* Tübingen: DGVT.

Scheuch, K. & Schröder, H. (1990). *Mensch unter Belastung.* Berlin: Deutscher Verlag der Wissenschaften.

Scheucher, B., Eggerdinger, C. & Aschersleben, G. (2002). 5 Jahre danach – Welche überdauernden Veränderungen werden durch eine Verkehrstherapie für alkoholauffällige Kraftfahrer erreicht? *Blutalkohol,* 39, (3), 154–173.

Scheufen, M. & Müller-Rath, F. (2006). Bindungswirkung strafgerichtlicher Sperrfristverkürzungsbeschlüsse. *Neue Zeitschrift für Verkehrsrecht,* Heft 7, 353–357.

Schickhofer, E. (2003). *Die Evaluierung von Nachschulungskursen für alkoholauffällige Verkehrsteilnehmer: Kompetenz- und Kontrollüberzeugungen.* Unveröffentlichte Diplomarbeit, Universität Wien.

Schlack, R., Hölling, H., Kurth, B.-M. & Huss, M. (2007). Die Prävalenz der Aufmerksamkeitsdefizit-/Hyperaktivitätsstörung (ADHS) bei Kindern und Jugendlichen in Deutschland. Erste Ergebnisse aus dem Kinder- und Jugendgesundheitssurvey (KiGGS). *Bundesgesundheitsblatt*, 50, 827–835.

Schlag, B. & Engeln, A. (2001). Kompensationsmöglichkeiten und Bewältigungsstrategien im Alter. In A. Flade (Hrsg.), *Mobilität älterer Menschen*. S. 259–271. Opladen: Leske und Budrich.

Schlag, B. & Richter, S. (2010). Entwicklungen der Verkehrspsychologie in Deutschland. *Zeitschrift für Verkehrssicherheit*, 56, 3–9.

Schlippe, v. A. & Schweitzer, J. (2003). *Lehrbuch der systemischen Therapie und Beratung*. Göttingen: Vandenhoeck & Ruprecht.

Schmidt, A. F. (2012). Therapeutische Interventionen bei dissozialem und aggressivem Verhalten. *Zeitschrift für Verkehrssicherheit*, 58, 124–128.

Schmidt, A. F., Zimmermann, P. S., Banse, R. & Imhoff, R. (2015). Ego depletion moderates the influence of automatic and controlled precursors of reactive aggression: A double dissociation. *Social Psychology*, 46, 132–141.

Schmidt, D. & Brieler, P. (2010). Suchtmittelabhängige ohne Fahrerlaubnis – Ein Gruppenangebot im stationären Kontext zur Förderung der Fahreignung als Vorbereitung auf die MPU. *SUCHT– Zeitschrift für Wissenschaft und Praxis*, 56, 129–134.

Schmidt, S. & Petermann, F. (2009). Developmental Psychopathology: Attention Deficit-Hyperactivity Disorder. *BMC Psychiatry*, 9, Art. Nr. 58.

Schmidt, S. & Petermann, F. (2015). Aufmerksamkeitsdefizit-/Hyperaktivitätsstörung (ADHS). In F. Petermann, G. Gründer, M. A. Wirtz & J. Strohmer (Hrsg.), *Dorsch Lexikon der Psychotherapie und Psychopharmakotherapie*, S. 42–46. Göttingen: Hogrefe.

Schmidt, S. & Pfafferott, I. (2002). Leitfaden zur Anerkennung von Kursen gemäß § 70 FeV. *Zeitschrift für Verkehrssicherheit*, 48, 134–135.

Schmidt, S., Schüßler, G. & Petermann, F. (2012). ADHS in der Lebensspanne – ein Update aus Forschung und Praxis. *Zeitschrift für Psychosomatische Medizin und Psychotherapie*, 58, 236–256.

Schmidt, S., Wendler, K., Brieler, P., Kollra, H.-G. & Petermann, F. (2015). Zum Einfluss von ADHS im Straßenverkehr: Ergebnisse einer Querschnittsuntersuchung bei deliktauffälligen Kraftfahrern. *Zeitschrift für Psychiatrie, Psychologie und Psychotherapie*, 63, 53–58.

Schmucker, M. R. & Köster, R. (2015). *Praxishandbuch IRRT – Imagery Rescripting & Reprocessing Therapy bei Traumafolgestörungen, Angst, Depression und Trauer*. Stuttgart: Pfeiffer im Klett-Cotta.

Schmucker, M. R., Reschke, K. & Kögel, B. (2008). *Imagery Rescripting & Reprocessing Therapy: Behandlungsmanual für Typ I Trauma*. Aachen: Shaker.

Schneider, W. & Meyer, H. (2010). *Evaluation der verkehrspsychologischen Beratung nach § 71 FeV*. Sektion Verkehrspsychologie im Berufsverband Deutscher Psychologinnen und Psychologen e. V. O. O., (unveröffentl.).

Schöch, H. (2010). Kriminologische, strafrechtliche und kriminalpolitische Aspekte von Alkohol-Interlocks in Deutschland. *Blutalkohol*, 47, 340–344.

Scholz, W.-U. (2001). *Weiterentwicklungen in der Kognitiven Verhaltenstherapie. Konzepte – Methoden – Beispiele.* Stuttgart: Klett-Cotta.

Scholz, W.-U. (2002). *Neuere Strömungen und Ansätze in der Kognitiven Verhaltenstherapie. Konzepte – Methoden – Beispiele.* Stuttgart: Klett-Cotta.

Schorr, A. (2003). Die Psychologie als Wissenschaft und als Profession. In A. Schorr (Hrsg.), *Psychologie als Profession* (S. 1–56). Bern: Hans Huber.

Schröder, H. (1992). Emotionen – Persönlichkeit – Gesundheitsrisiko. *Psychomed – Zeitschrift für Psychologie und Medizin*, 4, 81–85.

Schröder, H. (1996). Psychologische Interventionsmöglichkeiten bei Stressbelastungen. In H. Schröder & K. Reschke (Hrsg.), *Intervention zur Gesundheitsförderung für Klinik und Alltag* (S. 7–26). Regensburg: Roderer.

Schubert, W. & Mattern, R. (2009). *Beurteilungskriterien – Urteilsbildung in der medizinisch-psychologischen Fahreignungsdiagnostik* (2. überarb. Aufl.). Bonn: Kirschbaum Verlag.

Schubert, W. (2010). Idee zum Airbus-Vergleich z.B. in: *Fachliche, politische und strategische Zielstellungen hinsichtlich der Entwicklung der Verkehrspsychologie im europäischen Kontext.* Unveröffentlichter Vortrag auf der Expertenberatung am 17.5.2010 in Wien.

Schubert, W., Glaser, D. Reschke, R. & Kranich, U. (2007). Die Rollenkonfusion Therapeut vs. Gutachter – ein Beitrag zur Ethik in der (Verkehrs-)psychologie und (Verkehrs-) medizin. *Zeitschrift für Verkehrssicherheit*, 53, 188–194.

Schubert, W., Mattern, R. & Brenner-Hartmann, J. (2013). Beurteilungskriterien: Urteilsbildung in der Medizinisch-Psychologischen Fahreignungsdiagnostik (3. überarb. Aufl.). Bonn: Kirschbaum Verlag.

Schubert, W., Schneider, W., Eisenmenger, W. & Stephan, E. (Hrsg.) (2005). *Begutachtungs-Leitlinien zur Kraftfahrereignung – Kommentar* (erw. u. überarb. 2. Aufl.). Bonn: Kirschbaum Verlag.

Schuhfried (2016). *Wiener Testsystem Verkehr.* Abgerufen von http://www.adiuvamus.de/xp_fev_de_katalog_schuhfried.pdf

Schülken, T., Leisch, M., Sachse, R. & Veltgens, U. (2011). Zur Wirksamkeit des verkehrspsychologischen Kurses „K 70" zur Wiederherstellung der Kraftfahreignung für alkoholauffällige Kraftfahrer. *Zeitschrift für Verkehrssicherheit*, 57, 28–33.

Schülken, Th., Leisch, M., Sachse, R. & Veltgens, U. (2006). Zur Wirksamkeit der verkehrspsychologischen Rehabilitationsprogramme CONTROL und REAL für alkoholauffällige Fahrer. *Zeitschrift für Verkehrssicherheit*, 52, 194.

Schulz, U., Kerwien, H. & Gresch, H. (2000). *Motivationale und emotionale Aspekte des Autofahrens. Zeitschrift für Verkehrssicherheit*, 46, 49–56.

Schützenhöfer, A. & Krainz, D. (1999). Auswirkungen von Driver Improvement Maßnahmen auf die Legalbewährung. *Zeitschrift für Verkehrsrecht*, 4, 138–143.

Schützhofer, B. (im Druck). *Verkehrsreife. Theoretische Fundierung, Entwicklung und Erprobung der Testbatterie zur Überprüfung von Verkehrsreife TBVR 14+.* Schriftenreihe Fahreignung. Bonn: Kirschbaum Verlag.

Schwarz-Hahn, S. & Rehburg, M. (2003). *Bachelor und Master in Deutschland. Empirische Befunde zur Studienstrukturreform.* Wissenschaftliches Zentrum für Berufs- und Hochschulforschung Kassel: Universität Kassel. Abgerufen von www.bmbf.de/pub/bachelor_und_ master_in_deutschland.pdf

Schwenkmetzger, P., Steffgen, G. & Dusi, D. (1999). *Umgang mit Ärger.* Göttingen: Hogrefe.

SeeArbG (2013). *Gesetz zur Umsetzung des Seearbeitsübereinkommens 2006 der Internationalen Arbeitsorganisation.* Artikel 1 Seearbeitsgesetz (SeeArbG) vom 20.4.2013. BGBl. I, S. 868.

SeeAufgG (2013). *Gesetz über die Aufgaben des Bundes auf dem Gebiet der Seeschifffahrt* (Seeaufgabengesetz) vom 26.7.2002, zuletzt geändert 19.10.2013. BGBl I., S. 3836.

SeeLG (2013). *Gesetz über das Seelotswesen* (Seelotsgesetz) vom 13.9.1984, zuletzt geändert 7.8.2013. BGBl. I, S. 3154.

Segal, Z. J., Williams, M. G. & Teasdale, J. D. (2008). *Die Achtsamkeitsbasierte Kognitive Therapie der Depression. Ein neuer Ansatz zur Rückfallprävention.* Tübingen: DGVT.

Seidl, J., Kollbach, B., Mehlhorn, L. & Liemandt, T. (2012). Psychologische Interventions-/Rehabilitationsmaßnahmen. In W.-R. Nickel & W. Schubert (Hrsg.), *Best Practice Alkohol-Interlock. Erforschung alkoholsensitiver Wegfahrsperren für alkoholauffällige Kraftfahrer.* S. 132–147. Bonn: Kirschbaum Verlag.

Sektion Verkehrspsychologie im Berufsverband Deutscher Psychologinnen und Psychologen e. V. (BDP). (1998). *Selbstverständnis-Erklärung – Berufspolitische und berufsethische Grundsätze der Klinischen Verkehrspsychologie.* Abgerufen von http://www.bdp-verkehr.de/verband/ak/selbstverstaendnis.html

Sektion Verkehrspsychologie im Berufsverband Deutscher Psychologinnen und Psychologen e. V. (BDP). (o.J.). *Berufspolitische und berufsethische Grundsätze der Klinischen Verkehrspsychologie.* Abgerufen von http://www.bdp-verkehr.de/verband/grundsaetze.html

Seydel, U. & Beetz, E. (1977). *Wirksamkeitsanalyse zum Sicherheitstraining des DVR.* Bonn: DVR.

Shapiro, F. (1988). *Efficacy of the multi-saccadic movement desensitization technique in the treatment of post-traumatic stress disorder.* Dissertation, The Professional School of Psychological Studies, San Diego, USA.

Simon, F. B. & Rech-Simon, C. (1999). *Zirkuläres Fragen. Systemische Therapie in Fallbeispielen: Ein Lehrbuch.* Heidelberg: C. Auer-Systeme.

Singer, M. V. & Teyssen, S. (Hrsg.) (2005). *Alkohol und Alkoholfolgekrankheiten. Grundlagen – Diagnostik – Therapie* (2. vollständig überarb. u. aktual. Aufl.). Heidelberg: Springer.

Smith, D. (2003). 10 ways practitioners can avoid frequent ethical pitfalls. Boost your ethical know-how with these practical tips on avoiding common ethical quandaries. *American Psychological Association, monitor on psychology,* Volume 34, No. 1 January 2003. Abgerufen von http://www.apa.org/monitor/jan03/10ways.html (Stand: 18.5.2007).

Sohn, J.-M. & Meyer-Gramcko, F. (1990). Interne und externe Validierung der Verkehrstherapie. In S. Höfling & W. Butollo (Hrsg.), *Psychologie für Menschenwürde und Lebensqualität, 15. Kongress für Angewandte Psychologie,* Band 3., S. 209–220. Bonn: Deutscher Psychologen Verlag.

Sohn, J.-M. & Meyer-Gramcko, F. (1993a). Different Forms of Development in Long-Term Therapy with DUI Offenders. In H. D. Utzelmann, G. Berghaus & G. Kroj (Hrsg.), *Alcohol, Drugs and Traffic Safety* – T92, Band I. Köln: TÜV Rheinland, 317–322.

Sohn, J.-M. & Meyer-Gramcko, F. (1993). *Unterschiedliche Verlaufsformen einer Langzeit-Therapie bei alkoholauffälligen Kraftfahrern.* Unfall- und Sicherheitsforschung Straßenverkehr, Bd. 89, S. 89–93. Bremerhaven: Wirtschaftsverlag NW.

Sohn, J.-M. & Meyer-Gramcko, F. (1993b). Unterschiedliche Verlaufsformen einer Langzeit-Therapie bei alkoholauffälligen Kraftfahrern. In: Kongressbericht der 27. Jahrestagung der Deutschen Gesellschaft für Verkehrsmedizin e.V. Unfall- und Sicherheitsforschung Straßenverkehr, Heft 89, S. 89–93. Bremerhaven: Wirtschaftsverlag NW.

Sohn, J.-M. & Meyer-Gramcko, F. (1994). Proceedings of the ‚Driver Therapy', a Long-Term Therapy with DUI Offenders. *Proceedings Book of the Third International Conference on Safety and the Environment in the 21st Century, Tel Aviv* 1994, p. 296–301.

Sohn, J.-M. & Meyer-Gramcko, F. (1995). Qualitätsmanagement bei verkehrspsychologischen Rehabilitationsmaßnahmen. In R. Risser (Hrsg.), *35. BDP-Kongress für Verkehrspsychologie.* S. 333–335. Bonn: Deutscher Psychologen Verlag.

Sohn, J.-M. & Meyer-Gramcko, F. (1998). Evaluation der Verkehrstherapie – Zwischenbilanz und Ausblick. *Zeitschrift für Verkehrssicherheit,* 44, 170–173.

Sohn, J.-M. (2006). Verifiable behavior changes of traffic participants as a central aim of a European traffic psychology. In W.-R. Nickel & P. Sardi (Hrsg.), *Tagungsband – Fit to Drive – 1st International Traffic Expert Congress Berlin from May 3rd-5th 2006.* S. 79–80. Bonn: Kirschbaum Verlag.

Sohn, J.-M. (2010). Einführung zur Podiumsdiskussion „Leitsätze Verkehrspsychologische Therapie". In K. Reschke, U. Kranich & W. Schubert (Hrsg.), *Mensch im Verkehr, Mobilität – Sicherheit – Lebensqualität. Tagungsband Sommeruniversität Verkehrspsychologie 25.–26.9.2009.* S. 131–134. Bonn: Kirschbaum Verlag.

Sohn, J.-M. (2012). *Auto fahren? – Aber sicher – mit Gefühl!* Vortrag, 3. BNV – Kongress, 24.3.2012 in Kassel.

Sömen, H.-D. (1988). Grundlage von Selektions- und Nachschulungsmaßnahmen bei erstmals alkoholauffälligen Kraftfahrern. *Zeitschrift für Verkehrssicherheit,* 34, H. 3 (Sonderdruck).

Sommer, M. & Häusler, J. (2005). Non-linear methods for the identification of drivers at risk to cause accidents. In L. Dorn (Hrsg.), *Driving behaviour and training.* Volume II, pp 425–436. Hampshire: Ashgate.

Sommer, M., Arendasy, M., Olbrich, A. & Schuhfried, G. (2004). Qualitätsverbesserung in der verkehrspsychologischen Diagnostik mit Hilfe neuronaler Netze. Eine Pilotstudie. *Zeitschrift für Verkehrssicherheit,* 50, 193–198.

Sommer, M., Häusler, J., Herle, M. & Arendasy, M. (2009). Zur Notwendigkeit multipler Validitätsnachweise in der verkehrspsychologischen Diagnostik, *Zeitschrift für Verkehrssicherheit,* 55, 25–31.

Sommer, M., Herle, M., Häusler, J., Risser, R., Schützhofer, B. & Chaloupka, C. (2008). Cognitive and personality determinants of fitness to drive. Transportation research part F: *traffic psychology and behaviour,* 11, 362–375.

Sonnenmoser, M. (2010). Hausaufgaben in der Psychotherapie. Noch unentdecktes Potenzial. *Deutsches Ärzteblatt,* 1/2010, 16–17.

Sonuga-Barke, E. J. S. (2002). Psychological heterogeneity in AD/HD – a dual pathway model of behaviour and cognition. *Behavioural Brain Research,* 130, 29–36.

Spoerer, E. & Ruby, M. M. (1996). Zurück ans Steuer. Theorie und Praxis der Rehabilitation auffälliger Kraftfahrer. *Faktor Mensch im Verkehr*, 39. Braunschweig: Rot-Gelb-Grün.

Spoerer, E. & Ruby, M. M. (1996). *Zurück ans Steuer: Theorie und Praxis der Rehabilitation auffälliger Kraftfahrer.* Braunschweig: Rot-Gelb-Grün.

Spoerer, E. (1979). *Einführung in die Verkehrspsychologie.* Darmstadt: Wissenschaftliche Buchgesellschaft.

Spoerer, E. Ruby, M. M. & Hess, E. (1987). *Nachschulung und Rehabilitation verkehrsauffälliger Kraftfahrer. Dokumentation von Kursen und der Literatur zum Driver Improvement.* Braunschweig: Rot-Gelb-Grün.

Statista Statistikportal (2015). Abgerufen von http://de.statista.com/statistik/daten/studie/161037/umfrage/anzahl-der-verkehrstoten-in-der-schweiz/

Statistik Austria (2015). Abgerufen von http://www.statistik.at/web_de/statistiken/verkehr/strasse/fuehrerscheine_lenkberechtigungen/

Statistisches Bundesamt. (2015). *Verkehrsunfälle 2014.* Fachserie 8, Reihe 4. S. 333 ff., Wiesbaden: Statistisches Bundesamt.

Statistisches Bundesamt. (2014). *Statistisches Jahrbuch Deutschland 2014.* Wiesbaden: Statistisches Bundesamt.

Statistisches Bundesamt. (2014). *Verkehrsunfälle: Unfälle von 18–24-Jährigen im Straßenverkehr 2013.* Fachserie 8, Reihe 7. Wiesbaden: Statistisches Bundesamt.

Statistisches Bundesamt. (2015). Verkehr: *Verkehrsunfälle 2014.* Fachserie 8 Reihe 7. Wiesbaden: Statistisches Bundesamt.

Stavemann, H. H. (2008). *KVT-Praxis. Strategien und Leitfäden für die Kognitive Verhaltenstherapie.* Weinheim: Beltz.

Steffgen, G., de Boer, C. & Vögele, C. (2014). Ärgerbezogene Störungen. *Fortschritte der Psychotherapie*, Band 55. Göttingen: Hogrefe.

Stephan, E. (1984). Die Rückfallwahrscheinlichkeit bei alkoholauffälligen Kraftfahrern in der Bundesrepublik Deutschland. Die Bewährung in den ersten fünf Jahren nach Wiedererteilung der Fahrerlaubnis. *Zeitschrift für Verkehrssicherheit*, 30, 28–33.

Stephan, E. (1986). Die Legalbewährung von nachgeschulten Alkoholersttätern in den ersten zwei Jahren unter Berücksichtigung ihrer BAK-Werte. *Zeitschrift für Verkehrssicherheit*, 32, 2–9.

Stephan, E. (1988). *Wirksamkeit der Nachschulungskurse bei erstmals alkoholauffälligen Kraftfahrern. Bericht zum Forschungsprojekt 8035 der Bundesanstalt für Straßenwesen.* Bergisch Gladbach: Bundesanstalt für Straßenwesen.

Stephan, E., Brenner-Hartmann, J. & Bartl, G. (2009). Verkehrspsychologische Nachschulung und verkehrspsychologische Therapie. In H.-P. Krüger (Hrsg.), *Enzyklopädie der Psychologie.* Anwendungsfelder der Verkehrspsychologie. S. 285–358. Göttingen: Hogrefe.

Strafgesetzbuch (StGB) (aktuelle Fassung). Abgerufen von http://www.gesetze-im-internet.de/stgb/

Straßenverkehrsgesetz (StVG) (aktuelle Fassung). Abgerufen von http://www.gesetze-im-internet.de/stvg/

Straßenverkehrsrecht (2013). München: Dtv; Nördlingen: C.H.Beck.

Stratton, G. M. (1908). Railway accidents and the color sense. *Popular science monthly,* 72, 242–252.

Stratton, G. M. (1909). Some experiments on the perception of the movement, color, and direction of lights, with special reference to railway signaling. *Psychological review, Psychological monograph supplement,* 10, 1, 85–104.

Strauß, B. & Mattke, D. (2012). Gruppentherapieprozesse: Eine klinische Forschungsperspektive. In B. Strauß & D. Mattke (Hrsg.), *Gruppenpsychotherapie,* S. 37–57. Berlin, Heidelberg: Springer.

Strauß, B., Hohagen, F. & Caspar, F. (2007). *Lehrbuch Psychotherapie.* Göttingen: Hogrefe.

Strohbeck-Kuhner, P., Lach, K. & Mattern, R. (2001). Allgemeine und berufsspezifische Belastungsanfälligkeit von Lkw-Fahrern: Auswirkungen auf die Konfliktneigung im Straßenverkehr. In Bundesanstalt für Straßenwesen (Hrsg.), *Kongressbericht 2001 der Deutschen Gesellschaft für Verkehrsmedizin e. V.,* 113, 156–159. Bremerhaven: Wirtschaftsverlag NW.

Strohbeck-Kühner, P. (1999). Testangst bei Fahreignungsbegutachtungen: Die Angst-Leistung-Relation. *Zeitschrift für Differentielle und Diagnostische Psychologie,* 20, 39–57.

Stumm, G. & Pritz, A. (2007). *Wörterbuch der Psychotherapie.* Wien: Springer.

StVG (2013). Bundesgesetzblatt Jahrgang 2013 Teil I Nr. 52, ausgegeben zu Bonn am 30.8.2013; Bundesrat Drucksache 676/13 20.9.2013, *9. Verordnung zur Änderung der Fahrerlaubnis-Verordnung und anderer straßenverkehrsrechtlicher Vorschriften.*

Tabbert-Haugg, C. (2003). Alptraum Prüfung. *Gestörtes Prüfungsverhalten als Ausdruck von Schwellenängsten und Identitätskrisen.* Stuttgart: Pfeiffer bei Klett-Cotta.

Tamietto, M., Torrini, G., Adenzato, M., Pietrapiana, P., Rago, R. & Perino, C. (2006). To drive or not to drive (after TBI)? A review of the literature and its implications for rehabilitation and future research. *NeuroRehabilitation,* 21, 81–92.

Taylor, S. & Koch, W. J. (1995). Anxiety disorders due to motor vehicle accidents. Nature and treatment. *Clinical Psychology Review,* 15, 721–738.

Temming, A., Reschke, K. & Kranich, U. (2009). *Die Verkehrspsychologie an der Universität Leipzig – Vergangenheit und Gegenwart.* Hamburg: Dr. Kovac.

Tong, L. S. J. & Farrington, D. P. (2006). How effective is the "Reasoning and Rehabilitation" programme in reducing reoffending? A meta-analysis of evaluations in four countries. *Psychology, Crime & Law,* 12, 3–24.

Torgersen, S. (2005). Epidemiology. In J. M Oldham, A. E. Skodol & D. S. Bender (Hrsg.), *Textbook of Personality Disorders* (S. 129–142). Washington D. C.: American Psychiatric Publishing.

Torgersen, S., Kringlen, E. & Cramer, V. (2001). The Prevalence of Personality Disorders in a Community Sample. *Archives of General Psychiatry,* 58, 590–596.

Trauvetter, G. (2009). Der Stress beginnt am Boden. Interview mit R. Kemmler. *Der Spiegel.* 31, 112–118.

Tress, W., Wöller, W., Hartkamp, W., Langenbach, M. & Ott, J. (2002). Persönlichkeitsstörungen. Leitlinie und Quellentext. In G. Rudolf & W. Eich (Hrsg.), *Leitlinien Psychosomatische Medizin und Psychoptherapie.* Stuttgart: Schattauer.

Tschuschke, V. (2010a). Ethisch-moralische Probleme und Qualitätssicherung in der Gruppenpsychotherapie. In V. Tschuschke (Hrsg.), *Gruppenpsychotherapie: Von der Indikation bis zu Leitungstechniken.* Stuttgart: Georg Thieme.

Tschuschke, V. (2010b). Gruppen- versus Einzeltherapie – Setting und Wirkfaktoren. In V. Tschuschke (Hrsg.), Gruppenpsychotherapie: Von der Indikation bis zu Leitungstechniken. Stuttgart: Georg Thieme.

Tschuschke, V. (2010c). Gruppenzusammensetzung: homogen – heterogen, störungsspezifisch – störungsunspezifisch. In V. Tschuschke (Hrsg.), Gruppenpsychotherapie: Von der Indikation bis zu Leitungstechniken. Stuttgart: Georg Thieme.

TÜV Hamburg (1961). *Die amtlich anerkannte MPU bei den TÜV der Bundesrepublik.* (unveröffentl.)

Undeutsch, U. (1990). Zur Verwertbarkeit und Glaubhaftigkeit von Probandenäußerungen. In W. R. Nickel, H. D. Utzelmann & K. G. Weigelt (Hrsg.), *Bewährtes sichern – Neues entwickeln. Erstes bundesweites Kolloquium der Verkehrspsychologen amtlich anerkannter Medizinisch-Psychologischer Untersuchungsstellen.* Köln: TÜV Rheinland.

Ungerer, D. (1971). Zur Theorie des sensomotorischen Lernens. *Beiträge zur Lehre und Forschung der Leibeserziehung,* Bd. 36. Schorndorf bei Stuttgart: Karl Hoffmann

Ungerer, D. (1980). *Sicherheitstraining – eine Literaturstudie.* Bonn: DVR.

Universität Bonn (2015). *Berufsbegleitender Master of Science Verkehrspsychologie.* Abgerufen von http://www.master-verkehrspsychologie.de/

Ursano, R. J., Fullerton, C. S., Epstein, R. S., Crowley, B., Kao, T.-Z., Vance, K. et al. (1999). Acute and chronic posttraumatic stress disorder in motor vehicle accident victims. *The American Journal of Psychiatry,* 156, 589–595.

Utzelmann, H.-D. (1990). Prädiktoren für Rückfällen bei Rehabilitationskursen für Fahrer mit hohem Punktestand. In W.-R. Nickel (Bd.-Hrsg.), *Fahrverhalten und Verkehrsumwelt: Psychologische Analysen im interdisziplinären Feld.* Köln: TÜV Rheinland, S. 435–448. Bonn: Deutscher Psychologen Verlag.

Utzelmann, H.-D. (2002). 50 Jahre Medizinisch-Psychologisches Institut des TÜV Rheinland/Berlin Brandenburg. In J. Kubitzki (Hrsg.), *Der sichere Fahrer – ein Mythos. Erreichtes und Strittiges auf dem Gebiet der Verkehrssicherheit.* S. 23–33. Köln: TÜV-Rheinland.

Vaa, T. (2014). ADHD and relative risk of accidents in road traffic: a meta-analysis. *Accident analysis and prevention,* 62, 415–425.

van Gerwen, L. J. (2007). *Over vliegangst en hoe je ervan afkomt.* Utrecht: Bruna.

van Gerwen, L. J. (2010). Vliegangst: prevalentie, diagnostiek en behandeling. Bijblijven. *Tijdschrift Praktische Huisartsgeneeskunde,* 26, 5, 24–29.

VBS. (1999). *Zusammenfassender Tätigkeitsbericht des Verkehrspsychologischen Beratungs- und Schulungszentrums e.V. für die Durchführung des Modellversuchs zur Integrierten Schulung und Begutachtung erstmals alkoholauffälliger Kraftfahrer „ISB Hamburg ′79"* vom 1.6.1992 bis zum 30.9.1998 (unveröffentl. Ms.).

VdTÜV. (1983). Leitfaden zur Begutachtung der Eignung zum Führen von Kraftfahrzeugen in amtlich anerkannten Medizinisch-Psychologischen Untersuchungsstellen (MPU). *Zeitschrift für Verkehrssicherheit,* 29, 146.

Vehmas, A. & Löytty, M. (2013). Effectiveness and impact of alcohol inter-lock-controlled driving rights. Abgerufen von http://www.trafi.fi/filebank/a/1364296057/07ec5f80fc51 03a8c0f05b84e2ff89ab/11854-Trafi_Publications_6-2013.pdf

Verordnung des Bundesministers für Wissenschaft und Verkehr über die Durchführung des Führerscheingesetzes (*Führerscheingesetz-Durchführungsverordnung* – FSG-DV) StF: BGBl. II Nr. 320/1997.

VGT. 54. Verkehrsgerichtstag (2016). *Empfehlungen*. Abgerufen von http://www.deutscher-verkehrsgerichtstag.de/images/empfehlungen_pdf/empfehlungen_54_vgt.pdf

Vogt, R. (2014). *SPIM-30 – Behandlungsmodell dissoziativer Psychotraumastörungen. Konzeptbegriffe – Materialien – Langzeitfallbeispiele*. Kröning: Asanger.

Vöhringer-Kuhnt, T. & Trexler-Walder, L. (2009). Evaluation einer Kurzversion des Driver Behavior Questionnaire. In A. Lichtenstein, C. Stößel & C. Clemens (Hrsg.), *Der Mensch im Mittelpunkt technischer Systeme. 8. Berliner Werkstatt für Mensch-Maschine-Systeme* (S. 343–346). Berlin: VDI.

Vollrath, M. & Kazenwadel, J. (1997). Das Dunkelfeld der Trunkenheitsfahrten. *Blutalkohol*, 34, 344–359.

von Hebenstreit, B., Hundhausen, G., Klebe, W., Kroj, G., Spoerer, E., Walther, R., Winkler, W. & Wuhrer, H. (1982). *Kurse für auffällige Kraftfahrer – Schlussbericht –. Projektgruppe „Kurse für auffällige Kraftfahrer"*. Köln: Bundesanstalt für Straßenwesen.

von Kalbe, T., Möllers, M. & Topp, H. (2010). Gestaltet Eure Mitte! Straße und Agora – ein Ideenwettbewerb mit Schülern und Eltern, *Verkehrszeichen*, 26, (3), S. 25–31.

Wagner, T. & Keller, M. (2015). Impulsivität und riskantes Fahrverhalten – Ergebnisse aus einer deutsch-schweizerischen Studie. In Abstracts, 11. Gemeinsames Symposium DGVP & DGVM, „Fahren und Gehirn im Kontext des demografischen Wandels" 25.-26.9.2015, St. Gallen. *Blutalkohol*, 52, 5, Supplement I, S. 11–12. Bonn: Kirschbaum Verlag.

Wagner, T. & Kranich, U. (2010). Die verkehrspsychologische Exploration in der Fahreignungsbegutachtung – eine diagnostische Methode im Kontext rechtlicher und fachlicher Rahmenbedingungen im Wandel. In K. Reschke, U. Kranich & W. Schubert (Hrsg.), *Mensch im Verkehr, Mobilität – Sicherheit – Lebensqualität. Tagungsband Sommeruniversität Verkehrspsychologie 25.–26.9.2009*. S. 153–154. Bonn: Kirschbaum Verlag.

Wagner, T. & Kranich, U. (2011). Die verkehrspsychologische Exploration als diagnostische Methode in der Fahreignungsbegutachtung. *Blutalkohol*, 48, 1–15.

Wagner-Link, A. (2000). *Der Stress – TK-Broschüre zur gesundheitsbewussten Lebensführung* (9. Aufl.). Hamburg: Techniker Krankenkasse.

Wahren, H.-K. E. (2005). Präventive Interventionen vor einem Coaching. In C. Rauen (Hrsg.), *Handbuch Coaching*, S. 137–152. Göttingen: Hogrefe.

Ward, T., Mann, R. E. & Gannon, T. A. (2007). The good lives model of offender rehabilitation: Clinical implications. *Aggression and Violent Behavior*, 12, 87–107.

Weinand, M. & Undeutsch, U. (1996). Verkehrsauffällige Straftäter – Begutachtung und Rehabilitation. *Bewährungshilfe*, 43, 99–116.

Wells-Parker, E., Ceminsky, J., Hallberg, V., Snow, R. W., Dunaway, G., Guiling, S. et al. (2002). An exploratory study of the relationship between road rage and crash experience in a representative sample of US drivers. *Accident Analysis & Prevention,* 34, 271–278.

Wender, P. H., Wolf, L. E. & Wasserstein, J. (2001). Adults with ADHD. *Annals of the New York Academy of Sciences*, 93, 1–16.

Wendlandt, W. (2002). *Therapeutische Hausaufgaben. Materialien für die Eigenarbeit und das Selbsttraining; eine Anleitung für Therapeuten, Betroffene, Eltern und Erzieher.* Stuttgart: Thieme.

Wickens, C. M., Mann, R. E. & Wiesenthal, D. L. (2013). Adressing driver aggression: Contributions from psychological science. *Current Directions in Psychological Science,* 22, 386–391.

Wilde, G. J. S. (1988). Risk homeostasis theory and traffic accidents: propositions, deductions and discussion of dissension in recent reactions. *Ergonomics,* 31, 441–468.

Wilken, B. (2010). *Methoden der Kognitiven Umstrukturierung. Ein Leitfaden für die psychotherapeutische Praxis.* Stuttgart: Kohlhammer.

Winkelbauer, M. & Machata, K. (2008). Best Practices for Road Safety in Europe: A Systematic Approach. SUPREME. Zugriff am 4.4.2015 unter http://ec.europa.eu/transport/road_safety/pdf/projects/supreme.pdf.

Winkler, W. (1977). Zielgruppenorientierte Nachschulung für Kraftfahrer. In BASt (Hrsg.), *Symposium 77. Referate, Ergebnisse und Folgerungen des Symposion, ‚Unfallforschung und Verkehrssicherheit'.* Unfall- und Sicherheitsforschung Straßenverkehr, Heft 14. S. 205–216. Köln: BASt.

Winkler, W. (1988). Die Umsetzung der verkehrspsychologischen Erkenntnisse in die politische und administrative Praxis. In F. Lösel & H. Skowronek (Hrsg.), *Beiträge der Psychologie zu politischen Planungs- und Entscheidungsprozessen.* S. 246–253. Weinheim: Deutscher Studienverlag.

Winkler, W., Drechsler, K.-P., Thielke, W. & Neumeier, R. (1988). *Kursus für alkoholauffällige Kraftfahrer MODELL LEER. Handbuch für Kursleiter* (5. Aufl.). Hannover: TÜV.

Winkler, W., Jacobshagen, W. & Nickel, W.-R. (1988). *Wirksamkeit von Kursen für wiederholt alkoholauffällige Kraftfahrer (ALKOEVA).* Bergisch Gladbach: Bundesanstalt für Straßenwesen, Unfall- und Sicherheitsforschung Straßenverkehr, Heft 64. Bremerhaven: Wirtschaftsverlag NW.

Winkler, W., Jacobshagen, W. & Nickel, W.-R. (1990). Zur Langzeitwirkung von Kursen für wiederholt alkoholauffällige Kraftfahrer. Untersuchungen nach 60 Monaten Bewährungszeit. *Blutalkohol,* 27, 154–174.

Wissenschaftlicher Beirat. (2010). *Methodenpapier 2.8 des Wissenschaftlichen Beirats Psychotherapie nach § 11 PsychThG, Verfahrensregeln zur Beurteilung der wissenschaftlichen Anerkennung von Methoden und Verfahren der Psychotherapie.* Abgerufen von http://www.wbpsychotherapie.de/downloads/Methodenpapier28.pdfWissen schaftlicher Beirat Psychotherapie (2016). URL letztmals aufgerufen am 1.4.2016. http://www.wbpsychotherapie.de/page.asp?his=0.1.16

Wittchen, H.-U. & Hoyer, J. (2006). *Klinische Psychologie und Psychotherapie.* Heidelberg: Springer.

Witthöft, J., Hofmann, M. & Petermann, F. (2011). Aggression im Straßenverkehr. *Zeitschrift für Psychiatrie, Psychologie, und Psychotherapie,* 59, 311–323.

Wöller, W. & Kruse, J. (2010). *Tiefenpsychologisch fundierte Psychotherapie: Basisbuch und Praxisleitfaden.* Stuttgart: Schattauer.

Wottawa, H. & Hossiep, W. (1997). *Anwendungsfelder psychologischer Diagnostik.* Göttingen: Hogrefe.

Wottawa, H. & Thierau, H. (2003). *Lehrbuch Evaluation.* (2. Aufl.). Bern: Huber.

Young, J. E., Klosko, J. S. & Weishaar, M. E. (2005). *Schematherapie. Ein praxisorientiertes Handbuch.* Paderborn: Junfermann.

Young, S., Khondoker, M., Emilsson, B., Sigurdsson, J. F., Philipp-Wiegmann, F., Baldursson, G., Gudjonsson, G. (2015). Cognitive-behavioural therapy in medication-treated adults with attention-deficit/hyperactivity disorder and co-morbid psychopathology: a randomized controlled trial using multi-level analysis. *Psychological Medicine.* doi:10.1017/S0033291715000756

Zentgraf, M. (2008). Kapitel 4 Teilnahmevoraussetzungen und -bescheinigung. In P. Grunow, J. Nagel & P. Brieler (2008), *Kurshandbuch HAMBURG '79 – Rev. 2008. Kurs zur Abkürzung der Sperrfrist für erstmals alkoholauffällige Kraftfahrer und Kraftfahrerinnen.* Hamburg: Verkehrspsychologisches Beratungs- und Schulungszentrum (unveröffentl.).

Zentgraf, M., Brieler, P. & Rötzscher, A. (2014). *Drogen und Alkohol: Informationen und Arbeitsbögen.* Hamburg: Institut für Schulungsmaßnahmen (3. Aufl.).

Ziegler, H., Jensch, M., Krohn, B. & Brisch, E. (1998). DRUGS – Drogen und Gefahren im Straßenverkehr. Ein Rehabilitationsprogramm für drogenauffällige Kraftfahrer. *Zeitschrift für Verkehrssicherheit* 44, 118–122.

Zielke, M. & Kopf-Mehnert, C. (1978). *Veränderungsfragebogen des Erlebens und Verhaltens. Manual.* Weinheim: Beltz.

Zimmer, A.-C., Dahmen-Zimmer, K., Bernhard, C., Stahl, N. & Chiellino, U. (2013). Risiko-sensibilisierende Fahrsicherheitstrainings – ein Beitrag zum Erwerb von Risikokompetenz für junge Kraftfahrer. In K. Püschel, V. Dittmann & W. Schubert (Hrsg.), *Fahrunsicherheit, Unfallvermeidung, Unfallrekonstruktion, Rehabilitation Fahreignung. Tagungsband 8. Gemeinsames Symposium der DGVM und DGVP am 7. und 8. September 2012 in Hamburg.* S. 39–43, Bonn: Kirschbaum Verlag.

ZPID (2012). *Prüfungsangst* – Psyndex Datenbank Auszug 2012. Zusammengestellt von Dipl.-Psych. Andreas Gerards. Trier: ZPID. http://www.zpid.de/pub/info/zpid_news_Pruefungsangst.pdf

Zuschlag, B. (1992). *Das Gutachten des Sachverständigen. Rechtsgrundlagen, Fragestellungen, Gliederung, Rationalisierung.* Göttingen, Stuttgart: Verlag für Angewandte Psychologie.

Zwaan, M. de, Gruss, B., Müller, A., Graap, H., Martin, A., Glaesmer, H. et al. (2012). The estimated prevalence and correlates of adult ADHD in a German community sample. *European Archives of Psychiatry and Clinical Neuroscience,* 262, 79–86.

Autorenverzeichnis

Dipl.-Psych.
Ingeborg Blume
Verkehrspsychologin
TÜV Süd Pluspunkt GmbH
Westendstraße 199, 80686 München
ingeborg.blume@tuev-sued.de

Dr. rer. medic.
Paul Brieler
Verkehrspsychologe
Institut für Schulungsmaßnahmen GmbH
Baumeisterstraße 11
20099 Hamburg
brieler@ifs-seminare.de

Dipl.-Psych.
Michael Escrihuela-Branz
Verkehrspsychologe
Institut für Schulungsmaßnahmen GmbH
Baumeisterstraße 11
20099 Hamburg
ifsgmbh-hamburg@t-online.de

Dipl.-Psych.
Renate Eyßelein de Rodrigues
Verkehrspsychologische Sachverständige
DEKRA e. V. Dresden
Torgauer Straße 235
04347 Leipzig
renate.eysseleinderodrigues@dekra.com

Dr. phil.
Antje Flade
Wohn- und Mobilitätsforschung
Sohrhofkamp 17, 22607 Hamburg
awmf-hh@web.de

Dr. med. habil.
Thomas Friedrich
Polizeiarzt/Verkehrsmedizinischer
Sachverständiger
Kickerlingsberg 24
04155 Leipzig
dr.thomas.friedrich@web.de

M.Sc.
Anna Hempel
Projektleiterin
ESG Elektroniksystem- und
Logistik-GmbH
Elisabethenstraße 10
65428 Rüsselsheim
anna-hempel@gmx.de

Mag.
Margit Herle
Verkehrspsychologin
iDrive – Verkehrspsychologie
GmbH & Co KG
Unionstraße 3 a
AT-4020 Linz
herle@idrive.co.at

M.Sc.
Annika Januszewski
Verkehrspsychologin
Institut für Schulungsmaßnahmen GmbH
Baumeisterstraße 11
20099 Hamburg
ifsgmbh-hamburg@t-online.de

Dr. phil.
Klaus-Peter Kalwitzki
Verkehrspsychologe
Vorstandsmitglied AFN
Das Verkehrsbüro
Eduardstraße 4, 45468 Mülheim/Ruhr
kpkalwitzki@das-verkehrsbuero.de

Dr. phil.
Simone Klipp
Referat U1 –
Fahreignung, Fahrausbildung,
Kraftfahrerrehabilitation
Bundesanstalt für Straßenwesen (BASt)
Brüderstraße 53
51427 Bergisch Gladbach
klipp@bast.de

Mag.
Günter Knessl
Verkehrspsychologe
sicher unterwegs – Verkehrspsychologische Nachschulungen GmbH
Schottenfeldgasse 28/8
AT-1070 Wien
g.knessl@sicherunterwegs.at

Dr. rer. nat.
Birgit Kollbach
Verkehrspsychologin
DEKRA Akademie GmbH
Medizinisch-Psychologischer Dienst
Ehrenbergstraße 11–14
10245 Berlin
birgit.kollbach@dekra.com

Dipl.-Psych. Dipl.-Biol.
Hans-Günter Kollra
Verkehrspsychologe
VBS Verkehrspsychologisches Beratungs- und Schulungszentrum e. V.
Baumeisterstraße 11
20099 Hamburg
vbs@vbs-hamburg.de

Dipl.-Psych.
Birgit König
Verkehrspsychologin
Institut für Schulungsmaßnahmen GmbH
Baumeisterstraße 11, 20099 Hamburg
koenig@ifs-seminare.de

Dr. rer. nat.
Udo Kranich
Verkehrspsychologischer Sachverständiger
DEKRA e. V. Dresden
Torgauer Straße 235, 04347 Leipzig
udo.kranich@dekra.com

Dipl.-Psych.
Torsten Liemandt
Verkehrspsychologe
DEKRA Akademie GmbH
Medizinisch-Psychologischer Dienst
Ehrenbergstraße 11–14, 10245 Berlin
torsten.liemandt@dekra.com

Dipl.-Psych.
Jürgen Merz
Verkehrspsychologe
TÜV SÜD Pluspunkt GmbH
Barthstraße 24
80339 München
juergen.merz@tuev-sued.de

Dr.-Ing.
Michael Minge
Kognitionspsychologie und Kognitive Ergonomie
Technische Universität Berlin,
Sekr. MAR 3–2
Marchstraße 23
10587 Berlin
michael.minge@tu-berlin.de

Dr. rer. medic.
Andrea Noeske
Verkehrspsychologin
Systemische Familientherapeutin
Krowelstraße 19
13581 Berlin
info@praxis-noeske.de

Dipl.-Psych.
Thomas Pirke
Verkehrspsychologe
Vorstandsvorsitzender AFN
AFN Gesellschaft für Ausbildung, Fortbildung und Nachschulung e. V.
Sülzburgstraße 13, 50937 Köln
pirke@afn.de

M.A.
Michael Plewka
Fahrsicherheitstrainer und Fahrlehrer
Pirmaterstraße 5
81375 München
mail@mplewka.com

Prof. Dr. rer. nat. habil.
Konrad Reschke
Verkehrspsychologe
Professor für Klinische Psychologie
Universität Leipzig
Neumarkt 9–19, 04081 Leipzig
reschke@uni-leipzig.de

Dipl.-Psych.
Antje Rötzscher
Verkehrspsychologin
Institut für Schulungsmaßnahmen GmbH
Baumeisterstraße 11, 20099 Hamburg
ifsgmbh-hamburg@t-online.de

Prof. Dr. phil.
Alexander F. Schmidt
Psychologischer Psychotherapeut
Medical School Hamburg
Department Psychologie
Rechtspsychologie
Am Kaiserkai 1, 20457 Hamburg
alexander.schmidt@medicalschool-hamburg.de

Dipl.-Psych.
Daniel Schmidt
Verkehrspsychologe
Systemischer Therapeut (SG)
Suchttherapeut (VDR)
Hephata Hessisches Diakoniezentrum e.V.
Hauptstraße 280, 63879 Weibersbrunn
daniel.schmidt@hephata.com

Prof. Dr. phil.
Sören Schmidt
Hochschule Fresenius
University of Applied Sciences
Alte Rabenstraße 1, 20148 Hamburg
soeren.schmidt@hs-fresenius.de

Mag.
Bettina Schützhofer
Verkehrspsychologin
sicher unterwegs – Verkehrspsychologische Nachschulungen GmbH
Schottenfeldgasse 28/8, AT-1070 Wien
b.schuetzhofer@sicherunterwegs.at

Dr. rer. nat.
Joachim Seidl
Verkehrspsychologe
stv. Vorstandsvorsitzender AFN
Verkehrspsychologische Praxis
Melanchthonstraße 7
01099 Dresden
info@vpp-seidl.de

Dipl.-Psych.
Jörg-Michael Sohn
Bundesverband Niedergelassener Verkehrspsychologen e.V. (BNV)
Verkehrspsychologische Praxis Hamburg
Saarlandstraße 6a, 22303 Hamburg
sohn@vpp.de

Dipl.-Psych.
Patrick Weigand
Psychologischer Psychotherapeut
und Fahrsicherheitstrainer
Stiftstraße 2, 60313 Frankfurt am Main
patrick.weigand@t-online.de

Dipl.-Psych.
Andreas Widmer
Verkehrstherapeut
vfv Schweizerische Vereinigung
für Verkehrspsychologie
Marktgasse 34
CH-4600 Olten
andreas.widmer@psychologie.ch

Dipl.-Psych.
Maritta Zentgraf
Verkehrspsychologin
Institut für Schulungsmaßnahmen GmbH
Baumeisterstraße 11
20099 Hamburg
zentgraf@ifs-seminare.de